ALLGEMEINE CHEMIE

Schroedel

Allgemeine Chemie

Herausgegeben und bearbeitet von:
Studiendirektor a. D. Klaus Dehnert
Akademischer Direktor Manfred Jäckel
Studiendirektor Horst Oehr
Prof. Dr. Hatto Seitz
unter Mitarbeit der Verlagsredaktion

Fotos:
Umschlaghintergrund: Silberhalogenid-Oktaeder (Agfa-Gevaert AG); Umschlagvordergrund (von links): Kupfer/Zinn-Legierung (Deutsches Kupfer-Institut); Silberhalogenid-Kuben (Agfa-Gevaert AG); Mehrphasenstahl (Salzgitter AG); Abb. 15.1, 164.1: Bayer AG, Leverkusen; Abb. 20.1, 59.2, 62.2, 63.1, 63.3, 97.3, 98.2, 99.2, 100.3, 108.1, 118.1, 135.1, 137.1: Tegen, Hambühren; Abb. 63.2, 206.1: Fabian, Hannover; Abb. 132.1: NASA; Abb. 26.1, 140.1: Deutsches Museum, München; Abb. 142.2: IBM Deutschland GmbH, Stuttgart; Abb. 149.1: Simper, Hannover; Abb. 163.1: Solvay Deutschland GmbH, Hannover; Abb. 171.2, 173.1: Hydro Aluminium, Köln; Abb. 175.2: Norddeutsche Affinerie AG, Hamburg; Abb. 177.1: Schüco International KG, Bielefeld; Abb. 178.2: Metalloxyd GmbH (über GDA), Köln; Abb. 185.2: Varta AG, Hannover; Abb. 188.1: DaimlerChrysler AG, Stuttgart

Zeichnungen: Birgitt Biermann-Schickling, Karin Mall, Peter Langner, Günter Schlierf, Dr. Winfried Zemann

© 2004 Bildungshaus Schulbuchverlage
Westermann Schroedel Diesterweg Schöningh Winklers GmbH, Braunschweig
www.schroedel.de

Druck C [7] / Jahr 2014
Alle Drucke der Serie C sind im Unterricht parallel verwendbar.

Einbandgestaltung: Janssen Kahlert Design & Kommunikation GmbH

ISBN 978-3-507-**10606**-2

INHALT

Redoxreaktionen

Komplexreaktionen

Anhang

DER AUFBAU DER MATERIE

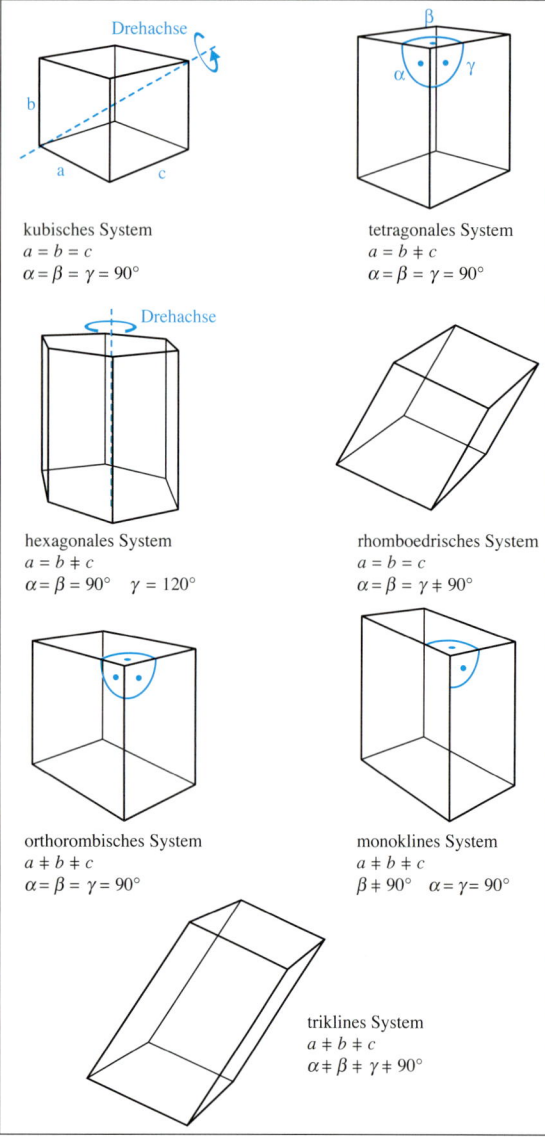

kubisches System
$a = b = c$
$\alpha = \beta = \gamma = 90°$

tetragonales System
$a = b \neq c$
$\alpha = \beta = \gamma = 90°$

hexagonales System
$a = b \neq c$
$\alpha = \beta = 90° \quad \gamma = 120°$

rhomboedrisches System
$a = b = c$
$\alpha = \beta = \gamma \neq 90°$

orthorombisches System
$a \neq b \neq c$
$\alpha = \beta = \gamma = 90°$

monoklines System
$a \neq b \neq c$
$\beta \neq 90° \quad \alpha = \gamma = 90°$

triklines System
$a \neq b \neq c$
$\alpha \neq \beta \neq \gamma \neq 90°$

Abb. 6.1 Die sieben Kristallsysteme und der Bau ihrer Elementarzellen

Die Chemie befasst sich mit der Materie, indem sie ihre unterschiedlichen Erscheinungsweisen beschreibt und nach Möglichkeiten sucht, ihre Zusammensetzung zu erforschen und zu verändern. Hierbei bedient sie sich auch physikalischer Methoden. Dies trifft vor allem dann zu, wenn der Aufbau der Materie erforscht wird, weil hierbei in den meisten Fällen keine stofflichen Änderungen, also auch keine chemischen Vorgänge, stattfinden. Wegen dieser engen Verknüpfung zwischen Chemie und Physik spricht man dann auch von einem Gebiet der physikalischen Chemie.

Die Materie, wie sie uns im Gestein, im Wasser, in der Luft und in den Organismen entgegentritt, besteht aus einer Vielzahl unterschiedlicher Stoffarten. Bei den üblichen Druck- und Temperaturverhältnissen findet man diese entweder als *Feststoffe, Flüssigkeiten* oder *Gase* vor. Man kennzeichnet den festen, flüssigen und gasförmigen Zustand der Materie durch die Symbole s (solid), l (liquid) und g (gaseous). Mit diesen Zeichen beschreibt man den Übergang vom Eis zum flüssigen und gasförmigen Wasser folgendermaßen:

$$H_2O \ (s) \rightarrow H_2O \ (l) \rightarrow H_2O \ (g)$$

1 Der feste Zustand der Materie

Feststoffe sind dadurch gekennzeichnet, dass sie als Stoffportion eine bestimmte Gestalt oder Form besitzen. In vielen Fällen lassen sie auch einen kristallinen Aufbau erkennen. Man kann die kristallinen Stoffe sieben **Kristallsystemen** zuordnen, von denen jedes bestimmte Symmetrieeigenschaften besitzt.

Würfelförmige Kristalle werden zum kubischen System gerechnet. Sie besitzen vier *Drehachsen,* die mit den Raumdiagonalen identisch sind. Dreht man einen Würfel um eine solche Achse, so kommt er dreimal mit sich selbst zur Deckung, ehe er die Ausgansposition wieder erreicht. Man spricht hier von einer dreizähligen Drehachse. Der Bergkristall, der die Form einer sechskantigen Säule besitzt, gehört zum hexagonalen System. Die Symmetrie dieses Systems ist schon durch eine einzige, sechszählige Drehachse beschrieben. Außer in der Anzahl und Zähligkeit von Drehachsen unterscheiden sich die Kristallsysteme auch in der Anzahl und Lage von *Symmetrieebenen.*

Zur Erforschung des inneren Kristallbaus durchstrahlt man Kristalle mit Röntgenstrahlen. Diese werden beim Durchgang durch den Kristall an den Atomrümpfen in charakteristischer Weise gebeugt. Auf einem Film entsteht dadurch ein Beugungsbild.

Ein solches Röntgenbild stellt jedoch kein einfaches Abbild des Kristallbaus dar. Erst durch Berechnungen nach den Gesetzen der Wellenlehre ergibt sich die räumliche Verteilung der Atome, Moleküle oder Ionen. Die ersten Beugungsbilder wurden 1912 von LAUE und seinen Mitarbeitern erhalten. Seitdem spielt die **Röntgenstrukturuntersuchung** eine wesentliche Rolle bei der Erforschung des Aufbaus der Materie.

Mithilfe der Beugungsbilder kann man kleinste Baueinheiten ermitteln, aus denen sich durch Parallelverschiebung nach allen drei Raumrichtungen größere Abschnitte des Kristalls herstellen lassen. Eine solche Baueinheit nennt man **Elementarzelle.**

Die einzelnen Kristallsysteme besitzen in der Regel mehrere Typen von Elementarzellen mit derselben Symmetrieeigenschaft. So unterscheidet man im kubischen System je nach Anordnung der Teilchen die kubisch *primitive,* die kubisch *flächenzentrierte* und die kubisch *innenzentrierte* Elementarzelle.

Aus Gründen der Übersichtlichkeit stellt man **Kristallgitter** meist als Punktgitter dar und vernachlässigt dabei die Raumerfüllung der Teilchen. Man muss sich aber vorstellen, dass Kristalle aus kugelförmigen Teilchen bestehen, die einen bestimmten Radius besitzen und sich gegenseitig berühren.

In jedem Gittertyp ist jedes Teilchen von einer bestimmten Anzahl unmittelbarer Nachbarteilchen umgeben. Diese Anzahl wird durch die **Koordinationszahl** angegeben.

Im kubisch primitiven Gitter besitzt jedes Teilchen sechs unmittelbare Nachbarn. Die kubisch innenzentrierte Struktur hat die Koordinationszahl acht. Die höchstmögliche Koordinationszahl, nämlich zwölf, findet sich im kubisch flächenzentrierten Gitter. In diesem Fall spricht man auch von der **kubisch dichtesten Kugelpackung.**

Eine solche dichteste Kugelpackung lässt sich auf zwei verschiedenen Wegen erreichen. Legt man gleich große Kugeln in einer Ebene aus, so bleibt zwischen je drei Kugeln eine Lücke frei. Die Kugeln der zweiten Schicht können nur jede zweite Lücke ausfüllen. Bei der dritten Schicht ergeben sich nun zwei Möglichkeiten der Anordnung. Im ersten Fall liegen die Kugeln der dritten Schicht genau über denen der ersten. Es entsteht so die Schichtenfolge ABA … der **hexagonal dichtesten Kugelpackung.** Im zweiten Fall sind es erst die Kugeln der vierten Schicht, die genau über den Kugeln der ersten Schicht liegen. Die Schichtenfolge ist nun ABCA …. Man spricht hier von der **kubisch dichtesten Kugelpackung.**

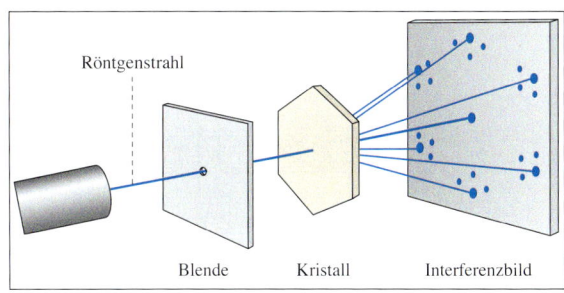

Abb. 7.1 Prinzip der Röntgenstrukturuntersuchung

Röntgenstrahl

Blende   Kristall   Interferenzbild

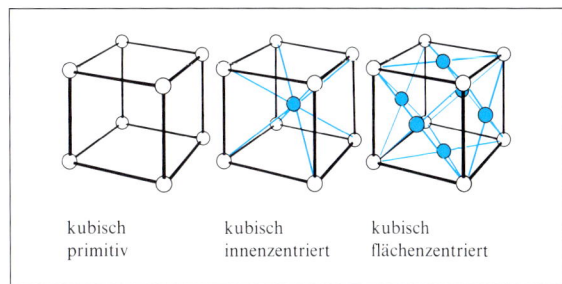

kubisch primitiv

kubisch innenzentriert

kubisch flächenzentriert

Abb. 7.2 Verschiedene Typen von Elementarzellen

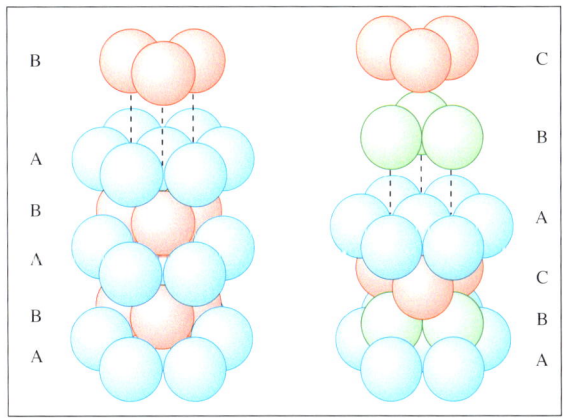

Abb. 7.3 Typen der dichtesten Kugelpackung

A 7.1 Die Elementarzellen der verschiedenen Systeme enthalten eine bestimmte Anzahl von Teilchen. Beim Zählen der Teilchen muss man berücksichtigen, dass die an den Ecken und in den Flächen befindlichen Teilchen mehreren Zellen angehören, sodass nur der jeweilige Bruchteil einer Elementarzelle zugeordnet werden darf.
Bestimmen Sie aufgrund dieser Angaben die Anzahl der Teilchen, die den verschiedenen Elementarzellen des kubischen Systems und der basis-flächenzentrierten Elementarzelle des rhombischen Systems zugeordnet werden müssen.

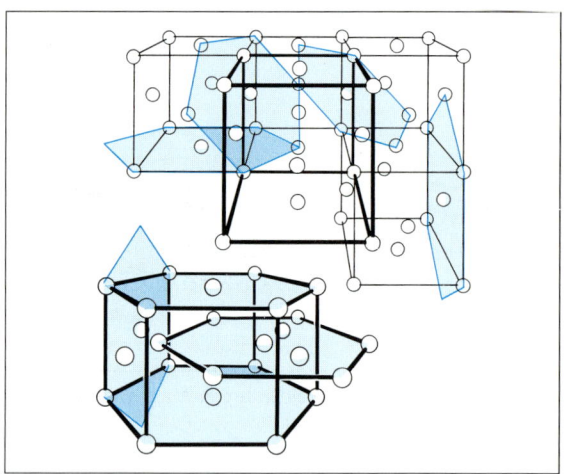

Abb. 8.1 Dichteste Kugelebenen. (Gleitebenen, beim kubisch und hexagonal dichtesten Gitter)

Legierungen	Zusammensetzung/Verwendung
Bronze	Kupfer 80 % bis 90 %, Zinn; Metall der Bronzezeit, Glockenguss, Kunstgewerbe
Messing	Kupfer bis 70 %, Zink; vielseitige Verwendung bei Installationsteilen, Maschinenteilen und wissenschaftlichen Geräten
Neusilber	45 %–70 % Kupfer, 5 %–30 % Nickel, 8 %–45 % Zink; Reißzeuge, ärztliche Geräte, Essbestecke, Reißverschlüsse, Schmuckgegenstände, Uhren
Duralumin	Aluminium, 4 % Kupfer, 0,5 % Magnesium, Spuren von Eisen und Silicium; Leichtmetallbau, Spritzguss, Flugzeug- und Bootsbau, Haushaltsleitern, Druckgefäße

Tab. 8.2 Einige Legierungen, ihre Zusammensetzung und ihre Verwendung

A 8.1 Formulieren Sie die Entstehung des Bleibaums als Redoxreaktion.

V 8.2 Herstellung eines „Bleibaums"
In eine Lösung aus Bleinitrat ($Pb(NO_3)_2$) (Xn, ▽) wird ein Stückchen Zink gegeben. An der Oberfläche des Metalls schlägt sich metallisches Blei in kristalliner Beschaffenheit als Bleibaum nieder. Besonders deutlich kann man den Kristallbau erkennen, wenn man den Versuch unter dem Mikroskop ausführt.
Entsorgung: B 2

Die Röntgenstrukturuntersuchung lässt solche dichtesten Kugelpackungen bei den Metallen erkennen. Kupfer kristallisiert in der kubisch dichtesten Packung, der so genannten **Kupferstruktur.** Magnesium dagegen in der hexagonal dichtesten Kugelpackung, der **Magnesiumstruktur.** Es gibt aber auch Metalle, die nicht in dichtesten Kugelpackungen kristallisieren.

Die physikalischen Eigenschaften der Metalle hängen eng mit dem Bau der **Metallgitter** zusammen. So unterscheidet man hinsichtlich der plastischen Verformbarkeit weiche Metalle, die sich gut walzen, ziehen und schmieden lassen, von spröden und brüchigen Metallen. Die leicht verformbaren Metalle gehören der kubisch dichtesten Kugelpackung an, in der gegenüber den anderen Strukturen die meisten *Gleitebenen*, das sind Ebenen dichtester Kugelpackungen, in allen drei Raumrichtungen vorhanden sind.

Einen Hinweis auf die kristalline Beschaffenheit des Zinks geben die eisblumenartigen Muster auf verzinkten Eisenblechen. Jede dieser scharf abgegrenzten Zonen besteht aus einem flachen Kristall. Ebenso bauen sich viele andere Metalle aus zahlreichen kleinen kristallinen Bezirken auf. Diese als Kristallite bezeichneten Einheiten erkennt man jedoch meistens erst unter dem Mikroskop.

Größere wohlgeordnete Kristalle werden als **Einkristalle** bezeichnet. Man gewinnt sie, indem man sie aus einer Schmelze zieht. Für die Halbleitertechnik spielen Einkristalle aus Silicium eine besondere Rolle. Aus ihnen werden dünne Scheiben geschnitten, die man poliert, um auf ihnen in einem komplizierten Verfahren integrierte Schaltkreise zu erzeugen. Solche Scheiben, die man als Wafer bezeichnet, nehmen bei einem Durchmesser von etwa 10 cm mehr als 100 Chips auf, wie sie für die Computertechnik verwendet werden.

Ein aus einer Silicium-Schmelze gezogener, stabförmiger Silicium-Kristall ist zwar chemisch rein, enthält aber für die Chip-Herstellung immer noch zu viele Verunreinigungen. Um Reinst-Silicium mit einem Verunreinigungsanteil von weniger als 10^{-9} % zu erhalten, wendet man das **Zonenschmelzverfahren** an. Dabei wird der Silicium-Stab in der Nähe des einen Endes durch elektrische Induktion in einer scheibenförmigen Zone zum Schmelzen erhitzt. Da sich die Verunreinigungen in der Schmelze besser lösen als im festen Silicium, reichern sie sich in der Schmelzzone an. Diese wird langsam zum anderen Ende hin verlagert. In der Praxis zieht man eine ganze Folge von heißen und kalten Zonen mehrmals über den Silicium-Stab hinweg. Dadurch werden die Verunreinigungen in steigendem Maße zum anderen Ende des Stabe verlagert und dort konzentriert. Dieses Ende des Stabes dient gewissermaßen als Abfallsammler. Nach dem Reinigungsprozess wird dieses Stück abgeschnitten und verworfen.

1.1 Legierungen

Schmilzt man verschiedene Metalle zusammen, so erhält man Metallgemische, die als Legierungen bezeichnet werden. Bei entsprechenden Mischungsverhältnissen können Legierungen mit Verbindungscharakter entstehen, was in der stöchiometrischen Zusammensetzung zum Ausdruck kommt. Dies ist beispielsweise bei einer Kupfer-Magnesium-Legierung der Fall, wenn das Stoffmengenverhältnis 1:2 und 2:1 gegeben ist.

Legierungen haben stets einen niedrigeren Schmelzpunkt als die reinen Komponenten, aus denen sie hergestellt wurden. Ein extremes Beispiel ist das WOODsche Metall, eine Legierung aus 25 w-% Blei, 12,5 w-% Cadmium, 50 w-% Bismut und 12,5 w-% Zinn. Es schmilzt schon bei 60 °C.

Legierungen spielen in der Metallverarbeitung eine bedeutsame Rolle, weil sie je nach Zusammensetzung sehr unterschiedliche physikalische und chemische Eigenschaften besitzen. Mithilfe der Legierungsverfahren lassen sich Werkstoffe von unterschiedlichen Eigenschaften herstellen. Bestimmte Grenzen sind diesen Möglichkeiten aber dadurch gesetzt, dass sich viele Metalle zwar flüssig miteinander mischen, beim Erstarren aber wieder entmischen. Wie sich eine Legierungsschmelze beim Abkühlen verhält, lässt sich aus einem **Schmelzdiagramm** (Abb. 9.1) ersehen: Kupfer besitzt die Schmelztemperatur von 1083 °C. Geringe Beimengungen von Magnesium setzen die Schmelztemperatur herab. Beim Abkühlen der Schmelze wird bei A der Punkt erreicht, bei dem sich die ersten reinen Kupferkristalle aus der Schmelze abscheiden. Dadurch verarmt die Schmelze an Kupfer, ihr Gehalt an Magnesium nimmt zu, und die Temperatur, bei der die Kristallisaton des Kupfer beginnt, fällt weiter ab.

Schließlich wird bei B eine Zusammensetzung erreicht, bei der sich neben Kupfer auch Kristalle der Verbindung Cu_2Mg abscheiden. Dieser Punkt wird als *eutektischer Punkt* bezeichnet. Hier enthält die Schmelze Kupfer und Magnesium im Stoffmengenverhältnis 4:1. Bei der Temperatur des eutektischen Punktes erstarrt die Schmelze als Gemisch von Kupfer- und Cu_2Mg-Kristallen. Man spricht von einem *Eutektikum*.

Die Temperatur, die im Diagramm dem Punkt C zugeordnet ist, entspricht der Schmelztemperatur der reinen Verbindung Cu_2Mg. Bis zum Punkt D verläuft die Schmelzkurve der unterschiedlich zusammengesetzten Gemische aus Cu_2Mg und $CuMg_2$. D ist wieder ein eutektischer Punkt, bei dem sich ein Gemisch beider Verbindungen abscheidet.

Geht man vom Punkt G aus, so kristallisiert aus der Schmelze beim Abkühlen zunächst Magnesium aus, bis die Temperatur erreicht ist, die dem Punkt F zuzuordnen ist. Hier beginnt die Kristallisation des eutektischen Gemisches, das aus Mg und $CuMg_2$ besteht.

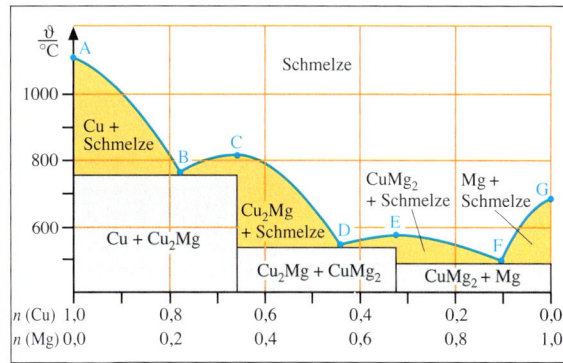

Abb. 9.1 Schmelzdiagramm einer Kupfer-Magnesium-Schmelze. Stoffmengen in mol.

A 9.1 Erläutern Sie am Schmelzdiagramm der Zink-Magnesium-Schmelze die stofflichen Veränderungen beim Abkühlen der Schmelze
a) bei einem überwiegenden Anteil von Zink,
b) bei einem überwiegenden Anteil von Magnesium.

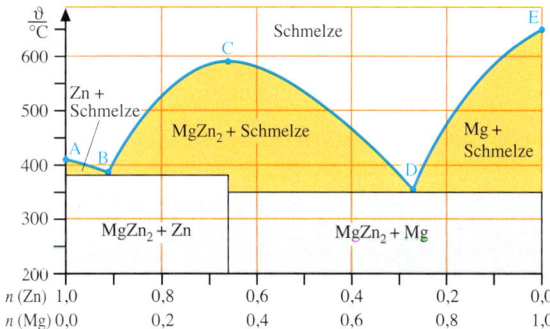

V 9.2 Bestimmung der Schmelztemperatur von ROSEs Metall
Erwärmen Sie ein Stück ROSEs Metall in Wasser bis zum Siedepunkt des Wassers und prüfen Sie, bei welcher Temperatur die Legierung schmilzt.
Vergleichen Sie die Schmelztemperatur der Legierung mit den Schmelztemperaturen der reinen Metalle.
Hinweis: ROSEs Metall (Xn, ▽) besteht aus 2 Massenanteilen Bismut, 1 Massenanteil Zinn und 1 Massenanteil Blei.

LV 9.3 Erstarrungskurve einer Zink-Cadmium-Schmelze
In einem Reagenzglas werden gleiche Massenanteile an Zink und Cadmium (T, ▼) zusammengeschmolzen. *(Abzug! Cadmiumdämpfe sind giftig!)* Die Schmelze wird mit gekörnter Holzkohle abgedeckt. Dann erwärmt man das Reagenzglas *(Temperaturfühler!)* im Sandbad auf etwa 300 °C und schließlich in der Gasflamme auf 360 °C. Danach lässt man das Reagenzglas in dem noch heißen Sandbad, ohne zu heizen, abkühlen. In Abständen von etwa 4 min wird die Temperatur abgelesen und in ein Zeit-Temperatur-Diagramm eingetragen.
Entsorgung: B 2

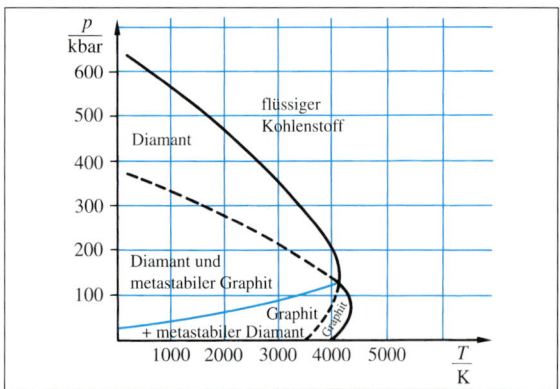

Abb. 10.1 Zustandsdiagramme des Kohlenstoffs. Die gestrichelten Linien trennen die Existenzbereiche, in denen auch metastabile Zustände möglich sind, von denen der reinen Phasen.

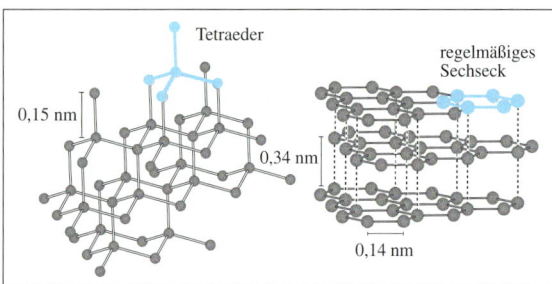

Abb. 10.2 Diamantgitter und Graphitgitter

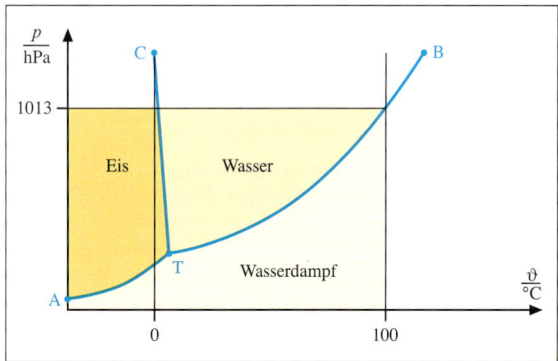

Abb. 10.3 Zustands- oder Phasendiagramm des Wassers

A 10.1 Wie kann Eis, ohne flüssig zu werden, in Wasserdampf überführt werden? Bei welchen Temperaturen kann Eis durch Druckänderung zu Wasser werden?

V 10.2 Wasser siedet unter vermindertem Druck
Ein Rundkolben (100 ml), in dem sich etwas handwarmes Wasser befindet, wird über einen Drei-Wege-Hahn an eine Wasserstrahlpumpe angeschlossen. Bei stark vermindertem Druck siedet das Wasser bei Zimmertemperatur.

1.2 Zustandsdiagramme

Manche Feststoffe bilden je nach äußeren Druck- und Temperaturverhältnissen Kristalle, die unterschiedlichen Kristallsystemen zuzuordnen sind. Man spricht dann von verschiedenen **Modifikationen** desselben Stoffs. Ein auffälliges Beispiel hierfür bieten die Kohlenstoffmodifikationen *Graphit* und *Diamant*. In ihren großen physikalischen und chemischen Unterschieden lassen sie kaum vermuten, dass sie aus ein und demselben Element bestehen.

Das Zustandsdiagramm des Kohlenstoffs gibt eine Übersicht darüber, in welchen Druck- und Temperaturbereichen die beiden Modifikationen und die anderen Zustandsformen des Kohlenstoffs existieren. Hier erkennt man, dass Diamant nur bei hohen Drücken als stabile Modifikation beständig ist. Bei den üblichen Bedingungen sollte es nur Graphit geben, und alle Diamanten sollten sich in Graphit umwandeln. Dass dies nicht geschieht, liegt an den starken Bindungen zwischen den tetraedrisch angeordneten Kohlenstoffatomen im *Diamantgitter*. Die Umwandlungsgeschwindigkeit ist außerordentlich gering. Modifikationen, die bei Bedingungen vorliegen, die sich außerhalb ihres Existenzbereichs im Zustandsdiagramm befinden, existieren im *metastabilen Zustand*.

Der Diamant ist bei den üblichen Bedingungen die **metastabile Modifikation** des Kohlenstoffs. Tatsächlich wandeln sich Diamanten in Graphit um, wenn sie bei niedrigen Drücken und unter Ausschluss von Sauerstoff hoch erhitzt werden. Dabei gruppieren sich die Kohlenstoff-Atome um und bilden das Graphitgitter.

Graphitkristalle sind schichtenförmig aufgebaut. Die einzelnen Schichten lassen sich leicht gegeneinander verschieben. Die Kräfte zwischen den Schichten sind also geringer als zwischen den Kohlenstoff-Atomen in den einzelnen Schichten.

Zustandsdiagramme zeigen neben den Existenzbereichen der festen Stoffe und ihrer Modifikationen auch die der flüssigen und gasförmigen Phase. An der Druck- und an der Temperaturachse lassen sich die Bedingungen ablesen, unter denen die einzelnen Zustände existieren und unter denen die Stoffe von einer Phase in eine andere übergehen. Eine Phase ist allgemein gesagt ein Zustand der Materie, in dem sie bezüglich ihrer chemischen Zusammensetzung und ihres physikalischen Zustands durch und durch gleichförmig ist. Wir betrachten diese Möglichkeiten am **Zustandsdiagramm des Wassers:** Wir erkennen drei Gebiete, die durch drei Kurven (AT, BT und CT) voneinander getrennt sind. Die drei Gebiete geben die Existenzbereiche der drei Zustände des Wassers (Eis, flüssiges Wasser und Wasserdampf) an. Oberhalb der Kurve AT liegt der Existenzbereich des Eises, oberhalb von BT der des flüssigen Wassers. Die Gerade CT trennt beide Gebiete voneinander. Im Punkt T, dem *Tripelpunkt*, liegen alle drei Phasen im Gleichgewicht miteinander vor.

Das Zustandsdiagramm zeigt, wie man Wasser von einem Zustand in einen anderen überführen kann: Gehen wir von Eis bei den Bedingungen von 1013 hPa und −10 °C aus, so führt eine Temperaturerhöhung bei gleichbleibendem Druck zu einer Überschreitung der *Solidus-Liquidus-Kurve* (CT) bei 0 °C und zum Übergang in den Bereich des flüssigen Zustands. Bei weiterer Temperaturzunahme wird die Kurve, die den Existenzbereich des flüssigen Zustands von dem des gasförmigen trennt, bei 100 °C erreicht. Bei diesen Bedingungen siedet Wasser. Aber auch alle anderen Punkte der Kurve BT stellen Siedetemperaturen des Wassers bei definierten Druck- und Temperaturbedingungen dar.

Eis kann auch direkt in Wasserdampf übergehen, es sublimiert. Von besonderem Interesse ist die Verflüssigung des Eises durch Druck bei 0 °C: Man erkennt, dass die Solidus-Liquidus-Kurve nicht parallel zur Druckachse verläuft. Eine Druckerhöhung bei 0 °C führt also zum Übergang vom festen in den flüssigen Zustand.

Alle Phasenänderungen sind mit Wärmeaustausch zwischen dem sich ändernden System und seiner Umgebung verbunden. Beim Schmelzen, Verdampfen und Sublimieren wird Wärme benötigt. Bei diesen Vorgängen müssen demnach Anziehungskräfte zwischen den Teilchen überwunden werden. Bei den umgekehrten Vorgängen, dem Erstarren, Verflüssigen und Desublimieren wird Wärme frei. Werden solche Wärmebeträge bei konstantem Druck und für jeweils ein Mol des Stoffes bestimmt, so spricht man von molaren **Zustandsänderungs-Enthalpien.** Da chemische Umsetzungen oft auch mit Zustandsänderungen verbunden sind, müssen Zustands- oder Phasenänderungs-Enthalpien bei energetischen Betrachtungen berücksichtigt werden.

A 11.1 Im Handel sind Handwärme-Päckchen zu bekommen, die eine Flüssigkeit enthalten. Knetet man die Flüssigkeit, so findet Kristallisation statt und Wärme wird frei.
Erklären Sie dieses Phänomen.

A 11.2 Mischt man Salz mit zerkleinertem Eis, so schmilzt das Eis und die Temperatur des Gemisches sinkt erheblich.
Wie erklären Sie die Temperaturabnahme?

A 11.3 a) Geben Sie für die Bereiche A bis E in Abb. 11.1 die Phasen an, in denen das Wasser vorliegt.
b) Zeichnen Sie Teilchenmodelle für die Phasen A bis E.

V 11.4 Verdampfungsenthalpie des Wassers
250 g Wasser werden durch einen kleinen Tauchsieder bekannter Leistung zum Sieden gebracht. Vom Beginn des Siedens an wird eine Uhr gestartet.
Ermitteln Sie nach 5 min, wie viel Wasser verdampft ist, und berechnen Sie die Wärmemenge, die dafür benötigt wurde.

V 11.5 Erstarrungsenthalpie von Natriumthiosulfat-Hydrat
5 g Natriumthiosulfalt-Hydrat ($Na_2S_2O_3 \cdot 5\,H_2O$) werden im Reagenzglas in einem Wasserbad von 70 °C geschmolzen, sodass keine Kristalle zurückbleiben. Die Schmelze lässt man langsam bis auf Zimmertemperatur abkühlen, wobei in der Regel die Kristallisation ausbleibt. Durch einen Impfkristall von Natriumthiosulfat-Hydrat löst man die Kristallisation aus. Die Temperatur steigt auf 48 °C an.
Wie können Sie die Wärme bestimmen, die bei der Kristallisation von 1 mol Natriumthiosulfat-Hydrat frei wird?

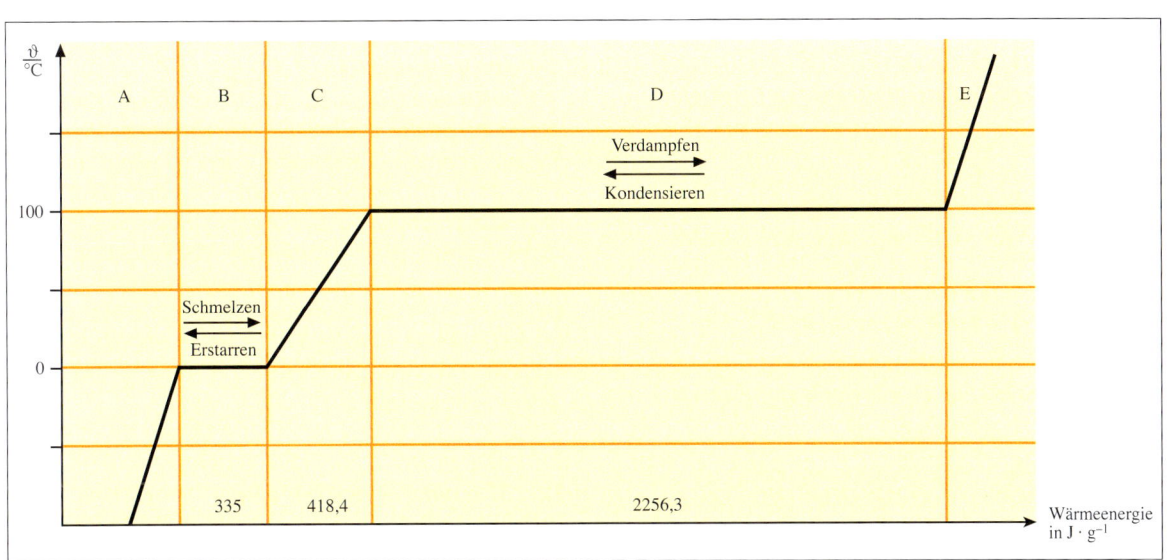

Abb. 11.1 Energie-Temperatur-Diagramm von Wasser. Die Wärmemengen beziehen sich auf 1 g Wasser.

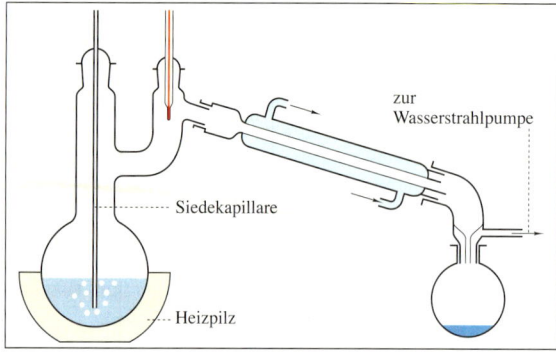

Abb. 14.1 Apparatur zur Vakuumdestillation

zur
Wasserstrahlpumpe

Siedekapillare

Heizpilz

3 Der flüssige Zustand der Materie

Bei der Betrachtung von Zustandsdiagrammen erkennt man, dass die Abkühlung von Gasen bei Drücken, die oberhalb des Tripelpunkts liegen, zu einer Verflüssigung führt. Dies ist vor allem bei solchen Stoffen leicht möglich, deren Siedetemperatur nicht weit unterhalb der Zimmertemperatur liegt. Durch die Abkühlung nimmt die Geschwindigkeit der Gasteilchen ab, und die Anziehungskräfte zwischen den Teilchen können sich stärker auswirken.

Flüssigkeiten nehmen eine Mittelstellung zwischen Festkörpern und Gasen ein, indem sie die hohe Dichte mit den Festkörpern, die Unordnung der Teilchen aber mit den Gasen gemeinsam haben. In einer Flüssigkeit sind die Teilchen leicht gegeneinander verschiebbar. Dass dennoch Anziehungskräfte zwischen ihnen wirken, zeigt sich in der stets vorhandenen Zähigkeit oder *Viskosität* flüssiger Stoffe.

Aber nicht alle Teilchen werden durch zwischenmolekulare Kräfte im Flüssigkeitsverband gehalten. Bewahrt man eine Flüssigkeit in einem geschlossenen Behälter auf, so bildet sich ein Gleichgewichtszustand zwischen der Flüssigkeit und ihrem *Dampf*. In der Dampfphase befinden sich die Teilchen, die wegen ihrer hohen Geschwindigkeit den Flüssigkeitsverband verlassen können. Dass dies immer nur ein bestimmter Anteil der vorhandenen Teilchen ist, deutet auf die unterschiedliche kinetische Energie der Teilchen einer Stoffportion hin.

Befindet sich eine Flüssigkeit in einem geschlossenen Gefäß, so wird der Dampf bei gleichbleibender Temperatur im zeitlichen Mittel immer aus der gleichen Anzahl von Teilchen gebildet. Zwischen dem Dampf und der Flüssigkeit findet aber ein ständiger Teilchenaustausch statt. Darum spricht man hier von einem *dynamischen Gleichgewicht*. Nimmt die Temperatur ab, so zeigt ein angeschlossenes Manometer Abnahme des Dampfdrucks an. Es ändert sich also die Lage des Gleichgewichts dadurch, dass ein Teil des Dampfs kondensiert. Zeichnet man den Dampfdruck einer Flüssigkeit über einen größeren Temperaturbereich auf, so erhält man charakteristische *Dampfdruckkurven*. Wenn der Dampfdruck den Wert des äußeren Drucks erreicht, beginnt die Flüssigkeit zu sieden. Die Flüssigkeit kann nun innerhalb der flüssigen Phase Dampf bilden.

Bei vermindertem Druck beginnt das Sieden schon bei Zimmertemperatur. Dies macht man sich bei der *Vakuumdestillation* zunutze, wenn es darum geht, leicht zersetzliche Substanzen bei niedrigen Temperaturen zu destillieren.

Ziemlich häufig beobachtet man beim Erhitzen von Flüssigkeiten die unangenehme und schwer erklärbare Erscheinung des **Siedeverzugs.** Wärme, die über die Siedetemperatur der Flüssigkeit hinaus gespeichert wurde,

V 14.1 Verflüssigung eines Gases
Butan (Feuerzeuggas) (F+) hat die Siedetemperatur –0,5 °C. Man lässt dieses Gas aus einer Patrone, in der es unter einem Überdruck von 3 bar steht, durch ein Gasverflüssigungsrohr strömen, das von einer Kältemischung (Eis/Kochsalz) gekühlt wird.

V 14.2 Viskositätsvergleich
Zwei Standzylinder werden schräg gelagert. Den einen füllt man mit Wasser, den anderen mit Glycerin. Vom Rand her lässt man eine größere Glaskugel durch die Flüssigkeit rollen. Je nach Viskosität dauert es mehr oder weniger lang, bis die Kugel den Boden des Zylinders erreicht hat.
Informieren Sie sich in einem Fachbuch über wissenschaftlich exakte Viskositätsmessung.

V 14.3 Vakuumdestillation
Eine Vakuumdestillationsapparatur wird nach Abb. 14.1 aufgebaut. Wichtig ist, dass in den Destillationskolben eine Siedekapillare hineinragt. Feine Luftbläschen, die in die Flüssigkeit perlen, sollen Siedeverzug verhindern. Außerdem muss zwischen der Vakuumpumpe und der Apparatur ein Sicherheitsgefäß angebracht sein, das mit einem Hahn versehen ist, über den der Druck ausgeglichen werden kann. Das Vakuummanometer wird mit dem Sicherheitsgefäß verbunden. Geräte dieser Art müssen vakuumfest sein.
Vorsicht! Implosionen sind ebenso gefährlich wie Explosionen! Schutzbrille tragen!
Dampfen Sie eine Lösung von Aminoessigsäure (Glycin) durch Vakuumdestillation ein.

V 14.4 Verhinderung des Siedeverzugs
Lösungen neigen zum Siedeverzug. Erhitzt man Lösungen im Reagenzglas, so besteht die Gefahr, dass Flüssigkeit verspritzt wird. Um dies zu verhindern, legt man eine Glaskugel mit rauher Oberfläche oder Siedesteinchen aus Bimsstein in das Reagenzglas. Üben Sie das Erhitzen von Wasser im Reagenzglas.
Sicherheitsregeln:
Richten Sie niemals die Mündung des Reagenzglases auf Personen!
Schütteln Sie den Inhalt des Reagenzglases!

führt zum plötzlichen Verdampfen von Wasser. Durch Zufügen von *Siedesteinchen* verhindert man diese Erscheinung.

Es ist aber auch möglich, Flüssigkeiten unter ihre Gefriertemperatur abzukühlen, ohne dass sie kristallisieren. Man spricht dann von **Unterkühlung** der Flüssigkeit. Kleine *Impfkristalle* des entsprechenden Stoffs lösen oft die Kristallisation schlagartig aus. Während der Kristallisation wird *Kristallisationswärme* frei.

Eine Mittelstellung zwischen Feststoffen und Flüssigkeiten nehmen die **kristallinen Flüssigkeiten** ein. Hierbei handelt es sich um Schmelzen bestimmter organischer Verbindungen, in denen die kristalline Struktur zwischen einigen Millionen Molekülen erhalten bleibt. Solche als „Schwärme" bezeichneten Molekülaggregate sind in ihrer Struktur relativ stabil. Bei höheren Temperaturen werden sie allerdings zunehmend abgebaut. Diese Änderung der Flüssigkeits-Struktur ruft bei manchen Flüssigkristallen eine deutliche Änderung der optischen Eigenschaften hervor. Es kann sich die Lichtabsorption und damit die Farbe des Stoffes ändern. Hierauf beruht die Verwendung von Flüssigkristallen als Temperaturanzeiger.

Gläser. Es gibt aber auch Feststoffe, in denen die Teilchen nicht regelmäßig angeordnet sind. Bei ihnen ergibt die Röntgenstrukturuntersuchung kein geordnetes Beugungsbild. Stoffe dieser Art werden als **amorphe Stoffe** bezeichnet. Ein Beispiel hierfür sind die Gläser.

Im Gegensatz zu den kristallinen, reinen Stoffen besitzen Gläser keine scharf definierte Schmelztemperatur. Beim Erhitzen erweichen sie über einen größeren Temperaturbereich.

Gläser entstehen, wenn Schmelzen rasch abgekühlt werden, sodass die Teilchen keine Gelegenheit haben, geordnete Gitterplätze einzunehmen. Die innere Verwandtschaft der Gläser zu den Flüssigkeiten erweist sich auch darin, dass sie ganz langsame Fließbewegungen ausführen. Sehr alte, aufrecht stehende Gläser können aus diesem Grund in ihrem unteren Teil um Bruchteile eines Millimeters dicker sein als oben. Mit zunehmendem Alter kommt es in Gläsern doch zu Kristallisationsvorgängen. Dann wird das Glas „blind" und brüchig.

Glasschmelzen lösen eine Reihe von oxidischen Verbindungen und Metallen. Dadurch können in vielen Fällen schöne Färbungen erzielt werden. Bekannt sind die blauen Gläser, die Cobalt-Verbindungen enthalten. In den roten Goldrubin-Gläsern befindet sich reines Gold kolloidal gelöst. In der analytischen Chemie nutzt man die Färbung von Gläsern zum Nachweis bestimmter Elemente, indem man an der Spitze eines Magnesiastäbchens etwas Borax ($Na_2B_4O_7 \cdot 10\,H_2O$) mit der Substanzprobe erhitzt.

Abb.15.1 Glasbläser bei der Arbeit

V 15.1 Herstellung eines Glaskörpers
a) 106 g Borsäure (Xn), 10 g Quarzsand, 17 g Kalk, 18 g Soda (Xi) und 15 g Lithiumcarbonat (Xn) werden gut miteinander gemischt. Ein Tiegel wird auf mittlere Rotglut (800 °C) erhitzt. Nach und nach werden kleinere Mengen des Gemisches eingefüllt. Dabei soll die zuerst eingefüllte Portion schon zu einem Glasfluss zusammengeschmolzen sein, ehe man die Nächste hinzugibt. Insgesamt werden bis zu 50 g des Gemisches eingeschmolzen. Danach wird die Schmelze bei aufgelegtem Tiegeldeckel noch etwa 30 min lang erhitzt (Läuterung). Am Schluss dieser Zeit soll die Schmelze blasenfrei sein. Aus der Schmelze können mit einem Magnesiastab Fäden gezogen werden (Glasfäden).
b) Der Hauptteil der Schmelze wird in eine vorbereitete und erwärmte Eisenform, die aus 1 mm starkem Eisenblech hergestellt werden kann, gegossen. Die Gussform sollte mit einem Specksteinstift ausgerieben werden, damit sich der Gusskörper nach dem Abkühlen wieder löst. In den kleineren Teil der Schmelze werden kleine Mengen von Cobalt(II)-chlorid (T, ▽) oder Kupfer(II)-chlorid (T) gegeben.
Vorsicht! Der hergestellte Glaskörper steht nach dem Abkühlen unter starken Spannungen. Er zerspringt leicht. *(Schutzbrille!)*

V 15.2 Bearbeiten von Glasrohr
a) Erwärmen Sie ein Glasrohr in der Brennerflamme, bis es erweicht und sich biegt.
b) Außerhalb der Flamme kann ein erweichtes Glasrohr zu einer sehr dünnen Kapillare gezogen werden.
c) Ritzen Sie mit einer Ampullensäge ein Glasrohr rundum zu etwa einem Drittel seines Umfangs ein. Das Glasrohr lässt sich anschließend leicht brechen. Die scharfen Ränder werden in der Flamme rundgeschmolzen.

Aggregatzustand der Bestandteile	Bezeichnung	Beispiele
fest–fest		Rohsalz, Granit, Kompost
fest–flüssig	Suspension	Lehmwasser, Zementmörtel
fest–gasförmig	Rauch, Aerosol	Tabakrauch, staubhaltige Luft
flüssig–flüssig	Emulsion	Fetttröpfchen in der Milch
flüssig–gasförmig	Schaum, Aerosol	Seifenschaum, Wassertröpfchen in Luft (Nebel)

Abb. 16.1 Heterogene Mehrstoffsysteme

V 16.1 Herstellung einer Emulsion
Öl und Wasser werden in einem Reagenzglas stark geschüttelt. Das Öl/Wasser-Gemisch trennt sich bald wieder. Der Versuch wird wiederholt, nachdem dem System ein Emulgator (Eigelb) zugefügt wurde.
Entsorgung: B 3

V 16.2 Herstellung und Trennung einer Suspension
a) Geben Sie zu einer verdünnten Natriumsulfatlösung Bariumchloridlösung (Xn). Es fällt ein sehr feiner Niederschlag von Bariumsulfat. Was stellen Sie fest, wenn Sie die Suspension filtrieren?
b) Geben Sie einen Teil der Suspension in Zentrifugengläser und zentrifugieren Sie das Gemisch. Wie lässt sich die Beschleunigung der Sedimentation erklären?
c) Lassen Sie einen anderen Teil der Fällung im Lösungsmittel etwa 24 Stunden lang stehen. Der Niederschlag nimmt eine grobkörnigere Form an und lässt sich nun filtrieren. Welche Erklärung können Sie für diese Erscheinung geben?

V 16.3 Herstellung eines Schaums
Eiweißhaltige Lösungen schäumen, wenn man sie schüttelt oder wenn man Gase durch sie hindurchleitet. Geben Sie etwas frisches Eiklar in Wasser und schütteln Sie die Proben. Fügen Sie nun ein Anti-Schaummittel hinzu und wiederholen Sie den Versuch.

V 16.4 Salzsäurenebel und Ammoniumchloridrauch
a) Man öffnet eine Flasche, die konzentrierte Salzsäure (C) enthält. Aus der Flasche entweichen Salzsäurenebel.
Sie bestehen aus Chlorwasserstoffgas (C, T), das mit der Feuchtigkeit der Luft kleine Tröpfchen bildet.
b) Nähert man der Salzsäureflasche eine Flasche mit konzentrierter Ammoniaklösung (C, N), so bildet sich aus den Dämpfen ein weißer Rauch von Ammoniumchlorid.

4 Mehrstoffsysteme

Reine Stoffe findet man selten. In der Regel bilden mehrere Stoffarten ein Gemenge, das man auch als ein Mehrstoffsystem bezeichnet. Man unterscheidet *homogene* und *heterogene* **Mehrstoffsysteme.**

Zu den homogenen Mehrstoffsystemen gehören Lösungen, Legierungen und Gase. Sie sind überall gleichmäßig zusammengesetzt und weisen keine Grenzen zwischen verschiedenen Bereichen auf. Ein solches System besteht nur aus einer **Phase.**

Heterogene Systeme sind Gemenge, in denen die Komponenten ungleichmäßig verteilt und durch **Phasengrenzen** voneinander geschieden sind. Je nach Art der Phasenkombination verwendet man unterschiedliche Bezeichnungen:

1. Suspensionen nennt man heterogene Gemenge, bei denen eine feste Phase in einer flüssigen fein verteilt ist. Solche Gemenge sehen oft trüb aus. Falls die feste Phase eine größere Dichte besitzt als die flüssige, sinkt sie langsam nach unten. Dieses *Sedimentieren* kann durch *Zentrifugieren* beschleunigt werden.

2. Emulsionen bestehen aus nicht mischbaren flüssigen Phasen, von denen die eine tröpfchenartig in der anderen verteilt ist. Solche Gemenge haben oft ein milchiges Aussehen. Unterscheiden sich die Komponenten in ihrer Dichte, so entmischen sich Emulsionen.

3. Als **Rauch** bezeichnet man ein heterogenes Gemenge, in welchem ein Feststoff fein in einer gasförmigen Phase verteilt ist. Rauch entsteht oft beim Verbrennen von Stoffen. Meist ist es nicht einfach, die Rauchteilchen durch Filtration zurückzuhalten oder in Flüssigkeiten zu absorbieren. Da die Rauchteilchen aber stets elektrisch geladen sind, können sie in einem Hochspannungsfeld abgeschieden werden. Davon macht man in der Technik Gebrauch: Rauchgas wird in Elektrofiltern entstaubt.

4. In einem **Nebel** sind Flüssigkeitströpfchen in einem Gas verteilt. Nebel bilden sich häufig, wenn Flüssigkeiten in einem Gas kondensieren oder wenn eine gasförmige Verbindung Wasserdampf aus der Luft bindet. Die so genannte rauchende Salzsäure gibt Chlorwasserstoffgas ab, das mit der Feuchtigkeit der Luft Salzsäuretröpfchen bildet. Man müsste also richtiger von „nebelnder" Salzsäure sprechen. Was man umgangssprachlich oft als „Wasserdampf" bezeichnet, ist, soweit es sich um sichtbare „Dampfwolken" handelt, eigentlich ein Nebel. Oft sind gleichzeitig feste und flüssige Bestandteile in einem Gas fein verteilt. Man spricht dann von einem **Aerosol.**

5. Unter einem **Schaum** versteht man ein lockeres Gemenge aus einer Flüssigkeit und einem Gas. Die Flüssigkeit umschließt in dünnen Schichten Gasportionen.

Schaumbildungen sind oft unerwünschte Erscheinungen beim Experimentieren mit Flüssigkeiten, die Stoffe enthalten, welche die Oberflächenspannung der Flüssigkeit herabsetzen. Man kann Anti-Schaummittel verwenden, um die Schaumbildung zu verhindern.

Trennung von Mehrstoffsystemen. An einigen Beispielen soll gezeigt werden, wie selbst geringe Unterschiede in den physikalischen Eigenschaften der Stoffe genutzt werden können, um sie zu trennen.

Fraktionierte Destillation. Ein Ethanol/Methanol-Gemisch ist ein Beispiel für ein homogenes Zweistoffsystem. Die beiden Stoffe unterscheiden sich in ihren Siedetemperaturen um 13,8 K. Gemische der beiden Stoffe besitzen je nach ihrer Zusammensetzung Siedetemperaturen, die zwischen denen von Ethanol und von Methanol liegen. Dieser Zusammenhang kann aus dem Siedediagramm entnommen werden (Abb. 17.1).

Für die Trennung der Stoffe ist entscheidend, dass der Dampf des siedenden Gemisches stets anders zusammengesetzt ist als die Flüssigkeit, aus der er sich bildet. Er enthält mehr von dem niedriger siedenden Methanol. Das Kondensat ist also mit Methanol angereichert. Durch wiederholte Destillation des Destillats kann schließlich fast reines Methanol erhalten werden.

Ein Gerät, das dieses in einem Arbeitsgang leistet, ist die *Destillationskolonne.* Besonders übersichtlich lassen sich die Verhältnisse darstellen, wenn die Kolonne in *Böden* unterteilt ist. Jeder einzelne Boden stellt dann eine kleine Destillationseinrichtung dar, die nach oben Dampf abgibt, der mit der niedriger siedenden Komponente angereichert ist. Bei hinreichend vielen Böden können Gemische vollständig getrennt werden.

In der Praxis besteht eine Destillationskolonne vielfach aus einem einfachen Glasrohr, das mit Glasstückchen ausgefüllt ist. An der Oberfläche der Glasstücke laufen Kondensation und Destillation fortlaufend ab, wobei die nach oben abnehmende Temperatur dafür sorgt, dass eine Trennung oder **Fraktionierung** des Gemisches stattfindet.

Ein Gemisch aus *Wasser* und *Ethanol* kann durch fraktionierte Destillation nur bis zu einer Zusammensetzung von 95,6% Ethanol und 4,4% Wasser getrennt werden. Dieses Gemisch besitzt nämlich eine konstante Siedetemperatur. Mehrstoffsysteme mit dieser Eigenschaft werden auch als **azeotrope Gemische** bezeichnet. Um reines Ethanol herzustellen, muss das restliche Wasser auf andere Weise entfernt werden. Man kann dies durch wasserbindende Mittel wie entwässertes Kupfersulfat erreichen. Es ist aber auch möglich, chemische Vorgänge zur Trennung zu verwenden. So „trocknet" man wasserhaltigen Ether, indem man elementares Natrium zusetzt, welches mit dem Wasser reagiert.

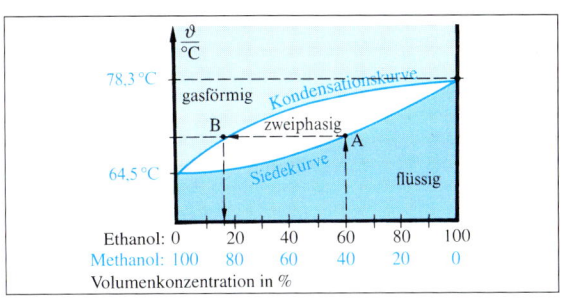

Abb. 17.1 Siedediagramm für Methanol/Ethanol-Gemische. A: Siedetemperatur und Zusammensetzung der Flüssigkeit. B: Siedetemperatur und Zusammensetzung des Dampfes.

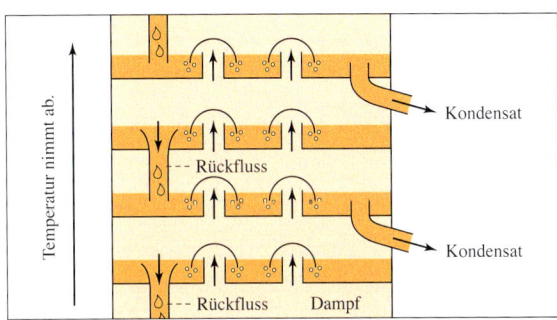

Abb. 17.2 Destillations-Kolonne (schematisch)

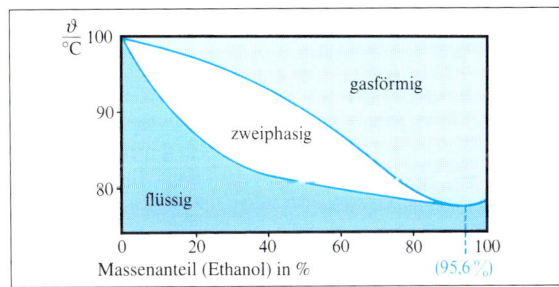

Abb. 17.3 Siedediagramm eines Gemisches aus Ethanol und Wasser

V 17.1 Siedetemperaturen von Methanol/Ethanol-Gemischen
Stellen Sie unterschiedlich zusammengesetzte Mischungen aus Methanol (F, T) und Ethanol (F) her. Geben Sie die einzelnen Mischungen in Siedekölbchen und erhitzen Sie sie am Rückflusskühler bis zum Sieden.

V 17.2 Fraktionierte Destillation
Stellen Sie eine Destillationsapparatur mit einer Fraktionier-Kolonne zusammen. Destillieren Sie ein Methanol/Ethanol-Gemisch (F, T), das zu einem Drittel Methanol enthält. Beachten Sie die Temperatur des übergehenden Dampfes.

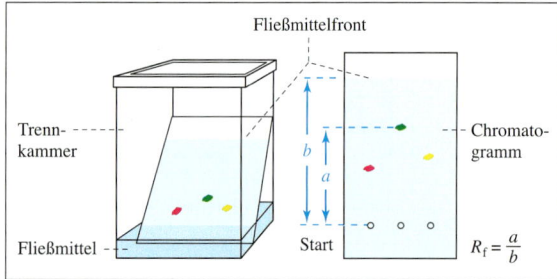

Abb. 18.1 Papier- und Dünnschicht-Chromatographie. Das Verhältnis der Strecken *a* und *b* zueinander wird als R_f-Wert bezeichnet. Er besitzt für bestimmte Stoffe in bestimmten Fließmitteln bei einer definierten Temperatur einen konstanten Wert.

A 18.1 Ein Stoff sei in Hexan 10-mal besser löslich als in Wasser. Eine bestimmte Menge von ihm sei in 100 ml Wasser gelöst. Es stehen 100 ml Hexan zur Verfügung, um den Stoff aus dem Wasser zu extrahieren.
In einem Fall werden 100 ml Hexan auf einmal eingesetzt.
Im zweiten Fall verwendet man je 50 ml Hexan. Berechnen Sie, welcher Weg effektiver ist.

V 18.2 Ausschütteln von Iod
5 ml einer Iod-Iodkalium-Lösung werden mit dem gleichen Volumen Petrolether (F) geschüttelt. Wiederholen Sie das Ausschütteln nach dem Abtrennen der organischen Phase, bis kein Iod mehr mit Stärkepapier in der wässrigen Phase nachweisbar ist.
Entsorgung: B 3

V 18.3 Papierchromatografie
a) Untersuchen Sie qualitativ die Löslichkeit von Methylenblau (Xn) und Fuchsin in Wasser und Alkohol (F).
b) Lösen Sie eine Spatelspitze Methylenblau in 10 ml Wasser und einige Körnchen Fuchsin in 10 ml Alkohol (Spiritus). Mischen Sie die beiden Lösungen und bringen Sie einen Tropfen des Gemischs etwa 1 cm vom unteren Rand eines Chromatografiepapierstreifens auf.
Entwickeln Sie das Chromatogramm mit einem Fließmittel aus Wasser und Ethanol im Verhälnis 2:1 gemischt.
c) Führen Sie diesen Versuch in gleicher Weise auf einer Dünnschichtfolie aus.

V 18.4 Trennung von Lebensmittelfarbstoffen
Manche Süßigkeiten sind mit Lebensmittelfarbstoffen gefärbt. Stellen Sie wässrige Lösungen von solchen Farbstoffen her. Mischen Sie diese Lösungen und trennen Sie die Farbstoffe auf einer Dünnschichtplatte mit einem Fließmittel: 10 ml Na-Citratlösung (2,5 %) + 4 ml Ammoniak (25 %, C, N)/ Methanol (F, T) im Verhältnis 5:3.

Verteilungsvorgänge. Homogene Mehrstoffsysteme können auch aufgrund der unterschiedlichen Löslichkeiten von Stoffen in Lösungsmitteln, die sich nicht miteinander mischen, getrennt werden. Dies nutzt man beim so genannten *Ausschütteln* eines Stoffes.

Iod löst sich in Trichlormethan (Chloroform) wesentlich besser als in Wasser. Schüttelt man eine wässrige Iodlösung mit Trichlormethan, so verteilt sich das Iod auf die beiden Phasen. Dabei stellt sich ein bestimmtes Verhältnis zwischen der Iodkonzentration in der wässrigen und in der organischen Phase ein. Die Lage des so entstehenden Verteilungsgleichgewichts wird durch den **Verteilungskoeffizienten** ausgedrückt. Für Iod besitzt er bei 25 °C in dem Zweiphasensystem Wasser/Trichlormethan den Wert $c_1 : c_2 = 0,008$. Das Konzentrationsverhältnis, in dem sich Iod zwischen gleiche Volumenteile Wasser und Trichlormethan verteilt, beträgt also 1:125. Wenn sich 1 g Iod in einer bestimmten Menge Wasser befindet, und es wird diese Lösung mit dem gleichen Volumen Trichlormethan geschüttelt, so gehen 0,992 g Iod in die organische Phase über und nur 0,008 g Iod bleiben im Wasser. Wiederholt man das Ausschütteln mit frischem Trichlormethan, so kann das Iod fast vollständig aus dem Wasser entfernt werden.

Chromatografie. Verteilungsvorgänge, die auf unterschiedlicher Löslichkeit von Stoffen in verschiedenen Lösungsmitteln beruhen, sind auch Grundlage vieler chromatografischer Trennverfahren. Der Name dieser Trennverfahren leitet sich von den griechischen Wörtern für Farbe (chroma) und für schreiben (graphein) ab. Das zu trennende Stoffgemisch wird auf ein bestimmtes Trägermaterial gebracht, das von einem Fließmittel durchströmt wird. Je nach Art des Trägermaterials unterscheidet man Papier-, Säulen- und Dünnschicht-Chromatografie. Besonders einfach und schnell lassen sich Stofftrennungen auf vorgefertigten Dünnschicht-Folien, auf die Schichten von Cellulose, Aluminiumoxid oder Kieselgur aufgetragen sind, herstellen. Die Stoffmengen, die dabei benötigt werden, liegen im Bereich von 10^{-3} mg.

Das Prinzip der chromatografischen Trennungsmethode soll an der Trennung eines Gemisches von Methylenblau und Fuchsin gezeigt werden. Methylenblau ist in Wasser, Fuchsinrot in Ethanol besser löslich. Gibt man nun ein Methylenblau/Fuchsin-Gemisch auf Filtrierpapier und tropft man auf diesen Fleck ein Gemisch aus Wasser und Ethanol, so beobachtet man eine Trennung der Farbstoffe. Fuchsin entfernt sich mit dem Fließmittel vom Startfleck. Methylenblau bleibt an der Stelle, auf der es aufgetragen wurde. Zur Deutung dieses Effekts nimmt man an, dass das Wasser des Fließmittels von der Papierfaser absorbiert wird und so eine *stationäre Phase* bildet, in der sich Methylenblau löst.

Die organische Komponente des Fließmittels, der Alkohol, bewegt sich als *mobile Phase* in den mikroskopisch kleinen Hohlräumen der Papierfasern. In ihr ist das Fuchsin gelöst. Am schnellsten wandert immer die Lösungsmittelfront. Das Verhältnis der Strecke, die der Farbstoff vom Startfleck aus zurückgelegt hat, zu der, die die Lösungsmittelfront durchlaufen hat, wird als R_f-Wert bezeichnet. Unter standardisierten Bedingungen (Zusammensetzung des Fließmittels, Art des Trägermaterials, Temperatur) stellt dieser Wert eine Konstante dar, die empirisch ermittelt wird. R_f-Werte eignen sich zum Identifizieren bestimmter Verbindungen. In der Regel aber lässt man Vergleichssubstanzen im Chromatogramm mitlaufen, um bestimmte Verbindungen zu identifizieren.

Auch farblose Stoffe können chromatografisch getrennt werden. Man erkennt sie nach der Trennung, indem man sie in farbige Stoffe überführt.

Ein Beispiel hierfür ist die Trennung der verschiedenen Zuckerarten. Sie können abschließend auf dem Trägermaterial durch Besprühen mit Silbernitrat erkannt werden. Wenn es sich um reduzierende Zucker handelt, entstehen dunkelbraune Flecke.

Ein besonderer Zweig der Chromatografie ist die **Gas-Chromatografie,** die mit Stoffen in der Gasphase arbeitet. Ein Gas-Chromatograf besteht im Wesentlichen aus einem langen Rohr (Säule), das mit porösem Trägermaterial (Kieselgur) gefüllt ist. Dieses ist mit hochsiedenden organischen Verbindungen, wie Nonylphthalat, als stationäre Phase überzogen. Inerte Gase wie Wasserstoff, Stickstoff oder Helium verwendet man als mobile Phase. Die zu trennende Substanz wird über eine Schleuse (Gummischeibe) mit einer Injektionseinrichtung auf die Säule gedrückt. Auf dem Wege durch das Füllmaterial führen Verteilungs- und Adsorptionsvorgänge zur Trennung des Gasgemisches. Am Ende der Säule werden die aufgetrennten Komponenten nacheinander registriert. Auch eine quantitative Bestimmung der Gasanteile ist möglich.

Schon geringste Unterschiede in den physikalischen Eigenschaften ermöglichen eine Trennung. Dies zeigt die gas-chromatografische Trennung von *Isomeren.*

Auch flüssige und unzersetzt verdampfbare Feststoffe können gas-chromatografisch getrennt werden. Hierzu erhitzt man die Säule auf Temperaturen, die oberhalb der Siedetemperaturen der zu trennenden Stoffe liegen.

Mit modernen Gas-Chromatografen können Stoffe noch in Konzentrationen von weniger als 10^{-6} ppm nachgewiesen werden. Häufig sind Massenspektrometer nachgeschaltet, sodass man auch Aussagen über die Struktur der einzelnen Bestandteile einer Probe machen kann. Umweltanalytik, Luft- und Gewässeruntersuchungen, Dopinganalysen, Reinheitsbestimmungen und die Identifizierung von Stoffen sind vornehmliche Anwendungsbereiche der Gas-Chromatografie.

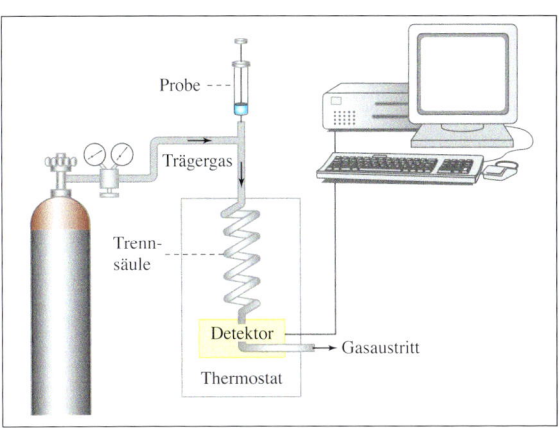

Abb. 19.1 Apparatur zur Gas-Chromatografie

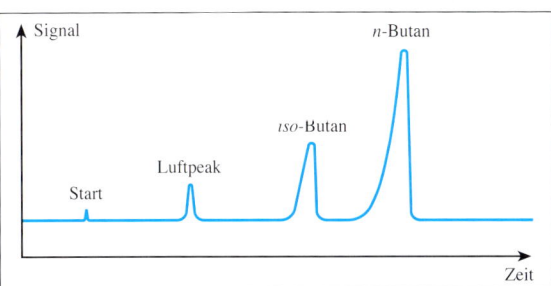

Abb. 19.2 Gas-Chromatogramm der Butan-Isomere. Die Anteile der einzelnen Fraktionen im Gemisch werden durch die Flächen unter der Kruve wiedergegeben.

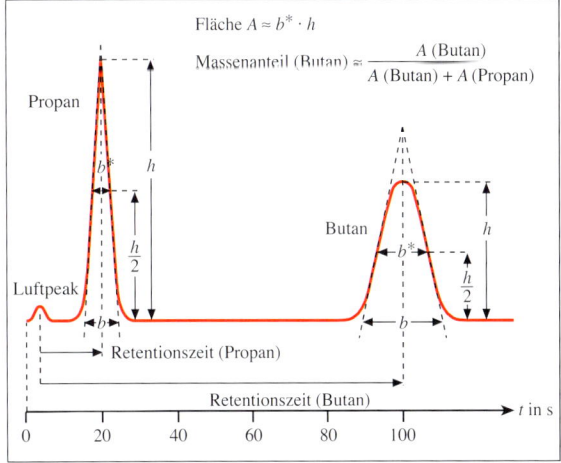

Abb. 19.3 Auswertung eines Gas-Chromatogramms

V 19.1 Trennung der Butan-Isomere
5 ml bis 10 ml Butan (Camping- oder Feuerzeuggas) (F+) werden mit einer Injektionsspritze in den Wasserstoffstrom (F+) einer Trennsäule gespritzt. Die fast farblos brennende Flamme des Wasserstoffs am Ende der Säule leuchtet nach kurzer Zeit zweimal auf. Welche Fraktion bildet den größten Anteil?

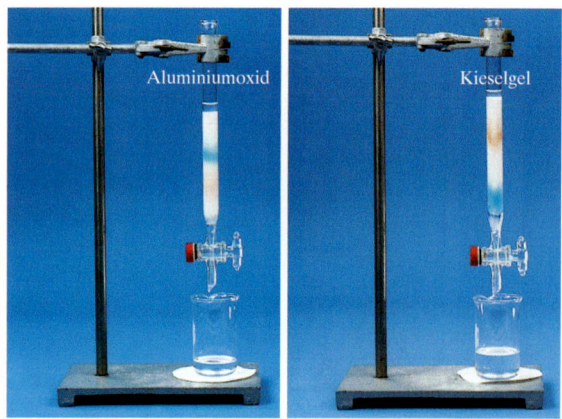

Abb. 20.1 Säulen-Chromatografie von Methylenblau und Methylrot

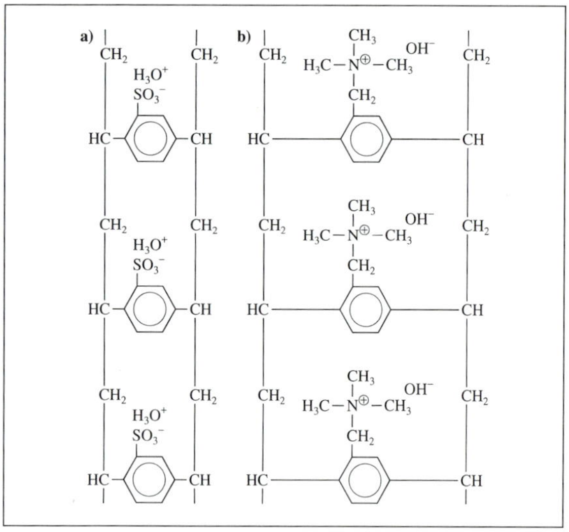

Der russische Botaniker TSWETT entwickelte bereits 1903 ein Analysenverfahren zur Trennung von Blattfarbstoffen. Als Trennsäule diente ein Glasrohr mit pulverisiertem Calciumcarbonat, das in Petrolether aufgeschlämmt war. Auf diese Säule gab er einen Petrolether-Extrakt aus grünen Blättern. Die **Säulen-Chromatografie** eignet sich besonders zur Reinigung und Isolierung größerer Stoffmengen. Anstelle von Kalk verwendet man heute Kieselgel, Cellulose, Stärke und Aluminiumoxid als Trägermaterialien. In der Trennsäule stellen sich für die einzelnen Komponenten unterschiedliche Gleichgewichte ein. Je weniger sich eine Substanz in der stationären flüssigen Phase löst (bzw. je weniger sie am Füllmaterial adsorbiert wird) und je leichter sie sich im Fließmittel löst, umso schneller fließt sie mit der mobilen Phase durch die Säule.

Die **Ionenaustausch-Chromatografie** beruht darauf, dass die Austauschgleichgewichte von der Ladung und der Größe der Ionen abhängig sind. Lässt man beispielsweise ein zu trennendes Gemisch durch eine Trennsäule laufen, die mit einem Kationenaustauscher gefüllt ist, so werden die Kationen der Mischung gebunden, während die Anionen und ungeladene Komponenten ungehindert durch die Säule laufen. Durch Zugabe einer Salzlösung werden die Kationen anschließend in Abhängigkeit von ihrer *Ionenstärke* verdrängt und in Fraktionen eluiert.

Organische Ionenaustauscher sind makromolekulare Feststoffe mit besonderen funktionellen Gruppen. Ionenaustauscher werden oft verwendet, um Wasser zu demineralisieren. *Kationenaustauscher* enthalten meistens Sulfonsäure-Gruppen ($-SO_3H$) oder Carboxyl-Gruppen ($-COOH$), die an ein makromolekulares Gerüst gebunden sind. Der polare Wasserstoff dieser Säuren reagiert in einer Säure/Base-Reaktion mit Wasser zu Säureanionen und Hydronium-Ionen. Der Kationenaustauscher liegt dann in der *H^+-Form* vor. Die elektrostatisch an die Säureanionen gebundenen Hydronium-Ionen können in einer Gleichgewichtsreaktion gegen Kationen der Lösung ausgetauscht werden. *Anionenaustauscher* enthalten quartäre Ammonium-Gruppen ($-NR_3^+$). In der *OH^--Form* sind die positiven Ladungen der Ammonium-Gruppen durch Hydroxid-Ionen neutralisiert. Die Hydroxid-Ionen können gegen Anionen einer Lösung ausgetauscht werden.

Abb. 20.2 Ionenaustauscher. **a)** Kationenaustauscher (Polystyrolsulfonsäure-Harz in der H^+-Form), **b)** Anionenaustauscher (Polystyrolammonium-Harz in der OH^--Form).

Elektrophorese. Die Wanderung von Ionen in elektrischen Feldern ist je nach ihrem Bau und ihrer Ladung verschieden. Verfahren, die dies zur Trennung nutzen, werden als elektrophoretische Trennverfahren bezeichnet. Bei der *Papier-Elektrophorese* dient Fließpapier als Trägermaterial. Um eine gleichmäßige Ionenwanderung zu ermöglichen, wird es mit einer Pufferlösung getränkt. Man arbeitet mit Gleichspannungen von 150 V–500 V. Mit höheren Spannungen kann man die Trennzeit verkürzen. Die Anlage muss dann aber gekühlt werden.

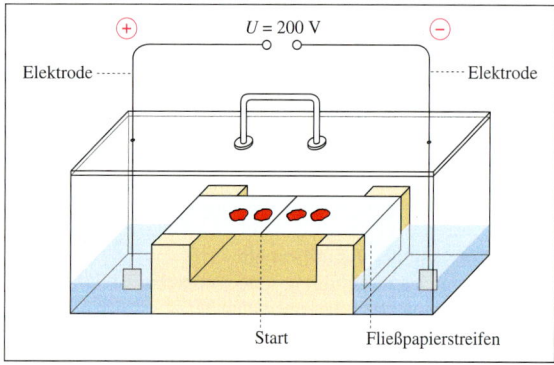

Abb. 20.3 Elektrophoresekammer

Zusätzliche Aufgaben

A 21.1 Würfelförmig, oktaedrisch und tetraedrisch geformte Kristalle gehören zum kubischen Kristallsystem. Erläutern Sie diese Feststellung.

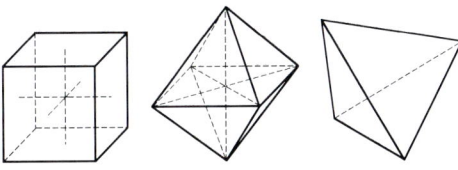

A 21.2 Das Schmelz- und Kristallisationsverhalten von Legierungen aus Cadmium und Bismut ist im unten dargestellten Schmelzdiagramm wiedergegeben. Darin bedeuten die Bereiche

I: homogene Schmelze aus beiden Metallen,

II: festes Cadmium neben homogener Schmelze,

III: festes Bismut neben homogener Schmelze,

IV· kristallines Gemisch aus Cadmium und Bismut.

a) Welche Bedeutung haben die Punkte A, B und C im Diagramm?

b) Welche Vorgänge laufen ab, wenn eine homogene Schmelze mit einem Anteil von etwa 30 % bzw. 90 % Bismut langsam abgekühlt wird?

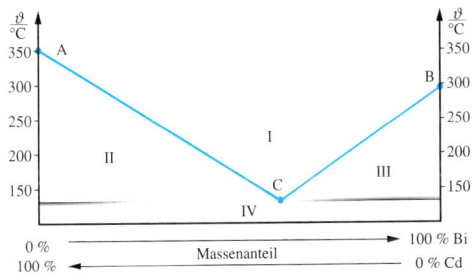

A 21.3 In einer Stahlflasche, die ein Innenvolumen von zehn Litern besitzt, befindet sich gasförmiger Wasserstoff. Am Manometer wird der Druck von 106 bar abgelesen. Die Flaschentemperatur beträgt 20 °C.

a) Welche Masse an Wasserstoff befindet sich in der Flasche?

b) Welches Wasserstoffvolumen kann bei normalem Luftdruck entnommen werden?

A 21.4 Eine Gasportion wird über Wasser aufgefangen. Sie besitzt bei 1025 hPa und 24 °C das Volumen von 85 ml. Bearbeiten Sie folgende Fragen mithilfe des Nomogramms auf Seite 13.

a) Welches Volumen nimmt der Wasserdampf ein?

b) Welches Volumen besitzt das trockene Gas bei 0 °C und 1013 hPa?

A 21.5 Das Phasendiagramm des Wassers sieht in der Nähe des Tripelpunkts folgendermaßen aus:

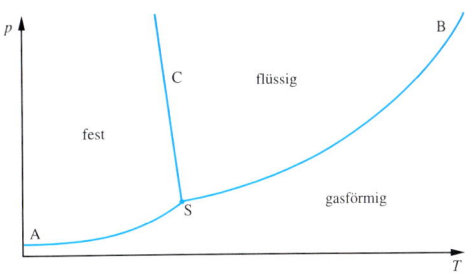

a) Welche Bedeutung haben im Diagramm die Kurvenäste AS, BS und CS?

b) Was kennzeichnet den Tripelpunkt S?

c) Welcher Kurvenast wird als Sublimationskurve bezeichnet?

d) Warum ist es grundsätzlich nicht möglich, flüssiges Wasser durch noch so starke Druckerhöhung in Eis zu überführen?

A 21.6 Flüssige Luft ist – bezogen auf die Teilchenzahl – ein Gemisch aus etwa 21 % Sauerstoff und 78 % Stickstoff und 1 % Argon. Lässt man flüssige Luft bei Atmosphärendruck in einem offenen Gefäß längere Zeit stehen, dann erhält man im Laufe der Zeit flüssigen Sauerstoff.

a) Erklären Sie dieses Phänomen mithilfe des Siedediagramms von Sauerstoff/Stickstoff-Gemischen.

b) Erläutern Sie am Siedediagramm das Prinzip der fraktionierten Destillation.

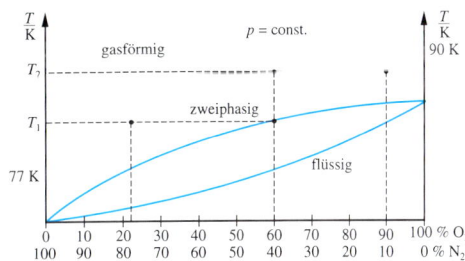

A 21.7 In 100 ml Pentan-1-ol sind 0,88 g reines Wasserstoffperoxid (H_2O_2) gelöst. Die Lösung wird mit 15 ml Wasser intensiv geschüttelt.

Wie viel Gramm Wasserstoffperoxid bleiben im Alkohol, wenn der Verteilungskoeffizient des Wasserstoffperoxids zwischen Wasser und Pentan-1-ol $K = 7,0$ ist?

DER BAU DER ATOME

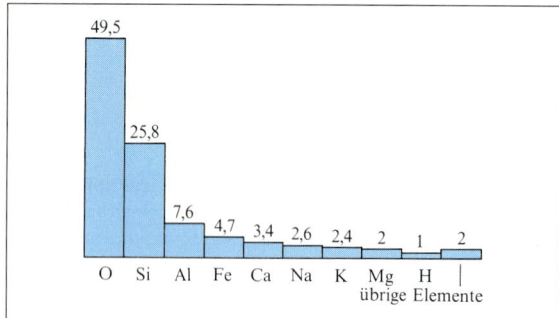

Abb. 22.1 Häufigkeit einiger Elemente in der Erdrinde in %

Stoff	Schmelz-temperatur in °C	Siede-temperatur in °C
Blei	372	1740
Sauerstoff	−219	−183
Schwefel	119	445
Kohlenstoff-disulfid	−111	46
Benzoesäure	122	249

Tab. 22.2 Physikalische Daten einiger Reinstoffe

V 22.1 Bestimmung der Schmelztemperatur
Einige Kristalle Harnstoff werden in ein Schmelzpunktsbe-stimmungsröhrchen gegeben. Erwärmen Sie die Kristalle im Schmelzpunktsbestimmungsapparat langsam, und stellen Sie die Temperatur fest, bei der Harnstoff plötzlich schmilzt.

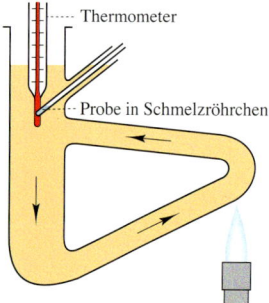

Der Gedanke, dass Materie aus Teilchen aufgebaut ist, wurde schon früh gefasst. Von den griechischen Philosophen LEUKIPP und DEMOKRIT des 5. Jahrhunderts v. Chr. ist überliefert, dass sie die Existenz kleinster unteilbarer Teilchen annahmen. Diese Teilchen nannten sie Atome (Unteilbare). Sie schrieben ihnen unterschiedliche Formen zu und versuchten so, die Eigenschaften der verschiedenen Stoffe zu erklären.

Das Teilchenmodell vom Aufbau der Materie gewann aber erst später, nämlich in der Neuzeit, Bedeutung, als man gelernt hatte, auf der Grundlage von Experimenten – und nicht ausgehend von vorgefassten Meinungen – Aussagen über die Natur zu machen. Von besonderer Bedeutung war in diesem Zusammenhang die Entwicklung des modernen Elementbegriffs.

5 Elemente und Verbindungen

Einige Beispiele haben uns gezeigt, wie man in der Chemie physikalische Methoden anwendet, um Gemenge in Reinstoffe zu zerlegen. Jeder **Reinstoff** ist durch einen Satz physikalischer Daten gekennzeichnet. Die Wichtigsten unter ihnen wie Schmelz- und Siedetemperaturen sind in Tabellen gesammelt. Sie helfen bei der Identifizierung rein dargestellter Stoffe und zur Feststellung ihres Reinheitsgrades. Heute sind etwa zehn Millionen Verbindungen bekannt.

Eine für den Chemiker besonders wichtige Einteilung der Reinstoffe ist die in **Elemente** und **Verbindungen.** Elemente oder Grundstoffe lassen sich nicht in andere Stoffe zerlegen. Als Verbindungen bezeichnet man Stoffe, die aus Elementen aufgebaut sind und die sich durch ihre einheitlichen physikalischen Eigenschaften als ein einziger Stoff erweisen.

In der Entwicklung der Chemie hat es lange gedauert, bis die vielfältigen Erfahrungen, die man beim Experimentieren gewann, zu einem definierten Elementbegriff führten. Einer der Ersten, der eine solche Definition aussprach, war BOYLE. Er schreibt 1661 in seinem Werk „The Sceptical Chemist":

Ich verstehe unter einem Element gewisse ursprüngliche, einfache, vollkommen unvermischte Körper; sie bestehen nicht aus irgendwelchen anderen Körpern, noch eines aus dem anderen. *Sie sind Bestandteile, aus denen alle jene, welche vollkommen gemischte Körper genannt werden, zusammengesetzt sind und in welche sie letztlich aufgelöst werden.*

Diese von BOYLE präzis gefasste Unterscheidung von Element und Verbindung erwies sich in der Folgezeit als ein fruchtbarer Ansatz zur Erforschung des Aufbaus der Materie. Bis heute sind über 100 Elemente bekannt, von denen 90 natürlich vorkommen und die restlichen künstlich hergestellt werden können. Aus diesen Elementen bauen sich alle Verbindungen auf, und in sie können alle Verbindungen zerlegt werden.

Durch *Synthese* und *Analyse* von Verbindungen wurden Erfahrungen über die chemischen Eigenschaften der Elemente gewonnen. Hierzu gehören Kenntnisse darüber, welche Elemente sich miteinander verbinden und in welchen *Massenverhältnissen* sie dies tun. LOMONOSSOW (1711–1765) und LAVOISIER (1743–1794) führten frühzeitig quantitative Experimente durch und fanden das **Gesetz von der Erhaltung der Masse,** das zum Ausdruck bringt, dass bei chemischen Reaktionen nichts von den beteiligten Stoffen verlorengeht.

PROUST formulierte 1799 das **Gesetz von den konstanten Massenverhältnissen,** nach dem jede Verbindung ihre Elemente in einem stets gleich bleibenden Massenverhältnis enthält. NERNST schreibt 1893 hierzu:

Man kann für jedes Element eine Zahl finden, die wir das Verbindungsgewicht nennen und die die Standard-Einheit für die Menge des Elementes ist, mit der es in alle seine verschiedenen Verbindungen eingeht. Die Mengen der verschiedenen Elemente stehen entweder im genauen Verhältnis ihrer Verbindungsgewichte zueinander oder in einfachen Vielfachen davon.

Im letzten Satz nimmt NERNST Bezug auf das **Gesetz der multiplen (vielfachen) Proportionen** (Massenverhältnisse). Dieses wurde schon 1802 von DALTON formuliert, nachdem er eine Reihe von Verbindungen analysiert hatte, in denen zwei Elemente in unterschiedlichen Massenverhältnissen miteinander verbunden sind:

Wenn zwei Elemente mehrere Verbindungen miteinander bilden, so stehen die Massen des einen Elements, die sich mit einer bestimmten Masse des anderen Elements verbinden, im Verhältnis einfacher ganzer Zahlen.

Die Gesetze von den Massenverhältnissen in chemischen Verbindungen bilden die Grundlage der **Stöchiometrie,** die sich mit der Ermittlung der quantitativen Zusammensetzung von Verbindungen befasst. Wegen dieser Beziehung zur Stöchiometrie werden die Gesetze von den Massenverhältnissen auch als *stöchiometrische Grundgesetze* bezeichnet. Sie fassen Erfahrungen zusammen, die bei den Untersuchungen vieler Verbindungen gemacht wurden ohne eine Erklärung für den von ihnen beschriebenen Sachverhalt. Sie stellen aber eine Herausforderung dar, nach einer Erklärung für die Gesetze von den Massenverhältnissen zu suchen.

A 23.1 Die Menge von 1,5 g Bleioxid gibt beim Erhitzen auf 550°C das Volumen von 50 ml Sauerstoff ab. Erhitzt man das dabei entstehende rote Bleioxid längere Zeit auf 750°C, so gewinnt man nochmals 25 ml Sauerstoff. Das so entstandene gelbe Bleioxid wird durch 150 ml Wasserstoff vollständig zu Blei reduziert.

Alle Gasvolumina sind auf 25°C bezogen.

Bestimmen Sie aus diesen Angaben das Verhältnis der Sauerstoffmengen (Volumenanteile), die mit derselben Masse Blei in den verschiedenen Bleioxiden verbunden sind.

V 23.2 Massenverhältnis der Elemente im schwarzen Kupferoxid

3 g getrocknetes Kupferoxid werden im Wasserstoffstrom (F+) reduziert.

Bestimmen Sie die Masse des Kupfers.

V 23.3 Massenverhältnis der Elemente im roten Kupferoxid

0,3 g rotes Kupferoxid (Cu_2O) (Xn) werden in einer Kolbenproberapparatur mit reinem Sauerstoff zu schwarzem Kupferoxid oxidiert. Stellen Sie den damit verbundenen Sauerstoffverbrauch fest. Anschließend wird die Apparatur mit Wasserstoff (F+) durchspült und das schwarze Kupferoxid zu Kupfer reduziert.

Hinweise: Käufliches rotes Kupferoxid muss vor dem Versuch im Stickstoffstrom ausgeglüht werden. Das Volumen des entstehenden flüssigen Wassers kann vernachlässigt werden. Der Anteil des Wasserdampfes lässt sich nach dem Partialdruckgesetz berechnen.

a) Bestimmen Sie aus den Versuchsergebnissen das Verhältnis der Sauerstoffmengen (Massenanteile), die sich mit ein und derselben Masse Kupfer in den verschiedenen Kupferoxiden verbinden.

b) Wie kann aus den Ergebnissen bei Kenntnis der Atommassen auf die Verhältnisformeln der Kupferoxide geschlossen werden?

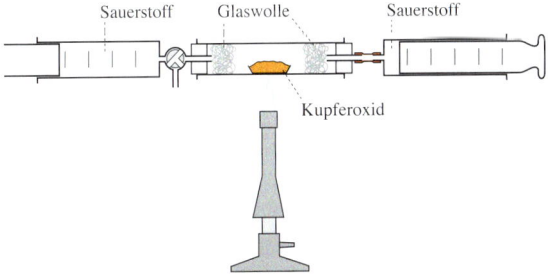

Sauerstoff   Glaswolle   Sauerstoff

Kupferoxid

LV 23.4 Reduktion von braunem Bleioxid

Breiten Sie braunes Bleioxid (T, N) auf einer Eisenplatte zu einem halbkreisförmigen Fleck von etwa 5 cm Radius aus. Zeichnen Sie vom Mittelpunkt der Kreisfläche aus radial angeordnete Striche mit Thermochromstiften (100°C bis 360°C). Erhitzen Sie nun von unten die Eisenplatte im Zentrum der Kreisfläche mit der Brennerflamme.

Bei welcher Temperatur geht das braune Bleioxid in rotes Bleioxid (Mennige) über? Bei welcher Temperatur bildet sich gelbes Bleioxid?

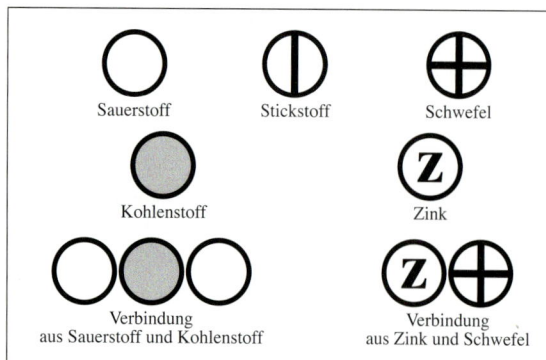

Abb. 24.1 Einige Symbole und „Formeln" DALTONS

"The chemical signs ought to be letters, for the greater facility of writing, and not to disfigure a printed book. Though this last circumstance may not appear of any great importance, it ought to be avoided whenever it can be done. I shall take, therefore, for the chemical sign, the initial letters of the Latin name of each elementary substance: but as several have the same initial letter, I shall distinguish them in the following manner: ... by writing the first two letters of the word".

Abb. 24.2 Textprobe. Aus "On the Chemical Signs, and the Method of employing them to express Chemical Proportions" von BERZELIUS.

Table of the relative weights of the ultimate particles of gaseous and other bodies			
Hydrogen	1	Nitrous oxide	13,7
Azot	4,2	Sulphur	14,4
Carbone	4,3	Nitric acid	15,2
Ammonia	5,2	Sulphuretted hydrogen	15,4
Oxygen	5,5		
Water	6,5	Carbonic acid	15,3
Phosphorus	7,2	Alcohol	15,1
Phosphuretted hydrogen	8,2	Sulphureous acid	19,9
		Sulphuric acid	25,4
Nitrous gas	9,3	Carburetted hydrogen from stag. water	6,3
Ether	9,6		
Gaseous oxide of carbone	9,8	Olefiant gas	5,3

Tab. 24.3 Tabelle der „Teilchengewichte" von DALTON

---

6 DALTONS Atomhypothese

Die stöchiometrischen Gesetze bildeten den Anlass zur Entwicklung einer ersten experimentell fundierten Atomhypothese. Zwar kann durch diese Gesetze nicht zwingend auf eine atomare Struktur der Materie geschlossen werden, die Gesetze lassen sich jedoch auf der Grundlage einer Atomhypothese erklären.

In seinem Werk „A New System of Chemical Philosophy" erläutert DALTON 1808 das *Gesetz der multiplen Proportionen* und damit die Grundlagen seiner Atomhypothese. Die wesentlichen Aussagen lassen sich folgendermaßen zusammenfassen:

- Die Atome sind unveränderlich.
- Die Atome ein und desselben Elements sind untereinander gleich.
- Unterschiedliche Elemente enthalten Atome von unterschiedlicher Masse.

Über die Art der chemischen Vorgänge sagt DALTON: *Die chemische Analyse und Synthese gehen nicht weiter als bis zur Trennung und Wiedervereinigung der Atome. Keine Neuerschaffung des Stoffes liegt im Bereich chemischer Wirkung.*

DALTON wendet auch schon **Symbole** zur Bezeichnung chemischer Elemente an. Sie bestehen aus kleinen Kreisen, in die zur Unterscheidung Punkte und Striche eingetragen sind. Ein Zusammenhang zwischen der Kreisform der Symbole und der angenommenen Kugelgestalt der Atome liegt nahe.

Um Verbindungen zu symbolisieren, kombiniert DALTON einzelne Elementsymbole zu geometrischen Figuren. Aus den Gewichtsverhältnissen, die sich bei der Analyse von Verbindungen ergaben und aus einer von ihm erstmalig aufgestellten „Atomgewichts"-Tabelle bestimmte DALTON die *Atomanzahlverhältnisse,* in denen die Atome der verschiedenen Elemente in ihren Verbindungen enthalten sind. Obwohl die meisten Werte und Formeln DALTONS nach dem heutigen wissenschaftlichen Verständnis nicht richtig sind, ist der von ihm eingeschlagene Weg von fundamentaler Bedeutung für die weitere Entwicklung der modernen Chemie als Wissenschaft.

BERZELIUS schlug 1814 die moderne, heute noch übliche Symbolschreibweise als ein Buchstaben-Ziffern-System vor. In ihm besitzt jedes Element ein besonderes Zeichen, das zumeist von den griechischen oder lateinischen Namen der Elemente abgeleitet ist. So stammt das Symbol H für Wasserstoff vom Namen *Hydrogenium* und das Symbol O für Sauerstoff von *Oxygenium.*

Die Elementsymbole werden zu **Verhältnisformeln** zusammengestellt, während die Ziffern das Atomanzahlverhältnis angeben.

7 Atommodell von THOMSON

In der Verwendung des Wortes „Atom" kommt zum Ausdruck, dass DALTON die Vorstellung von der Unteilbarkeit dieser Teilchen von den griechischen Naturphilosophen übernahm. Aber schon bald wurden Entdeckungen gemacht, die diese Annahme in Frage stellten. Ein in dieser Hinsicht bedeutungsvoller Schritt war die Entdeckung der *Kathodenstrahlen* im Jahre 1858. Diese Strahlen bilden sich an der Kathode einer GEISSLER-schen Röhre und breiten sich im Vakuum geradlinig aus. Sie lassen sich durch magnetische und elektrische Felder ablenken.

STONEY schloss 1881 aus Versuchen mit Kathodenstrahlen, dass die negative elektrische Ladung an ein Elementarteilchen gebunden ist, das er **Elektron e** nannte. Den Teilchencharakter der Strahlung folgerte er unter anderem aus der Tatsache, dass sich Materie erwärmt, wenn sie von Kathodenstrahlen getroffen wird.

Aus Ablenkungsversuchen bestimmte J.J.THOMSON 1897 erstmalig das Verhältnis von Ladung und Masse der Elektronen, ihre *spezifische Ladung*:

$$\frac{e}{m_e} = 1{,}7588 \cdot 10^{11} \text{ C} \cdot \text{kg}^{-1}$$

Die Ladung der Elektronen war schon vorher durch HELMHOLTZ aus Ergebnissen von Eletkrolyseversuchen berechnet worden. Dabei griff er auf ein Gesetz zurück, das FARADAY 1883 bei der quantitativen Untersuchung von Eletrolysevorgängen gefunden hatte:

Die bei einer Elektrolyse abgeschiedene Stoffmenge ist der benötigten Ladung proportional.

Zur Abscheidung von einem Mol eines Stoffes ist immer die Ladungsmenge $F = 9{,}6485 \cdot 10^4 \text{ C} \cdot \text{mol}^{-1}$ oder ein ganzzahliges Vielfaches hiervon erforderlich. Dividiert man die FARADAY-Konstante F durch die AVOGADRO-Konstante $N_A = 6{,}022 \cdot 10^{23} \text{ mol}^{-1}$, so ergibt sich für die Ladung eines Elektrons die Elementarladung $e^- = 1{,}6022 \cdot 10^{-19}$ C.

Aus der spezifischen Ladung der Elektronen und der Elementarladung berechnet man die Elektronenmasse:

$$m_e = 9{,}1094 \cdot 10^{-31} \text{ kg}$$

Die Masse des Elektrons beträgt also nur $\frac{1}{2000}$ der Masse eines Wasserstoff-Atoms.

Da bei einer Elektrolyse Ladungen von Atomen aufgenommen und abgegeben werden, die dem Betrage nach der Ladung eines Elektrons entsprechen, kann man annehmen, dass Elektronen Bestandteile von Atomen sind. So lässt sich beispielsweise der Übergang von Zink-Ionen in Zink durch die Aufnahme von Elektronen beschreiben:

$$\text{Zn}^{2+} \text{ (aq)} + 2 \text{ e}^- \rightarrow \text{Zn (s)}$$

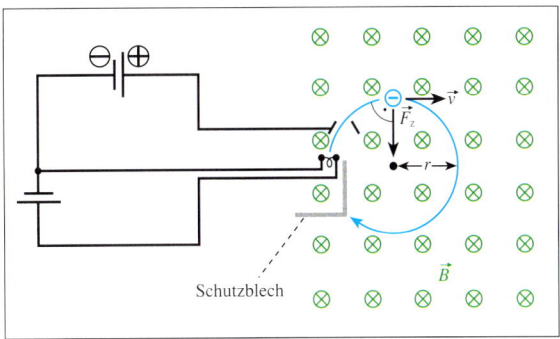

Abb. 25.1 Fadenstrahlrohr. Ein Teilchen mit der Ladung q, das sich mit der Geschwindigkeit v senkrecht zu einem homogenen Magnetfeld bewegt, erfährt eine Kraft vom Betrag $F_{mag} = q \cdot v \cdot B$, die in jedem Punkt senkrecht zu seiner Bewegungsrichtung steht. Diese Kraft zwingt das Teilchen bei einer bestimmten Größe der magnetischen Flussdichte B auf eine Kreisbahn. Ist die Kreisbahn stabil, dann herrscht Gleichgewicht zwischen der Zentripetalkraft

$$F_z = \frac{m \cdot v^2}{r} \quad \text{und } F_{mag}:$$

$$F_z = F_{mag} \Leftrightarrow \frac{m \cdot v^2}{r} = q \cdot v \cdot B \Leftrightarrow v^2 = \frac{q^2 \cdot r^2 \cdot B^2}{m^2}$$

Die Geschwindigkeit v ergibt sich aus der kinetischen Energie des Teilchens, die der Beschleunigungsspannung proportional ist:

$$W_{kin} = q \cdot U = \frac{m \cdot v^2}{2} \Leftrightarrow v^2 = \frac{2 \cdot q \cdot U}{m}; \quad q = e$$

Durch Gleichsetzen ergibt sich die Beziehung:

$$\frac{e}{m} = \frac{2 \cdot U}{B^2 \cdot r^2}$$

Die Beschleunigungsspannung U und der Bahnradius r sind Messgrößen. Die magnetische Flussdichte B ist der magnetischen Feldstärke H proportional: $B = \mu_0 \cdot H$. Die magnetische Feldstärke berechnet man aus der Stärke des die Spule durchfließenden Stroms I, der Windungszahl der Spule N und der Spulenlänge l (Abstand der beiden Spulen voneinander) nach der Formel:

$$H = \frac{I \cdot N}{l}$$

Die magnetische Feldkonstante μ_0 besitzt den Wert $1{,}257 \cdot 10^{-6} \text{ V} \cdot \text{s} \cdot \text{A}^{-1} \cdot \text{m}^{-1}$.

A 25.1 Teilchen sind von 200 V beschleunigt worden und beschreiben in einem Magnetfeld der Flussdichte $B = 9{,}5 \cdot 10^{-4} \text{ V} \cdot \text{s} \cdot \text{m}^{-2}$ einen Kreis mit dem Radius 5 cm. Berechnen Sie die spezifische Ladung der Teilchen. Um welche Teilchensorte könnte es sich handeln?

Abb. 26.1 Fotoplatte von BECQUEREL, die zur Entdeckung der Radioaktivität führte.

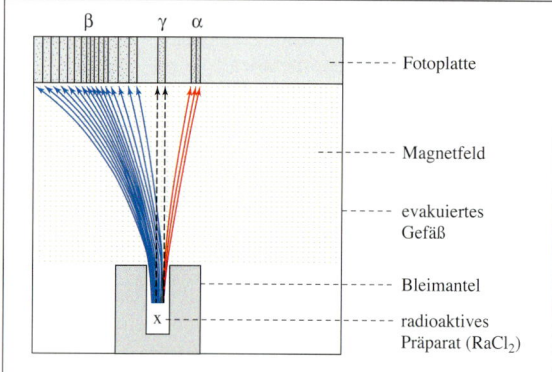

Abb. 26.2 Aufspaltung eines radioaktiven Strahls im Magnetfeld

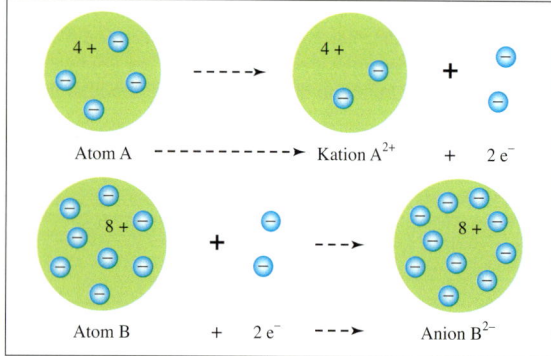

Abb. 26.3 Darstellung von Elektronenübergängen im THOMSONschen Atommodell

LV 26.1 Autoradiogramm
Etwa 1 g Uranylacetat (oder Uranoxid) (T+, N) wird in einer Vertiefung verteilt, die in eine Linoleumplatte geschnitten wurde. Ein Stück Röntgenfilm, der durch Papier vor Belichtung geschützt ist, wird etwa 24 Stunden lang auf diese Stelle gelegt. Danach gibt man den Film zum Entwickeln. Das fertige Bild nennt man ein Autoradiogramm.

Weitere Vorstellungen vom Bau der Atome konnten nach der Entdeckung der **Radioaktivität** durch BECQUEREL 1896 gewonnen werden. Viele Elemente mit sehr hohen Atommassen senden unsichtbare Strahlen aus, die Materie durchdringen, Fotoplatten schwärzen und Luft ionisieren. Diese Strahlen werden *radioaktive Strahlen* genannt.

Das Ehepaar CURIE isolierte 1898 Verbindungen der stark strahlenden Elemente *Polonium* und *Radium*. Eine kleine Menge Radiumchlorid stellten sie für Forschungszwecke zur Verfügung. An einem solchen Präparat erforschte RUTHERFORD 1903 die Art der radioaktiven Strahlen. Hierzu brachte er das Präparat in einen Bleiblock, dessen Deckel ein sehr enges Loch aufwies, durch das Strahlung austreten konnte. Senkrecht zur Ausbreitungsrichtung der Strahlen legte er ein Magnetfeld an. Auf einem Leuchtschirm konnte erkannt werden, dass der radioaktive Strahl in drei Komponenten getrennt wird.

Weitere Untersuchungen ergaben: Ein Teil der Strahlung besteht aus Masseteilchen mit positiver Ladung. Diese **α-Strahlen** erweisen sich als energiereiche Helium-Ionen He^{2+}.

Der Teil der Strahlung, der in die entgegengesetzte Richtung abgelenkt wird, besteht aus negativ geladenen Teilchen von unterschiedlicher Energie. Diese ***β*-Strahlung** konnte als Elektronenstrahlung erkannt werden.

Die dritte Strahlenart wird vom Magnetfeld nicht beeinflusst. Es handelt sich hierbei um eine sehr energiereiche elektromagnetische Strahlung, die den Röntgenstrahlen ähnlich ist. Man nennt sie ***γ*-Strahlung.**

Der Ursprung der radioaktiven Strahlen sind Atome. Als wesentlicher Befund steht fest, dass Atome unter gewissen Bedingungen auch sehr massereiche Teilchen, Helium-Ionen, abgeben können, die positiv geladen sind, und deren Ladung doppelt so groß ist wie die eines Elektrons.

Diese Befunde verarbeitete J. J. THOMSON 1904 zu einem Atommodell, das noch sehr an die Vorstellungen DEMOKRITS erinnert, aber in wesentlichen Teilen über sie hinausgeht.

Er stellte sich Atome als kleine Massekügelchen vor, in denen die positive Ladung über das ganze Volumen gleichmäßig verteilt ist. In diese positiv geladene Kugel sollten Elektronen eingebettet sein und sich wegen ihrer gleichartigen Ladung gleichmäßig über die Kugel verteilen.

Mit diesem Modell konnte die Entstehung von Ionen aus neutralen Atomen beschrieben werden. Warum aber Elektronen neutrale Atome verlassen und sich anderen neutralen Atomen anschließen, konnte in diesem Modell keine Erklärung finden. Ebensowenig gab es Auskunft darüber, warum manche Atome α-Teilchen als radioaktive Strahlen aussenden, und woher die hohe Energie der Teilchen stammt.

8 Atommodelle von LENARD und RUTHERFORD

Die entscheidende Korrektur erhielt das THOMSONsche Atommodell durch Ergebnisse, die LENARD 1903 aus Streuversuchen mit Elektronenstrahlen gewann. Er erkannte, dass dünne Materieschichten für Kathodenstrahlen durchlässig sind. Berechnungen ergaben, dass der Hauptteil der Materie im Atom auf einen Raum von nur 10^{-14} m Durchmesser konzentriert ist, während sich ein verschwindend kleiner Rest auf den übrigen Teil des Atoms verteilt, der einen zehntausendfach größeren Durchmesser besitzt.

Um den Aufbau der Atome genauer zu erforschen und Angaben über die tatsächliche Masseverteilung in Atomen zu gewinnen, führte RUTHERFORD 1905 bis 1913 ebenfalls Streuversuche an dünnen Metallfolien durch. Im Unterschied zu LENARD verwendete er α-Teilchen der radioaktiven Strahlung.

Aus den experimentellen Befunden entwickelte RUTHERFORD das nach ihm benannte Atommodell. Danach besteht ein Atom aus einem **Atomkern,** der fast die gesamte Masse des Atoms enthält, und einer **Atomhülle,** die den Kern umgibt. Der Atomkern ist positiv geladen. Die Atomhülle enthält Elektronen, die mit ihrer negativen Ladung die Kernladung kompensieren. Entsprechend den Gesetzen der Elektromechanik nahm RUTHERFORD an, dass die Elektronen um den Atomkern kreisen. Die dabei auftretende Fliehkraft sollte die Anziehung zwischen Kern und Elektron aufheben.

J. J. THOMSON konnte das RUTHERFORDsche Atommodell durch Ergebnisse der von ihm entwickelten *Parabelspektroskopie* vervollständigen. Bei diesem Verfahren, das ein Vorläufer der heutigen **Massenspektroskopie** ist, werden Substanzproben im Vakuum verdampft und ionisiert. Die durch eine Kathode beschleunigten Ionen bilden einen *Kanalstrahl,* der ein elektrisches und ein magnetisches Feld durchläuft. Hier werden die Ionen entsprechend ihrer spezifischen Ladung getrennt. Auf einem Film oder Leuchtschirm entstehen dort, wo die beschleunigten Ionen auftreffen, so genannte Ablenkungsparabeln. Jeder der THOMSONschen *Ablenkungsparabeln* ist eine bestimmte spezifische Ladung der Teilchen zuzuordnen.

Beim Wasserstoff bilden **Protonen p** den Kanalstrahl. Aus der Ablenkung dieser Teilchen ergibt sich ihre positive Ladung und ihre spezifische Ladung:

$$\frac{e^+}{m_\mathrm{p}} = 9{,}5790 \cdot 10^7 \, \mathrm{C} \cdot \mathrm{kg}^{-1}$$

Da die Ladung eine Protons dem Betrag nach der Elementarladung entspricht, folgt:

$$m_\mathrm{p} = 1{,}6726 \cdot 10^{-27} \, \mathrm{kg}$$

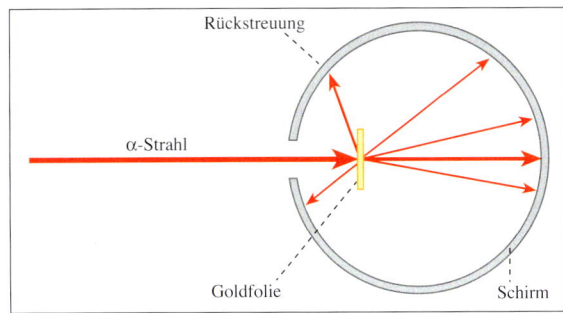

Abb. 27.1 RUTHERFORDscher Streuversuch. Die meisten α-Teilchen werden aus ihrer ursprünglichen Flugbahn nicht abgelenkt. Je näher aber ein α-Teilchen zufällig einem Atomkern kommt, desto stärker wird es gestreut. Bei zentraler Annäherung an einen Atomkern tritt Rückstreuung auf.

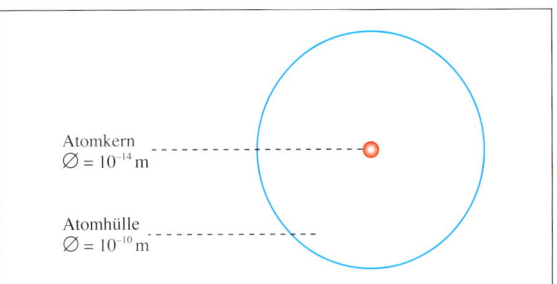

Abb. 27.2 LENARD-RUTHERFORDsches Atommodell. Das Größenverhältnis zwischen Kern- und Atomdurchmesser kann nicht annähernd dargestellt werden.

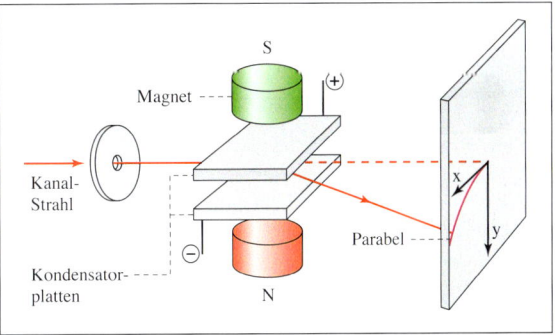

Abb. 27.3 Ermittlung der spezifischen Ladung von Ionen durch Parabelspektroskopie

A 27.1 Um eine Vorstellung von dem Größenverhältnis zwischen Kern- und Atomdurchmesser zu erhalten, soll der Kerndurchmesser in einem Atommodell mit 1 mm angenommen werden. Wie groß ist dann der Atomradius?

A 27.2 Informieren Sie sich in einem Physikbuch über die Ablenkung bewegter elektrischer Ladung durch magnetische und elektrische Felder.

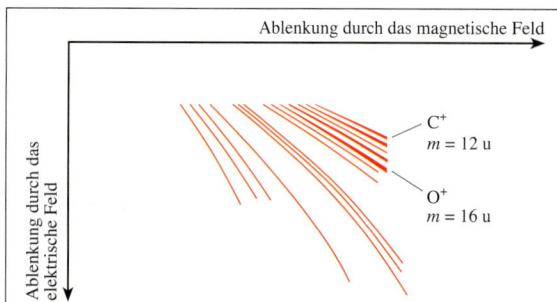

Abb. 28.1 THOMSONsche Ablenkungsparabeln eines Gemisches verschiedener Ionen

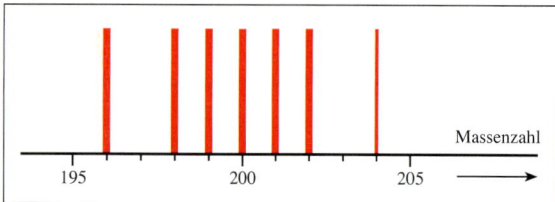

Abb. 28.2 Massenspektrogramm der Quecksilber-Isotope

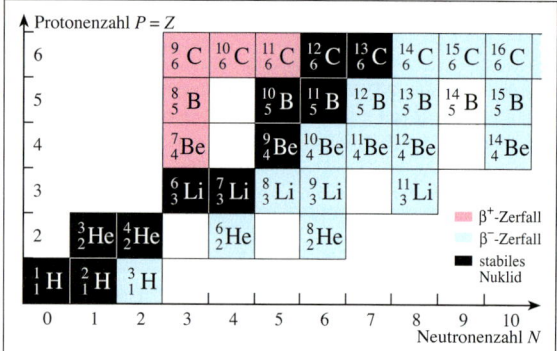

Abb. 28.3 Ausschnitt aus der Nuklidkarte. Nichtradioaktive Nuklide sind hervorgehoben.

A 28.1 Gewöhnliches Quecksilber enthält die im Massenspektrogramm angegebenen sieben Isotope.
a) Wie unterscheiden sich die Atomkerne dieser Isotope voneinander?
b) Berechnen Sie aus der relativen Isotopenhäufigkeit die mittlere Atommasse des Isotopengemischs.

Isotop	$^{196}_{80}$Hg	$^{198}_{80}$Hg	$^{199}_{80}$Hg	$^{200}_{80}$Hg	$^{201}_{80}$Hg	$^{202}_{80}$Hg	$^{204}_{80}$Hg
Häufigkeit	0,2 %	10,1 %	16,8 %	23,1 %	13,2 %	29,8 %	6,8 %

A 28.2 Natürlicher Kohlenstoff setzt sich aus den Isotopen C-12 (98,89 %) und C-13 (1,108 %) zusammen. Berechnen Sie die durchschnittliche Atommasse.

Isotope und Nuklide. Die Angabe von Atommassen in Kilogramm führt zu schwer vergleichbaren Werten. Darum verwendet man die **atomare Masseneinheit.**

Die atomare Masseneinheit 1 u ist die Masse von $\frac{1}{12}$ eines Kohlenstoff-Atoms des Kohlenstoffisotops C-12. In dieser Einheit gemessen, beträgt die Masse eines Protons $m_p = 1,008$ u. In den meisten Fällen reicht jedoch der gerundete ganzzahlige Wert aus.

Der Name **Isotop** wurde 1902 von SODDY eingeführt, nachdem J. J. THOMSON am Element *Neon* Ionen unterschiedlicher Masse entdeckt hatte. Aufgrund parabelspektroskopischer Befunde hatte sich ergeben, dass es Neon-Atome von der Masse 20 u und solche von der Masse 22 u gibt. Als Isotop bezeichnet man die zu einem Element gehörigen Atomarten unterschiedlicher Masse.

Das Auffinden der Isotope anderer Elemente wurde erleichtert, als es MOSELEY 1913 gelang, die **Kernladungszahl Z** und damit die Anzahl der Protonen bei jedem Element exakt zu bestimmen. Bei der Untersuchung der Sekundärstrahlung, die beim Auftreffen von Röntgenstrahlen auf Materie entsteht, hatte MOSELEY einen Zusammenhang zwischen der Wellenlänge der kürzestwelligen Röntgenlinie und der Kernladungszahl der Elemente entdeckt.

Nun ergab sich, dass die Atommasse – gemessen in der Einheit u – bei vielen Elementen ungefähr doppelt so groß ist wie die Gesamtmasse aller Protonen in ihnen. Die Ganzzahligkeit der Differenz zwischen der Massenzahl und der Kernladungszahl einer Atomsorte führte RUTHERFORD 1920 zu der Annahme, dass ein zweites Kernteilchen existieren muss. Dieses Kernteilchen sollte etwa die Masse eines Protons, jedoch keine elektrische Ladung besitzen. Der Nachweis solcher Teilchen, die als **Neutronen n** bezeichnet werden, konnte erst im Jahr 1932 durch CHADWICK erbracht werden. Die Masse eines Neutrons ist $m_n = 1,008747$ u.

Die Isotope eines Elements unterscheiden sich hinsichtlich des Aufbaus ihrer Atomkerne nur in der Anzahl der Neutronen, nicht in der Anzahl der Protonen. So besitzen alle Neon-Atome zehn Protonen. In den Atomkernen des leichteren Isotops sind außerdem zehn Neutronen enthalten. Die Atomkerne des schweren Isotops besitzen zwölf Neutronen. Die meisten der natürlich vorkommenden Elemente sind **Isotopengemische.**

Protonen und Neutronen bezeichnet man zusammenfassend auch als **Nukleonen,** Kernbausteine. Die Gesamtzahl der Nukleonen einer Atomart wird als ihre **Massenzahl** bezeichnet. Die **Neutronenzahl** ergibt sich als Differenz zwischen Massenzahl und Protonenzahl. Eine Atomart, die sich im Bau ihres Kerns von anderen Atomarten unterscheidet, nennt man ein **Nuklid.** In der *Nuklidkarte* sind die verschiedenen Nuklide übersichtlich zusammengestellt.

9 Radionuklide und Kernreaktionen

Die meisten Nuklide mit großer Protonenzahl sind nicht stabil. Bestimmte Umlagerungen der Nukleonen im Kern führen zur Abgabe von α- oder β-Teilchen. Dabei gehen die Atomkerne in einen energieärmeren Zustand über. Dennoch sind die dabei entstehenden Nuklide oft noch instabil und geben weitere Energie in Form von γ-Strahlen ab. Nuklide, die radioaktiv sind, werden als **Radionuklide** bezeichnet.

Oft entsteht ein Radionuklid aus einem anderen Nuklid, und es bilden sich **Zerfallsreihen.** Man kennt drei „natürliche" Zerfallsreihen. Sie gehen von Isotopen des *Thoriums* und des *Urans* aus. Als letzte stabile Umwandlungsprodukte bilden sich *Blei*-Isotope.

Die Aussendung von α- und β-Strahlen ist mit einer Kernumwandlung verbunden, die auch als **Kernreaktion** bezeichnet wird. Beim α-Zerfall nimmt die Masse eines Atomkerns um 4 u ab. Seine Kernladungszahl vermindert sich um zwei Einheiten. Es entsteht also ein Element, das im Periodensystem um zwei Stellen vor dem zerfallenden Element steht. Ein Beispiel hierfür ist der α-Zerfall des Elements *Radium*-88:

$$^{226}_{88}\text{Ra} \rightarrow \, ^{222}_{86}\text{Rn} + \, ^{4}_{2}\text{He}^{2+}$$

In einem solchen **Kernreaktionsschema** ist die Zahl, die links oben am Elementsymbol steht, die Massenzahl. Links unten steht die Kernladungs- oder Ordnungszahl des Elements.

β-Strahlen sind Elektronen. Sie stammen aber nicht aus der Atomhülle, sondern bilden sich durch spontane Umwandlung eines Neutrons in ein Proton:

$$^{1}_{0}\text{n} \rightarrow \, ^{1}_{1}\text{p} + \, ^{0}_{-1}\text{e}$$

Durch einen derartigen Vorgang verliert ein Atomkern kaum an Masse. Seine Kernladungszahl erhöht sich aber um eins. Dadurch bildet sich ein Element, das im Periodensystem die nächst höhere Ordnungszahl besitzt:

$$^{214}_{82}\text{Pb} \rightarrow \, ^{214}_{83}\text{Bi} + \, ^{0}_{-1}\text{e}$$

α-Zerfall und β-Zerfall führen demnach zu charakteristischen „Verschiebungen" im Periodensystem.

Kernumwandlung kann auch bei nicht radioaktiven Nukliden erreicht werden. Eine solche „künstliche" Kernumwandlung führt in vielen Fällen zu Radionukliden, die für Wissenschaft, Technik und Medizin große Bedeutung besitzen. Schon 1919 stellte RUTHERFORD eine künstliche Kernumwandlung in Kernspuren einer Fotoplatte fest. Ein energiereiches α-Teilchen hatte einen Stickstoffkern getroffen, der darauf in einen Kern des Sauerstoffs und in ein Proton zerfiel:

$$^{14}_{7}\text{N} + \, ^{4}_{2}\text{He} \rightarrow \, ^{17}_{8}\text{O} + \, ^{1}_{1}\text{p}$$

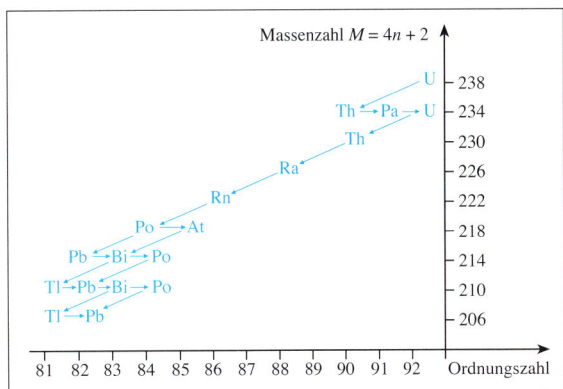

Abb. 29.1 Uran-Radium-Reihe als Beispiel einer Zerfallsreihe. Nach dem Nuklid $^{218}_{84}\text{Po}$ gibt es unterschiedliche Zerfallsmöglichkeiten, aber alle führen zu $^{206}_{82}\text{Pb}$.

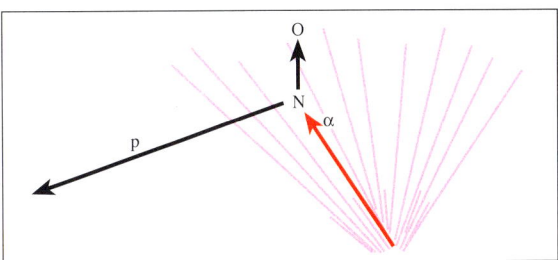

Abb. 29.2 Umwandlung eines Stickstoffkerns durch ein energiereiches α-Teilchen. Ein α-Teilchen ist in einen Stickstoffkern eingedrungen. Bei der sich anschließenden Kernumwandlung wird ein Proton ausgestoßen.

A 29.1 Geben Sie für die einzelnen Zerfallsvorgänge in der Uran-Radium-Reihe an, welche Teilchen ausgesandt werden.

A 29.2 Unter der **Halbwertszeit** eines Radioisotops versteht man den Zeitabschnitt, in dem die Hälfte einer ursprünglich vorhandenen Menge von Atomen einen Zerfall durchgeführt hat. Obwohl die einzelnen Zerfälle unvorhersehbar sind, hat die Halbwertszeit für jedes Radioisotop einen charakteristischen Wert. Das Bismutisotop Bi-210 ist ein α-Strahler mit der Halbwertszeit $t = 5$ Tage.
Die Zahl der Zerfälle, die pro Sekunde geschehen, nennt man die Aktivität des Präparats:

$$A = \ln 2 \cdot \frac{N_A \cdot m}{t_{\frac{1}{2}} \cdot M}$$

a) Berechnen Sie die Aktivität von 1 mg Bi-210. Das Präparat soll neun Monate aufbewahrt worden sein. Welche Aktivität besitzt es nach dieser Zeit noch?
b) Tragen Sie für 1 mg Bi-210 die Aktivität gegen die Zeit für den Zeitraum von neun Monaten ein.

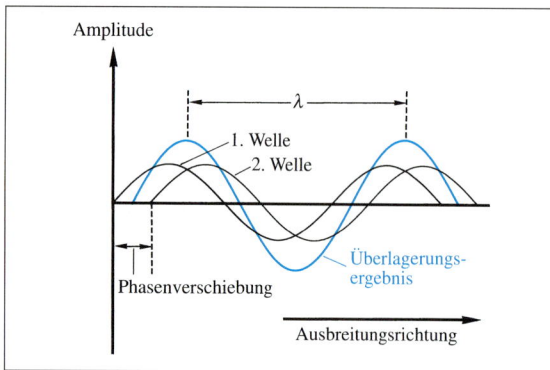

Abb.30.1 Zweidimensionale Wellen und ihre Überlagerung, die zur Interferenz führt

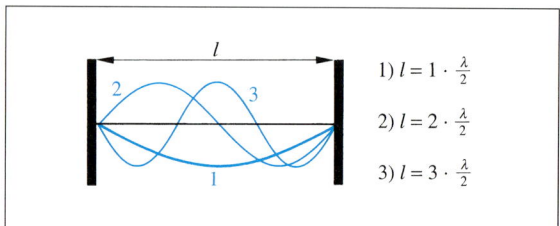

1) $l = 1 \cdot \frac{\lambda}{2}$

2) $l = 2 \cdot \frac{\lambda}{2}$

3) $l = 3 \cdot \frac{\lambda}{2}$

Abb.30.2 Stehende Wellen. Stehende Wellen bilden sich immer dann aus, wenn der Abstand der beiden reflektierenden Wände

$$l = n \cdot \frac{\lambda}{2}$$

beträgt, wobei n = 1, 2, 3, . . . ist. Je nach Größe der Anregungsenergie bilden sich bei gegebenem Abstand stehende Wellen mit einer unterschiedlichen Anzahl von Knotenstellen aus. Der Übergang von einem angeregten Zustand in einen anderen kann immer nur sprunghaft erfolgen.

V 30.1 Flammenfärbung
Ein Magnesiastäbchen wird in der nichtleuchtenden Brennerflamme ausgeglüht. Danach feuchtet man die Spitze des Stäbchens mit konzentrierter Salzsäure (C) an und nimmt mit ihr ein Körnchen eines Alkali- oder Erdalkalimetallsalzes auf. Die Stoffprobe wird nun in den unteren Teil der Brennerflamme gehalten. Nachdem die Farbe der Flamme festgestellt wurde, betrachtet man sie durch ein Spektroskop.
Welche charakteristischen Flammenfärbungen und welche Spektrallinien zeigen die einzelnen Elemente Lithium, Natrium, Kalium (durch ein Cobaltglas betrachten!), Calcium, Strontium und Barium?

V 30.2 Spektrallinien des Natriums
Das Licht einer Weißlichtlampe wird über ein Spektroskop durch eine Flamme betrachtet, die durch Natriumchlorid gelb gefärbt ist.
Was beobachtet man im Bereich der Natriumlinien?

10 Licht und Materie

Licht entsteht in Materie, wenn sie durch Energieaufnahme zum Leuchten angeregt wird. Umgekehrt kann Licht auch von Materie absorbiert werden. Diese Tatsachen zeigen, dass zwischen Licht und Materie ein Zusammenhang besteht.

Licht ist eine Form der Energie. Energie kann aber nur von einer Form in eine andere umgewandelt werden. Wenn nun stark erhitzte Materie glüht, dann wird Wärme in Licht überführt. Die Materie ist also an der Umwandlung von Wärme in Licht beteiligt.

Über die Natur des Lichts gibt es zwei gegensätzliche Theorien. Die eine sieht im Licht einen Strom kleinster Teilchen. Diese schon im 18. Jahrhundert von NEWTON vertretene Theorie wird **Korpuskel-Theorie** des Lichts genannt. Die zweite Theorie fasst Licht als eine sich im Raum ausbreitende Welle auf. Dieses **Wellenmodell** wurde von HUYGENS, einem Zeitgenossen NEWTONS, begründet. Die Wellentheorie wird durch eine Reihe von Befunden, wie Beugung und Interferenz des Lichts, bestätigt. Aber auch für die Korpuskeltheorie lassen sich eindeutige experimentelle „Beweise" erbringen.

Die beiden Modelle stehen unvereinbar nebeneinander, und es ist durchaus wissenschaftlich exakt, wenn man je nach Bedarf das eine oder das andere Modell verwendet, um Phänomene zu beschreiben, die mit dem Licht zusammenhängen.

Eine *Welle* ist durch ihre *Wellenlänge λ*, ihre Schwingungsweite oder *Amplitude ψ* und durch ihre *Ausbreitungsgeschwindigkeit* gekennzeichnet. Betrachtet man einen Punkt einer Welle, so führt er eine zeitabhängige Schwingung aus. Die Schwingungshäufigkeit eines solchen Punktes wird als *Frequenz f* der Welle bezeichnet.

Wellen, die sich im Raum ausbreiten, können an Wänden reflektiert werden. Ein besonderer Fall liegt dann vor, wenn diese Reflektion zwischen zwei Wänden erfolgt, sodass die Welle in sich selbst zurückreflektiert wird. Befinden sich dabei die Wände an zwei Punkten, in denen die Welle gerade die Amplitude Null besitzt, so entsteht eine *stehende Welle*.

Zerlegt man Sonnenlicht durch ein Prisma, so bildet sich ein *kontinuierliches Spektrum*, in welchem die Spektralfarben fließend ineinander übergehen. Das Licht des sichtbaren Spektrums reicht vom Rotlicht mit einer Wellenlänge von 700 nm bis zum Violettlicht mit einer Wellenlänge von 400 nm.

Das Licht einer Wasserstofflampe dagegen, also Licht, das von Wasserstoff-Atomen ausgesandt wird, zeigt kein kontinuierliches sondern ein *diskontinuierliches Spektrum*. In ihm sind einzelne durch dunkle Bereiche voneinander getrennte Spektrallinien zu erkennen, die insgesamt das sichtbare **Linienspektrum** des Wasserstoffs ergeben. Ähnliche Linienspektren, jedoch mit anders gelagerten Spektrallinien, erhält man stets, wenn Atome zum Leuchten angeregt werden. Dies entdeckten schon 1860 KIRCHHOFF und BUNSEN. Weil die Lage der Spektrallinien für jedes Element charakteristisch ist, konnten sie die Grundlagen der *Spektralanalyse* entwickeln.

Die Erforschung der Linienspektren liefert wesentliche Grundlagen über den Aufbau der Atomhüllen. Dabei ist zu bedenken, dass die Atome aus einem breiten, kontinuierlichen Spektrum der Anregungsenergie offensichtlich immer nur ganz bestimmte Bereiche auswählen können, um sie in Licht bestimmter Wellenlängen umzuwandeln.

Da aber schon das Wasserstoff-Atom, das bekanntlich nur aus einem Proton und einem Elektron besteht, eine ganze *Serie* von Spektrallinien liefert, muss es in der Lage sein, schnell nacheinander verschiedene angeregte Energiezustände einzunehmen. Bei der Rückkehr in den energetischen Grundzustand, sendet es Licht bestimmter Wellenlänge aus. Die Frequenzen der einzelnen Spektrallinien lassen sich durch eine mathematische Beziehung berechnen, die BALMER 1885 fand. Diese Beziehung wird auch als die **Serienformel** des Wasserstoffspektrums bezeichnet:

$$f = c \cdot R \cdot \left(\frac{1}{2^2} - \frac{1}{n^2} \right)$$

$c = 3 \cdot 10^8 \text{ m} \cdot \text{s}^{-1}$

$R = 1{,}097 \cdot 10^7 \text{ m}^{-1}$ (RYDBERG-Konstante)

$n = 3, 4, 5$ und 6

Man erhält die Frequenzen der sichtbaren Spektrallinien, wenn man für n die Zahlen von 3 bis 6 einsetzt.

Nimmt man auch noch die Linien hinzu, die das Wasserstoffspektrum im IR- und im UV-Bereich besitzt, so kann man eine allgemeine Serienformel ableiten, mit der sich das so genannte **Termschema** des Wasserstoffs konstruieren lässt. In ihm wird jede Linie als Differenz zweier Terme dargestellt. Das Schema spiegelt die unterschiedlichen Energiezustände des Wasserstoff-Atoms wider, obwohl die Frequenz selbst kein Energiemaß ist.

Wenn man nun fragt, wie ein Wasserstoff-Atom unterschiedliche Energiezustände annehmen kann, so muss man bedenken, dass auf der Grundlage des RUTHERFORDschen Atommodells jeder Abstand, den Atomkern und Elektron voneinander haben, einer bestimmten Energie dieses Systems entspricht. Man darf also annehmen, dass durch Energieaufnahme der Abstand zwischen Atomkern und Elektron vergrößert wird. Mit der Verminderung dieses Abstandes ist wieder eine Energiefreisetzung verbunden. Es stellt sich nun die interessante Frage, warum nur bestimmte Energieänderungen möglich sind.

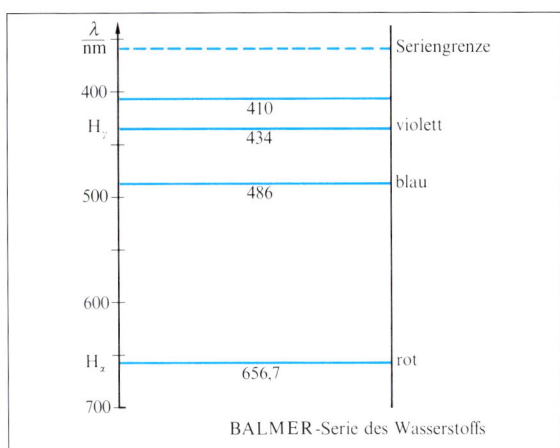

Abb. 31.1 Das Spektrum des Wasserstoffs

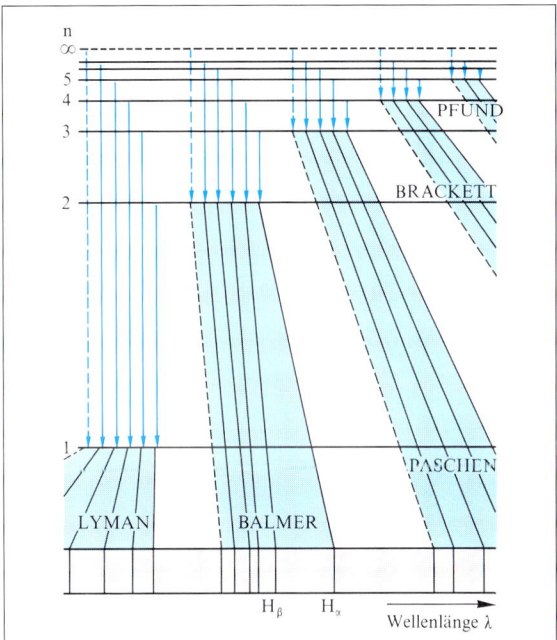

Abb. 31.2 Termschema des Wasserstoffs

A 31.1 Die allgemeine Serienformel lautet:

$$f = c \cdot R \cdot \left(\frac{1}{m^2} - \frac{1}{n^2} \right); \quad n \geqq m + 1$$

Berechnen Sie die Wellenlängen der BALMER-Serie aus dem Spektrum des Wasserstoffs.

V 31.2 Spektrallinien des Wasserstoffs
Eine Wasserstoffröhre wird über einen Schutzwiderstand mit einem Hochspannungstransformator (3 kV) verbunden. Auf den leuchtenden Teil der Röhre wird ein Spektroskop gerichtet.

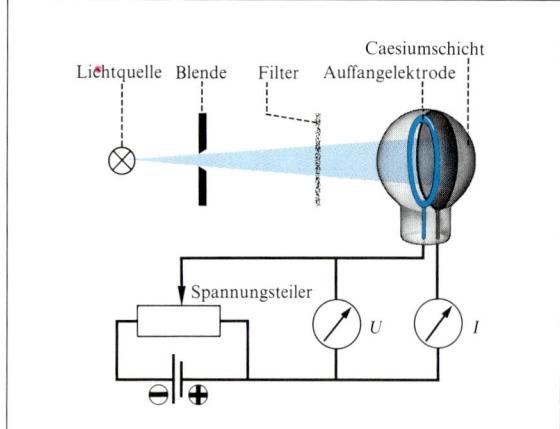

Abb. 32.1 Versuchsaufbau zum photoelektrischen Effekt. Von der Lichtquelle fällt Licht auf eine Caesiumschicht, die sich in einer evakuierten Kammer befindet. Die Auffangelektrode ist über eine Potentiometerschaltung, mit einem hochohmigen Spannungsmesser und einem Strommesser mit der Caesiumschicht verbunden.
Wenn keine äußere Spannung anliegt, lädt sich die Auffangelektrode negativ gegenüber der belichteten Caesiumschicht auf. Es fließt ein Strom, der bei *I* gemessen wird.
Durch langsame Erhöhung der äußeren Spannung (Gegenspannung) kann der stromlose Zustand erreicht werden. Die in diesem Zustand gemessene äußere Spannung ist ein Maß für die kinetische Energie der Photoelektronen.

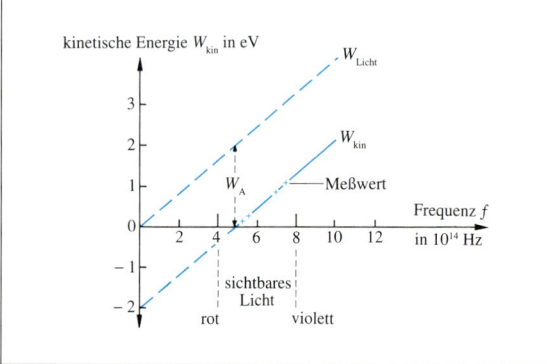

Abb. 32.2 Zusammenhang zwischen der Frequenz des eingestrahlten Lichts und der Energie der Photoelektronen. Die Steigung des Graphen ist vom verwendeten Material unabhängig. Sie ist die PLANCKsche Konstante *h*. Die kinetische Energie der Photoelektronen ergibt sich also durch die Beziehung:

$$W_{kin} = h \cdot f - W_A; \quad W_A = \text{Austrittarbeit}$$

Die Austrittarbeit muss aufgebracht werden, um das Elektron aus dem Metall herauszubekommen. Sie hat für verschiedene Metalle unterschiedliche Werte.

Photoelektrischer Effekt. Über die Art, wie Atome Energie aufnehmen, erfahren wir mehr durch den photoelektrischen Effekt. Er zeigt sich in einfacher Weise, wenn man eine Zinkplatte mit kurzwelligem Licht bestrahlt. Die Platte lädt sich dann positiv auf. In ihrer Umgebung sind freie Elektronen nachweisbar. Kurzwelliges Licht kann also aus einer Metallplatte Elektronen „herausschlagen".

Die Photoelektronen besitzen kinetische Energie, die man mit einer entsprechenden Versuchsanordnung messen kann. Dabei stellt man fest:
– Die kinetische Energie der Photoelektronen ist nicht von der Lichtintensität abhängig. Sie nimmt mit abnehmender Wellenlänge des eingestrahlten Lichts zu.
– Für jedes Metall gibt es eine untere Grenze der Wellenlänge, die für die Entstehung von Photoelektronen erforderlich ist.

EINSTEIN griff 1905 zur Erklärung auf das *Korpuskelmodell* des Lichts zurück. Er nahm an, dass Licht aus vielen kleinen Lichtteilchen, den **Photonen,** besteht. Jedem Photon schrieb er kinetische Energie zu:

$$W_{Photon} = h \cdot c \cdot \lambda^{-1}$$

c: Lichtgeschwindigkeit im Vakuum
λ: Wellenlänge des Lichts
h: PLANCKsches Wirkungsquantum

Der Quotient $c \cdot \lambda^{-1}$ gibt die Frequenz *f* der verwendeten Strahlung wieder. Die kinetische Energie eines Photons kann demnach auch durch die Formel

$$W_{Photon} = h \cdot f$$

wiedergegeben werden. Beim photoelektrischen Effekt übertragen die Photonen ihre Energie auf Elektronen im Metall. Diese werden dadurch vom Atomkern entfernt. Eine völlige Ablösung aus dem Metall gelingt nur, wenn eine Mindestenergie zur Veführung steht. Man nennt sie die *Ablöseenergie.*

Die Wechselwirkung zwischen Licht und Materie kann also nun als eine Wechselwirkung zwischen Photonen und Elektronen der Atomhüllen verstanden werden. Steht mehr Anregungsenergie zur Verfügung als zur Ablösung der Elektronen erforderlich ist, so erhalten die Photoelektronen zusätzliche kinetische Energie. Die Lichtintensität wird im Korpuskelmodell als Maß für die Photonendichte verstanden. Monochromatisches Licht unterschiedlicher Intensität kann also unterschiedlich viele Elektronen von gleicher kinetischer Energie aus einer Metallschicht herauslösen.

Der photoelektrische Effekt bestätigt die Annahme, dass ein Atom in der Lage ist, Energie aufzunehmen, indem der Abstand zwischen Atomkern und Elektron vergrößert wird. Allerdings ist in diesem Fall die Energie so groß, dass das Elektron ganz aus dem Atom entfernt wird.

11 Atommodell von BOHR

Um das Thermschema des Wasserstoffs mit dem RU-THERFORDschen Atommodell in Übereinstimmung zu bringen, führt BOHR so genannte *Postulate* oder Forderungen ein. Nach der ersten *Quantenbedingung* soll das Elektron im Wasserstoff-Atom immer nur solche Bahnen einnehmen dürfen, die bestimmte Energiestufen oder Anregungszuständen des Wasserstoff-Atoms entsprechen. Die zweite Quantenbedingung fordert, dass der *Drehimpuls* $D = m_e \cdot r \cdot v$ stets ein ganzzahliges Vielfaches von $\frac{h}{2\pi}$ sein muss. Entgegen bestehenden physikalischen Gesetzen soll der Umlauf des Elektrons auf diesen Bahnen strahlungsfrei erfolgen.

Die Änderung des Energiezustands des Wasserstoff-Atoms durch Absorption von Energie oder Abgabe von Licht ist in diesem von BOHR entworfenem Modell durch sprunghafte oder **gequantelte** Änderungen der Bahnradien erklärt. Zwischen den „erlaubten" Bahnen kann das Elektron nicht existieren.

Aufnahme von Energie entspricht im BOHRschen Modell einer sprunghaften Vergrößerung des Atomradius. Bei der Aussendung von Licht sieht dieses Modell eine ebenso sprunghafte Verringerung des Atomradius vor. Das Elektron geht dann – bildlich gesprochen – von einer äußeren Bahn in eine innere Bahn über.

Der BOHRsche Ansatz erlaubt die Berechnung von *Bahnradien* und *Bahngeschwindigkeiten* des Elektrons im Wasserstoff Atom Für die innerste und damit energieärmste Bahn ergibt sich der Radius von $a_0 = 0{,}53 \cdot 10^{-10}$ m, der auch als **BOHRscher Radius** bezeichnet wird. Die Bahngeschwindigkeit beträgt hier $v_0 = 2{,}2 \cdot 10^6$ m · s^{-1}.

Das Atommodell von BOHR erweiterte die Vorstellungen LENARDS und RUTHERFORDS, indem es sie mit den Linienspektren und der Quantisierung der Energie nach PLANCK in Zusammenhang brachte. Die „Erklärung" der Linienspektren gelang aber nur unter Missachtung grundlegender physikalischer Gesetze. Eine im elektrischen Feld des Atomkerns kreisende elektrische Ladung muss nämlich nach Gesetzen der Elektrodynamik elektromagnetische Strahlen aussenden. Dadurch müsste das Elektron an Energie verlieren und auf einer Spiralbahn in den Kern fallen. BOHRS Annahme vom strahlungsfreien Umlauf ist physikalisch nicht zu erklären. Sie stellt eben eine Forderung, ein *Postulat* dar. Eine weitere Schwierigkeit dieses Modells ist, dass dem Wasserstoff-Atom die Gestalt eines Scheibchens zugeschrieben wird. Es liegt jedoch nahe, eine Kugelform anzunehmen.

Diese Schwierigkeiten weisen darauf hin, dass die Gesetze der klassischen Physik nicht in der Lage sind, Sachverhalte im atomaren Bereich widerspruchslos zu beschreiben.

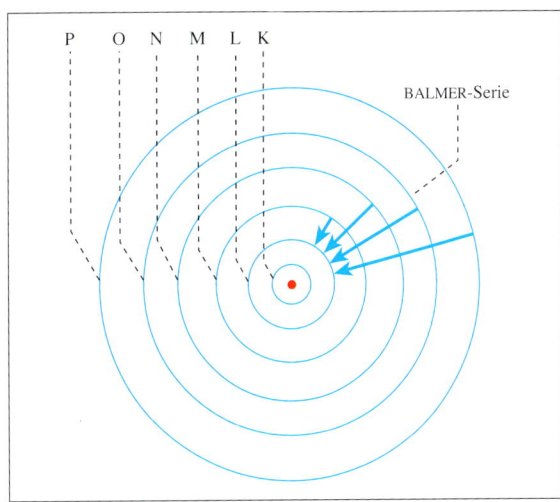

Abb.33.1 BOHRsches Atommodell

Für jede stabile Bahn, die das Elektron einnehmen kann, muss die elektrische Anziehung F_{e1} gerade der Zentripetalkraft F_z dem Betrage nach gleich sein.
Als **Gleichgewichtsbedingung** ergibt sich:

$$F_{e1} = F_z \Rightarrow \frac{e^2}{4 \cdot \pi \cdot \varepsilon_0 \cdot r^2} = \frac{m_e \cdot v^2}{r}$$

Man verbindet nun diese Beziehung mit dem Postulat $2 \cdot \pi \cdot r \cdot m_e \cdot v = n \cdot h$ und erhält:

$$\frac{e^2}{4 \cdot \pi \cdot \varepsilon_0 \cdot r^2} = \frac{2 \cdot \pi \cdot r \cdot m_e \cdot v}{2 \cdot \pi \cdot r^2} \cdot v = \frac{n \cdot h}{2 \cdot \pi \cdot r^2} \cdot v$$

Aus ihr ergibt sich eine Beziehung zur Berechnung der Bahngeschwindigkeit v:

$$v = \frac{e^2}{2 \cdot \varepsilon_0 \cdot h \cdot n}$$

ε_0: elektrische Feldkonstante im Vakuum

Setzt man nun den Ausdruck für v in die Formel für das Postulat ein, so ergibt sich der Bahnradius zu

$$r_n = \frac{\varepsilon_0 \cdot h^2}{\pi \cdot m_e \cdot e^2} \cdot n^2 = \text{konst.} \cdot n^2$$

Abb.33.2 Berechnung von Bahnradien und Bahngeschwindigkeiten im BOHRschen Atommodell

A 33.1 **a)** Berechnen Sie die Bahnradien der 2. und 3. Elektronenbahn im Wasserstoff-Atom.
b) Mit welcher Frequenz strahlt das Wasserstoff-Atom Licht aus, wenn ein Elektronenübergang von der dritten in die zweite Elektronenbahn erfolgt?
c) Welcher Serie gehört diese Spektrallinie an?

ATOMBAU

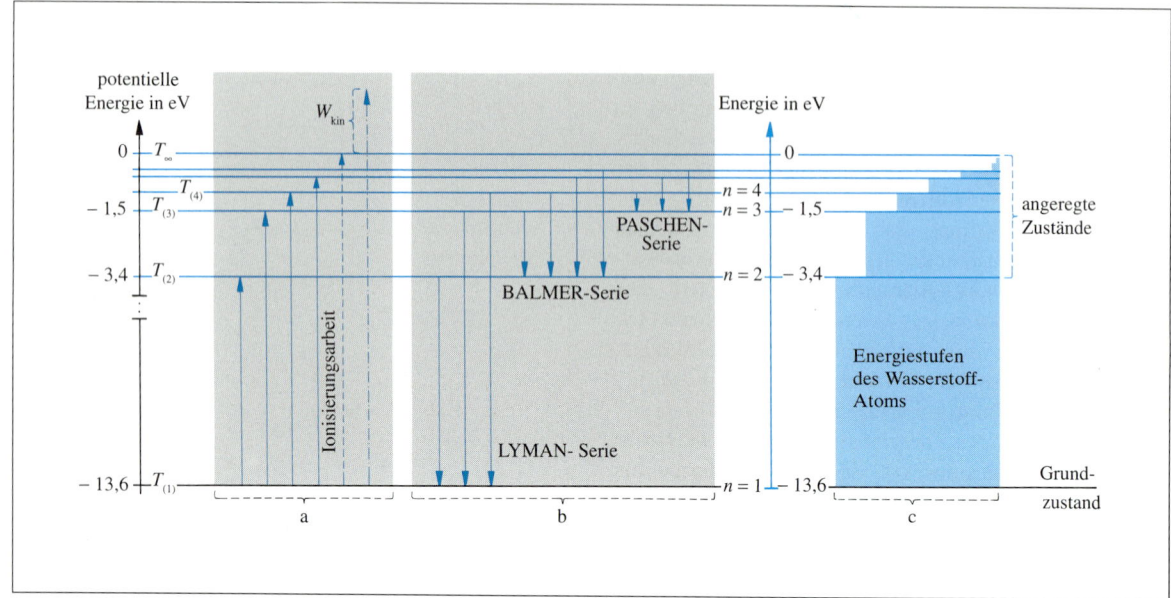

Abb. 34.1 Termschemata und Energiestufendiagramm des Wasserstoffs.
a) Anregungsvorgänge, **b)** Emissionsvorgänge, **c)** Energiestufen; 1 eV = 1,6022 · 10⁻¹⁹ J

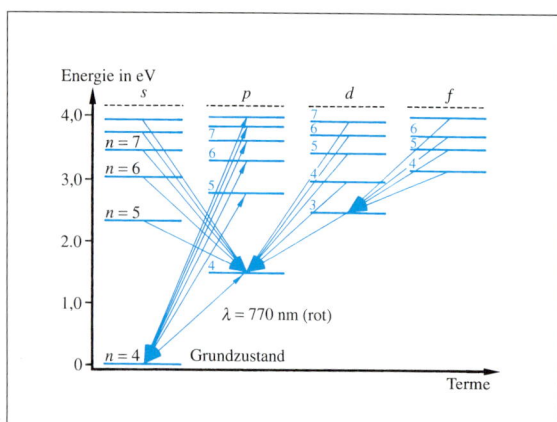

Abb. 34.2 Termschema des Kalium-Atoms

Haupt-quanten-zahl n	Neben-quanten-zahl l
	0
	1
4	2
	3

Tab. 34.3 SOMMERFELD-Ellipsen zur Hauptquantenzahl 4

SOMMERFELDsches Atommodell. Als man versuchte, die BOHRschen Bedingungen auch auf Atome mit höherer Kernladungszahl anzuwenden, um deren Linienspektren zu berechnen, erkannte man, dass hier kein einfaches Termschema ausreicht. Vielmehr setzen sich die Spektren dieser Atome aus mehreren Spektralserien zusammen, sodass man in diesen Fällen mehrere Termschemata nebeneinander anordnen muss. Man benennt sie mit den Buchstaben *s* (**s**harp), *p* (**p**rincipal), *d* (**d**iffus) und *f* (**f**undamental).

Um auch die komplizierteren Spektren durch ein Atommodell beschreiben zu können, erweiterte SOMMERFELD 1916 das BOHRsche Atommodell, indem er nicht nur Kreisbahnen, sondern auch *Ellipsenbahnen* annahm.

In diesem Modell beschreibt die **Hauptquantenzahl n** die große Halbachse der Ellipse und im Falle einer Kreisbahn deren Radius. Die kleine Halbachse einer Ellipsenbahn wird durch die **Nebenquantenzahl l** beschrieben. Zwischen der Haupt- und der Nebenquantenzahl besteht die Beziehung $l \leqq n - 1$. Mit jeder Hauptquantenzahl sind also Nebenquantenzahlen gesetzmäßig verbunden. Zur Hauptquantenzahl 1 ergibt sich stets die Nebenquantenzahl $l = 0$, die eine Kreisbahn kennzeichnet. Bei der Hauptquantenzahl $n = 2$ sind Nebenquantenzahlen mit den Werten $l = 0$ und $l = 1$ möglich. Elektronen mit $l = 0$ bezeichnet man als *s*-Elektron, solche mit $l = 1$ als *p*-Elektronen, mit $l = 2$ als *d*-Elektronen und mit $l = 3$ als *f*-Elektronen. Ein 2*p*-Elektron gehört also zur Hauptquantenzahl $n = 2$ und zur Nebenquantenzahl $l = 1$.

Magnetische Quantenzahl. Schon 1897 entdeckte ZEE-MAN, dass die Spektrallinien der *p*-, *d*- und *f*-Serien in drei, fünf und sieben Linien aufspalten, wenn die Atome in einem mittelstarken Magnetfeld angeregt werden. Die Aufspaltung der Linien in solche, die symmetrisch zur ursprünglichen Linie liegen, zeigt, dass die Energie aus dem Magnetfeld nur gequantelt aufgenommen werden kann. Die Beträge der aufgenommenen Energie sind also proportional einer ganzen Zahl *m,* die **magnetische Quantenzahl** genannt wird. Eine Linie mit der Nebenquantenzahl *l* wird stets in $2 \cdot l + 1$ Linien aufgespalten: $m = 2 \cdot l + 1$. Dabei nimmt *m* die zu Null symmetrischen Werte von $+ l$ bis $-l$ an.

Spinquantenzahl. Die bekannte gelbe *Natriumlinie* besteht aus einer Doppellinie, einem *Dublett*, ohne dass ein äußeres Magnetfeld vorhanden ist. UHLENBECK und GOUDSMIT gaben 1925 eine Erklärung für diese *Dublettaufspaltung*, indem sie annahmen, dass das Elektron als kleine Kugel um seine Achse rotiert und dabei ein eigenes magnetisches Moment erzeugt, das *magnetische Spinmoment*. Die mit der angenommenen Rotation des Elektrons, dem **Elektronenspin,** verknüpfte (vierte) Quantenzahl wird als **Spinquantenzahl** *s* bezeichnet. Sie kann nur die Werte $s = +\frac{1}{2}$ und $s = -\frac{1}{2}$ annehmen.

Die Elektronenzustände in einem Atom werden also durch vier Quantenzahlen beschrieben, die untereinander eindeutig verknüpft sind: *Hauptquantenzahl n, Nebenquantenzahl l, magnetische Quantenzahl m* und *Spinquantenzahl s.*

PAULI-Prinzip. PAULI formuliert 1925 das nach ihm benannte Prinzip, das auch als **PAULI-Verbot** bezeichnet wird: Alle Elektronen in einem Atom müssen sich in mindestens einer Quantenzahl unterscheiden.

Jedes Elektron hat in der Atomhülle einen durch die Beziehungen zwischen den Quantenzahlen festgelegten Zustand. Zunächst wird der Energiezustand der Elektronen durch die Hauptquantenzahlen festgelegt. Alle Elektronen zur selben Hauptquantenzahl gehören zu einer **Elektronenschale.** Innerhalb einer solchen Schale, die der Reihe nach mit den Buchstaben K, L, M, N, O, P und Q belegt werden, bilden die Elektronen, die dieselbe Nebenquantenzahl haben, eine **Unterschale.** Durch die magnetische Quantenzahl wird ein **Orbital** festgelegt. Jedes Orbital kann maximal zwei Elektronen besitzen, die sich in der Spinquantenzahl unterscheiden. Die Unterschalen werden entsprechend den Serien mit den Buchstaben *s*, *p*, *d* und *f* bezeichnet. Die maximale Anzahl von Elektronen in einer Schale ist durch das Produkt $2 \cdot n^2$ gegeben. Die maximale Anzahl von Unterschalen stimmt mit der jeweiligen Hauptquantenzahl überein. Die Anzahl von Orbitalen in jeder Unterschale ist durch die Beziehung $m = 2 \cdot l + 1$ bestimmt.

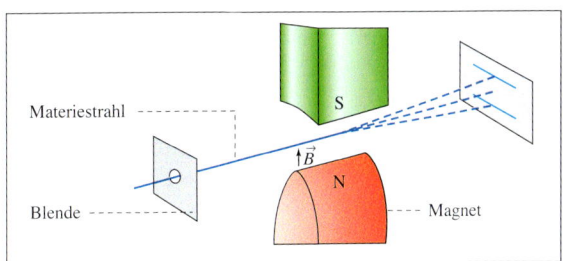

Abb. 35.1 STERN-GERLACH-Versuch. STERN und GERLACH führten 1921 ein Experiment aus, das über die Zustandsgröße *Spin* informiert. In diesem Experiment wird ein Materiestrahl, der beispielsweise aus Silber-Atomen besteht, durch ein inhomogenes Magnetfeld geschickt. Auf einem Schirm beobachtet man dann eine Auftrennung des Strahls symmetrisch zu der Stelle, an der er ohne Magnetfeld angekommen wäre. Silber-Atome besitzen neben gepaarten Elektronen in der Außenschale ein ungepaartes Elektron. Der Versuch zeigt, dass Silber-Atome ein magnetisches Moment besitzen. Es kann nachgewiesen werden, dass dieses magnetische Moment dem ungepaarten Elektron zukommt. Die Aufspaltung in genau zwei gleichstarke Teilstrahlen zeigt, dass die Komponenten dieses magnetischen Moments in Richtung der Feldlinien nur zwei bestimmte Werte annehmen können, die gleich groß sind, aber entgegengesetzte Vorzeichen haben. Man führt das magnetische Moment auf eine Eigenschaft des Elektrons zurück, die man Spin nennt. Man veranschaulicht den Spin als Drehbewegung des Elektrons um seine Achse, wobei zwei entgegengesetzte Drehrichtungen möglich sind.

n	*l*	*m*	*s*	Elektronenzahl	
1	0	0	$\pm\frac{1}{2}$	2	
2	0	0	$\pm\frac{1}{2}$	$1 \cdot 2$	
	1	1	$\pm\frac{1}{2}$		
		0	$\pm\frac{1}{2}$		= 8
		−1	$\pm\frac{1}{2}$	$3 \cdot 2$	
3	0	0	$\pm\frac{1}{2}$	$1 \cdot 2$	
	1	1	$\pm\frac{1}{2}$		
		0	$\pm\frac{1}{2}$		
		−1	$\pm\frac{1}{2}$	$3 \cdot 2$	
	2	2	$\pm\frac{1}{2}$		= 18
		1	$\pm\frac{1}{2}$		
		0	$\pm\frac{1}{2}$		
		−1	$\pm\frac{1}{2}$		
		−2	$\pm\frac{1}{2}$	$5 \cdot 2$	

Tab. 35.2 Mögliche Elektronenkonfigurationen bei den ersten drei Hauptquantenzahlen

chemisches Symbol	1s	2s	2p	3s	3p	3d	4s
H	1						
He	2						
Li	2	1					
Be	2	2					
B	2	2	1				
C	2	2	2				
N	2	2	3				
O	2	2	4				
F	2	2	5				
Ne	2	2	6				
Na	2	2	6	1			
Mg	2	2	6	2			
Al	2	2	6	2	1		
Si	2	2	6	2	2		
P	2	2	6	2	3		
S	2	2	6	2	4		
Cl	2	2	6	2	5		
Ar	2	2	6	2	6		
K	2	2	6	2	6	–	1
Ca	2	2	6	2	6	–	2

Tab. 36.1 Elektronenkonfiguration der ersten 20 Elemente. Bevor die 3d-Unterschale aufgefüllt wird, beginnt bei den Elementen K und Ca schon die Auffüllung des energetisch günstigeren 4s-Zustands. Nach dem Element Calcium folgen zehn Nebengruppenelemente (Scandium bis Zink), bei denen die 3d-Elektronen hinzukommen. Anschließend geht es mit dem Auffüllen der 4p-Orbitale weiter.

Symbol	1s	2s	2p
Li	↑↓	↑	
Be	↑↓	↑↓	
B	↑↓	↑↓	↑
C	↑↓	↑↓	↑ ↑
N	↑↓	↑↓	↑ ↑ ↑
O	↑↓	↑↓	↑↓ ↑ ↑
F	↑↓	↑↓	↑↓ ↑↓ ↑
Ne	↑↓	↑↓	↑↓ ↑↓ ↑↓

Tab. 36.2 Darstellung der HUNDschen Regel im Kästchenschema. Bei den Elementen Bor, Kohlenstoff und Stickstoff werden die 2p-Orbitale zunächst einfach von Elektronen gleichen Spins besetzt. Danach werden die Orbitale doppelt aufgefüllt.

12 Aufbau des Periodensystems der Elemente

Jede mögliche Kombination der vier Quantenzahlen bezeichnet eine bestimmte **Elektronenkonfiguration.** Man gibt sie im Allgemeinen für den energieärmsten Zustand, den Grundzustand, eines Atoms an.

Zur Hauptquantenzahl $n = 1$ gehört die Nebenquantenzahl $l = 0$. Die K-Schale ist also nicht in Unterschalen unterteilt. Da die magnetische Quantenzahl hier auch den Wert Null besitzt, existiert nur ein einziges Orbital, welches maximal zwei Elektronen aufnehmen kann, die sich in ihrer Spinquantenzahl unterscheiden. In Wasserstoff- und Helium-Atomen sind diese Zustände realisiert. Die beiden Elemente bilden die *Kurzperiode* des Periodensystems.

Zur Hauptquantenzahl $n = 2$ gehören die Nebenquantenzahlen $l = 0$ und $l = 1$. Demnach besitzt die L-Schale zwei Unterschalen. Die erste wird durch das Symbol s, die zweite durch p charakterisiert. Zur Nebenquantenzahl $l = 1$ gehören die magnetischen Quantenzahlen $m = +1$, $m = 0$, $m = -1$. Die p-Unterschale gliedert sich also in drei Orbitale, von denen jedes zwei Elektronen aufnehmen kann. Insgesamt können also acht Elektronen die L-Schale besetzen. Dies ist bei den Elementen der 2. Periode (Lithium bis Neon) der Fall.

Bei der Besetzung der p-Orbitale ist die **HUNDsche Regel** zu beachten, die 1925 aufgestellt wurde: Im Grundzustand werden sämtliche Orbitale einer Unterschale zunächst einfach besetzt. Diese Elektronen besitzen parallele Spinrichtung. Erst wenn alle Orbitale zu einer Nebenquantenzahl einfach besetzt sind, wird ein Orbital nach dem anderen durch ein zweites Elektron mit entgegengesetztem Spin aufgefüllt. Die HUNDsche Regel basiert auf dem ZEEMAN-Effekt. Da nämlich gepaarte Elektronen keine Aufspaltung der Spektrallinien zeigen, kann die Anzahl der ungepaarten Elektronen in jeder Serie aus den Linienspektren erkannt werden.

Jede besondere Elektronenkonfiguration lässt sich durch eine besondere Symbolik wiedergeben, in welcher die Hauptquantenzahl und die Nebenquantenzahlen angegeben werden. Für das Element Sauerstoff ergibt sich dabei der folgende Term: $1s^2\, 2s^2\, 2p^4$. Die Hochzahlen geben hier die Anzahl der Elektronen in einer Unterschale an. Nach der HUNDschen Regel ist klar, dass von den 2p-Orbitalen des Sauerstoff-Atoms eines doppelt besetzt ist, während die übrigen beiden einfach besetzt sind.

Von PAULING stammt der Vorschlag, die Orbitalbesetzung durch das übersichtliche *Kästchenschema* wiederzugeben. In ihm wird der Elektronenspin durch die Pfeilrichtung angedeutet. In der Regel interessieren voll besetzte Schalen nicht. Darum beschränkt man sich meistens auf die Darstellung der zum Teil besetzten Schalen.

Unregelmäßigkeiten im Periodensystem. Folgt man dem bisher Gesagten sollten zunächst alle Unterschalen zu einer Hauptquantenzahl besetzt werden, ehe die Besetzung der nächsten Schale begonnen wird. Dies trifft aber nur bei den ersten 18 Elementen zu. Beim Übergang vom Argon zum Kalium wird schon die M-Schale begonnen, ehe die L-Schale gefüllt ist. Die L-Schale wird erst bei den Elementen vom Scandium bis zum Zink, die zu den so genannten d-Elementen gehören, gefüllt. Der Grund für diese „Unregelmäßigkeit" ist in einem abweichenden Gang der **Orbitalenergien** zu sehen. Für jedes Orbital lässt sich eine bestimmte Energie berechnen. Die grafische Darstellung dieser Orbitalenergien liefert ein **Energiestufendiagramm** (Abb. 37.1). Hierin erkennt man, dass die 4s-Orbitale energetisch tiefer liegen als die 3d-Orbitale. Man sagt, dass die Besetzung der 4s-Orbitale gegenüber der 3d-Orbitale energetisch begünstigt ist. Auch innerhalb der d- oder **Nebengruppenelemente** finden wir beim Chrom und beim Kupfer Abweichungen von der kontinuierlichen Auffüllung der Orbitale. Hier sind die *Halb-* und die *Vollbesetzung* der d-Orbitale energetisch begünstigt. Der Übergang eines 3d-Elektrons in den 4s-Zustand ist jedoch schon bei geringer Anregungsenergie möglich. Deshalb kann Kupfer sowohl ein- wie auch zweiwertige Kupfer-Ionen bilden.

Ähnliche „Unregelmäßigkeiten" in der Orbitalbesetzung zeigen die *Lanthaniden* und *Actiniden*. Bei diesen Elementen der 6. und 7. Periode werden die f-Orbitale der 4. und 5. Schale aufgefüllt.

Ionisierungsarbeiten. Zwischen dem Kern eines Atoms und den Elektronen der Hülle besteht elektrische Anziehung. Um ein Elektron aus dem Atom zu entfernen, muss also Arbeit verrichtet werden. Sie wird als **Ionisierungsarbeit** bezeichnet. FRANCK und HERTZ entwickelten 1914 einen Versuch, mit dem solche Ionisierungsarbeiten bestimmt werden können. Hierzu konstruierten sie ein Rohr, in welchem beschleunigte Elektronen mit Quecksilber-Atomen zusammenstoßen. Bei einer genügend hohen Geschwindigkeit der Stoßelektronen beobachteten sie die Ionisation der Quecksilber-Atome. Vergleicht man die Ionisierungsarbeiten der Elemente untereinander, wobei der Einfachheit halber nur das erste zu entfernende Elektron betrachtet werden soll, so bemerkt man bei allen Edelgasen relativ hohe Beträge der Ionisierungsarbeit. Die so genannte **Edelgaskonfiguration** ist also stabiler als alle anderen vergleichbaren Elektronenkonfigurationen. Die Alkalimetalle dagegen lassen sich relativ leicht ionisieren, weil das äußere Elektron durch die darunter befindlichen Elektronen von der Anziehung des Kerns abgeschirmt wird. Bei den Elementen einer Periode zeigen die Beträge der Ionisierungsarbeiten eine Stufung, die mit der HUNDschen Regel in Zusammenhang gebracht werden kann.

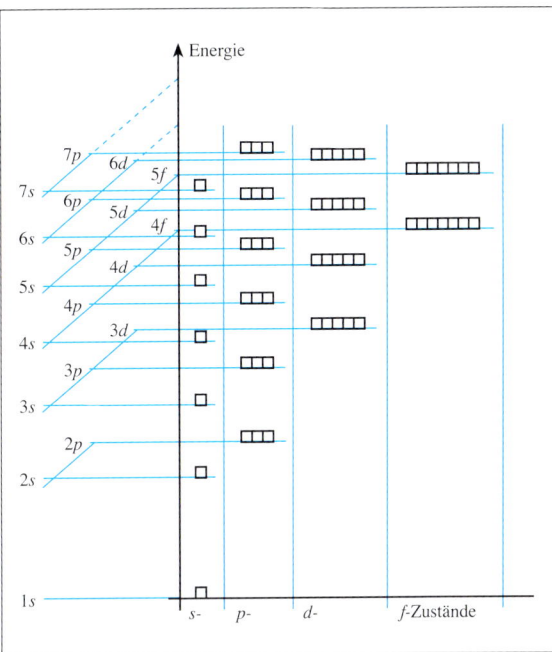

Abb. 37.1 Energiestufendiagramm der Orbitalenergien. Das Diagramm gibt die so genannten Unregelmäßigkeiten im Periodensystem wieder.

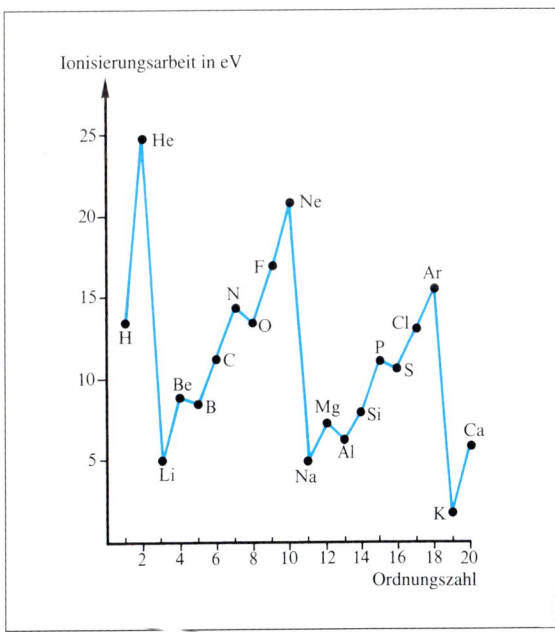

Abb. 37.2 Ionisierungsarbeiten für das jeweils erste Elektron einiger Elemente

A 37.1 Welcher Zusammenhang kann zwischen den in Abb. 37.2 dargestellten Ionisierungsarbeiten, den in Abb. 37.1 wiedergegebenen Energieniveaus und der HUNDschen Regel gesehen werden?

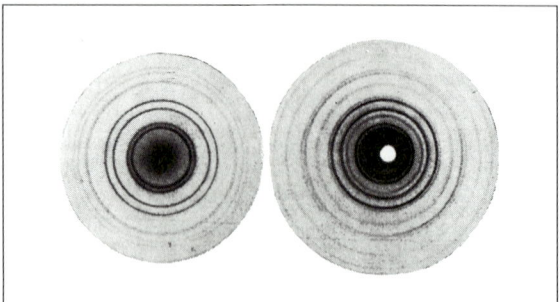

Abb. 38.1 Beugungsbilder von Röntgenstrahlen (links) und Elektronenstrahlen (rechts). In beiden Fällen ergibt sich ein Beugungsmuster, das für *Wellen* charakteristisch ist.

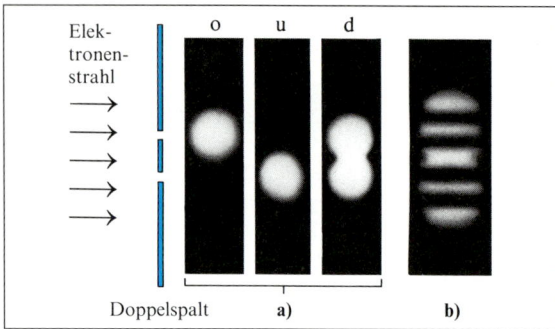

Abb. 38.2 Elektronenbeugung am Doppelspalt. **a)** Intensitätsverteilung bei der Annahme klassischer Teilchen: o, wenn der obere; u, wenn der untere; d, wenn beide Spalte geöffnet sind. **b)** Tatsächlich beobachtete Intensitätsverteilung.

Abb. 38.3 Geometrische Deutung der Elektronenbeugung am Doppelspalt. Von jedem Spalt gehen kreisförmig Wellen aus. Aus der Überlagerung dieser Wellen ergeben sich Intensitätsmaxima und Intensitätsminima. Dieses Bild lässt sich auch in einer Wellenwanne erzeugen.

13 Grundlagen des wellenmechanischen Atommodells

GERMER und DAVISON fanden 1927, dass Elektronenstrahlen an dünnen Metallfolien gebeugt werden. Das Beugungsmuster gleicht dem, welches bei der Beugung von Licht entsteht. Wegen dieser Übereinstimmung können auch Elektronenstrahlen ebenso wie Lichtstrahlen durch ein *Wellenmodell* beschrieben werden.

Schon 1924 hatte de BROGLIE aus theoretischen Erwägungen heraus *Materiewellen* angenommen. Einem Elementarteilchen, das sich mit der Geschwindigkeit v bewegt, ordnete er eine Wellenlänge über die folgende Beziehung zu:

$$\lambda = \frac{h}{m \cdot v} = \frac{h}{p}; \quad p: \text{ Impuls des Teilchens}$$

Aus der de-BROGLIE-Beziehung folgt, dass sich die Wellenlänge der Teilchen mit ihrer Geschwindigkeit ändert.

Dass sich Elementarteilchen ebenso wie Licht durch ein Wellenmodell beschreiben lassen, folgt auch aus der formalen Gleichheit zwischen der de-BROGLIE-Beziehung und der EINSTEINschen Energiebeziehung für Photonen:

$$\lambda = \frac{h}{p_{\text{Photon}}}$$

Eine besonders einfache experimentelle Darstellung des Beugungsmusters mit Elektronenstrahlen bietet der **Doppelspaltversuch:**

Man richtet einen Elektronenstrahl auf zwei parallel angeordnete Spalte. Öffnet man nur einen Spalt, so entsteht auf einem Schirm das verbreiterte Abbild des Spalts, wobei in Richtung der Spaltmitte eine stärkere Intensität gegeben ist als zu den Seiten. Schließt man den ersten Spalt und öffnet den zweiten, so entsteht das gleiche Bild nur etwas seitlich verschoben. Würden sich Elektronen wie klassische Teilchen verhalten, so müsste sich beim gleichzeitigen Öffnen beider Spalte eine Intensitätsverteilung ergeben, wie sie der Summe der beiden vorigen Intensitätsverteilungen entspricht. Völlig überraschend erhält man jedoch das schon bekannte Beugungsbild mit abwechselnden Maxima und Minima der Intensität.

Dieses Ergebnis lässt sich nur mit dem Wellenmodell deuten. Ordnet man nämlich den Elektronen Wellencharakter zu, so addieren sich hinter den Spalten die *Amplituden* der Wellen. Bei der Überlagerung von Wellen können die Amplituden bekanntlich so liegen, dass die Interferenz Auslöschung ergibt. An anderen Stellen jedoch liefert die Überlagerung eine Verstärkung der Amplitude. Das Beugungsmuster ergibt sich, wenn jeder Spalt Ursprung einer kugelförmigen Elementarwelle ist.

Man kann den Doppelspaltversuch aber auch so ausführen, dass die Elektronen einzeln durch die Spalte treten. Auch dann ergibt sich auf einem Schirm mit der

Zeit eine *Trefferverteilung,* wie sie dem Beugungsmuster entspricht. In diesem Fall lässt sich das Auftreffen eines Elektrons an einer Stelle des Schirms besser durch das Teilchenmodell beschreiben. Die Trefferverteilung, also das Beugungsmuster, dagegen ergibt sich aus dem Wellenmodell. Für das Auftreffen eines einzelnen Elektrons an einer bestimmten Stelle des Schirms kann nur eine **Wahrscheinlichkeitsaussage** gemacht werden. Ein Maß für diese Wahrscheinlichkeit ist das *Amplitudenquadrat* der Wellenfunktion am jeweiligen Ort, das die Intensitätsverteilung im Beugungsmuster beschreibt.

Eine weitergehende Auswertung des Doppelspaltversuchs führt zur **HEISENBERGschen Unschärfebeziehung:** Vor dem Spalt haben die Elektronen einen ganz bestimmten Impuls, der sich aus ihrer Masse und ihrer Geschwindigkeit ergibt. Gleichzeitig ist aber hier ihre Ortskoordinate unbestimmt. In einem Spalt dagegen lässt sich die Ortskoordinate durch die Spaltbreite Δx angeben. Nun erhalten die Elektronen, wie das Beugungsmuster zeigt, auch einen mehr oder weniger großen Impuls quer zu ihrer Ausbreitungsrichtung. Dabei ist für ein einzelnes Elektron nicht voraussagbar, wie groß diese Impulsänderung Δp sein wird. Die Präzisierung der Ortskoordinate ist also notwendig und unvermeidbar mit einer nicht voraussagbaren Veränderung des Impulses verknüpft.

Nach HEISENBERG kann das Produkt aus der Unbestimmtheit der Ortskoordinate Δx und der Unbestimmtheit des Impulses Δp nur gleich oder größer sein als das PLANCKsche Wirkungsquantum h:

$$\Delta x \cdot \Delta p \geq h$$

Wendet man diese Beziehung auf das Elektron in einem Wasserstoff-Atom an, so lässt sich die Unbestimmtheit seiner Ortskoordinate berechnen:

$$m_e = 9{,}1094 \cdot 10^{-11}\ \text{kg}; \quad v_e = 2{,}2 \cdot 10^6\ \text{m} \cdot \text{s}^{-1}$$
$$h = 1{,}055 \cdot 10^{-34}\ \text{J} \cdot \text{s}$$

$$\Delta x = \frac{h}{\Delta p} = \frac{1{,}005 \cdot 10^{-34}\ \text{J} \cdot \text{s}}{2{,}2 \cdot 10^6\ \text{m} \cdot \text{s}^{-1} \cdot 9{,}1094 \cdot 10^{-31}\ \text{kg}}$$
$$= 0{,}53 \cdot 10^{-11}\text{m}$$

Die Ortsunschärfe des Elektrons besitzt demnach das Maß des BOHRschen Radius. Aufgrund der HEISENBERGschen Unschärfebeziehung kann es also keine definierte Elektronenbahn geben: Auf der Grundlage des wellenmechanischen Atommodells ordnet man dem Elektron im Abstand des BOHRschen Radius seine größte Aufenthaltswahrscheinlichkeit zu. Es besitzt aber weiter nach innen und etwas weiter draußen ebenfalls Aufenthaltswahrscheinlichkeiten. Anschaulich spricht man auch davon, dass die Bahn des Elektrons „verschmiert" sei. Es ist aber möglich, die Aufenthaltswahrscheinlichkeit des Elektrons im Bereich um den Atomkern herum mithilfe einer Wellenfunktion zu beschreiben.

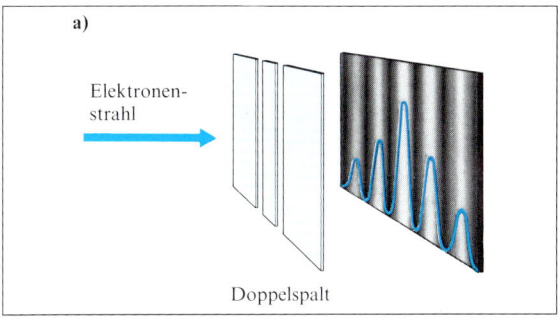

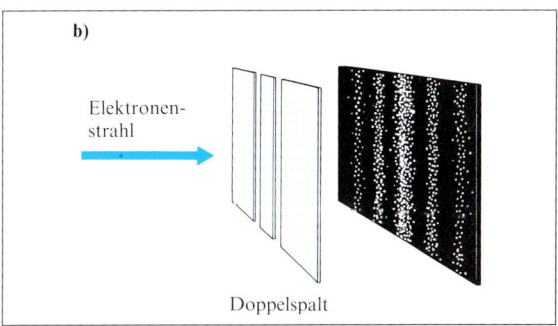

Abb. 39.1 Doppelspaltversuch. **a)** Bei hoher Strahlungsintensität und **b)** bei geringer Strahlungsintensität. Vermindert man nach und nach die Leistung der Elektronenquelle, so wird anfangs das Schirmbild gleichmäßig dunkler. Von einer bestimmten Intensitätsschwelle an löst sich das Bild in einzelne Punkte auf. Jeder Punkt entspricht dem Auftreffen eines Elektrons. Dieses Ereignis lässt sich nur verstehen, wenn man das Elektron als Teilchen oder Korpuskel ansieht.
Die Trefferverteilung wird durch die Amplitude eines Wellenzuges beschrieben, wie er in Abb. 39.1a) die Intensitätsverteilung im Beugungsbild wiedergibt.
Während also im oberen Bild das **Wellenmodell** herangezogen werden muss, um das Versuchsergebnis zu beschreiben, eignet sich im unteren Bild nur das **Teilchenmodell.** Elektronen sind also *weder* klassische Teilchen *noch* klassische Wellen. Was ein Elektron *ist,* lässt sich naturwissenschaftlich nicht definieren. Die Naturwissenschaft macht also keine Seinsaussagen über diese Objekte. Sie muss sich darauf beschränken, Versuchsergebnisse mit bestimmten Modellen zu beschreiben. In diesem Sinne ist auch der Ausdruck „Doppelnatur der Elementarteilchen", wie er oft verwendet wird, falsch. Richtiger spricht man von einer dualistischen Beschreibung oder Deutung der Ergebnisse, die sich bei unterschiedlichen Versuchsbedingungen mit Elementarteilchen einstellen.
Auch für andere Elementarteilchen oder Mikroobjekte gilt, dass sie sowohl mit dem Wellenmodell als auch mit dem Teilchenmodell beschrieben werden können.

ATOMBAU

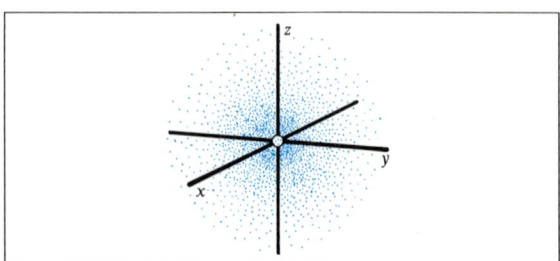

Abb. 40.1 Statistische Verteilung der Aufenthaltswahrscheinlichkeit des Elektrons im Grundzustand des Wasserstoff-Atoms. Dieses Bild würde sich ergeben, wenn ein Wasserstoff-Atom immer wieder auf die relative Lage von Elektron und Proton untersucht würde.

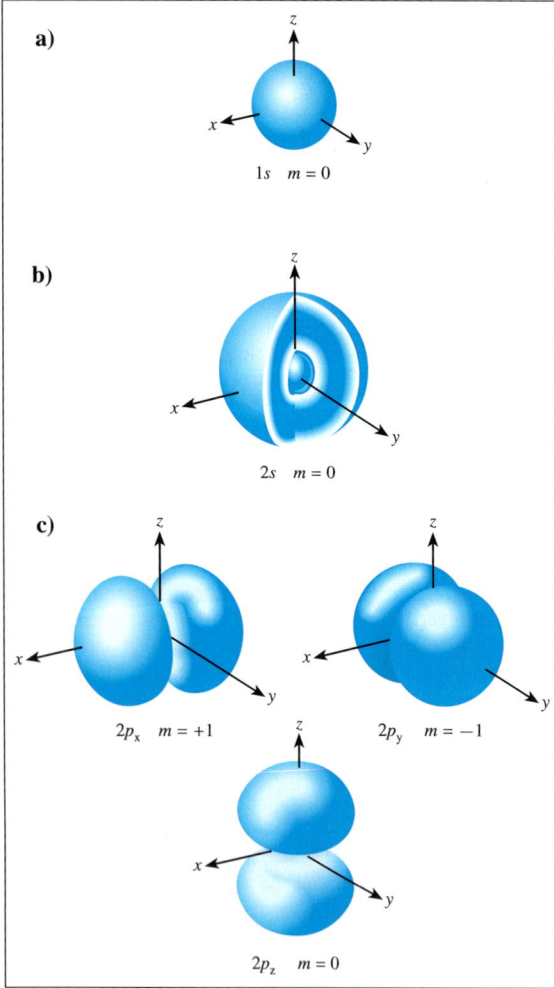

Abb. 40.2 Atomorbitale zur Hauptquantenzahl $n = 1$ und $n = 2$.
a) 1s-Orbital ($n = 1$; $l = 0$)
b) 2s-Orbital ($n = 2$; $l = 0$)
c) 2p-Orbitale ($n = 2$; $l = 1$; $m = +1, 0, -1$)

14 Orbitalmodell des Wasserstoff-Atoms

1926 entwickelte SCHRÖDINGER eine Gleichung, mit der die energetisch unterschiedlichen Zustände des Wasserstoff-Atoms als *stehende Wellen* berechnet werden können. Die Lösungen dieser Wellenfunktion geben Auskunft über die **Aufenthaltswahrscheinlichkeiten** des Elektrons im Atom:

Im *Grundzustand*, der ebenso wie im BOHR-SOMMERFELDschen Atommodell durch die Hauptquantenzahl $n = 1$ beschrieben wird, hängt die Aufenthaltswahrscheinlichkeit des Elektrons nur vom Kernabstand ab. In Kernnähe ist sie besonders groß. Mit zunehmender Entfernung nimmt sie rasch ab. Aber auch bei noch so großem Abstand ist immer noch eine geringe Aufenthaltswahrscheinlichkeit gegeben. Das Wasserstoff-Atom muss also unendlich groß angesehen werden. Aus praktischen Gründen betrachtet man jedoch nur einen Teil dieses Aufenthaltsbereichs und berechnet ein **Atomorbital AO,** in dem das Elektron mit mindestens 90 % der Gesamtwahrscheinlichkeit enthalten ist. Dabei wählt man die Orbitalgrenzen so, dass die Aufenthaltswahrscheinlichkeit in jedem Punkt der Grenzfläche gleich ist.

Im *angeregten Zustand* ergeben sich Atomorbitale, deren Gestalt wesentlich durch die Nebenquantenzahl bestimmt ist. Alle *s*-Orbitale sind kugelsymmetrisch. Vom 2s-Orbital an aufwärts besitzen sie zwischen Atomkern und Orbitalgrenze Kugelflächen, in denen die Aufenthaltswahrscheinlichkeit des Elektrons null ist. Im Wellenmodell liegen hier Knotenflächen der stehenden Welle vor. Ihre Anzahl ist durch die Beziehung $k = n - 1$ gegeben.

Bei den *p*-, *d*- und *f*-Orbitalen hängt die Aufenthaltswahrscheinlichkeit des Elektrons nicht allein vom Radius, sondern auch vom Raumwinkel ab. In bestimmten Richtungen vom Kern besitzt das Elektron keine Aufenthaltswahrscheinlichkeit. In anderen Richtungen dagegen ist sie besonders groß.

Wie im BOHR-SOMMERFELDschen Atommodell werden auch im wellenmechanischen Atommodell die verschiedenen energetisch angeregten Zustände des Wasserstoff-Atoms durch die vier Quantenzahlen n, l, m und s beschrieben. Die magnetische Quantenzahl findet im Orbitalmodell bei den *p*-, *d*- und *f*-Orbitalen ihre Veranschaulichung darin, dass diese Orbitale in einem äußeren Magnetfeld räumlich orientiert werden. Bei den *p*-Orbitalen unterscheidet man dann p_x-, p_y- und p_z-Orbitale, die aufeinander senkrecht stehen. Energetisch gesehen sind alle drei *p*-Orbitale jedoch gleichwertig. Dies trifft auch für die fünf *d*- und die sieben *f*-Orbitale zu.

Das Aufbauprinzip für Mehrelektronensysteme. Das Wasserstoff-Atom ist von allen Atomarten die einfachste.

Wechselwirkungen können in ihm nur zwischen dem einen Elektron und dem Proton vorkommen. Bei allen anderen Atomarten müssen auch Wechselwirkungen zwischen den Elektronen berücksichtigt werden. Dies erschwert die Berechnung der Aufenthaltswahrscheinlichkeiten. Orbitalmodelle können für solche Atome immer nur näherungsweise angenommen werden. Das *Aufbauprinzip* für Mehrelektronensysteme sieht vor:

1. In einem Atomorbital können sich maximal zwei Elektronen aufhalten.
2. Befinden sich zwei Elektronen in einem Orbital, so besitzen sie entgegengesetzten Spin.
3. Zu jeder Hauptquantenzahl werden zunächst die *s*-Orbitale besetzt.
4. Im Falle gleichwertiger *p*-, *d*- und *f*-Orbitale füllen die Elektronen die Atomorbitale zunächst nur einfach aus. Erst wenn alle Orbitale mit einem Elektron besetzt sind, erfolgt die Doppeltbesetzung.

Die Aussagen 1 und 2 beinhalten das PAULI-Verbot, nach dem niemals zwei Elektronen eines Systems in allen Quantenzahlen übereinstimmen können. In den Aussagen 3 und 4 kommt die HUNDsche Regel zum Ausdruck.

Der Aufbau der Elektronenhülle kann also auch im Orbitalmodell vollständig durch die vier Quantenzahlen beschrieben werden. Auch das Kästchenschema, das im Zusammenhang mit dem BOHR-SOMMERFELDschen Atommodell eingeführt wurde, kann man auf das Orbitalmodell anwenden. Diese Feststellungen führen zu der Frage, welchen Vorteil das wellenmechanische Atommodell gegenüber dem nicht wellenmechanischen besitzt. Hierzu ist zu sagen: Das wellenmechanische Atommodell berücksichtigt im Gegensatz zu den klassischen Modellen die Besonderheit der Elementarteilchen, wie sie durch die HEISENBERGsche Unschärfebeziehung ausgedrückt wird. Dadurch, dass die Elektronen nun nicht mehr als klassische Teilchen angesehen werden, treten auch die Widersprüche zu Gesetzen der klassischen Physik, wie sie im BOHRschen Modell enthalten sind, nicht auf.

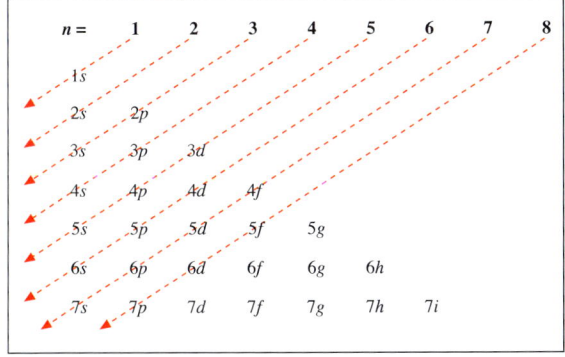

Abb. 41.1 Merkschema zur energetischen Lage der Orbitale

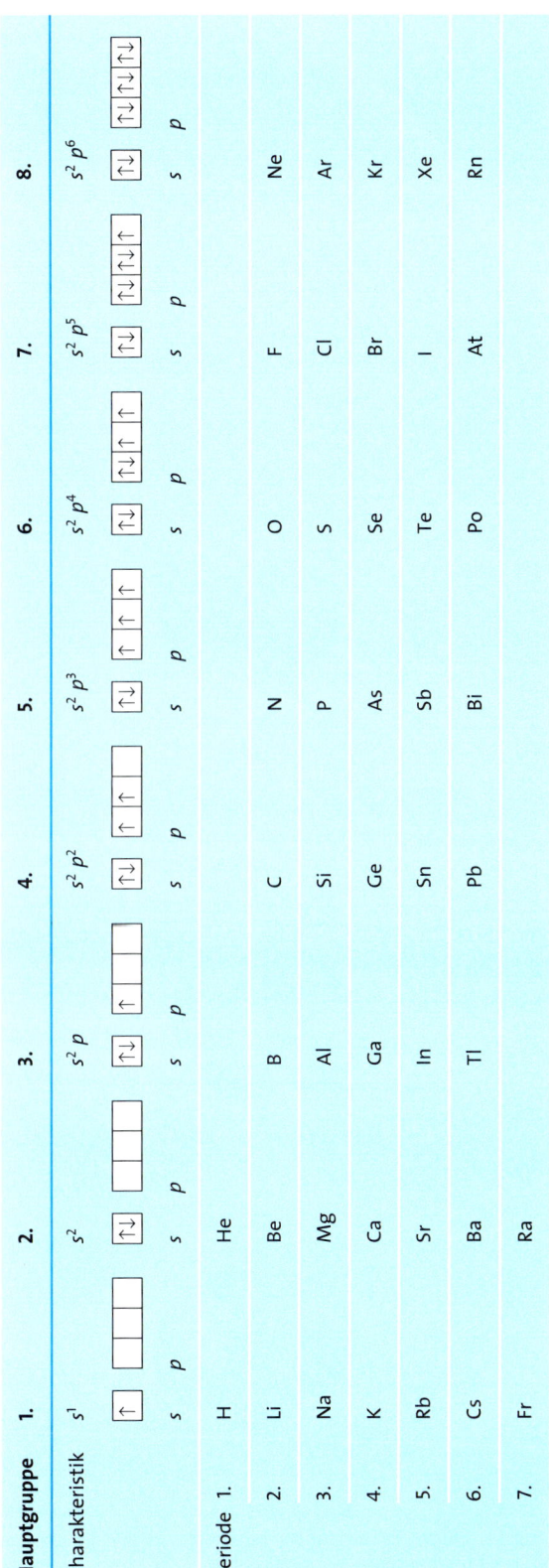

Tab. 41.2 Elektronenkonfiguration der Hauptgruppenelemente

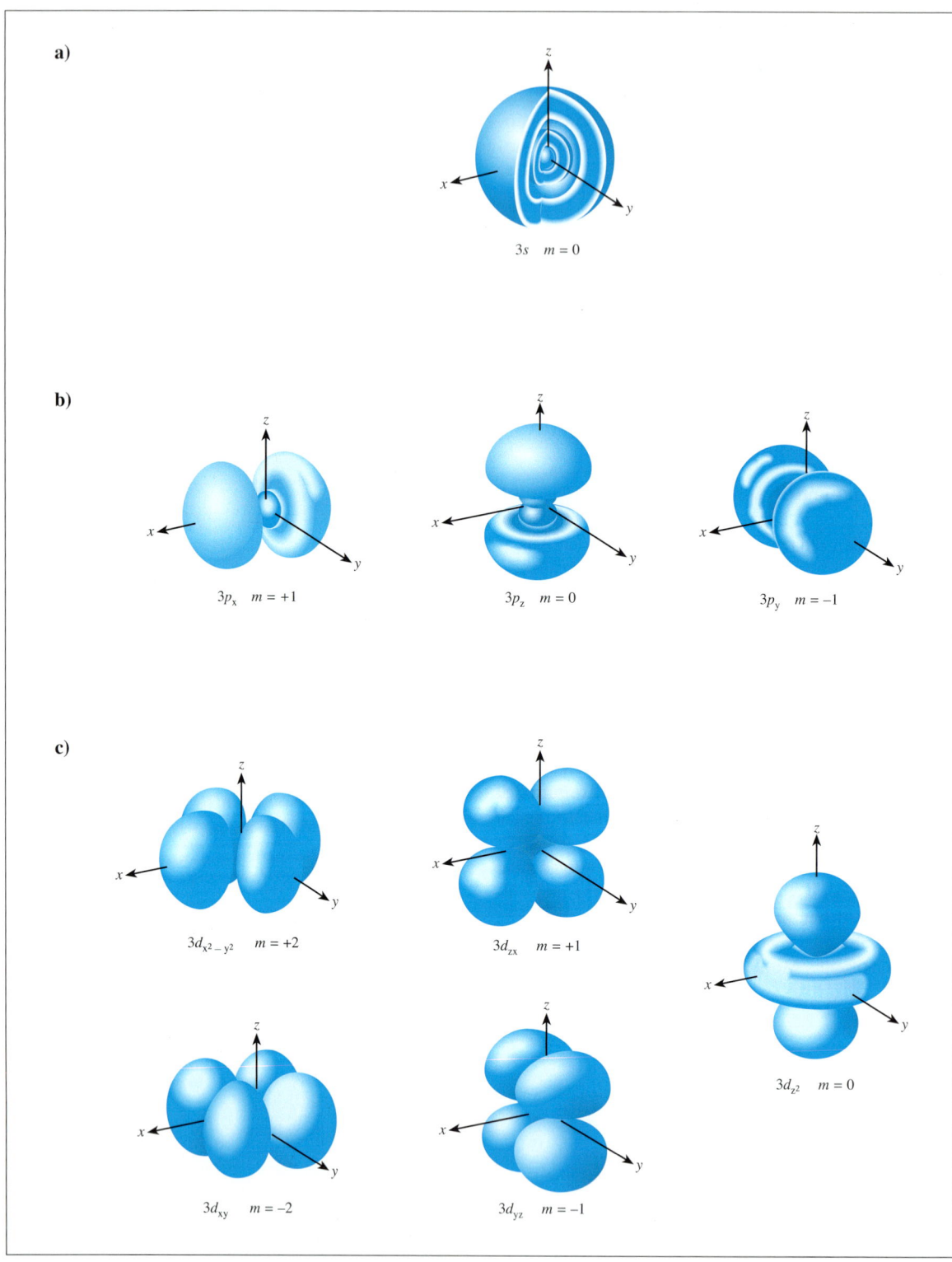

Abb. 42.1 Atomorbitale zur Hauptquantenzahl $n = 3$.
a) 3s-Orbital mit zwei Knotenflächen
b) 3p-Orbitale ($n = 3$; $l = 1$; $m = +1, 0, -1$)
c) 3d-Orbitale ($n = 3$; $l = 2$; $m = +2, +1, 0, -1, -2$)

Zusätzliche Aufgaben

A 43.1 Stellen Sie für die Atome folgender Elemente die Elektronenkonfigurationen dar:
Sauerstoff, Chlor, Kalium, Eisen, Argon.

A 43.2 **a)** Erläutern Sie den Zusammenhang zwischen Atombau und Ordnungszahl der Elemente.
b) Wo findet man im Periodensystem der Elemente *s*-Elemente, *p*-Elemente und *d*-Elemente?
c) Welche Schalen und welche Orbitale werden bei den *Lanthaniden* und *Actiniden* aufgefüllt?

A 43.3 Welche Atome besitzen in ihrer äußeren Schale folgende Elektronenkonfigurationen?
a) $5s^2\ 5p^2$, **b)** $3s^2\ 3p^6\ 3d^5\ 4^2$, **c)** $4s^2\ 4p^6\ 4^{10}\ 5s^2$

A 43.4 In Abb. 37.2 sind die Ionisierungsarbeiten für das jeweils erste Elektron einiger Elemente dargestellt.
a) Erläutern Sie den Begriff *Ionisierungsarbeit*.
b) Welche Elemente bzw. Elementfamilien besitzen extrem hohe und welche extrem niedrige Ionisierungsenergien?
c) Warum nimmt die Ionisierungsarbeit innerhalb einer Elementfamilie mit zunehmender Ordnungszahl ab?

A 43.5 **a)** Erläutern Sie den Unterschied zwischen klassischen und nichtklassischen Atommodellen.
b) Welche Bedeutung hat der Doppelspaltversuch mit Elektronen für das Verständnis moderner Atommodelle?

A 43.6 Die folgende Grafik gibt die Aufenthaltswahrscheinlichkeit des Elektrons eines Wasserstoff-Atoms im Grundzustand wieder.
Erläutern Sie die Grafik.

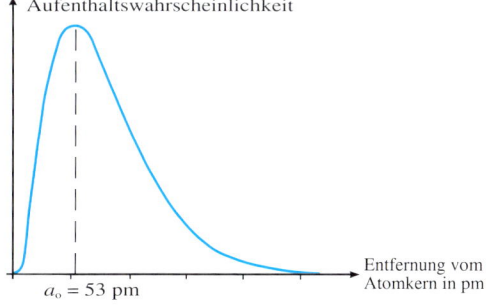

A 43.7 **a)** Erläutern Sie den Begriff *Atomorbital*.
b) Beschreiben Sie den Unterschied zwischen *s*- und *p*-Orbitalen.
c) Stellen Sie *s*-Orbitale und *p*-Orbitale in einfacher Form zeichnerisch dar.
d) Worin unterscheiden sich 1*s*-Orbitale von 2*s*-Orbitalen?

A 43.8 In der folgenden Grafik sind die Analysenergebnisse der Untersuchung dreier Bleioxide wiedergegeben.
a) Wie zeigt sich in der Grafik das Gesetz der konstanten Proportionen?
b) Wie zeigt sich in der Grafik das Gesetz der multiplen Proportionen?
c) Welchem der drei Bleioxide PbO, PbO_2 und Pb_3O_4 sind die einzelnen Geraden zuzuordnen?

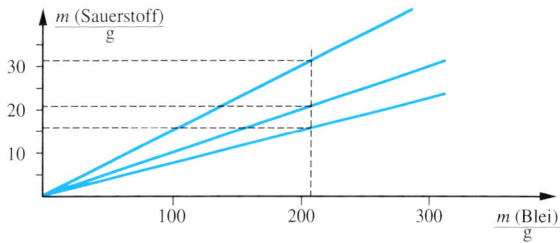

A 43.9 Von fünf verschiedenen Stickstoffoxiden wurden die jeweiligen Massenverhältnisse zwischen den Elementen bestimmt. Es ergaben sich folgende Werte:

Massenanteil des Stickstoffs	Massenanteil des Sauerstoffs	Stickstoffoxid
63,7 %	36,3 %	①
46,7 %	53,3 %	②
36,8 %	63,2 %	③
30,4 %	69,6 %	④
25,9 %	74,1 %	⑤

a) Wie viel Gramm Sauerstoff sind in den verschiedenen Stickstoffoxiden mit 1 g Stickstoff verbunden?
b) In welchem Verhältnis stehen die Sauerstoffmassen zueinander, die mit 1 g Stickstoff verbunden sind?
c) Welchen Formeln sind die angegebenen Massenverhältnisse zuzuordnen:

NO, N_2O, N_2O_3, N_2O_4, N_2O_5?

A 43.10 Erläutern Sie das Kernreaktionsschema:
$$^{10}_{5}B + ^{4}_{2}He^{2+} \rightarrow ^{13}_{7}N + ^{1}_{0}n$$

A 43.11 Warum enthält einzig die BALMER-Serie des Wasserstoff-Atoms im Bereich des sichtbaren Lichts Spektrallinien?

A 43.12 Zu welchem Neon-Isotop gehören die folgenden spezifischen Ladungen?

$4{,}4 \cdot 10^6\ C \cdot kg^{-1}$; $4{,}6 \cdot 10^6\ C \cdot kg^{-1}$; $4{,}8 \cdot 10^6\ C \cdot kg^{-1}$

MATERIE

ATOMBAU

BINDUNG

QUANTITATIVE BESCHREIBUNG

ENERGETIK

GESCHWINDIGKEIT

GLEICHGEWICHT

SÄUREN UND BASEN

REDOXREAKTIONEN

KOMPLEXREAKTIONEN

ANHANG

DIE CHEMISCHE BINDUNG

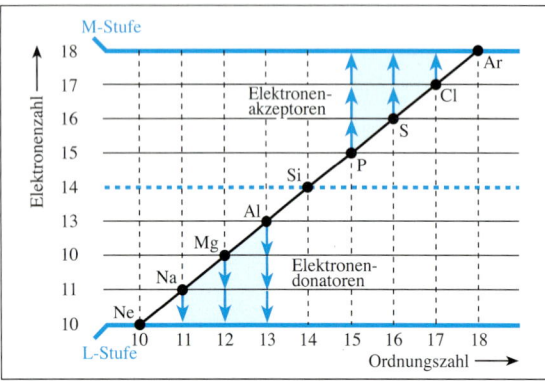

Abb. 44.1 Abgabe und Aufnahme von Elektronen bei den Elementen der dritten Periode

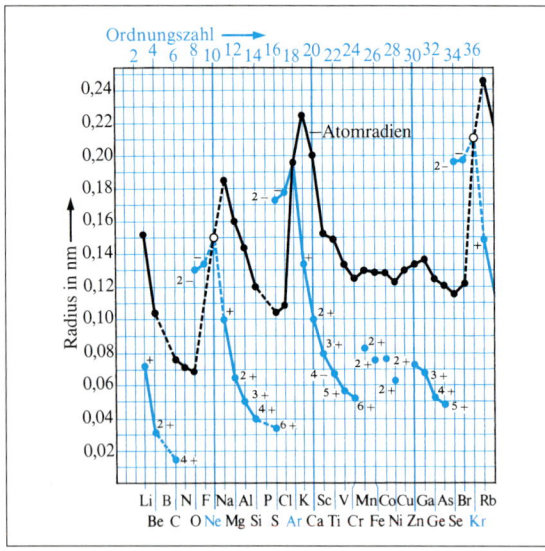

Abb. 44.2 Radien einiger Element-Ionen (blau)

A 44.1 Berechnen Sie die Radienverhältnisse für die Ionenpaare: Na^+/Cl^-, Cs^+/Cl^- und Zn^{2+}/Cl^-. Zeichnen Sie diese Ionen maßstabgerecht als Kreisflächen, um sich einen Eindruck vom Größenverhältnis zu machen ($r_{Cs^+} = 0,167$ nm).

Isolierte Atome, wie sie im vorhergehenden Kapitel betrachtet wurden, gibt es in der Natur nur bei den Edelgasen und in hoch erhitzten Dämpfen der Elemente. In der Regel aber stellt Materie ein *aggregiertes System* dar, in welchem Atome über bindende Kräfte miteinander vereint sind. Grob gesehen unterscheidet man dabei fünf verschiedene Bindungstypen: die *Ionenbindung*, die *Atom-* oder *Elektronenpaarbindung*, die *metallische Bindung*, die *Wasserstoffbrückenbindung* und die van-der-WAALS-Bindung.

15 Ionenbindung

Atome können durch Abgabe oder Aufnahme von Elektronen zu geladenen Teilchen, zu Ionen, werden. Solche Vorgänge finden in der Regel statt, wenn Metalle mit Nichtmetallen reagieren. Dabei stellen die Metalle *Elektronendonatoren* und die Nichtmetalle *Elektronenakzeptoren* dar. Über die Anzahl der je Atom abgegebenen oder aufgenommenen Elektronen gibt die von KOSSEL 1916 aufgestellte **Oktettregel** Auskunft. Nach ihr entstehen Ionen durch die Bildung stabiler Elektronenschalen, wobei acht Elektronen in der äußeren Schale eine besonders stabile Konfiguration, die **Edelgaskonfiguration,** darstellen.

Die Elemente der ersten drei Hauptgruppen erreichen durch Abgabe von Elektronen die Elektronenkonfiguration des vorhergehenden Edelgases. Bei den Elementen der fünften bis siebten Gruppe führt die Aufnahme von Elektronen zur Elektronenkonfiguration des im Periodensystem folgenden Edelgases. Das Wasserstoff-Atom kann durch Elektronenabgabe ein Proton bilden oder durch Aufnahme eines Elektrons in das Hydrid-Ion übergehen.

Zwischen Ionen wirken COULOMB-Kräfte, die bei verschiedenartig geladenen Ionen Anziehung, bei gleichartig geladenen Abstoßung bedeuten. Aufgrund dieser Kräfte vereinigen sich Kationen und Anionen zu aggregierten Systemen, den **Ionenverbindungen.** In ihnen sind die Ionen nach Maßgabe des Ionenradien- und des Ladungsverhältnisses gitterartig angeordnet. Die innere Geometrie der Ionenverbindungen äußert sich auch in ihrer äußeren Gestalt, indem sie zumeist Kristalle bilden.

Die Entstehung eines *Ionengitters* lässt sich formal in Schritte zerlegen. Zunächst muss das Metall vom festen in den gasförmigen Zustand übergehen. Die Nichtmetallmoleküle müssen in Atome gespalten werden. Zwischen den nun vorhandenen Atomen findet der Elektronenübergang statt. Die Abgabe von Elektronen ist ein endothermer Vorgang, die Elektronenaufnahme kann exotherm verlaufen. Den Energiebetrag, der bei der Bildung von einem Mol Ionen durch Elektronenaufnahme frei wird oder benötigt wird, nennt man die **Elektronenaffinität** der betreffenden Teilchenart. Vereinigen sie die Ionen zum *Ionengitter,* so wird *Gitterenergie* frei. Bei der Bildung der Ionenverbindungen wird also zuerst Energie für Sublimations-, Dissoziations- und Ionisierungsvorgänge benötigt. Dann folgen Prozesse, die Energie freisetzen. Insgesamt wird mehr Energie frei, als eingesetzt wurde. Die meisten Bildungen von Ionenverbindungen verlaufen also exotherm.

In welchem **Kristallsystem** eine Ionen-Verbindung kristallisiert, hängt bei binären Verbindungen vom Ionenradienverhältnis ab. Alle binären Verbindungen, bei denen das Radienverhältnis zwischen den Werten 0,414 und 0,732 liegt, kristallisieren im gleichen Gittertyp, dem Kochsalzgitter. In der Elementarzelle besitzt jedes Chlorid-Ion sechs Natrium-Ionen als unmittelbare Nachbarn. Umgekehrt ist auch jedes Natrium-Ion von sechs Chlorid-Ionen umgeben. Für jede Ionensorte beträgt also die *Koordinationszahl* sechs.

Bei einem Radienverhältnis größer als 0,732 werden mehr Anionen benötigt, um ein Kation zu umschließen. Es bildet sich ein kubisch innenzentriertes Gitter aus, wie es beim *Caesiumchlorid* der Fall ist. Hier ist jedes Caesium-Ion von acht Chlorid-Ionen umgeben.

Liegt ein Radienverhältnis unter 0,4 vor, so sind die Anionen im Verhältnis zu den Kationen so groß, dass weniger als sechs Anionen benötigt werden, um ein Kation einzuschließen. Als Beispiel für einen Gittertyp, in welchem ein Kation von nur vier Anionen umgeben ist, gilt das *Zinksulfidgitter:* Vier Sulfid-Ionen besetzen die Ecken eines regelmäßigen Tetraeders, in dessen Mitte sich das Zink-Ion befindet.

Beim Lösen von Ionenverbindungen muss das Lösungsmittel die Gitterkräfte überwinden. In vielen Fällen äußert sich dies darin, dass sich die Lösung abkühlt. Man kann aber auch die umgekehrte Erfahrung machen, indem eine Erwärmung der Lösung stattfindet. Das deutet darauf hin, dass beim Lösungsvorgang Wechselwirkungen zwischen den Ionen und den Lösungsmittelmolekülen vorliegen, indem Ionen Lösungsmittelmoleküle an sich ziehen. In vielen Fällen wird gebundenes Lösungsmittel auch mit in das Ionengitter eingebaut. Ist das Lösungsmittel Wasser, so spricht man von kristallwasserhaltigen Salzen. Ein Beispiel hierfür ist Kupfersulfat-Pentahydrat ($CuSO_4 \cdot 5\,H_2O$).

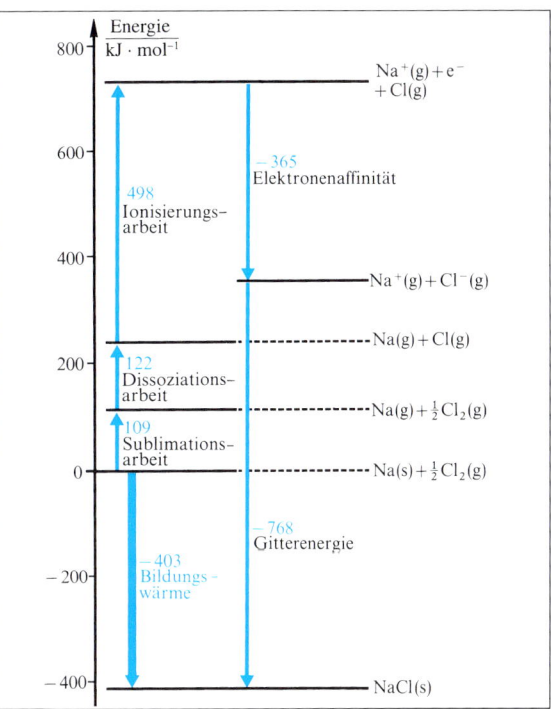

Abb. 45.1 Energiediagramm für die Bildung von kristallisiertem Kochsalz aus den Elementen. Die Bildungswärme ergibt sich als Summe der Sublimationsarbeit, der Dissoziationsarbeit, der Ionisierungsarbeit, der Elektronenaffinität und der Gitterenergie.

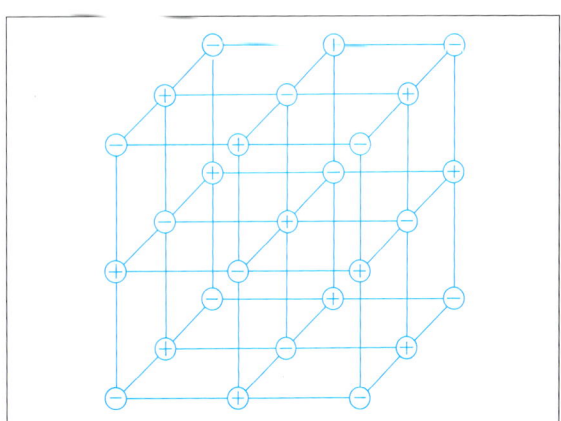

Abb. 45.2 Anordnung der Ionen im Kochsalzgitter

A 45.1 a) Zeichnen Sie eine Fläche aus der Elementarzelle des Kochsalzgitters (Abb. 45.2) heraus. Tragen Sie die Ionenquerschnitte maßstabgerecht ein, sodass sich die Kreise berühren. **b)** Suchen Sie nun nach einer Möglichkeit, wie man das Radienverhältnis der Ionen nach dem Satz von PYTHAGORAS allgemein berechnen kann.

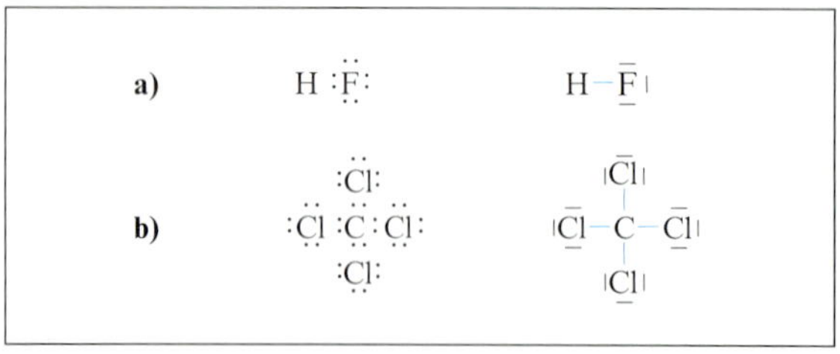

Abb. 46.1 LEWIS-Formeln für Fluorwasserstoff und für Tetrachlormethan. **a)** Ein Wasserstoff- und ein Fluor-Atom haben zusammen acht Außenelektronen, die zu vier Paaren geordnet werden können. Eines dieser Elektronenpaare stellt ein Bindungselektronenpaar dar. Die übrigen sind freie Elektronenpaare des Fluoratoms. **b)** Ein Kohlenstoff-Atom und vier Chlor-Atome besitzen zusammen 32 Außenelektronen oder 16 Elektronenpaare. Vier davon bilden Bindungselektronenpaare. Die übrigen stellen freie Elektronenpaare der Chlor-Atome dar.

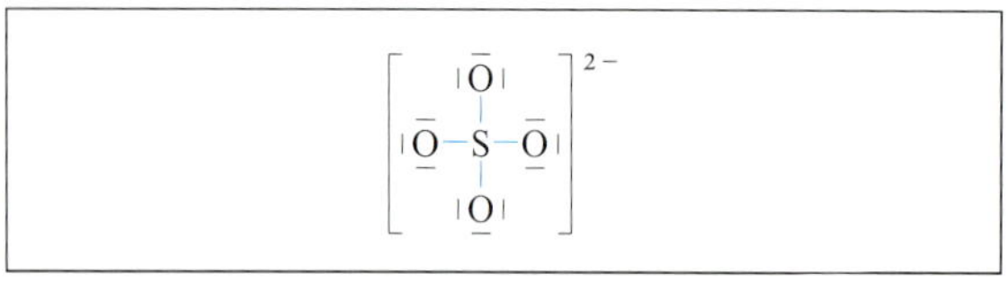

Abb. 46.2 Darstellung des Sulfat-Ions im LEWIS-Modell. Die Ladung eines solchen Molekül-Ions ergibt sich, wenn jedem Atom in ihm Formalladungen zugeordnet werden. Hierzu vergleicht man die nach der LEWIS-Formel jedem Atom zukommende Elektronenzahl mit der im freien Atom vorhandenen Anzahl von Außenelektronen. Dabei wird je ein Elektron eines Bindungselektronenpaars einem der an der Bindung beteiligten Atome zugeordnet. Im Sulfat-Ion kommen dem zentralen Schwefel-Atom vier Elektronen zu. Jedes Sauerstoff-Atom besitzt sieben Elektronen in der LEWIS-Formel. Die freien Schwefel- und Sauerstoff-Atome enthalten je sechs Elektronen in der äußeren Schale. Aus der jeweiligen Differenz folgt für das Schwefel-Atom eine Formalladung von +2 und für jedes Sauerstoff-Atom eine solche von −1. Insgesamt ergibt sich daraus die Ladung des Sulfat-Ions mit 2−.

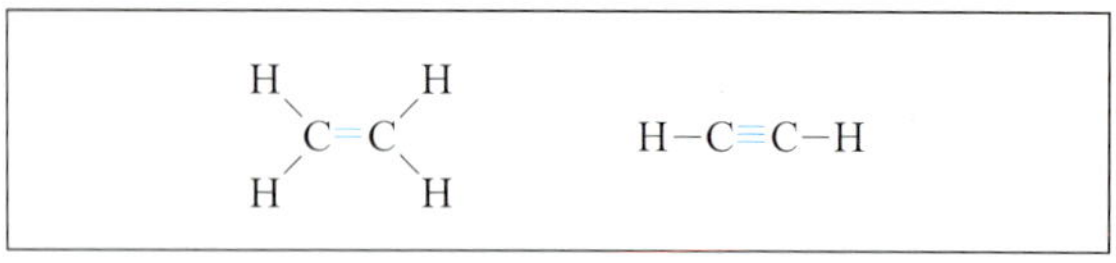

Abb. 46.3 Ethen- und Ethin-Moleküle besitzen Mehrfachbindungen

A 46.1 Stellen Sie für die folgenden Verbindungen LEWIS-Formeln auf:

CH_4, H_2O, C_2H_5OH, H_2SO_4, HCN.

16 Elektronenpaarbindung

Im Gegensatz zu den Ionen stellen Moleküle elektrisch neutrale Aggregate mehrerer Atomkerne und ihrer zugehörigen Elektronen dar. Durch Aufnahme oder Abgabe von Ladungen können aus ihnen *Molekülionen* entstehen. Die Beschreibung von Molekülen und ihrer Eigenschaften beinhaltet im Wesentlichen eine Erläuterung der Bindungen zwischen den Atomen in ihnen und eine Darstellung der räumlichen Molekülstruktur.

16.1 LEWIS-Konzept

Eines der bekanntesten Bindungsmodelle für Moleküle wurde 1916 von LEWIS entwickelt. Es beschreibt die chemische Bindung zwischen Atomen durch die Annahme von **Bindungselektronenpaaren,** die zwischen zwei Atomen aus ungepaarten Elektronen der äußeren Schalen gebildet werden. Dieser Bindungstyp wird auch als **Atombindung** oder **kovalente Bindung** bezeichnet. In Formeln stellt man das Bindungselektronenpaar durch einen Bindestrich, der zwei Symbole verbindet, dar.

Als oberstes Prinzip der LEWIS-Konzeption gilt die **Oktettregel,** wie sie auch von KOSSEL verwendet wurde. Nach LEWIS soll in Molekülen immer dann ein besonders stabiler Zustand erreicht sein, wenn jedem Atom eine Edelgaskonfiguration zugeordnet werden kann. Ein Bindungselektronenpaar gehört bei dieser Betrachtung jedem der an der Bindung beteiligten Atome an. Es muss also doppelt gezählt werden. Das Wasserstoff-Atom erreicht schon mit zwei Elektronen die Edelgaskonfiguration des Heliums.

Um eine LEWIS-Formel aufzustellen, ermittelt man die Gesamtzahl der Außenelektronen aller im Molekül enthaltenen Atome. Danach ordnet man jedem Atom entsprechend der Oktettregel Elektronenpaare zu. Dabei stellen nur solche Elektronenpaare Bindungselektronenpaare dar, die zwischen zwei Symbolen stehen. Die übrigen Elektronenpaare, die die Symbole umgeben, heißen **freie Elektronenpaare.** In manchen Fällen lässt sich die Oktettregel nur erfüllen, wenn **Zweifach-** oder **Dreifachbindungen** zwischen Atomen eingerichtet werden. Beispiele hierfür sind das *Ethen-* und das *Ethin-Molekül.*

LEWIS-Formeln stellen zwar die Bindungen, nicht aber die räumlichen Strukturen der Moleküle dar. Außerdem trifft die Oktettregel streng genommen nur bei den Hauptgruppenelementen der 2. Periode zu. Die Anwendbarkeit des LEWIS-Konzepts ist also begrenzt.

Bei Molekülionen lassen sich für die einzelnen Atome **Formalladungen** berechnen, indem der Unterschied zwischen der Anzahl der Außenelektronen, die dem isolierten Atom zukommen, und der Anzahl, nach der LEWIS-Formel ermittelt wird.

16.2 Elektronenpaarabstoßungsmodell

Die räumliche **Struktur** der Moleküle wird durch ein Modell erfasst, das von der folgenden Voraussetzung ausgeht: Bindungselektronenpaare und freie Elektronenpaare bestimmen in gleicher Weise die Gestalt der Moleküle, indem sie die Elektronenpaare einer Schale untereinander abstoßen. Hierdurch teilen die Elektronenpaare den zur Verfügung stehenden Raum gleichmäßig ein. Aus diesem Ansatz ergeben sich bei Verbindungen vom Typ AB_x, der keine freien Elektronenpaare am Zentralatom enthält, folgende charakteristische Anordnungsmöglichkeiten für die Liganden B eines Zentralatoms A: Die *lineare* Anordnung einer AB_2-, die *trigonal ebene* Anordnung einer AB_3-, die *tetraedrische* Anordnung einer AB_4-, die *trigonal bipyramidale* Anordnung einer AB_5- und die *oktaedrische* Anordnung einer AB_6-Verbindung. Die beiden letztgenannten Verbindungstypen sind Beispiele dafür, dass das Elektronenpaarabstoßungsmodell auch auf solche Verbindungen anwendbar ist, für die die Oktettregel nicht gilt.

Die **Bindungswinkel,** die zwischen je zwei Ligandatomen und den Zentralatomen entstehen, sind durch die Molekülgeometrie vorgegeben. Wenn aber statt eines Ligandatoms ein freies Elektronenpaar am Zentralatom vorhanden ist, wird der Bindungswinkel verändert, weil ein freies Elektronenpaar mehr Raum beansprucht als ein Bindungswinkelelektronenpaar. Während beim tetraedrisch gebauten Methan-Molekül, das dem AB_4-Typ entspricht, alle Bindungswinkel $109,5°$ betragen, liegen beim Ammoniak-Molekül Bindungswinkel von $107,5°$ und beim Wasser-Molekül ein Bindungswinkel von nur $104,5°$ vor. Moleküle mit freien Elektronenpaaren am Zentralatom können durch die allgemeine Formel AB_xE_y wiedergegeben werden, wobei der Buchstabe E ein freies Elektronenpaar symbolisiert.

Auch wenn ein Zentralatom von unterschiedlichen Liganden umgeben ist, treten Abweichungen bei den Bindungswinkeln auf. Ein Beispiel ist das *Monochlormethan*-Molekül. Das Chlor-Atom besitzt eine stärkere Elektronegativität als die Wasserstoff-Atome. Das Bindungselektronenpaar wird also durch das Chlor-Atom weiter vom Zentralatom entfernt, als es bei den Wasserstoff-Atomen der Fall ist. Dadurch können sich die Räume der Bindungselektronenpaare, die zwischen den Wasserstoff-Atomen und dem zentralen Kohlenstoff-Atom bestehen, aufweiten. Der Bindungswinkel ($\sphericalangle$ H-C-H) beträgt im Monochlormethan-Molekül $110,3°$. Er ist also größer als der normale Tetraederwinkel.

Die bisher angewendeten Modellvorstellungen müssen erweitert werden, wenn Zweifach- und Dreifachbindungen vorkommen. In solchen Fällen nimmt man an, dass zwei oder auch drei Elektronenpaare einen gemeinsamen Aufenthaltsraum besetzen, den man als einen

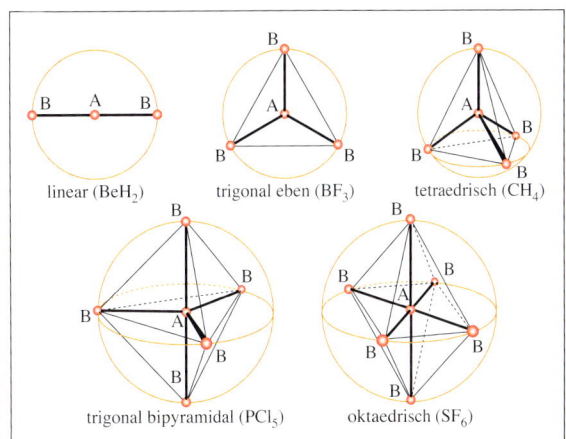

Abb. 47.1 Molekülgeometrien von AB_x-Verbindungen im Elektronenpaarabstoßungsmodell

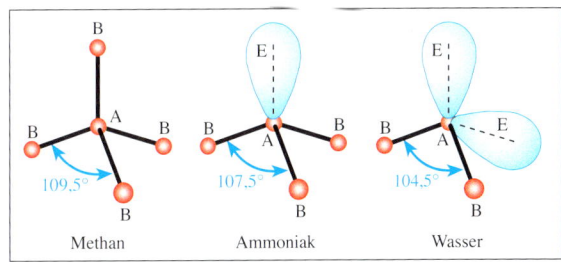

Abb. 47.2 Beeinflussung der Größe der Bindungswinkel durch freie Elektronenpaare am Zentralatom

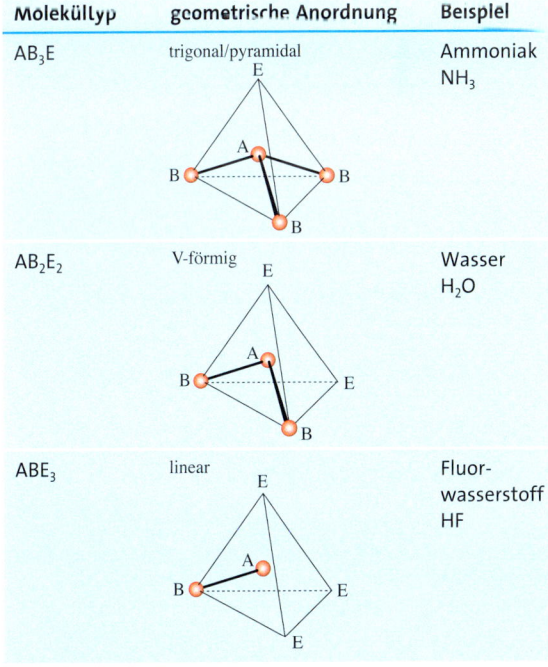

Molekültyp	geometrische Anordnung	Beispiel
AB_3E	trigonal/pyramidal	Ammoniak NH_3
AB_2E_2	V-förmig	Wasser H_2O
ABE_3	linear	Fluorwasserstoff HF

Tab. 47.3 Moleküle mit freiem Elektronenpaar im Elektronenpaarabstoßungsmodell

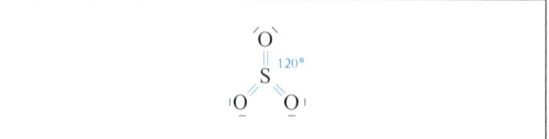

Abb. 48.1 Schwefeltrioxid. Die Sauerstoff-Atome sind doppelt an das zentrale Schwefel-Atom gebunden. Im Elektronenpaarabstoßungsmodell besetzen beide Bindungselektronenpaare einen Elektronenraum, der als Mehrelektronenraum bezeichnet wird.

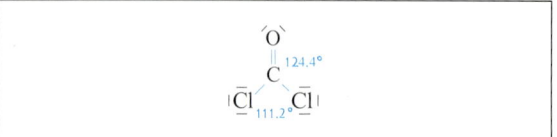

Abb. 48.2 Dichlorkohlenstoffoxid (Phosgen). In diesem Molekül bestehen unterschiedlich große Bindungswinkel. Dies ist darauf zurückzuführen, dass ein Mehrelektronenraum einen größeren Platz beansprucht als ein Raum, der nur ein Elektronenpaar enthält.

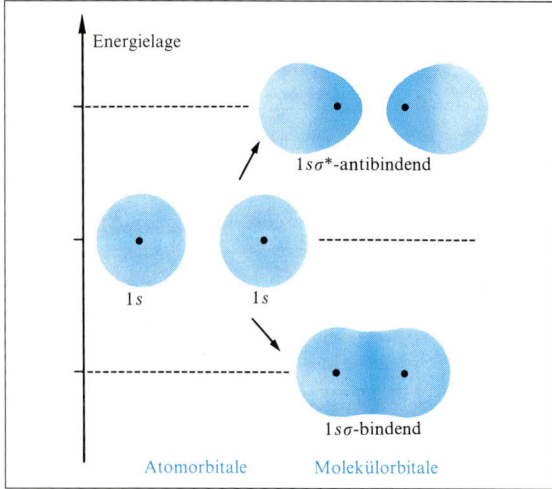

Abb. 48.3 Modellhafte Darstellung der Bildung eines Wasserstoff-Moleküls

A 48.1 Welche Molekülgeometrien ergeben sich im Elektronenpaarabstoßungsmodell für die folgenden Verbindungen: BF_3, PF_5, NO_2, H_2S, XeF_4?

A 48.2 Bestimmen Sie die Formalladungen der Atome in den folgenden Molekül-Ionen und geben Sie die Molekülgeometrie an: SO_3^{2-}, PCl_6^-, ICl_4^-.

A 48.3 Welche Formalladungen ergeben sich, wenn Sie die Formel des Kohlenstoffmonooxids im LEWIS-Modell darstellen?

Mehrelektronenraum bezeichnet. Ein Beispiel ist das monomere Schwefeltrioxid-Molekül. Hier müssen dem zentralen Schwefel-Atom sechs und jedem Sauerstoff-Atom zwei Bindungselektronenpaare zugeordnet werden. Nur mithilfe dieser Annahme kann die experimentell nachgewiesene trigonal ebene Struktur des SO_3-Moleküls mit Bindungswinkeln von 120° im Elektronenpaarabstoßungsmodell dargestellt werden.

Abweichungen von der gleichmäßigen Anordnung der Liganden um das Zentralatom sind dann zu erwarten, wenn in einem Molekül gleichzeitig Einfach- und Mehrfachbindungen vorliegen. Beim Kohlenstoffoxiddichlorid-Molekül ($COCl_2$) ist das Sauerstoff-Atom an das zentrale Kohlenstoff-Atom doppelt gebunden; die beiden Chlor-Atome werden jedoch durch je eine Einfachbindung mit dem Kohlenstoff-Atom verknüpft. Eine Zweifachbindung beansprucht mehr Raum als eine Einfachbindung. Darum ist in diesem Molekül der Bindungswinkel, der zwischen den beiden Chlor-Atomen und dem Kohlenstoff-Atom besteht, verringert. Er beträgt nachweislich nur 111,2°.

16.3 Molekülorbitalmodell

Das *LEWIS-Modell* und das *Elektronenpaarabstoßungsmodell* betrachten Moleküle als Vereinigungen von Atomen, in denen lediglich die Elektronen der Außenschalen zu den Bindungen beitragen, indem sie zu Paaren zwischen je zwei Atomen kombiniert werden. Diese Betrachtung stellt sicherlich eine Vereinfachung der wahren Verhältnisse dar. Richtiger wäre es, ein Molekül als eine Ansammlung von Atomkernen und zugehörigen Elektronen aufzufassen, wobei alle Teilchen untereinander in Wechselwirkung stehen. Ein Modell, das diesen Ansatz zur Grundlage hat, wird als **Molekülorbitalmodell** *(MO-Modell)* bezeichnet. Die quantenmechanische Berechnung solcher Systeme ist allerdings sehr schwierig. Die Grundlagen der MO-Theorie sollen am einfachsten Molekül, dem Wasserstoff-Molekül, erläutert werden. Hierzu geht man von der Vorstellung aus, dass zwei Wasserstoff-Atome zunächst weit voneinander entfernt sind. In diesem Zustand ist die Aufenthaltswahrscheinlichkeit eines jeden Elektrons durch 1s-Atomorbitale zu beschreiben. Nähern sich die Atome einander, so geraten die Elektronen bei einem gewissen Kernabstand zunehmend in den Einflussbereich des jeweils anderen Atomkerns. Bei genügend starker Annäherung wird die Aufenthaltswahrscheinlichkeit beider Elektronen im gleichen Maße durch beide Protonen bestimmt.

Eine hinreichend genaue Darstellung dieses Systems erreicht man, wenn die beiden 1s-Atomorbitale linear miteinander kombiniert werden. Eine solche *Linearkombination* zweier Atomorbitale ist eine mathematische

Operation, bei der sich stets zwei Molekülorbitale ergeben. Das eine liegt energetisch tiefer und wird als **bindendes Molekülorbital** bezeichnet. Das andere, welches energetisch höher liegt, heißt **antibindendes Molekülorbital.** Das bindende Molekülorbital lässt sich anschaulich auch durch *Überlappung* zweier $1s$-Atomorbitale wiedergeben. Antibindende Molekülorbitale bestehen aus zwei sich nicht überlappenden Bereichen. In bindenden Molekülorbitalen ist die Aufenthaltswahrscheinlichkeit der Elektronen zwischen den Atomkernen am größten.

Durch Energieaufnahme können Elektronen aus bindenden Molekülorbitalen in antibindende übergehen. Im Falle des Wasserstoff-Atoms wird dadurch die Bindung aufgehoben, das Molekül dissoziert. Die dafür erforderliche Energie wird, bezogen auf ein Mol Bindungen, auch als molare Dissoziationsenergie bezeichnet. Sie stellt ein Maß für die Festigkeit einer Bindung dar.

Das MO-Modell eines Wasserstoff-Moleküls lässt sich in einem *Energiestufenmodell* darstellen. In ihm werden auf den beiden Seiten rechts und links die Energieniveaus der ursprünglichen Atomorbitale wiedergegeben, die linear miteinander kombiniert werden. Das bindende Molekülorbital liegt energetisch tiefer als diese Atomorbitale, während das antibindende Molekülorbital eine höhere Energiestufe einnimmt.

Ein Helium-Molekül kann es nicht geben. Dies wird im MO-Modell dadurch deutlich, dass in diesem Molekül sowohl das bindende wie auch das antibindende Molekülorbital voll besetzt sein müssten. Dabei heben sich bindende und antibindende Eigenschaften auf. Man spricht hier von der nullten *Bindungsordnung*.

Mithilfe der MO-Theorie lässt sich eine Eigenschaft des molekularen Sauerstoffs erklären, die als **Paramagnetismus** bezeichnet wird. Paramagnetische Stoffe besitzen ein magnetisches Moment, das auf ungepaarte Elektronen zurückzuführen ist. Stoffe dieser Art werden in ein inhomogenes Magnetfeld hineingezogen.

Das MO-Modell des Sauerstoff-Moleküls zeigt nun neben den voll besetzten $1s$- und $2s$-Molekülorbitalen die $2p$-Orbitale. Von diesen $2p$-Molekülorbitalen, die nach den drei Richtungen des Raums orientiert sind, können aus geometrischen Gründen nur die p_z-Orbitale so kombiniert werden, dass das entstehende Molekülorbital rotationssymmetrisch bezüglich der z-Achse ist. Ein solches Molekülorbital wird als σ-Molekülorbital bezeichnet. Die beiden p_x- und p_y-Orbitale können nur so kombiniert werden, dass die Maxima der Aufenthaltswahrscheinlichkeiten einander gegenüberstehend außerhalb der x- und der y-Achse liegen. Solche Molekülorbitale nennt man π-Orbitale. Im Energiestufenmodell des Sauerstoffs müssen zwei Elektronen antibindende π-Orbitale einzeln besetzen, was den Paramagnetismus erklärt.

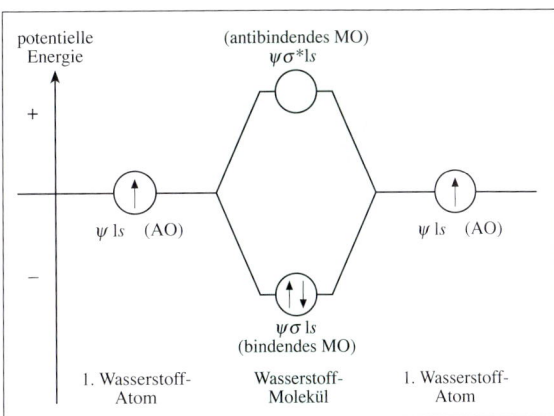

Abb. 49.1 Energiestufenschema des Wasserstoff-Moleküls im MO-Modell

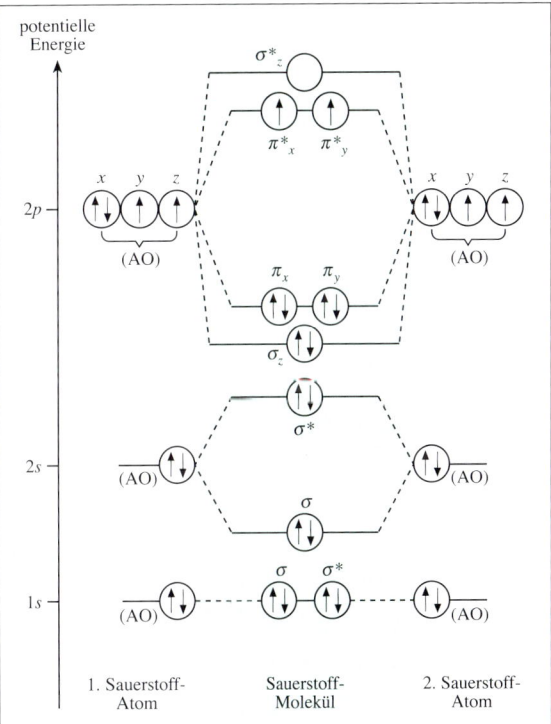

Abb. 49.2 Energiestufenschema des Sauerstoff-Moleküls im MO-Modell. Der energetische Unterschied bei $1\sigma - \sigma^*$ kann vernachlässigt werden.

A 49.1 Konstruieren Sie ein Energiestufendiagramm für das Stickstoff-Molekül. Warum kann molekularer Stickstoff keine paramagnetische Eigenschaft haben?

A 49.2 Wie kann man im MO-Modell die Einatomigkeit der Edelgase erklären?

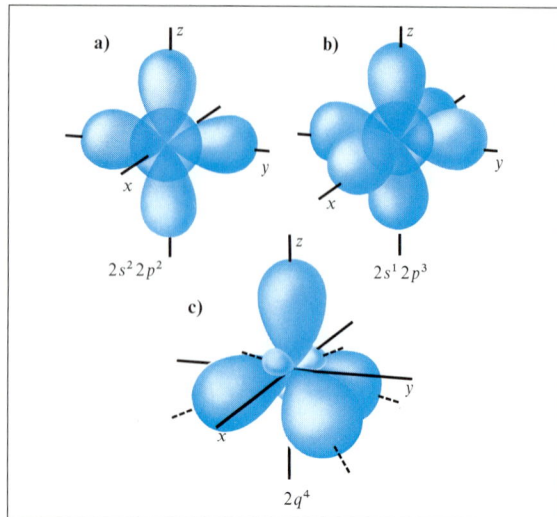

Abb. 50.1 Übergang eines Kohlenstoff-Atoms vom Grundzustand **(a)** in den angeregten Zustand **(b)** und in den Zustand der sp^3-Hybridisierung **(c)**. Diese Betrachtung ist rein formaler Art. Sie stellt eine Anpassung des Valenzbindungsmodells an experimentelle Befunde dar.

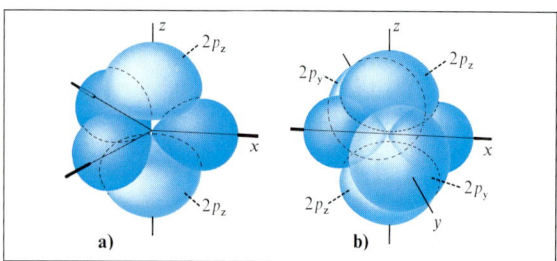

Abb. 50.2 sp^2- und sp-Hybridisierung am Kohlenstoff-Atom. Die q-Orbitale liegen jeweils in einer Ebene.

Atom- orbitale s p d			Hybrid- orbitale	Geometrie	Beispiele
1	1	0	sp	linear	$HgCl_2$
1	2	0	sp^2	trigonal	BF_3
1	3	0	sp^3	tetraedrisch	CH_4, NH_4^+
1	3	1	$sp^3 d$	bipyramidal	PCl_5
1	3	2	$sp^3 d^2$	oktaedrisch	SF_6

Tab. 50.3 Wichtige Hybridisierungsarten. Die Übereinstimmung mit dem Elektronenpaarabstoßungsmodell wird deutlich.

A 50.1 Wenden Sie das Hybridisierungsmodell auf das Schwefel- und das Phosphor-Atom an, um die Geometrie von SF_6- und PCl_5-Molekülen darzustellen.

16.4 Valenzbindungsmodell

Bei der Anwendung der MO-Theorie auf Moleküle mit mehr als zwei Atomen wird die Berechnung der Molekülorbitale sehr kompliziert. Es zeigt sich aber, dass ein vereinfachtes Modell, bei dem wiederum nur die Überlappung der Orbitale berücksichtigt wird, die in der äußeren Schale liegen, zu befriedigenden Resultaten führt. Da in diesem Modell nur die Außenelektronen oder **Valenzelektronen** zur Beschreibung der Bindungen verwendet werden, bezeichnet man es als **Valenzbindungsmodell** oder **VB-Modell**.

1874 konnte van't HOFF aufgrund von Isomeriebetrachtungen die Tetraederstruktur des Methan-Moleküls nachweisen, in dem alle vier Bindungen des zentralen Kohlenstoff-Atoms hinsichtlich der räumlichen Ausrichtung und ihrer Bindungsstärke gleichwertig sind. Dieser experimentell nachweisbare Sachverhalt lässt sich aber mit der Elektronenkonfiguration des Kohlenstoff-Atoms im *Grundzustand* nicht erklären, denn es stehen nur zwei ungepaarte Elektronen zur Verfügung. Es liegt demnach nahe, einen energiereicheren vierwertigen *Valenzzustand* anzunehmen. Dieser kann formal dadurch erreicht werden, dass eines der beiden $2s$-Elektronen in ein energiereicheres $2p$-Orbital überwechselt.

Diese Annahme stimmt dann zwar mit der Vierbindigkeit des Kohlenstoff-Atoms überein, erklärt aber nicht die Gleichartigkeit dieser vier Bindungen, denn eine s, s-Kombination unterscheidet sich energetisch von einer s, p-Kombination. Auch die tetraedrische Gestalt des Methan-Moleküls ergibt sich aus dieser Elektronenverteilung noch nicht. Man muss also die Zusatzannahme machen, dass die vier Valenzelektronen in vier gleichwertigen Orbitalen vorliegen. Die mathematische Operation, die dieser Annahme folgend vier gleichwertige Orbitale aus einem s- und drei p-Orbitalen berechnet, nennt man eine **sp^3-Hybridisierung**. Die vier Orbitale sind bei einer sp^3-Hybridisierung nach den Ecken eines gleichseitigen Tetraeders ausgerichtet. Allgemein werden Hybridorbitale auch als q-Orbitale bezeichnet.

Mehrfachbindungen im VB-Modell. Kohlenstoff-Atome können untereinander durch Einfach-, Zweifach- oder Dreifachbindungen verknüpft sein. Im Falle einer Einfachbindung kommen zwei q-Orbitale zur Überlappung. Eine solche Bindung wird als *σ-Bindung* bezeichnet, weil das Molekülorbital rotationssymmetrisch bezüglich der Bindungsachse liegt. Die Bindungsenergie beträgt $348,6 \text{ kJ} \cdot \text{mol}^{-1}$ bei einer Bindungslänge von 0,154 nm. Im Ethen-Molekül, das eine Zweifachbindung besitzt, ist die Bindungsenergie mit $600,6 \text{ kJ} \cdot \text{mol}^{-1}$ nicht doppelt so groß wie die einer Einfachbindung. Außerdem kann man nachweisen, dass hier alle Atome in einer Ebene liegen und die Bindungswinkel 120° betragen.

Dieser experimentelle Befund lässt sich im VB-Modell durch eine **sp^2-Hybridisierung** beschrieben. Bei ihr entstehen am Kohlenstoff-Atom nur drei gleichwertige q-Orbitale. Sie sind nach den Ecken eines gleichseitigen Dreiecks ausgerichtet. Ein p-Orbital bleibt erhalten und steht auf der Ebene, die die drei q-Orbitale bilden, senkrecht. Im Ethen-Molekül überlappen zwei q-Orbitale zweier Kohlenstoff-Atome und bilden eine σ-Bindung. Auch die p-Orbitale überlappen. Dabei bildet sich ein π-*Molekülorbital*, dessen Orbitalteile oberhalb und unterhalb der Bindungsebene liegen.

Bei einer Dreifachbindung sieht das VB-Modell eine **sp-Hybridisierung** vor. Hierdurch entstehen an jedem Kohlenstoff-Atom nur zwei gleichwertige q-Orbitale, die linear angeordnet sind. Je zwei p-Orbitale bleiben an den Kohlenstoff-Atomen erhalten. Im Ethin-Molekül sind die beiden Kohlenstoff-Atome über eine σ-Bindung und zwei π-Bindungen miteinander verknüpft.

Delokalisierte π-Bindungssysteme. Für das *Benzol-Molekül* fand KEKULÉ 1866 die bekannte Ringformel, die in der LEWIS-Schreibweise durch abwechselnde Einfach- und Zweifachbindungen wiedergegeben wird. Schon früh erkannte man Widersprüche zwischen dieser Formeldarstellung und dem tatsächlichen chemischen Verhalten des Benzols. Nach der LEWIS-Formel sollte sich dieser Stoff wie ein ungesättigter Kohlenwasserstoff verhalten. Die Bindungslängen sollten unterschiedlich sein. Benzol verhält sich jedoch chemisch eher wie ein gesättigter Kohlenwasserstoff, und das Molekül ist regelmäßig gebaut. Diese Widersprüche lassen sich beheben, wenn man eine Ladungsverteilung annimmt, die sich aus einer sp^2-Hybridisierung der Kohlenstoff-Atome ergibt. Alle Kohlenstoff-Atome sind dann über σ-Bindungen ringförmig miteinander verbunden und mit je einem Wasserstoff-Atom verknüpft. Die π-Orbitale aller Kohlenstoff-Atome überlappen zu einem π-Bindungssystem, das das gesamte Molekül gleichmäßig überlagert. Man spricht von einem **π-Elektronensextett.**

Ein solches *delokalisiertes* Elektronensystem ist durch *eine* LEWIS-Formel nicht mehr darstellbar. Vielmehr benötigt man einen ganzen Satz von so genannten *Grenzstrukturen*. Die wirkliche Ladungsverteilung kann man sich als Überlagerung aller Grenzstrukturen vorstellen. Diese Erscheinung bezeichnet man als **Mesomerie.** Die formelmäßig dargestellten Strukturen werden auch *mesomere Grenzstrukturen* genannt. Die Mesomerieschreibweise ist immer dann erforderlich, wenn in einer LEWIS-Formel mehrere gleiche Atome auf unterschiedliche Weise mit dem Zentralatom verknüpft sind und dieser Unterschied in der Formel keinem nachweisbaren Unterschied im Molekülbau entspricht. Der mesomere Zustand eines Moleküls ist energieärmer als jener, der durch eine Grenzstruktur ausgedrückt wird.

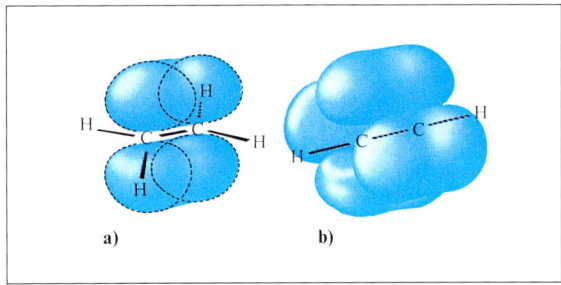

Abb. 51.1 Ethen-Molekül **(a)** und Ethin-Molekül **(b)** in der Darstellung des Valenzbindungsmodells. Die ausgezogenen Linien liegen in der jeweiligen Molekülebene und repräsentieren die σ-Bindungen. Über die aufgespannte Ebene lagern sich die Orbitale der π-Bindungen.

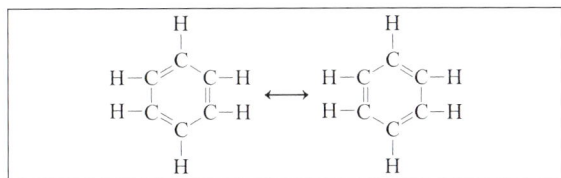

Abb. 51.2 KEKULÉ-Formel für das Benzol-Molekül. Die beiden Formeln stellen Grenzstrukturen dar.

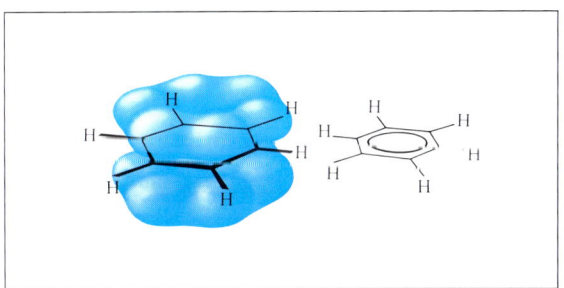

Abb. 51.3 Benzol-Molekül in der Darstellung des Valenzbindungsmodells. Alle Atome des Moleküls liegen ausnahmslos in einer Ebene und sind durch σ-Bindungen miteinander verbunden. An jedem Kohlenstoff-Atom befindet sich außerdem ein π-Orbital. Oberhalb und unterhalb der Molekülebene überlappen nach diesem Modell die π-Orbitale miteinander.

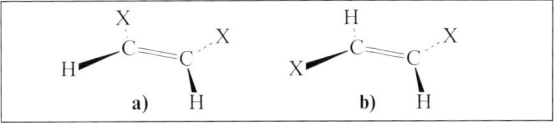

Abb. 51.4 *cis-trans*-Isomerie. Durch die Zweifachbindung wird die freie Drehbarkeit der Bindung zwischen den Kohlenstoff-Atomen aufgehoben. Bei dem dargestellten Dichlorethen ergibt sich daraus eine besondere Form von Isomerie. Bei der *cis*-Form **(a)** liegen die Substituenten auf der gleichen Molekülseite. Bei der *trans*-Form **(b)** sind die Substituenten auf entgegengesetzten Seiten angeordnet.

BINDUNG

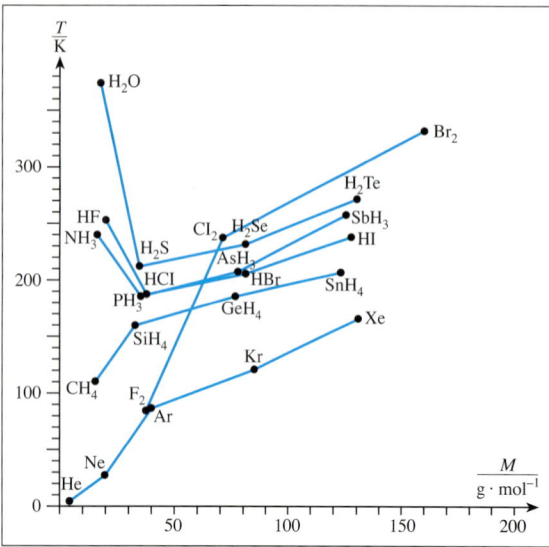

Abb. 52.1 Abhängigkeit der Siedetemperatur bei Molekül-verbindungen von ihrer molaren Masse

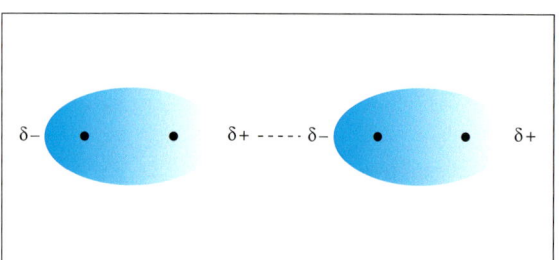

Abb. 52.2 Räumliche Orientierung von Dipolmolekülen. An elektrisch neutralen Molekülen entstehen Dipolmomente dadurch, dass die Schwerpunkte der positiven und negativen Ladungen schwanken. Die Anziehung zwischen solchen Teilchen wird als van-der-WAALS-Kraft bezeichnet.

H 2,2						
Li 1,0	Be 1,6	B 2,0	C 2,6	N 3,0	O 3,4	F 4,0
Na 0,9	Mg 1,3	Al 1,6	Si 1,9	P 2,2	S 2,6	Cl 3,2
K 0,8	Ca 1,0	Ga 1,8	Ge 2,0	As 2,2	Se 2,6	Br 3,0
Rb 0,8	Sr 1,0	In 1,8	Sn 2,0	Sb 2,1	Te 2,1	I 2,7
Cs 0,7	Ba 0,9	Tl 2,0	Pb 2,0	Bi 2,0	Po 2,0	At 2,2

Tab. 52.3 Elektronegativitätswerte einiger Elemente

17 Symmetrie der Moleküle und ihre Polarität

Gasförmige Molekülverbindungen lassen sich durch Abkühlen bei einer bestimmten Temperatur verflüssigen. Bei noch tieferen Temperaturen gehen sie in den festen Zustand über, wobei sich *Molekülkristalle* bilden. Die Oberflächenspannung flüssiger Molekülverbindungen und die Festigkeit der Molekülkristalle zeigen, dass auch zwischen Molekülen Anziehungskräfte bestehen. Die Ursache für diese Anziehung zwischen den elektrisch neutralen Teilchen ist in einer Schwankung der Ladungsschwerpunkte der positiven und negativen Ladungen im Molekül zu sehen. Hierdurch wird das Molekül immer wieder vorübergehend zu einem *elektrischen Dipol,* der benachbarte, ebenfalls polarisierte Moleküle anzieht. Man spricht hier von der **van-der-WAALS-Kraft,** die zwischen den Molekülen besteht. In Molekülkristallen ist sie die Ursache für die **van-der-WAALS-Bindungen.** Auch die Verflüssigung und die Kristallisation von Edelgasen bei tiefen Temperaturen kann auf van-der-WAALS-Kräfte zurückgeführt werden.

Betrachtet man den Zusammenhang zwischen der Siedetemperatur und der molaren Masse von Molekülverbindungen und der Edelgase, so stellt man zunächst einen einfachen Zusammenhang zwischen diesen beiden Größen fest: Die Siedetemperaturen steigen mit der molaren Masse. Hierin kommt zum Ausdruck, dass größere Teilchen stärker polarisierbar sind als kleinere. Ausnahmen bilden die Verbindungen *Wasser, Fluorwasserstoff* und *Ammoniak.* Bei ihnen liegen die Siedetemperaturen vergleichsweise viel zu hoch. Entsprechend ihren molaren Massen sollten sie Siedetemperaturen besitzen, die bis zu 100 K niedriger liegen. Zwischen den Molekülen dieser Stoffe bestehen also Anziehungskräfte, die die van-der-WAALS-Kräfte weit übersteigen.

Die Ursache ist ein **permanentes Dipolmoment** dieser Moleküle. Ein Dipolmolekül ergibt sich immer, wenn verschiedenartige Atome miteinander verknüpft sind und das Molekül so gebaut ist, dass sich eine bleibende Verschiebung der Ladungsschwerpunkte ergibt. Um die Dipoleigenschaft eines Moleküls abschätzen zu können, muss nach PAULING (1932) die **Elektronegativität** der am Molekülbau beteiligten Atome bekannt sein. Sie bezieht sich auf die „Kraft", mit der ein Atom das Bindungselektronenpaar zu sich zieht. Die Elektronegativität einer Atomsorte ist um so größer, je kleiner der Atomrumpf und je größer die Rumpfladung ist. Die Skala der Elektronegativitätswerte reicht von 0,7 für das Element *Caesium* bis zu 4,0 für *Fluor.* Sind nun zwei Atome von unterschiedlicher Elektronegativität miteinander verbunden, so zieht das Atom mit der größeren Elektronegativität das Bindungselektronenpaar stärker zu sich herüber. Somit erhält es eine partielle negative und das andere Atom eine partielle positive Ladung.

Der Elektronegativitätsvergleich zeigt, dass am Fluorwasserstoff-Molekül das Fluor-Atom partiell negativ (δ^-) und das Wasserstoff-Atom partiell positiv (δ^+) geladen ist. Beim Wasser- und beim Ammoniak-Molekül genügt diese einfache Betrachtung nicht. Hier muss zudem die Struktur der Moleküle beachtet werden. Wäre nämlich das Wasser-Molekül linear gebaut, so könnte kein Dipol entstehen, weil sich die Kräfte gegenseitig aufhöben. Da aber das Wasser-Molekül winklig gebaut ist, resultiert ein Dipolmoment. Auch beim Ammoniak-Molekül ist durch den Molekülbau eine solche Anordnung der Atome gegeben, die bei unterschiedlicher Elektronegativität ein Dipolmoment entstehen lässt.

Wechselwirkungen zwischen Dipolmolekülen. Moleküle, die ein Dipolmoment besitzen, ziehen sich untereinander mit ihren unterschiedlich geladenen Teilchen an. Man spricht in diesen Fällen von einer *Dipol-Dipol-Wechselwirkung.* Zwischen Wasser-, Fluorwasserstoff- und Ammoniak-Molekülen übertrifft diese Anziehung die einer gewöhnlichen Dipol-Dipol-Wechselwirkung so sehr, dass man von einer besonderen Bindung, der **Wasserstoffbrückenbindung,** spricht. Sie beruht auf einer Wechselwirkung zwischen einem partiell positiv geladenen Wasserstoff-Atom und einem freien Elektronenpaar eines Nachbarmoleküls. Obwohl die Stärke einer Wasserstoffbrückenbindung mit 21 kJ · mol^{-1} relativ gering ist, beeinflusst sie die physikalischen Eigenschaften vieler Stoffe sehr. So ist sie nicht nur die Ursache für die *Anomalie des Wassers,* sondern auch der Grund für die räumliche Struktur von Eiweiß-Molekülen und für die Verknüpfung der Nucleinsäurestänge in einem DNA-Molekül.

In Wasser bilden sich durch Wasserstoffbrücken Molekülgruppen. Bei der Eisbildung ordnen sich die Wasser-Moleküle zu einem **Molekülgitter,** in dem Wasserstoffbrücken die Moleküle miteinander verbinden.

Alkanol- und *Carbonsäure-Moleküle* bilden über Wasserstoffbrücken Doppelmoleküle, so genannte *Dimere.* Auch bei diesen Stoffen liegen die Siedetemperaturen höher als bei Stoffen von ähnlicher Molekülmasse, die keine Dipolmoleküle besitzen.

Wechselwirkungen zwischen Ionen und Dipolmolekülen. Jedes Ion umgibt sich in Wasser oder in einem polaren Lösungsmittel mit einer Hülle aus Lösungsmittelmolekülen. Diese Ion-Dipol-Wechselwirkung bedingt die gute Löslichkeit vieler Ionenverbindungen in Wasser. Die Wasseranlagerung oder **Hydratation** an Ionen ist ein exothermer Prozess. Die *Hydratationswärme* kann die Gitterenergie übersteigen; dann erfolgt beim Lösen einer Ionenverbindung Erwärmung.

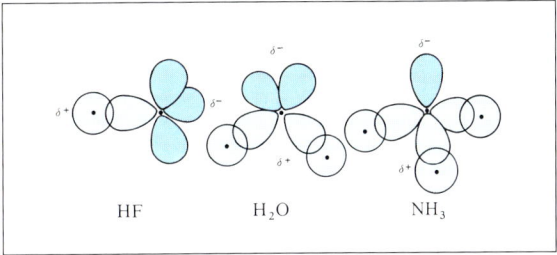

Abb. 53.1 Fluorwasserstoff, Wasser und Ammoniak. Sie bilden aufgrund der unterschiedlichen Elektronegativität der beteiligten Atome und der Molekülgeometrie permanten Dipolmoleküle.

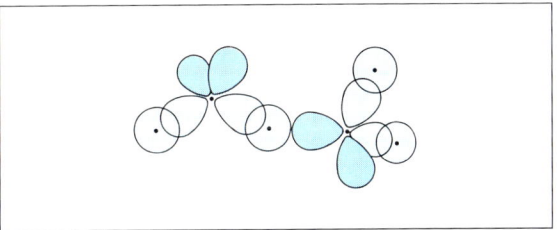

Abb. 53.2 Wasserstoffbrückenbindung zwischen Wasser-Molekülen

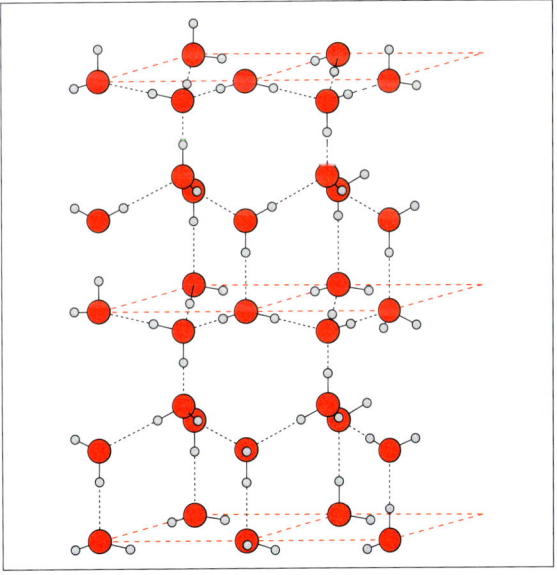

Abb. 53.3 Anordnung der Wasser-Moleküle im Eiskristall. Zwischen den einzelnen Molekülen bestehen Wasserstoffbrückenbindungen.

A 53.1 Wasser besitzt bei 4 °C seine größte Dichte, d. h. sowohl beim Abkühlen unter diese Temperatur wie beim Erwärmen des Wassers nimmt die Dichte ab.
Wie kann man dieses Phänomen mithilfe der „Struktur" des Wassers deuten?

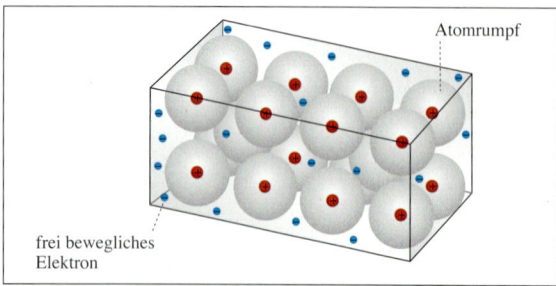

Abb. 54.1 Elektronengasmodell

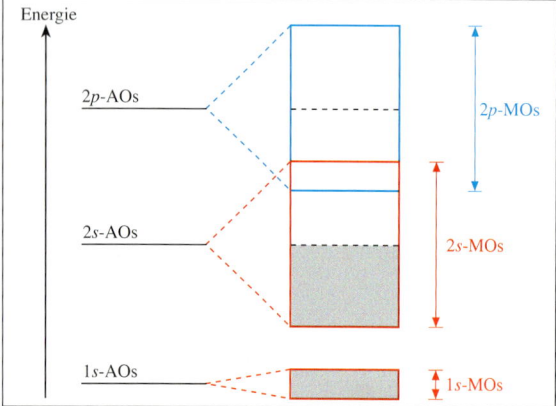

Abb. 54.2 Energiebändermodell des Lithiums

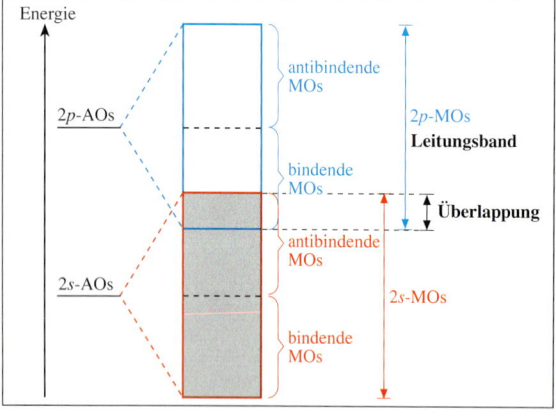

Abb. 54.3 Energiebändermodell des Berylliums. Hier sind nur die 2s- und 2p-Molekülorbitale dargestellt. Jedes Energieband besteht zur Hälfte aus bindenden und antibindenden MOs. Während beim Lithium nur die bindenden MOs des 2s-Bandes besetzt sind, werden beim Beryllium auch die antibindenden MOs des 2s-Bandes gefüllt. Das 2p-Band, mit dem das 2s-Band teilweise überlappt, wird als Leitungsband bezeichnet. In ihm können sich Elektronen leicht bewegen. Dadurch ist elektrische Leitfähigkeit gegeben.

18 Metallische Bindung

Metalle erkennt man am metallischen Glanz, an der guten elektrischen Leitfähigkeit und ihrer guten Wärmeleitfähigkeit. Bei chemischen Reaktionen stellen sie wegen ihrer relativ geringen Ionisierungsarbeit oft Elektronendonatoren dar.

Der metallische Zustand kann durch das klassische **Elektronengasmodell** beschrieben werden, wonach die Valenzelektronen der Metallatome ein frei bewegliches Elektronengas zwischen den Atomrümpfen bilden. Somit sind die gute Wärmeleitfähigkeit auf frei schwingende Atomrümpfe und die gute elektrische Leitfähigkeit auf die frei beweglichen Valenzelektronen zurückzuführen. Auch die bei hohem Druck auftretende plastische Verformung der Metalle lässt sich durch dieses Modell verstehen. Dabei gleiten die Atomrümpfe einer dichten Schicht an einer anderen Schicht vorbei. Da das Elektronengas den Verband der Atomrümpfe zusammenhält, kann in jeder neuen Lage der Schichten ein Zusammenhalt gefunden werden.

Das quantenmechanische **Bändermodell** berücksichtigt das PAULI-Prinzip. Verbinden sich zwei Metallatome zu einem Molekül, so kombinieren die Atomorbitale zu Molekülorbitalen, wobei stets ein energieärmeres bindendes und ein energiereicheres antibindendes Orbital besetzt werden können. Treten weitere Atome hinzu, so werden auch paarweise weitere Molekülorbitale durch Elektronenpaare besetzt. Alle diese Molekülorbitale müssen sich nach dem PAULI-Prinzip hinsichtlich ihrer Energie unterscheiden. In einem Metallkristall kann dann die Energiedifferenz zwischen den einzelnen Molekülorbitalen nur noch verschwindend gering sein. Die Energieniveaus werden praktisch ununterscheidbar und verschmelzen zu einem **Energieband.** Jedes Energieband ist durch eine Haupt- und eine Nebenquantenzahl gekennzeichnet. Zwischen den Bändern bestehen „verbotene" Zonen.

In einem Berylliumkristall sind sowohl die bindenden als auch die antibindenden 2s-Molekülorbitale besetzt. Im Sinne der Molekülorbitaltheorie könnte hier also keine Bindung resultieren. Das 2s-MO überlappt aber im Energiediagramm teilweise mit dem 2p-MO. Dadurch ist die Anzahl der bindenden MOs größer als die der antibindenden. Schon bei geringer energetischer Anregung können Elektronen aus dem 2s-Band in das 2p-Band übertreten. Hier stehen ihnen viele energiegleiche MOs zur Verfügung. Ein Platzwechsel ist also in diesem **Leitungsband** leicht möglich. So erklärt man im Bändermodell die elektrische Leitfähigkeit der Metalle. Bei einem **Halbleiter** ist die verbotene Zone zwischen einem gefüllten Valenzband und dem Leitungsband sehr schmal. Durch thermische Anregung können Elektronen leicht in das Leitungsband transportiert werden.

Zusätzliche Aufgaben

A 55.1 In thermodynamischen Tabellen ist die Größe $\Delta_f H_m^0$ folgendermaßen beschrieben:
Standardbildungsenthalpie für ein Mol der Verbindung aus ihren Elementen in deren Standardzustand ($p = 1013$ hPa, $T = 298$ K). Ein Ausschnitt der Tabelle enthält folgende Angaben:

Substanz	Zustand	$\dfrac{\Delta_f H_m^0}{kJ \cdot mol^{-1}}$
Brom		
Br_2	l	0
Br_2	g	31
Br	g	112
Br^-	g	−232
Lithium		
Li	s	0
Li	g	161
Li^+	g	687
$LiBr$	s	−350

a) Formulieren Sie die Reaktionsgleichung für die Bildung von Lithiumbromid aus den Elementen.
b) Geben Sie für diese Reaktion die einzelnen Schritte der Ionenbildung an.
c) Erstellen Sie das Enthalpiediagramm für die Bildung von Lithiumbromid aus den Elementen und ermitteln Sie aus dem Enthalpiediagramm die Gitterenergie.

A 55.2 a) Geben Sie eine LEWIS-Formel für das Carbonat-Ion (CO_3^{2-}) an.
b) Prüfen Sie, ob die Oktettregel für alle Atome erfüllt ist.

A 55.3 Zeigen Sie im Elektronenpaarabstoßungsmodell, dass die folgenden Verbindungspaare trotz ihrer formalen Ähnlichkeit unterschiedliche Molekülgeometrien besitzen: BF_3 und PF_3, CCl_4 und XeF_4 sowie NO_2^- und NO_2^+.

A 55.4 a) Formulieren Sie für das Sauerstoff- und für das Stickstoff-Atom die Elektronenkonfigurationen im Grundzustand und im hybridisierten Zustand.
b) Übertragen Sie die Elektronenkonfigurationen in das Kästchenschema.
c) Leiten Sie aus den hybridisierten Zuständen für Sauerstoff- und Stickstoff-Atome die Struktur der Wasserstoff-Verbindungen H_2O und NH_3 ab.

A 55.5 a) Schreiben Sie das Sulfat-Ion (SO_4^{2-}) als LEWIS-Formel.
b) Formulieren Sie die mesomeren Grenzstrukturen des Sulfat-Ions.
c) Erläutern Sie am Beispiel des Sulfat-Ions den Begriff *Mesomerie*.
d) Formulieren Sie mesomere Grenzstrukturen für das Phosphat-Ion (PO_4^{3-}) und für das Carbonat-Ion (CO_3^{2-}).

A 55.6 Das folgende Energiediagramm veranschaulicht die Energien der verschiedenen Molekülorbitale eines Fluorwasserstoff-Moleküls.

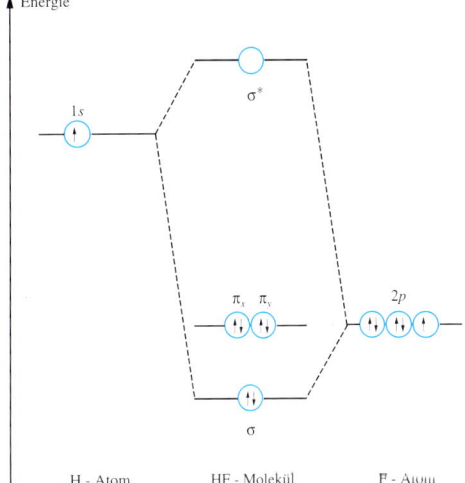

a) Beschreiben Sie mithilfe des Energiediagramms die Bildung der MOs im Fluorwasserstoff-Molekül und deren Besetzung mit Elektronen.
b) Ordne die drei besetzten MOs den Elektronenpaaren in der LEWIS-Formel des HF-Moleküls zu.

A 55.7 Carbonsäuren bilden über Wasserstoffbrücken Doppelmoleküle, so genannte Dimere.
Geben Sie die Strukturformel für dimere Ethansäure-Moleküle an.

A 55.8 Ionen sind in wässriger Lösung von einer Hülle aus Wasser-Molekülen umgeben; sie sind hydratisiert.
a) Beschreiben Sie den Ablauf der Hydratation.
b) Zeichnen Sie um ein Kation bzw. um ein Anion schematisch eine Hydrathülle, bei der man die Orientierung der Wasser-Moleküle bezüglich des jeweiligen Ions erkennen kann.

A 55.9 Erklären Sie mit dem Elektronengasmodell der Metalle typische Metalleigenschaften wie elektrische Leitfähigkeit, Wärmeleitfähigkeit und metallischen Klang.

QUANTITATIVE BESCHREIBUNG VON STOFFEN UND REAKTIONEN

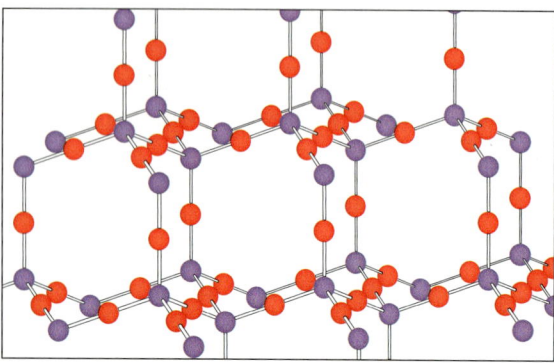

Abb. 56.1 Gittermodell von Siliciumdioxid

A 56.1 a) Wie viel Eisensulfid (FeS) kann bei der Reaktion eines Gemisches aus 10 g Eisen und 10 g Schwefel entstehen?
b) Eisen reagiert mit Chlor unter Bildung des Chlorids $FeCl_3$. Wie viel dieses Chlorids kann aus 10 g Eisen gebildet werden?

A 56.2 Man kennt drei verschiedene Kupfer-Schwefel-Verbindungen. Die Formeln sind CuS, Cu_2S, Cu_9S_5 ($Cu_{1,8}S$). Welche Formel entspricht am besten einem Stück Kupfersulfid von 0,64 g, das man durch Umsetzung von 0,50 g Kupfer mit Schwefeldampf erhalten hat?

A 56.3 Durch die Reduktion von 1,000 g eines Eisenoxids im Wasserstoffstrom erhielt man 0,759 g Eisen.
Welche Formel hat das Oxid?
Hinweis: Kristallines Eisenoxid, dessen Zusammensetzung genau der Formel FeO entspricht, lässt sich nicht herstellen. Man erhält jedoch im Bereich von $Fe_{0,86}$ bis $Fe_{0,94}O$ Produkte mit Kochsalzstruktur. 6 % bis 14 % der Eisenplätze des Gitters sind also nicht besetzt. Da die Oxid-Ionen sämtlich zweifach negativ geladen sind, muss ein entsprechender Anteil der Eisen-Ionen (12 % bis 28 %) dreifach positiv geladen sein. Derartige nichtstöchiometrische Oxide und Sulfide treten vor allem bei den Übergangselementen auf. Sie erweisen sich als Halbleiter.

V 56.4 Ermittlung der Formel eines Oxids
Ein etwa 10 cm langes Stück Magnesiumband (F) wird möglichst genau gewogen. Legen Sie das Band aufgerollt auf den Boden eines Porzellantiegels mit bekanntem Gewicht, und legen Sie einen Deckel auf. Erhitzen Sie dann den Tiegel in einem Tondreieck, bis die Reaktion beendet ist. Um eventuell gebildetes Nitrid umzusetzen, glüht man nach Zugabe von einigen Tropfen Wasser erneut durch.
Wie viel Oxid entsteht? Vergleichen Sie das Verhältnis *m* (Magnesium) : *m* (Sauerstoff) mit dem der Atommassen.

Die nächsten Kapitel beschäftigen sich mit dem Ablauf chemischer Reaktionen. Eine vollständige Beschreibung erfordert Antworten auf die folgenden Fragen:
1. In welchem Mengenverhältnis reagieren und entstehen die Stoffe bei einer Reaktion?
2. Wie viel Energie wird bei der Reaktion umgesetzt?
3. Mit welcher Geschwindigkeit läuft die Reaktion ab?
4. Läuft die Reaktion vollständig ab oder stellt sich ein Gleichgewicht ein?

In diesem Kapitel geht es zunächst um wichtige Teilbereiche der Stöchiometrie: die quantitative Zusammensetzung von Reinstoffen und Lösungen sowie um einfache Methoden zur Ermittlung von Konzentrationen, Teilchenzahl und Teilchenmasse.

19 Formeln und ihre Bedeutung

Die Zusammensetzung von Reinstoffen beschreibt man am einfachsten durch Formeln wie $NaCl$, H_2O, Al_2O_3 oder P_2O_5. Die Indizes geben das kleinste ganzzahlige Verhältnis der Atomanzahlen an; der Index 1 wird vereinbarungsgemäß weggelassen. Formeln dieser Art bezeichnet man als *(Atomanzahl-)***Verhältnisformeln** oder als *empirische Formeln*. Man kann ihnen keine Informationen über die Anordnung der Atome in dem betreffenden Stoff und über die Bindungsverhältnisse entnehmen. Insbesondere lässt sich nicht erkennen, ob die Stoffe aus Molekülen oder Ionen bestehen.

Erst wenn man die Eigenschaften der Stoffe oder die Stellung der beteiligten Elemente im Periodensystem berücksichtigt, lässt sich ableiten, ob eine Verbindung aus Molekülen besteht oder nicht. Beispielsweise bestehen alle bei Zimmertemperatur gasförmigen oder leichtverdampfbaren Verbindungen aus Molekülen. Weisen die beteiligten Elemente eine große Elektronegativitätsdifferenz auf, so ist der Stoff aus Ionen aufgebaut.

Durch Hinzufügen der *Phasensymbole* s, l, g und aq lässt sich auch in der chemischen Zeichensprache unterscheiden, ob ein Stoff fest, flüssig, gasförmig oder in wässriger Lösung vorliegt. Für festes Natriumhydroxid schreibt man NaOH(s), für die wässrige Lösung NaOH(aq).

Als **Molekülformeln** bezeichnet man Formeln, in denen die Indizes so gewählt sind, dass sie die Anzahl der betreffenden Atome im Molekül angeben. Molekülformeln stimmen vielfach (HCl, H_2O, CO_2, NH_3 CH_4) mit den Verhältnisformeln überein. Anders ist es im Falle von Wasserstoffperoxid, dessen Verhältnisformel HO wäre. Da das Molekül aber aus je zwei Wasserstoff- und Sauerstoff-Atomen besteht, verwendet man die Molekülformel H_2O_2. Auch in den folgenden Fällen sind die Formeln sofort als Molekülformeln zu erkennen: H_2, O_2, Cl_2, P_4, S_8, S_2Cl_2, P_4O_{10}, C_6H_6 (Benzol).

Bei Stoffen, die nicht aus Molekülen aufgebaut sind, spricht man von einer *Formeleinheit,* wenn man eine der Formel entsprechende willkürlich gebildete Gruppe von Atomen meint: Eine Formeleinheit NaCl besteht aus einem Natrium- und einem Chlorid-Ion, eine Formeleinheit Al_2O_3 aus zwei Aluminium- und drei Sauerstoff-Ionen (bzw. Oxid-Ionen). Im Falle des Kupfersulfat-Pentahydrats ($CuSO_4 \cdot 5\,H_2O$) umfasst die Formeleinheit jeweils ein Kupfer-Ion und ein Sulfat-Ion sowie fünf Wasser-Moleküle.

Strukturformeln geben zusätzliche Informationen über die Anordnung der Atome in einem Molekül oder Ion und über die Anzahl der Bindungselektronenpaare und der freien Elektronenpaare.
Beispiele: $|\overline{Cl} - \overline{Cl}|$, $|N \equiv N|$, $\langle O = C = O \rangle$, $H - C \equiv C - H$. Bei eben gebauten Teilchen gibt man oft auch die Bindungswinkel richtig wieder:

Strukturen räumlich gebauter Moleküle müssen dagegen nach bestimmten Regeln auf eine Ebene projiziert werden, damit die Strukturformel den Bau des Moleküls wiedergeben kann (Projektionsformeln).

Besonders häufig verwendet man Formeln bei der Angabe von **Reaktionsgleichungen:**

2 Fe (s) + 3 Cl_2 (g) → 2 $FeCl_3$ (s)
2 $AgNO_3$ (aq) + Na_2SO_4 (aq) →
Ag_2SO_4 (s) + 2 $NaNO_3$ (aq)

Für die als zweites Beispiel angeführte Reaktion bevorzugt man allerdings eine so genannte *Ionengleichung:*

2 Ag^+ (aq) + SO_4^{2-} (aq) → Ag_2SO_4 (s)

Es werden also nur die Ionen aufgeführt, die an der Reaktion beteiligt sind. Welche Gegenionen in den Lösungen enthalten sind, geht aus dem Begleittext hervor.

Die den Formeln vorangesetzten Faktoren geben an, in welchem Anzahl*verhältnis* die betreffenden Teilchenarten oder Formeleinheiten durch die Reaktion umgesetzt und gebildet werden. Die Verhältniszahl 1 wird auch hier nicht geschrieben.

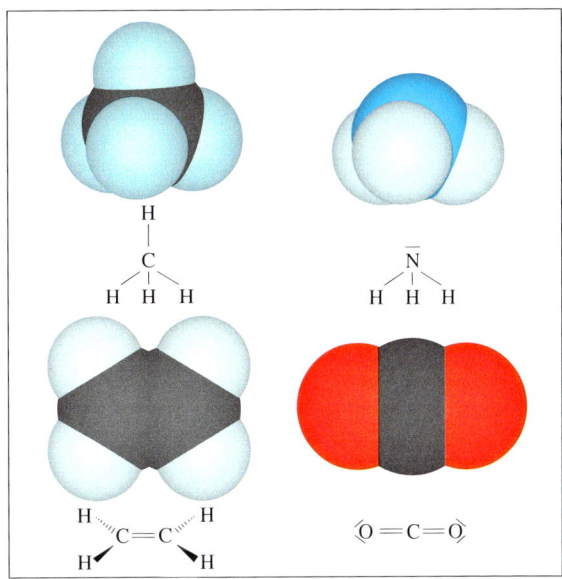

Abb. 57.1 Molekülmodelle und Strukturformeln. Den räumlichen Bau der Moleküle versucht man oft durch perspektivisch gezeichnete Strukturformeln wiederzugeben.

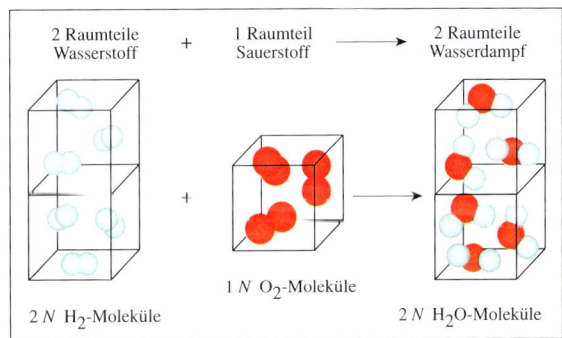

Abb. 57.2 Anwendung des Gesetzes von AVOGADRO. Gleiche Raumteile von Gasen enthalten bei gleichem Druck und gleicher Temperatur gleich viele Teilchen. Die bei Gasreaktionen beobachteten einfachen Volumenverhältnisse lassen sich mithilfe dieses Gesetzes erklären. Wie viel Wasserdampf müsste entstehen, wenn in Sauerstoff und Wasserstoff einzelne Atome vorlägen?

A 57.1 **a)** Berechnen Sie für die Gase Sauerstoff und Wasserstoff sowie für Wasserstoff und Chlor das Verhältnis der Gasdichten. Vergleichen Sie mit dem Verhältnis der Atommassen.
b) Führen Sie die gleichen Berechnungen für die Edelgase Helium, Neon und Argon aus.
c) Für das Paar Helium/Wasserstoff ist das Verhältnis der Dichten 2:1, das der Atommassen aber 4:1. Warum stimmen hier die Verhältnisse nicht überein?

QUANTITATIVE BESCHREIBUNG

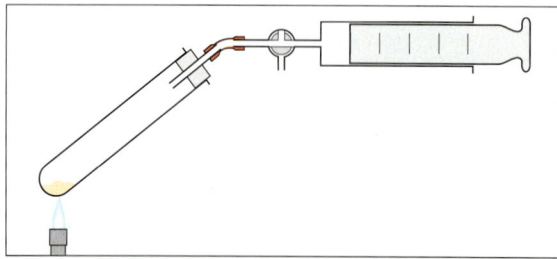

Abb. 58.1 Anordnung zur quantitativen Untersuchung von Reaktionen, bei denen ein Gas entsteht

A 58.1 Beim Erhitzen von Kaliumpermanganat ($KMnO_4$) entweicht Sauerstoff. In Lehrbüchern findet man widersprüchliche Reaktionsgleichungen:

$$2\ KMnO_4 \rightarrow K_2MnO_4 + MnO_2 + O_2$$

$$5\ KMnO_4 \rightarrow K_2MnO_4 + K_3MnO_4 + 3\ MnO_2 + 3\ O_2$$

Um zu entscheiden, welche Gleichung zutrifft, wurde ein Experiment in der Apparatur nach Abb. 58.1 durchgeführt. Man erhielt aus 474 mg Kaliumpermanganat 43 ml Sauerstoff.

A 58.2 Welche molare Masse ergibt sich für die folgenden Teilchenarten?
a) HNO_3 **b)** NO_3^- **c)** Ag **d)** P_4 **e)** H_3PO_4
Beispiel: Für die Masse eines H_2SO_4-Moleküls ergibt sich:

$$m\ (1\ H_2SO_4\text{-Molekül}) = (2 + 32 + 4 \cdot 16)\ u = 98\ u$$

Die molare Masse von Schwefelsäure ist demnach
$M\ (H_2SO_4) = 98\ g \cdot mol^{-1}$.

A 58.3 Berechnen Sie die molare Masse für $Fe(NO_3)_3 \cdot 9\ H_2O$. Welche Stoffmengen der folgenden Teilchenarten und Formeleinheiten sind in 202 g dieses Salzes enthalten?

a) Fe^{3+} **b)** NO_3^- **c)** H_2O **d)** $Fe(NO_3)_3$

A 58.4 a) Wie viel Gramm Eisen entstehen durch die Thermitreaktion bei einem molaren Formelumsatz?

$$3\ Fe_3O_4 + 8\ Al \rightarrow 9\ Fe + 4\ Al_2O_3$$

b) Aus wie viel Eisenoxid und Aluminium besteht das Reaktionsgemisch?

V 58.5 Formelermittlung
Wägen Sie 0,15 g eines Salzes $KClO_x$ (Xn, O) in ein Reagenzglas ein, und setzen Sie die Apparatur nach Abb. 58.1 zusammen. Erhitzen Sie dann, bis kein Gas mehr aus der Schmelze entweicht. Das Gasvolumen ist nach Abkühlen auf Zimmertemperatur abzulesen (24 ml $\hat{=}$ 1 mmol). Welche Formel hat das Salz, wenn Sie annehmen, dass die Reaktion

$$KClO_x \rightarrow KCl + \frac{x}{2}\ O_2 \text{ abgelaufen ist?}$$

20 Das Mol als Einheit der Stoffmenge

In der Chemie benötigt man meist Mengenangaben, die Auskunft über Teilchenzahlen geben. Man hat deshalb im System der SI-Einheiten 1971 eine eigene Basisgröße mit dem Namen **Stoffmenge** eingeführt. Ihr Formelzeichen ist n, ihre Einheit Mol (Einheitszeichen: mol).

Das Normblatt DIN 1301 von 1971 enthält folgende Definition: „Das Mol ist die Stoffmenge eines Systems, das aus ebensoviel Einzelteilchen besteht, wie Atome in 0,012 Kilogramm des Kohlenstoffnuklids ^{12}C enthalten sind. Bei Benutzung des Mol müssen die Einzelteilchen spezifiziert sein und können Atome, Moleküle, Ionen, Elektronen sowie andere Teilchen oder Gruppen solcher Teilchen genau angegebener Zusammensetzung sein."

Eine Stoffportion kann also unterschiedliche Stoffmengen haben, je nachdem welche Teilchenart gezählt wird. Eine Portion von 32,064 g Schwefel enthält 1 mol S-Atome, aber nur 0,125 mol S_8-Moleküle.

Das Mol ist nach dieser Festlegung Einheit einer Zählgröße, so wie das im Alltagsleben gebrauchte Dutzend (1 Dutzend = 12 Stück).

Ein Mol enthält $6,022 \ldots \cdot 10^{23}$ elementare Einheiten. Der Zahlenwert $6,022 \ldots \cdot 10^{23}$ wird oft als **AVOGADROsche** oder auch als **LOSCHMIDTsche Zahl** bezeichnet. Als Bestwert gilt seit 2003:

$$N_0 = 6,0221353 \cdot 10^{23}$$

Die AVOGADRO-Konstante ist wie folgt definiert:

$$N_A = 6,022 \ldots \cdot 10^{23}\ mol^{-1}$$

Die molare Masse. Als molare Masse (Formelzeichen M) bezeichnet man den Quotienten aus der Masse und der Stoffmenge einer Stoffportion. Man gibt M in der Einheit $g \cdot mol^{-1}$ an. Der Zahlenwert für die molare Masse stimmt überein mit dem Zahlenwert für die Masse eines Teilchens in der Einheit u und für die Masse von 1 mol ($\hat{=} N_0$) Teilchen dieser Art in Gramm.

$$1\ u = \frac{1}{N_0}\ g \quad \left(1\ u = \frac{1}{6,022 \ldots \cdot 10^{23}}\ g \right)$$

Da für Gase das Gesetz von AVOGADRO gilt, ist das Volumen, das von 1 mol Teilchen eines Gases eingenommen wird, praktisch unabhängig von der Art des Gases. Bei Normbedingungen ($p = 1013$ hPa, $T = 273$ K) ergibt sich das **molare Normvolumen** (eines idealen Gases):
$V_m^0 = 22,414\ l \cdot mol^{-1}$

Der molare Formelumsatz. Man spricht von einem molaren Formelumsatz, wenn bei einer Reaktion gerade die Stoffmengen (in mol) umgesetzt werden, die die Faktoren in der zugehörigen Reaktionsgleichung angeben.

Beispiel: $4\,Al\,(s) + 3\,O_2\,(g) \rightarrow 2\,Al_2O_3\,(s)$

Ein molarer Formelumsatz bedeutet in diesem Fall, dass 4 mol Aluminium mit 3 mol Sauerstoff quantitativ zu 2 mol Aluminiumoxid umgesetzt werden. Für einen molaren Formelumsatz ergeben sich die Massen der umgesetzten Stoffportionen unmittelbar aus den molaren Massen:

$$m\,(Al) = n\,(Al) \cdot M\,(Al)$$
$$= 4\,mol \cdot 27\,g \cdot mol^{-1} = \textbf{108 g}$$

$$m\,(O_2) = n\,(O_2) \cdot M\,(O_2)$$
$$= 3\,mol \cdot 32\,g \cdot mol^{-1} = \textbf{96 g}$$

$$m\,(Al_2O_3) = n\,(Al_2O_3) \cdot M\,(Al_2O_3)$$
$$= 2\,mol \cdot 102\,g \cdot mol^{-1} = \textbf{204 g}$$

Berechnung des Stoffumsatzes. Mithilfe der molaren Masse erhält man den Zusammenhang zwischen der Masse m und der Stoffmenge n einer Stoffportion:

$$m = n \cdot M \Leftrightarrow n = \frac{m}{M}$$

Diese Beziehungen verwendet man vor allem für Berechnungen zu den folgenden Fragen:

1. Wie viel von einem Reaktionsprodukt kann aus einer gegebenen Menge eines Stoffes entstehen?
2. Wie viel von einem Stoff wird benötigt, um eine bestimmte Menge eines Produktes herstellen zu können?

Beispiel 1: Wie viel Gramm Eisen(III)-oxid muss man mit Wasserstoff reduzieren, um 100 g Eisen zu erhalten?

1. *Die Reaktionsgleichung aufstellen:*
$$Fe_2O_3\,(s) + 3\,H_2\,(g) \rightarrow 2\,Fe\,(s) + 3\,H_2O\,(l)$$

2. *Aus der Reaktionsgleichung das Stoffmengenverhältnis entnehmen:*
$$n\,(Fe_2O_3):n\,(Fe) = 1:2 \quad \Leftrightarrow \quad n\,(Fe_2O_3) = 0{,}5 \cdot n\,(Fe)$$

3. *Die Stoffmengendefinition einsetzen:*
$$n = m \cdot M^{-1}$$
$$\frac{m\,(Fe_2O_3)}{M\,(Fe_2O_3)} = 0{,}5 \cdot \frac{m\,(Fe)}{M\,(Fe)}$$
$$m\,(Fe_2O_3) = 0{,}5 \cdot \frac{M\,(Fe_2O_3)}{M\,(Fe)} \cdot m\,(Fe) = 0{,}5 \cdot \frac{159{,}6\,g \cdot mol^{-1}}{55{,}8\,g \cdot mol^{-1}} \cdot 100\,g$$
$$= \textbf{143 g}$$

Beispiel 2: Wie viel Gramm Wasser entstehen bei der Verbrennung von 1 kg Propan?

1. $C_3H_8\,(g) + 5\,O_2\,(g) \rightarrow 3\,CO_2\,(g) + 4\,H_2O\,(g)$

2. $n\,(H_2O):n\,(C_3H_8) = 4:1 \quad \Leftrightarrow \quad n\,(H_2O) = 4 \cdot n\,(C_3H_8)$

3. $\frac{m\,(H_2O)}{M\,(H_2O)} = 4 \cdot \frac{m\,(C_3H_8)}{M\,(C_3H_8)}$

$$m\,(H_2O) = 4 \cdot \frac{M\,(H_2O)}{M\,(C_3H_8)} \cdot m\,(C_3H_8) = 4 \cdot \frac{18\,g \cdot mol^{-1}}{44\,g \cdot mol^{-1}} \cdot 1000\,g$$
$$= \textbf{1636 g} = \textbf{1,636 kg}$$

A 59.1 Es gibt drei verschiedene Bleioxide: das gelbe Blei(II)-oxid (PbO), die rote Mennige ($Pb_3O_4 \triangleq 2\,PbO \cdot PbO_2$) und das braune Blei(IV)-oxid (PbO_2).
Wie viel Blei entsteht, wenn man jeweils 1 g dieser Oxide im Wasserstoffstrom reduziert?

A 59.2 Sulfidische Erze werden vor der Verhüttung in die Oxide überführt. Bei Pyrit verläuft diese *Röstreaktion* nach folgender Gleichung:

$$4\,FeS_2\,(s) + 11\,O_2\,(g) \rightarrow 2\,Fe_2O_3\,(s) + 8\,SO_2\,(g)$$

a) Wie viel Schwefeldioxid entsteht aus 1 t eines Erzes mit einem Massenanteil von 85 % Pyrit? Welches Volumen nimmt diese Gasmenge bei Normbedingungen ein?
b) Wie viel Schwefelsäure lässt sich aus den Röstgasen von 1000 t dieses Erzes gewinnen?

A 59.3 Beim Erhitzen des blauen Kupfersulfats ($CuSO_4 \cdot 5\,H_2O$) entsteht das wasserfreie farblose Kupfersulfat.
Wie viel Gramm des Hydrats müssen entwässert werden, wenn man 100 g des wasserfreien Salzes benötigt?

A 59.4 Wie viel Gramm Zink muss man mindestens nehmen, damit man durch die Umsetzung mit verdünnter Schwefelsäure 2 Liter Wasserstoff herstellen kann (20 °C, 1013 hPa)?

A 59.5 Für Versuchszwecke werden 2 Liter des Gases Phosphan (PH_3) benötigt (20 °C, 1013 hPa). Man setzt dazu weißen Phosphor mit heißer Kalilauge um:

$$P_4\,(s) + 3\,OH^-\,(aq) + 3\,H_2O\,(l) \rightarrow PH_3\,(g) + 3\,H_2PO_2^-\,(aq)$$

Wie viel Gramm Phosphor muss man mindestens nehmen, damit die gewünschte Gasmenge entstehen kann?

A 59.6 a) Wie viel Mol Ethen können durch die folgende Reaktion aus 30 g 1,2-Dibromethan hergestellt werden?

$$BrCH_2-CH_2Br + Zn \rightarrow CH_2=CH_2 + ZnBr_2$$

b) Welches Volumen nimmt diese Gasmenge bei Normbedingungen ein?

A 59.7 Bei der Verbrennung von Schwefel an Luft beobachtet man neben der Bildung von Schwefeldioxid auch etwas Schwefeltrioxidrauch. Die quantitative Untersuchung der Reaktion in einer sauerstoffgefüllten Kolbenproberapparatur (bei 25 °C) brachte folgende Ergebnisse:
1. Nach dem Abkühlen ist keine Volumenänderung festzustellen.
2. Die Absorption der aus 80 mg Schwefel gebildeten Reaktionsprodukte in Natronlauge führt zu einer Volumenminderung um 62 ml.
Werten Sie die beiden Beobachtungen aus.

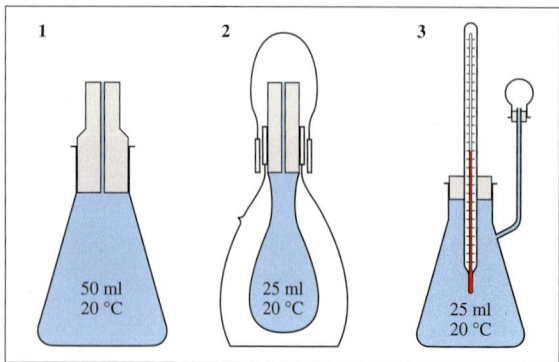

Abb. 60.1 Pyknometer. **(1)** einfaches Pyknometer, **(2)** Pyknometer mit Vakuummantel, **(3)** Pyknometer mit Thermometer.

Lösung	Dichte in $g \cdot ml^{-1}$	Massenanteil in %	Konzentration in $mol \cdot l^{-1}$
Schwefelsäure, verd.	1,06	9	1
Schwefelsäure, konz.	1,84	96	18
Salzsäure, verd.	1,035	7,5	2
Salzsäure, konz.	1,16	32	10
Salpetersäure, h.-konz.	1,20	33	7
Salpetersäure, konz.	1,40	67	15
Natronlauge, verd.	1,08	7,04	2
Natronlauge, konz.	1,33	30	10
Ammoniak, verd.	0,983	3,5	2
Ammoniak, konz.	0,906	25	13

Tab. 60.2 Dichte, Massenanteil und Konzentration wichtiger Säure- und Basenlösungen im Labor

A 60.1 Meerwasser hat bei 0 °C eine Dichte von 1,03 $g \cdot ml^{-1}$. Der Salzgehalt beträgt w = 3,5 %. 77,8 % davon sind Natriumchlorid. Wie viel Gramm Natriumchlorid sind in 1 Liter Meerwasser enthalten?

A 60.2 Wie viel Gramm der folgenden Stoffe werden benötigt, um je 1 Liter einer Lösung mit der Konzentration 0,1 $mol \cdot l^{-1}$ herzustellen?
a) NaOH, **b)** $KMnO_4$, **c)** $Na_2CO_3 \cdot 10\ H_2O$

V 60.3 Ermittlung der Konzentration einer gesättigten Kochsalzlösung
Wägen Sie ein Reagenzglas und pipettieren Sie 5 ml einer gesättigten Kochsalzlösung ein. Erhitzen Sie die Lösung, bis alles Wasser verdampft ist. Wägen Sie erneut und berechnen Sie dann den Massenanteil und die Stoffmengenkonzentration.

21 Gehaltsangaben für Lösungen

Bei vielen Reaktionen werden die Reaktionspartner in Lösung zusammengebracht. Die Eigenschaften einer Lösung hängen aber nicht nur von der Art des gelösten Stoffes ab, sondern auch von seinem Anteil. Von den insgesamt 16 zugelassenen Größen zur Beschreibung der Zusammensetzung von Mischphasen sollen hier nur die vier wichtigsten Gehaltsangaben erläutert werden: *Massenanteil, Massenkonzentration, Volumenkonzentration* und *Stoffmengenkonzentration*.

Der **Massenanteil** *(w)* wird meist in Prozenten angegeben. Diese Angabe sagt, wie viel Prozent die Masse des gelösten Stoffes an der Gesamtmasse der Lösung ausmacht. Früher sprach man deshalb auch von „Massenprozenten". 1 kg einer 33 %igen Natronlauge (w (NaOH) = 33 %) enthält also 330 g Natriumhydroxid.

Gehaltsangaben mit der Wortverbindung -„konzentration" beziehen sich jeweils auf das Volumen der fertigen Lösung. Die Kurzbezeichnung *Konzentration* sollte nur dann verwendet werden, wenn die *Stoffmengenkonzentration* gemeint ist.

Die **Massenkonzentration** *(β)* ist definiert als Quotient aus der Masse des gelösten Stoffes und dem Volumen der Lösung. Ein Beispiel ist die Angabe des Gehalts an gelöstem Sauerstoff in einem Gewässer: β (O_2) = 8,5 $g \cdot l^{-1}$. Auch die Gehalte an Mineralstoffen (bzw. Ionen) in Trinkwasser oder Mineralwasser werden auf dieses Weise beschrieben: β (SO_4^{2-}) = 350 $mg \cdot l^{-1}$, β (Mg^{2+}) = 80 $mg \cdot l^{-1}$.

Für homogene Flüssigkeitsgemische wird der Gehalt oft als **Volumenkonzentration** *(σ)* ebenfalls in Prozenten angegeben. Der Zahlenwert sagt, wie viel Prozent das Volumen des gelösten Stoffes vom Gesamtvolumen der fertigen Lösung ist. Ein Liter eines 20 %igen Likörs (σ (Ethanol) = 20 %) enthält also 200 ml Ethanol. Volumenkonzentrationsangaben beziehen sich oft auf den überwiegenden Mischungspartner; beispielsweise spricht man von 96 %igem Ethanol.

Die **Stoffmengenkonzentration** oder *stoffmengenbezogene Konzentration* hat das Formelzeichen c. Der Zahlenwert dieses wichtigsten Konzentrationsmaßes gibt an, welche Stoffmenge des gelösten Stoffes oder einer Teilchenart in 1 l der fertigen Lösung enthalten ist. Bei einer Calciumchloridlösung mit c ($CaCl_2$) = 1 $mol \cdot l^{-1}$ enthält 1 l der Lösung also 1 mol Calcium-Ionen und 2 mol Chlorid-Ionen.

Bei der Bereitung von Salzlösungen bestimmter Konzentration ist darauf zu achten, dass im Labor vielfach wasserhaltige Salze (Hydrate) verwendet werden. Um 1 l einer $CaCl_2$-Lösung mit der Konzentration 1 $mol \cdot l^{-1}$ herzustellen, werden 111,0 g des wasserfreien Salzes (M ($CaCl_2$) = 111,0 $g \cdot mol^{-1}$) oder 219,1 g des Hexahydrats (M ($CaCl_2 \cdot 6\ H_2O$) = 219,1 $g \cdot mol^{-1}$) benötigt.

Zusammenhang zwischen Dichte und Gehalt. Die Dichte einer Lösung nimmt in den meisten Fällen mit der Konzentration zu. Da sich die Dichte einer Lösung besonders einfach ermitteln lässt, begnügt man sich im technischindustriellen Bereich häufig damit, den Gehalt einer Lösung durch eine Dichteangabe zu charakterisieren. Im Bedarfsfalle lässt sich aus einer Tabelle der Massenanteil entnehmen, der zu der gemessenen Dichte gehört. Halbkonzentrierte Salpetersäure mit der Dichte $\varrho = 1,2\ g \cdot ml^{-1}$ hat beispielsweise einen Massenanteil von $w(HNO_3) = 33\%$.

Zur genauen Bestimmung der Dichte von Flüssigkeiten verwendet man *Pyknometer* (Abb. 60.1) Das Volumen dieser Wägegefäße ist bei 20 °C geeicht. Für die Praxis sind jedoch *Aräometer* von größerer Bedeutung. Je größer die Dichte ist, um so weniger tief taucht ein schwimmendes Aräometer in die Flüssigkeit ein. Die Skala ist so eingeteilt, dass man die jeweilige Dichte in Höhe des Flüssigkeitsspiegels ablesen kann. Neben der universell verwendbaren Skalenteilung in $g \cdot ml^{-1}$ spielen für wichtige Anwendungsbereiche auch spezielle Skalen eine Rolle. *Alkoholometer* geben meist die Volumenkonzentration an. Aräometer nach OECHSLE zur Bestimmung der Dichte von Traubensaft ("Mostwaagen") sind in Oechslegraden (°Oechsle) geeicht.

Für den Laborbetrieb werden vor allem verdünnte Säurelösungen bestimmter Konzentrationen durch Verdünnen konzentrierter Lösungen mit bekannter Dichte hergestellt. Zunächst überlegt man sich, welche Stoffmenge des Stoffes in dem benötigten Volumen der verdünnten Säurelösung enthalten sein muss. Dann errechnet man, welches Volumen der konzentrierten Lösung dazu erforderlich ist.

Beispiel: In 3 l einer verdünnten Salpetersäure ($c = 2\ mol \cdot l^{-1}$) müssen 6 mol HNO_3 enthalten sein. Konzentrierte Salpetersäure mit $\varrho = 1,40\ g \cdot ml^{-1}$ hat laut Tabelle einen Massenanteil von 67 %, in 1 l dieser Lösung sind also $1,40 \cdot 0,67\ kg = 938\ g\ HNO_3$ enthalten. Da $M(HNO_3) = 63\ g \cdot mol^{-1}$ beträgt, sind das $(938 : 63)\ mol = 14,9\ mol$. Die benötigten 6 mol HNO_3 sind also in $(6 : 14,9)\ l = 0,403\ l$ enthalten. 403 ml der konzentrierten Säure sind mit Wasser auf 3 l aufzufüllen.

Beim Verdünnen einer konzentrierten Säurelösung steigt die Temperatur an. Die erwärmte Lösung nimmt ein größeres Volumen ein als bei Zimmertemperatur. Nach dem Abkühlen muss man also erneut bis zum Eichstrich auffüllen, um die gewünschte Konzentration zu erhalten. Besondere Vorsicht ist beim Verdünnen konzentrierter Schwefelsäure nötig. Wegen der starken Wärmeentwicklung muss immer die konzentrierte Säure langsam unter Rühren in das Wasser gegeben werden. Andernfalls kann Säure verspritzt werden und zu Verletzungen führen.

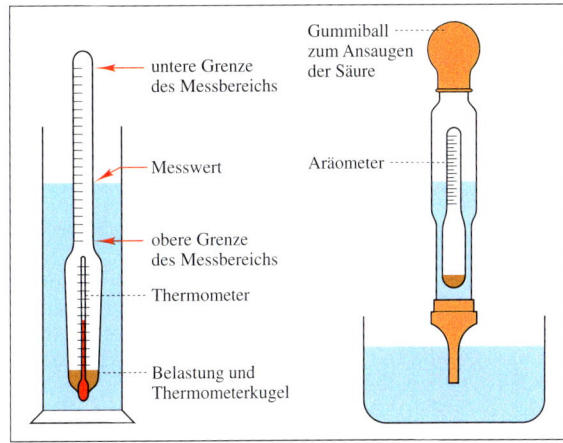

Abb. 61.1 Aräometer (mit Thermometer) und Säureprüfer für Autobatterien

Qualitätsstufe		Dichte des Traubensaftes (Mindestwerte)	
		°Oechsle	$g \cdot ml^{-1}$
Qualitätswein bestimmter Anbaugebiete		60	1,060
Qualitätsweine mit Prädikat	Kabinett	73	1,073
	Spätlese	85	1,085
	Auslese	95	1,095
	Beerenauslese	125	1,125
	Trocken- beerenauslese	150	1,150

Tab. 61.2 Weinklassifizierung nach dem Weingesetz. Für die Einstufung deutscher Weine spielt die Dichte des Traubensaftes ("Mostgewicht") eine große Rolle. Ein Most mit 73 °Oechsle enthält 165 g Zucker pro Liter. Bei vollständiger Vergärung ergibt das eine Volumenkonzentration von 9,5 % Alkohol.

A 61.1 a) Konzentrierte Salzsäure mit der Dichte $\varrho = 1,16\ g \cdot ml^{-1}$ hat einen Massenanteil von 32 %. Wie viel von dieser Säure wird bnötigt, um fünf Liter einer Salzsäure mit $c = 2\ mol \cdot l^{-1}$ herzustellen?
b) Bei einer Schwefelsäurelösung wurde die Dichte zu $\varrho = 1,17\ g \cdot ml^{-1}$ ermittelt. In einer Tabelle findet man den zugehörigen Massenanteil $w = 24,0\%$. Wie groß ist die Stoffmengenkonzentration?

LV 61.2 Volumenkontraktion beim Verdünnen
Man pipettiere 50 ml Wasser in einem 100 ml-Messkolben aus Duranglas und lasse dann langsam 50 ml konzentrierte Schwefelsäure (C) aus einer Pipette hinzulaufen.
Entsorgung: B1

QUANTITATIVE BESCHREIBUNG

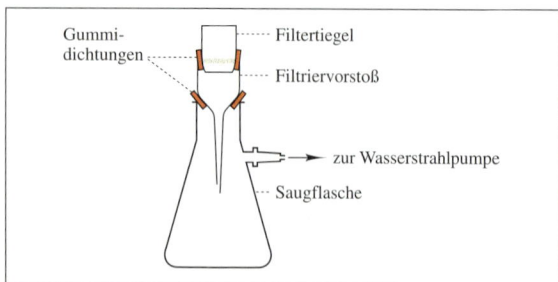

Abb. 62.1 Filtriergerät. Die Saugfiltration ermöglicht eine raschere Durchführung gravimetrischer Bestimmungen. Die dazu benötigten Filtertiegel mit poröser Bodenplatte werden aus Glas oder aus Porzellan gefertigt.

Abb. 62.2 Geräte für die Maßanalyse

V 62.1 Chlorid-Bestimmung

Verdünnen Sie 1 ml einer gesättigten Kochsalzlösung auf 100 ml (Messkolben!). Pipettieren Sie 20 ml dieser Lösung in einen Erlenmeyerkolben und fügen Sie 2 ml einer 5 %igen Lösung von Kaliumchromat (T, N, ▽) hinzu. Titrieren Sie dann mit Silbernitratlösung ($c = 0,1$ mol · l^{-1}), bis die bei jedem Reagenzzusatz zunächst zu beobachtende Rotfärbung nicht mehr verschwindet.
Welche Konzentration hat die gesättigte Kochsalzlösung?
Entsorgung: B2

V 62.2 Abschätzung der nachweisbaren Sulfatmenge

Stellen Sie Schwefelsäurelösungen der folgenden Konzentrationen her: $c_1 = 10^{-2}$ mol · l^{-1}, $c_2 = 10^{-3}$ mol · l^{-1}, $c_3 = 10^{-4}$ mol · l^{-1}. Je 10 ml dieser Lösungen werden mit Salpetersäure (O, C) angesäuert und mit Bariumchloridlösung versetzt.
Bei welcher Probe ist gegen einen schwarzen Hintergrund noch eine Trübung zu erkennen?

V 62.3 Säure-Base-Titration

Bestimmen Sie die Konzentration an OH$^-$-Ionen in Kalkwasser, indem Sie 20 ml mit Schwefelsäure ($c = 0,1$ mol · l^{-1}) neutralisieren. Als Indikator dient Phenolphthalein (F).

22 Ermittlung der Konzentration durch chemische Reaktionen

Bei Lösungen, die stark verdünnt sind oder die verschiedene Stoffe enthalten, kann die Konzentration einer Teilchenart oft nur über eine chemische Reaktion ermittelt werden. Diese Reaktion muss im analytischen Sinne quantitativ ablaufen, d. h. es müssen wenigstens 99,9 % der Gesamtmenge umgesetzt werden.

Mit einfachen Hilfsmitteln lassen sich vor allem *gravimetrische* und *volumetrische* Verfahren anwenden.

Bei der **Gravimetrie** fällt man die zu bestimmende Teilchenart in Form einer schwer löslichen Verbindung aus, deren Zusammensetzung man kennt. Man benötigt also ein geeignetes Fällungsreagenz. Den Niederschlag sammelt man in einem Filtertiegel und bestimmt seine Masse durch Differenzwägung.

Bei der **Volumetrie** oder *Maßanalyse* gibt man eine Reagenzlösung bekannter Konzentration, die *Maßlösung*, zu der Probe. Mithilfe eines Indikators ermittelt man, wie viel Maßlösung benötigt wird, um die interessierende Teilchenart vollständig umzusetzen. Den Vorgang der maßanalytischen Konzentrationsbestimmung bezeichnet man als *Titration*.

Beide Verfahren sollen am Beispiel der Chlorid-Bestimmung näher erläutert werden:

1. Für die *gravimetrische* Bestimmung pipettiert man das Probevolumen ab, säuert mit Salpetersäure an und versetzt mit Silbernitratlösung, bis alles Chlorid als Silberchlorid ausgefällt ist. Die Suspension saugt man durch einen gewogenen Filtertiegel, trocknet und wägt erneut. Anschließend ermittelt man die Stoffmenge $n\,(AgCl)$, indem man die Masse durch die molare Masse dividiert. Schließlich berechnet man die Cl$^-$-Konzentration in der Lösung:

$$n\,(AgCl) = \frac{m\,(AgCl)}{M\,(AgCl)}$$

$$n\,(Cl^-) = n\,(AgCl)$$

$$c\,(Cl^-) = \frac{n\,(Cl^-)}{V\,(Lösung)}$$

2. Bei der *maßanalytischen* Chlorid-Bestimmung verwendet man ebenfalls Silbernitrat als Fällungsreagenz; als Maßlösung dient meist eine Lösung mit der Konzentration $c = 0,1$ mol · l^{-1}. Man lässt sie aus einer Bürette in die Probelösung laufen, bis ein Indikator seine Farbe ändert. Dadurch wird angezeigt, dass die Chlorid-Ionen quantitativ ausgefällt sind.

Als Indikator kann man beispielsweise Kaliumchromat (K_2CrO_4) einsetzen. Durch den Chromatzusatz wird die Probelösung gelb gefärbt. Solange die aus der Maßlösung stammenden Silber-Ionen mit den Chlorid-Ionen Silberchlorid bilden können, bleibt die Farbe un-

QUANTITATIVE BESCHREIBUNG

verändert. Schon bei einem sehr kleinen Überschuss an Silber-Ionen tritt jedoch eine rotbraune Färbung auf: Es entsteht das nur wenig besser lösliche Silberchromat.

$$2 \text{ Ag}^+ \text{ (aq)} + \underset{\text{gelb}}{\text{CrO}_4^{2-}} \text{ (aq)} \rightarrow \underset{\text{rotbraun}}{\text{Ag}_2\text{CrO}_4} \text{ (s)}$$

Für die Berechnung der Konzentration aus dem Ergebnis einer Titration ist die folgende Überlegung von grundlegender Bedeutung: Das Produkt aus dem Volumen der Probelösung V_1 und deren gesuchter Konzentration c_1 ist gleich dem Produkt aus dem benötigten Volumen der Maßlösung V_2 und deren Konzentration c_2:

$$V_1 \cdot c_1 = V_2 \cdot c_2 \Leftrightarrow c_1 = \frac{V_2 \cdot c_2}{V_1}$$

Gehaltsbestimmung mit Reagenziensätzen. Bei der Untersuchung einer Wasserprobe ist es meist wichtiger, rasch einen Überblick zu gewinnen, als die einzelnen verlässlichen Analysen mit den üblichen Laborverfahren durchzuführen. Man setzt dann so genannte *Fertigreagenzien* ein. Zahlreiche Reagenziensätze werden für diesen Zweck von den Chemikalienherstellern angeboten. Vorteilhaft sind sie vor allem aus folgenden Gründen:

1) Die Bestimmung ist kostengünstig, da sie mit geringem Zeitaufwand ausgeführt werden kann – meist ohne Einsatz von Fachpersonal. Ein Labor wird nur selten benötigt.
2) Die Bestimmung erfolgt in relativ kleinen Proben (meist 5 ml Probelösung). Chemikalien werden daher nur in geringer Menge eingesetzt, dementsprechend erfordert die Entsorgung nur wenig Aufwand.

Bei Titrationen mit Fertigreagenzien wird häufig einfach die Anzahl der Tropfen gezählt, die bis zum Farbumschlag in die Probelösung gegeben wurden. Ein Beispiel ist die Bestimmung von Chlorid-Ionen durch die Reaktion mit einer Quecksilbernitratlösung in Gegenwart eines Metallindikators (Abb. 63.1). Dabei werden HgCl_2-Moleküle gebildet:

$$\text{Hg}^{2+} \text{ (aq)} + 2 \text{ Cl}^- \text{ (aq)} \rightarrow \text{HgCl}_2 \text{ (aq)}$$

Sobald die Chlorid-Ionen gebunden sind, schlägt der Indikator von Gelb nach Violett um. Ursache ist die Bildung einer intensiv gefärbten Verbindung des Indikators mit einer kleinen Menge überschüssiger Quecksilber(II)–Ionen.

Eine besonders große Rolle für die Gehaltsbestimmung mit Fertigreagenzien spielen *kolorimetrische* Verfahren, die auf einem Farbvergleich beruhen. Das zu bestimmende Teilchen wird dabei zu einer farbigen Verbindung umgesetzt, sodass die Intensität der Färbung ein Maß für den Gehalt darstellt. Der Wert wird an der zugehörigen Farbskala abgelesen. Auch die meisten Teststäbchen arbeiten nach diesem Prinzip.

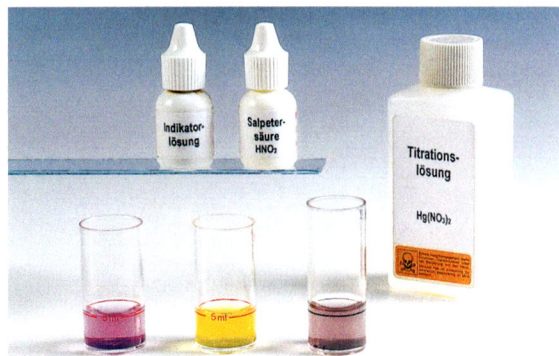

Abb. 63.1 Chlorid-Bestimmung mit $\text{Hg(NO}_3)_2$-Lösung. Die Reaktion muss in sauer Lösung ausgeführt werden, damit sich ein deutlicher Farbumschlag ergibt. Der Reagenziensatz enthält deshalb auch ein Tropffläschchen mit Salpetersäure.

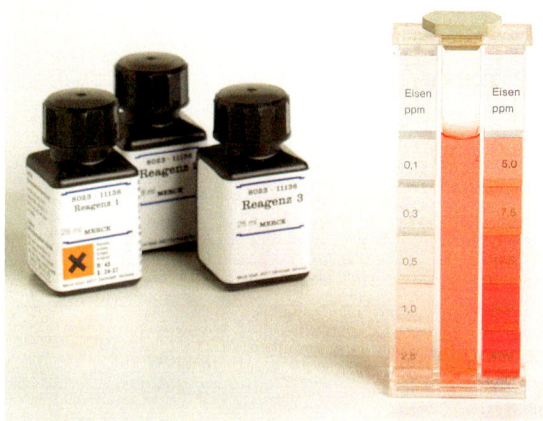

Abb. 63.2 Kolorimetrische Bestimmung von Eisen-Ionen. Der Probelösung (in der Mitte der Küvette) werden die Reagenzien zugesetzt. Nach dem Vermischen wartet man 10 min. und vergleicht dann die Färbung mit den benachbarten Kunststoffwürfeln.

Abb. 63.3 Nitrat-Teststäbchen: Prüfung von Gemüse

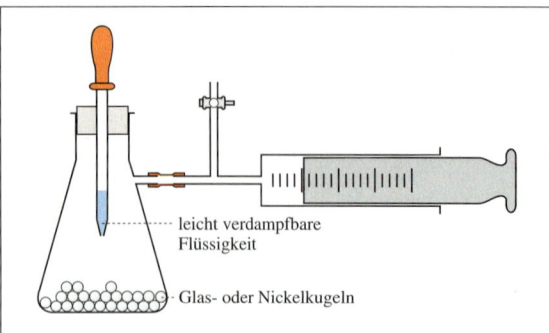

Abb. 64.1 Bestimmung der molaren Masse nach MALEWSKI. Diese Methode eignet sich für leicht verdampfbare Flüssigkeiten. In der Saugflasche wird eine genau bekannte Menge vollständig verdampft. Das Volumen der verdrängten Luft wird am Kolbenprober abgelesen.

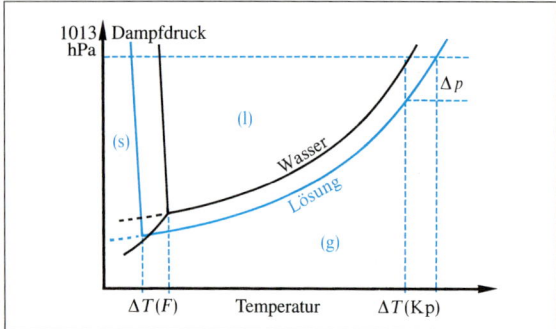

Abb. 64.2 Dampfdruckerniedrigung, Siedetemperaturerhöhung und Gefriertemperaturerniedrigung von Lösungen. Für die relative Dampfdruckerniedrigung gilt das RAOULTsche Gesetz:

$$\frac{\Delta p}{p_0} = \frac{n_A}{n_A + n_B};$$

n_A: Stoffmenge des gelösten Stoffes
n_B: Stoffmenge des Lösungsmittels

A 64.1 Bei einer Lösung von 30 g Schwefel in 250 g Kohlenstoffdisulfid (CS_2) stellt man eine Erhöhung der Siedetemperatur um 1,1 K fest.
Wie viel Mol Schwefel-Moleküle sind demnach gelöst?
Aus wie vielen Atomen besteht ein Schwefel-Molekül?

V 64.2 Bestimmung der molaren Masse
nach der Gefriertemperaturmethode
a) Ermitteln Sie die Erstarrungstemperatur von *tert*-Butanol (F, Xn). Geben Sie dazu 5 ml einer Schmelze in ein Reagenzglas, und kühlen Sie durch Eintauchen in ein Becherglas mit Leitungswasser. Rühren Sie dabei mit einem 1/10°-Thermometer, bis die ersten Kristalle erscheinen.
b) Lösen Sie 0,026 g Wasser oder 0,119 g Ammoniumacetat (Xn) in 5 ml *tert*-Butanol.
c) Welche molare Masse ergibt sich jeweils aus der Gefriertemperaturerniedrigung? ($\varrho = 0{,}79$ g $\cdot$ ml^{-1})
Entsorgung: B3

23 Bestimmung der molaren Masse

Bei Gasen und leicht verdampfbaren Stoffen lässt sich die molare Masse durch eine Reihe von Methoden ermitteln, die sämtlich auf der Anwendung der allgemeinen Gasgleichung $p \cdot V = \frac{m}{M} \cdot R \cdot T$ beruhen.

Als Beispiel sei die Methode nach V. MEYER genannt: Man verdampft dabei eine genau gewogene Probe eines Stoffes in einem beheizten Verdampfungsgefäß und misst (bei Raumtemperatur), wie viel Luft durch den Dampf verdrängt wird.

Bestimmung der molaren Masse von gelösten Stoffen.
Lösungen erstarren bei niedriger Temperatur und sieden bei höherer Temperatur als das reine Lösungsmittel. Man spricht von *Gefriertemperaturerniedrigung* (ΔT (F) < 0) und *Siedetemperaturerhöhung* (ΔT (Kp) > 0). Ursache beider Effekte ist der niedrigere Dampfdruck der Lösung. Im Zustandsdiagramm verläuft die Dampfdruckkurve der Lösung also unterhalb derjenigen für das reine Lösungsmittel.

ΔT (F) und ΔT (Kp) sind für eine bestimmte Lösungsmittelmenge proportional der Stoffmenge des gelösten Stoffes. Die auf 1 mol Teilchen pro 1 kg des Lösungsmittels bezogenen Werte bezeichnet man als die *molale Gefriertemperaturerniedrigung* (ΔT_m (F)) und die *molale Siedetemperaturerhöhung* (ΔT_m (Kp)). Diese lösungsmittelspezifischen Konstanten sind für viele Lösungsmittel genau bekannt. Für Wasser betragen sie $-1{,}86$ K $\cdot$ kg $\cdot$ mol^{-1} und $+0{,}513$ K $\cdot$ kg $\cdot$ mol^{-1}.

Die Stoffmenge n_A eines gelösten Stoffes A lässt sich aus dem bei bekannter Einwaage gemessenen ΔT-Wert mithilfe der folgenden Gleichung ermitteln:

$$\Delta T = \Delta T_m \cdot \frac{n_A}{m_B};$$

m_B: Masse der Lösungsmittelportion

Die molare Masse ergibt sich aus der Beziehung $m_A = n_A \cdot M_A$.

Lösungsmittel	F in °C	ΔT_m (F) in $\frac{K \cdot kg}{mol}$	Kp in °C	ΔT_m (Kp) in $\frac{K \cdot kg}{mol}$
Wasser	0,0	−1,86	100,0	0,513
Essigsäure	16,7	−3,90	118,1	3,14
Benzol	5,5	−5,10	80,2	2,63
Tetrachlormethan	−22,8	−29,8	76,8	5,02
Campher	179	−40	208	
tert-Butanol	25,6	−8,3	82,4	

Tab. 64.3 Molale Gefriertemperaturerniedrigung und molale Siedetemperaturerhöhung einiger Lösungsmittel

Zusätzliche Aufgaben

A 65.1 10 g Gips ($CaSO_4 \cdot 2\,H_2O$) wurden im Trockenschrank auf 130 °C erwärmt. Dabei nahm die Masse um 1,57 g ab. Welche Zusammensetzung hatte das erhaltene Produkt?

A 65.2 Rohphosphate enthalten als eigentliches Phosphatmineral den Apatit: $Ca_5(PO_4)_3F$.
a) Wie viel Phosphorsäure könnte man aus einer Tonne eines Rohphosphats gewinnen, das Apatit mit einem Massenanteil von 78 % enthält?
b) Für den Einsatz als Düngemittel wird Apatit in Calciumdihydrogenphosphat ($Ca(H_2PO_4)_2$) überführt. Dabei entsteht Calciumsulfat als Nebenprodukt. Das Gemisch dieser beiden Produkte wird als Superphosphat bezeichnet. Wie viel von diesem Gemisch bildet sich jeweils aus einem Kilogramm reinem Apatit? Gehen Sie bei der Berechnung von der folgenden Reaktionsgleichung aus:

$$2\,Ca_5(PO_4)_3F + 7\,H_2SO_4 \rightarrow 3\,Ca(H_2PO_4)_2 + 7\,CaSO_4 + 2\,HF$$

A 65.3 Phosphatgehalte von Rohphosphaten und von Düngemitteln werden in der Regel als Massenanteil w an Phosphor(V)-oxid berechnet.
a) Welcher Wert für $w\,(P_2O_5)$ ergibt sich für reinen Apatit $Ca_5(PO_4)_3F$?
b) Für ein Rohphosphat ergab die Analyse $w\,(P_2O_5) = 33\,\%$. Wie hoch ist der Massenanteil an Apatit in diesem Produkt?
c) Welchen Massenanteil an Calciumdihydrogenphosphat ($Ca(H_2PO_4)_2$) müsste ein Volldünger mit $w\,(P_2O_5) = 18\,\%$ aufweisen?

A 65.4 Apatit ($Ca_5(PO_4)_3F$) kann statt der Fluorid-Ionen zu einem erheblichen Anteil auch Hydroxid-Ionen enthalten.
a) Welchen Massenanteil w an Fluorid müsste das reine Produkt aufweisen?
b) Bezogen auf den Apatitanteil eines Rohphosphats ergab die Analyse $w\,(F^-) = 2,5\,\%$. In welchem Stoffmengenanteil sind in dem Apatit Hydroxid-Ionen enthalten?
c) Wie viel Hexafluorokieselsäure (H_2SiF_6) könnte man aus 100 000 t Rohphosphat mit $w\,(F^-) = 2,8\,\%$ gewinnen, falls man den Fluoridanteil zu 70 % in das Endprodukt überführen könnte?

A 65.5 Rohphosphate enthalten je nach Herkunft unterschiedliche Anteile an Cadmium als Verunreinigung: Bei der Bildung der Lagerstätten wurden statt Calcium-Ionen auch Cadmium-Ionen in den Apatit eingebaut. Die Cadmium-Gehalte liegen zwischen $1\,g \cdot t^{-1}$ und $65\,g \cdot t^{-1}$. Das in Deutschland überwiegend verarbeitete Rohphosphat aus Florida enthält durchschnittlich $8\,g \cdot t^{-1}$.
a) Welcher Stoffmengenanteil der Calcium-Ionen ist durch Cadmium-Ionen ersetzt, wenn man einen Apatitanteil von $w = 80\,\%$ annimmt?
b) Wie viel Tonnen Cadmium werden mit den jährlich rund 700 000 t Rohphosphat aus Florida nach Deutschland importiert und mit den Düngemitteln verteilt?

A 65.6 In einer Trinkwasserprobe wurde der Nitratgehalt bestimmt. Man ermittelte $c\,(NO_3^-) = 0,5\,mol \cdot m^{-3}$. Vergleichen Sie dieses Ergebnis mit dem in der Trinkwasserverordnung festgesetzten Nitratgrenzwert von $50\,mg \cdot l^{-1}$.

A 65.7 Für Trinkwasser gilt in Bezug auf Tetrachlorkohlenstoff ein Grenzwert von $0,003\,mg \cdot l^{-1}$.
a) Wie viele CCl_4-Moleküle würde ein Liter Trinkwasser enthalten, wenn der Gehalt die Hälfte des Grenzwerts erreicht?
b) Rückstände von Pflanzenschutzmitteln dürfen in Trinkwasser insgesamt maximal $0,0005\,mg \cdot l^{-1}$ ausmachen. Wie viele Moleküle wären das je Liter, wenn man als Durchschnitt der molaren Massen $200\,g \cdot mol^{-1}$ annimmt?

A 65.8 Für Krebs erregende Arbeitsstoffe sind Technische Richtkonzentrationen (TRK) festgesetzt worden. Diese Werte dürfen am Arbeitsplatz nicht überschritten werden. Für Benzol ($M = 78\,g \cdot mol^{-1}$) und für Benzo(a)pyren ($M = 252\,g \cdot mol^{-1}$) betragen die Werte $16\,mg \cdot m^{-3}$ bzw. $0,002\,mg \cdot m^{-3}$ Luft. Wie viele Moleküle dieser Stoffe dürfte ein Liter Atemluft am Arbeitsplatz maximal enthalten?

A 65.9 Reinstsilicium für die Halbleitertechnik enthält auf eine Milliarde Silicium-Atome höchstens ein Fremdatom.
a) Wie groß ist der Stoffmengenanteil der Fremdatome in Prozent?
b) Wie viele Fremdatome enthält ein Siliciumwürfel mit der Kantenlänge 3 cm? ($\varrho\,(Si) = 2,33\,g \cdot cm^{-3}$)

A 65.10 Airbag-Systeme enthalten Natriumazid (NaN_3) als eigentlichen Wirkstoff. Bei einem Unfall wird zunächst eine kleine Schwarzpulverladung elektrisch gezündet. Das dadurch erhitzte Natriumazid zerfällt in die Elemente. Das gebildete Stickstoffgas bläst den Airbag auf, während das Natrium zurückgehalten wird.
Wie viel Gramm Natriumazid müssen in einem System eingesetzt werden, dessen Airbag 100 l fasst? Gehen Sie bei der Berechnung von 20 °C und normalem Luftdruck aus.

A 65.11 Um die mittlere molare Masse eines Leichtbenzins mit der Dichte $\varrho = 0,64\,g \cdot ml^{-1}$ zu bestimmen, wurden 0,20 ml entsprechend dem Verfahren nach MALEWSKI verdampft. Man erhielt ein Dampfvolumen von 44 ml. ($\vartheta = 22\,°C$, $p = 1005\,hPa$) Berechnen Sie die mittlere molare Masse.

ENERGETIK CHEMISCHER REAKTIONEN

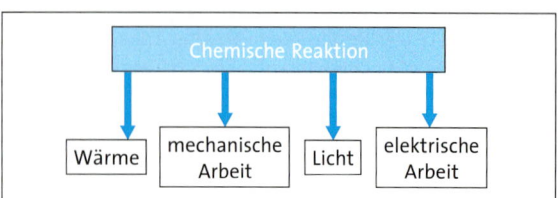

Abb. 66.1 Energieformen bei chemischen Reaktionen

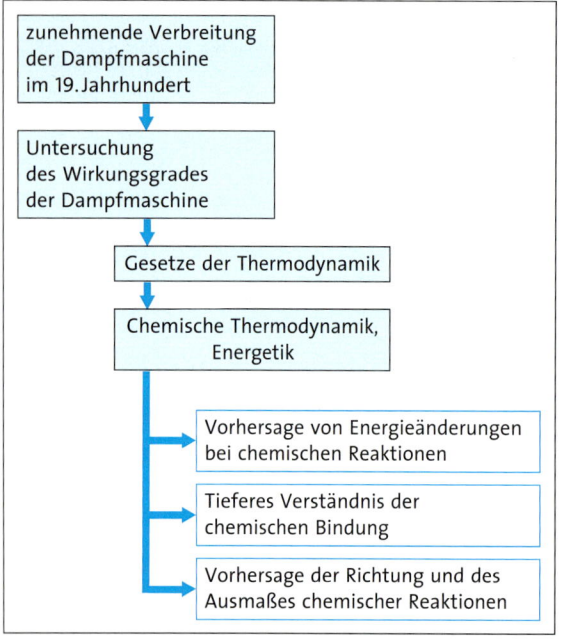

Abb. 66.2 Geschichtliche Entwicklung der Thermodynamik

	1970	1980	1990	1998
Erdöl	3,009	3,835	4,110	4,250
Erdgas	1,293	1,836	2,563	3,064
Steinkohle und Braunkohle	2,184	2,623	3,239	3,264
Kernenergie	0,010	0,101	0,738	0,909
Wasserkraft, sonstige	0,145	0,198	0,314	0,380
Summe	**6,641**	**8,593**	**10,964**	**11,867**

Tab. 66.3 Weltenergieverbrauch in 10^9 t SKE
(SKE: Steinkohleeinheit; 1 SKE ≙ 29,3 MJ)

Bei chemischen Reaktionen sind Stoffumwandlungen eng mit Energieänderungen verbunden. In vielen Fällen handelt es sich dabei um Wärme, doch treten auch andere Energieformen wie Licht, mechanische Arbeit oder elektrische Arbeit auf. In der Geschichte der Menschheit spielt die Energie eine dominierende Rolle. Zu Beginn des 19. Jahrhunderts reichten die natürlichen Energiequellen wie die tierische Arbeitskraft, Wind und Wasser zur Verrichtung mechanischer Arbeit nicht mehr aus. Mit der Erfindung der Dampfmaschine, die Wärme aus der Verbrennung von Kohle in mechanische Arbeit umwandelt, wurde die industrielle Entwicklung eingeleitet. Prinzipiell kann Wärme auch in modernen Turbinen oder Motoren nicht vollständig in wirtschaftlich nutzbare mechanische Arbeit umgewandelt werden. S. CARNOT versuchte, den Wirkungsgrad der Dampfmaschine zu verbessern. Aus seinen Untersuchungen über die Umwandlung von Wärme in Arbeit entwickelte sich eine wissenschaftliche Disziplin, die **Thermodynamik.** Die spätere Anwendung der Prinzipien der Thermodynamik auf chemische Reaktionen war für die Entwicklung der Chemie außerordentlich nützlich.

Mit der Thermodynamik, die auch als **Energetik** bezeichnet wird, lassen sich insbesondere folgende zentrale Fragen der Chemie beantworten:
1. Welche Energieänderungen sind bei chemischen Reaktionen zu erwarten?
2. Wie vollständig reagieren Edukte zu Produkten?
3. Welche Größe ist ein Maß für die „Triebkraft" einer chemischen Reaktion?

24 Reaktionsenthalpie

Zur Diskussion von Energieänderungen bei chemischen Reaktionen unterscheidet man in der Energetik zwischen dem *System* und seiner *Umgebung.* Ein *offenes* System kann mit der Umgebung Materie austauschen und seinen Energieinhalt verändern. Bei einem *geschlossenen* System ist dagegen kein Austausch von Materie möglich. Wenn zwischen einem System und seiner Umgebung weder Materie übertragen, noch der Energieinhalt verändert werden kann, spricht man von einem abgeschlossenen oder *isolierten* System.

Was man als System definiert, richtet sich nach der Reaktion, die untersucht wird. Führt man beispielsweise die Umsetzung von Magnesium mit Salzsäure in einem Kolben, der durch einen verschiebbaren Stempel verschlossen ist, durch, so wird man den Kolbeninhalt als System bezeichnen. Die Glaswände und die darum befindliche Luft sind dann die Umgebung des Systems. Im Ausgangszustand hat das System in Abbildung 67.1 eine Temperatur von 25 °C. Im Verlauf der Reaktion steigt die Temperatur an. Durch Abgabe von Wärme an die Umgebung erreicht das System wieder die Temperatur von 25 °C. Es gibt auch Reaktionen, bei denen sich das System abkühlt und Wärme von der Umgebung aufnimmt. Die bei einer chemischen Reaktion unter konstantem Druck abgegebene oder aufgenommene Wärme Q_p bezeichnet man als **Reaktionsenthalpie** $\Delta_R H$. Nach Vereinbarung ist bei *exothermen* Reaktionen $\Delta_R H < 0$, das System gibt Wärme an die Umgebung ab. Bei *endothermen* Umsetzungen ist $\Delta_R H > 0$, das System nimmt Wärme aus der Umgebung auf.

Die Reaktionsenthalpie hängt nicht nur von den umgesetzten Stoffmengen ab, sondern auch vom Druck und von der Temperatur. Um Enthalpien vergleichen zu können, arbeitet man mit dem stoffmengenbezogenen Wert für den Standarddruck von 1013 hPa. Auf diese **molare Standardreaktionsenthalpie** wird durch das Symbol $\Delta_R H_m^0$ hingewiesen. Im Allgemeinen wird der Enthalpiewert für die Temperatur 25 °C (298 K) angegeben. Zur eindeutigen Angabe von Reaktionsenthalpien gehört auch immer die Reaktionsgleichung, denn der Zahlenwert gilt für den der Reaktionsgleichung entsprechenden molaren Formelumsatz. *Beispiel:*

$$Mg\,(s) + 2\,H^+\,(aq) \rightarrow Mg^{2+}\,(aq) + H_2\,(g);$$
$$\Delta_R H_m^0 = -467\ kJ \cdot mol^{-1}$$

Der Wasserstoff, der bei der Reaktion entsteht, drückt den beweglichen Stempel (Abb. 67.1) nach außen gegen den Luftdruck. Das System verrichtet also mechanische Arbeit an der Umgebung. Insgesamt verringert sich somit der Energieinhalt des Systems durch Abgabe von Wärme und von Arbeit. Die mechanische Arbeit wird auch verrichtet, wenn die Reaktion in einem offenen Gefäß abläuft. In diesem Fall muss der Wasserstoff die umgebende Luft unter Arbeitsaufwand verdrängen. Bei der Bildung von einem Mol Wasserstoff bei 25 °C und 1013 hPa leistet das System die Arbeit $W = -2,5$ kJ. Vereinbarungsgemäß erhält die vom System an der Umgebung verrichtete Arbeit ein negatives Vorzeichen.

Würde man dagegen bei der Reaktion das Volumen konstant halten, indem man den Kolben fest verschließt, so hätte das System keine Möglichkeit, mechanische Arbeit zu verrichten. Bei konstantem Volumen verringert sich der Energieinhalt des Systems ausschließlich durch Abgabe von Wärme. Die Reaktionswärme bei konstan-

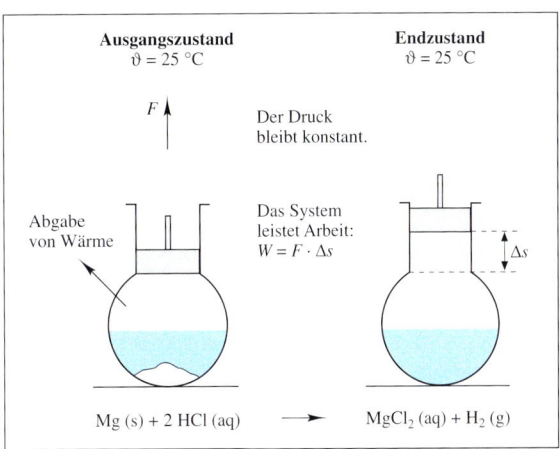

Abb. 67.1 Energieänderung eines geschlossenen Systems bei konstantem Druck

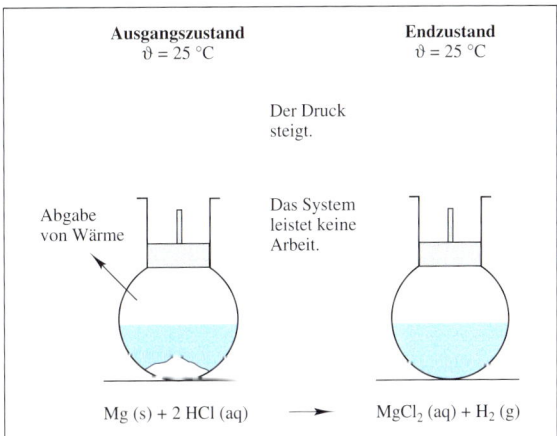

Abb. 67.2 Energieänderung eines geschlossenen Systems bei konstantem Volumen

Aus $W = F \cdot \Delta s$ erhält man mit $p = F \cdot A^{-1}$ (A ist die Fläche, p der Druck):

$$W = p \cdot A \cdot \Delta s$$

Da $A \cdot \Delta s$ das entstandene Volumen ΔV ist, ergibt sich:

$$W = p \cdot \Delta V$$

Dieses Produkt kann nach der Zustandsgleichung idealer Gase berechnet werden:

$$W = p \cdot \Delta V = \Delta n \cdot R \cdot T$$

Wird ein Mol Wasserstoff gebildet, $\Delta n = 1$ mol, so erhält man mit $R = 8,31$ J $\cdot$ mol$^{-1} \cdot$ K^{-1} und $T = 298$ K:

$$W = 1\,mol \cdot 8,31 \cdot 10^{-3}\ kJ \cdot mol^{-1} \cdot K^{-1} \cdot 298\ K$$
$$= 2,5\ kJ$$

Abb. 67.3 Berechnung der mechanischen Arbeit

	$\Delta_{fus}H_m$ in kJ · mol^{-1}	$\Delta_V H_m$ in kJ · mol^{-1}
Wasserstoff	0,06	0,45
Blei	4,8	178
Sauerstoff	0,22	3,4
Natrium	2,6	99,2
Magnesium	8,8	128
Aluminium	10	291
Schwefel	1,2	10
Schwefelwasserstoff	2	19
Magnesiumchlorid	43	137
Eisen	14	351
Kupfer	13	305
Zink	7,36	115
Iod	7,87	20,8
Wasser	6,02	41
Benzol	9,83	30,8
Ethanol	5	38
Natriumchlorid	29	170

Tab. 68.1 Molare Schmelz- und Verdampfungsenthalpien einiger Stoffe bei 1013 hPa (*fus.*: schmelzen). Bei Elementen beziehen sich die Zahlenwerte auf ein Mol Atome.

A 68.1 Die folgenden Reaktionen laufen bei 298 K unter konstantem Druck ab:

(1) NH_3 (g) + HCl (g) $\rightarrow$ NH_4Cl (s)
(2) H_2 (g) + Cl_2 (g) $\rightarrow$ 2 HCl (g)
(3) C_7H_{16} (l) + 11 O_2 (g) $\rightarrow$ 7 CO_2 (g) + 8 H_2O (g)

a) Bei welchen Reaktionen wird Arbeit verrichtet?
b) Wird Arbeit vom System oder an dem System verrichtet?
c) Berechnen Sie jeweils den Betrag der verrichteten Arbeit für den angegebenen Formelumsatz.

A 68.2 Berechnen Sie die Energie, die erforderlich ist, um:
a) 100 g Aluminium zu schmelzen,
b) 1 g Schwefel zu schmelzen,
c) 1 g Wasser zu verdampfen.

A 68.3 Erklären Sie folgende Feststellungen:
a) $\Delta_{fus}H_m$ (Eisen) $> \Delta_{fus}H_m$ (Schwefel)
b) $\Delta_{fus}H_m$ (NaCl) $> \Delta_{fus}H_m$ (Benzol)
c) $\Delta_{fus}H_m$ ($MgCl_2$) $> \Delta_{fus}H_m$ (NaCl)
d) $\Delta_V H_m$ (H_2O) $> \Delta_V H_m$ (H_2S)

A 68.4 Welche Folgerungen lassen sich aus der Tatsache schließen, dass die Verdampfungsenthalpie eines Stoffes größer ist als seine Schmelzenthalpie?

tem Volumen (Q_v) ist gleich der Änderung der **inneren Energie** $\Delta_R U$. Unter der inneren Energie versteht man dabei anschaulich die Summe der kinetischen und potentiellen Energie, die in den Teilchen eines Systems gespeichert ist. Man spricht daher auch vom Energiegehalt eines Systems. Innere Energie und Enthalpie unterscheiden sich durch die Volumenarbeit $p \cdot \Delta V$. Es gilt somit:

$$\Delta H = \Delta U + p \cdot \Delta V \quad \text{oder} \quad \Delta U = \Delta H - p \cdot \Delta V$$

Bei einer Volumenzunahme ist $\Delta V > 0$. Mit $p \cdot \Delta V = \Delta n \cdot R \cdot T$ ($\Delta n = +1$ mol) erhält man für die Umsetzung von Magnesium mit Salzsäure:

$$\Delta_R U_m^0 = -467 \text{ kJ} \cdot \text{mol}^{-1} - 2,5 \text{ kJ} \cdot \text{mol}^{-1}$$
$$= -469,5 \text{ kJ} \cdot \text{mol}^{-1}$$

Die meisten chemischen Reaktionen verlaufen bei konstantem Druck. Daher ist die Betrachtung der Enthalpieänderungen meist zweckmäßiger als die Betrachtung der Änderung der inneren Energie. Bei Reaktionen, die in flüssiger oder fester Phase ablaufen, sind allerdings die auftretenden Volumenänderungen vernachlässigbar klein, sodass $\Delta_R H$ und $\Delta_R U$ etwa gleich groß sind.

Enthalpieänderungen bei Phasenumwandlungen. Enthalpieänderungen treten auch bei physikalischen Vorgängen wie beim Schmelzen, Verdampfen oder Sublimieren eines Stoffes auf. Die **molare Schmelzenthalpie** $\Delta_{fus}H_m$ ist als die Wärme definiert, die man einem Mol eines Stoffes bei der Schmelztemperatur und konstantem Druck (1013 hPa) zuführen muss, um ihn zu verflüssigen. *Beispiel:*

$$\text{Fe (s)} \rightarrow \text{Fe (l)}; \quad \Delta_{fus}H_m = 14 \text{ kJ} \cdot \text{mol}^{-1}$$

Unter der **molaren Verdampfungsenthalpie** $\Delta_V H_m$ versteht man die Wärme, die erforderlich ist, um ein Mol eines Stoffes bei der Siedetemperatur und 1013 hPa vom flüssigen in den gasförmigen Zustand zu überführen. *Beispiel:*

$$\text{H}_2\text{O (l)} \rightarrow \text{H}_2\text{O (g)}; \quad \Delta_V H_m = 41 \text{ kJ} \cdot \text{mol}^{-1}$$

Die Energie, die notwendig ist, um ein Mol eines festen Stoffes zu verdampfen, bezeichnet man als **molare Sublimationsenthalpie** $\Delta_S H_m$. *Beispiel:*

$$\text{I}_2\text{ (s)} \rightarrow \text{I}_2\text{ (g)}; \quad \Delta_S H_m = 60 \text{ kJ} \cdot \text{mol}^{-1}$$

Die Abstände zwischen den Teilchen sind bei Feststoffen am geringsten und bei Gasen am größten. Je fester sich die Teilchen gegenseitig anziehen, desto größer ist der Energieaufwand sie voneinander zu trennen. Die Größe der Schmelz-, Verdampfungs- oder Sublimationsenthalpien sagt somit etwas über die Festigkeit der Bindung zwischen den Teilchen eines Stoffes aus.

Beim Erstarren, Kondensieren und Resublimieren werden die entsprechenden Wärmemengen wieder frei.

Da bei Phasenumwandlungen trotz Zufuhr oder Abgabe von Wärme die Temperatur konstant bleibt, bezeichnet man die mit Phasenumwandlungen verbundenen Energieänderungen auch als „latente Wärmen".

Unterhalb des Siedepunkts erfolgt durch Verdunstung ein Übergang von flüssig nach gasförmig. Die Verdunstungskälte nutzt man beispielsweise in der Medizin: Eine leicht verdunstende Flüssigkeit auf der Haut kann durch die rasch entstehende Kälte das Schmerzempfinden verringern. Von großer praktischer Bedeutung ist die Erzeugung von Kälte durch Phasenübergänge flüssig/gasförmig in Kühlschränken und Klimaanlagen.

Da Phasenumwandlungen immer mit Enthalpieänderungen verbunden sind, muss der Aggregatzustand in Reaktionsgleichungen stets angegeben werden. Auch die Modifikation eines Stoffes muss berücksichtigt werden:

C (Graphit) + O$_2$ (g) → CO$_2$ (g);
$$\Delta_R H_m^0 = -394 \text{ kJ} \cdot \text{mol}^{-1}$$
C (Diamant) + O$_2$ (g) → CO$_2$ (g);
$$\Delta_R H_m^0 = -396 \text{ kJ} \cdot \text{mol}^{-1}$$

Ursachen der Enthalpieänderungen bei chemischen Reaktionen. Der Energieinhalt eines Systems bei einer bestimmten Temperatur und einem gegebenen Druck setzt sich aus verschiedenen Anteilen zusammen:

1. Die Bewegungsenergie der Teilchen, also die Translations-, Rotations- und Schwingungsenergie.
2. Die Energie, die auf zwischenmolekularen Kräften beruht.
3. Die Energie der chemischen Bindung.
4. Die Energie der nicht an der Bindung beteiligten Elektronen.
5. Die Energie der Atomkerne.

Bei chemischen Umsetzungen fällt die Änderung der Bewegungsenergie von Produkten und Edukten kaum ins Gewicht. Die Energie des Atomkerns und die Energie der an der Bindung nicht beteiligten Elektronen ändert sich bei einer chemischen Reaktion praktisch nicht. Die Energie, die auf zwischenmolekularen Kräften beruht, ist im Allgemeinen im Vergleich zur Energie der chemischen Bindung klein. In erster Näherung wird daher die Enthalpieänderung bei einer chemischen Reaktion hauptsächlich durch die Bildung und Spaltung chemischer Bindungen verursacht. Um eine Bindung zu lösen, ist stets Energie erforderlich, bei der Bildung einer Bindung wird immer Energie frei.

Die **molare Standardbindungsenthalpie** $\Delta_B H_m^0$ ist bei einem zweiatomigen Molekül die Energie, die man unter Standardbedingungen (25 °C und 1013 hPa) benötigt, um ein Mol Moleküle des gasförmigen Stoffes in Atome zu spalten. *Beispiel:*

Br$_2$ (g) → 2 Br (g); $\Delta_B H_m^0 = 193 \text{ kJ} \cdot \text{mol}^{-1}$

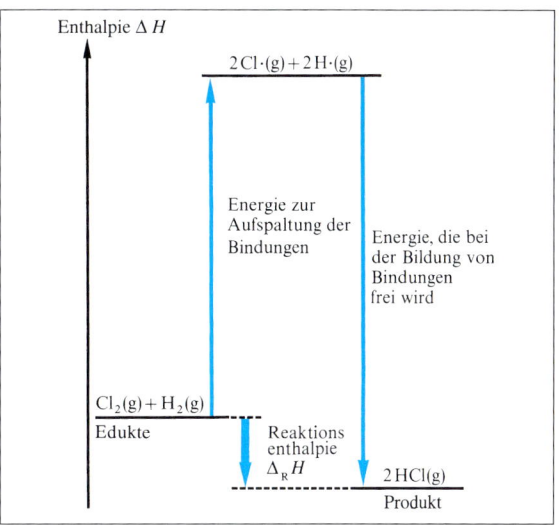

Abb. 69.1 Enthalpieänderung bei der Chlorknallgasreaktion

H–H	436	H–F	567	C–C	348
F–F	159	H–Cl	431	C–H	413
Cl–Cl	242	H–Br	366	C–F	489
Br–Br	193	H–I	298	C–Cl	339
I–I	151	H–O	463	C–Br	285
O=O	498	N≡N	945	C–I	218
C=C	614	C≡C	839	C–O	358

Tab. 69.2 Bindungsenthalpien bei 25 °C in kJ · mol^{-1}. Bei mehratomigen Molekülen der Formel AB$_n$ geben die Zahlenwerte die **mittlere Bindungsenthalpie** an.
Beispiel: Zur Spaltung der vier C–H-Bindungen in Methan benötigt man 1652 kJ · mol^{-1}:
CH$_4$ (g) → C (g) + 4 H (g); $\Delta_R H_m^0 = 1652 \text{ kJ} \cdot \text{mol}^{-1}$
Die mittlere Bindungsenthalpie einer C–H-Bindung beträgt somit 1652 kJ · mol^{-1} : 4 = 413 kJ · mol^{-1}.

A 69.1 Berechnen Sie mithilfe von Tab. 69.2 die Reaktionsenthalpien der Umsetzungen zwischen Wasserstoff und den Halogenen Fluor, Chlor, Brom und Iod. Vergleichen und interpretieren Sie die Ergebnisse.

A 69.2 Zeichnen Sie ein Enthalpiediagramm entsprechend Abb. 69.1 für die Bildung von Wasser aus seinen Elementen und berechnen Sie die Reaktionsenthalpie.

A 69.3 In einem Experiment wurden mit einer elektrischen Heizspule (12 V, 36 W) in 280 Sekunden 30 g Eis geschmolzen. Berechnen Sie die molare Schmelzenthalpie und die Schmelzenthalpie pro Gramm Eis.

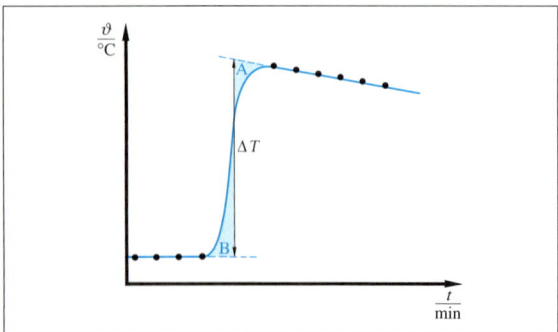

Abb. 70.1 Temperaturverlauf in einem Kalorimeter. Bei genaueren Messungen wird die Temperatur im Kalorimeter vor und nach der Umsetzung einige Zeit lang gemessen. Der Temperaturausgleich im Kalorimeter erfolgt nicht momentan. Je nach Kalorimetertyp tritt schon vor Erreichen der Höchsttemperatur ein Wärmeverlust an die Umgebung auf. Die theoretische Temperaturdifferenz ΔT wird durch Extrapolation erreicht. Die Flächen A und B sind gleich.

A 70.1 Welche Schwierigkeiten bereitet die Messung der Enthalpieänderung beim Rosten von Eisen? Wie könnte man diese überwinden?

A 70.2 Welche Temperaturänderung tritt beim Mischen von 50 ml Salzsäure ($c = 2$ mol $\cdot$ l^{-1}) mit 100 ml Natronlauge ($c = 1$ mol $\cdot$ l^{-1}) auf, wenn man von Wärmeverlusten absieht?

V 70.3 Neutralisationsenthalpie
Bestimmen Sie die molare Neutralisationsenthalpie der Umsetzung von Natronlauge mit Schwefelsäure, indem Sie in einem Kalorimeter zu 100 ml Schwefelsäure ($c = 0,1$ mol $\cdot$ l^{-1}) 20 ml Natronlauge ($c = 1$ mol $\cdot$ l^{-1}, Xi) zufügen und die Temperaturerhöhung feststellen.

V 70.4 Messung von Reaktionsenthalpien
Bestimmen Sie in einem Kalorimeter die Enthalpieänderungen folgender Umsetzungen und geben Sie die Reaktionsenthalpien für den molaren Formelumsatz an:
a) 75 ml HCl ($c = 1$ mol $\cdot$ l^{-1}) + 3,3 g Zinkpulver (F)
b) 75 ml HCl ($c = 1$ mol $\cdot$ l^{-1}) + 3 g Eisenpulver
c) 75 ml CuSO$_4$ ($c = 0,5$ mol $\cdot$ l^{-1}) + 1,5 g Magnesiumpulver (F)
d) 75 ml CuSO$_4$ ($c = 0,5$ mol $\cdot$ l^{-1}) + 3 g Eisenpulver

V 70.5 Die Wärmekapazität eines Kalorimeters
In das Kalorimeter gibt man 50 ml Wasser von Raumtemperatur und 50 ml Wasser, das eine 5 °C bis 10 °C höhere Temperatur hat. Die Mischungstemperatur wird gemessen. Das zur Eichung eines Kalorimeters verwendete Wasservolumen soll möglichst so groß sein wie das bei Messungen vorliegende Flüssigkeitsvolumen.

25 Messung von Reaktionsenthalpien

Reaktionsenthalpien werden in *Kalorimetern,* gegen äußeren Wärmeaustausch gut isolierten Gefäßen, ermittelt. Besonders einfach ist die Durchführung, wenn die Reaktionspartner flüssig sind oder in Lösung vorliegen wie bei der Neutralisation von Natronlauge und Salzsäure. Mischt man in einem Kalorimeter 100 ml Natronlauge ($c = 1$ mol $\cdot$ l^{-1}) mit 100 ml Salzsäure ($c = 1$ mol $\cdot$ l^{-1}), zeigt sich ein Temperaturanstieg von $\Delta T = 6,5$ K mit der freiwerdenden Wärme Q_p:

$$Q_p = c_p \cdot m \cdot \Delta T = C_p \cdot \Delta T$$

Dabei sind m die Masse der Lösung und c_p die spezifische Wärmekapazität bei konstantem Druck. Das Produkt $c_p \cdot m = C_p$ bezeichnet man als Wärmekapazität der Lösung bei konstantem Druck. Bei wässrigen Lösungen ist die spezifische Wärmekapazität im Allgemeinen etwas kleiner, die Dichte aber etwas größer als die von Wasser. Man kann daher die Wärmekapazität einer verdünnten Lösung mit der von Wasser gleichsetzen. Mit $m = 200$ g und $c_p = 4,18$ J $\cdot$ g^{-1} $\cdot$ K^{-1} ergibt sich für dieses Beispiel:

$$Q_p = 4,18 \text{ J} \cdot \text{g}^{-1} \cdot \text{K}^{-1} \cdot 200 \text{ g} \cdot 6,5 \text{ K} = 5434 \text{ J} \approx 5,4 \text{ kJ}$$

Da diese Wärme abgegeben wird, ist die Enthalpieänderung $\Delta_R H = -5,4$ kJ. Diese Änderung bezieht sich auf die Reaktion von 0,1 mol OH$^-$-Ionen mit 0,1 mol H$_3$O$^+$-Ionen. Die **molare Neutralisationsenthalpie** ist also zehnmal so groß:

$$\text{H}_3\text{O}^+ \text{ (aq)} + \text{OH}^- \text{ (aq)} \rightarrow 2 \text{ H}_2\text{O(l)};$$
$$\Delta_R H_m = -54 \text{ kJ} \cdot \text{mol}^{-1}$$

Der in der Literatur angegebene Wert beträgt $\Delta_R H_m^0 = -56$ kJ $\cdot$ mol^{-1}. Abweichungen entstehen, weil ein Teil der Reaktionswärme an die Umgebung, auf die Gefäßwand des Kalorimeters sowie auf den Rührer und das Thermometer übergeht. Die vom Kalorimeter aufgenommene Wärme Q_{Kal} ergibt sich aus dessen Wärmekapazität C_{Kal} und der Temperaturdifferenz ΔT:

$$Q_{Kal} = C_{Kal} \cdot \Delta T$$

Die Wärmekapazität des Kalorimeters C_{Kal} wäre bei Kenntnis der spezifischen Wärme des Kalorimetermaterials, des Rührers und des Thermometers sowie deren Massen berechenbar. Meist wird die Wärmekapazität eines Kalorimeters aber experimentell durch „Eichung" ermittelt. Eine bekannte Methode ist der Mischungsversuch. Dabei wird kaltes Wasser der Masse m_1 und der Temperatur T_1 mit wärmerem Wasser der Masse m_2 und der Temperatur T_2 im Kalorimeter gemischt und die Mischungstemperatur T_m festgestellt. Die vom wärmeren Wasser abgegebene Wärme Q_2 ist dann:

$$Q_2 = c \cdot m_2 \cdot (T_2 - T_m)$$

Das kältere Wasser nimmt die Wärme Q_1 und das Kalorimeter die Wärme Q_{Kal} auf:

$$Q_1 = c \cdot m_1 \cdot (T_m - T_1); \quad Q_{Kal} = C_{Kal} \cdot (T_m - T_1)$$

Aus der Gleichsetzung von aufgenommener und abgegebener Wärme folgt:

$$c \cdot m_2 \cdot (T_2 - T_m) = c \cdot m_1 \cdot (T_m - T_1) + C_{Kal} \cdot (T_m - T_1)$$

Wärmeverluste an die Umgebung sollen dabei vernachlässigt werden. Daraus ergibt sich für die Wärmekapazität des Kalorimeters:

$$C_{Kal} = (c \cdot m_2) \cdot \frac{T_2 - T_m}{T_m - T_1} - c \cdot m_1$$

Die Berücksichtigung der Wärmekapazität eines Kalorimeters betrachten wir am Beispiel der Bestimmung der Verbrennungsenthalpie von Kohlenstoff. Die Versuchsauswertung umfasst folgende Angaben:

Wärmekapazität des Kalorimeters: $\quad$ 418 J $\cdot$ K^{-1}
Wärmekapazität von 500 ml Wasser
im Kalorimeter: $\quad$ 2092 J $\cdot$ K^{-1}

Die gesamte Wärmekapazität beträgt: $\quad$ 2510 J $\cdot$ K^{-1}

Bei dem Versuch wurden 0,411 g Kohlenstoff verbrannt und eine Temperaturerhöhung von 5,2 K festgestellt. Es wurde somit folgende Wärme Q_p frei:

$$Q_p = 2510 \text{ J} \cdot \text{K}^{-1} \cdot 5,2 \text{ K} = 13052 \text{ J}$$

Die Verbrennungsenthalpie $\Delta_c H_m$ von einem Mol Kohlenstoff, also von 12 g Kohlenstoff, ist dann:

$$\Delta_c H_m = -\frac{13052 \text{ J}}{0,411 \text{ g}} \cdot 12 \text{ g} \cdot \text{mol}^{-1} = -381 \text{ kJ} \cdot \text{mol}^{-1}$$

Verbrennungsenthalpien können experimentell sehr genau bestimmt werden. Sie lassen oft Rückschlüsse auf die Bindungen in Molekülen zu oder sind Ausgangspunkt für weitere thermodynamische Berechnungen.

$\Delta_c H^0_m$ in kJ $\cdot$ mol^{-1}		$\Delta_c H^0_m$ in kJ $\cdot$ mol^{-1}	
Aluminium Al (s)	−838	Methan CH_4 (g)	−889
Phosphor, weiß P (s)	−746	Ethan C_2H_6 (g)	−1557
Phosphor, rot P (s)	−728	Ethen C_2H_4 (g)	−1409
Schwefel S (s)	−296	Ethin C_2H_2 (g)	−1299

Tab. 71.2 Molare Standardverbrennungsenthalpien. Unter der Standardverbrennungsenthalpie versteht man die Wärme, die frei wird, wenn ein Mol eines Stoffes in Sauerstoff unter Standardbedingungen (25 °C und 1013 hPa) vollständig verbrennt.
Hinweis: Die Zahlenangaben beziehen sich bei organischen Verbindungen auf die Produkte CO_2 (g) und H_2O (*l*).

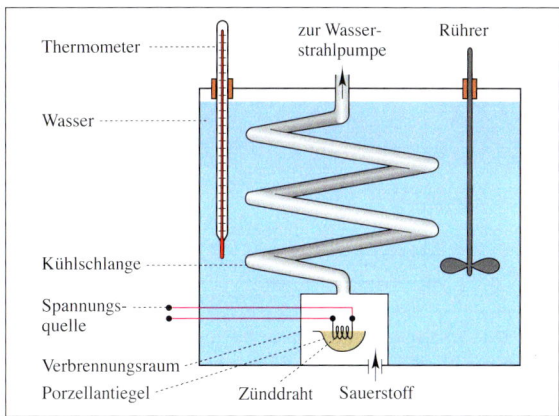

Abb. 71.1 Schema eines einfachen Kalorimeters zur Bestimmung von Verbrennungsenthalpien fester Stoffe

A 71.1 Bei Standardbedingungen verbrennt man **a)** 1 g Ethan und **b)** 1 g Ethin. Bei welcher Reaktion wird mehr Wärme frei?

A 71.2 Stellen Sie die unterschiedliche Verbrennungsenthalpie von rotem und weißem Phosphor an Hand eines Enthalpiediagramms dar.
Worauf führen Sie die Unterschiede zurück?

V 71.3 Reaktionsenthalpie der Umsetzung von Eisen mit Schwefel
In einer Reibschale wird Schwefel und feines Eisenpulver im Stoffmengenverhältnis 1:1 innig vermischt (11,2 g Eisenpulver, 6,4 g Schwefel). Man wägt einen Teil dieses Gemisches, etwa 3 g, in ein Reagenzglas, das in ein größeres Reagenzglas gestellt und in das Kalorimeter eingetaucht wird. Im Kalorimeter befindet sich 200 g Wasser von bekannter Temperatur T_1. Die Reaktion wird durch eine kleine, glühend heiße Eisenkugel, die man in das Gemisch fallen lässt, ausgelöst. Die höchste beobachtbare Temperatur T_2 wird notiert.
Mit welchen Fehlerquellen ist bei dieser Versuchsdurchführung zu rechnen?
Geben Sie die molare Reaktionsenthalpie an.

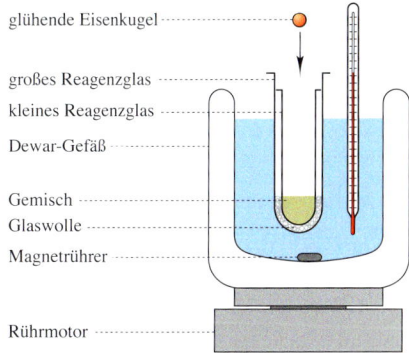

V 71.4 Verbrennungsenthalpie von Schwefel
Eine genau abgewogene Masse Schwefel (etwa 3 g) wird in dem mit Sauerstoff durchströmten Kalorimeter (V 71.3), in dem sich eine bekannte Masse Wasser befindet, elektrisch gezündet.

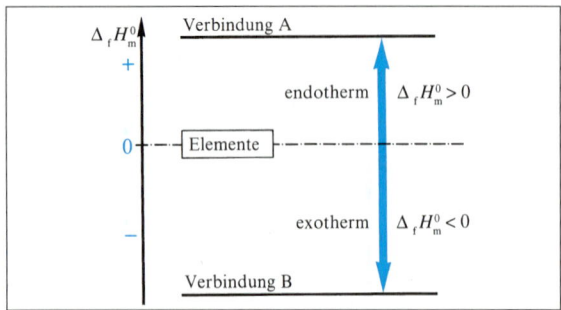

Abb. 72.1 Vorzeichenregelung für die molare Standard-bildungsenthalpie

Element/ Verbindung	$\Delta_f H_m^0$ in kJ · mol⁻¹	Ion	$\Delta_f H_m^0$ in kJ · mol⁻¹
P (weiß)	0	H^+ (aq)	0
P (rot)	–18	Na^+ (aq)	–240
Zn (s)	0	K^+ (aq)	–251
Zn (g)	131	Cu^{2+} (aq)	65
HNO_3 (l)	–174	Ag^+ (aq)	106
Al_2O_3 (s)	–1676	Mg^{2+} (aq)	–467
FeS (s)	–100	Ca^{2+} (aq)	–543
Fe_3O_4 (s)	–1118	Fe^{2+} (aq)	–89
H_2O (l)	–286	OH^- (aq)	–230
H_2O (g)	–242	Cl^- (aq)	–167
CH_3OH (l)	–239	Br^- (aq)	–121
CH_3OH (g)	–201	I^- (aq)	–57
NH_3 (g)	–46	NO_3^- (aq)	–207
AgCl (s)	–127	CO_3^{2-} (aq)	–677
N_2H_4 (g)	95	SO_4^{2-} (aq)	–909
NO (g)	90	S^{2-} (aq)	33
C_2H_2 (g)	227	PO_4^{3-} (aq)	–1290

Tab. 72.2 Molare Standardbildungsenthalpien (bei 25 °C)

A 72.1 Zum Antrieb von Raketen setzt man Salpetersäure mit Hydrazin um:

$$4 HNO_3 (l) + 5 N_2H_4 (g) \rightarrow 7 N_2 (g) + 12 H_2O (g)$$

a) Berechnen Sie die molare Reaktionsenthalpie dieser Reaktion.
b) Wie viel Wärme erhält man bei der Umsetzung von 1 kg Hydrazin?

A 72.2 Berechnen Sie die molare Reaktionsenthalpie für das Thermitverfahren:

$$8 Al (s) + 3 Fe_3O_4 (s) \rightarrow 9 Fe (s) + 4 Al_2O_3 (s)$$

26 Standardbildungsenthalpien

Um Reaktionsenthalpien für beliebige Reaktionen berechnen zu können, hat man die **molare Standardbildungsenthalpie** $\Delta_f H_m^0$ eingeführt (engl. *formation*: Bildung). Sie ist die molare Reaktionsenthalpie für die Bildung eines Moles einer Verbindung aus den Elementen bei Standardbedingungen. Die hochgestellte Null weist auf die *Standardbedingungen* hin: Der Druck beträgt jeweils 1013 hPa, die Temperatur 25 °C (298 K), soweit nicht anders angegeben.

Da der absolute Wert der Enthalpie von Stoffen nicht messbar ist, hat man willkürlich die molare Standardbildungsenthalpie der Elemente gleich Null gesetzt. Wenn verschiedene Modifikationen vorkommen, ordnet man den Wert Null in der Regel der stabilsten Modifikation zu.

Sind die molare Standardbildungsenthalpien von allen an einer Reaktion beteiligten Stoffe bekannt, kann man die molare Reaktionsenthalpie bei Standardbedingungen berechnen:

$$\Delta_R H_m^0 = \Sigma \, \Delta_f H_m^0 (\text{Produkte}) - \Sigma \, \Delta_f H_m^0 (\text{Edukte})$$

Für die Verbrennung von Ammoniak nach der Reaktionsgleichung:

$$4 NH_3 (g) + 5 O_2 (g) \rightarrow 4 NO (g) + 6 H_2O (l)$$

ergibt sich somit die molare Standardreaktionsenthalpie aus:

$$\Delta_R H_m^0 = [4 \cdot \Delta_f H_m^0 (NO) + 6 \cdot \Delta_f H_m^0 (H_2O)]$$
$$- [4 \cdot \Delta_f H_m^0 (NH_3) + 5 \cdot \Delta_f H_m^0 (O_2)]$$
$$= 360 \text{ kJ} \cdot \text{mol}^{-1} - 1716 \text{ kJ} \cdot \text{mol}^{-1} + 184 \text{ kJ} \cdot \text{mol}^{-1}$$
$$= -1172 \text{ kJ} \cdot \text{mol}^{-1}$$

Für Reaktionen, an denen Ionen beteiligt sind, sollten die Bildungsenthalpien der einzelnen Ionenarten bekannt sein. Da wegen der Elektroneutralität positive und negative Ionen immer gemeinsam auftreten, ist die Bestimmung der Standardbildungsenthalpie einer einzigen Ionenart nicht möglich. Man hat daher ein weiteres Bezugssystem festgelegt und die molare Standardbildungsenthalpie des H^+ (aq)-Ions willkürlich Null gesetzt. Mit dieser Festlegung können molare Standardbildungsenthalpien für einzelne Ionen angegeben werden und Reaktionsenthalpien von Ionenreaktionen berechnet werden. *Beispiel:*

$$Ag^+ \text{ (aq)} + NO_3^- \text{ (aq)} + Na^+ \text{ (aq)} + Cl^- \text{ (aq)} \rightarrow$$
$$AgCl \text{ (s)} + Na^+ \text{ (aq)} + NO_3^- \text{ (aq)}$$

Die Na^+- und NO_3^--Ionen bleiben unberücksichtigt, da sie an der Reaktion nicht teilnehmen. Man erhält somit:

$$\Delta_R H_m^0 = \Delta_f H_m^0 (AgCl) - [\Delta_f H_m^0 (Ag^+) + \Delta_f H_m^0 (Cl^-)]$$
$$= -127 \text{ kJ} \cdot \text{mol}^{-1} - 106 \text{ kJ} \cdot \text{mol}^{-1} + 167 \text{ kJ} \cdot \text{mol}^{-1}$$
$$= -66 \text{ kJ} \cdot \text{mol}^{-1}$$

27 Berechnung von Enthalpieänderungen mit dem Satz von HESS

In vielen Fällen können Produkte auf verschiedenen Reaktionswegen erhalten werden. So kann man beispielsweise festes Natriumhydroxid in Wasser lösen und die entstandene Natronlauge mit Salzsäure neutralisieren, wobei eine Kochsalzlösung entsteht (Reaktionsweg A):

$$\text{NaOH (s)} \xrightarrow{\text{Wasser}} \text{NaOH (aq)}; \quad \Delta_{R1}H_m^0 = -43 \text{ kJ} \cdot \text{mol}^{-1}$$

$$\text{NaOH (aq)} + \text{HCl (aq)} \rightarrow \text{NaCl (aq)} + \text{H}_2\text{O (l)};$$
$$\Delta_{R2}H_m^0 = -56 \text{ kJ} \cdot \text{mol}^{-1}$$

Man kann jedoch auch festes Nariumhydroxid direkt in Salzsäure geben und erhält dadurch ebenfalls eine Kochsalzlösung (Reaktionsweg B):

$$\text{NaOH (s)} + \text{HCl (aq)} \rightarrow \text{NaCl (aq)} + \text{H}_2\text{O (l)};$$
$$\Delta_{R3}H_m^0 = -99 \text{ kJ} \cdot \text{mol}^{-1}$$

Die Summe der Enthalpieänderungen für den Reaktionsweg A ist genau so groß wie die Reaktionsenthalpie für den Reaktionsweg B:

$$\Delta_{R1}H_m^0 + \Delta_{R2}H_m^0 = \Delta_{R3}H_m^0$$

Dieses Beispiel verdeutlicht den **Satz des HESS** (1840): Die Enthalpieänderung einer Reaktion ist unabhängig vom Reaktionsweg: Sie hängt nur vom Ausgangs- und vom Endzustand eines Systems ab. Diese Aussage stellt eine Anwendung des *Energieerhaltungssatzes* auf chemische Reaktionen dar.

Mit dem Satz von HESS können Reaktionsenthalpien, die experimentell nicht oder nur ungenau messbar sind, berechnet werden. *Beispiel:*

$$\text{C (s)} + \tfrac{1}{2}\text{O}_2 \text{ (g)} \rightarrow \text{CO (g)}; \quad \Delta_{R1}H_m^0 = ?$$

Für die Verbrennung von Graphit zu Kohlenstoffdioxid sowie die Oxidation von Kohlenstoffmonooxid zu Kohlenstoffdioxid sind die molaren Reaktionsenthalpien bekannt:

$$\text{C (s)} + \text{O}_2 \text{ (g)} \rightarrow \text{CO}_2 \text{ (g)}; \quad \Delta_{R2}H_m^0 = -394 \text{ kJ} \cdot \text{mol}^{-1}$$

$$\text{CO (g)} + \tfrac{1}{2}\text{O}_2 \text{ (g)} \rightarrow \text{CO}_2 \text{ (g)};$$
$$\Delta_{R3}H_m^0 = -283 \text{ kJ} \cdot \text{mol}^{-1}$$

Nach dem Satz von HESS erhält man:

$$\Delta_{R1}H_m^0 = \Delta_{R2}H_m^0 - \Delta_{R3}H_m^0 = -111 \text{ kJ} \cdot \text{mol}^{-1}$$

Dieser Zusammenhang ergibt sich aus dem Enthalpiediagramm oder durch algebraische Addition der Reaktionsgleichung. Eine wichtige Anwendung des Satzes von HESS ist die Berechnung von Standardbildungsenthalpien aus Verbrennungsenthalpien der Elemente einer Verbindung.

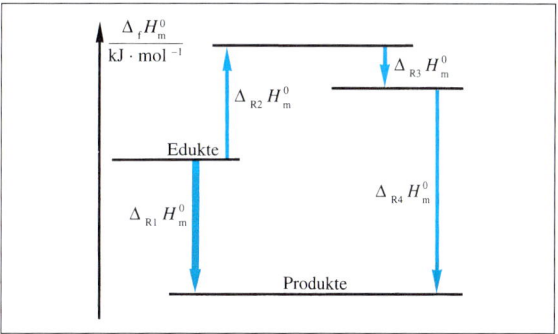

Abb. 73.1 Enthalpiediagramm zur Verdeutlichung des Satzes von HESS: $\Delta_{R1}H_m^0 = \Delta_{R2}H_m^0 + \Delta_{R3}H_m^0 + \Delta_{R4}H_m^0$

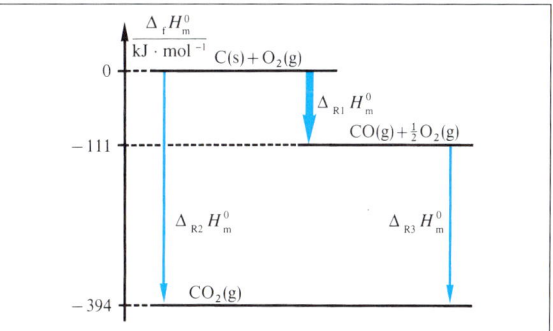

Abb. 73.2 Enthalpiediagramm zur Berechnung der Verbrennungsenthalpie (Kohlenstoff zu Kohlenstoffmonooxid)

A 73.1 Berechnen Sie die molare Standardbildungsenthalpie von Schwefelwasserstoff aus den Verbrennungsenthalpien von Wasserstoff, Schwefel und Schwefelwasserstoff.

$$\Delta_f H_m^0 \text{ (H}_2\text{O (l))} = -286 \text{ kJ} \cdot \text{mol}^{-1}$$

$$\Delta_f H_m^0 \text{ (SO}_2 \text{ (g))} = -297 \text{ kJ} \cdot \text{mol}^{-1}$$

A 73.2 Gegeben sind die folgenden Verbrennungsenthalpien:

a) $\text{CH}_3\text{OH (l)} + \tfrac{3}{2}\text{O}_2 \text{ (g)} \rightarrow \text{CO}_2 \text{ (g)} + 2\,\text{H}_2\text{O (l)};$
$$\Delta_c H_m^0 = -725 \text{ kJ} \cdot \text{mol}^{-1}$$

b) $\text{C (Graphit)} + \text{O}_2 \text{ (g)} \rightarrow \text{CO}_2 \text{ (g)}; \quad \Delta_c H_m^0 = -394 \text{ kJ} \cdot \text{mol}^{-1}$

c) $\text{H}_2 \text{ (g)} + \tfrac{1}{2}\text{O}_2 \text{ (g)} \rightarrow \text{H}_2\text{O (l)}; \quad \Delta_c H_m^0 = -286 \text{ kJ} \cdot \text{mol}^{-1}$

Berechnen Sie daraus die molare Standardbildungsenthalpie von Methanol:

$$\text{C (s)} + 2\,\text{H}_2 \text{ (g)} + \tfrac{1}{2}\text{O}_2 \text{ (g)} \rightarrow \text{CH}_3\text{OH (l)}$$

ENERGETIK

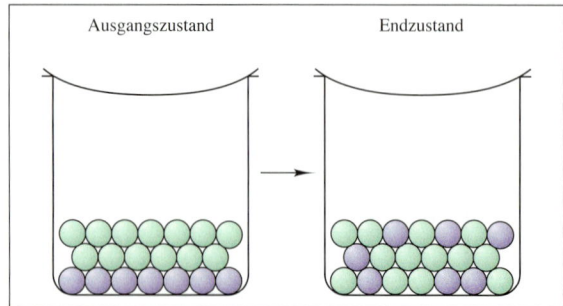

Abb. 74.1 Modellversuch zur Verdeutlichung der Entropiezunahme. Nach dem Schütteln des Becherglases ist ein Zustand geringer Ordnung wahrscheinlicher, die Entropie nimmt zu.

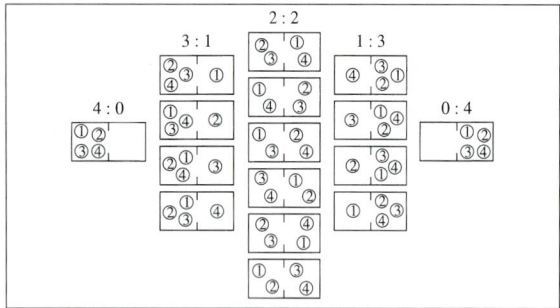

Abb. 74.2 Wahrscheinlichkeit eines Makrozustands. Schon bei vier Teilchen ist eine gleichmäßige Verteilung (2:2) wahrscheinlicher als eine ungleichmäßige.

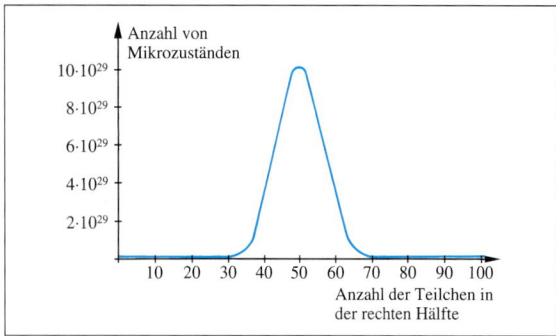

Abb. 74.3 Wahrscheinlichkeit der Verteilungen von 100 Teilchen über zwei gleiche Teilvolumina.

V 74.1 Eine spontan ablaufende endotherme Reaktion
In einen Erlenmeyerkolben (250 ml) gibt man je einen Teelöffel Bariumhydroxid (Ba(OH)$_2 \cdot$ 8 H$_2$O) (C) und Ammoniumthiocyanat (NH$_4$SCN) (Xn), verschließt den Kolben mit einem Stopfen und schüttelt kräftig durch. Dann wird der Kolben auf eine Unterlage gestellt, auf die etwas Wasser gegossen wurde.
Entsorgung: B2

28 Richtung chemischer Reaktionen

Viele Reaktionen laufen spontan in einer bestimmten Richtung ab. Bei der Suche nach einem Maß für die treibende Kraft einer Reaktion stieß man zunächst auf Wärmeeffekte. Es zeigte sich, dass bei freiwillig ablaufenden Reaktionen oft Wärme abgegeben wird. Schon um die Mitte des 19. Jahrhunderts glaubte daher THOMSON und später auch BERTHELOT, dass Vorgänge um so bevorzugter ablaufen, je mehr Wärme abgegeben wird. Die Richtung einer Reaktion sollte also durch das Streben nach einem **Energieminimum** bestimmt werden. Diese Vorstellung entspricht der Erfahrung aus der Mechanik: Ein losgelassener Stein fällt abwärts oder eine gespannte Feder zieht sich beim Loslassen zusammen.

Nach dem Prinzip von THOMSON und BERTHELOT sollten nur exotherme Vorgänge freiwillig ablaufen können. Tatsächlich gibt es aber bei Raumtemperatur und vor allem bei höherer Temperatur viele spontan ablaufende endotherme Vorgänge, bei denen sich also der Energieinhalt eines Systems erhöht. So verdampft beispielsweise eine Flüssigkeit spontan, obwohl dazu Energie erforderlich ist. Ebenso lösen sich Salze unter Abkühlung in Wasser auf. Die Enthalpieänderung kann folglich nicht der einzige Faktor sein, der die Richtung einer Reaktion bestimmt. Grundlegende Untersuchungen der Thermodynamik hatten bereits um 1850 ergeben, dass auch eine Größe mit der Einheit J $\cdot$ K^{-1}, die **Entropie,** zu berücksichtigen ist.

Die Entropie. Freiwillig ablaufende, endotherme Vorgänge haben ein gemeinsames Kennzeichen: Es bildet sich ein *weniger geordnetes* System. Zwischen dem Ordnungszustand eines Systems und der *Entropie* (Symbol: S) besteht nach BOLTZMANN ein direkter Zusammenhang. Eine Schlüsselrolle bei der Erklärung spielt dabei der 1896 von ihm eingeführte Begriff der *thermodynamischen Wahrscheinlichkeit* (Symbol: W).

Der Zusammenhang zwischen Entropie und Wahrscheinlichkeit wird an einem einfachen Modell deutlich. Nach Bild 74.2 betrachtet man hierzu ein Gas aus vier Teilchen, die sich in der linken Hälfte eines Kastens befinden. Insgesamt sind 16 verschiedene Verteilungen der Gasteilchen oder Mikrozustände des Systems möglich. Am häufigsten realisiert sind dabei die gleichmäßigen Verteilungen (2:2), sie stellen den wahrscheinlichsten Zustand, den Makrozustand, dar. Schon bei 100 Teilchen ist die Wahrscheinlichkeit eines Makrozustandes mit gleichmäßiger Verteilung sehr viel ausgeprägter. Bei Teilchenzahlen chemischer Systeme in Größenordnung von 10^{22} Teilchen wird die thermodynamische Wahrscheinlichkeit für einen solchen Makrozustand extrem viel größer als für jeden anderen, sodass ausschließlich dieser eine Makrozustand realisiert wird.

Quantitativ ist nun die Entropie der natürliche Logarithmus der thermodynamischen Wahrscheinlichkeit W multipliziert mit der BOLTZMANN-Konstanten k:

$$S = k \cdot \ln W; \quad k = 1{,}3807 \cdot 10^{-23} \, \text{J} \cdot \text{K}^{-1}$$

Mit zunehmender thermodynamischer Wahrscheinlichkeit eines Zustands nimmt die Entropie zu. Anschaulich betrachtet ist der wahrscheinlichste Zustand der Zustand mit der größten Unordnung.

Die Verknüpfung der Entropie mit der Ordnung oder Unordnung eines Systems ist sehr zweckmäßig, weil sich damit in vielen Fällen Entropieänderungen aus Strukturkenntnissen abschätzen lassen. In der Regel erhöht sich die Entropie, wenn Phasenänderungen von fest nach flüssig oder gasförmig oder von flüssig nach gasförmig erfolgen; wenn die Temperatur zunimmt; wenn bei chemischen Umsetzungen die Zahl der Teilchen größer wird. Für jeden freiwillig ablaufenden Vorgang ist die Summe der Entropieänderungen eines Systems und dessen Umgebung größer als Null:

$$\Delta S_{\text{gesamt}} = \Delta S_{\text{System}} + \Delta S_{\text{Umgebung}}; \quad \Delta S_{\text{gesamt}} > 0$$

Die absolute Entropie einer Stoffportion kann experimentell ermittelt werden. Als **molare Standardentropie** S_m^0 hat man Werte tabelliert, die sich auf ein Mol eines Stoffes bei 25 °C und 1013 hPa beziehen. Mit diesen Daten kann man die Entropieänderung einer Reaktion, die **molare Standardreaktionsentropie** $\Delta_R S_m^0$, berechnen:

$$\Delta_R S_m^0 = \Sigma \, S_m^0 \, (\text{Produkte}) - \Sigma \, S_m^0 \, (\text{Edukte})$$

Dabei gilt folgende Vorzeichenregelung: $\Delta S > 0$: die Entropie nimmt zu; $\Delta S < 0$, die Entropie nimmt ab.

Die freie Enthalpie. In welche Richtung eine Reaktion unter bestimmten Bedingungen in einem geschlossenen System abläuft, wird durch zwei Größen bestimmt: durch die *Enthalpie*-Änderung und durch die *Entropie*-Änderung. Ihr Zusammenwirken lässt sich nach ULICH so formulieren: „Alles natürliche Geschehen wird regiert einerseits von dem Bestreben nach Abnahme der Energie, andererseits nach Zunahme der Entropie". Die beiden Größen wurden von GIBBS zu einer Zustandsfunktion, die man als **freie Enthalpie ΔG** bezeichnet, miteinander verknüpft:

$$\Delta G = \Delta H - T \cdot \Delta S \quad \text{(GIBBS-HELMHOLTZ-Gleichung)}$$

Allgemein gilt: Nur solche Vorgänge laufen freiwillig ab, für die diese Gleichung einen negativen Wert der freien Enthalpie liefert.

Für eine chemische Reaktion gibt man in der Regel die **molare freie Standardreaktionsenthalpie $\Delta_R G_m^0$** an. Diese Größe bezieht sich auf einen der Reaktionsgleichung entsprechenden Formelumsatz bei Standardbedingungen:

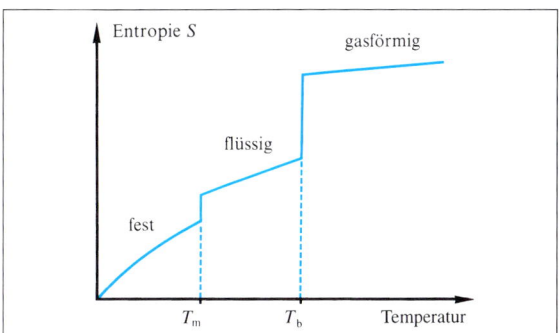

Abb. 75.1 Temperaturabhängigkeit der Entropie. Bei den Umwandlungspunkten erfolgt trotz konstanter Temperatur eine starke Entropieänderung.

	$\Delta_{\text{fus}} S_m$ bei T_m in $\text{J} \cdot \text{mol}^{-1} \cdot \text{K}^{-1}$	$\Delta_v S_m$ bei T_b in $\text{J} \cdot \text{mol}^{-1} \cdot \text{K}^{-1}$
Stickstoff	11,4	72
Sauerstoff	8,1	75,7
Chlor	37,2	85,3
Kohlenstoffmonooxid	9,6	74
Tetrachlorkohlenstoff	9,7	85,8
Wasser	21,9	109
Ammoniak	28,9	97,5

Tab. 75.2 Molare Schmelz- und Verdampfungsentropien

Elemente	S_m^0 in $\text{J} \cdot \text{mol}^{-1} \cdot \text{K}^{-1}$	Verbindungen	S_m^0 in $\text{J} \cdot \text{mol}^{-1} \cdot \text{K}^{-1}$	Ionen	S_m^0 in $\text{J} \cdot \text{mol}^{-1} \cdot \text{K}^{-1}$
H_2 (g)	131	H_2O (l)	70	H^+ (aq)	0
O_2 (g)	205	H_2O (g)	189	Na^+ (aq)	59
N_2 (g)	192	Cu_2S (s)	121	Mg^{2+} (aq)	−138
S (rhomb.)	32	NH_3 (g)	192	Ca^{2+} (aq)	−53
I_2 (s)	116	CuO (s)	43	Ag^+ (aq)	73
I_2 (g)	261	CH_4 (g)	186	Cl^- (aq)	57
Br_2 (l)	152	CO_2 (g)	214	Br^- (aq)	83
Br_2 (g)	245	NO_2 (g)	240	I^- (aq)	107
Cu (s)	33	N_2O_5 (g)	356	OH^- (aq)	−11

Tab. 75.3 Molare Standardentropien

A 75.1 Berechnen Sie für folgende Vorgänge die Entropieänderungen. Schätzen Sie zuvor ab.

a) $2\,\text{Cu (s)} + \text{S (s)} \rightarrow \text{Cu}_2\text{S (s)}$
b) $2\,\text{Cu (s)} + \text{O}_2 \text{(g)} \rightarrow 2\,\text{CuO (s)}$
c) $\text{CH}_4 \text{(g)} + 2\,\text{O}_2 \text{(g)} \rightarrow \text{CO}_2 \text{(g)} + 2\,\text{H}_2\text{O (g)}$
d) $\text{N}_2 \text{(g)} + 3\,\text{H}_2 \text{(g)} \rightarrow 2\,\text{NH}_3 \text{(g)}$
e) $2\,\text{N}_2\text{O}_5 \text{(g)} \rightarrow 4\,\text{NO}_2 \text{(g)} + \text{O}_2 \text{(g)}$
f) $\text{Br}_2 \text{(g)} \rightarrow \text{Br}_2 \text{(l)}$

Für die Reaktion

Cl_2 (g) + H_2 (g) → 2 HCl (g)

erhält man aus den molaren Standardbildungsenthalpien für die molaren Reaktionsenthalpie $\Delta_R H_m^0$:

$\Delta_R H_m^0 = 2 \cdot \Delta_f H_m^0$ (HCl) − [$\Delta_f H_m^0$ (Cl_2) + $\Delta_f H_m^0$ (H_2)]
$= [2 \cdot (-92) - 0]$ kJ $\cdot$ mol^{-1}
$= -184$ kJ $\cdot$ mol^{-1}

Aus den tabellierten molaren Standardentropien ergibt sich für die molare Reaktionsentropie $\Delta_R S_m^0$:

$\Delta_R S_m^0 = 2 \cdot S_m^0$ (HCl) − [S_m^0 (Cl_2) + S_m^0 (H_2)]
$= [2 \cdot 187 - (223 + 131)]$ J $\cdot$ mol^{-1} $\cdot$ K^{-1}
$= +20$ J $\cdot$ mol^{-1} $\cdot$ K^{-1}

Setzt man diese Werte in die GIBBS-Gleichung mit $T = 400$ K ein, so erhält man:

$\Delta_R G_m^0 = -184$ kJ $\cdot$ mol^{-1} − $(400 \cdot 20 \cdot 10^{-3})$ kJ $\cdot$ mol^{-1}
$= -192$ kJ $\cdot$ mol^{-1}

Abb. 76.1 Berechnung der molaren freien Reaktionsenthalpie für 400 K

$\Delta_R H_m^0$		$\Delta_R S_m^0$	$\begin{matrix}\vert\Delta_R H_m^0\vert\\ \gtreqless \vert T \cdot \Delta_R S_m^0\vert\end{matrix}$	$\Delta_R G_m^0$
exotherm	< 0	> 0	> = <	– exergonisch
	< 0	< 0	>	– exergonisch
	< 0	< 0	<	+ endergonisch
endotherm	> 0	< 0	> = <	+ endergonisch
	> 0	> 0	>	+ endergonisch
	> 0	> 0	<	– exergonisch

Tab. 76.2 Einfluss von Enthalpie- und Entropieänderungen auf die molare freie Reaktionsenthalpie

A 76.1 Ist die Synthese von Methanol nach der Gleichung CO (g) + 2 H_2 (g) → CH_3OH (g) unter Standardbedingungen möglich?

A 76.2 Berechnen Sie für die folgenden Gleichungen $\Delta_R G_m^0$, $\Delta_R H_m^0$ und $T \cdot \Delta_R S_m^0$ und stellen Sie den Zusammenhang dieser Faktoren jeweils in einem Energiediagramm grafisch dar:

a) 3 H_2S (g) + N_2 (g) → 2 NH_3 (g) + 3 S (s)

b) CCl_4 (l) + 2 H_2O (l) → CO_2 (g) + 4 HCl (g)

A 76.3 Berechnen Sie $\Delta_R G_m^0$ für die Reaktionen von Wasserstoff mit Bromdampf und mit Ioddampf. Vergleichen Sie die Ergebnisse mit dem Wert für die Reaktion von Wasserstoff mit Chlor.

CO (g) + $\frac{1}{2}$ O_2 (g) → CO_2 (g);
$$\Delta_R G_m^0 = -257 \text{ kJ} \cdot \text{mol}^{-1}$$
2 CO (g) + O_2 (g) → 2 CO_2 (g);
$$\Delta_R G_m^0 = -514 \text{ kJ} \cdot \text{mol}^{-1}$$

Für die Temperatur 298 K (25 °C) lässt sich der Wert direkt aus den für diese Temperatur tabellierten Werten der **molaren freien Standardbildungsenthalpien** $\Delta_f G_m^0$ berechnen. Es gilt:

$$\Delta_R G_m^0 = \Sigma \, \Delta_f G_m^0 \text{ (Produkte)} - \Sigma \, \Delta_f G_m^0 \text{ (Edukte)}$$

Oft wird aber auch ein Wert für andere Temperaturen benötigt. Man berechnet dann zunächst Näherungswerte für die molaren freien Standardbildungsenthalpien mithilfe der GIBBS-HELMHOLTZ-Gleichung. Sowohl für die molaren Standardbildungsenthalpien $\Delta_f H_m^0$ als auch für die molaren Standardentropien S_m^0 setzt man dabei die für 298 K gültigen Tabellenwerte ein. Der Fehler ist meist vernachlässigbar, da Bildungsenthalpie und Entropie nur wenig temperaturabhängig sind. Voraussetzung ist allerdings, dass man jeweils Werte für den in der Reaktion betrachteten Aggregatzustand wählt.

Die Werte der molaren freien Standardreaktionsenthalpie geben Auskunft darüber, in welche Richtung unter bestimmten Voraussetzungen eine Reaktion freiwillig ablaufen kann: Man betrachtet dazu jeweils ein System, in dem sowohl Edukte als auch Produkte im Standardzustand vorliegen. Alle Gase sollen den Partialdruck 1013 hPa aufweisen, und für alle gelösten Stoffe soll die Konzentration 1 mol $\cdot$ l^{-1} betragen. Unter diesen Bedingungen gelten folgende Aussagen:

1. Ist $\Delta_R G_m^0 < 0$, so kann die Hinreaktion freiwillig ablaufen. Der Anteil der Produkte wird also größer, gleichzeitig kann Arbeit verrichtet werden. Eine solche Reaktion bezeichnet man als **exergonisch.**

2. Ist $\Delta_R G_m^0 > 0$, so kann die Hinreaktion nur unter Energiezufuhr ablaufen. Man spricht von einer **endergonischen** Reaktion. Die Rückreaktion läuft freiwillig ab. Der Anteil der Produkte wird also kleiner.

3. Ist $\Delta_R G_m^0 = 0$, so läuft keine Reaktion ab. Das System befindet sich im chemischen Gleichgewicht.

Enthalpie und Entropie können bei einer Reaktion in gleicher oder in entgegengesetzter Richtung wirken. Die verschiedenen Möglichkeiten sind in der Tabelle 76.2 zusammengestellt. Die Thermodynamik kann jedoch grundsätzlich nur vorhersagen, welche Veränderungen für ein System energetisch möglich sind. Über den zeitlichen Ablauf von Veränderungen liefert sie dagegen keine Informationen. Es gibt daher viele Reaktionen, die trotz hoher negativer $\Delta_R G_m^0$-Werte nicht ablaufen, da die Reaktionsgeschwindigkeit praktisch null ist. Solche Reaktionen sind kinetisch gehemmt. Man spricht von einem *metastabilen System.*

Zusätzliche Aufgaben

A 77.1 Die Verbrennungsenthalpie des Octans (C_8H_{18}) beträgt $\Delta_cH_m^0 = -5464\ kJ \cdot mol^{-1}$. Die molaren Standardbildungsenthalpien für flüssiges Wasser und gasförmiges Kohlenstoffdioxid sind:

$\Delta_fH_m^0 (H_2O\ (l)) = -286\ kJ \cdot mol^{-1}$ und

$\Delta_fH_m^0 (CO_2)\quad = -393\ kJ \cdot mol^{-1}$.

Stellen Sie Reaktionsgleichungen auf, kombinieren Sie diese und berechnen sie damit die molare Standardbildungsenthalpie des Octans.

A 77.2 In der Sonne, in Sternen und bei der Explosion einer Wasserstoffbombe wird Energie durch Kernreaktionen frei. Bei einer dieser Kernreaktionen reagieren drei Deuterium-Atome zu einem Helium-Atom, einem Wasserstoff-Atom und einem Neutron:

$$3\ {}^2_1H \rightarrow {}^4_2He + {}^1_1H + {}^1_0n$$

Pro Mol Helium werden dabei $2 \cdot 10^{12}$ J frei. Berechnen Sie nach der EINSTEINschen Gleichung $E = m \cdot c^2$ die Massenänderung, die bei der Reaktion auftritt. Vergleichen Sie das Ergebnis mit den bei chemischen Reaktionen auftretenden Energieänderungen.

A 77.3 Bei der im Chlorophyll grüner Pflanzen katalysierten Fotosynthesereaktion entstehen Glucose und Sauerstoff:

$6\ CO_2\ (g) + 6\ H_2O\ (l) \rightarrow C_6H_{12}O_6\ (s) + 6\ O_2\ (g)$;
$$\Delta_RH_m^0 = 2808\ kJ \cdot mol^{-1}$$

a) Warum ist die Reaktion endotherm? Woher kommt die zur Reaktion notwendige Energie?
b) Wie groß ist die Enthalpieänderung bei der Umwandlung von 1 g Kohlenstoffdioxid?
c) Die Umkehr der Fotosynthesereaktion entspricht in der Bilanz dem Abbau von Nahrung im Organismus (Atmung). Wie viel Energie wird frei, wenn 100 g Glucose mit der Nahrung aufgenommen und im Körper zu Kohlenstoffdioxid und Wasser abgebaut („veratmet") werden?

A 77.4 Eine praktisch wichtige Anwendung von Reaktionsenthalpien ist die Beurteilung der Qualität von Brennstoffen. Ein guter Brennstoff liefert beim Verbrennen viel Energie. Prüfen Sie durch entsprechende Berechnung, was in diesem Sinne der beste Brennstoff ist, wobei von gleichen Massen Brennstoff auszugehen ist.
a) Kohlenstoff (Koks): C   **b)** Wasserstoff: H_2
c) Kohlenstoffmonooxid: CO   **d)** Erdgas: CH_4

A 77.5 Beim Verbrennen von 2 g Schwefel wird die entstehende Wärme auf 222 g Wasser abgeführt, das sich dabei von 18 °C auf 38 °C erwärmt.
Berechnen Sie die Verbrennungsenthalpie von Schwefel.

A 77.6 Ein Mensch benötigt durchschnittlich etwa 12 000 kJ pro Tag.
Wie viel Gramm Rohrzucker ($C_{12}H_{22}O_{11}$) muss mit der Nahrung aufgenommen werden, wenn die gesamte Energie davon herrühren soll ($\Delta_cH_m^0 (C_{12}H_{22}O_{11}) = -5670\ kJ \cdot mol^{-1}$)?

A 77.7 In einem Kalorimeter werden 50 ml Salzsäure mit 50 ml Natronlauge jeweils der Konzentration $c = 2\ mol \cdot l^{-1}$ vermischt. Dabei steigt die Temperatur um 12 °C.
Welche Temperaturerhöhungen sind zu erwarten, wenn folgende Paare von Lösungen gemischt werden?
a) 100 ml HCl (aq)   ($c = 2\ mol \cdot l^{-1}$)
mit 200 ml NaOH (aq)   ($c = 2\ mol \cdot l^{-1}$)
b) 50 ml HCl (aq)   ($c = 4\ mol \cdot l^{-1}$)
mit 50 ml KOH (aq)   ($c = 4\ mol \cdot l^{-1}$)
c) 100 ml HCl (aq)   ($c = 2\ mol \cdot l^{-1}$)
mit 50 ml NaOH (aq)   ($c = 1\ mol \cdot l^{-1}$)

A 77.8 Folgende Enthalpieänderungen sind bekannt:

$O_2\ (g) \quad\quad\quad \rightarrow 2\ O\ (g)$; $\Delta_RH_m^0 = \quad 496\ kJ \cdot mol^{-1}$

$C\ (s) \quad\quad\quad\quad \rightarrow C\ (g)$; $\Delta_RH_m^0 = \quad 715\ kJ \cdot mol^{-1}$

$C\ (s) + O_2\ (g) \rightarrow CO_2\ (g)$; $\Delta_RH_m^0 = -394\ kJ \cdot mol^{-1}$

Berechnen Sie:
a) Die Enthalpieänderung $\Delta_RH_m^0$ für die Reaktion

$$C\ (g) + 2\ O\ (g) \rightarrow CO_2\ (g)$$

b) Die Bindungsenthalpie der C = O-Bindung in Kohlenstoffdioxid.

A 77.9 Erklären Sie, wie man mit folgenden Angaben den Satz von HESS bestätigen kann.

Reaktion	$\dfrac{\Delta_RH_m^0}{kJ \cdot mol^{-1}}$
$NH_3\ (g) + HCl\ (g) \quad\quad \rightarrow NH_4Cl\ (s)$	−176
$NH_3\ (aq) + HCl\ (aq) \rightarrow NH_4^+\ (aq) + Cl^-\ (aq)$	−51,5
$NH_3\ (g) \quad\quad\quad\quad\quad \rightarrow NH_3\ (aq)$	−35,2
$HCl\ (g) \quad\quad\quad\quad\quad \rightarrow HCl\ (aq)$	−72,5
$NH_4Cl\ (s) \quad\quad\quad\quad \rightarrow NH_4^+\ (aq) + Cl^-\ (aq)$	16,8

A 77.10 Die Bindungsenthalpien von H_2, Br_2 und HBr sind: 435 kJ · mol⁻¹, 193 kJ · mol⁻¹ und 364 kJ · mol⁻¹.
a) Zeichnen Sie ein Enthalpiediagramm für die Bildung von Bromwasserstoff.
b) Berechnen Sie die molare Standardbildungsenthalpie von Bromwasserstoff.
c) Vergleichen Sie mit der Reaktion von Wasserstoff mit Fluor zu Fluorwasserstoff.

DIE GESCHWINDIGKEIT CHEMISCHER REAKTIONEN

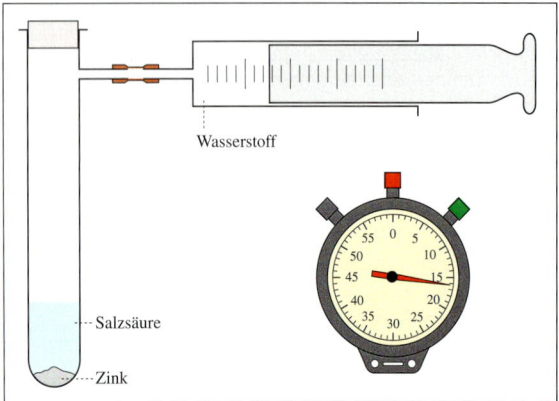

Abb. 78.1 Versuchsanordnung zur Bestimmung der Geschwindigkeit der Reaktion von Zink mit Salzsäure

Reaktionen, die in Bruchteilen einer Sekunde beendet sind:
Beispiele:
$Ag^+ (aq) + Cl^- (aq) \rightarrow AgCl (s)$
$H_3O^+ (aq) + OH^- (aq) \rightarrow 2\,H_2O (l)$
$NH_3 (g) + HCl (g) \rightarrow NH_4Cl (s)$

Mäßig schnelle Reaktionen, die mit einer Stoppuhr verfolgt werden können:
Beispiele:
$Mg (s) + 2\,H^+ (aq) \rightarrow Mg^{2+} (aq) + H_2 (g)$
$S_2O_3^{2-} (aq) + 2\,H^+ (aq) \rightarrow S (s) + SO_2 (g) + H_2O (l)$
$CO_2 (aq) + OH^- (aq) \rightarrow HCO_3^- (aq)$

Reaktionen, die bei Raumtemperatur praktisch nicht ablaufen:
Beispiele:
$2\,H_2 (g) + O_2 (g) \rightarrow 2\,H_2O (l)$
$N_2 (g) + O_2 (g) \rightarrow 2\,NO (g)$
$2\,HgO (s) \rightarrow 2\,Hg (s) + O_2 (g)$

Tab. 78.2 Beispiele für verschieden schnell ablaufende Reaktionen

Bei chemischen Reaktionen interessiert nicht nur der stoffliche und energetische Umsatz, sondern auch die Frage, mit welchen Geschwindigkeiten Reaktionen ablaufen. Die freie Enthalpie einer Reaktion gibt nur an, ob eine Reaktion möglich ist oder nicht. Die *Energetik* berücksichtigt also nicht die Zeit und sagt daher grundsätzlich nichts über die Geschwindigkeit einer Reaktion aus. Das Teilgebiet der Chemie, das sich mit der Geschwindigkeit chemischer Reaktionen befasst, nennt man **Reaktionskinetik.**

Chemische Reaktionen verlaufen je nach der Natur der Reaktionspartner unterschiedlich schnell. So kann beispielsweise das Rosten von Eisen Wochen und Monate dauern. Andere Reaktionen, wie die Umsetzung mancher Metalle mit Säuren, sind mäßig schnell und lassen sich mit der Stoppuhr leicht verfolgen.

Fast momentan dagegen – im Bereich von Milliardstel Sekunden (10^{-9} s) – verlaufen Ionenreaktionen wie zum Beispiel die Neutralisation von Säuren und Basen oder die Fällung von Silberchlorid. Die hohe Geschwindigkeiten solcher *Momentanreaktionen* hielt man früher für unmessbar. M. EIGEN, dem es erstmals gelang, die Geschwindigkeit der Neutralisation zu messen, erhielt 1967 für die Untersuchung „unmessbar" schneller Reaktionen den Nobelpreis für Chemie.

Einen großen Fortschritt in der Untersuchung sehr schneller Reaktionen brachte die Entwicklung der Lasertechnik. Mithilfe der Laserspektroskopie werden heute ganz neue Erkenntnisse über die explosionsartig verlaufenden Verbrennungsvorgänge in Benzin- und Dieselmotoren gewonnen. Hierbei erhofft man sich langfristig eine Entwicklung, die schädliche Abgase vermeidet und nachgeschaltete Abgaskatalysatoren überflüssig werden lässt.

Je nach den Versuchsbedingungen kann eine Reaktion unterschiedlich schnell verlaufen. So reagiert Wasserstoff mit Sauerstoff bei Zimmertemperatur praktisch nicht. Schon eine Streichholzflamme verursacht jedoch eine explosionsartige Umsetzung. Zur Durchführung vieler Reaktionen in der Industrie und im Labor muss die Geschwindigkeit einer Reaktion erhöht oder verringert werden. Die Kenntnis der Faktoren, die die Reaktionsgeschwindigkeit beeinflussen, hat daher große praktische Bedeutung. In diesem Kapitel werden einige dieser Faktoren untersucht und erklärt.

29 Messung der Reaktionsgeschwindigkeit

Ohne großen technischen Aufwand ist die Geschwindigkeit mäßig schneller Reaktionen zu messen, bei denen Gase entstehen. Ein Beispiel ist die Umsetzung von Zink mit Salzsäure, bei der Zink-Ionen und Wasserstoff gebildet werden.

$$Zn\,(s) + 2\,H^+\,(aq) \rightarrow Zn^{2+}\,(aq) + H_2\,(g)$$

Das Wasserstoffvolumen wird in geeigneten Zeitabständen gemessen. Es ist ein Maß für die Geschwindigkeit dieser Reaktion. Die grafische Darstellung des Wasserstoffvolumens in Abhängigkeit von der Zeit zeigt, dass pro Zeitintervall immer weniger Wasserstoff entsteht. Die Geschwindigkeit der Reaktion nimmt folglich mit der Zeit ab. Bei den für ein bestimmtes Zeitintervall betrachteten Geschwindigkeiten handelt es sich dabei um **Durchschnittsgeschwindigkeiten $\bar{v}$**.

Allgemein gibt man die Geschwindigkeit einer Reaktion als *Zunahme der Konzentration* eines Produkts pro Zeiteinheit, also etwa in $mol \cdot l^{-1} \cdot min^{-1}$, an. Unter Bezugnahme auf die oben angegebene Reaktionsgleichung entsteht in diesem Beispiel pro Mol Wasserstoff ein Mol Zink-Ionen. Aus dem Wasserstoffvolumen kann somit die Zink-Ionenkonzentration berechnet werden. Man erhält so für die Reaktionsgeschwindigkeit $\bar{v}$ bezogen auf Zink-Ionen:

$$\bar{v}\,(Zn^{2+}) = \frac{\Delta c\,(Zn^{2+})}{\Delta t}$$

Grafisch ergibt sich die Durchschnittsgeschwindigkeit aus dem Zeit-Konzentrations-Diagramm als Steigung einer Sekante. Je größer die Steigung, um so größer ist die Reaktionsgeschwindigkeit. Wählt man die Zeitintervalle immer kleiner, so wird schließlich aus der Sekante eine Tangente. Die Steigung der Tangente entspricht der **Momentangeschwindigkeit v** der Reaktion zur Zeit t. Die Anfangsgeschwindigkeit der Reaktion erhält man aus der Steigung der Tangente durch den Ursprung des Koordinatensystems.

Die Geschwindigkeit einer Reaktion kann man auch auf die Konzentration eines Edukts beziehen. Da die Konzentration abnimmt, ist Δc in diesem Fall negativ. Zur Berechnung von $\bar{v}$ verwendet man deshalb den Betrag $|\Delta c|$; so ergibt sich auch hier ein positiver Wert. In dem oben aufgeführten Beispiel werden pro Mol Zink-Ionen zwei Mol Hydronium-Ionen verbraucht. Die Abnahme der Hydronium-Ionen-Konzentration erfolgt daher doppelt so schnell wie die Zunahme der Konzentration an Zink-Ionen. Es besteht somit folgender Zusammenhang:

$$\bar{v}\,(H^+) = \frac{|\Delta c\,(H^+)|}{\Delta t} = 2 \cdot \frac{\Delta c\,(Zn^{2+})}{\Delta t}$$

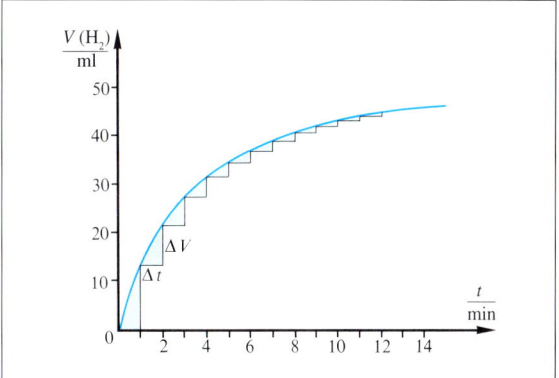

Abb. 79.1 Zeit-Volumen-Diagramm für die Bildung von Wasserstoff bei der Reaktion von Zink mit Salzsäure

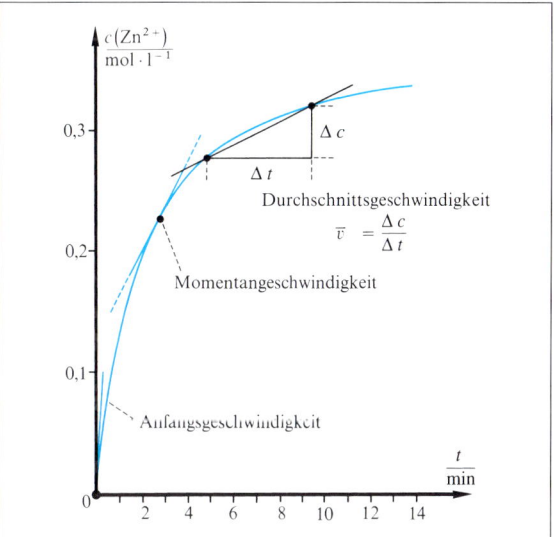

Abb. 79.2 Zeit-Konzentrations-Diagramm. Die Steigung einer Tangente ist die Momentangeschwindigkeit, die Steigung einer Sekante ist die Durchschnittsgeschwindigkeit.

A 79.1 Was bedeutet für die Umsetzung von Zink mit Salzsäure der folgende Ausdruck (chemisch und mathematisch): $dc\,(Zn^{2+})/dt$?

V 79.2 Die Geschwindigkeit der Reaktion von Zink mit Salzsäure
Zu einem Überschuss von grobem Zinkpulver (F) gibt man 5 ml Salzsäure ($c = 1\,mol \cdot l^{-1}$). Das Reagenzglas wird sofort verschlossen und das Wasserstoffvolumen jede Minute, etwa 15 Minuten lang, abgelesen.
Berechnen Sie aus den Wasserstoffvolumina die jeweiligen Konzentrationen an Zn^{2+}- und H^+-Ionen.
Entsorgung: B 2

GESCHWINDIGKEIT

A 80.1 Brom oxidiert Ameisensäure. Anfangs ist die Konzentration von Brom 0,01 mol · l⁻¹. Nach 30 Sekunden beträgt sie 0,004 mol · l⁻¹, nach 50 Sekunden 0,001 mol · l⁻¹.
Berechnen Sie die Durchschnittsgeschwindigkeit der Reaktion bezogen auf **a)** Br_2 (aq) und **b)** H^+ (aq).

$$HCOOH\ (aq) + Br_2\ (aq) \rightarrow CO_2\ (g) + 2\ H^+\ (aq) + 2\ Br^-\ (aq)$$

A 80.2 Welche Beziehung besteht zwischen den Reaktionsgeschwindigkeiten, bezogen auf A, B und C, für die folgende Reaktion?

$$2\ A\ (aq) + 3\ B\ (aq) \rightarrow C\ (aq)$$

A 80.3 Die Konzentration von Phenolphthalein nimmt in Natronlauge innerhalb von 20 Sekunden von 0,0035 mol · l⁻¹ auf 0,003 mol · l⁻¹ ab. Wie groß ist die Geschwindigkeit der Entfärbung?

V 80.4 Bestimmung der Reaktionsgeschwindigkeit der Umsetzung von Marmor mit Salzsäure

$$CaCO_3\ (s) + 2\ H^+\ (aq) \rightarrow Ca^{2+}\ (aq) + H_2O\ (l) + CO_2\ (g)$$

Der Ablauf der Reaktion kann durch die Abnahme der Masse verfolgt werden.

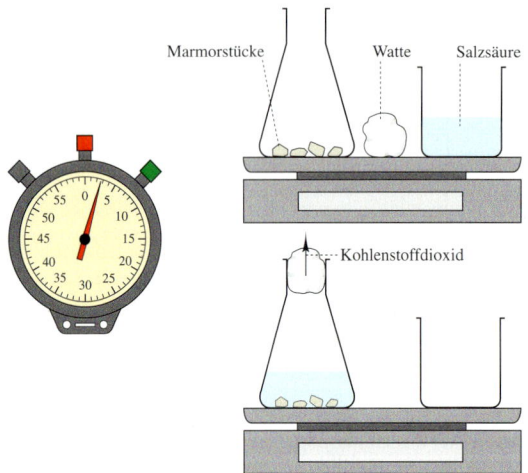

Marmorstücke   Watte   Salzsäure

Kohlenstoffdioxid

Auf einer oberschaligen Waage werden in einem 100-ml-Erlenmeyerkolben zu 20 g Marmorstücken 40 ml Salzsäure (c = 2 mol · l⁻¹) gegeben. Beim Eingießen der Säure wird die Uhr gestartet. Die Öffnung des Erlenmeyerkolbens wird mit einem Wattebausch verschlossen. In Abständen von einer Minute notiert man die Masse. Wiederholen Sie den Versuch mit zerkleinertem Marmor.
Entsorgung: B1
a) Zeichnen Sie ein Diagramm des Massenverlusts (Ordinate) in Abhängigkeit von der Zeit.
b) Geben Sie die Reaktionsgeschwindigkeit bezogen auf die Zunahme der Ca^{2+} (aq)-Ionen und die Abnahme der H^+ (aq)-Ionen an.
c) Zu welchem Zeitpunkt ist die Reaktion am schnellsten?

Es ist unerheblich, ob man die Reaktionsgeschwindigkeit auf die Konzentrationsänderung eines Produkts oder Edukts bezieht, da man mithilfe der Reaktionsgleichung die Reaktionsgeschwindigkeit ohne weiteres auf jeden Reaktionspartner umrechnen kann.

Ein Zahlenbeispiel zur Beschreibung der Reaktionsgeschwindigkeit in Abhängigkeit von der Reaktionsgleichung ist die Oxidation von Chlorwasserstoffgas zu Chlor:

$$4\ HCl\ (g) + O_2\ (g) \rightarrow 2\ H_2O\ (g) + 2\ Cl_2\ (g)$$

Hierbei wurde die Zunahme von Chlor mit der Zeit experimentell ermittelt und daraus die Geschwindigkeit $v\ (Cl_2)$ = 0,01 mol · l⁻¹ · s⁻¹ erhalten.

Die Geschwindigkeit für die Abnahme von HCl ist dann: $v\ (HCl)$ = 0,02 mol · l⁻¹ · s⁻¹.

Zur Bestimmung der Reaktionsgeschwindigkeit muss die Konzentration eines Edukts oder Produkts in Abhängigkeit von der Zeit ermittelt werden. Je nach der Reaktion, die man untersucht, wendet man verschiedene Methoden an. Dabei kann jede Eigenschaft, die mit der Konzentration der Edukte oder Produkte in Beziehung steht, zur Messung der Reaktionsgeschwindigkeit herangezogen werden. Häufig sind dies Eigenschaften wie Druck, Volumen, Leitfähigkeit, Farbe, Dichte oder optische Aktivität, die mit *physikalischen Methoden* gemessen werden.

Zur Ermittlung von Konzentrationen im Laufe einer Reaktion können auch *chemische Methoden* eingesetzt werden. Beispielsweise lässt sich bei der Hydrolyse von Essigsäureethylester die entstehende Essigsäure durch Titration mit Natronlauge bestimmen.

$$CH_3COOC_2H_5\ (aq) + H_2O\ (l) \rightarrow$$
$$CH_3COOH\ (aq) + C_2H_5OH\ (aq)$$

Dem Reaktionsgemisch werden dazu in bestimmten Zeitabständen Proben entnommen, um deren Essigsäuregehalt zu bestimmen. Wesentlich ist dabei, dass die Umsetzung in der Probe sofort gestoppt wird. In diesem Fall gelingt dies durch Verdünnen mit eiskaltem Wasser. Statt Proben zu entnehmen, könnte man auch mehrere Versuche nach unterschiedlichen Zeiten abbrechen und die jeweilige Essigsäurekonzentration bestimmen.

Im Gegensatz zu chemischen Methoden erlauben physikalische Verfahren, die Geschwindigkeiten von Reaktionen zu ermitteln, ohne in den Reaktionsablauf einzugreifen. Physikalische Methoden sind daher meist vorteilhafter, sie erfordern allerdings mehr apparativen Aufwand. Alle Messungen ergeben jedoch nie direkt die Reaktionsgeschwindigkeit, sondern die Konzentration eines Edukts oder Produkts zu einer bestimmten Zeit. Aus dem Zeit-Konzentrations-Diagramm erhält man dann über die Steigung von Sekanten oder Tangenten die jeweiligen Reaktionsgeschwindigkeiten.

GESCHWINDIGKEIT

30 Faktoren, die die Reaktionsgeschwindigkeit beeinflussen

Die Abhängigkeit der Reaktionsgeschwindigkeit von der chemischen Struktur der Edukte ist selbstverständlich. Es gibt aber noch eine Reihe anderer Faktoren, die die Geschwindigkeit einer Reaktion beeinflussen. Einige dieser Faktoren werden hier besprochen.

Zerteilungsgrad der Edukte. Dieser Faktor wirkt sich natürlich nur bei **heterogenen Reaktionen** aus, also Reaktionen, bei denen die Edukte in verschiedener Phase vorliegen. Da die Reaktion in solchen Fällen an der Phasengrenze stattfindet, spielt die Oberfläche eine große Rolle. So reagiert beispielsweise Magnesiumpulver schneller mit Salzsäure als die gleiche Masse Magnesiumband. Auch bei Reaktionen zwischen festen Stoffen oder zwischen festen und gasförmigen Edukten spielt der Zerteilungsgrad eine Rolle. Feinster, in Luft schwebender Kohlestaub kann sogar explosionsartig verbrennen. Dies hat schon zu folgenschweren Unfällen auf Kohle transportierenden Schiffen und in Kohlebergwerken geführt.

Konzentration. Bekanntlich erfolgt die Verbrennung eines Stoffes in reinem Sauerstoff schneller als in Luft. Mit zunehmender Konzentration eines Edukts erwartet man allgemein eine größere Reaktionsgeschwindigkeit. Bei Gasreaktionen erreicht man höhere Konzentrationen durch Druckerhöhung. Zur Erhöhung der Reaktionsgeschwindigkeit werden daher viele Gasreaktionen in der Industrie unter Druck durchgeführt. Von großer Bedeutung ist der quantitative Zusammenhang zwischen der Konzentration der Edukte und der Reaktionsgeschwindigkeit. Da hierüber die Reaktionsgleichung keine Aussagen liefert, muss diese Frage für jede Reaktion experimentell beantwortet werden.

Bei *heterogenen Reaktionen* sind dabei zwei Schwierigkeiten zu beachten. Die Oberflächen eines Feststoffs variiert oft stark, sodass reproduzierbare Versuchsbedingungen nicht immer zu erreichen sind. Außerdem sind Konzentrationsänderungen an der Oberfläche, an der die Reaktion stattfindet, anders als in der Lösung. Die Abhängigkeit der Reaktionsgeschwindigkeit von der Konzentration ist folglich nicht immer eindeutig festzustellen.

Als Beispiel betrachten wir daher eine *homogene Reaktion* wie die Umsetzung von Iodid-Ionen mit Peroxodisulfat-Ionen ($S_2O_8^{2-}$), bei der elementares Iod und Sulfat-Ionen entstehen:

$$2\,I^-\,(aq) + S_2O_8^{2-}\,(aq) \rightarrow I_2\,(aq) + 2\,SO_4^{2-}\,(aq)$$

Um die Geschwindigkeit dieser Reaktion zu ermitteln, setzt man den Edukten Thiosulfatlösung ($S_2O_3^{2-}$) und

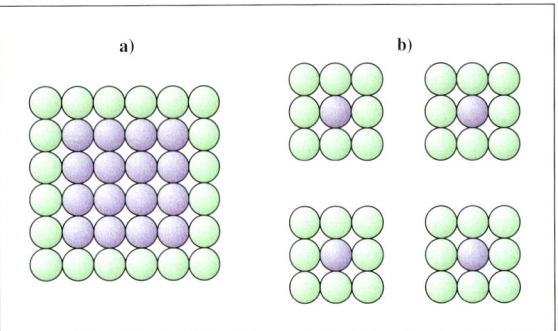

Abb. 81.1 Abhängigkeit der Oberfläche vom Zerteilungsgrad. Von 36 Teilchen sind bei **a)** 20 und bei feinerem Zerteilungsgrad **b)** 32 an der „Oberfläche".

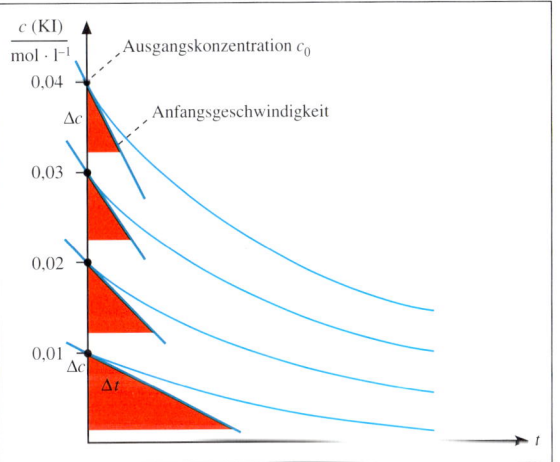

Abb. 81.2 Ermittlung der Anfangsgeschwindigkeiten für verschiedene Ausgangskonzentrationen

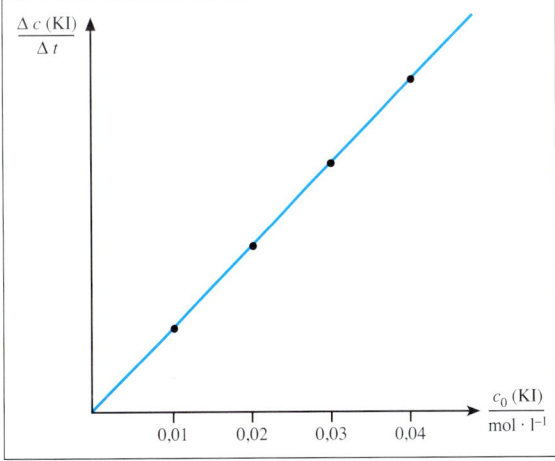

Abb. 81.3 Die Anfangsgeschwindigkeit ist proportional der Ausgangskonzentration:

$$c_0\,(KI) \sim \frac{\Delta c\,(KI)}{\Delta t}$$

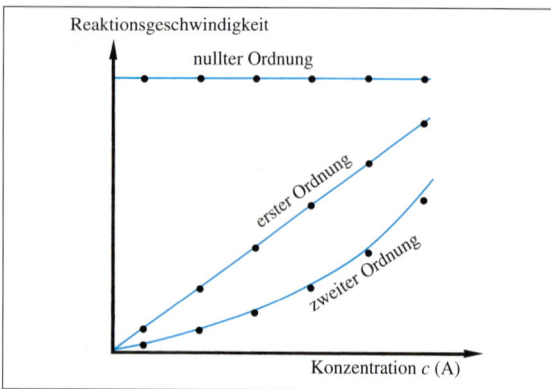

Abb. 82.1 Abhängigkeit der Reaktionsgeschwindigkeit von der Konzentration eines Edukts A

Ordnung	Summe der Exponenten	Geschwindigkeitsgleichung
nullter	0	$v = k$
erster	1	$v = k \cdot c\,(A)$
zweiter	2	$v = k \cdot c\,(A) \cdot c\,(B)$
zweiter	2	$v = k \cdot c^2\,(A)$
zweiter	2	$v = k \cdot c^2\,(B)$
dritter	3	$v = k \cdot c\,(A) \cdot c\,(B) \cdot c\,(C)$
dritter	3	$v = k \cdot c^2\,(A) \cdot c\,(B)$
dritter	3	$v = k \cdot c^3\,(A)$

Tab. 82.2 Geschwindigkeitsgleichungen und Reaktionsordnungen für die Reaktion
A + B + C → Produkte

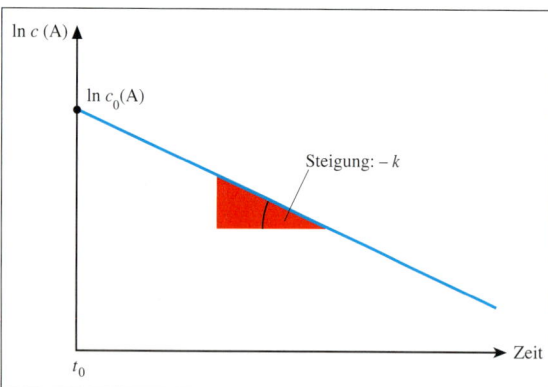

Abb. 82.3 Reaktion erster Ordnung. Der natürliche Logarithmus der Konzentration eines Ausgangsstoffes A nimmt linear mit der Zeit ab.

A 82.1 Geben Sie die Einheit der Geschwindigkeitskonstanten k einer Reaktion erster Ordnung an.

Stärkelösung zu. Das Iod, das bei der Reaktion entsteht, reagiert anfangs sofort mit Thiosulfat-Ionen:

$$I_2\,(aq) + 2\,S_2O_3^{2-}\,(aq) \rightarrow 2\,I^-\,(aq) + S_4O_6^{2-}\,(aq)$$

Sobald alles Thiosulfat verbraucht ist, ergibt das weitere Iod mit Stärke eine blaue Farbe. Die Zeit bis zum Auftreten der Blaufärbung wird gemessen. Setzt man bei Versuchen mit verschiedenen Eduktkonzentrationen jeweils gleich viel Thiosulfat zu, so entsteht bis zur Blaufärbung immer gleich viel Iod. Für die Anfangsgeschwindigkeit v_0, bezogen auf Iod, erhält man:

$$v_0\,(I_2) = \frac{\Delta c\,(I_2)}{\Delta t} \Rightarrow v_0\,(I) \sim \frac{1}{\Delta t}$$

Die Reaktionsgeschwindigkeit ist also dem Kehrwert der gemessenen Zeit proportional, t^{-1} ist daher ein Maß für die Reaktionsgeschwindigkeit. Die Versuchsergebnisse zeigen, dass die Reaktionsgeschwindigkeit proportional der Iodid-Ionen- und der Peroxodisulfat-Ionen-Konzentration ist. Sie ist nicht dem Quadrat der Iodid-Ionen-Konzentration proportional.

$$v \sim c\,(I^-) \quad \text{und} \quad v \sim c\,(S_2O_8^{2-})$$

Zusammengefasst erhält man daraus die **Geschwindigkeitsgleichung** oder das **Zeitgesetz** der Reaktion:

$$v = k \cdot c\,(I^-) \cdot c\,(S_2O_8^{2-})$$

Die Proportionalitätskonstante k bezeichnet man als **Geschwindigkeitskonstante.** Je größer der Betrag von k, umso schneller läuft eine Reaktion ab. Für die Abhängigkeit der Reaktionsgeschwindigkeit von der Konzentration zweier Edukte A und B kann man allgemein folgende Geschwindigkeitsgleichung angeben:

$$v = k \cdot c^n\,(A) \cdot c^m\,(B)$$

Die Summe der experimentell zu bestimmenden Exponenten n und m stellt die **Reaktionsordnung** dar. Der Exponent n gibt die Ordnung in Bezug auf das Edukt A, m die Ordnung in Bezug auf das Edukt B, an. In unserem Beispiel sind n und m jeweils eins. Die untersuchte Reaktion ist somit erster Ordnung in Bezug auf die Iodid- und die Peroxodisulfat-Ionen. Insgesamt liegt hier eine Reaktion zweiter Ordnung vor.

Reaktionen erster und zweiter Ordnung sind relativ häufig. Es gibt aber auch Reaktionen höherer Ordnungen und Reaktionen nullter Ordnung. Oft treten in den experimentell gefundenen Zeitgesetzen auch gebrochene Exponenten auf.

Temperatur. Im Allgemeinen nimmt die Geschwindigkeit einer Reaktion mit steigender Temperatur zu. Dies gilt für exotherme wie auch für endotherme Reaktionen. Im Haushalt wendet man den Einfluss der Temperatur auf die Reaktionsgeschwindigkeit täglich an, wenn Nahrungsmittel im Eisschrank oder in der Tiefkühltruhe aufbewahrt werden. Die tiefe Temperatur vermindert die Geschwindigkeit der chemischen Vorgänge, die zum Verderben der Lebensmittel führen.

Als Faustregel gilt für viele homogene Reaktionen, dass die Reaktionsgeschwindigkeit bei einer Temperaturerhöhung um 10 °C etwa auf das Zwei- bis Vierfache zunimmt. Man spricht hier von der Reaktionsgeschwindigkeits-Temperatur-Regel, kurz der **RGT-Regel.** Der Temperatureffekt ist viel größer, als man sich oft bewusst ist. So nimmt beispielsweise die Reaktionsgeschwindigkeit bei einer Erhöhung um 100 °C um den Faktor $2^{10} = 1024$ zu, wenn man pro 10 °C eine Erhöhung der Reaktionsgeschwindigkeit auf das Zweifache annimmt. Wegen dieses enormen Einflusses der Temperatur auf die Reaktionsgeschwindigkeit muss man bei genauen kinetischen Untersuchungen die Temperatur während des Versuchsablaufs möglichst konstant halten.

Außer durch den Zerteilungsgrad, die Konzentration oder den Druck und die Temperatur wird die Geschwindigkeit vieler Reaktionen besonders stark durch **Katalysatoren** beeinflusst. Katalysatoren werden in Kapitel 33 behandelt.

Integrierte Form des Zeitgesetzes erster Ordnung. Bei chemischen Reaktionen möchte man Vorhersagen treffen, welche Mengen an Edukt nach einer gewissen Zeit noch vorhanden sind oder welche Mengen an Produkt zu einer bestimmten Zeit entstanden sind. Für diese Berechnungen wendet man die integrierte Formen der Zeitgesetze an.

Der Zerfall vieler Moleküle zeigt eine Kinetik erster Ordnung. Ein Beispiel ist die Zersetzung von Wasserstoffperoxid:

$$H_2O_2 \rightarrow \tfrac{1}{2} O_2 + H_2O$$

Die Momentangeschwindigkeit des Zerfalls ist zu jedem Zeitpunkt der Reaktion der jeweils vorhandenen Konzentration $c\,(H_2O_2)$ proportional; k ist dabei die Geschwindigkeitskonstante:

$$\frac{-dc\,(H_2O_2)}{dt} = k_1 \cdot c\,(H_2O_2)$$

Um $c\,(H_2O_2)$ zu berechnen, wird umgeformt und integriert:

$$\int_{c_0}^{c} \frac{dc\,(H_2O_2)}{c\,(H_2O_2)} = -\int_{0}^{t} k_1 \cdot dt$$

Die Lösung des Integrals auf beiden Seiten ergibt:

$$\ln c\,(H_2O_2) - \ln c_0\,(H_2O_2) = -k \cdot t$$
$$\ln c\,(H_2O_2) = -k \cdot t + \ln c_0\,(H_2O_2)$$

Dies entspricht mathematisch einer Geradengleichung $y = m \cdot x + b$, wobei $m = -k$ ist.

A 83.1 Leiten Sie aus dem integrierten Zeitgesetz erster Ordnung den folgenden Zusammenhang zwischen der Halbwertszeit $t_{\frac{1}{2}}$ und der Geschwindigkeitskonstanten k ab:

$$t_{\frac{1}{2}} = \frac{\ln 2}{k}$$

V 83.2 Abhängigkeit der Reaktionsgeschwindigkeit von der Konzentration der Edukte
Folgende Lösungen sind bereitzustellen:
A: Kaliumiodid ($c = 0{,}1$ mol $\cdot$ l^{-1}), B: Natriumthiosulfat ($c = 0{,}0025$ mol $\cdot$ l^{-1}) mit etwas Stärkelösung versetzt, C: Ammoniumperoxodisulfat ($c = 0{,}1$ mol $\cdot$ l^{-1}).
Bei den Versuchen Nr. 1 bis Nr. 4 werden die Lösungen B und C und Wasser, wie in der Tabelle angegeben, in einen 100 ml-Erlenmeyerkolben gegeben. Man fügt Lösung A hinzu, startet sofort die Uhr und schüttelt gut um. Die Zeit bis zum ersten Auftreten der blauen Farbe wird gemessen.
Bei den Versuchen Nr. 5 bis Nr. 7 werden die Lösungen A und B und Wasser gemischt und mit der Lösung C versetzt.

Versuch Nr.	Lösung A in ml	Lösung B in ml	Wasser in ml	Lösung C in ml
1	20	5	20	5
2	20	5	15	10
3	20	5	10	15
4	20	5	5	20
5	15	5	10	20
6	10	5	15	20
7	5	5	20	20

Stellen Sie den Zusammenhang zwischen der Reaktionsgeschwindigkeit und der I$^-$-Ionen-Konzentration, sowie der $S_2O_8^{2-}$-Ionen-Konzentration grafisch dar. Als Maß für die Konzentrationen können die Volumina der Lösungen A und C betrachtet werden.

V 83.3 Abhängigkeit der Reaktionsgeschwindigkeit von der Temperatur
Bei der Zersetzung von Thiosulfat-Ionen mit Säuren entsteht Schwefel:

$$S_2O_3^{2-}\,(aq) + 2\,H^+\,(aq) \rightarrow SO_2\,(g) + H_2O\,(l) + S\,(s)$$

Durch den Schwefel wird die Lösung trüb und nach einer gewissen Zeit undurchsichtig. Die Zeit t bis zur Undurchsichtigkeit wird gemessen, ihr Kehrwert t^{-1} ist ein Maß für die Reaktionsgeschwindigkeit.
Durchführung: In einen 100 ml-Weithals-Erlenmeyerkolben gibt man 50 ml Natriumthiosulfatlösung ($c = 0{,}2$ mol $\cdot$ l^{-1}) und notiert die Temperatur der Lösung. Dann fügt man 5 ml Salzsäure ($c = 2$ mol $\cdot$ l^{-1}) gleicher Temperatur hinzu, startet die Uhr und schüttelt gut um. Der Kolben wird dann sofort auf einen Tageslichtprojektor auf eine Folie mit eingezeichnetem Kreuz gestellt. Man misst die Zeit, bis das Kreuz nicht mehr zu erkennen ist. Der Versuch ist entsprechend bei höheren Temperaturen, etwa 30 °C, 40 °C, 50 °C und 60 °C zu wiederholen. Zeichnen Sie ein Diagramm der Reaktionsgeschwindigkeit (t^{-1}) in Abhängigkeit von der Temperatur.

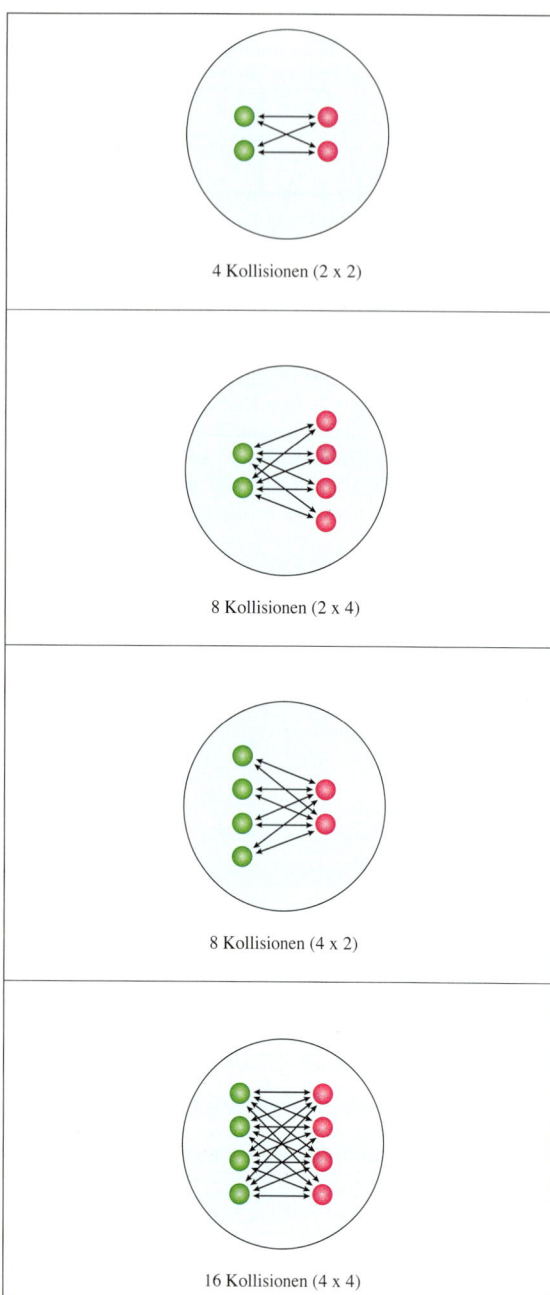

Abb. 84.1 Zusammenhang zwischen der Konzentration und der Reaktionsgeschwindigkeit. Die möglichen Kollisionen zwischen den beiden Teilchenarten sind durch Pfeile angegeben. Die Zahl dieser Kollisionen ist proportional dem Produkt der Teilchenzahl A und B pro Volumeneinheit, die Reaktionsgeschwindigkeit ist also dem Produkt der Konzentrationen von A und B proportional.

31 Kollisionstheorie

Der Einfluss der verschiedenen Faktoren auf die Reaktionsgeschwindigkeit kann auf einfache Weise mit der **Kollisions-** oder **Stoßtheorie** erklärt werden. Diese Theorie geht davon aus, dass eine Reaktion durch Zusammenstöße von Teilchen zustande kommt. Je häufiger solche Kollisionen erfolgen, um so schneller wird eine Reaktion ablaufen. Die Zahl der Teilchen pro Volumeneinheit entspricht der Konzentration. Es ist daher einleuchtend, dass mit steigender Konzentration der Edukte die Zahl der Kollisionen und damit die Reaktionsgeschwindigkeit zunimmt.

Für den einfachen Fall, dass es durch Zusammenstoß *zweier* Teilchenarten A und B zu einer Reaktion kommt, kann der gesetzmäßige Zusammenhang zwischen der Konzentration der Edukte und der Reaktionsgeschwindigkeit mit der Stoßtheorie leicht abgeleitet werden. Eine derartige Reaktion bezeichnet man als *bimolekular*. Bei der folgenden Überlegung nehmen wir an, dass zwischen zwei Teilchen A und zwei Teilchen B, die sich in einem bestimmten Volumen befinden, pro Zeitintervall vier Kollisionen erfolgen. Verdoppelt man nun in diesem Volumen die Anzahl von A oder B, so verdoppelt sich im gleichen Zeitintervall auch die Zahl der Kollisionen. Eine Verdreifachung von A oder von B würde unter gleichen Bedingungen zu einer dreifachen Zahl von Kollisionen führen. Dies zeigt, dass die Zahl der Zusammenstöße der Teilchenzahl A und B proportional ist. Die Reaktionsgeschwindigkeit ist nach diesen Untersuchungen sowohl der Konzentration von A als auch der von B proportional:

$$v \sim c\,(A) \quad \text{und} \quad v \sim c\,(B)$$

Verdoppelt man in dem Beispiel sowohl die Zahl von A als auch die von B, so erfolgen im gleichen Zeitraum viermal so viele Kollisionen. Das heißt, die Reaktionsgeschwindigkeit ist dem Produkt der Konzentrationen von A und B proportional:

$$v \sim c\,(A) \cdot c\,(B)$$

Führt man nun als Proportionalitätsfaktor die Geschwindigkeitskonstante k ein, so erhält man für eine bimolekulare Reaktion als Geschwindigkeitsgleichung:

$$v = k \cdot c\,(A) \cdot c\,(B)$$

Nicht jeder Zusammenstoß zwischen Teilchen führt zu einer Reaktion. Hierfür gibt es zwei Gründe:

1. Eine Reaktion tritt nur dann ein, wenn die Teilchen beim Zusammenstoß eine bestimmte **Mindestenergie** besitzen.
2. Damit es zu einer Reaktion kommt, müssen die Teilchen bei der Kollision außer der Mindestenergie auch eine bestimmte *räumliche Orientierung* besitzen.

Man unterscheidet daher zwischen *wirksamen* und *unwirksamen* Kollisionen. Wirksame Zusammenstöße führen zur Bildung von Produkten, wobei ein **Übergangszustand** oder **aktivierter Komplex** durchlaufen wird. Bei unwirksamen Kollisionen gehen die Teilchen nach dem Zusammenprall wieder unverändert auseinander. In einem aktivierten Komplex, der im Enthalpiediagramm immer einem Maximum entspricht, sind die alten Bindungen teilweise gelöst und die neuen schon teilweise gebildet. Da bei einer Reaktion Bindungen gespalten werden, müssen die reagierenden Teilchen eine Mindestenergie aufweisen. Für den Start der Reaktion muss daher Energie zugeführt werden, es muss eine bestimmte *Energiebarriere* überwunden werden. Die Differenz zwischen der mittleren Energie des Ausgangszustands und des Übergangszustands bezeichnet man als **Aktivierungsenergie E_A.** Die Notwendigkeit der räumlichen Orientierung wird beispielsweise an der Umsetzung von 1-Chlorbutan zu Butan-1-ol deutlich:

$$CH_3 - CH_2 - CH_2 - CH_2 - Cl + OH^- \rightarrow$$
$$CH_3 - CH_2 - CH_2 - CH_2 - OH + Cl^-$$

Damit eine Reaktion erfolgt, muss das Hydroxid-Ion mit dem C-1-Atom kollidieren. Kollisionen mit anderen C-Atomen sind unwirksam, auch wenn sie die notwendige Mindestenergie besitzen.

Die für einen wirksamen Stoß zwischen Teilchen erforderliche Mindestenergie stammt hauptsächlich aus der kinetischen Energie der Teilchen. In einer Gasportion bewegen sich die Teilchen stets mit sehr unterschiedlichen Geschwindigkeiten, ihre kinetischen Energien sind daher sehr verschieden. Die Zahl der Teilchen mit einer bestimmten kinetischen Energie wird durch die **BOLTZMANN-Verteilung** angegeben. Die meisten Teilchen haben danach eine mittlere kinetische Energie, relativ wenige sind energiearm und nur wenige besitzen eine Energie, die gleich oder größer ist als die Mindestenergie. Die Zahl der Teilchen, die bei der Temperatur T_1 zu wirksamen Kollisionen fähig sind, entspricht in der Abbildung 85.3 der Fläche A_1.

Die BOLTZMANN-Verteilung ist der Schlüssel für das Verständnis des großen Einflusses der Temperatur auf die Reaktionsgeschwindigkeit. Aus der Verteilungskurve geht hervor, dass bei einer höheren Temperatur T_2 die Zahl der energiereichen Teilchen wesentlich größer wird. Die Zahl der zusätzlichen Teilchen mit einer Energie größer als der Mindestenergie wird durch die Fläche A_2 dargestellt. Bei einer Temperaturerhöhung um 10 K nimmt die Zahl dieser Teilchen in vielen Fällen um das Zwei- bis Vierfache zu. Darauf beruht die RGT-Regel. Bei höherer Temperatur werden die Kollisionen nicht nur energiereicher, sondern auch häufiger. Die Zunahme der Reaktionsgeschwindigkeit durch Erhöhung der *Stoßzahl* fällt jedoch gegenüber dem energetischen Aspekt kaum ins Gewicht.

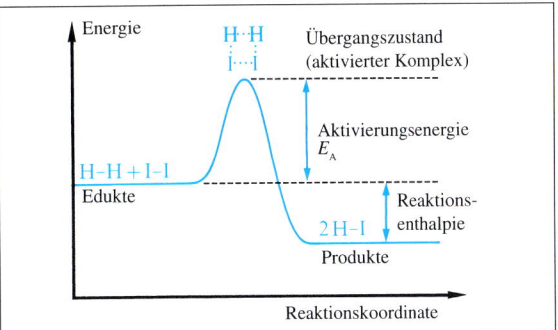

Abb. 85.1 Energiebarriere bei chemischen Reaktionen

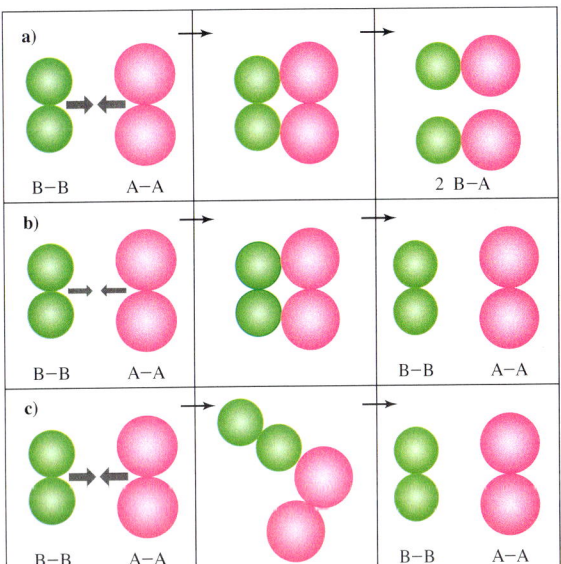

Abb. 85.2 Kollisionen zwischen zwei Molekülen A_2 und B_2.
a) Mindestenergie reicht für eine Reaktion,
b) Mindestenergie reicht nicht für eine Reaktion,
c) Mindestenergie reicht für eine Reaktion, aber keine geeignete räumliche Orientierung der Moleküle.

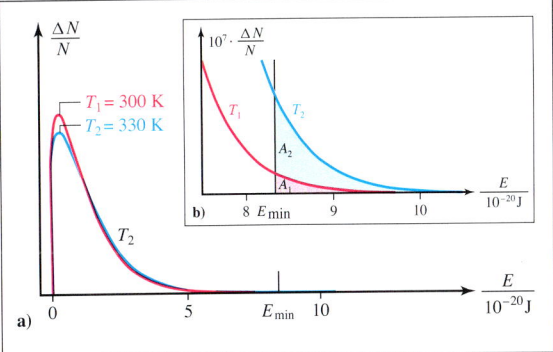

Abb. 85.3 Energieverteilungskurven bei zwei verschiedenen Temperaturen. $\Delta N/N$: Anteil der Teilchen mit bestimmter Energie.

85

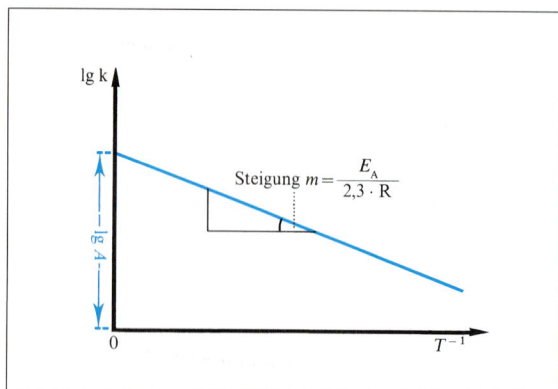

Abb. 86.1 Ermittlung der Aktivierungsenergie nach ARRHENIUS

A 86.1 Ein kleines Kupferstück reagiert bei 30 °C mit Salpetersäure. Man verdoppelt nun:
a) die Konzentration der Säure,
b) das Volumen der Säure,
c) die Temperatur,
d) das Volumen des Kupferstücks,
e) die Geschwindigkeit des Umschüttelns.
Ordnen Sie die angegebenen Vorschläge nach abnehmender Effektivität in ihrer Wirkung auf die Reaktionsgeschwindigkeit. Begründen Sie Ihre Antwort.

A 86.2 Führen Sie die ARRHENIUS-Gleichung auf die Form y = m · x + b zurück und geben Sie die Bedeutung von m und b in der ARRHENIUS-Funktion an.

A 86.3 Ordnen Sie die folgenden Reaktionen nach abnehmender Größe des Orientierungsfaktors P.

a) $Br (g) + Br (g) \rightarrow Br_2 (g)$

b) $CH_3CH_2OH (l) + CH_3COOH (l) \rightarrow CH_3COOCH_2CH_3 (l) + H_2O (l)$

c) $CH_4 (g) + Br\cdot (g) \rightarrow CH_3Br (l) + H\cdot (g)$

A 86.4 Einfluss der Aktivierungsenergie auf die Reaktionsgeschwindigkeit. Um welchen Faktor unterscheiden sich die Geschwindigkeiten zweier Reaktionen bei 300 K, deren Aktivierungsenergien a) 25 kJ · mol⁻¹ und b) 50 kJ · mol⁻¹ betragen? Der Häufigkeits- und Orientierungsfaktor sei für beide Reaktionen gleich. Welche Ergebnisse erhält man für eine Temperatur von 600 K?

Lösungsbeispiel:
Mit $R \cdot T = 8{,}3 \; J \cdot mol^{-1} \cdot K^{-1} \cdot 300 \; K = 2{,}5 \; kJ \cdot mol^{-1}$ erhält man für das Verhältnis von wirksamen zu gesamten Kollisionen:

a) $e^{-\frac{25}{2{,}5}} = e^{-10} = 4{,}5 \cdot 10^{-5}$; d. h. von 10^5 Kollisionen sind nur etwa 4 bis 5 wirksam.

b) $e^{-\frac{50}{2{,}5}} = e^{-20} = 2 \cdot 10^{-9}$; d. h. von 10^9 Kollisionen sind nur zwei wirksam.

Die Geschwindigkeiten unterscheiden sich um den Faktor:

$$\frac{v (E_A = 25 \; kJ \cdot mol^{-1})}{v (E_A = 50 \; kJ \cdot mol^{-1})} = 2{,}25 \cdot 10^4$$

ARRHENIUS-Gleichung. Der quantitative Zusammenhang zwischen der Geschwindigkeitskonstanten k und der Temperatur T wurde zuerst von S. ARRHENIUS (1889) aus Experimenten abgeleitet:

$$k = A \cdot e^{-\frac{E_A}{R \cdot T}}$$

Hierbei ist $R = 8{,}314 \; J \cdot mol^{-1} \cdot K^{-1}$ die allgemeine Gaskonstante. Die Konstante A entspricht nach der Stoßtheorie dem Produkt aus der Stoßzahl Z und dem Orientierungsfaktor P, der auch sterischer Faktor genannt wird. Der Faktor $e^{-E_A/R \cdot T}$ stellt den Bruchteil der Teilchen dar, deren Energie gleich und größer ist als die Aktivierungsenergie E_A. Da die Temperatur und die Aktivierungsenergie im exponentiellen e-Term (e = 2,718) enthalten sind, wird verständlich, warum die Reaktionsgeschwindigkeit so stark von diesen beiden Größen abhängt.

Bestimmung der Aktivierungsenergie. Durch Logarithmieren erhält die ARRHENIUS-Gleichung die folgende Form:

$$\ln k = \ln A - \frac{E_A}{R} \cdot \frac{1}{T} \quad \Rightarrow \quad \lg k = \lg A - \frac{1}{2{,}303} \cdot \frac{E_A}{R} \cdot \frac{1}{T}$$

Ermittelt man k für verschiedene Temperaturen und stellt grafisch $\lg k$ gegen den Kehrwert der Temperatur dar (Abb. 86.1), so erhält man eine Gerade, aus deren Steigung sich die Aktivierungsenergie ergibt.

Eine weit über die einfache Stoßtheorie hinausgehende Betrachtung der Geschwindigkeit chemischer Reaktionen ist die **Theorie des Übergangszustandes,** die auf quantenmechanischen Prinzipien basiert. Nach dieser Theorie durchlaufen die miteinander reagierenden Edukte auf ihrem Weg zu den Produkten Übergangszustände oder aktivierte Komplexe, die einem Energiemaximum entsprechen (Abb. 85.1). Obwohl Übergangszustände experimentell nicht fassbar sind, werden sie wie Edukte und Produkte thermodynamisch behandelt. Als Ergebnis erhält man die EYRING-Gleichung:

$$k = \frac{k^* \cdot T}{h} \cdot e^{-\frac{\Delta S^{\ddagger}}{R}} \cdot e^{-\frac{\Delta H^{\ddagger}}{R \cdot T}}$$

Hierin ist k^* die BOLTZMANN-Konstante und h das PLANCKsche Wirkungsquantum, T die absolute Temperatur und R die Gaskonstante. Zustandsgrößen, die den Übergangszustand charakterisieren, symbolisiert man allgemein mit einem Doppelkreuz ⧧. Die **Aktivierungsenthalpie $\Delta H^{\ddagger}$** ist die Differenz zwischen der Enthalpie der Edukte und der Enthalpie des Übergangszustandes. Sie entspricht zahlenmäßig in etwa der Aktivierungsenergie E_A der Stoßtheorie. Für den sterischen Faktor P der Stoßtheorie steht die **Aktivierungsentropie $\Delta S^{\ddagger}$** als ein Maß für den Ordnungsgrad im Übergangszustand.

GESCHWINDIGKEIT

32 Zeitgesetz und Reaktionsmechanismus

Betrachtet man die Reaktionsgleichung:

$$2\,MnO_4^-\ (aq) + 16\,H^+\ (aq) + 5\,C_2O_4^{2-}\ (aq) \rightarrow$$
$$2\,Mn^{2+}\ (aq) + 10\,CO_2\ (g) + 8\,H_2O\ (l)$$

so ist es äußerst unwahrscheinlich, dass 23 Ionen der Eduktseite gleichzeitig kollidieren und aus einem Zusammenstoß jeweils 20 Teilchen als Produkte hervorgehen. Es ist näherliegend, dass die Reaktion in mehreren Schritten verläuft. Man kann dies mit der Kollision von Autos vergleichen. Die Wahrscheinlichkeit, dass mehrere Autos gleichzeitig kollidieren ist viel geringer, als dass zunächst zwei Autos zusammenstoßen, auf die dann weitere auffahren.

Auch Reaktionen mit einfachen Reaktionsgleichungen verlaufen oft in mehreren Schritten. Die Beschreibung der einzelnen Schritte einer Reaktion und der damit auftretenden Bindungsänderungen bezeichnet man als **Reaktionsmechanismus.** Von einer Reaktionsgleichung kann man grundsätzlich nicht auf den Mechanismus einer Reaktion schließen. An zwei einfachen Beispielen wird in diesem Abschnitt gezeigt, wie Zeitgesetze Hinweise über die Folge einzelner Schritte einer Reaktion geben können.

Als erstes Beispiel betrachten wir die Reaktion von Iodid- mit Peroxodisulfat-Ionen:

$$2\,I^-\ (aq) + S_2O_8^{2-}\ (aq) \rightarrow I_2\ (aq) + 2\,SO_4^{2-}\ (aq)$$

Würde die Reaktion in einem einzigen Schritt ablaufen, so müssten jeweils zwei I^--Ionen und ein $S_2O_8^{2-}$-Ion gleichzeitig zusammenstoßen. Ein solcher Mechanismus hätte eine Geschwindigkeitsgleichung für eine Reaktion dritter Ordnung zur Folge:

$$v = k \cdot c^2\,(I^-) \cdot c\,(S_2O_8^{2-})$$

Tatsächlich findet man experimentell jedoch eine Geschwindigkeitsgleichung zweiter Ordnung:

$$v = k \cdot c\,(I^-) \cdot c\,(S_2O_8^{2-})$$

Dies zeigt, dass die Reaktion von Iodid- mit Peroxodisulfat-Ionen mehrstufig verlaufen muss. Man nimmt einen Mechanismus in drei Schritten an:

1) $I^-\ (aq) + S_2O_8^{2-}\ (aq) \rightarrow IS_2O_8^{3-}\ (aq)$; langsam

2) $IS_2O_8^{3-}\ (aq) \rightarrow 2\,SO_4^{2-}\ (aq) + I^+\ (aq)$; schnell

3) $I^+\ (aq) + I^-\ (aq) \rightarrow I_2\ (aq)$; schnell

Die auch als **Elementarreaktionen** bezeichneten einzelnen Schritte verlaufen unterschiedlich schnell. Die langsamste bestimmt stets die Gesamtgeschwindigkeit der Reaktion. Sie wird daher auch als **geschwindigkeitsbestimmender Schritt** bezeichnet. Konzentrationsänderungen von Teilchen schneller Elementar-

A 87.1 In den folgenden Fällen erweist sich die Reaktion als Elementarreaktion. Geben Sie das Zeitgesetz und die Reaktionsordnung an.
a) $H_2 + I_2 \rightarrow 2\,HI$
b) $2\,NOCl \rightarrow 2\,NO + Cl_2$
c) $2\,NO_2 \rightarrow N_2O_4$

V 87.2 Geschwindigkeitsgleichung und Reaktionsmechanismus
Für die Untersuchung der Reaktion:

$$H_2O_2\ (aq) + 2\,H^+\ (aq) + 2\,I^-\ (aq) \rightarrow 2\,H_2O\ (l) + I_2\ (aq)$$

werden folgende Lösungen benötigt: Schwefelsäure ($c = 0{,}05\ mol \cdot l^{-1}$), Natriumthiosulfat ($c = 0{,}005\ mol \cdot l^{-1}$) mit Stärkelösung versetzt, Kaliumiodid ($c = 0{,}1\ mol \cdot l^{-1}$) und Wasserstoffperoxid ($c = 0{,}1\ mol \cdot l^{-1}$).

Durchführung: Für die Versuche Nr.1 bis 4 gibt man bis auf das Wasserstoffperoxid alle Lösungen und Wasser wie angegeben in einen 100 ml-Erlenmeyerkolben. Die Zeit von der Zugabe der Wasserstoffperoxidlösung bis zum Auftreten einer blauen Farbe wird gemessen.
Bei den Versuchen Nr.5 und 9 legt man bis auf Kaliumiodidlösung alle anderen Lösungen und Wasser vor.

Hinweis: Bei allen Versuchen reagiert das entstehende Iod zuerst mit der zugesetzten, konstanten Menge Thiosulfat. Nach dem Verbrauch des Thiosulfats bildet Iod mit Stärke sofort eine blaue Farbe. Der Kehrwert der gemessenen Zeit t ist daher ein Maß für die Reaktionsgeschwindigkeit.

Versuch Nr.	V (KI) in ml	V (H_2O) in ml	V ($Na_2S_2O_3$) in ml	V (H_2SO_4) in ml	V (H_2O_2) in ml
1	25	4	10	10	1
2	25	3	10	10	2
3	25	2	10	10	3
4	25	1	10	10	4
5	20	5	10	10	5
6	15	10	10	10	5
7	10	15	10	10	5
8	5	20	10	10	5
9	15	0	10	20	5

a) Stellen Sie grafisch t^{-1} (Ordinate) in Abhängigkeit von der I^-- und H_2O_2-Konzentration dar. Statt der Konzentration können die Volumina angegeben werden.
b) Geben Sie aufgrund der Ergebnisse Werte für die Exponenten x, y und z im Zeitgesetz an.

$$v = k \cdot c^x\,(H_2O_2) \cdot c^y\,(I^-) \cdot c^z\,(H^+)$$

c) Lässt sich der folgende Mechanismus mit der Geschwindigkeitsgleichung vereinbaren?

$H_2O_2\ (aq) + I^-\ (aq) \rightarrow H_2O\ (l) + IO^-\ (aq)$; langsam

$H^+\ (aq) + IO^-\ (aq) \rightarrow HOI\ (aq)$; schnell

$HOI\ (aq) + I^-\ (aq) + H^+\ (aq) \rightarrow I_2\ (aq) + H_2O\ (l)$; schnell

GESCHWINDIGKEIT

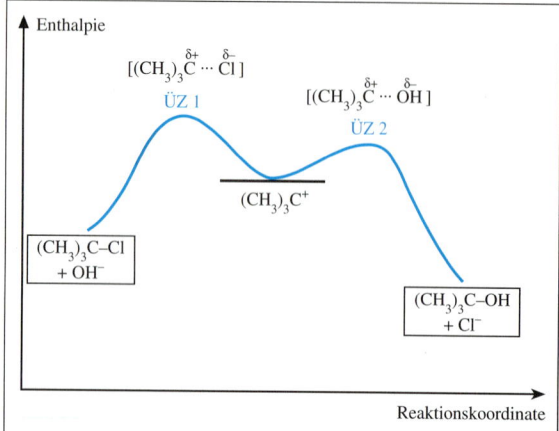

Abb. 88.1 Enthalpiediagramm der Reaktion von 2-Chlor-2-methylpropan mit Hydroxid-Ionen

A 88.1 Betrachten Sie die folgende Reaktion

A + 2 B + C → D

mit der Geschwindigkeitsgleichung

$v = k \cdot c$ (A) $\cdot c$ (B).

Stimmt der folgende Mechanismus mit dem Geschwindigkeitsgesetz überein? Begründen Sie Ihre Antwort.

A + B → AB;	schnell
AB + B → ABB;	langsam
ABB + C → D;	schnell

A 88.2 Für die Reaktion 2 A + B → C wurden folgende Daten experimentell ermittelt:

Versuch Nr.	c (A) in mol · l⁻¹	c (B) in mol · l⁻¹	v in mol · l⁻¹ · s⁻¹
1	0,1	0,1	0,75
2	0,1	0,2	1,50
3	0,1	0,3	2,25
4	0,2	0,2	3,0
5	0,4	0,2	6,0
6	0,6	0,2	9,0

a) Welches Zeitgesetz stimmt mit diesen Daten überein?
b) Schlagen Sie aufgrund des Zeitgesetzes einen Mechanismus vor.

A 88.3 Für eine Reaktion werden folgende Elementarreaktionen angegeben:

NO (g) + NO (g) → N₂O₂ (g);	schnell
N₂O₂ (g) + H₂ (g) → N₂O (g) + H₂O (l);	langsam
N₂O (g) + H₂ (g) → N₂ (g) + H₂O (l);	schnell

Geben Sie die Reaktionsgleichung und die Geschwindigkeitsgleichung an.

reaktionen beeinflussen die Gesamtgeschwindigkeit nicht.

Ein Zeitgesetz bezieht sich daher immer nur auf die langsamste Elementarreaktion. In unserem Beispiel ist dies der erste Schritt. Das als Zwischenstufe formulierte $IS_2O_8^{3-}$-Ion zerfällt rasch in zwei SO_4^{2-}-Ionen und ein I^+-Ion, das sich sofort mit einem I^--Ion zu Iod umsetzt. Die Addition der drei Elementarreaktionen ergibt die Reaktionsgleichung.

Überraschend, aber besonders aufschlussreich, ist eine Geschwindigkeitsgleichung, wenn sie die Konzentration eines Edukts der Reaktionsgleichung überhaupt nicht enthält. *Beispiel:* die Reaktion von 2-Chlor-2-methylpropan mit Hydroxid-Ionen in einem polaren Lösungsmittel:

$(CH_3)_3CCl + OH^- \rightarrow (CH_3)_3COH + Cl^-$

Dafür findet man experimentell die Geschwindigkeitsgleichung:

$v = k \cdot c\,((CH_3)_3CCl)$

Da die Hydroxid-Ionen in der Geschwindigkeitsgleichung nicht auftreten, kann man sofort zwei Folgerungen ziehen:
1. Die Reaktion läuft nicht in einer einzigen Elementarreaktion ab.
2. Die Hydroxid-Ionen sind nicht am langsamsten Schritt der Reaktion beteiligt.

Der folgende Mechanismus stimmt mit der Geschwindigkeitsgleichung überein:

a) $(CH_3)_3CCl \qquad \rightarrow (CH_3)_3C^+ + Cl^-$;   langsam

b) $(CH_3)_3C^+ + OH^- \rightarrow (CH_3)_3COH$;   schnell

Die unterschiedliche Geschwindigkeit der beiden Elementarreaktionen ist hier energetisch leicht verständlich. Der erste Schritt ist schwieriger, da eine Bindung gespalten werden muss. Der zweite Schritt ist eine Ionenreaktion, bei der eine Bindung entsteht und die daher schnell erfolgt. Als Zwischenstufe tritt bei dieser Reaktion ein Carbenium-Ion auf, das wegen seiner kurzen Lebensdauer nicht isoliert, aber spektroskopisch nachgewiesen werden konnte.

Die Kinetik ist, neben vielen anderen Methoden, ein wichtiges Mittel zur Aufklärung von Reaktionsmechanismen. Oft sind mit einem Zeitgesetz aber mehrere Mechansimen vereinbar. Die Aussagen der Kinetik haben daher mehr indirekte Bedeutung; ein Mechanismus, der mit dem Zeitgesetz nicht übereinstimmt, wird auf jeden Fall verworfen. Grundsätzlich geben Zeitgesetze aber nur an, welche Teilchen am Übergangszustand des langsamsten Schritts einer Reaktion beteiligt sind. Über die schnellen Schritte einer Reaktion und über die Struktur des Übergangszustands sagen sie nichts aus.

33 Katalysatoren

Ein Katalysator ist ein Stoff, der die Geschwindigkeit einer Reaktion verändert und dabei am Ende der Reaktion wieder unverändert vorliegt. In der Industrie beschleunigen Katalysatoren Reaktionen, die sonst wirtschaftlich nicht durchführbar wären. Die erstaunlichsten Beispiele für Katalysatoren findet man in der Natur. So steuern beispielsweise hunderte von Katalysatoren in unserem Körper lebensnotwendige chemische Reaktionen. Die natürlichen Katalysatoren nennt man **Enzyme.** Ihre Effektivität stellt alle bisher vom Menschen erfundenen Katalysatoren in den Schatten. Da Enzyme aus Eiweiß bestehen, sind sie sehr temperaturempfindlich. Katalysatoren zeigen eine Reihe auffallender Eigenschaften:

1. Schon geringe Mengen eines Katalysators sind wirksam.
2. Da Katalysatoren unverändert aus einer Reaktion hervorgehen, können sie weder Energie zuführen noch wegnehmen. Die Enthalpieänderung einer Reaktion wird folglich durch Katalysatoren nicht beeinflusst.
3. Katalysatoren, vor allem Enzyme, besitzen eine hohe *Selektivität,* d.h. sie katalysieren nur ganz bestimmte Umsetzungen.
4. Katalysatoren werden durch manche Stoffe unwirksam, sie werden „vergiftet".
5. Manche Katalysatoren werden durch Prokatalysatoren, das sind Stoffe, die für sich allein nicht katalytisch wirksam sind, aktiver.

Homogene Katalyse. Bei einer homogenen Katalyse liegen Katalysator und Edukte in gleicher Phase vor. Viele Redoxreaktionen werden in Lösung durch Übergangsmetall-Ionen katalysiert. Ein anderer wichtiger Typ homogener Katalyse ist die Säure-Base-Katalyse. Obwohl Katalysatoren unverändert aus einer Reaktion hervorgehen, müssen sie doch irgendwie an der Reaktion teilnehmen. Anders wäre es kaum vorstellbar, wie sie die Geschwindigkeit einer Reaktion erhöhen könnten. Die Wirkungsweise vieler Katalysatoren kann mit der *Bildung von Zwischenstufen* erklärt werden. Wir betrachten dazu die durch Eisen(II)-Ionen katalysierte Zersetzung von Wasserstoffperoxid in Sauerstoff und Wasser. Ohne Katalysator erfolgt die Bildung von Sauerstoff erst beim Erhitzen, mit Katalysator bereits bei Raumtemperatur. Die katalisierte Reaktion verläuft in zwei Schritten, wobei als Zwischenstufe Eisen(III)-Ionen gebildet werden:

a) $H_2O_2 \text{ (aq)} + 2\,Fe^{2+} \text{ (aq)} + 2\,H^+ \text{ (aq)} \rightarrow$
$$2\,Fe^{3+} \text{ (aq)} + 2\,H_2O \text{ (l)}$$

b) $H_2O_2 \text{ (aq)} + 2\,Fe^{3+} \text{ (aq)} \rightarrow$
$$2\,Fe^{2+} \text{ (aq)} + O_2 \text{ (g)} + 2\,H^+ \text{ (aq)}$$

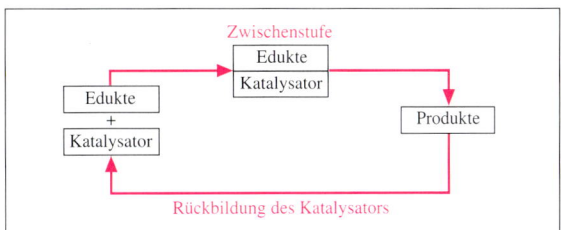

Abb. 89.1 Schema der Katalysatorwirkung

Reaktion	Katalysator	$\dfrac{E_A}{kJ \cdot mol^{-1}}$	relative Geschwindigkeit
$2\,H_2O_2 \rightarrow 2\,H_2O + O_2$	ohne	75	1
	I^-	56,5	$\approx 2 \cdot 10^3$
	Katalase	26,8	$\approx 3 \cdot 10^8$
$C_3H_7COOC_2H_5 \xrightarrow{H_2O}$ $C_3H_7COOH + C_2H_5OH$	H_3O^+	55	1
	Lipase	17,6	$\approx 4 \cdot 10^6$
Rohrzucker + $H_2O \rightarrow$ Glucose + Fructose	H_3O^+	107	1
	Invertase	46	$\approx 6 \cdot 10^{10}$

Tab. 89.2 Beispiele für die Wirkung von Katalysatoren

V 89.1 Die Reaktion von Wasserstoffperoxid mit Tartrat-Ionen

In einem 250-ml-Erlenmeyerkolben werden 3 g Kaliumnatriumtartrat in 50 ml Wasser gelöst und mit 10 ml 15 %iger Wasserstoffperoxidlösung (Xi) versetzt. Man erwärmt die Mischung langsam, wobei die Temperatur notiert wird, bei der die Kohlenstoffdioxidbildung beginnt.
In einem zweiten Versuch wird die Mischung mit etwa 200 mg Cobalt(II)-chlorid (T, N, ▼) versetzt und langsam auf 60 °C erwärmt.

V 89.2 Die Wirkung des Enzyms Urease

Urease zersetzt Harnstoff in wässriger Lösung zu Ammoniak und Kohlenstoffdioxid:

$$CO(NH_2)_2 \text{ (aq)} + H_2O \text{ (}l\text{)} \rightarrow CO_2 \text{ (g)} + 2\,NH_3 \text{ (g)}$$

In zwei Reagenzgläsern stellt man folgende Mischungen her:
1. 10 %ige Harnstofflösung und zwei bis drei Tropfen Phenolphthalein (F);
2. Eine Spatelspitze Urease auf 10 ml deionisiertes Wasser und zwei bis drei Tropfen Phenolphthalein.
a) Je eine Probe der Harnstofflösung und der Ureasemischung werden zusammengegeben.
b) Zu einer Probe Harnstofflösung gibt man einige Tropfen Silbernitratlösung ($c = 0,001$ mol $\cdot$ l^{-1}) und fügt dazu eine Probe Ureasemischung.

LV 89.3 Entzündung von Wasserstoff mit einem Palladium-Katalysator

Man glüht den Katalysator (0,5 % Pd auf Al$_2$O$_3$-Kugeln) in der Brennerflamme aus, lässt auf Raumtemperatur abkühlen und hält den Katalysator vor ein Glasrohr, aus dem Wasserstoff (F+) strömt.

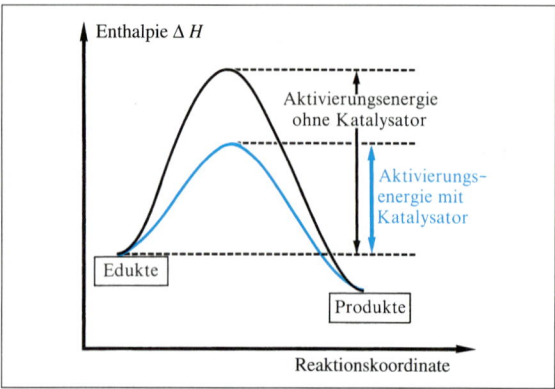

Abb. 90.1 Wirkung eines Katalysators. Die Erniedrigung der Aktivierungsenergie wird dadurch ermöglicht, dass die katalysierte Reaktion auf einem anderen Weg erfolgt als die nichtkatalysierte.

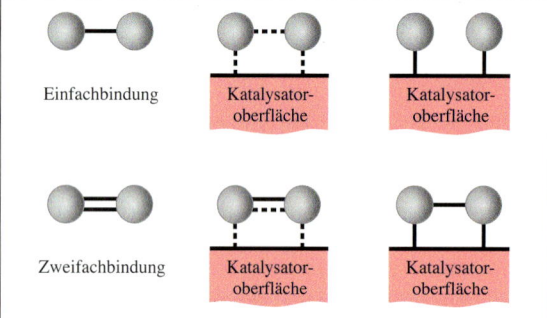

Abb. 90.2 Mögliche Aktivierung von Molekülen

Reaktion	Katalysator
N_2 (g) + 3 H_2 (g) → 2 NH_3 (g)	Fe (s)
2 SO_2 (g) + O_2 (g) → 2 SO_3 (g)	V_2O_5 (s)
4 NH_3 (g) + 5 O_2 (g) → 4 NO (g) + 6 H_2O (g)	Pt (s) + Rh (s)
4 HCl (g) + O_2 (g) → 2 H_2O (g) + 2 Cl_2 (g)	$CuCl_2$ (s)
CO (g) + 2 H_2 (g) → CH_3OH (g)	ZnO (s) + Cr_2O_3 (s)
Autoabgase: CO C_xH_y } → CO_2, H_2O, N_2 NO_x	Pt, Pd, Rh/Al_2O_3

Tab. 90.3 Beispiele heterogener Katalysen

A 90.1 Die folgende Reaktion wird durch Mn^{2+}-Ionen katalysiert:

2 Ce^{4+} (aq) + Tl^+ (aq) → 2 Ce^{3+} (aq) + Tl^{3+} (aq)

Die Katalysatorwirkung des Mangans beruht auf dem Wechsel zwischen der Oxidationsstufe + II über + III nach + IV. Geben Sie die Schritte der katalysierten Reaktion an.

Der Katalysator wird im zweiten Schritt wieder zurückerhalten. Durch Addition der beiden Schritte erhält man die Reaktionsgleichung für die Zersetzung von Wasserstoffperoxid,

2 H_2O_2 (aq) → O_2 (g) + 2 H_2O (l)

in der weder der Katalysator noch die Zwischenstufe auftreten. Die Aktivierungsenergien der beiden Schritte der katalysierten Reaktion sind geringer als die der nichtkatalysierten Reaktion. Somit wird verständlich, warum die Reaktion mit Katalysator schneller verläuft als ohne.

Der Mechanismus katalysierter Reaktionen ist oft kompliziert und nicht immer genau bekannt. Unabhängig vom genauen Mechanismus verläuft eine katalysierte Reaktion immer auf einem anderen Weg als dieselbe Reaktion ohne Katalysator. Der Reaktionsweg mit Katalysator erfordert weniger Aktivierungsenergie. Der Betrag, um den ein Katalysator die Aktivierungsenergie senkt, ist für jeden Katalysator und für jede Reaktion verschieden. Für das Auftreten von Zwischenstufen bei katalysierten Reaktionen gibt es viele Beweise. Zwischenstufen sind meist unbeständig und treten nur in geringen Konzentrationen auf. Ihr Nachweis ist daher in der Regel nicht einfach.

Heterogene Katalyse. Bei heterogenen Katalysen liegen Katalysatoren und Edukte in verschiedenen Phasen vor. Die Edukte sind meist flüssig oder gasförmig, die Katalysatoren fest. Für industrielle Verfahren hat die heterogene Katalyse den Vorteil, dass man die Edukte kontinuierlich über den festen Katalysator leiten kann.

Bei heterogenen Katalysen spielt die Oberfläche des Katalysators eine entscheidende Rolle. Gase oder gelöste Stoffe können von der Oberfläche des Katalysators gebunden werden. Man bezeichnet dies als *Adsorption*. Nach der Stärke der Bindungskräfte unterscheidet man grob zwischen physikalischer und chemischer Adsorption. Bei der Chemisorption ähneln die Bindungen zwischen adsorbiertem Stoff und der Oberfläche Atombindungen. Bei der physikalischen Adsorption sind die Bindungen viel schwächer, sie sind etwa vergleichbar mit VAN-DER-WAALSchen Anziehungskräften. Ursache der Adsorption sind nicht voll abgesättigte Valenzen der Atome an der Oberfläche.

Durch bestimmte Herstellungsverfahren versucht man daher möglichst große Oberflächen zu erzielen. So erhält man beim Herauslösen von Aluminium aus einer Aluminium-Nickel-Legierung fein verteiltes Nickel mit großer Oberfläche. Dieses RANEY-Nickel wird für **katalytische Hydrierungen,** also die Anlagerung von Wasserstoff an ungesättigte Verbindungen verwendet. Es ist so aktiv, dass beispielsweise ungesättigte Fette bei der Herstellung von Margarine schon bei Raumtemperatur Wasserstoff anlagern. Dieselbe Reaktion erfordert mit gewöhnlichem Nickel hohe Temperaturen. Häufig werden auch inaktive Trägermaterialien mit großer Oberfläche, wie Silikagel oder Asbest mit Katalysatoren beschichtet. Diese Technik hat den Vorteil, dass der Katalysator sich beim Erhitzen nicht zusammenballt und dadurch an Oberfläche verliert. Für die katalytische Wirkung durch Adsorption sind mehrere Faktoren verantwortlich:

1. Durch Adsorption erhöht sich die Konzentration der Edukte an der Oberfläche, die Reaktion wird dadurch schneller.
2. Wenn Moleküle an einer Oberfläche gebunden werden, lockern sich die Bindungen zwischen den Atomen der Moleküle. Diese Schwächung der Bindung macht die Moleküle reaktiver. Zum Lösen der Bindungen ist nicht mehr so viel Aktivierungsenergie erforderlich wie vorher. Die Schwächung der Bindung kann in einzelnen Fällen so weit gehen, dass die Moleküle in Atome gespalten werden.
3. Viele Moleküle haben eine komplizierte räumliche Struktur. Es ist möglich, dass die Moleküle an der Oberfläche in einer für die Reaktion günstigen räumlichen Orientierung gebunden werden.

Nicht immer werden alle diese Faktoren zusammen auftreten. Besonders wichtig ist der zweite Faktor. Wir betrachten ihn am Beispiel der Hydrierung von Ethen näher. Als Katalysator wird außer Nickel auch Platin oder Palladium verwendet. Bei der Adsorption von Wasserstoff an Platin entstehen Wasserstoff-Atome:

H–H + 2 $\boxed{Pt}$ (Oberfläche) → 2 H $\boxed{Pt}$ (Oberfläche)

Diese reagieren mit dem ebenfalls vom Katalysator gebundenen Ethen zu Ethyl-Radikalen:

H_2C-CH_2 $\qquad$ CH_2-CH_3
$\quad|\quad|$ $\qquad\qquad\qquad$ $\quad|$
$\boxed{Pt}\boxed{Pt}$ + $\boxed{Pt}$–H → $\boxed{Pt}$ $\quad$ + 2 $\boxed{Pt}$

Durch weitere Anlagerung eines Wasserstoff-Atoms entsteht Ethan:

CH_2-CH_3
$\quad|$
$\boxed{Pt}$ $\qquad$ + $\boxed{Pt}$–H → 2 $\boxed{Pt}$ $\qquad$ + CH_3-CH_3

Da das Ethan vom Katalysator nicht mehr adsorbiert wird, ist die Oberfläche immer wieder frei für neue Umsetzungen. Die Desaktivierung von Katalysatoren beruht oft darauf, dass Fremdstoffe die Oberfläche blockieren. Bei der Hydrierung mit einem Gemisch von Wasserstoff (H₂) und seinem Isotop, dem Deuterium (D₂) entsteht ein gemischtes Produkt. Ein Ethen-Molekül nimmt also ein Wasserstoff- und ein Deuterium-Atom auf. Dies steht in Übereinstimmung mit dem dargestellten Mechanismus, nach dem ein Wasserstoff-Molekül nicht in einem Schritt an die Zweifachbindung addiert wird.

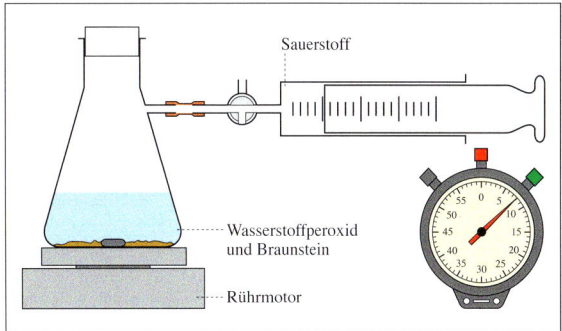

Abb. 91.1 Versuchsanordnung zur Untersuchung der katalytischen Zersetzung von Wasserstoffperoxid mit Braunstein

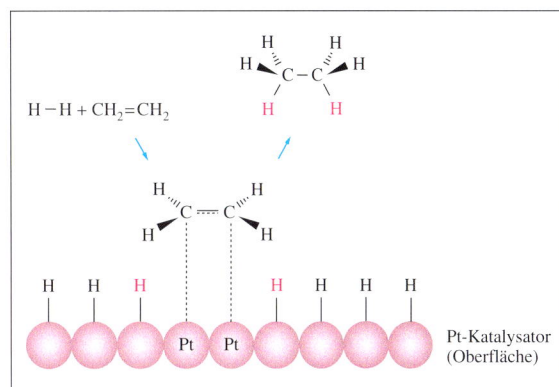

Abb. 91.2 Modell der Platin-katalysierten Hydrierung von Ethen

V 91.1 Katalytische Zersetzung von Wasserstoffperoxid durch Braunstein (MnO₂)

In eine Saugflasche gibt man 50 ml etwa Wasserstoffperoxid ($c = 0{,}15$ mol · l⁻¹) und stellt den Rührmotor ein. Danach wird schnell 50 mg pulverisiertes Braunstein (Xn) hinzugegeben, der Kolben sofort verschlossen und die Uhr gestartet.
Bei der Zugabe von Braunstein ist darauf zu achten, dass an der Innenwand nichts haften bleibt. Das Volumen am Kolbenprober liest man alle zehn Sekunden ab. Der Kolbenprober muss leichtgängig sein.
Der Versuch ist unter gleichen Bedingungen mit der doppelten Menge Braunstein zu wiederholen.
a) Berechnen Sie aus den Messwerten die Wasserstoffperoxidkonzentrationen c (H_2O_2) zu den verschiedenen Zeiten.
b) Berechnen Sie für die verschiedenen Zeitintervalle die Durchschnittsgeschwindigkeiten

$$\bar{v} = \frac{\Delta c\,(H_2O_2)}{\Delta t}$$

und die mittleren Wasserstoffperoxidkonzentrationen $\bar{c}(H_2O_2)$.
c) Stellen Sie die Durchschnittsgeschwindigkeit in Abhängigkeit von der mittleren Konzentration (Abszisse) grafisch dar.
d) Geben Sie die Exponenten x und y im Zeitgesetz
$v = k \cdot c^x(H_2O_2) \cdot O^y(MnO_2)$ an;
O ist die Oberfläche des Katalysators.

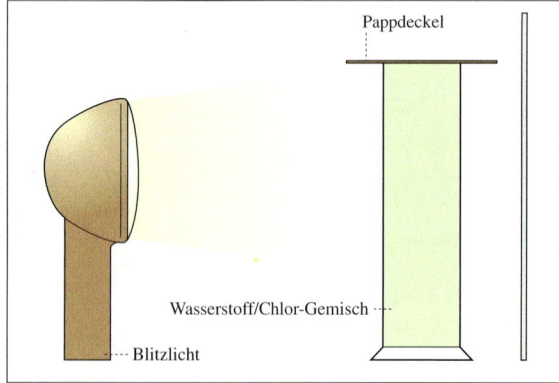

Pappdeckel

Wasserstoff/Chlor-Gemisch

Blitzlicht

Abb. 92.1 Durch UV-Licht ausgelöste Chlorknallgasreaktion (Wasserstoff/Chlor-Gemisch 1:1).

A 92.1 Entsteht in einem oder mehreren Schritten mehr als ein Kettenträger, so spricht man von einer verzweigten Kettenreaktion. Einige der möglichen Schritte der Umsetzung von Wasserstoff mit Sauerstoff sind:

(1) H_2 (g) + O_2 (g) → 2 OH· (g);   Start
(2) OH· (g) + H_2 (g) → H_2O (g) + H· (g)
(3) H· (g) + O_2 (g) → OH· (g) + O· (g)
(4) O· (g) + H_2 (g) → OH· (g) + H· (g)

In den Schritten (3) und (4) erfolgt Kettenverzweigung. Von jedem Kettenträger dieser Schritte gehen jeweils wieder zwei Reaktionen aus. Verzweigte Kettenreaktionen verlaufen daher besonders schnell.
Berechnen Sie die Reaktionsenthalpien der einzelnen Schritte.

A 92.2 Vergleichen Sie die Reaktionsenthalpien der einzelnen Schritte der Umsetzung von Wasserstoff und Iod mit der Chlorknallgasreaktion.

A 92.3 Durch Bestrahlung mit UV-Licht können *cis/trans*-Isomere ineinander umgewandelt werden. Man bezeichnet dies als *photochemische Isomerisierung*.
Zeichnen Sie die *cis/trans*-Isomere der But-2-endisäure.
Führen Sie an einem geeigneten Modell eine Isomerisierung durch und zeichnen Sie ein Enthalpiediagramm mit der Struktur des Übergangszustandes.

34 Photochemische Reaktionen

Da Licht eine Form von Energie darstellt, ist es nicht verwunderlich, dass es chemische Reaktionen auslösen kann. Während Chlor und Wasserstoff bei diffusem Tageslicht kaum merklich miteinander reagieren, tritt bei der Bestrahlung des Gasgemisches eine explosionsartige Umsetzung ein. Die Moleküle werden also durch Absorption von Licht aktiviert. Das Teilgebiet der Chemie, das Reaktionen untersucht, die durch Einwirkung von Licht und UV-Strahlung ablaufen, bezeichnet man als *Photochemie*.

Die photochemische Umsetzung von Chlor und Wasserstoff verläuft in mehreren Schritten. Bei der *Startreaktion* wird ein geringer Prozentsatz der Chlor-Moleküle durch Absorption von ultraviolettem Licht in Chlor-Radikale gespalten:

(1) Cl_2 (g) → 2 Cl· (g); $\Delta_R H_m^0 = 242$ kJ · mol^{-1}

Die sehr reaktiven Radikale setzen sich im nächsten Schritt mit Wasserstoff-Molekülen um:

(2) Cl· (g) + H_2 (g) → HCl (g) + H· (g);
$$\Delta_R H_m^0 = 5 \text{ kJ} \cdot \text{mol}^{-1}$$

Die dabei gebildeten Wasserstoff-Radikale reagieren wiederum mit Chlor-Molekülen:

(3) H· (g) + Cl_2 (g) → HCl (g) + Cl· (g);
$$\Delta_R H_m^0 = -189 \text{ kJ} \cdot \text{mol}^{-1}$$

Im weiteren Verlauf folgen die Schritte (2) und (3) mehrere tausendmal aufeinander. Ihre Addition ergibt:

H_2 (g) + Cl_2 (g) → 2 HCl (g); $\Delta_R H_m^0 = -184$ kJ · mol^{-1}

Der Reaktionsablauf ist ein Beispiel für eine **Kettenreaktion.** Darunter versteht man eine Reaktion, bei der in jedem Teilschritt ein reaktives Teilchen entsteht, das den nächsten Schritt der Reaktion ermöglicht. Die Schritte (2) und (3) bezeichnet man als *Kettenwachstum*.

Der Abbruch der Kette erfolgt, wenn Radikale miteinander reagieren. *Beispiel:*

Cl· (g) + Cl· (g) → Cl_2 (g)

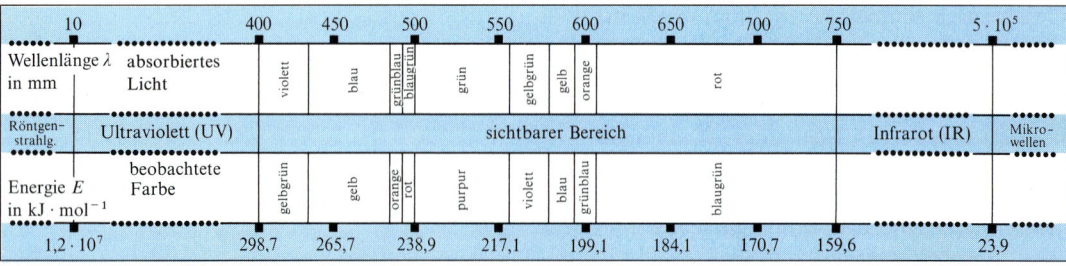

Abb. 92.2 Ausschnitt aus dem elektromagnetischen Spektrum

Diese Rekombination zwischen zwei Radikalen wird jedoch erst gegen Ende der Reaktion, wenn die Konzentration an Chlor-Molekülen und Wasserstoff-Molekülen gering wird, wahrscheinlich. Auch durch Reaktion von Radikalen mit den Gefäßwänden ist ein Kettenabbruch möglich.

Damit die Startreaktion erfolgt, muss die Energie eines Photons zur Spaltung einer Cl–Cl-Bindung ausreichen. Die Bindungsenthalpie für $6{,}022 \cdot 10^{23}$ Chlor-Moleküle beträgt 242 kJ. Zur Spaltung eines Chlor-Moleküls ist also die Energie

$$E = \frac{242 \,\text{kJ} \cdot \text{mol}^{-1}}{6{,}022 \cdot 10^{23} \,\text{mol}^{-1}} = 40{,}2 \cdot 10^{-20} \,\text{J}$$

erforderlich. Die Energie eines Photons erhält man nach der PLANCKschen Beziehung:

$$E = h \cdot f; \quad h = 6{,}6256 \cdot 10^{-34} \,\text{J} \cdot \text{s}$$

Statt durch die Frequenz f charakterisiert man die Lichtenergie häufig durch die Wellenlänge λ. Mit der Beziehung $c_0 = \lambda \cdot f$ erhält man:

$$E = h \cdot \frac{c_0}{\lambda}; \quad c_0 = 3 \cdot 10^{10} \,\text{cm} \cdot \text{s}^{-1}$$

(c_0: Lichtgeschwindigkeit im Vakuum)

Für die Wellenlänge des Lichts, das Chlor-Moleküle in Chlor-Atome spalten kann, ergibt sich somit:

$$\lambda = h \cdot \frac{c_0}{E} = \frac{6{,}6256 \cdot 10^{-34} \,\text{J} \cdot \text{s} \cdot 3 \cdot 10^{10} \,\text{cm} \cdot \text{s}^{-1}}{40{,}2 \cdot 10^{-20} \,\text{J}}$$
$$= 4{,}9 \cdot 10^{-5} \,\text{cm} = 490 \,\text{nm}$$

Ist die Wellenlänge größer als 490 nm, so reicht die Energie des Lichts nicht aus, um die Reaktion zwischen Chlor und Wasserstoff auszulösen.

Photochemische Reaktionen sind von großer Bedeutung. Ein bekanntes Beispiel ist das Belichten photografischer Filme. Diese enthalten in einer Gelatineschicht feinverteiltes Silberbromid oder Silberiodid, aus dem durch Einwirkung von Licht Silberkeime gebildet werden. Beim „Entwickeln" des Films werden diejenigen Silberhalogenidkristalle, welche in unmittelbarer Nähe der Silberkeime liegen, zu schwarzem Silber reduziert (Negativ). Das nichtbelichtete Silberhalogenid des Films wird beim „Fixieren" mit Natriumthiosulfat entfernt. Die wohl wichtigste photochemische Reaktion überhaupt tritt bei der *Lichtreaktion* der *Photosynthese* in grünen Pflanzen auf. Dabei wird in Gegenwart von Chlorophyll Wasser in Hydroxyl-Radikale und Wasserstoff-Atome gespalten:

$$2 \,H_2O \xrightarrow{\text{Chlorophyll}} 2 \,H\cdot + 2 \,HO\cdot$$

Die Wasserstoff-Atome dienen zur Reduktion von Kohlenstoffdioxid, aus den Hydroxyl-Radikalen bildet sich der Assimilations-Sauerstoff.

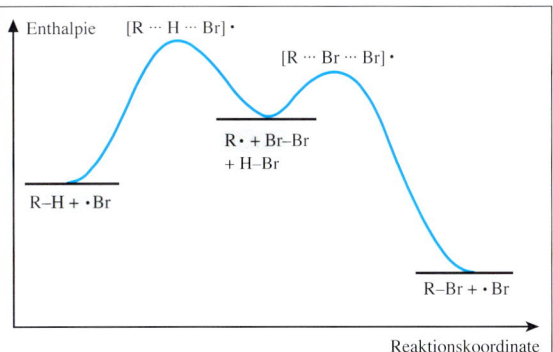

Abb. 93.1 Enthalpiediagramm der photochemischen Bromierung von Heptan (R = C_7H_{15}). Die größte Aktivierungsenergie ist zur Bildung des Alkylradikals R· erforderlich.

A 93.1 Bei der Bromierung von Heptan wird Wasserstoff durch Brom ersetzt:

$$C_7H_{16} \,(l) + Br_2 \,(l) \rightarrow C_7H_{15}Br \,(l) + HBr \,(g)$$

a) Formulieren Sie die einzelnen Schritte der Kettenreaktion und geben Sie deren Reaktionsenthalpien an.
b) Vergleichen Sie mit der Fluorierung, Chlorierung und Iodierung. Warum ist eine photochemische Iodierung nicht durchführbar, während Fluorierungen explosionsartig verlaufen?
c) Welche Wellenlänge darf das Licht höchstens haben, damit die Bromierung abläuft?

V 93.2 Bromierung von Heptan
Man gibt zu etwa 100 ml Heptan (F, Xn, N) etwas Brom (T+, C, N), bis die Lösung deutlich braun gefärbt ist. Diese Lösung verteilt man auf zwei 100 ml-Bechergläser, die man auf den Tageslichtprojektor auf ein blaues und rotes Filter stellt. Nach einiger Zeit hellt sich die Projektion über dem blauen Filter auf. Die Lösung, die von blauem Licht durchstrahlt wird, ist danach farblos und trüb, während die andere unverändert vorliegt.
Weisen Sie den entstandenen Bromwasserstoff nach.
Entsorgung: B 3

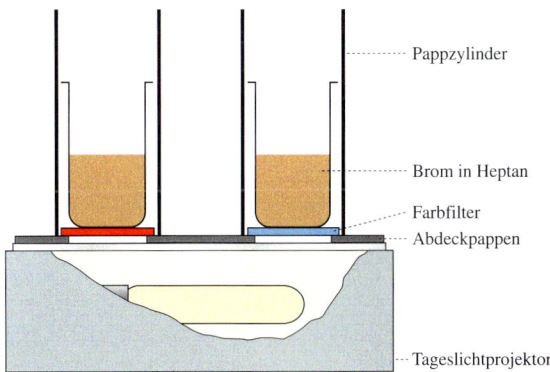

Zusätzliche Aufgaben

A 94.1 Erklären Sie, warum Druckerhöhung die Geschwindigkeit der Reaktion zwischen Gasen, nicht jedoch die zwischen Feststoffen oder Flüssigkeiten erhöht.

A 94.2 Was versteht man unter **a)** Prokatalysator, **b)** Katalysatorgift, **c)** Inhibitor und **d)** Enzym?

A 94.3 Geben Sie für die Reaktion

N_2 (g) + 3 H_2 (g) $\rightleftharpoons$ 2 NH_3 (g)

alle drei Möglichkeiten an, wie man die Reaktionsgeschwindigkeit ausdrücken kann. Welche Beziehung besteht zwischen den drei Reaktionsgeschwindigkeiten? Welche Einheit hat die Reaktionsgeschwindigkeit?

A 94.4 Für eine Reaktion wurden bei zwei verschiedenen Temperaturen Geschwindigkeitskonstanten k experimentell ermittelt:

$k_1 = 1 \cdot 10^{-3}$ s^{-1} bei 300 K
$k_2 = 4{,}6 \cdot 10^{-3}$ s^{-1} bei 310 K

Berechnen Sie die Aktivierungsenergie für die Reaktion. (ln e^{-x} = $-x$; ln x = 2,3025 · lg x)

A 94.5 Innerhalb 30 Sekunden reagierten 72,2 mg Magnesium mit verdünnter Salzsäure.
Wie groß ist die Durchschnittsgeschwindigkeit für diese Reaktion?

A 94.6 Brom oxidiert Ameisensäure zu Kohlenstoffdioxid:

HCOOH (aq) + Br_2 (aq) → CO_2 (g) + 2 H^+ (aq) + 2 Br$^-$ (aq)

Die Ausgangskonzentration von Brom ist $c = 1 \cdot 10^{-2}$ mol · l^{-1}. Nach 50 Sekunden ist sie um 1/10 gefallen.
a) Geben Sie die Reaktionsgeschwindigkeit bezogen auf die Abnahme der Bromkonzentration an.
b) Wie groß ist die Reaktionsgeschwindigkeit bezogen auf Kohlenstoffdioxid und Hydronium-Ionen?

A 94.7 Bei einer Modellrechnung wird angenommen, dass ein Würfel aus Zink mit der Kantenlänge 4 cm mit verdünnter Schwefelsäure reagiert und dabei 2 cm^3 Wasserstoff pro Minute entstehen.
a) Der Würfel wird nun in acht Würfel der Kantenlänge 2 cm zerteilt. Wie viel Wasserstoff könnte jetzt pro Minute gebildet werden?
b) Jeder der 2 cm-Würfel wird in acht Würfel mit einer Kantenlänge von 1 cm zerteilt. Wie viel Wasserstoff könnte jetzt pro Minute gebildet werden?

A 94.8 Berechnen Sie die Energie von einem Photon und von einem Mol Photonen für:
a) gelbes Licht (λ = 600 nm) und
b) violettes Licht (λ = 400 nm).

A 94.9 Welche Wellenlänge muss Licht mindestens haben, damit folgende Moleküle in Atome gespalten werden?
a) Br – Br,   **b)** H – H,   **c)** O = O.

A 94.10 Über die Reaktion zwischen Wasserstoff und Stickstoffoxid bei 1000 K sind folgende Daten bekannt:

$\dfrac{c_0(H_2)}{\text{mol} \cdot \text{m}^{-3}}$	$\dfrac{c_0(NO)}{\text{mol} \cdot \text{m}^{-3}}$	$\dfrac{v_0}{\text{mol} \cdot \text{m}^{-3} \cdot \text{s}^{-1}}$
5	1	0,1
5	2	1,6
5	3	3,6
1	5	2,0
2	5	4,0
3	5	6,0

c_0: Anfangskonzentration; v_0: Anfangsgeschwindigkeit

a) Stellen Sie die Geschwindigkeitsgleichung der Reaktion auf.
b) Wie groß ist die Geschwindigkeitskonstante der Reaktion?
c) Wie groß wäre die Anfangsgeschwindigkeit v_0 bei den Anfangskonzentrationen

c (NO) = c (H_2) = 0,004 mol · dm^{-3}?

d) Die Reaktionsgleichung für die Umsetzung ist:

2 H_2 (g) + 2 NO (g) → 2 H_2O (g) + N_2 (g)

Schlagen Sie einen möglichen Mechanismus für die Reaktion vor.

A 94.11 Eine saure Wasserstoffperoxidlösung oxidiert Iodid-Ionen zu Iod:

H_2O_2 (aq) + 2 I$^-$ (aq) + 2 H^+ (aq) → 2 H_2O (l) + I_2 (aq)

Die Konzentration von Iod nimmt in fünf Sekunden von 0 auf 10^{-5} mol · l^{-1} zu.
a) Wie groß ist die Reaktionsgeschwindigkeit in Bezug auf die Zunahme der Iodkonzentration: v (I_2)?
b) Geben Sie die Reaktionsgeschwindigkeit in Bezug auf Wasserstoffperoxid an: v (H_2O_2).
c) Wie groß ist die Reaktionsgeschwindigkeit v (I$^-$)?

GESCHWINDIGKEIT

A 95.12 Ein Stück Holzkohle enthält außer ^{12}C-Atomen auch Kohlenstoffisotope ^{14}C, die radioaktiv sind und unter Aussendung von β-Strahlung zerfallen. Der Zerfall erfolgt nach einer Kinetik erster Ordnung, die Geschwindigkeitskonstante ist $k = 1{,}21 \cdot 10^{-4}\ a^{-1}$.
Wie lange dauert es, bis nur noch die Hälfte der ursprünglich vorhandenen ^{14}C-Isotope vorhanden ist?

A 95.13 Welches der beiden radioaktiven Isotope hat die größere Halbwertszeit?
$^{15}O \qquad k = 5{,}63 \cdot 10^{-3}\ s^{-1}$
$^{19}O \qquad k = 2{,}38 \cdot 10^{-2}\ s^{-1}$

A 95.14 Für eine Reaktion zweiter Ordnung in Bezug auf ein Edukt B lautet das Zeitgesetz:

$$\frac{dc(B)}{dt} = k \cdot c^2(B)$$

Die Reaktionsgeschwindigkeit ist also dem Quadrat der Konzentration von B proportional. Für die integrierte Form dieses Zeitgesetzes ergibt sich:

$$\frac{1}{c(B)} - \frac{1}{c_0(B)} = k \cdot t$$

a) Berechnen Sie aus der integrierten Form des Zeitgesetzes die Halbwertszeit $t_{\frac{1}{2}}$. Was ist der Unterschied im Vergleich zu einer Reaktion erster Ordnung?
b) Welche Bedeutung haben im folgenden Diagramm die Steigung und der Ordinatenabschnitt?

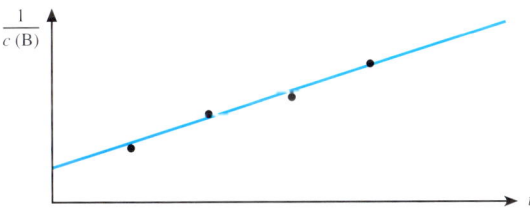

A 95.15 Der Indikator Phenolphthalein (Phth) reagiert bei pH = 14 langsam mit Hydroxid-Ionen unter Entfärbung. Für die Abnahme der Konzentration von Phth mit der Zeit wurden experimentell die folgenden Messwerte erhalten:

$\dfrac{c(\text{Phth})}{mol \cdot l^{-1}}$	0,05	0,04	0,03	0,02	0,01	0,005
$\dfrac{t}{s}$	0	22	51	92	161	203

Zeichnen Sie jeweils ein Diagramm von $\ln c(\text{Phth})$ sowie $c(\text{Phth})^{-1}$ in Abhängigkeit von der Zeit t. Nach welcher Ordnung verläuft die Reaktion in Bezug auf Phenolphthalein?

A 95.16 Geben Sie die Reaktionsgeschwindigkeit für die Abnahme eines jeden Edukts und die Zunahme des Produkts für folgende Reaktion an:
$Cl_2\,(g) + 3\,F_2\,(g) \rightleftharpoons 2\,ClF_3\,(g)$

A 95.17 Iodwasserstoffgas zerfällt beim Erhitzen in Wasserstoff und Iod:

$2\,HI\,(g) \rightarrow H_2\,(g) + I_2\,(g)$

Es wurden für verschiedene Ausgangskonzentrationen von Iodwasserstoff die jeweiligen Anfangsgeschwindigkeiten des Zerfalls ermittelt:

Versuch Nr.	$\dfrac{c_0\,(HI)}{mol \cdot l^{-1}}$	$\dfrac{v_0\,(HI)}{mol \cdot l^{-1} \cdot s^{-1}}$
1	$1 \cdot 10^{-2}$	$4 \cdot 10^{-6}$
2	$2 \cdot 10^{-2}$	$1{,}6 \cdot 10^{-5}$
3	$3 \cdot 10^{-2}$	$3{,}6 \cdot 10^{-5}$

a) Geben Sie das Zeitgesetz und die Reaktionsordnung für die Reaktion an.
b) Wie groß ist Anfangsgeschwindigkeit der Zunahme von Wasserstoff in den Versuchen 1 bis 3?

A 95.18 Acetaldehyd (CH_3CHO) zersetzt sich bei 500 °C nach einer Kinetik zweiter Ordnung. Die Geschwindigkeitskonstante ist $k = 0{,}334\ mol^{-1} \cdot s^{-1}$. Die Ausgangskonzentration an Acetaldehyd ist $c_0\,(CH_3CHO) = 0{,}0075\ mol \cdot l^{-1}$.
a) Geben Sie das Zeitgesetz in der differentiellen und integrierten Form an.
b) Wie lange dauert es, bis sich 80 % des Acetaldehyds zersetzt haben?

A 95.19 a) Geben Sie für die beiden Reaktionen erster und zweiter Ordnung die jeweiligen Zeitgesetze bezüglich der Edukte in differentieller und integrierter Form an.
1. Ordnung: $2\,N_2O_5 \rightarrow 4\,NO_2 + O_2$
2. Ordnung: $2\,HNO_2 \rightarrow NO + NO_2 + H_2O$
b) Welcher Unterschied besteht zwischen der Stöchiometrie und der Ordnung einer Reaktion?

A 95.20 Zeichnen Sie Enthalpiediagramme für die Kettenreaktionsschritte der Reaktion:
$H_2\,(g) + Cl_2\,(g) \rightarrow 2\,HCl\,(g)$
Welche Zusammensetzung haben die aktivierten Komplexe dieser Schritte? Geben Sie denkbare Strukturen für diese Komplexe an.

A 95.21 Das Zeitgesetz $v = k \cdot c\,(N_2O_5)$ trifft für folgende Reaktion zu: $2\,N_2O_5\,(g) \rightarrow 4\,NO_2\,(g) + O_2\,(g)$
Zeigen Sie, wie dieses Zeitgesetz mit dem vorgeschlagenen Drei-Schritte-Mechanismus übereinstimmt:
(1) $N_2O_5 \rightleftharpoons NO_2 + NO_3$ schnell
(2) $NO_2 + NO_3 \rightarrow NO_2 + NO + O_2$ langsam
(3) $NO + NO_3 \rightarrow 2\,NO_2$ schnell

A 95.22 Berechnen Sie die Geschwindigkeitskonstante der Bildung von Iod in der folgenden Reaktion bei 500 °C, wenn die Geschwindigkeitskonstante für die Abnahme von Iodwasserstoff $k = 0{,}039\ mol^{-1} \cdot s^{-1}$ beträgt.
$2\,HI\,(g) \rightarrow H_2\,(g) + I_2\,(g)$

DAS CHEMISCHE GLEICHGEWICHT

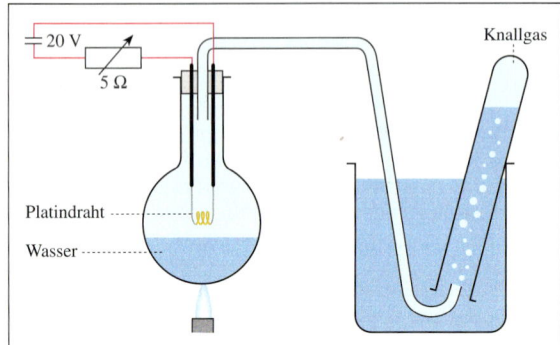

Abb. 96.1 Thermolyse von Wasserdampf

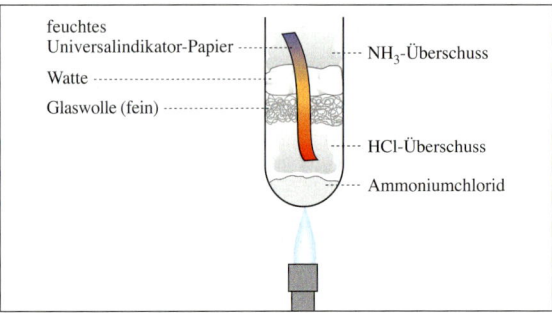

Abb. 96.2 Thermolyse von Ammoniumchlorid. Die endotherme Rückreaktion kann in dieser Anordnung beobachtet werden, da Ammoniak wegen seiner geringeren Molekülmasse schneller diffundiert als Chlorwasserstoff.

V 96.1 Thermolyse von Wasserdampf
In der Apparatur nach Abb. 96.1 bringt man etwas Wasser zum Sieden. Nachdem die Luft vollständig durch Wasserdampf verdrängt ist, heizt man den Platindraht auf helle Gelbglut (ca. 1200 °C), indem man die Spannung langsam steigert und den Regelwiderstand (ca. 5 Ω, 10 A) erniedrigt. Man sammelt etwa 5 ml von dem entstehenden Gas in dem Reagenzglas und identifiziert es als Knallgas.

V 96.2 Kalklöschen und Thermolyse von Calciumhydroxid
a) Verrühren Sie einige Gramm Calciumoxidpulver (C) in einem Porzellantiegel mit etwa 2 ml Wasser. Achten Sie während einiger Minuten auf Temperaturänderungen.
b) Erhitzen Sie einen Spatel Calciumhydroxid (C) in einem Reagenzglas auf Rotglut.

Bei vielen Reaktionen setzen sich die Reaktionspartner nicht vollständig miteinander um, deshalb muss man die Umsetzung oft gezielt steuern. Dieses Kapitel beschäftigt sich mit der Frage, wie weit chemische Reaktionen ablaufen.

35 Umkehrbare Reaktionen

Aus Wasserstoff und Sauerstoff bildet sich bekanntlich Wasser in exothermer Reaktion. Will man die Reaktion in umgekehrter Richtung ablaufen lassen („Rückreaktion"), also Wasser wieder in die Elemente zerlegen, so muss die gleiche Energiemenge zugeführt werden, die bei der Bildung von Wasser an die Umgebung abgegeben worden ist.

Hinreaktion: $2\,H_2\,(g) + O_2\,(g) \rightarrow 2\,H_2O\,(g)$;
$$\Delta_R H_m^0 = -484\ \text{kJ} \cdot \text{mol}^{-1}$$
Rückreaktion: $2\,H_2O\,(g) \rightarrow 2\,H_2\,(g) + O_2\,(g)$;
$$\Delta_R H_m^0 = 484\ \text{kJ} \cdot \text{mol}^{-1}$$

Abbildung 96.1 zeigt eine Möglichkeit, diese endotherme Rückreaktion ablaufen zu lassen. Auch in anderen Fällen lässt sich ein Stoff, der in exothermer Reaktion entstanden ist, beim Erhitzen direkt in die Ausgangstoffe zerlegen. Einige Beispiele: Silbersulfid entsteht aus den Elementen in exothermer Reaktion; beim Erhitzen von Silbersulfid im Vakuum werden Silber und Schwefel zurückgebildet. Calciumoxid reagiert exotherm mit Wasser unter Bildung von Calciumhydroxid („Kalklöschen"). Erhitzt man Calciumhydroxid, so entweicht Wasserdampf, und Calciumoxid bleibt zurück. Das flüssige Phosphortribromid (PBr_3) reagiert exotherm mit Brom unter Bildung des festen, gelben Pentabromids (PBr_5). Durch Erhitzen des Pentabromids erhält man wieder die Ausgangsstoffe.

Bei sehr stark endothermen Reaktionen lässt sich die notwendige Energie nicht mehr mithilfe der üblichen Heizgeräte zuführen. Aluminiumoxid beispielsweise kann selbst durch Erhitzen auf 3000 K nicht in die Elemente zerlegt werden. Vielfach kann die Rückreaktion jedoch erzwungen werden, indem man Lösungen oder Schmelzen elektrolysiert. Die notwendige Energie kann hier als elektrische Energie zugeführt werden.

Komplizierter aufgebaute Stoffe, die bei einer Reaktion weitgehend zerlegt werden, lassen sich in der Regel nicht in direkter Reaktion zurückgewinnen. Ein Sprengstoff ließe sich aus den bei der Explosion entstehenden Gasen nur durch eine Folge von Reaktionen synthetisieren.

In einigen Fällen lässt sich auch bei der gleichen Temperatur beobachten, dass Reaktionen umkehrbar sind.

Beispiel: Silbernitratlösung reagiert mit Eisen(II)-sulfatlösung. Andererseits löst sich feinverteiltes Silber in einer Eisen(III)-nitratlösung.

Hinreaktion:
$$Fe^{2+}(aq) + Ag^+(aq) \rightarrow Fe^{3+}(aq) + Ag(s)$$

Rückreaktion:
$$Fe^{3+}(aq) + Ag(s) \rightarrow Fe^{2+}(aq) + Ag^+(aq)$$

Hier laufen jedoch weder Hinreaktion noch Rückreaktion vollständig ab. Die Reaktion kommt zum Stillstand, wenn sich ein bestimmtes Verhältnis zwischen den Stoffmengen der Edukte und der Produkte eingestellt hat. Man spricht dann von einem **chemischen Gleichgewicht.** In der Reaktionsgleichung weist man durch einen Doppelpfeil ⇌ darauf hin, dass die Reaktion zu einem Gleichgewicht führt, also nicht vollständig abläuft.

$$Fe^{2+}(aq) + Ag^+(aq) \rightleftharpoons Fe^{3+}(aq) + Ag(s)$$

Bei der Einstellung eines chemischen Gleichgewichts verringern sich die Konzentrationen der Edukte; die Geschwindigkeit der Hinreaktion nimmt dementsprechend ab. Gleichzeitig erhöhen sich die Konzentrationen der Produkte, sodass die Geschwindigkeit der Rückreaktion allmählich zunimmt. Im Gleichgewichtszustand laufen dann beide Reaktionen mit gleicher Geschwindigkeit ab. Man muss sich also ein chemisches Gleichgewicht als einen *dynamischen* Gleichgewichtszustand vorstellen.

Derartige Gleichgewichte stellen sich auch bei allen umkehrbaren Reaktionen ein, wenn man sie bei geeigneter Temperatur in einem *abgeschlossenen* System ablaufen lässt. Bei konstanter Temperatur ändert sich dann weder die Zusammensetzung des Systems, noch wird Energie mit der Umgebung ausgetauscht.

A 97.1 Zeichnen Sie ein Diagramm für die zeitliche Änderung der Reaktionsgeschwindigkeiten von Hin- und Rückreaktion bei der Einstellung eines Gleichgewichts.

V 97.2 Bildung und Zerlegung von Zinkbromid
a) Geben Sie zu 10 ml gesättigtem Bromwasser (T, Xi) einen Spatel Zinkpulver (F). Prüfen Sie mithilfe eines Thermometers auf Temperaturänderungen.
b) Konzentrierte Zinkbromidlösung (C) wird in einem U-Rohr an Kohleelektroden elektrolysiert (ca. 5 V). Welche Reaktionen laufen an den Elektroden ab?

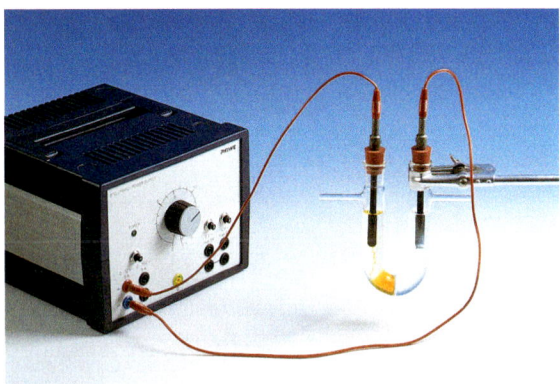

V 97.3 Die Reaktion zwischen Silber- und Eisen(II)-Ionen und ihre Umkehrung
a) Mischen Sie gleiche Volumina von Silbernitrat- und Eisen(II)-sulfatlösung (jeweils $c = 0,1 \, mol \cdot l^{-1}$). Lassen Sie die Mischung etwa 10 min stehen. Wie kann man beweisen, dass sich ein Gleichgewicht eingestellt hat?
b) Das nach a) gebildete Silber wird abfiltriert und auf dem Filter gut ausgewaschen. Geben Sie dann konzentrierte Eisen(III)-nitratlösung (O, Xi) in den Filter. Prüfen Sie das ablaufende Filtrat auf Silber-Ionen.
Entsorgung: B2

V 97.4 Modellexperiment zum chemischen Gleichgewicht
Führen Sie das Modellexperiment (Abb. 97.1) in 50 ml-Messzylindern aus. Die als Stechheber verwendeten Glasröhren sollten einen Durchmesser von 6 mm und 8 mm haben.
Tragen Sie Ihre Ergebnisse entsprechend Teilbild II in ein Diagramm ein.

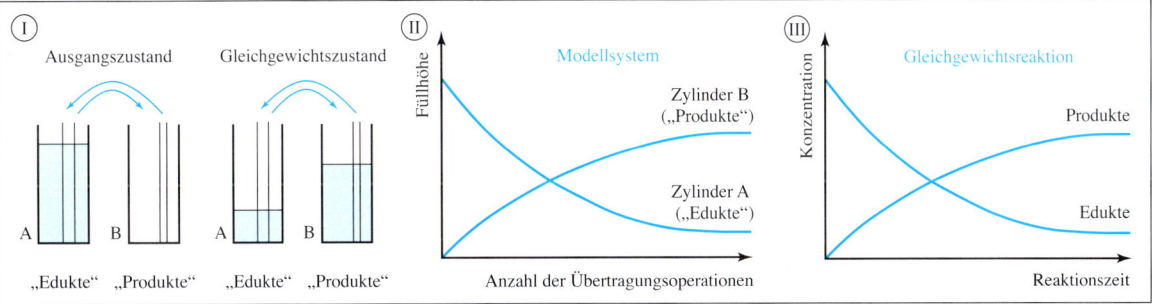

Abb. 97.1 Modellexperiment zum chemischen Gleichgewicht. Es werden wechselseitig Wassermengen zwischen den Zylindern übertragen, die der Füllhöhe der Zylinder proportional sind.

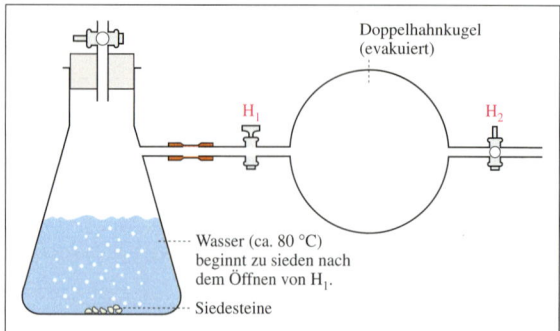

Abb. 98.1 Gleichgewichtseinstellung nach Störung des Gleichgewichts durch Druckerniedrigung

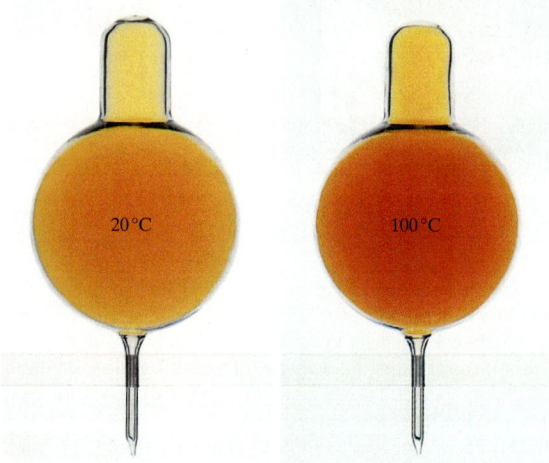

Abb. 98.2 Einfluss der Temperatur auf das N_2O_4/NO_2-Gleichgewicht

V 98.1 Sieden von Wasser bei vermindertem Druck
a) Man füllt eine Saugflasche bis etwa 2 cm unterhalb des Ansatzrohrs mit heißem Wasser (70 °C bis 80 °C) und verschließt sie mit einem Gummistopfen (Abb. 98.1). Dann verbindet man eine evakuierte Doppelhahnkugel (Wasserstrahlpumpe!) mit dem Ansatzrohr und öffnet den Hahn (H_1).
b) Man saugt etwa 10 ml heißes Wasser möglichst ohne Luftblasen in eine 20 ml-Nylonspritze (ohne angesetzte Nadel). Vermindern Sie den Druck, indem Sie den Kolben einige Zentimeter herausziehen, während Sie die Öffnung mit dem Finger verschließen.

LV 98.2 Gleichgewicht zwischen Stickstoffdioxid und seinem Dimeren
Ein Kolbenprober (mit Hahn) wird bei Raumtemperatur mit 40 ml des Gleichgewichtsgemischs aus NO_2/N_2O_4 (T+) gefüllt. Man untersuche die Temperaturabhängigkeit des Gleichgewichts, indem man den Kolbenprober in einem großen Becherglas mit heißem Wasser erwärmt.

36 Gleichgewichtsverschiebung und das Prinzip von LE CHATELIER

Bei vielen Gleichgewichtsreaktionen wird nur ein sehr kleiner Anteil der Edukte umgesetzt. Man sagt dann: Das Gleichgewicht liegt ganz auf der linken Seite. In der Reaktionsgleichung weist man darauf hin, indem man den nach links weisenden Pfeil verstärkt: $\rightleftharpoons$. Entsprechend zeigt das Symbol $\rightleftharpoons$ an, dass ein Gleichgewicht überwiegend auf der Seite der Produkte liegt.

Die Lage eines Gleichgewichts kann durch die Änderung der Reaktionsbedingungen (Temperatur, Druck, Konzentration) verändert werden. Man spricht dann von einer *Verschiebung des Gleichgewichts.*

Einfluss der Temperatur. Die Lage des Gleichgewichts hängt meist sehr stark von der Temperatur ab. Zu jeder Temperatur gehört also ein eigener Gleichgewichtszustand. Ein besonders einfaches Beispiel ist das Gleichgewicht zwischen einer Flüssigkeit und ihrem Dampf. Mit steigender Temperatur nimmt der Dampfdruck über der Flüssigkeit zu. Die endotherme Verdampfungsreaktion schreitet also bei Temperaturerhöhung weiter fort. Beim Abkühlen läuft der Vorgang dagegen in exothermer Richtung ab: Ein Teil des Dampfes kondensiert, bis sich der neue Gleichgewichtsdampfdruck eingestellt hat.

$$H_2O \, (l) \rightarrow H_2O \, (g); \quad \Delta_R H_m^0 = 44 \text{ kJ} \cdot \text{mol}^{-1}$$

Ganz entsprechende Beobachtungen macht man bei anderen Gleichgewichtsreaktionen: Erhitzt man Wasserdampf in einem abgeschlossenen Raum auf 2000 °C, werden bei 1013 hPa etwa 1,8 % der Wasser-Moleküle gespalten. Erhöht man die Temperatur auf 2500 °C, so läuft die endotherme Thermolysereaktion weiter ab; im Gleichgewicht sind 10 % der Wasser-Moleküle gespalten. Das Gleichgewicht ist also in Richtung der Spaltprodukte verschoben worden.

Allgemein gilt: Durch Erhöhung der Temperatur verschiebt sich das Gleichgewicht in Richtung des endothermen Reaktionsablaufs. Erniedrigt man die Temperatur, so schreitet die Reaktion in Richtung des exothermen Ablaufs fort.

Einfluss des Druckes. Bei vielen Gleichgewichtsreaktionen treten Volumenänderungen auf, wenn sie bei konstantem Druck ablaufen. Durch die Änderung des Druckes lässt sich in diesen Fällen das Gleichgewicht verschieben. Besonders stark wirken sich Druckänderungen bei Reaktionen aus, durch die Gase verbraucht oder gebildet werden. Viele bei Raumtemperatur gasförmige Stoffe lassen sich allein durch Druckerhöhung verflüssigen. Bei dem als Feuerzeuggas verwendeten Butan gelingt das schon bei etwa 0,4 MPa, während bei Kohlenstoffdioxid rund 6 MPa erforderlich sind.

Ein Beispiel für eine chemische Reaktion, die sich durch Druckänderungen leicht beeinflussen lässt, ist die Bildung von Distickstofftetraoxid (N_2O_4) aus Stickstoffdioxid. Bei Druckerniedrigung zerfällt das Dimere, während sich bei Druckerhöhung sein Anteil erhöht.

$$2\,NO_2\,(g) \xrightleftharpoons[\text{Druckerniedrigung}]{\text{Druckerhöhung}} N_2O_4\,(g)$$
braun   farblos

Hier wird wie in allen anderen Fällen durch Druckerhöhung die Bildung der Stoffe mit größerer Dichte begünstigt. Bei Gasen entspricht das einer Verminderung der Teilchenzahl. Druckerniedrigung verschiebt das Gleichgewicht in umgekehrter Richtung.

Einfluss der Konzentration. Tropft man konzentrierte Salzsäure zu einer blauen Kupferchloridlösung, so färbt sich die Mischung grün. Ursache ist die Anlagerung von Chlorid-Ionen an die Kupfer-Ionen. Diese Reaktion lässt sich vereinfacht wie folgt beschreiben:

$$Cu^{2+}\,(aq) + Cl^-\,(aq) \rightleftharpoons CuCl^+\,(aq)$$
blau   grün

Verdünnt man die Lösung mit Wasser, so tritt die Blaufärbung wieder auf. Ähnliche Beobachtungen macht man auch bei der Reaktion von Anthracen (A) mit Pikrinsäure (P) in Trichlormethan als Lösungsmittel. Die Mischung wird durch das gebildete Anthracenpikrat (AP) rot gefärbt. Gibt man zusätzlich Anthracen oder Pikrinsäure in die Lösung, so wird die Rotfärbung intensiver; es bildet sich weiteres Anthracenpikrat:

$$A\ +\ P \rightleftharpoons AP$$
farblos gelb rot

Allgemein gilt: Erhöht man die Konzentration eines Stoffes, so schreitet die Reaktion in der Richtung fort, in der dieser Stoff verbraucht wird. Erniedrigt man die Konzentration eines Stoffes, so läuft dagegen die Reaktion weiter ab, durch die dieser Stoff (nach-)gebildet werden kann. In beiden Fällen wird also die ursprüngliche Konzentrationsänderung teilweise wieder ausgeglichen.

Verdünnt man eine Anthracen-Pikrat-Lösung, so nimmt die Farbintensität stärker ab, als es dem Verdünnungseffekt allein entspricht. Das Anthracen-Pikrat zerfällt also beim Verdünnen. Das Gleichgewicht wird hier nach links verschoben, obwohl sich durch das Verdünnen zunächst alle Konzentrationen in der gleichen Weise ändern. Entsprechende Beobachtungen macht man nur bei solchen Reaktionen, die mit einer Änderung der Teilchenzahl verbunden sind: Beim Verdünnen wird die Reaktionsrichtung begünstigt, die zu einer Vergrößerung der Teilchenzahl führt. Man erkennt an diesem Beispiel, dass sich Konzentrationsänderungen bei Gleichgewichtsreaktionen in Lösung ganz ähnlich auswirken wie Druckänderungen bei Gasreaktionen.

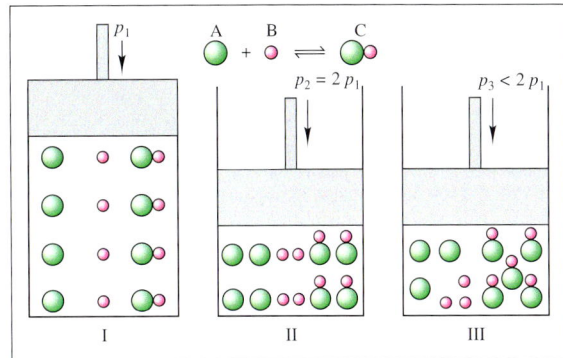

Abb. 99.1 Änderung der Gleichgewichtslage durch Druckerhöhung bei einer Gasreaktion. Entsprechende Beobachtungen können am Beispiel des NO_2/N_2O_4-Gleichgewichts direkt gemacht werden: Rasche Druckerhöhung führt zum Zustand II, innerhalb einer Sekunde hellt sich dann das Gemisch etwas auf (Zustand III).

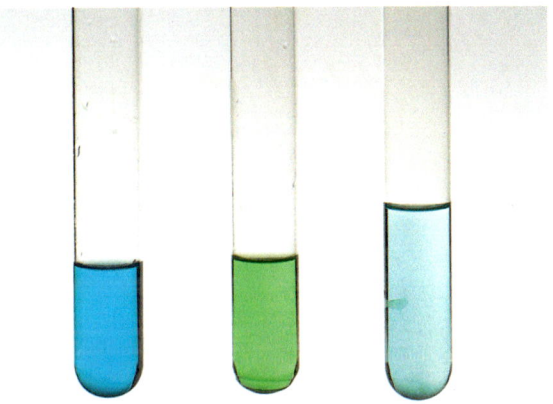

Abb. 99.2 Änderung der Gleichgewichtslage durch Konzentrationsänderung: das Cu^{2+}/$CuCl^+$-Gleichgewicht

LV 99.1 Anthracen-Pikrat-Gleichgewicht
Für diese Experimente sind Lösungen von Anthracen (A) und von Pikrinsäure (P) (E, T) in Trichlormethan (Chloroform) (Xn, ▼) vorzubereiten (c = 0,1 mol · l⁻¹).
a) *Konzentrationsabhängigkeit.* Zu 20 ml Trichlormethan gibt man je 10 ml A- und P-Lösung. Diese Mischung wird auf drei Reagenzgläser verteilt. Zum ersten gibt man einen Spatel Anthracen, zum zweiten eine Spatelspitze Pikrinsäure (E, T); das dritte dient als Vergleich.
b) Stellen Sie gleich intensiv gefärbte Lösungen von AP (in Chloroform) und von Neutralrot (in Ethanol) her. Verdünnen Sie je 20 ml dieser Lösungen mit dem jeweiligen Lösungsmittel auf das Vierfache.
c) *Temperaturabhängigkeit.* Von drei Proben einer nicht zu intensiv gefärbten AP-Lösung wird eine in einer Kältemischung abgekühlt, die zweite wird vorsichtig bis zum Sieden erhitzt, während die dritte als Vergleich dient.
Entsorgung: B 4

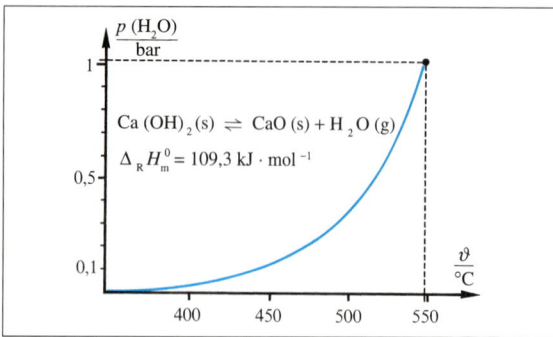

Abb. 100.1 Gleichgewichtswasserdampfdruck über Calciumhydroxid

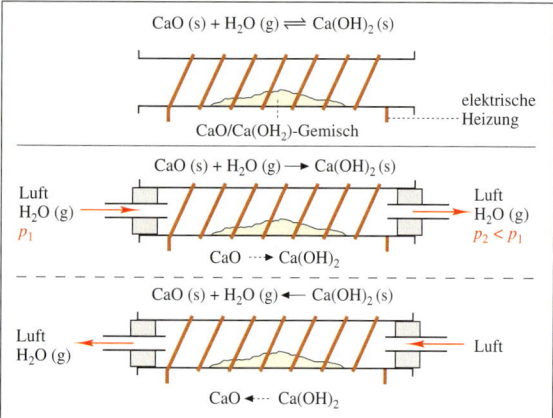

Abb. 100.2 Gleichgewichtsstörung im offenen System. Im offenen System können sowohl Hin- als auch Rückreaktion bei der gleichen Temperatur vollständig ablaufen. Wie groß muss der Wasserdampfdruck p_1 mindestens sein, damit bei 450 °C das CaO vollständig in Ca(OH)$_2$ überführt werden kann?

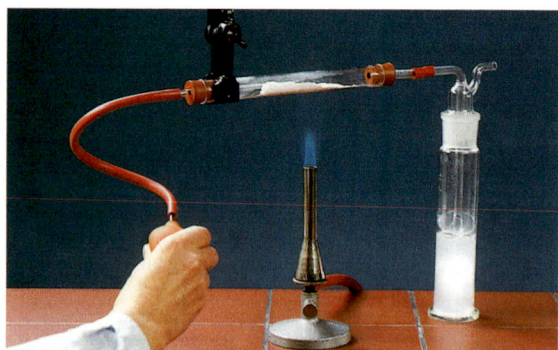

Abb. 100.3 Kalkbrennen im Schulversuch

A 100.1 Erhitzt man Calciumcarbonat in einem Reagenzglas mit Gasableitungsrohr, so erhält man bei der Prüfung mit Kalkwasser meistens keinen Effekt. Erklären Sie diesen Unterschied zu der Versuchsdurchführung nach Abb. 100.3.

Das Prinzip von LE CHATELIER. 1884 wurde von LE CHATELIER der Einfluss von Temperatur-, Druck- und Konzentrationsänderungen auf die Lage eines Gleichgewichts zusammenfassend beschrieben. Diese Beschreibung trägt in der Literatur häufig den Namen *Prinzip von LE CHATELIER*. Vielfach findet man auch die anschaulichere Bezeichnung *Prinzip vom kleinsten Zwang*; sie gibt einen Hinweis darauf, dass durch die Gleichgewichtsverschiebung der äußere Einfluss („Zwang") verkleinert wird.

Das Prinzip lässt sich so formulieren: *Jede Störung eines Gleichgewichts durch die Änderung der äußeren Bedingungen führt zu einer Verschiebung des Gleichgewichts, die der Störung entgegenwirkt.*

Verhinderung der Gleichgewichtseinstellung. Im offenen System laufen Gleichgewichtsreaktionen häufig vollständig ab: Wenn ständig ein Stoff entweichen kann, werden die Edukte verbraucht, ohne dass sich überhaupt ein Gleichgewicht einstellen kann. Beispielsweise wird Calciumhydroxid beim Erhitzen an der Luft vollständig in Calciumoxid überführt. Da ständig Wasserdampf entweicht, wird das System gleichsam gezwungen, dem Gleichgewichtszustand hinterherzulaufen.

Um eine vollständige Umsetzung zu erzwingen, wählt man im Labor und in der Technik die Reaktionsbedingungen oft so, dass sich kein Gleichgewicht einstellen kann. Meist wird eines der Reaktionsprodukte „fortlaufend aus dem Gleichgewicht entfernt". Gasförmige Reaktionsprodukte lassen sich beispielsweise durch einen Inert-Gasstrom mitreißen oder durch Kühlung kondensieren.

In der Technik ist es jedoch vielfach wirtschaftlicher, die Reaktionstemperatur so hoch zu wählen, dass der Gleichgewichtsdruck größer ist als der Luftdruck. Das Kalkbrennen wird industriell bei etwa 950 °C unter Atmosphärendruck druchgeführt. Der Kohlenstoffdioxid-Gleichgewichtsdruck beträgt bei dieser Temperatur etwa 2 bar. Da der Luftdruck nur halb so groß ist, kann sich kein Gleichgewicht einstellen. Kohlenstoffdioxid entweicht „automatisch", sodass die Reaktion rasch und vollständig abläuft.

$\dfrac{\vartheta}{°C}$	$\dfrac{p}{bar}$	$\dfrac{\vartheta}{°C}$	$\dfrac{p}{bar}$	$\dfrac{\vartheta}{°C}$	$\dfrac{p}{bar}$
500	0,00035	700	0,042	842	0,456
553	0,00093	750	0,114	869	0,681
599	0,0050	779	0,194	904	1,171
647	0,0137	800	0,277	937	1,792

Tab. 100.4 Kohlenstoffdioxid-Gleichgewichtsdrücke für die Reaktion CaCO$_3$ (s) $\rightleftharpoons$ CaO (s) + CO$_2$ (g)

GLEICHGEWICHT

37 Löslichkeitsgleichgewicht

Feste Stoffe lösen sich nicht unbegrenzt. Es bilden sich gesättigte Lösungen, deren Konzentrationen unabhängig von der Menge des noch vorhandenen Bodenkörpers sind. Dieses Gleichgewicht zwischen Bodenkörper und gesättigter Lösung bezeichnet man als *Löslichkeitsgleichgewicht*.

Bei gesättigten Lösungen lässt sich an einigen Beispielen direkt zeigen, dass auch im Gleichgewicht ein ständiger Stoffaustausch erfolgt, dass also ein dynamisches Gleichgewicht vorliegt. Bringt man beispielsweise festes Bleisulfat, das radioaktive Isotope enthält, in eine gesättigte nichtstrahlende Bleisulfatlösung, so sendet auch die Lösung nach einiger Zeit Strahlung aus. Ein Teil des radioaktiven Bodenkörpers ist also in Lösung gegangen. Da sich die Konzentration der gesättigten Lösung dabei nicht ändert, muss sich die gleiche Menge abgeschieden haben.

Ein Löslichkeitsgleichgewicht kann gestört werden, wenn man weitere Stoffe auflöst, die mit den gelösten Teilchen reagieren. Die Löslichkeit von Iod in reinem Wasser ist gering; die gesättigte Lösung ist hellbraun. Fügt man Kaliumiodid hinzu, so geht sehr viel mehr Iod in Lösung; es entsteht eine tiefbraune Lösung. Ursache ist eine Störung des Löslichkeitsgleichgewichts durch die Bildung von Triiodid (I_3^-), für die das Gleichgewicht weit auf der rechten Seite liegt:

$$I_2\ (s) \rightleftharpoons I_2\ (aq); \quad I_2\ (aq) + I^-\ (aq) \rightleftharpoons I_3^-\ (aq)$$

Durch diese Reaktion werden Iod-Moleküle verbraucht, sodass die Lösung in Bezug auf I_2-Moleküle nicht mehr gesättigt ist. Es kann also weiteres Iod in Lösung gehen. Mithilfe des Prinzips von LE CHATELIER lässt sich voraussagen, wie das Löslichkeitsgleichgewicht von der Temperatur abhängt: Verläuft der Lösungsvorgang exotherm, so nimmt die Löslichkeit mit steigender Temperatur ab. Ist der Lösungsvorgang endotherm, so nimmt die Löslichkeit bei Temperaturerhöhung zu.

Löslichkeitsprodukt – eine Gleichgewichtskonstante.

Die Löslichkeit von Salzen verringert sich, wenn man in einer gesättigten Lösung die Konzentration einer der beiden Ionenarten erhöht: Aus einer gesättigten Kaliumchloratlösung fällt festes Kaliumchlorat aus, wenn man etwas konzentrierte *Kalium*chloridlösung *oder* etwas konzentrierte Natrium*chlorat*lösung hinzufügt. Die gelöste Menge an Kaliumchlorat ist also geringer, wenn Kalium- oder Chlorat-Ionen im Überschuss vorliegen. Eine solche *Löslichkeitsverminderung durch gleichionigen Zusatz* wird bei Salzen allgemein beobachtet.

Für die quantitative Beschreibung des Löslichkeitsgleichgewichts von Salzen müssen die Konzentrationen beider Ionenarten berücksichtigt werden: Für Salze des Typs AB, also für Salze, deren Kationen und Anionen

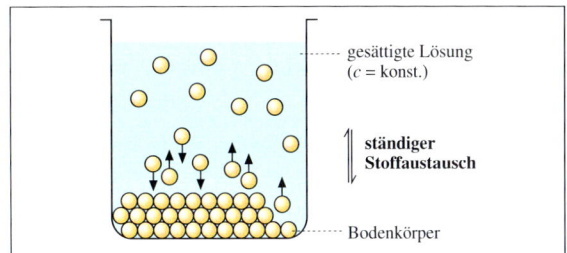

Abb. 101.1 Löslichkeitsgleichgewicht (schematisch). Als Folge des ständigen Stoffaustauschs zwischen Bodenkörper und gesättigter Lösung wird der Bodenkörper allmählich grobkörniger. Die kleinsten Kristalle lösen sich vollständig auf, während die größeren weiter wachsen.

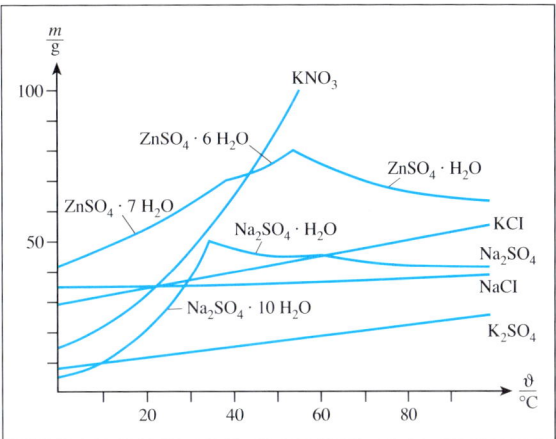

Abb. 101.2 Temperaturabhängigkeit der Löslichkeit. Die Formeln geben die Zusammensetzung des Bodenkörpers in dem jeweiligen Temperaturbereich an.

A 101.1 Betrachten Sie Abbildung 101.2: Für welche Salze verläuft der Lösungsvorgang exotherm?

V 101.2 Löslichkeit von Iod
a) Stellen Sie eine gesättigte Lösung von Iod in Wasser her, indem Sie etwas zerriebenes Iod (Xn, N) mit Wasser schütteln. Lösen Sie dann einen Spatel Kaliumiodid in der Suspension.
b) Eine Lösung von Iod in Petrolether (F) wird mit Wasser geschüttelt. Geben Sie dann einen Spatel Kaliumiodid hinzu und schütteln Sie erneut. Warum befindet sich jetzt mehr Iod in der wässrigen Phase?
Entsorgung: B 3

A 102.1 Eine gesättigte Lösung des gelben Strontiumchromats (SrCrO$_4$) zeigt eine kräftig gelbe Farbe. Die Intensität der Färbung ist ein Maß für den Gehalt an Chromat-Ionen.
Erklären Sie die folgenden Beobachtungen:
1) Eine gesättigte Lösung von Strontiumchromat in einer Strontiumchlorid-Lösung (1 mol · l^{-1}) ist wesentlich heller gefärbt.
2) Löst man dagegen Strontiumchromat in einer Kaliumnitrat-Lösung (1 mol · l^{-1}), so ist die Färbung noch intensiver als bei der mit reinem Wasser gebildeten Lösung.

V 102.2 Temperaturabhängigkeit der Löslichkeit
Folgende Salze werden untersucht: Kaliumnitrat (O), Natriumchlorid, Mangansulfat (MnSO$_4$ · H$_2$O) und Lithiumcarbonat.
a) *Temperaturänderungen beim Lösen.* Geben Sie zu etwa 3 ml Wasser jeweils einen Spatel der angegebenen Salze. Die Temperaturmessungen sollten auf 0,1 °C genau sein.
b) Gesättigte Lösungen von Kaliumnitrat und von Natriumchlorid werden jeweils im Reagenzglas zusammen mit einer 1 cm hohen Schicht des festen Salzes erhitzt. Dekantieren Sie vorsichtig einen Teil der heißen Lösung und beobachten Sie während des Abkühlens, wieviel Salz wieder auskristallisiert.
c) Erhitzen Sie etwa 5 ml einer bei Raumtemperatur gesättigten Lösung von Mangansulfat (aus Vorratsflasche!) für einige Minuten auf etwa 90 °C, indem Sie das Reagenzglas mit der Lösung in ein Becherglas mit siedendem Wasser stellen.
d) Erhitzen Sie 5 ml einer bei Raumtemperatur gesättigten Lithiumcarbonat-Lösung (aus der Vorratsflasche!) unter Schütteln bis zum Sieden.

V 102.3 Löslichkeitsverminderung durch gleichionigen Zusatz
a) Gesättigte Kaliumchloratlösung (Xn, O) wird vom Bodenkörper dekantiert und jeweils mit etwa 1/10 des Volumens gesättigter Kaliumchlorid-, Natriumchlorat- (Xn, O) und Natriumchloridlösung versetzt. Lassen Sie die Mischungen nach dem Umschütteln einige Minuten stehen.
b) Versetzen Sie gesättigte Bleiiodid-Lösung (Xn) mit etwas Kaliumiodid-Lösung (0,1 mol · l^{-1}).
Entsorgung: B 2

LV 102.4 pH-Abhängigkeit der Löslichkeit
Geben Sie Schwefelwasserstoffwasser (Xn) zu verdünnten Lösungen, die je eine der folgenden Kationensorten enthalten: Ag$^+$, Cu^{2+}, Pb^{2+}, Cd^{2+}, Zn^{2+}, Fe^{2+}, Mn^{2+}.
Entsorgung: B 2
Erhöhen Sie den pH-Wert durch einige Tropfen Natronlauge, falls keine Fällung auftritt. Welche Sulfide lösen sich beim Ansäuern mit verdünnter Salzsäure?

die gleiche Ladungszahl haben, ist das Produkt $c\,(A) \cdot c\,(B)$ in einer gesättigten Lösung konstant. Diese Konstante wird als *Löslichkeitsprodukt K_L* bezeichnet:

$$K_L\,(AB) = c\,(A) \cdot c\,(B)$$

Silberchlorid hat (bei 15 °C) ein Löslichkeitsprodukt von $K_L = 10^{-10}$ mol^2 · l^{-2}. Eine gesättigte Lösung von Silberchlorid in reinem Wasser weist demnach eine Ag$^+$-Konzentration von 10^{-5} mol · l^{-1} auf. Erhöht man die Konzentration der Chlorid-Ionen durch Zusatz von Kaliumchlorid auf 10^{-2} mol · l^{-1}, so verringert sich die Silber-Ionen-Konzentration auf 10^{-8} mol · l^{-1}. Die Löslichkeit von Silberchlorid hat sich damit auf $\frac{1}{1000}$ des ursprünglichen Wertes verringert.

Für gesättigte Lösungen von Salzen des Typs AB$_2$, wie Ca(OH)$_2$ oder PbI$_2$, erhält man eine Konstante K_L auf die folgende Weise:

$$K_L\,(AB_2) = c\,(A) \cdot c^2\,(B)$$

Ganz entsprechend ergibt sich das Löslichkeitsprodukt für Salze des Typs A$_2$B, wie Ag$_2$CrO$_4$ oder Ag$_2$S:

$$K_L\,(A_2B) = c^2\,(A) \cdot c\,(B)$$

Allgemein erhält man das Löslichkeitsprodukt, indem man die Konzentrationen von Kation und Anion in der gesättigten Lösung entsprechend den Indizes in der Formel potenziert und dann miteinander multipliziert:

$$K_L\,(A_mB_n) = c^m\,(A) \cdot c^n\,(B)$$

Löslichkeitsprodukte sind für zahlreiche schwerlösliche Salze in Tabellenwerken gesammelt. Die meisten Werte sind für 25 °C angegeben. Statt des Löslichkeitsproduktes selbst wird häufig der negative Zehnerlogarithmus seines Zahlenwertes (pK_L) angegeben.

$$pK_L = -\lg K_L$$

Je größer der pK_L-Wert, umso kleiner ist die Löslichkeit.

Kennt man das Löslichkeitsprodukt, so lässt sich daraus berechnen, welche Gleichgewichtskonzentrationen sich in reinem Wasser oder in einer Lösung, die eines der Ionen in bekannter Konzentration enthält, einstellen. Die Ergebnisse solcher Berechnungen stimmen jedoch nur dann befriedigend mit den experimentell ermittelten Werten überein, wenn das Löslichkeitsprodukt klein ist und auch andere Ionen nur in geringer Konzentration vorliegen.

Salz	pK_L	Salz	pK_L	Salz	pK_L
AgCl	9,7	PbSO$_4$	7,7	FeS	18,4
AgBr	12,2	PbCrO$_4$	13,7	Fe(OH)$_2$	13,5
AgI	16,0	Ag$_2$S	49,0	Fe(OH)$_3$	38,0
CaSO$_4$	4,6	CuS	44,1	Ca(OH)$_2$	5,4
BaSO$_4$	10,0	ZnS	25,2	Mg(OH)$_2$	10,7

Tab. 102.1 pK_L-Werte einiger schwer löslicher Salze

Ist beim Zusammengeben von zwei Lösungen die Bildung mehrerer schwer löslicher Salze möglich, so fällt zunächst nur das am wenigsten lösliche Salz aus. Bei Salzen gleichen Formeltyps wird also das Salz mit dem kleineren Löslichkeitsprodukt zuerst gefällt. Bei der Zugabe von Silbernitratlösung zu einer Lösung, die Chlorid- und Iodid-Ionen enthält, fällt dementsprechend zuerst nur Silberiodid (pK_L (AgI) = 16); es folgt das Chlorid (pK_L = 9,7), wenn auch dessen Löslichkeitsprodukt bei weiterer Zugabe von Silbernitrat überschritten wird.

Bei einem Verfahren zur maßanalytischen Bestimmung von Chlorid nutzt man einen entsprechenden Effekt zur Endpunkterkennung: Das braune Silberchromat fällt erst, wenn die Chlorid-Ionen praktisch vollständig als Silberchlorid ausgefällt sind. Man setzt der Probe deshalb etwas Kaliumchromatlösung hinzu und titriert mit Silbernitratlösung. Die für den Beginn der Fällung von Silberchromat notwendige Mindestkonzentration der Silber-Ionen ergibt sich aus dem Löslichkeitsprodukt:

$$K_L (Ag_2CrO_4) = c^2 (Ag^+) \cdot c (CrO_4^{2-}) = 10^{-12} \text{ mol}^3 \cdot l^{-3}$$

Bei einer Chromat-Konzentration von 10^{-2} mol $\cdot$ l^{-1} muss der folgende Wert überschritten werden:

$$c^2 (Ag^+) = 10^{-10} \text{ mol}^2 \cdot l^{-2} \Leftrightarrow c (Ag^+) = 10^{-5} \text{ mol} \cdot l^{-1}$$

Bei dieser Silber-Ionen-Konzentration sind aber entsprechend dem Löslichkeitsprodukt von Silberchlorid (K_L (AgCl) = $2 \cdot 10^{-10}$ mol$^2 \cdot$ l^{-2}) die Chlorid-Ionen bis auf eine Restkonzentration von $2 \cdot 10^{-5}$ mol $\cdot$ l^{-1} ausgefällt.

Grenzen der Gesetzmäßigkeit. Bei experimentellen Untersuchungen findet man oft größere Gleichgewichtskonzentrationen, als man aufgrund der tabellierten K_L-Werte erwartet. Das gilt insbesondere für Lösungen, in denen neben den Ionen des schwer löslichen Salzes noch andere Ionen in höherer Konzentration vorliegen. Ein konstantes Löslichkeitsprodukt ergibt sich hier nur, wenn man die Gleichgewichtskonzentrationen mit einem Korrekturfaktor multipliziert. Dieser *Aktivitätskoeffizient* γ hat Werte zwischen 0 und 1. Sein Produkt mit der Konzentration heißt *Aktivität a*. Tabellierte pK_L-Werte sind mit Aktivitäten berechnet.

Auch bei mäßig schwer löslichen Salzen findet man aufgrund interionischer Wechselwirkungen deutliche Abweichungen: Aus den *Konzentrationen* der Ionen in einer reinen gesättigten Calciumsulfat-Lösung erhält man:

$$K_L = 2,25 \cdot 10^{-4} \text{ mol}^2 \cdot l^{-2}$$

Das tabellierte Löslichkeitsprodukt ist wesentlich kleiner:

$$K_L = 2,45 \cdot 10^{-5} \text{ mol}^2 \cdot l^{-2}$$

Das entspricht einem Aktivitätskoeffizienten von $\gamma = 0,33$ für die Ionen in der gesättigten Lösung.

A 103.1 Um das Löslichkeitsprodukt von Cadmiumiodat zu bestimmen, wurden die folgenden Experimente durchgeführt:
a) 100 ml einer Cadmiumnitrat-Lösung (0,1 mol $\cdot$ l^{-1}) wurden mit Kaliumiodat-Lösung (0,3 mol $\cdot$ l^{-1}) titriert, bis eine bleibende Trübung durch Cadmiumiodat ($Cd(IO_3)_2$) auftrat.
b) Entsprechend wurden auch 100 ml der Kaliumiodat-Lösung mit der Cadmiumnitrat-Lösung titriert.
Die Ergebnisse sind in der folgenden Tabelle zusammengestellt (Verhältnisse beim Auftreten der Trübung):

$Cd(NO_3)_2$-Lösung	100 ml	2,6 ml
KIO_3-Lösung	20,6 ml	100 ml
Gesamtvolumen	120,6 ml	102,6 ml

Berechnen Sie für beide Fälle die Konzentrationen der Cadmium-Ionen und der Iodat-Ionen, indem Sie den in dem gefällten Cadmiumiodat gebundenen Anteil unberücksichtigt lassen. Welche Werte ergeben sich für das Löslichkeitsprodukt?

V 103.2 Bestimmung des Löslichkeitsprodukts von Calciumhydroxid
Bereiten Sie zunächst gesättigte Lösungen von Calciumhydroxid in Wasser sowie in Natronlauge verschiedener Konzentrationen (0,1 mol $\cdot$ l^{-1}, 0,05 mol $\cdot$ l^{-1}, 0,025 mol $\cdot$ l^{-1}) vor:
Auf 100 ml gibt man dazu jeweils einen Spatel Calciumhydroxid, setzt einen Stopfen auf und schüttelt gelegentlich um. Diese Proben sollten vor der Untersuchung mindestens einen Tag stehen.
Pipettieren Sie jeweils 20 ml der klaren gesättigten Lösung in einen Erlenmeyerkolben.
Fügen Sie Phenolphthalein als Indikator hinzu und titrieren Sie mit Salzsäure bis zur Entfärbung. Der Säureverbrauch wird jeweils notiert.
Berechnen Sie für die einzelnen Proben das Löslichkeitsprodukt.
Anleitung: Man ermittelt zunächst die Gesamtkonzentration der OH$^-$-Ionen. Dann berechnet man den Anteil, der aus dem gelösten Calciumhydroxid ($Ca(OH)_2$) stammt, und schließlich die zugehörige Ca^{2+}-Konzentration.
Vergleichen Sie Ihre Ergebnisse mit dem (aktivitätsbezogenen) Tabellenwert.
Zeichnen Sie ein Diagramm, in dem Sie die Konzentration der Ca^{2+}-Ionen der verschiedenen gesättigten Lösungen gegen die Konzentration der OH$^-$-Ionen auftragen.

V 103.3 Löslichkeitserhöhung durch Fremdsalze
Titrieren Sie 20 ml einer gesättigten Lösung von Calciumhydroxid in KNO_3-Lösung (c = 1 mol $\cdot$ l^{-1}) wie in Versuch 103.2.

GLEICHGEWICHT

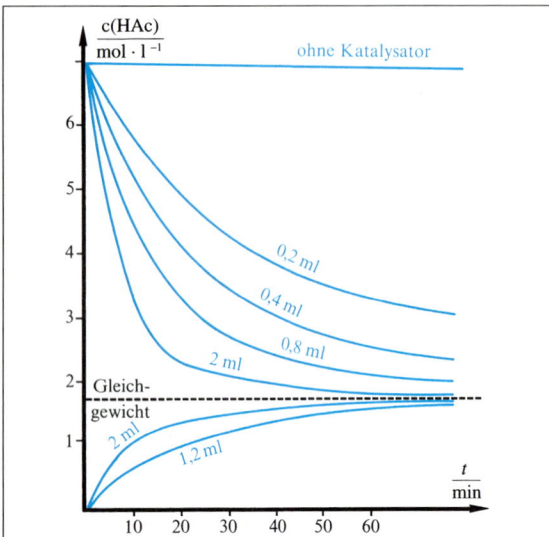

Abb. 104.1 Zeitliche Änderung der Essigsäurekonzentration bei Esterbildung und -spaltung in Abhängigkeit von der Katalysatormenge. Die dargestellten Ergebnisse wurden bei 70 °C ermittelt. Für die Veresterungsversuche wurden jeweils 1,5 mol Ethanol und 1 mol Essigsäure gemischt. Die als Katalysator zugesetzte Menge an konzentrierter Schwefelsäure ist an den Kurven angegeben. Für die Hydrolyseversuche wurden 1 mol Essigsäureethylester, 1 mol Wasser und 0,5 mol Ethanol gemischt.

V 104.1 Estergleichgewicht

a) Ein Gemisch aus 50 ml Essigsäure (Eisessig; C), 50 ml Ethanol (F) (96 %) und 50 ml Schwefelsäure ($c = 1\ mol \cdot l^{-1}$; Xi) wird in einem Rundkolben mit aufgesetztem Rückflusskühler etwa 15 min bei Siedetemperatur gehalten.

0,5 ml des Gleichgewichtsgemisches werden dann in etwa 100 ml kaltes Wasser geben. Diese Lösung wird nach Zusatz einiger Tropfen Phenolphthaleinlösung (F) mit Natronlauge ($c = 0,1\ mol \cdot l^{-1}$) titriert.

Berechnen Sie aus dem Titrationsergebnis die Gleichgewichtskonzentration der Essigsäure. Dabei ist zu berücksichtigen, dass zur Neutralisation der in 0,5 ml enthaltenen Schwefelsäure 3,3 ml Natronlauge ($c = 0,1\ mol \cdot l^{-1}$) nötig sind. Berechnen sie anschließend die übrigen Gleichgewichtskonzentrationen. Die Anfangskonzentrationen betragen für Essigsäure und Ethanol jeweils 5,6 mol $\cdot l^{-1}$, für Wasser 19 mol $\cdot l^{-1}$

b) Man wiederhole den Versuch, indem man statt 50 ml Essigsäure ein Gemisch aus 25 ml Essigsäure und 25 ml Propanon (Aceton) (F, Xi) einsetzt.

c) *Esterspaltung:* 50 ml Essigsäureethylester (F, Xi) werden mit 50 ml Schwefelsäure ($c = 1\ mol \cdot l^{-1}$) und 50 ml Propanon in einem Rundkolben 15 min unter Rückfluss erhitzt.

Man bestimme die Gleichgewichtskonzentration von Essigsäure wie in a).

Entsorgung: B1

38 Gleichgewichtsreaktionen in homogenen Systemen und das Massenwirkungsgesetz

Ähnlich wie für Löslichkeitsgleichgewichte lassen sich auch für Gleichgewichtsreaktionen in *homogenen* Systemen Gleichgewichts*konstanten* ermitteln. Die dabei anzuwendende Gesetzmäßigkeit wird als *Massenwirkungsgesetz* bezeichnet. Dieses Gesetz ist vor allem für Reaktionen in Lösungen und für Reaktionen in der Gasphase von Bedeutung. Bevor es in allgemeiner Form angegeben wird, sollen zwei Beispiele ausführlicher beschrieben werden.

Das Estergleichgewicht. Aus Carbonsäuren und Alkanolen entstehen unter Wasserabspaltung Ester. Diese Reaktion lässt sich umkehren, denn ein Ester wird durch Wasser wieder in die Carbonsäure und das Alkanol gespalten. Esterbildung und Esterspaltung führen zu einem Gleichgewicht:

$$R-OH + HO-\underset{\substack{\| \\ O}}{C}-R' \rightleftharpoons R-O-\underset{\substack{\| \\ O}}{C}-R' + H_2O$$

Alkanol + Carbonsäure $\rightleftharpoons$ Ester + Wasser

Das Gleichgewicht stellt sich nur sehr langsam ein, wenn keine Katalysatoren zugesetzt werden. Als Katalysator eignet sich beispielsweise Schwefelsäure.

Die Lage des Gleichgewichts und der zeitliche Verlauf der Gleichgewichtseinstellung sind für zahlreiche Ester unter verschiedenen Bedingungen genau untersucht. Man geht dabei meist so vor, dass man nur die Konzentration der Carbonsäure zu verschiedenen Zeitpunkten durch Titration bestimmt. Die übrigen Konzentrationen lassen sich berechnen, da man sowohl die Anfangskonzentrationen als auch die Reaktionsgleichung kennt. Um eine größere Reaktionsgeschwindigkeit zu erreichen, arbeitet man meist bei höherer Temperatur.

Für die Reaktion von Essigsäure mit Ethanol unter Zusatz von konzentrierter Schwefelsäure findet man bei Siedetemperatur (etwa 75 °C) folgende Ergebnisse: Bei einem Stoffmengenverhältnis von 1 : 1 setzen sich die beiden Stoffe zu zwei Dritteln um. Die Esterausbeute steigt auf 90 %, wenn man von einem Gemisch im Stoffmengenverhältnis 1 : 3 ausgeht. Die Lage des Gleichgewichts lässt sich also entsprechend dem Prinzip von LE CHATELIER durch die Änderung des Konzentrationsverhältnisses beeinflussen.

Eine reaktionsspezifische Konstante erhält man für das Estergleichgewicht auf die folgende Weise: Man multipliziert die Gleichgewichtskonzentrationen der Reaktionsprodukte Ester und Wasser und dividiert durch das Produkt der Gleichgewichtskonzentrationen der Ausgangsstoffe Carbonsäure und Alkanol:

$$K = \frac{c\,(\text{Ester}) \cdot c\,(\text{Wasser})}{c\,(\text{Alkanol}) \cdot c\,(\text{Carbonsäure})}$$

Ganz entsprechend erhält man eine Gleichgewichtskonstante K für alle anderen *homogenen* Gleichgewichtsreaktionen des gleichen Typs:

$$A + B \rightleftharpoons C + D; \quad K = \frac{c\,(C) \cdot c\,(D)}{c\,(A) \cdot c\,(B)}$$

Natürlich ist auch der Kehrwert eine Konstante: $K' = K^{-1}$. Es ist aber üblich, die Werte für Gleichgewichtskonstanten immer so zu berechnen, dass die Konzentrationen von Produkten im Zähler, die von Edukten im Nenner stehen.

Da im Gleichgewicht Hin- und Rückreaktion mit der gleichen Geschwindigkeit ablaufen, ist es naheliegend, den Term für die Gleichgewichtskonstante mithilfe der Reaktionskinetik abzuleiten. Eine allgemeine Ableitung dieser Art hat aber nur formalen Charakter, da man einen direkten Zusammenhang zwischen Reaktionsgleichung und Geschwindigkeitsgesetz annehmen muss. So erhält man für die Reaktion A + B $\rightleftharpoons$ C + D den richtigen Term, wenn man folgende Geschwindigkeitsgesetze annimmt:

$$\overrightarrow{v} = k_1 \cdot c\,(A) \cdot c\,(B); \quad \overrightarrow{v} = \overleftarrow{v} \Leftrightarrow K = \frac{k_1}{k_2} = \frac{c\,(C) \cdot c\,(D)}{c\,(A) \cdot c\,(B)}$$
$$\overleftarrow{v} = k_2 \cdot c\,(C) \cdot c\,(D)$$

Im Allgemeinen besteht aber kein derartig einfacher Zusammenhang zwischen Reaktionsgeschwindigkeit und Reaktionsgleichung. Tatsächlich ist der Wert der Gleichgewichtskonstanten völlig unabhängig vom zeitlichen Ablauf der Reaktion. Deshalb wirken sich Art und Menge von Katalysatorzusätzen auch nicht auf die Lage des Gleichgewichts aus.

Das Iodwasserstoffgleichgewicht. Iod reagiert bei höherer Temperatur mit Wasserstoff unter Bildung von Iodwasserstoff; es stellt sich ein Gleichgewicht ein:

$$I_2\,(g) + H_2\,(g) \rightleftharpoons 2\,HI\,(g); \quad \Delta_R H_m^0 = -10\ kJ \cdot mol^{-1}$$

Erhitzt man reinen Iodwasserstoff, so zerfällt er teilweise unter Rückbildung der Elemente.

Die Geschwindigkeit der Gleichgewichtseinstellung und Lage des Gleichgewichts sind für diese Reaktion

Ausgangs-gemisch	n (Ethanol) in mol	1	1	1	1	1
	n (Essig-säure) in mol	0,5	1	2	4	8
Gleich-gewicht	n (Ester) in mol	0,42	0,67	0,86	0,93	0,97

Tab.105.1 Esterbildung aus 1 mol Ethanol in Abhängigkeit von der Essigsäuremenge

A 105.1 a) Wie viele Mole Ester werden gebildet, wenn man 2 mol Ethanol mit 5 mol Essigsäure unter Zusatz von etwas konzentrierter Schwefelsäure erhitzt? Die Berechnungen können hier vereinfacht werden, indem man die Stoffmengen statt der Konzentrationen in den Term für K einsetzt. Als Gleichgewichtskonstante verwende man den aufgerundeten Wert $K = 4$. (Der Literaturwert für 76,3 °C beträgt $K = 3,76$.)
b) Berechnen Sie den Wert für K mit den Daten aus Tabelle 105.1.

A 105.2 Setzen Sie die in V 104.1 ermittelten Gleichgewichtskonzentrationen in den im Text angegebenen Term für K ein.

V 105.3 Esterbildung
Man erwärme in einem Reagenzglas einen Spatel Benzoesäure (Xn) mit 5 ml Ethanol (F) unter Zusatz von 0,5 ml konzentrierter Schwefelsäure (C).
Woran lässt sich die Esterbildung erkennen?
Entsorgung: B3

V 105.4 Synthese von Iodwasserstoff aus den Elementen
Aktivkohle dient als Katalysator
Bei der Durchführung des Experiments geht man folgendermaßen vor:
Man setzt die Apparatur entsprechend der Abbildung zusammen. Die Waschflasche mit konzentrierter Schwefelsäure (C) dient dabei als Blasenzähler. Nachdem die Luft durch Wasserstoff (F+) verdrängt ist *(Knallgasprobe!)*, erhitzt man zunächst die Aktivkohle, um adsorbiertes Wasser auszutreiben. Dann wird auch das Iod (Xn, N) mit fächelnder Flamme vorsichtig erwärmt. Der gebildete Iodwasserstoff reagiert mit Ammoniak (C, N) zu Ammoniumiodid.
Entsorgung: B1

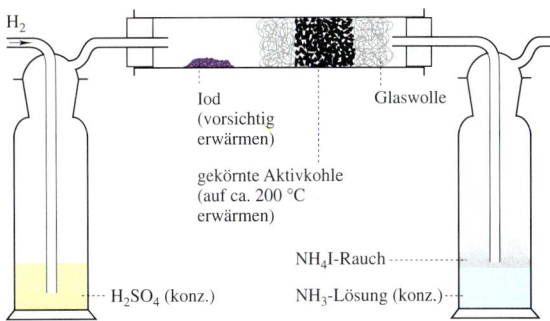

Versuch Nr.	Gleichgewichtskonzentrationen			
	$\dfrac{c\,(HI)}{mol \cdot l^{-1}}$	$\dfrac{c\,(I_2)}{mol \cdot l^{-1}}$	$\dfrac{c\,(H_2)}{mol \cdot l^{-1}}$	$\dfrac{c^2\,(HI)}{c\,(I_2) \cdot c\,(H_2)}$
1	$17{,}67 \cdot 10^{-3}$	$3{,}13 \cdot 10^{-3}$	$1{,}83 \cdot 10^{-3}$	54,5
2	$16{,}48 \cdot 10^{-3}$	$1{,}71 \cdot 10^{-3}$	$2{,}91 \cdot 10^{-3}$	54,6
3	$13{,}54 \cdot 10^{-3}$	$0{,}74 \cdot 10^{-3}$	$4{,}56 \cdot 10^{-3}$	54,4
4	$3{,}54 \cdot 10^{-3}$	$0{,}48 \cdot 10^{-3}$	$0{,}48 \cdot 10^{-3}$	54,4
5	$8{,}41 \cdot 10^{-3}$	$1{,}14 \cdot 10^{-3}$	$1{,}14 \cdot 10^{-3}$	54,4

Tab.105.2 Iodwasserstoffgleichgewicht bei $T = 700$ K

GLEICHGEWICHT

Tempe-ratur in K	Geschwindigkeitskonstanten in $mol^{-1} \cdot l \cdot min^{-1}$			Gleich-gewichts-konstante $K(T)$
	$\overrightarrow{k}$ HI-Bildung	$\overleftarrow{k}$ HI-Zerfall	$\overrightarrow{k}/\overleftarrow{k}$	
629	$3{,}02 \cdot 10^{-4}$	$3{,}61 \cdot 10^{-6}$	83,6	66,6
661	$1{,}69 \cdot 10^{-3}$	$2{,}63 \cdot 10^{-5}$	64,3	58,8
721	$1{,}67 \cdot 10^{-2}$	$2{,}99 \cdot 10^{-4}$	55,8	50,0
781	$1{,}60 \cdot 10^{-1}$	$4{,}73 \cdot 10^{-3}$	33,8	40,0

Tab. 106.1 Berechnung der Gleichgewichtskonstanten aus den Geschwindigkeitskonstanten für Hin- und Rückreaktion. Für die Bildung und für den Zerfall von HI fand man folgende Geschwindigkeitsgesetze:

$$\overrightarrow{v} = \overrightarrow{k} \cdot c(I_2) \cdot c(H_2); \quad \overleftarrow{v} = \overleftarrow{k} \cdot c^2(HI)$$

Da im Gleichgewicht die Geschwindigkeit beider Reaktionen gleich groß sein muss, erhält man:

$$\frac{c^2(HI)}{c(I_2) \cdot c(H_2)} = \frac{\overrightarrow{k}}{\overleftarrow{k}}$$

Wie die Tabellenwerte zeigen, stimmt die Gleichgewichtskonstante $K(T)$ tatsächlich befriedigend mit dem Quotienten der Geschwindigkeitskonstanten überein.

A 106.1 Für die Bildung von Anthracenpikrat (AP) aus Anthracen und Pikrinsäure in Trichlormethan als Lösungsmittel beträgt die Gleichgewichtskonstante 6,4 $mol^{-1} \cdot l$ (bei 24 °C).
a) Welche Gleichgewichtskonzentrationen stellen sich ein, wenn man bei dieser Temperatur gleiche Volumina der Lösungen von Anthracen und Pikrinsäure mischt (jeweils $c_0 = 0{,}1$ $mol \cdot l^{-1}$)?
b) Wie groß wird die AP-Konzentration, wenn man die Pikrinsäurekonzentration bei sonst gleichen Bedingungen doppelt so hoch wählt?

A 106.2 Stellen Sie die Terme zur Berechnung von K_c und K_p für die folgenden Gasphasengleichgewichte auf.

a) $CH_4 + O_2 \rightleftharpoons CO + H_2 + H_2O$
b) $CH_4 + H_2O \rightleftharpoons CO + 3 H_2$
c) $2 C_2H_2 + 5 O_2 \rightleftharpoons 4 CO_2 + 2 H_2O$

Warum können hier die Zahlenwerte von K_c und K_p nicht übereinstimmen?

V 106.3 Thermolyse von Iodwasserstoff
In einem kleinen Rundkolben mischt man kristalline Phosphorsäure (C) mit festem Kaliumiodid und verdrängt den Luftsauerstoff durch kurzes Einleiten von Stickstoff oder Kohlenstoffdioxid. Dann setzt man ein rechtwinklig gebogenes Glasrohr auf und erwärmt das Gemisch vorsichtig bis die Gasentwicklung (HI) einsetzt. Gleichzeitig wird der waagerechte Teil des Rohrs kräftig erhitzt.
Entsorgung: B1

um die Jahrhundertwende von BODENSTEIN außerordentlich sorgfältig untersucht worden. Die Messungen wurden in den letzten Jahrzehnten mehrfach überprüft, sodass das Iodwasserstoffgleichgewicht zu den am besten untersuchten Reaktionen überhaupt gehört.

Mit den für eine bestimmte Temperatur ermittelten Werten der Gleichgewichtskonzentrationen erhält man hier eine Konstante, wenn man die Iodwasserstoffkonzentration entsprechend dem Faktor 2 in der Reaktionsgleichung quadriert:

$$K = \frac{c^2(HI)}{c(I_2) \cdot c(H_2)}$$

Das Massenwirkungsgesetz. Für jede homogene Gleichgewichtsreaktion lässt sich eine Gleichgewichtskonstante $K_c(T)$ ermitteln. Die Form des Terms, aus dem sie durch Einsetzen der Gleichgewichtskonzentrationen berechnet werden kann, hängt von den stöchiometrischen Faktoren der Reaktionsgleichung ab. Für den allgemeinen Fall

$$aA + bB + \ldots \rightleftharpoons zZ + yY + \ldots$$

gilt die folgende Beziehung:

$$K_c(T) = \frac{c^z(Z) \cdot c^y(Y) \cdot \ldots}{c^a(A) \cdot c^b(B) \cdot \ldots}$$

Diese als *Massenwirkungsgesetz* bekannte Gesetzmäßigkeit wurde 1867 von zwei Norwegern gefunden, dem Mathematiker GULDBERG und dem Chemiker WAAGE. Der Name dieses Gesetzes geht auf die damals übliche Verwendung der Bezeichnung „aktive Masse" für den heute „Konzentration" genannten Begriff zurück. Eine Ableitung des Massenwirkungsgesetzes ist nur im Rahmen der chemischen Energetik möglich.

Statt der Gleichgewichtskonstanten $K(T)$ selbst werden in der Literatur häufig auch die negativen Logarithmen der Zahlenwerte angegeben:

$$pK = -\lg K \Leftrightarrow K = 10^{-pK}$$

Da die Gleichgewichtskonstante aus Konzentrationsangaben berechnet wird, ist $K(T)$ für die meisten Reaktionen selbst eine Größe, die in Potenzen der Konzentrationseinheit $mol \cdot l^{-1}$ gemessen wird. Für den Fall, dass sich die Anzahl der Teilchen bei der Reaktion nicht ändert, ist K jedoch eine reine Zahl. Für Gasphasenreaktionen gibt man häufig eine Gleichgewichtskonstante an, die aus den Gleichgewichts*partialdrücken* berechnet ist. Man verwendet dann das Symbol K_p.

Der Zahlenwert von K gibt ohne weitere Rechnung qualitativ Auskunft über die Lage des Gleichgewichts: Ist $K \gg 1$, so liegt das Gleichgewicht weit auf seiten der Produkte, die Reaktion läuft nahezu vollständig ab. Ist dagegen $K \ll 1$, so werden die Edukte nur zu einem geringen Anteil umgesetzt.

GLEICHGEWICHT

Wie genaue Untersuchungen zeigen, gilt das Massenwirkungsgesetz in der hier angegebenen Form nicht exakt. Der aus den Gleichgewichtskonzentrationen berechnete Wert für K_c ist nur näherungsweise konstant. Bei Reaktionen in Lösung hängt er merklich von der Gesamtkonzentration und von der Konzentration anderer nicht am Gleichgewicht beteiligter Ionen ab. In Tabellenwerken nimmt man meist nur die für die Konzentration Null extrapolierten Werte von K_c auf. Diese Werte reichen aus, um für reale Gleichgewichtssysteme die Gleichgewichtskonzentrationen näherungsweise zu berechnen.

Als wirklich konstant kann nur die so genannte **thermodynamische Gleichgewichtskonstante** K_a angesehen werden. Zu ihrer Berechnung werden statt der Konzentrationen c die *Aktivitäten* a eingesetzt.

$$A + B \rightleftharpoons C + D; \quad K_a = \frac{a(C) \cdot a(D)}{a(A) \cdot a(B)}$$

Konzentration und Aktivität stimmen für stark verdünnte Lösungen gut überein. Bei höheren Konzentrationen oder bei Anwesenheit von Fremdelektrolyten werden vor allem die Aktivitäten von mehrfach geladenen Ionen wesentlich geringer als ihre Konzentrationen. Der Zusammenhang zwischen Konzentration und Aktivität lässt sich bis heute nicht in vollem Umfang theoretisch deuten.

Berechnung von Gleichgewichtskonstanten aus energetischen Größen.

Nur exergonische Reaktionen können freiwillig ablaufen. Es handelt sich um Reaktionen, für die bei den gegebenen Bedingungen die *molare* freie Reaktionsenthalpie negativ ist ($\Delta_R G_m^0 < 0$). Je stärker negativ die molare freie Reaktionsenthalpie für die betrachteten Reaktionsbedingungen ist, umso weiter liegt das Gleichgewicht aufseiten der Produkte. Es gilt:

$$\Delta_R G_m^0 = -R \cdot T \cdot \ln K_a(T) \Leftrightarrow \ln K_a(T) = \frac{-\Delta_R G_m^0}{R \cdot T}$$

Für Reaktionen mit $\Delta_R G_m^0 = 0$ ist demnach $\ln K_a = 0$, also $K_a = 1$; für endergonische Reaktionen ist $K_a < 1$, für exergonische dagegen $K_a > 1$.

Für 25 °C lässt sich K_a direkt aus der molaren freien Standardreaktionsenthalpie $\Delta_R G_m^0$ berechnen, die wiederum leicht aus den tabellierten molaren freien Standardbildungsenthalpien $\Delta_f G_m^0$ ermittelt werden kann. Benötigt man die Gleichgewichtskonstante für eine andere Temperatur, so ist die Temperaturabhängigkeit von ΔG zu berücksichtigen:

$$\Delta_R G_m^0(T) = \Delta_R H_m - T \cdot \Delta_R S_m$$

Nimmt bei einer Reaktion die Entropie zu, so wächst die Gleichgewichtskonstante mit steigender Temperatur. Bei hoher Temperatur können deshalb auch bei einer endothermen Reaktion die Ausgangsstoffe weitgehend umgesetzt werden.

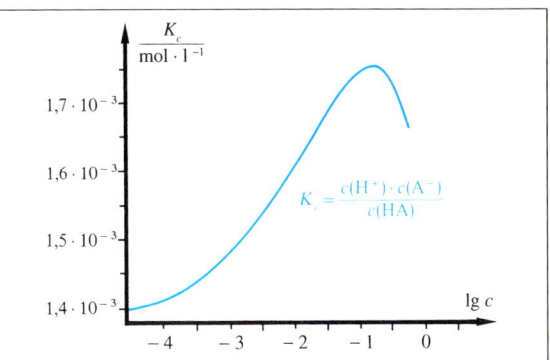

Abb. 107.1 Einfluss der Konzentration auf den Wert von K_c. Es handelt sich um Messungen an Lösungen von Monochloressigsäure bei 25 °C. In Tabellenwerken wird nur der für $c = 0$ extrapolierte Wert aufgenommen; er stimmt mit K_a überein. $K_a = 1{,}397 \cdot 10^{-3}$ mol · l⁻¹.

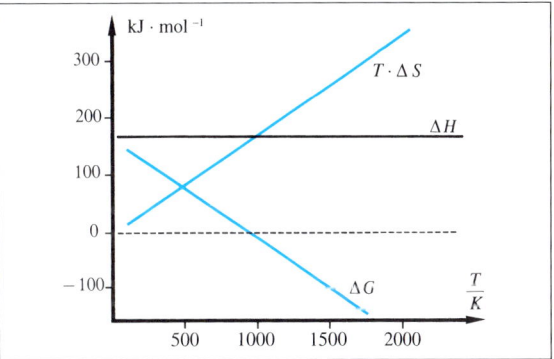

Abb. 107.2 Temperaturabhängigkeit von $\Delta_R G$ am Beispiel des BOUDOUARD-Gleichgewichts:

$$C\,(s) + CO_2\,(g) \rightleftharpoons 2\,CO\,(g)$$

Das Diagramm wurde mit den folgenden Werten konstruiert: $\Delta_R H_m^0 = 172{,}5$ kJ · mol⁻¹, $\Delta_R G_m^0 = 119{,}8$ kJ · mol⁻¹ und $\Delta_R S_m^0 = 176{,}6$ J · mol⁻¹ · K⁻¹.

$\dfrac{c(KCl)}{mol \cdot l^{-1}}$	$\dfrac{c(H^+) \cdot c(Ac^-)}{c(HAc)} = K_c$ (in mol · l⁻¹)
0	$1{,}74 \cdot 10^{-5}$
0,01	$1{,}86 \cdot 10^{-5}$
0,1	$2{,}69 \cdot 10^{-5}$
0,2	$2{,}95 \cdot 10^{-5}$
0,5	$3{,}17 \cdot 10^{-5}$

Tab. 107.3 Abhängigkeit der Gleichgewichtskonstanten K_c von der Konzentration eines Fremdelektrolyten. K_c bezieht sich auf Essigsäure („HAc") in wässriger Lösung bei 25 °C.

GLEICHGEWICHT

Abb. 108.1 Einfluss der Temperatur auf die Bildung von SO₃ aus SO₂ und Luftsauerstoff

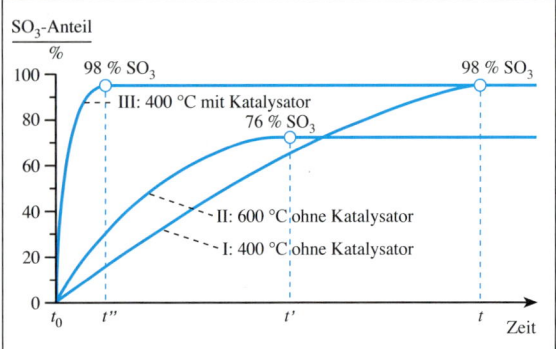

Abb. 108.2 Einfluss von Temperatur und Katalysator auf die Lage und die Einstellzeit des SO₂/SO₃-Gleichgewichts

Zusammensetzung des Gasgemisches in Vol.-%			$\dfrac{c\,(O_2)}{c\,(SO_2)}$	Ausbeute an SO₃ in Vol.-%
N₂	SO₂	O₂		
–	66,67	33,33	0,5	98,1
79,00	14,00	7,00	0,5	96,3
89,50	7,00	3,50	0,5	95,2
–	33,33	66,67	2,0	99,7

Tab. 108.3 Theoretische Ausbeute an Schwefeldioxid bei 400 °C und Atmosphärendruck

A 108.1 Bei Anwendung des Massenwirkungsgesetzes auf das SO₂/SO₃-Gleichgewicht ergibt sich:

$$\frac{p\,(SO_3)}{p\,(SO_2) \cdot p^{\frac{1}{2}}\,(O_2)} = K_p; \quad \frac{p\,(SO_3)}{p\,(SO_2)} = K_p \cdot \sqrt{p\,(O_2)}$$

Erklären Sie mithilfe dieses Ausdrucks, warum man für die katalytische Oxidation in der Technik Gasgemische herstellt, die einen deutlichen Überschuss an Luftsauerstoff enthalten. Verwenden Sie dabei auch Werte aus Tabelle 108.3.

39 Schwefelsäuresynthese

Zur technischen Herstellung von Schwefelsäure wendet man heute fast ausschließlich das *Kontaktverfahren* an. Bei diesem Prozess wird Schwefeldioxid durch Luftsauerstoff bei Anwesenheit von Feststoffkatalysatoren („Kontakten") zu Schwefeltrioxid oxidiert. Durch Reaktion von Schwefeltrioxid mit Wasser kann man daraus Schwefelsäure herstellen.

Ausgangsstoff für die technische Herstellung von Schwefelsäure ist meist elementarer Schwefel. In Deutschland gewinnt man Schwefel fast ausschließlich durch die Oxidation von Schwefelwasserstoff-Gas, das bei der Aufbereitung von Erdgasen entfernt werden muss.

$$2\,H_2S\,(g) + O_2\,(g) \rightarrow 2\,S\,(g) + H_2O\,(l);$$
$$\Delta_R H_m^0 = -443\;kJ \cdot mol^{-1}$$

Das SO₂/SO₃-Gleichgewicht. Bei der Verbrennung von Schwefel entsteht zunächst Schwefeldioxid:

$$S\,(s) + O_2\,(g) \rightarrow SO_2\,(g); \quad \Delta_R H_m^0 = -297\;kJ \cdot mol^{-1}$$

Die weitere Oxidation von Schwefeldioxid zu Schwefeltrioxid ist eine Gleichgewichtsreaktion:

$$2\,SO_2\,(g) + O_2\,(g) \rightleftharpoons 2\,SO_3\,(g);$$
$$\Delta_R H_m^0 = -197\;kJ \cdot mol^{-1}$$

Man kann dieses Gleichgewicht auf mehrere Arten zugunsten der Schwefeltrioxidbildung „verschieben". Aus der Reaktionsgleichung ergibt sich, dass Sauerstoff und Schwefeldioxid im Volumenverhältnis 1:2 miteinander reagieren. Setzt man Sauerstoff im Überschuss hinzu, so wird nach dem Prinzip von LE CHATELIER ein prozentual größerer Teil des Schwefeldioxids umgesetzt. Ähnliches kann man erreichen, wenn man das entstandene Schwefeltrioxid aus dem Reaktionsgemisch entfernt. Zur Wiederherstellung des Gleichgewichtzustands wird dann dieses Gas aus den Ausgangsstoffen nachgebildet.

Auch die Temperatur beeinflusst die Lage des Gleichgewichts wesentlich. Da sich das Schwefeltrioxid in exothermer Reaktion bildet, zerfällt es nach dem Prinzip von LE CHATELIER bei steigender Temperatur in zunehmendem Maße wieder in die Ausgangsstoffe. Um eine möglichst hohe Ausbeute an Schwefeltrioxid zu erhalten, müsste man daher bei niedrigen Temperaturen arbeiten. Dann ist aber die Reaktionsgeschwindigkeit für ein technisches Verfahren zu gering. Verwendet man jedoch Platin als Katalysator, so verläuft die Reaktion bereits bei 400 °C mit ausreichender Geschwindigkeit. In der Technik arbeitet man zumeist mit Vanadiumoxiden, die zwar erst bei 440 °C wirksam werden, aber wesentlich preisgünstiger als Platin sind.

GLEICHGEWICHT

Das großtechnische Verfahren. Um Schwefeltrioxid herzustellen, wird ein Gemisch aus Schwefeldioxid und Luft in *Kontaktöfen* geleitet, in denen bei etwa 500 °C die Oxidation stattfindet. Um zu vermeiden, dass die bei dieser Reaktion freiwerdende Wärme die Temperatur im Ofen zu stark erhöht, muss sie ständig abgeführt werden. Man nutzt sie zum Vorwärmen des neu eintretenden Schwefeldioxid/Luft-Gemisches. Die Temperatur des Gasgemisches im Kontaktofen lässt sich auch durch Zufuhr von kaltem Röstgas regulieren. Bei diesem Verfahren reagieren 98 % des eingesetzten Schwefeldioxids zu Schwefeltrioxid.

In den 60er Jahren ist es mithilfe des **Doppelkontaktverfahrens** gelungen, die Ausbeute an Schwefeltrioxid auf 99,5 % zu steigern. Nach Durchlaufen der ersten Kontaktschichten gelangt das Gasgemisch in Wärmetauscher und von dort in einen Zwischenabsorber, wo das Schwefeltrioxid mithilfe von konzentrierter Schwefelsäure aus dem Reaktionsgemisch entfernt wird. Das Restgas wird dann erneut dem Kontaktofen zugeleitet, wobei sich wiederum ein Gleichgewicht unter Bildung von Schwefeltrioxid einstellt. Die so erreichte Steigerung der Ausbeute kommt auch der Reinhaltung der Atmosphäre zugute, da der Schwefeldioxidgehalt der Abgase auf ein Minimum reduziert wird.

Das Schwefeltrioxid wird nicht direkt in Wasser eingeleitet. Da die Reaktion zwischen dem Gas und Wasser stark exotherm verläuft, würde im Verlauf des Lösungsvorgangs ein Teil des Schwefeltrioxids wieder gasförmig entweichen. Deshalb wird es in konzentrierte Schwefelsäure eingeleitet, wo es vollständig absorbiert wird. Die so gebildete Flüssigkeit kann bis zu 65 % Schwefeltrioxid in gelöster Form enthalten. Man bezeichnet sie als rauchende Schwefelsäure oder *Oleum*. Durch Zugabe von Wasser wird dann aus Oleum 98 %ige Schwefelsäure hergestellt:

$$H_2SO_4 \cdot SO_3 \text{ (l)} + H_2O \text{ (l)} \rightarrow 2\ H_2SO_4 \text{ (l)}$$

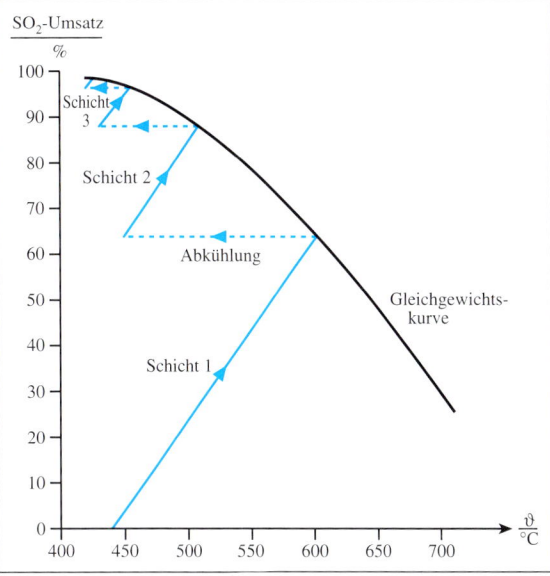

Abb. 109.1 Temperaturverlauf und Stoffumsatz beim Kontaktverfahren

A 109.1 Die bei der Oxidation von Schwefeldioxid als Katalysator verwendeten Vanadiumverbindungen wirken als Sauerstoffüberträger. Mann kann vereinfachend annehmen, dass zunächst Vanadiumdioxid mit Luftsauerstoff zu Vanadiumpentaoxid (V_2O_5) reagiert, das dann seinerseits das Schwefeldioxid oxidiert.
Wie lauten die Reaktionsgleichungen für diese Vorgänge? Welche Gesamtgleichung erhält man durch Addition der Gleichungen?

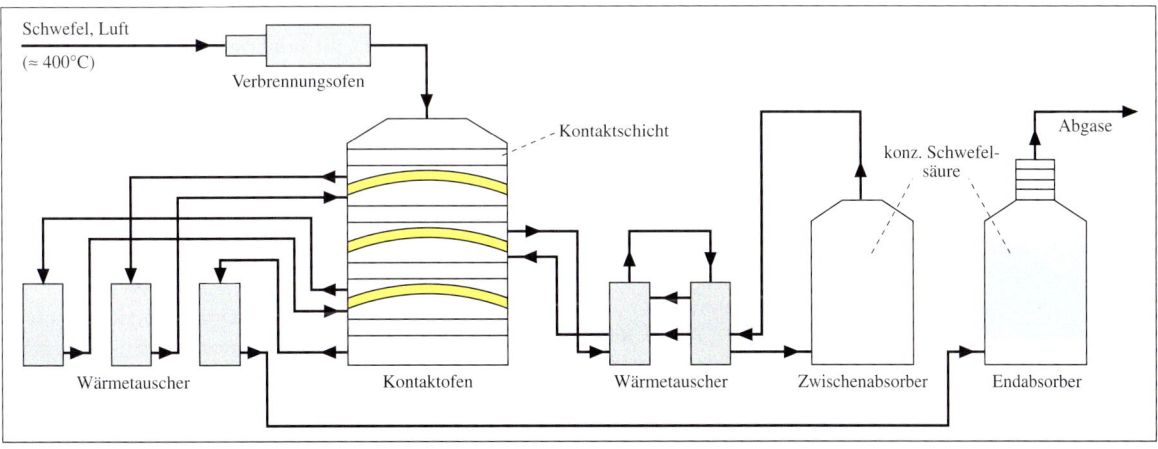

Abb. 109.2 Technische Herstellung von Schwefelsäure nach dem Doppelkontaktverfahren

GLEICHGEWICHT

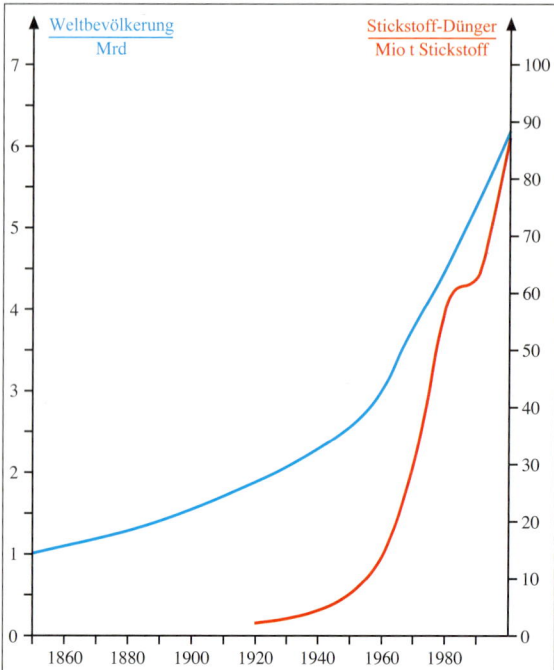

Abb. 110.1 Anstieg der Weltbevölkerung und Zunahme des Verbrauchs an Stickstoffdüngemitteln

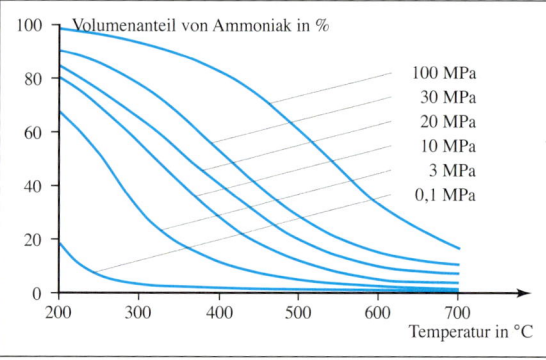

Abb. 110.2 Einfluss von Druck und Temperatur auf den Ammoniak-Gehalt des Gasgemisches im Gleichgewichtszustand

A110.1 a) Bei 450 °C und 30 MPa beträgt der Ammoniak-Gehalt im Gleichgewichtszustand 38 %. Erläutern Sie, wie man trotzdem zu einer vollständigen Umsetzung des Synthesegases kommt.
b) Beim großtechnischen Verfahren liegen nach einmaligem Durchgang durch den Reaktor nur etwa 15 % Ammoniak im Gasgemisch vor. Begründen Sie, warum man die Gleichgewichtseinstellung nicht abwartet.

40 Ammoniaksynthese

Um die ständig wachsende Weltbevölkerung ernähren zu können, ist eine Steigerung der landwirtschaftlichen Erträge erforderlich. Große Mengen an Stickstoff-Verbindungen werden dazu als Düngemittel benötigt. Nur wenige Organismen sind jedoch in der Lage, direkt den elementaren, reaktionsträgen Luftstickstoff zur Synthese organischer Stoffe zu verwenden. Die größte Bedeutung haben dabei frei lebende Bodenbakterien und die in Symbiose mit Leguminosen lebenden Knöllchenbakterien. Die meisten Planzen benötigen reaktionsfähigere Stickstoff-Verbindungen, wie Ammoniumsalze, Harnstoff und Nitrate. Technische Verfahren zur Herstellung dieser Stickstoff-Verbindungen aus dem atmosphärischen Stickstoff haben daher große Bedeutung.

Grundlage all dieser Verfahren ist die Anfang des 20. Jahrhunderts von HABER und BOSCH entwickelte Ammoniaksynthese aus Luftstickstoff und Wasserstoff. Heute wird über 90 % des weltweiten Stickstoffbedarfs durch synthetisches Ammoniak gedeckt. Mit einer Produktion von über 120 Millionen Tonnen jährlich nimmt Ammoniak nach Schwefelsäure den zweiten Platz unter den wichtigsten anorganischen Grundchemikalien ein. 85 % des Ammoniaks wird zu Düngemitteln weiterverarbeitet, der Rest dient zur Gewinnung von Sprengstoffen und zur Synthese von Acrylnitril, dem Ausgangsprodukt zur Herstellung der Kunstfaser Polyacryl.

Die Ammoniaksynthese läuft formal recht einfach ab:

$$N_2\,(g) + 3\,H_2\,(g) \rightleftharpoons 2\,NH_3\,(g); \quad \Delta_R H_m^0 = -92\ kJ \cdot mol^{-1}$$

Stickstoff und Wasserstoff reagieren jedoch nicht vollständig miteinander, es stellt sich ein Gleichgewicht ein. Die Bildung von Ammoniak verläuft exotherm unter Verminderung des Volumens. Nach dem Prinzip von LE CHATELIER muss man daher bei einer möglichst niedrigen Temperatur und erhöhtem Druck arbeiten, damit im Gleichgewicht ein hoher Ammoniakanteil vorliegt. Bei niedrigen Temperaturen ist jedoch die Reaktionsgeschwindigkeit für ein kontinuierliches Verfahren zu gering. Sie lässt sich jedoch durch Verwendung eines Katalysators erhöhen. Im Kontaktofen durchströmt das Gasgemisch zunächst einen Raum mit einer hohen Temperatur, um die Reaktionsgeschwindigkeit zu erhöhen. Dahinter senkt man die Temperatur auf etwa 500 °C, um einen möglichst großen Ammoniakanteil im Gleichgewichtszustand zu erhalten.

Nach einem einmaligen Durchgang durch den Kontaktofen beträgt der Ammoniakanteil des Gasgemisches nur 15 %. Das entstandene Ammoniak wird durch Abkühlung des Gasgemisches verflüssigt und das Restgas in einem Kreislauf wiederum dem Kontaktofen zugeführt.

Wasserstoff wird heute überwiegend aus Erdgas und Wasser gewonnen. Nach der Entschwefelung wird Erd-

GLEICHGEWICHT

gas mit Wasserdampf bei etwa 750 °C unter Druck an Nickeloxid/Aluminiumoxid-Katalysatoren umgesetzt:

$$CH_4 \, (g) + H_2O \, (g) \rightleftharpoons CO \, (g) + 3 \, H_2 \, (g);$$
$$\Delta_R H_m^0 = 206 \; kJ \cdot mol^{-1}$$

In einem zweiten Reaktor reagiert überschüssiges Methan mit Luft zu Kohlenstoffmonooxid und Wasserstoff. Der Stickstoff aus der Luft bleibt unverändert:

$$2 \, CH_4 \, (g) + O_2 \, (g) + 4 \, N_2 \, (g) \rightleftharpoons$$
$$2 \, CO \, (g) + 4 \, N_2 \, (g) + 4 \, H_2 \, (g); \quad \Delta_R H_m^0 = -71 \; kJ \cdot mol^{-1}$$

Kohlenstoffmonooxid wirkt bei der Ammoniak-Synthese als Katalysatorgift. Es wird daher in einer Konvertierungsanlage mit Wasserdampf in Gegenwart von Kupferoxid/Zinkoxid-Katalysatoren umgesetzt:

$$CO \, (g) + H_2O \, (g) \rightleftharpoons CO_2 \, (g) + H_2 \, (g);$$
$$\Delta_R H_m^0 = -41 \; kJ \cdot mol^{-1}$$

Das entstandene Kohlenstoffdioxid wird durch Triethanolamin aus dem Gasgemisch ausgewaschen.

Die beschriebenen Reaktionen können so gesteuert werden, dass Stickstoff und Wasserstoff schließlich im Verhältnis 1 : 3 vorliegen.

Bei einem Hochdruckverfahren wie der Ammoniaksynthese werden hohe Anforderungen an das Material der Anlage gestellt. Gewöhnlicher Stahl hält zwar den hohen Drücken stand, nicht aber dem chemischen Angriff des Wasserstoffs. Der Wasserstoff diffundiert durch den Stahl und verbindet sich mit dem Kohlenstoff des Stahls zu Methan. Der Stahlmantel könnte dadurch seine Festigkeit verlieren und schließlich wegen des hohen Drucks platzen. BOSCH entwickelte daher ein doppelwandiges Reaktionsrohr. Die Innenwand besteht aus kohlenstofffreiem Eisen, durch das Wasserstoff diffundiert, ohne das Material zu verändern. Die Außenwand aus Stahl gibt dem Reaktionsrohr die Festigkeit.

Ammoniak-Synthese ohne Energieaufwand?

Drei Prozent des Weltenergieverbrauchs entfallen auf die Produktion von Ammoniak nach dem HABER-BOSCH-Verfahren, bei dem 30 MPa und 450 °C erforderlich sind. Einigen Bakterien gelingt es dagegen schon unter normalen Bedingungen, Ammoniak zu produzieren. Sie besitzen einen viel wirksameren Katalysator.

Die biologische Stickstoff-Fixierung wird durch das Enzym *Nitrogenase* möglich. Im aktiven Zentrum dieses Enzyms liegen mehrere Eisen-Ionen und Molybdän-Ionen komplex an Schwefel-Gruppen gebunden vor. Die Aktivierung des reaktionsträgen Stickstoffs verläuft im aktiven Zentrum des Enzyms über die Bildung eines Distickstoff-Metall-Komplexes, der dann schrittweise reduziert wird.

$$[Me-N\equiv N|]^{n+} \rightarrow [Me-\bar{N}=\bar{N}H]^{n+} \rightarrow [Me=\bar{N}-\bar{N}H_2]^{n+} \rightarrow$$
$$[Me\equiv N|]^{n+} + NH_3 \rightarrow Me^{n+} + 2 \, NH_3$$

In der Forschung werden heute zwei Wege eingeschlagen: Einerseits versucht man die Natur zu imitieren und metallorganische Komplexe zu synthetisieren, die sich als Katalysatoren eignen. Andererseits ist man dabei, die für die Stickstoff-Fixierung verantwortlichen Gene der Bakterien zu lokalisieren. Eine denkbare zukünftige Entwicklung wäre die direkte Übertragung dieser Gene in Pflanzen, sodass diese den von ihnen benötigten Stickstoff selbst fixieren können.

A 111.1 Ammoniak wird nach dem MONT-CENIS-Verfahren bei 400 °C und 10 MPa, nach dem FAUSER-CASALE-Verfahren bei 500 °C und 80 MPa hergestellt. In Deutschland arbeitet man heute bei 450 °C und 30 MPa.

a) Diskutieren Sie Vor- und Nachteile der verschiedenen Verfahren.

b) Berechnen Sie die Gleichgewichtskonstanten K_p für das Ammoniakgleichgewicht bei den angegebenen Verfahren.

GLEICHGEWICHT

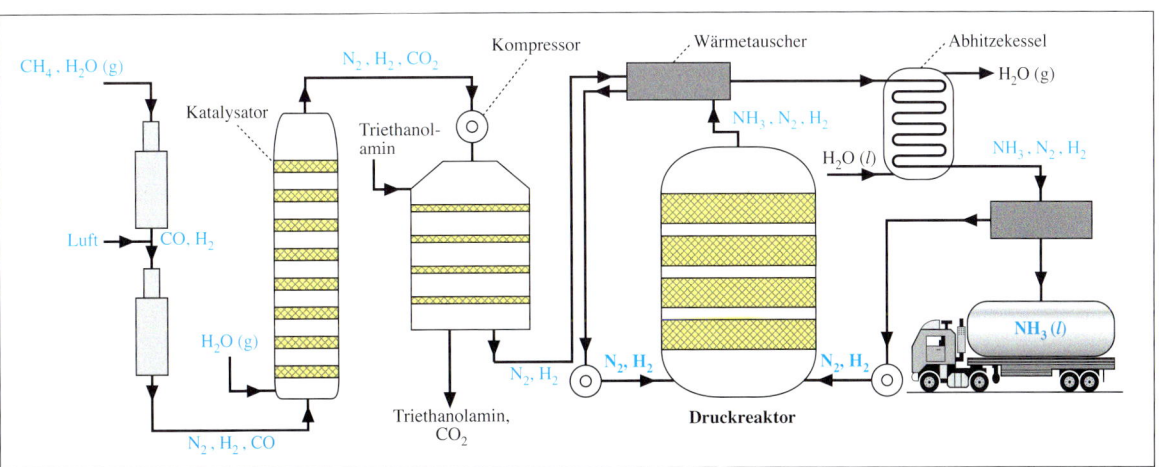

Abb. 111.1 Technische Herstellung von Ammoniak nach dem HABER-BOSCH-Verfahren

Zusätzliche Aufgaben

A 112.1 Bei einem Experiment wurden im Gleichgewichtszustand folgende Konzentrationen ermittelt:

$c(Fe^{2+}) = 0{,}05 \text{ mol} \cdot l^{-1}$,
$c(Fe^{3+}) = 0{,}05 \text{ mol} \cdot l^{-1}$,
$c(Ag^+) = 0{,}06 \text{ mol} \cdot l^{-1}$.

a) Berechnen Sie die Gleichgewichtskonstante für folgende Reaktion:

$Fe^{2+} (aq) + Ag^+ (aq) \rightleftharpoons Fe^{3+} (aq) + Ag (s)$

b) Wie groß waren die Anfangskonzentrationen?

A 112.2 Die Berechnung von Gleichgewichtskonzentrationen mithilfe des Massenwirkungsgesetzes stößt schnell an die Grenzen der einfachen Mathematik, oft ergeben sich Gleichungen höheren Grades. In diesen Fällen lässt sich jedoch auf einfache Weise eine Näherungslösung berechnen.
Man geht dazu von einem Schätzwert aus, der in der Größenordnung zu den gegebenen Informationen passen muss. Durch wiederholtes Einsetzen eines immer besseren Schätzwertes in das Massenwirkungsgesetz nähert man sich schrittweise dem Ergebnis.
Beispiel: Für das Ammoniak-Gleichgewicht gilt bei 500 °C:

$N_2 (g) + 3 H_2 (g) \rightleftharpoons 2 NH_3 (g)$; $K_p = 1{,}6 \cdot 10^{-3} \text{ MPa}^{-2}$

Gesucht ist die Zusammensetzung im Gleichgewichtszustand bei einem Gesamtdruck von 20 MPa. Stickstoff und Wasserstoff sollen im stöchiometrischen Verhältnis (1:3) vorliegen.

Anfangsschätzwert für den NH_3-Partialdruck:
$p(NH_3) = 2{,}5 \text{ MPa}$.

Damit erhält man: $p(N_2) = \dfrac{17{,}5}{4} \text{ MPa}$; $p(H_2) = \dfrac{3 \cdot 17{,}5}{4} \text{ MPa}$

Man berechnet danach den Term für K_p:

$K_p = \dfrac{p^2(NH_3)}{p(N_2) \cdot p^3(H_2)} = \dfrac{2{,}5^2 \text{ MPa}^2}{4{,}1375 \text{ MPa} \cdot 13{,}125^3 \text{ MPa}^3}$

$= 6{,}3 \cdot 10^{-4} \text{ MPa}^{-2}$

Der für K_p berechnete Wert zeigt an, dass $p(NH_3)$ im Gleichgewicht größer sein muss. Man erhöht jetzt den Schätzwert für $p(NH_3)$ schrittweise um jeweils 10 %, bis sich für K_p ein Wert ergibt, der größer ist als $1{,}6 \cdot 10^{-3} \text{ MPa}^{-2}$. Dann erniedrigt man den Schätzwert schrittweise um jeweils 1 %, bis sich ein K_p-Wert ergibt, der praktisch mit der Gleichgewichtskonstanten übereinstimmt.
a) Führen Sie die Berechnung für den im Beispiel beschriebenen Fall aus.
b) Berechnen Sie auf entsprechende Weise die Partialdrücke im Gleichgewicht bei einem Gesamtdruck von 10 MPa.

A 112.3 Eine wissenschaftliche Untersuchung über den Einfluss von Ammoniumsulfat auf die Löslichkeit von Calciumsulfat führte zu folgenden Ergebnissen:

$\dfrac{c((NH_4)_2SO_4)}{10^{-2} \text{ mol} \cdot l^{-1}}$	0	0,771	3,125	12,5
$\dfrac{c(CaSO_4)}{10^{-2} \text{ mol} \cdot l^{-1}}$	1,53	1,327	1,131	1,064

a) Berechnen Sie für die verschiedenen gesättigten Lösungen jeweils das Produkt $c(Ca^{2+}) \cdot c(SO_4^{2-})$. Beachten Sie dabei, dass die Gleichgewichtskonzentration der SO_4^{2-}-Ionen der Summe der beiden angeführten Konzentrationen entspricht.
b) Vergleichen Sie die Werte mit dem auf Aktivitäten basierenden tabellierten Löslichkeitsprodukt für Calciumsulfat: $K_L = 2{,}5 \cdot 10^{-5} \text{ mol}^2 \cdot l^{-2}$

A 112.4 100 ml einer gesättigten Calciumsulfat-Lösung enthalten 0,2 g $CaSO_4$.
a) Formulieren Sie das Löslichkeitsgleichgewicht von Calciumsulfat.
b) Berechnen Sie das Löslichkeitsprodukt.
c) Vergleichen Sie mit dem tabelliertem Wert ($K_L = 2{,}45 \cdot 10^{-5} \cdot \text{mol}^2 \cdot l^{-2}$) und begründen Sie die Abweichung.
d) Zu 50 ml der gesättigten Calciumsulfat-Lösung gibt man 1 ml einer Calciumchlorid-Lösung ($c(CaCl_2) = 1 \text{ mol} \cdot l^{-1}$).
Berechnen Sie die Konzentration der Sulfat-Ionen in der entstehenden Lösung unter der Voraussetzung, dass der aus der Löslichkeit berechnete Wert für das Löslichkeitsprodukt konstant bleibt.
Wie viel Prozent des ursprünglich gelösten Calciumsulfats fallen nach der Zugabe der Calciumchlorid-Lösung aus?

A 112.5 Eine wissenschaftliche Untersuchung über den Einfluss von Natriumsulfat auf die Löslichkeit von Radiumsulfat führte zu den folgenden Ergebnissen:

Versuch Nr.	$\dfrac{c(Na_2SO_4)}{\text{mol} \cdot l^{-1}}$	$\dfrac{c(RaSO_4)}{\text{mol} \cdot l^{-1}}$
1	0	$6{,}52 \cdot 10^{-6}$
2	$5 \cdot 10^{-5}$	$1{,}07 \cdot 10^{-6}$
3	$5 \cdot 10^{-4}$	$1{,}45 \cdot 10^{-7}$

a) Berechnen Sie für alle Versuche das Löslichkeitsprodukt. Beachten Sie dabei, dass die Gleichgewichtskonzentration der SO_4^{2-}-Ionen der Summe der beiden angeführten Konzentrationen entspricht.
b) Für die Aktivitätskoeffizienten der Ionen wurden für die einzelnen Versuche folgende Werte angegeben:
1) $\gamma = 0{,}99$;   2) $\gamma = 0{,}89$;   3) $\gamma = 0{,}75$.
Berechnen Sie mithilfe dieser Werte jeweils das Produkt der Aktivitäten.

A 112.6 Bei der Bildung von Phosgen ($COCl_2$) stellt sich folgendes Gleichgewicht ein:

$CO (g) + Cl_2 (g) \rightleftharpoons COCl_2 (g)$

In einem Experiment betrug der Partialdruck des Chlorgases vor der Reaktion $0{,}666 \cdot 10^5$ Pa und der des Kohlenstoffmonooxids $0{,}533 \cdot 10^5$ Pa. Nachdem sich das Gleichgewicht eingestellt hatte, wurde der Gesamtdruck von $0{,}800 \cdot 10^5$ Pa bestimmt.
a) Welcher Druck hätte sich bei vollständigem Umsatz einstellen müssen?

b) Setzen Sie für den Partialdruck des Phosgens im Gleichgewicht den Wert x ein, und formulieren Sie die Partialdrücke der Ausgangsstoffe im Gleichgewicht.
c) Berechnen Sie K_p und K_c.

A 113.7 Bei der Bildung von Phosgen ($COCl_2$) stellt sich folgendes Gleichgewicht ein:

$$CO\ (g) + Cl_2\ (g) \rightleftharpoons COCl_2\ (g)$$

In einem Experiment betrug der Partialdruck des Chlorgases vor der Reaktion $0{,}666 \cdot 10^5$ Pa und der des Kohlenstoffmonooxids $0{,}533 \cdot 10^5$ Pa. Nachdem sich das Gleichgewicht eingestellt hatte, wurde der Gesamtdruck von $0{,}800 \cdot 10^5$ Pa bestimmt.
a) Welcher Druck hätte sich bei vollständigem Umsatz einstellen müssen?
b) Setzen Sie für den Partialdruck des Phosgens im Gleichgewicht den Wert x ein, und formulieren Sie die Partialdrücke der Ausgangsstoffe im Gleichgewicht.
c) Berechnen Sie K_p und K_c.

A 113.8 BODENSTEIN untersuchte 1899 die Bildung und Zersetzung von Iodwasserstoff. In einem Experiment erhitzte er 2,94 mmol Iod und 8,10 mmol Wasserstoff auf 448 °C. Nachdem sich das Gleichgewicht eingestellt hatte, lagen 5,64 mmol Iodwasserstoff im Reaktionssystem vor.
a) Formulieren Sie die Reaktionsgleichung und das Massenwirkungsgesetz für das Iodwasserstoff-Gleichgewicht.
b) Erläutern Sie den Vorgang der Gleichgewichtseinstellung im Sinne der Reaktionskinetik.
c) Berechnen Sie die Konzentrationen der Ausgangsstoffe im Gleichgewicht. Setzen Sie dabei für das Volumen des Reaktors allgemein das Zeichen V ein.
d) Berechnen Sie die Gleichgewichtskonstante K_c der Reaktion.
e) Beurteilen Sie die Bedeutung des Volumens für den Wert der Gleichgewichtskonstanten.

A 113.9 Ein beliebtes Beispiel für Gleichgewichtsbetrachtungen ist das Gleichgewicht, das sich zwischen Stickstoffdioxid und Distickstofftetraoxid unter verschiedenen Bedingungen einstellt:

$$N_2O_4\ (g) \rightleftharpoons 2\,NO_2\ (g)$$
farblos   braun

	$\dfrac{\Delta_f H_m^0}{kJ \cdot mol^{-1}}$	$\dfrac{S_m^0}{J \cdot K^{-1} \cdot mol^{-1}}$
NO_2	33	240
N_2O_4	9	304

Für die Abhängigkeit der Gleichgewichtskonstanten K_p von der thermodynamischen Temperatur T gilt:

$$\ln K\,(T) = -\dfrac{\Delta_R G_m^0}{R \cdot T}; \quad R = 8{,}31\ \text{J} \cdot \text{K}^{-1} \cdot \text{mol}^{-1}$$

a) Stellen Sie mithilfe der thermodynamischen Daten fest, ob die Reaktion exotherm oder endotherm abläuft.

b) Formulieren Sie das Prinzip von LE CHATELIER. Welchen Einfluss haben Änderungen des Drucks und der Temperatur auf die Lage des NO_2/N_2O_4-Gleichgewichts?
c) Berechnen Sie die freie Reaktionsenthalpie $\Delta_R G_m^0$ für eine Temperatur von 50 °C mithilfe der GIBBS-HELMHOLTZ-Gleichung:

$$\Delta_R G_m^0 = \Delta_R H_m^0 - T \cdot \Delta_R S_m^0$$

d) Berechnen Sie dann mithilfe der angegebenen Beziehung die Gleichgewichtskonstante K_p für 50 °C, sowie die Partialdrücke der beiden Stickstoffoxide im Gleichgewichtszustand (Gesamtdruck: 1000 hPa).

A 113.10 Bei normalen Glühlampen schwärzt sich allmählich der Glaskolben: Das vom heißen Glühdraht verdampfende Wolfram lagert sich an den kältesten Stellen wieder ab:

$$W\ (g) \rightleftharpoons W\ (s); \quad \Delta H < 0$$

$\dfrac{T}{K}$	Lichtausbeute %	Lebensdauer h
2400	1,4	1200
2600	2,1	40
2800	3,0	2

Bei **Halogenlampen** tritt dieses Problem trotz höherer Temperatur des Drahtes nicht auf. Da sie neben Iod auch etwas Sauerstoff enthalten, reagiert der Wolframdampf in der Nähe des Glaskolbens vor allem zu Wolframdioxidiodid (WO_2I_2). Diese relativ leicht flüchtige Verbindung entsteht in einer exothermen Reaktion.
Man könnte sich nun vorstellen, dass am Glühdraht WO_2I_2-Moleküle in der endothermen Rückreaktion wieder zerlegt werden. Diese Reaktion sollte vor allem an den dünnsten Stellen des Drahtes ablaufen, da hier der Widerstand und damit auch die Temperatur am höchsten sind. Auf diese Weise könnten Schwachstellen wieder ausheilen; eine Halogenlampe sollte demnach nie durchbrennen.
Neuere Untersuchungen haben gezeigt, dass WO_2I_2-Moleküle schrittweise zerfallen.
Erklären Sie, warum sich Wolfram leider bevorzugt an den dicksten Stellen des Drahtes ablagert. Betrachten Sie dazu den Einfluss der Temperatur auf die beteiligten Gleichgewichte.

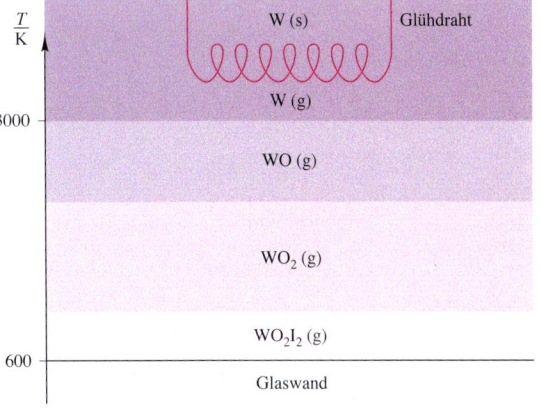

SÄUREN UND BASEN

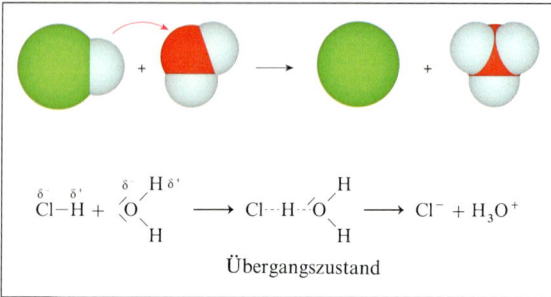

$$\underset{\delta}{Cl} \underset{\delta'}{-H} + \underset{H}{\overset{\delta\ H\ \delta'}{O}} \longrightarrow Cl \cdots H \cdots \overset{H}{\underset{H}{O}} \longrightarrow Cl^- + H_3O^+$$

Übergangszustand

Abb.114.1 Die Reaktion von Wasser mit Chlorwasserstoff. Aufgrund der Dipolnatur der Moleküle wird ein Protonenübergang ermöglicht. Das Proton tritt dabei zu keinem Zeitpunkt frei auf. Das H_3O^+-Ion ist flachpyramidal gebaut. Dabei sind alle drei O–H-Bindungen gleichartig. In wässrigen Lösungen ist das H_3O^+-Ion weiter hydratisiert.

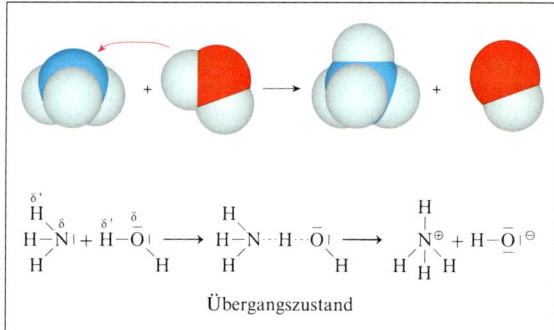

$$\underset{H}{\overset{\delta^+}{H}} \underset{H}{-N} \underset{}{\overset{\delta}{|}} + \underset{}{\overset{\delta'}{H}} \underset{}{-\overset{\delta}{O}} | \longrightarrow H \underset{H}{-N} \cdots H \cdots \overset{H}{-\overset{}{O}} | \longrightarrow \underset{H}{\overset{H}{N^\oplus}} + H \overset{}{-\overset{}{O}} |^\ominus$$

Übergangszustand

Abb.114.2 Die Reaktion von Ammoniak mit Wasser

	Definition	
	Säuren	**Basen**
LAVOISIER 1777	enthalten Sauerstoff	–
DAVY 1816	enthalten Wasserstoff	–
LIEBIG 1838	enthalten Wasserstoff, der durch Metall ersetzbar ist	–
ARRHENIUS 1884	geben in Wasser H^+-Ionen ab	geben in Wasser OH^--Ionen ab

Tab.114.3 Säure-Base-Definitionen vor der Zeit BRÖNSTEDS

Saure Lösungen besitzen außer dem Geschmack noch eine Reihe anderer charakteristischer Eigenschaften. So reagieren sie beispielsweise mit unedlen Metallen unter Bildung von Wasserstoff und mit Carbonaten unter Entwicklung von Kohlenstoffdioxid. Die typischen sauren Eigenschaften verschwinden durch die Reaktion mit Basen (früher: Alkalien). Saure und alkalische Lösungen neutralisieren sich gegenseitig. Durch die Farbänderung von Indikatoren lässt sich leicht feststellen, ob eine wässrige Lösung sauer oder alkalisch reagiert.

Die Deutung der sauren und alkalischen Eigenschaften führte in der Vergangenheit zu verschiedenen, oft kontroversen Theorien. Eine sehr zweckmäßige Säure-Base-Definition geht auf BRÖNSTED (1923) zurück.

41 Die BRÖNSTED-Definition

Beim Einleiten von Chlorwasserstoffgas in Wasser entsteht Salzsäure. Die wässrige Lösung ist ein elektrischer Leiter und liefert bei der Elektrolyse am Minuspol Wasserstoff und am Pluspol Chlor. Salzsäure muss also Chlorid-Ionen enthalten. Diese können entstehen, wenn Chlorwasserstoff-Moleküle H^+-Ionen, also Protonen, abgeben. Protonen sind in Wasser nicht existenzfähig. Sie werden von Wasser-Molekülen über die freie Elektronenpaare aufgenommen:

$$\overset{H^+}{\overbrace{HCl\ (g) + H_2O\ (l)}} \to Cl^-\ (aq) + H_3O^+\ (aq)$$

Säure   Base

Nach BRÖNSTED sind Teilchen, die Protonen abgeben können, Säuren. Teilchen, die Protonen aufnehmen können, sind Basen. **Säuren** sind also **Protonendonatoren** und **Basen** sind **Protonenakzeptoren.** Nach dieser Definition reagiert Chlorwasserstoff bei der Umsetzung mit Wasser als Säure und Wasser als Base. Die Säureeigenschaft der Salzsäure und aller sauer reagierender wässriger Lösungen beruht auf der Anwesenheit von hydratisierten H_3O^+-Ionen, den **Hydronium-Ionen.**

Leitet man Ammoniakgas in Wasser, so entsteht durch Bildung hydratisierter **Hydroxid-Ionen** eine alkalische Lösung. Diese entstehen durch Abgabe eines Protons von einem Wasser-Molekül an ein Ammoniak-Molekül:

$$\overset{\overset{\displaystyle H^+}{\frown}}{NH_3 \, (g) + H_2O \, (l)} \rightarrow NH_4^+ \, (aq) + OH^- \, (aq)$$
$$\underset{Base}{} \quad \underset{Säure}{}$$

Ammoniak verhält sich als Base, während Wasser in diesem Fall als Säure reagiert. Das Beispiel Wasser verdeutlicht, dass es jeweils auf den Reaktionspartner ankommt, ob ein Teilchen als Säure oder Base aufzufassen ist. Teilchen, die wie das Wasser sowohl als Säuren wie auch als Basen reagieren können, bezeichnet man als **Ampholyte.** Die Begriffe Säure und Base beschreiben nach BRÖNSTED also keine Stoffklasse, sondern das Verhalten von Teilchen bei Reaktionen. So reagiert beispielsweise auch Chlorwasserstoffgas gegenüber Hexan nicht als Säure, obwohl es sich darin löst. Hexan hat jedoch kein freies Elektronenpaar und kann daher kein Proton aufnehmen. Ein Protonenübergang ist nur möglich, wenn eine Säure und eine Base vorhanden sind. Reaktionen, bei denen Protonen übertragen werden, bezeichnet man deshalb als **Säure-Base-Reaktionen** oder auch als **Protolysen.**

Ionen als Säuren und Basen. Nach BRÖNSTED reagieren nicht nur Neutralteilchen, sondern auch Ionen als Säuren und Basen. Erhitzt man beispielsweise konzentrierte Salzsäure, so entweicht Chlorwasserstoffgas. Es müssen also Hydronium-Ionen Protonen an Chlorid-Ionen abgegeben haben:

$$\overset{\overset{\displaystyle H^+}{\frown}}{H_3O^+ \, (aq) + Cl^- \, (aq)} \rightarrow H_2O \, (l) + HCl \, (g)$$
$$\underset{Säure}{} \quad \underset{Base}{}$$

Versetzt man eine Lösung, die NH_4^+ Ionen enthält, mit Natronlauge, so entsteht Ammoniakgas. Auch hierbei handelt es sich um eine Protolyse, wobei die Ammonium-Ionen als Säure und die OH^--Ionen der Natronlauge als Base reagieren:

$$\overset{\overset{\displaystyle H^+}{\frown}}{NH_4^+ \, (aq) + OH^- \, (aq)} \rightarrow NH_3 \, (g) + H_2O \, (l)$$
$$\underset{Säure}{} \quad \underset{Base}{}$$

Auch das in festen Metalloxiden als Gitterbaustein enthaltene Oxidion (O^{2-}) kann als Base reagieren. So entsteht aus Calciumoxid und Wasser eine alkalische Lösung:

$$\overset{\overset{\displaystyle H^+}{\frown}}{CaO \, (s) + H_2O \, (l)} \rightarrow Ca^{2+} \, (aq) + 2 \, OH^- \, (aq)$$
$$\underset{Base}{} \quad \underset{Säure}{}$$

Nach der BRÖNSTED-Definition ist also nicht das Calciumoxid eine Base, sondern nur das Oxid-Ion, ein Bestandteil der Verbindung, da nur dieses ein Proton aufnehmen kann.

Viele Protolysen führen zu reversiblen Gleichgewichten, die sich sehr schnell einstellen. An einem Protolysegleichgewicht sind, wie das folgende Beispiel zeigt, stets zwei Säuren und zwei Basen beteiligt:

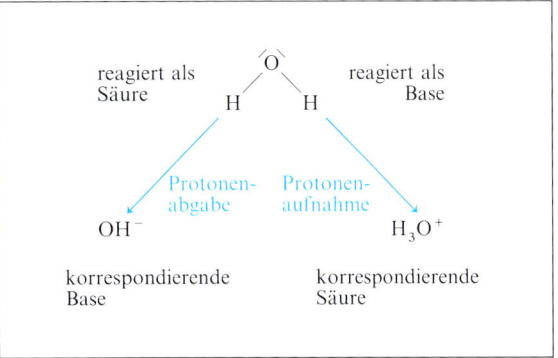

Abb. 115.1 Wasser als Ampholyt

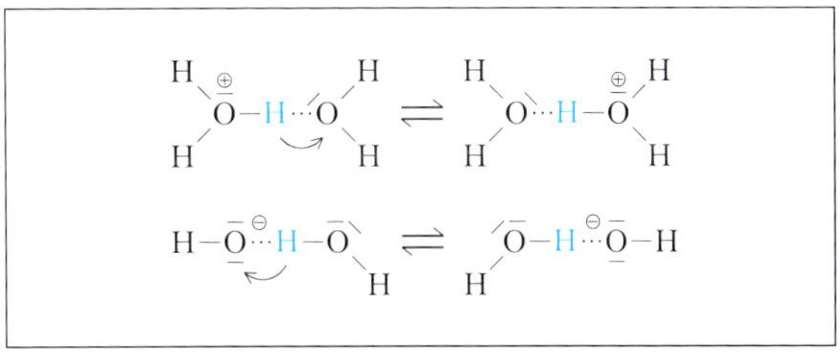

Abb. 115.2 Protonenaustausch zwischen H_3O^+- und OH^--Ionen mit Wasser-Molekülen. Der Protonenaustausch erfolgt innerhalb 10^{-13} Sekunden. Die Beständigkeit von H_3O^+- und OH^--Ionen in Wasser ist daher nur scheinbar. Der schnelle Protonenaustausch ist für die hohe Ionenbeweglichkeit der beiden Ionensorten verantwortlich (Tabelle 116.2). Die Hydrathülle dieser Ionen enthält oft drei Wasser-Moleküle, die über Wasserstoffbrückenbindungen gebunden sind. Es existieren also Teilchen der Zusammensetzung $H_3O^+ \cdot (H_2O)_3$ und $OH^- \cdot (H_2O)_3$.

A 115.1 Geben Sie eine Strukturformel für das hydratisierte Hydronium- und Hydroxid-Ion an.

A 115.2 Formulieren Sie das allgemeine Schema für die Protolyse einer Säure HA und einer Base B in Wasser an.

A 115.3 Warum ist Salzsäure nach der BRÖNSTED-Definition keine Säure?

V 115.4 Eigenschaften von Zitronensäure in Wasser und in Aceton
a) Man löst in einem Reagenzglas etwas trockene Zitronensäure in Aceton (F, Xi) und gibt zu je einer Probe der Lösung ein Stück trockenes Indikatorpapier, Magnesiumband (F) und Marmor. Was beobachtet man, wenn diesen Lösungen Wasser zugefügt wird?
Entsorgung: B3
b) Untersuchen Sie die Leitfähigkeit einer Lösung von Zitronensäure in Aceton und Wasser. Welche Folgerungen lassen sich aus dem Versuchsergebnis ziehen?

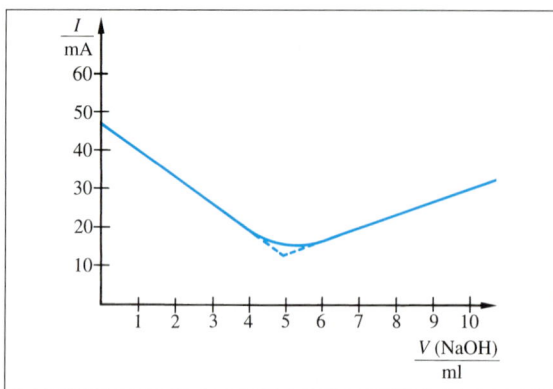

Abb.116.1 Änderung der Stromstärke bei der Titration von Salzsäure mit Natronlauge

Kationen	$\frac{u^+}{10^{-8}\,m^2\cdot V^{-1}\cdot s^{-1}}$	Anionen	$\frac{u^-}{10^{-8}\,m^2\cdot V^{-1}\cdot s^{-1}}$
H_3O^+	36,3	OH^-	20,5
Li^+	4,0	Cl^-	7,9
Na^+	5,2	Br^-	8,1
K^+	7,6	I^-	8,0
NH_4^+	7,6	NO_3^-	7,4
Ca^{2+}	6,2	CH_3COO^-	4,2
Ba^{2+}	6,6	SO_4^{2-}	8,3

Tab.116.2 Ionenbeweglichkeiten $u^\pm$ einiger Ionen bei unendlicher Verdünnung und 25 °C

A 116.1 Geben Sie für die folgenden Protolysen die Reaktionsgleichungen und die Korrespondierenden Säure-Base-Paare an.
a) Thermische Zersetzung von Ammoniumchlorid zu Chlorwasserstoffgas und Ammoniakgas;
b) Darstellung von Chlorwasserstoffgas aus Natriumchlorid und konzentrierter Schwefelsäure;
c) Bildung von Schwefelwasserstoff aus Eisensulfid und Salzsäure;
d) Freisetzen von Kohlenstoffdioxid aus Calciumcarbonat (Kalk) und Salzsäure.

V 116.2 Leitfähigkeitstitration
a) In ein Becherglas pipettiert man 50 ml Salzsäure ($c = 0,01\ mol\cdot l^{-1}$) und taucht in die Lösung einen Leitfähigkeitsprüfer ein, an den über einen Strommesser eine Wechselspannung von etwa 4 Volt angelegt wird. Der Strommesser soll möglichst Vollausschlag anzeigen. Aus einer Bürette fügt man 1 ml-Portionen Natronlauge ($c = 0,1\ mol\cdot l^{-1}$) zu, rührt nach jeder Zugabe um und notiert die Stromstärke.
b) Der Versuch wird entsprechend mit Bariumhydroxidlösung ($c = 0,005\ mol\cdot l^{-1}$), die mit Schwefelsäure ($c = 0,05\ mol\cdot l^{-1}$) titriert wird, durchgeführt.

$$H_2O\,(l) + NH_3\,(g) \rightleftharpoons OH^-\,(aq) + NH_4^+\,(aq)$$
korrespondierend / korrespondierend
Säure — Base — Base — Säure

Die Säure H_2O geht durch Abgabe eines Protons in ihre korrespondierende Base, das OH^--Ion, über. Aus der Base NH_3 entsteht durch Aufnahme eines Protons ihre korrespondierende Säure, das NH_4^+-Ion. Eine korrespondierende Säure und Base bilden ein **Säure-Base-Paar**. Mit gleichen Indizes für jeweils ein Paar lautet das Protolysegleichgewicht:

$$Säure_1 + Base_2 \rightleftharpoons Base_1 + Säure_2$$

Neutralisation. Bei der Neutralisation von Natronlauge mit Salzsäure entsteht eine Kochsalzlösung:

$$H_3O^+\,(aq) + Cl^-\,(aq) + Na^+\,(aq) + OH^-\,(aq) \rightleftharpoons$$
$$Na^+\,(aq) + Cl^-\,(aq) + 2\,H_2O\,(l)$$

Die Neutralisationsreaktion ist also eine Protolyse zwischen Hydronium-Ionen und Hydroxid-Ionen:

$$H_3O^+\,(aq) + OH^-\,(aq) \rightleftharpoons H_2O\,(l) + H_2O\,(l);$$
$$\Delta_R H_m^0 = -56\ kJ\cdot mol^{-1}$$

Die angegebene Neutralisationsenthalpie findet man auch bei der Neutralisation anderer Säuren und Basen. Dies zeigt, dass in allen Fällen die gleiche Protolyse stattfindet.

Der Verlauf der Neutralisation lässt sich durch Leitfähigkeitsmessung verfolgen. Hierzu taucht man in Salzsäure einen Leitfähigkeitsprüfer ein und misst bei konstanter Wechselspannung die Stromstärke, die ein Maß für die Leitfähigkeit darstellt. Die Leitfähigkeit einer Lösung hängt von den *Ionenbeweglichkeiten* und der Anzahl der in Lösung befindlichen Ionen ab. Bei Zugabe von Natronlauge zur Salzsäure reagieren H_3O^+-Ionen mit OH^--Ionen zu Wasser und werden somit durch Na^+-Ionen ersetzt. Da die Ionenbeweglichkeit der Na^+-Ionen wesentlich geringer ist als die der H_3O^+-Ionen, nimmt die Stromstärke ab, bis äquivalente Mengen Natronlauge zugegeben worden sind. Bei einem Überschuss an Natronlauge steigt die Stromstärke wegen der großen Ionenbeweglichkeit der OH^--Ionen wieder an. Einen entsprechenden Kurvenverlauf beobachtet man auch bei der Neutralisation von Salpetersäure und Schwefelsäure mit Natronlauge, Kalilauge, Calciumhydroxid- oder Bariumhydroxidlösung. Die Erkennung des Endpunkts einer Reaktion durch Leitfähigkeitsmessung wendet man bei Leitfähigkeitstitrationen an, um den Gehalt von Elektrolyten in Lösungen zu bestimmen.

42 Autoprotolyse des Wassers und der pH-Wert

Das Ionenprodukt des Wassers. Selbst reinstes Wasser zeigt eine geringe elektrische Leitfähigkeit ($4,2\ \mu S \cdot m^{-1}$ bei 20 °C). Es müssen folglich Ionen vorhanden sein. Die Bildung von Ionen in Wasser kann durch Protonenübergang zwischen Wasser-Molekülen erfolgen. Diese Eigen- oder **Autoprotolyse** führt zu folgendem Gleichgewicht:

$$H_2O\ (l) + H_2O\ (l) \rightleftharpoons H_3O^+\ (aq) + OH^-\ (aq)$$

Das Gleichgewicht liegt, wie der geringe Wert der elektrischen Leitfähigkeit zeigt, weitgehend auf der Seite der Wasser-Moleküle. Für die Gleichgewichtskonstante gilt nach dem Massenwirkungsgesetz:

$$K = \frac{c\,(H_3O^+) \cdot c\,(OH^-)}{c^2\,(H_2O)}$$

Da ein Mol Wasser die Masse 18 g hat, enthält ein Liter Wasser 55,5 mol Wasser-Moleküle. Die „Konzentration des Wassers" ist also $55,5\ mol \cdot l^{-1}$. Dieser Wert ist gegenüber den Ionenkonzentrationen so groß, dass $c^2\,(H_2O)$ auch bei Verschiebungen des Gleichgewichts als konstant angesehen werden kann. Man fasst daher $c^2\,(H_2O)$ mit der Gleichgewichtskonstanten K zu einer neuen Konstante K_w zusammen:

$$K_w = K \cdot c^2\,(H_2O) \Rightarrow K_w = c\,(H_3O^+) \cdot c\,(OH^-)$$

Die Konstante K_w bezeichnet man als das **Ionenprodukt des Wassers.** Bei 25 °C ist $K_w = 1,008 \cdot 10^{-14}\ mol^2 \cdot l^{-2}$. Da in Wasser gleich viel H_3O^+- und OH^--Ionen vorhanden sind, ist deren Konzentration nach dem Ionenprodukt bei 25 °C:

$$c\,(H_3O^+) = c\,(OH^-) = \sqrt{K_w} = 10^{-7}\ mol \cdot l^{-1}$$

Dies bedeutet, dass auf etwa 555 Millionen Wasser-Moleküle nur ein H_3O^+- und ein OH^--Ion kommen. Mit steigender Temperatur nimmt die Ionenkonzentration in Wasser und damit das Ionenprodukt zu.

Der pH-Wert. Das Ionenprodukt gilt nicht nur für reines Wasser, sondern auch für verdünnte wässrige Lösungen. Da das Produkt $c\,(H_3O^+) \cdot c\,(OH^-)$ konstant ist, nimmt die Konzentration der einen Ionenart ab, wenn die Konzentration der anderen zunimmt. In sauren Lösungen ist die H_3O^+-Konzentration größer als die OH^--Konzentration, in alkalischen Lösungen ist sie kleiner; das Produkt der Konzentration der beiden Ionenarten beträgt in jedem Fall $10^{14}\ mol^2 \cdot l^{-2}$.

Reaktion	$c\,(H_3O^+)$	$c\,(OH^-)$
sauer	$> 10^{-7}\ mol \cdot l^{-1}$	$< 10^{-7}\ mol \cdot l^{-1}$
alkalisch	$< 10^{-7}\ mol \cdot l^{-1}$	$> 10^{-7}\ mol \cdot l^{-1}$

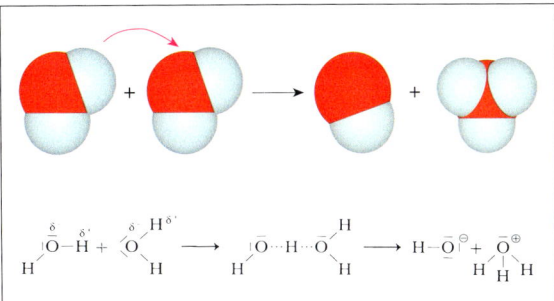

Abb. 117.1 Protonenübergang zwischen Wasser-Molekülen

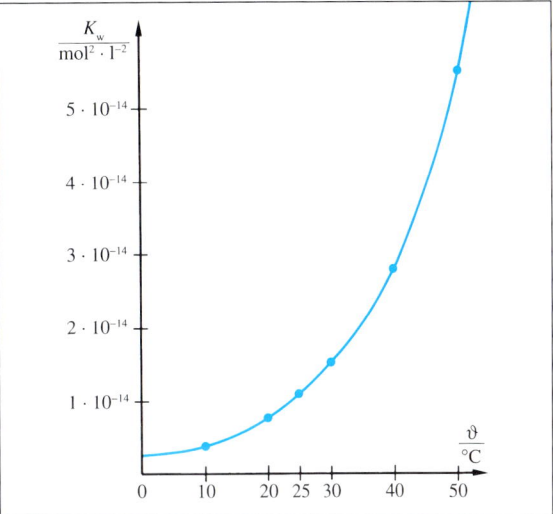

Abb. 117.2 Temperaturabhängigkeit des Ionenprodukts von Wasser. Bei 100 °C ist $K_w = 55 \cdot 10^{-14}\ mol^2 \cdot l^{-2}$.

Säure$_1$ + Base$_2$	$\rightleftharpoons$ Base$_1$ + Säure$_2$	$\dfrac{K}{mol^2 \cdot l^{-2}}$
$NH_3\ (l) + NH_3\ (l)$	$\rightleftharpoons NH_2^- + NH_4^+$	$1,5 \cdot 10^{-30}$
$H_2S\ (l) + H_2S\ (l)$	$\rightleftharpoons HS^- + H_3S^+$	–
$C_2H_5OH\ (l) + C_2H_5OH\ (l)$	$\rightleftharpoons C_2H_5O^- + C_2H_5OH_2^+$	$1,2 \cdot 10^{-19}$
$H_2SO_4\ (l) + H_2SO_4\ (l)$	$\rightleftharpoons HSO_4^- + H_3SO_4^+$	$2,5 \cdot 10^{-4}$
$H_2O\ (l) + H_2O\ (l)$	$\rightleftharpoons OH^-\ (aq) + H_3O^+\ (aq)$	10^{-14}

Tab. 117.3 Verschiedene Autoprotolysen. Als Konstante ist jeweils das Ionenprodukt für 25 °C angegeben.

A 117.1 Wie groß ist die Konzentration an Ammonium-Ionen in flüssigem Ammoniak?

A 117.2 Geben Sie Reaktionsgleichungen an für:
a) die Autoprotolyse von Salpetersäure und
b) die Reaktion von Essigsäure in flüssigem Ammoniak.

SÄUREN UND BASEN

117

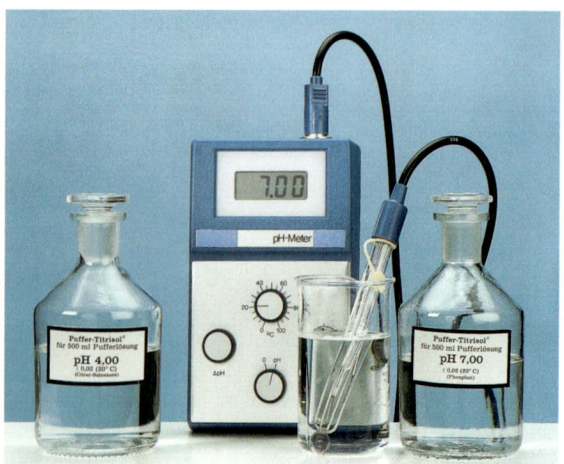

Abb.118.1 pH-Meter mit Glaselektrode. Vor Gebrauch muss ein pH-Meter mit Lösungen geeicht werden, deren pH-Werte bekannt sind.

$\dfrac{c\,(OH^-)}{mol \cdot l^{-1}}$	$\dfrac{c\,(H_3O^+)}{mol \cdot l^{-1}}$	pH	
10^{-14}	10^{0}	0	
10^{-11}	10^{-3}	3	zunehmend sauer
10^{-9}	10^{-5}	5	
10^{-7}	**10^{-7}**	**7**	**neutral**
10^{-5}	10^{-9}	9	zunehmend alkalisch
10^{-3}	10^{-11}	11	
10^{0}	10^{-14}	14	

Tab.118.2 Ionen-Konzentration und pH-Wert

	pH-Wert
Mundregion	6,8 – 7,0
Speiseröhre	≈ 7
Magen	2,0
Zwölffingerdarm	8,4
Darm	8,0

Tab.118.3 pH-Werte in verschiedenen Verdauungsphasen

A 118.1 Der pH-Wert einer Lösung wird von 5 auf 10 verdoppelt. Um das Wievielfache ändern sich die H_3O^+- und OH^--Konzentrationen?

A 118.2 Wie groß ist der pH-Wert in: **a)** siedendem Wasser, **b)** Wasser bei 0 °C?

Kennt man jedoch die H_3O^+- oder die OH^--Ionen-Konzentration einer Lösung, so kann aus dem Ionenprodukt K_w die Konzentration der anderen Ionenart berechnet werden. Zur Charakterisierung einer Lösung reicht es also aus, die Konzentration einer dieser Ionenarten anzugeben. Man hat sich willkürlich für die Hydronium-Ionen-Konzentration entschieden und um dabei möglichst einfache Zahlenangaben zu erhalten, hat SÖRENSEN (1909) den **pH-Wert** (**p**otentia **h**ydrogenii) eingeführt. Der pH-Wert ist der negative dekadische Logarithmus des Zahlenwerts der H_3O^+-Ionen-Konzentration, die in $mol \cdot l^{-1}$ anzugeben ist:

$$pH = -\lg c\,(H_3O^+)$$

Eine neutrale wässrige Lösung hat bei 25 °C den pH-Wert 7; in sauren Lösungen ist der pH-Wert kleiner, in alkalischen ist er größer als 7. Bei bekanntem pH-Wert einer Lösung ergibt sich die H_3O^+-Ionen-Konzentration aus der Beziehung:

$$c\,(H_3O^+) = 10^{-pH}\ mol \cdot l^{-1}$$

Entsprechend dem pH-Wert kann man auch andere „p-Werte" definieren. So erhält man mit den Beziehungen $pOH = -\lg c\,(OH^-)$ und $pK_w = -\lg K_w$ das Ionenprodukt des Wassers in der Form:

$$pOH + pH = pK_w$$

Das Ionenprodukt in der hier angegebenen Form ist nur dann exakt konstant, wenn Wechselwirkungen zwischen Ionen vernachlässigt werden können. Dies ist umso eher der Fall, je verdünnter eine Lösung ist. In Lösungen, deren Konzentrationen über $1\ mol \cdot l^{-1}$ liegen, treten schon erhebliche Abweichungen vom Ionenprodukt auf. Man gibt daher pH-Werte nur für den Bereich von pH = 0 bis pH = 14 an.

Die Bestimmung von pH-Werten. Der pH-Wert einer Lösung kann annähernd mit einem *Universalindikator,* einem Gemisch geeigneter Indikatoren bestimmt werden. Man verwendet Universalindikator-Lösungen und -Papiere. Zu jedem Universalindikator gehört eine Farbvergleichsskala, die den Farbton wiedergibt, den der Universalindikator bei einem bestimmten pH-Wert zeigt.

Die Genauigkeit der Indikatormethode reicht in vielen Fällen nicht aus. Außerdem lässt sich der pH-Wert einer farbigen Lösung damit nicht bestimmen. Sehr genau ($\pm 0{,}01$ pH-Einheiten) und auch in gefärbten oder trüben Lösungen können pH-Werte mit dem *pH-Meter* gemessen werden. Bei diesem Gerät wird zwischen einer *Glaselektrode* und einer Bezugselektrode eine Spannung gemessen, die von der H_3O^+-Ionen-Konzentration abhängt. Aus praktischen Gründen werden beide Elektroden zu einer Einheit, die man als Einstabmesskette bezeichnet, zusammengefügt.

43 Stärke von Säuren und Basen

In diesem Abschnitt wird auf der Grundlage der BRÖNSTED-Definition die Stärke von Säuren und Basen quantitativ erfasst.

Einprotonige Säuren. Eine Säure, die nur ein Proton abgeben kann, bezeichnet man als *einprotonig*. Um die Stärke verschiedener Säuren miteinander vergleichen zu können, muss man ihre Protolyse mit derselben Base betrachten. Als *Bezugsbase* hat man Wasser gewählt. Die Protolyse einer Säure der allgemeinen Formel HA kann in Wasser zu folgendem Gleichgewicht führen:

$$HA\ (aq) + H_2O\ (l) \rightleftharpoons A^-\ (aq) + H_3O^+\ (aq)$$

Die Lage dieses Gleichgewichts wird nach dem Massenwirkungsgesetz durch die Gleichgewichtskonstante K charakterisiert:

$$K = \frac{c\ (H_3O^+) \cdot c\ (A^-)}{c\ (H_2O) \cdot c\ (HA)}$$

Aus dem schon beim Ionenprodukt des Wassers genannten Grund kann die Konzentration des Wassers mit der Konstanten K zusammengefasst werden. Auf diese Weise erhält man die **Säurekonstante** K_S:

$$K_S = K \cdot c\ (H_2O) = \frac{c\ (H_3O^+) \cdot c\ (A^-)}{c\ (HA)}$$

Eine Säure ist umso *stärker*, je *größer* der Zahlenwert von K_S ist. Säuren, die in Wasser vollständig protolysieren, bezeichnet man als sehr stark. Da in solchen Säurelösungen keine Säure-Moleküle HA mehr vorliegen, kann man nicht mehr von einem Gleichgewicht sprechen und auch keine K_S-Werte bestimmen ($c\ (HA) = 0$ und $K_S \rightarrow \infty$). Zwischen diesem Extrem und einer sehr schwachen Säure, die in Wasser nur wenig protolysiert, sind die Übergänge fließend. Anstelle der Säurekonstanten K_S gibt man die Stärke von Säuren auch durch pK_S-Werte an:

$$pK_S = -\lg K_S$$

Je *kleiner* der pK_S-Wert, umso *größer* ist die Stärke einer Säure. Die tabellierten pK_S-Werte charakterisieren die Stärke von Säuren gegenüber Wasser. Mit einer anderen Bezugsbase ergeben sich natürlich andere Zahlenwerte.

Bestimmung von K_S. Die Säurekonstante kann man durch Messungen des pH-Werts einer Säurelösung bekannter Ausgangskonzentration c_0 bestimmen.
Beispiel: Stellt man aus einem Mol Ameisensäure einen Liter wässrige Lösung her, so ist die Ausgangskonzentration $c_0 = 1\ mol \cdot l^{-1}$. Die Messung des pH-Werts dieser Ameisensäure ergibt pH = 1,87. Somit ist $c\ (H_3O^+) = 10^{-1,87}\ mol \cdot l^{-1} = 1,34 \cdot 10^{-2}\ mol \cdot l^{-1}$.

Beispiel: Eine Salzsäure mit der Konzentration $c\ (HCl) = 0,01\ mol \cdot l^{-1}$
Da Chlorwasserstoff im Wasser vollständig protolysiert, gilt: $c\ (H_3O^+) = 0,01\ mol \cdot l^{-1}$; der pH-Wert ist somit:

$$pH = -\lg 10^{-2} = 2$$

Genau betrachtet liefert aber außer der Säure auch das Wasser H_3O^+-Ionen. Da durch die H_3O^+-Ionen der Säure das Autoprotolysegleichgewicht des Wassers gestört wird, ist der Anteil der H_3O^+-Ionen aus dem Wasser aber viel kleiner als $10^{-7}\ mol \cdot l^{-1}$.
Für die $c\ (OH^-)$ aus dem Wasser ergibt sich aus dem Ionenprodukt:

$$c\ (OH^-) = \frac{10^{-14}}{10^{-2}}\ mol \cdot l^{-1} = 10^{-12}\ mol \cdot l^{-1}$$

Mit jedem OH^--Ion, das aus Wasser entsteht, wird auch ein H_3O^+-Ion gebildet. Der Anteil der H_3O^+-Ionen aus dem Wasser ist damit $10^{-12}\ mol \cdot l^{-1}$, also völlig unbedeutend gegenüber $10^{-2}\ mol \cdot l^{-1}$ aus der Säure und kann vernachlässigt werden.

Abb. 119.1 Berechnung der pH-Werte starker Säuren

Bei gegebener Konzentration einer Säure kann mithilfe des K_S-Werts der pH-Wert berechnet werden.

Beispiel: Welchen pH-Wert hat eine Flusssäure mit $c\ (HF) = 0,1\ mol \cdot l^{-1}$?

Setzt man $c\ (H_3O^+) = c\ (F^-) = x$, so erhält man aus:

$$K_S = \frac{c\ (H_3O^+) \cdot c\ (F^-)}{c\ (HF)} = 7,2 \cdot 10^{-4}\ mol \cdot l^{-1}$$

die quadratische Gleichung:

$$\frac{x^2}{0,1 - x} = 7,2 \cdot 10^{-4}$$

Die Näherung im Nenner $0,1 - x \approx 0,1$ führt zu:

$$x = 8,48 \cdot 10^{-3} \text{ und } pH = -\lg 8,48 \cdot 10^{-3} = 2,07$$

Die H_3O^+-Ionen der Säure drängen die Autoprotolyse des Wassers zurück. Die OH^--Konzentration aus dem Wasser ist:

$$c\ (OH^-) = \frac{10^{-14}}{8,48 \cdot 10^{-3}}\ mol \cdot l^{-1} = 1,2 \cdot 10^{-12}\ mol \cdot l^{-1}$$

Die Autoprotolyse des Wassers ergibt also $c\ (H_3O^+) = 1,2 \cdot 10^{-12}\ mol \cdot l^{-1}$.
Diese Konzentration ist gegenüber $8,48 \cdot 10^{-3}\ mol \cdot l^{-1}$ so klein, dass die Autoprotolyse des Wassers gegenüber der Säure vernachlässigt werden kann.

Abb. 119.2 Berechnung der pH-Werte schwacher Säuren

Unter dem Protolyse- oder Dissoziationsgrad α einer Säure versteht man den Anteil der Säure, der in die korrespondierende Base übergeht. Der Protolysegrad ergibt sich aus:

$$\alpha = \frac{c\,(H_3O^+)}{c_0}$$ c_0: Ausgangskonzentration der Säure

Mit dem Protolysegrad α erhält man für die im Protolysegleichgewicht einer Säure HA vorliegenden Konzentrationen:

$$c\,(H_3O^+) = c\,(A^-) = \alpha \cdot c_0 \text{ und } c\,(HA) = c_0 - \alpha\,c_0$$

Setzt man dies in den Term für K_S ein, so erhält man:

$$K_S = \frac{\alpha \cdot c_0 \cdot \alpha \cdot c_0}{c_0 - \alpha\,c_0} \Leftrightarrow K_S = \frac{\alpha^2 \cdot c_0}{1 - \alpha}$$

Diese Beziehung bezeichnet man als das „Verdünnungsgesetz" von OSTWALD.

Abb. 120.1 Der Protolysegrad α

Eine Säure HA und ihre korrespondierende Base A^- ergeben in Wasser folgende Protolysengleichgewichte:

$$HA\,(aq) + H_2O\,(l) \rightleftharpoons H_3O^+\,(aq) + A^-\,(aq)$$

$$A^-\,(aq) + H_2O\,(l) \rightleftharpoons OH^-\,(aq) + HA\,(aq)$$

Multipliziert man die Säurekonstante K_{HA}

$$K_{HA} = \frac{c\,(H_3O^+) \cdot c\,(A^-)}{c\,(HA)}$$

mit der Basenkonstante K_{A^-}

$$K_{A^-} = \frac{c\,(OH^-) \cdot c\,(HA)}{c\,(A^-)}$$

so erhält man:

$$K_{HA} \cdot K_A = c\,(H_3O^+) \cdot c\,(OH^-) = K_w$$

Abb. 120.2 Zusammenhang zwischen Säure- und Basenkonstanten eines korrespondierenden Säure-Base-Paares

A 120.1 Berechnen Sie den pH-Wert von:
a) Ammoniaklösung ($c = 0{,}5$ mol $\cdot$ l^{-1}),
b) Natriumhydroxidlösung ($c = 0{,}001$ mol $\cdot$ l^{-1}),
c) Geben Sie eine Näherungsformel für die Berechnung des pH-Werts einer schwachen Base an.

V 120.2 Bestimmung der Säurekonstante von Essigsäure
Die pH-Werte verschieden konzentrierter Essigsäurelösungen (0,5 mol $\cdot$ l^{-1}, 0,1 mol $\cdot$ l^{-1}, 0,05 mol $\cdot$ l^{-1}, 0,01 mol $\cdot$ l^{-1} und 0,005 mol $\cdot$ l^{-1}) werden mit dem pH-Meter gemessen.
a) Wie groß ist in den untersuchten Essigsäurelösungen $c\,(H_3O^+)$, $c\,(CH_3COOH)$ und der Protolysegrad α?
b) Ist die Vereinfachung $c\,(CH_3COOH) \approx c_0$ bei der Berechnung des K_S-Werts zulässig?

Nach der Reaktionsgleichung:

$$HCOOH\,(aq) + H_2O\,(l) \rightleftharpoons HCOO^-\,(aq) + H_3O^+\,(aq)$$

ist die Konzentration an H_3O^+-Ionen so groß wie die der $HCOO^-$-Ionen. Die Konzentration der im Gleichgewicht vorliegenden nichtprotolysierten Ameisensäure ergibt sich aus $c_0 - c\,(H_3O^+)$. Setzt man die entsprechenden Zahlenwerte in den Term für K_S ein, so erhält man für die Säurekonstante der Ameisensäure:

$$K_S = \frac{(1{,}34 \cdot 10^{-2})^2 \text{ mol}^2 \cdot l^{-2}}{(1 - 1{,}34 \cdot 10^{-2}) \text{ mol} \cdot l^{-1}} = 1{,}8 \cdot 10^{-4} \text{ mol} \cdot l^{-1}$$

Geht man von einer Ameisensäure der Konzentration $c = 0{,}1$ mol $\cdot$ l^{-1} aus, so misst man einen pH-Wert von 2,37; es ist also $c\,(H_3O^+) = 4{,}24 \cdot 10^{-3}$ mol $\cdot$ l^{-1}. Die Konzentration der nichtprotolysierten Ameisensäure ist dann $(0{,}1 - 4{,}24 \cdot 10^{-3})$ mol $\cdot$ l^{-1}. Damit ergibt sich für die Säurekonstante auch bei dieser Konzentration der Wert $K_S = 1{,}8 \cdot 10^{-4}$ mol $\cdot$ l^{-1}.

Die Konstanz der K_S-Werte gilt strenggenommen nur in sehr verdünnten Lösungen, wenn man die Wechselwirkungen der Ionen untereinander vernachlässigen kann. Die obigen Zahlenwerte sind daher idealisiert.

Einprotonige Basen. Eine Base, die nur ein Proton aufnehmen kann, bezeichnet man als *einprotonig*. Zum Vergleich der Stärke verschiedener Basen muss man ihre Protolyse mit derselben Säure betrachten. Als Bezugssäure wird Wasser verwendet. Die Protolyse einer einprotonigen Base B in Wasser kann zu folgendem Gleichgewicht führen:

$$B\,(aq) + H_2O\,(l) \rightleftharpoons HB^+\,(aq) + OH^-\,(aq)$$

Die Stärke einer Base ist durch die **Basenkonstante** K_B definiert:

$$K_B = \frac{c\,(OH^-) \cdot c\,(HB^+)}{c\,(B)}$$

Säure- und Basenstärke eines korrespondierenden Säure-Base-Paares hängen miteinander zusammen. Eine Säure HA, die ihr Proton leicht abgibt, korrespondiert mit einer Base A^-, die ein Proton nur schwer aufnimmt. Je stärker also eine Säure, umso schwächer ist ihre korrespondierende Base. Die Säurekonstante K_S einer Säure HA und die Basenkonstante K_B ihrer korrespondierenden Base A^- sind quantitativ über das Ionenprodukt miteinander verknüpft:

$$K_S\,(HA) \cdot K_B\,(A^-) = K_w \Rightarrow pK_S\,(HA) + pK_B\,(A^-) = pK_w$$

Ist der pK_S-Wert einer Säure bekannt, so kann mit dieser Beziehung auch der pK_B-Wert der korrespondierenden Base angegeben werden. In der Tabelle S. 226 nimmt die Säurestärke von oben nach unten ab und die Basenstärke zu.

Mehrprotonige Säuren. Ein Molekül oder Ion, das bei einer Protolyse mehr als ein Proton abgeben kann, bezeichnet man als *mehrprotonige* Säure. Die Zahl der Protonen, die ein Teilchen abzugeben vermag, sagt jedoch nichts über die Säurestärke aus. So ist beispielsweise die zweiprotonige Schwefelsäure eine stärkere Säure als die dreiprotonige Phosphorsäure. Viele mehrprotonige organische Säuren kommen, meist in Form ihrer Salze, in der Natur vor. Von besonderer Bedeutung ist die Zitronensäure, die im Stoffwechsel des menschlichen Organismus eine zentrale Stellung einnimmt.

Schwefelsäure. Mehrprotonige Säuren protolysieren in Wasser schrittweise, wobei jedem Schritt eine Säurekonstante zugeordnet werden kann. Dem Symbol K werden dazu Indices beigefügt, um die Schritte, auf die sich die Gleichgewichtskonstanten K beziehen, unterscheiden zu können. Die Protolyse der Schwefelsäure in Wasser verläuft in der ersten Stufe vollständig:

$$H_2SO_4\,(aq) + H_2O\,(l) \rightarrow HSO_4^-\,(aq) + H_3O^+\,(aq)$$

Aus diesem Grund zählt Schwefelsäure zu den sehr starken Säuren. Der zweite Protolyseschritt führt zu einem Gleichgewicht:

$$HSO_4^-\,(aq) + H_2O\,(l) \rightleftharpoons SO_4^{2-}\,(aq) + H_3O^+\,(aq)$$

Die Lage dieses Gleichgewichts wird durch die Säurekonstante K_{S2} charakterisiert:

$$K_{S2} = \frac{c\,(H_3O^+) \cdot c\,(SO_4^{2-})}{c\,(HSO_4^-)} = 1,2 \cdot 10^{-2}\,mol \cdot l^{-1}$$

In einer Schwefelsäure mit $c = 0,1\,mol \cdot l^{-1}$ beträgt der Anteil der H_3O^+-Ionenkonzentration aus der zweiten Protolysestufe etwa 9 %. Vom Gleichgewicht her kann eine Schwefelsäurelösung als Mischung zweier verschieden starker Säuren aufgefasst werden: einer sehr starken Säure (H_2SO_4) und einer teilweise protolysierten mittelstarken Säure (HSO_4^-).

Schwefelwasserstoff. Im Gegensatz zur Schwefelsäure protolysieren die meisten mehrprotonigen Säuren schon in der ersten Protolysestufe unvollständig. So treten in einer Lösung von Schwefelwasserstoffgas in Wasser nebeneinander die folgenden Protolysegleichgewichte auf:

$$H_2S\,(aq) + H_2O\,(l) \rightleftharpoons HS^-\,(aq) + H_3O^+\,(aq)$$
$$HS^-\,(aq) + H_2O\,(l) \rightleftharpoons S^{2-}\,(aq) + H_3O^+\,(aq)$$

Ein Vergleich der Säurekonstanten zeigt, dass das HS^--Ion eine viel schwächere Säure ist als Schwefelwasserstoff:

$$K_{S1} = \frac{c\,(H_3O^+) \cdot c\,(HS^-)}{c\,(H_2S)} = 1,1 \cdot 10^{-7}\,mol \cdot l^{-1}$$

$$K_{S2} = \frac{c\,(H_3O^+) \cdot c\,(S^{2-})}{c\,(HS^-)} = 1,0 \cdot 10^{-14}\,mol \cdot l^{-1}$$

Die H_3O^+-Konzentration der ersten Stufe ist wegen vollständiger Protolyse 0,1 mol · l⁻¹.
Setzt man für die H_3O^+-Konzentration, die aus der zweiten Protolysestufe stammt x, so ergibt sich:

$$HSO_4^-\,(aq) + H_2O\,(l) \rightarrow SO_4^{2-}\,(aq) + H_3O^+\,(aq)$$
$$(0,1-x)\,mol \cdot l^{-1} \qquad x\,mol \cdot l^{-1}\ \ x\,mol \cdot l^{-1}$$

Die gesamte H_3O^+-Konzentration ist $(0,1+x)\,mol \cdot l^{-1}$; eingesetzt in den Term für K_{S2} ergibt sich:

$$\frac{(0,1+x) \cdot x}{(0,1-x)} = 1,2 \cdot 10^{-2} \Leftrightarrow x^2 + 0,112\,x - 0,0012 = 0$$

Auflösung der quadratischen Gleichung:

$$x = \frac{-0,112}{2} + \frac{1}{2}\sqrt{(0,112)^2 + 4 \cdot 0,0012} \approx 0,01$$

In der Lösung liegen also folgende Ionen-Konzentrationen vor:

Gesamt: $c\,(H_3O^+) \approx 0,11\,mol \cdot l^{-1}$
$c\,(HSO_4^-) \approx 0,09\,mol \cdot l^{-1}$
$c\,(SO_4^{2-}) \approx 0,01\,mol \cdot l^{-1}$

Abb. 121.1 Berechnung der Ionen-Konzentrationen in einer Schwefelsäure der Konzentration $c = 0,1\,mol \cdot l^{-1}$

Name	pK_{S1}	pK_{S2}	pK_{S3}
Fumarsäure	3,02	4,39	–
Maleinsäure	1,92	6,22	–
Oxalsäure	1,42	4,29	–
Adipinsäure	4,42	5,42	–
D,L-Weinsäure	2,48	4,34	–
Phosphorsäure	2,16	7,21	12,32
Zitronensäure	3,06	4,74	5,39

Tab. 121.2 pK_S-Werte einiger mehrprotoniger Säuren. Je größer die negative Ladung eines Teilchens ist, um so schwieriger wird wegen der elektrostatischen Anziehung die Abspaltung eines Protons. Die pK_S-Werte nehmen daher mit jeder Stufe zu.

A 121.1 Wie groß ist jeweils der Anteil der H_3O^+-Konzentration aus der 2. Protolysestufe in Schwefelsäure der Konzentrationen $c = 1\,mol \cdot l^{-1}$ und $c = 0,01\,mol \cdot l^{-1}$?

A 121.2 a) Geben Sie die Terme für die Säurekonstante der verschiedenen Protolysestufen der Phosphorsäure an.
b) Welchen pH-Wert hat eine Phosphorsäurelösung der Konzentration $c = 0,1\,mol \cdot l^{-1}$?

Beispiel: Eine Lösung vom pH-Wert 0, also
$c(H_3O^+) = 1 \, mol \cdot l^{-1}$ enthält Zn^{2+}- und Pb^{2+}-Ionen.
Die Konzentration der Metall-Ionen sei:
$c(Me^{2+}) = 0,05 \, mol \cdot l^{-1}$. Welches Metallsulfid fällt beim
Einleiten von Schwefelwasserstoff aus, wenn dabei eine
Lösung von Schwefelwasserstoff mit $c(H_2S) = 0,1 \, mol \cdot l^{-1}$
entsteht?
Die Löslichkeitsprodukte für ZnS und PbS betragen:
$K_L(ZnS) = 2,5 \cdot 10^{-22} \, mol^2 \cdot l^{-2}$
$K_L(PbS) = 7 \cdot 10^{-29} \, mol^2 \cdot l^{-2}$
Die S^{2-}-Konzentration in der Lösung ist:

$$c(S^{2-}) = \frac{1,1 \cdot 10^{-21} \cdot 0,1}{1} \, mol \cdot l^{-1}$$
$$= 1,1 \cdot 10^{-22} \, mol \cdot l^{-1}$$

Das Produkt der Ionen-Konzentrationen in der Lösung beträgt damit:

$c(Me^{2+}) \cdot c(S^{2-}) = 0,05 \, mol \cdot l^{-1} \cdot 1,1 \cdot 10^{-22} \, mol \cdot l^{-1}$
$= 5,5 \cdot 10^{-24} \, mol^2 \cdot l^{-2}$

Da dieses Ionenprodukt größer als das Löslichkeitsprodukt
von Bleisulfid ist, fällt Bleisulfid aus.
Zink-Ionen bleiben in Lösung, da das Löslichkeitsprodukt
von Zinksulfid noch nicht erreicht ist.

Abb. 122.1 Fällung von Metallsulfiden mit Schwefelwasserstoff

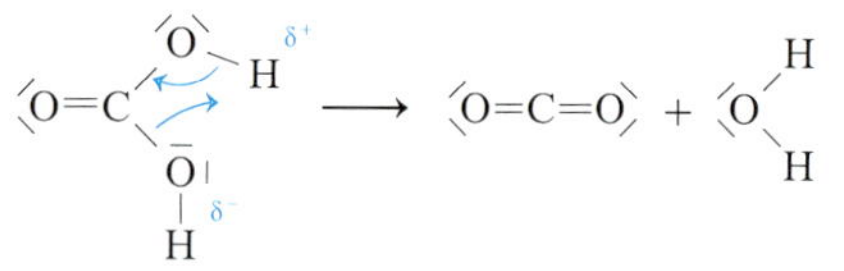

Abb. 122.2 Zerfall der „Kohlensäure". Verbindungen mit zwei Hydroxyl-Gruppen an einem C-Atom sind allgemein instabil und spalten Wasser ab.

V 122.1 Das Kohlensäuregleichgewicht
In eine gesättigte, eisgekühlte Lösung von Kohlenstoffdioxid in Wasser gibt man Phenolphthalein (F) und versetzt unter Rühren mit einigen Tropfen verdünnter Natronlauge (C). Warum verschwindet die auftretende Rotfärbung wieder?

V 122.2 Fällung von Metallsulfiden
Die folgenden Metallsalz-Lösungen mit $c = 0,01 \, mol \cdot l^{-1}$ werden mit konzentrierter Salzsäure (C) annähernd auf pH = 1 eingestellt und mit Schwefelwasserstoffwasser (Xn) im Überschuss versetzt: Kupfer(II)-sulfat, Mangan(II)-sulfat, Blei(II)-nitrat (▽) und Silbernitrat. Lösungen, bei denen keine Fällung auftritt, werden langsam mit Ammoniak (Xi) bis zur alkalischen Reaktion versetzt.
Entsorgung: B2

Der Unterschied ist so groß, dass bei der Berechnung des pH-Werts einer H_2S-Lösung das zweite Protolysegleichgewicht nicht berücksichtigt werden muss. Setzt man $c(H_3O^+) = c(HS^-) = x$, so ist in einer Lösung der Ausgangskonzentration $c_0 = 0,1 \, mol \cdot l^{-1}$:
$c(H_2S) = 0,1 - x$. Damit erhält man aus K_{S1}:

$$\frac{x^2}{0,1-x} = 1,1 \cdot 10^{-7} \, mol \cdot l^{-1} \Rightarrow x = 1 \cdot 10^{-4} \, mol \cdot l^{-1}$$

Der pH-Wert dieser Lösung ist somit pH = 4. Für die aus der zweiten Protolysestufe vorliegende S^{2-}-Ionenkonzentration erhält man durch Multiplikation der Terme K_{S1} und K_{S2} folgende Beziehung:

$$c(S^{2-}) = \frac{K_{S1} \cdot K_{S2} \cdot c(H_2S)}{c^2(H_3O^+)}$$

Setzt man die Konzentrationen $c(H_2S) \approx 0,1 \, mol \cdot l^{-1}$ und $c(H_3O^+) = 1 \cdot 10^{-4} \, mol \cdot l^{-1}$ ein, so ergibt sich:

$$c(S^{2-}) = 1,1 \cdot 10^{-14} \, mol \cdot l^{-1}$$

Die zweite Protolysestufe kann also für die Berechnung des pH-Werts der Lösung tatsächlich vernachlässigt werden. Dies gilt für alle mehrprotonigen Säuren, bei denen K_{S1} um etwa 10^4 größer ist als K_{S2}.
Die S^{2-}-Ionen-Konzentration hängt vom pH-Wert der Lösung ab. Diese Abhängigkeit nutzt man in der Analytik bei der Trennung von Metall-Ionen durch Fällung als Metallsulfid.

Kohlensäure. Interessant ist auch die zweiprotonige Kohlensäure, deren Protolysegleichgewichte im Blut eine wichtige Rolle spielen. Kohlensäure der Formel H_2CO_3 lässt sich nicht isolieren. Beim Einleiten von Kohlenstoffdioxid in Wasser bildet sich Kohlensäure nur in äußerst geringer Konzentration. In einer Kohlenstoffdioxidlösung mit $c = 0,008 \, mol \cdot l^{-1}$ setzen sich beispielsweise nur 0,6 % des Kohlenstoffdioxids zu Kohlensäure um. Die Lösung reagiert daher nur schwach sauer:

$CO_2 \, (aq) + H_2O \, (l) \rightleftharpoons H_2CO_3 \, (aq);$ langsam
$H_2CO_3 \, (aq) + H_2O \, (l) \rightleftharpoons HCO_3^- \, (aq) + H_3O^+ \, (aq);$
schnell

Die Reaktion zwischen Kohlenstoffdioxid und Wasser ist eine Molekülreaktion und viel langsamer als eine Protolyse. Fasst man die beiden Gleichgewichte zusammen, so erhält man die erste Protolysestufe der „Kohlensäure":

$CO_2 \, (aq) + 2 \, H_2O \, (l) \rightleftharpoons HCO_3^- \, (aq) + H_3O^+ \, (aq);$
$K_{S1} = 4 \cdot 10^{-7} \, mol \cdot l^{-1}$

Die Gleichgewichtskonstante K_{S1} bezeichnet man als „scheinbare" Säurekonstante der Kohlensäure. Die Protolyse des HCO_3^--Ions trägt zur H_3O^+-Ionen-Konzentration in einer wässrigen Lösung nichts bei.

44 Protolyse in Salzlösungen

Salze sind Verbindungen, die in festem Zustand aus Kationen und Anionen aufgebaut sind. Nach BRÖN-STED können nicht nur neutrale Moleküle sondern auch Ionen als Säuren und Basen reagieren. Beim Lösen eines Salzes in Wasser kann sich daher der pH-Wert ändern. Welcher pH-Wert sich dabei einstellt, hängt von der Protolyse des Kations und des Anion ab. Allgemein kann man erwarten, dass eine Salzlösung nur dann neutral reagiert, wenn weder das Kation noch das Anion protolysiert oder wenn ihre Säure- und Basestärke gerade gleich groß sind.

Das Ausmaß der Protolyse von Anionen lässt sich aus ihrer Stellung in der Tabelle S. 226 abschätzen. Dabei kann man, ohne dass es feste Grenzen gibt, in folgende Gruppen einteilen:

1. Anionen sehr starker Säuren reagieren gegenüber Wasser nicht als Basen.
2. Anionen sehr schwacher Säuren protolysieren unter Aufnahme eines Protons von Wasser vollständig.
3. Die Anionen anderer Säuren reagieren umso stärker als Basen, je kleiner ihr pK_B-Wert ist.
4. Anionen, die Protonen abgeben können, reagieren umso stärker als Säuren, je kleiner ihr pK_S-Wert ist.

Eine Lösung von Natriumchlorid in Wasser reagiert neutral, da weder die hydratisierten Na^+- noch die Cl^--Ionen protolysieren. Löst man jedoch Aluminiumchlorid in Wasser, so erhält man eine saure Lösung, da Al^{3+}-Ionen Wasser-Moleküle der Hydrathülle so stark anziehen, dass es zur Abspaltung von Protonen kommt. Die erste Protolysestufe der hydratisierten Al^{3+}-Ionen führt daher zu folgendem Gleichgewicht:

$$Al(H_2O)_6^{3+} + H_2O \text{ (l)} \rightleftharpoons AlOH(H_2O)_5^{2+} + H_3O^+ \text{ (aq)}$$

Hydratisierte Al^{3+}-Ionen besitzen eine ähnliche Säurestärke wie Essigsäure. In erster Näherung ist die Säurestärke eines hydratisierten Metall-Ions umso größer, je höher die Ionenladung und je kleiner der Radius des Ions ist. Hydratisierte Alkali- und Erdalkalimetall-Ionen haben eine so geringe Säurestärke, dass man ihre Protolyse vernachlässigen kann. Eine Lösung von Natriumacetat in Wasser reagiert wegen der Protolyse der Aceton-Ionen daher alkalisch:

$$CH_3COO^- \text{ (aq)} + H_2O \text{ (l)} \rightleftharpoons$$
$$CH_3COOH \text{ (aq)} + OH^- \text{ (aq)}$$

Beispielsweise hat eine Natriumacetatlösung mit $c = 0,1 \text{ mol} \cdot l^{-1}$ einen pH-Wert von 8,8. Die Alkalisalze der Phosphorsäure protolysieren in Wasser sehr unterschiedlich. Während eine Lösung von NaH_2PO_4 sauer reagiert, bildet Na_2HPO_4 alkalische Lösungen. Sehr stark alkalisch sind dagegen Lösungen von Na_3PO_4.

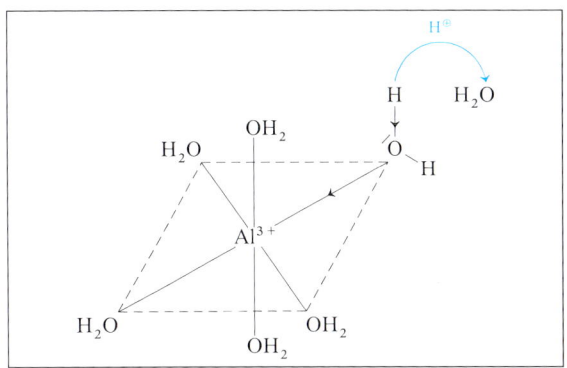

Abb. 123.1 Protolyse eines oktaedrisch hydratisierten Metall-Ions

Setzt man für $c(OH^-) = c(CH_3COOH) = x$, so ist $c(CH_3COO^-) = 0,1 - x$. Damit erhält man aus dem Term für die Basenkonstante K_B:

$$K_B = \frac{c(OH^-) \cdot c(CH_3COOH)}{c(CH_3COO^-)} = \frac{x^2}{0,1-x}$$

$$= 5,62 \cdot 10^{-10} \text{ mol} \cdot l^{-1}$$

Mit der Näherung im Nenner $(0,1 - x) \approx 0,1$ ergibt sich:

$$x = c(OH^-) = 7,49 \cdot 10^{-6} \text{ mol} \cdot l^{-1}$$

$$pOH = -\lg 7,49 \cdot 10^{-6} = 5,12$$

$$pH = 14 - 5,12 = 8,88$$

Abb. 123.2 Berechnung des pH-Werts einer Natriumacetat-Lösung mit $c = 0,1 \text{ mol} \cdot l^{-1}$

Ion	pK_S	Ion	pK_S
Al^{3+} (aq)	4,85	Mn^{2+} (aq)	10,58
Be^{2+} (aq)	5,69	Ni^{2+} (aq)	9,85
Pb^{2+} (aq)	7,76	Sc^{3+} (aq)	4,61
Cr^{3+} (aq)	2,95	U^{4+} (aq)	0,69
Fe^{3+} (aq)	2,16	V^{3+} (aq)	2,92
Cu^{2+} (aq)	7,33	Zn^{2+}	8,95

Tab. 123.3 pK_S-Werte einiger hydratisierter Metall-Ionen in wässriger Lösung bei 298 K

V 123.1 Protolyse von Salzen
Von folgenden Salzen löst man jeweils eine kleine Probe in Wasser und stellt mit Universalindikator fest, ob die Lösung sauer, alkalisch oder neutral reagiert:
Kaliumnitrat (KNO_3) (O), Ammoniumsulfat (($NH_4)_2SO_4$), Natriumcarbonat (Na_2CO_3) (Xi), Natriumhydrogencarbonat ($NaHCO_3$), Eisen(II)-sulfat ($FeSO_4$) (Xn), Eisen(III)-chlorid ($FeCl_3$) (Xn), Ammoniumacetat (NH_4CH_3COO), Calciumhydrid (CaH_2) (F) und Natriumsulfid (Na_2S) (C, N).

SÄUREN UND BASEN

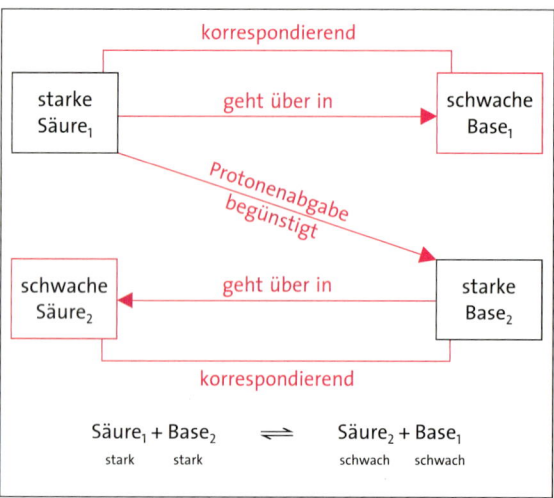

Säure₁ + Base₂ ⇌ Säure₂ + Base₁
stark   stark   schwach schwach

Abb. 124.1 Bevorzugte Bildung der schwächeren Säure und schwächeren Base

---

HCO_3^- (aq) + S^{2-} (aq) ⇌ CO_3^{2-} (aq) + HS^- (aq)
Säure₁   Base₂   Base₁   Säure₂

Der Term für die Gleichgewichtskonstante

$$K = \frac{c(CO_3^{2-}) \cdot c(HS^-)}{c(HCO_3^-) \cdot c(S^{2-})}$$

wird mit $c(H_3O^+)$ erweitert:

$$K = \frac{c(CO_3^{2-}) \cdot c(H_3O^+)}{c(HCO_3^-)} \cdot \frac{c(HS^-)}{c(H_3O^+) \cdot c(S^{2-})}$$

Der erste Quotient ist gleich der Säurekonstanten des HCO_3^--Ions, der zweite Quotient ist gleich dem Kehrwert der Säurekonstanten des HS^--Ions. Man erhält daher:

$$K = K_S(HCO_3^-) \cdot \frac{1}{K_S(HS^-)}$$

Logarithmieren ergibt:

$$pK = pK_S(HCO_3^-) - pK_S(HS^-)$$

Abb. 124.2 Berechnung der Gleichgewichtskonstanten einer Protolyse

---

A 124.1 Ergänzen Sie die folgenden Protolysegleichungen, wobei jeweils nur ein Proton übertragen wird, und sagen Sie voraus, ob die Hin- oder Rückreaktion bevorzugt ist.

a) HSO_4^- (aq) + CO_3^{2-} (aq)

b) $HCOOH$ (aq) + NO_2^- (aq)

c) HCO_3^- (aq) + ClO^- (aq)

d) HF (aq) + CN^- (aq)

e) CO_3^{2-} (aq) + NH_4^+ (aq)

f) HSO_4^- (aq) + SO_3^{2-} (aq)

---

45 Richtung von Säure-Base-Reaktionen

Die Lage eines Protolysegleichgewichts wird durch die unterschiedliche Stärke der an einer Protolyse beteiligten Säuren und Basen bestimmt. Ein Protonenübergang erfolgt zwischen einer starken Säure und starken Base eher als zwischen einer schwachen Säure und schwachen Base. Eine Protolyse verläuft daher stets so, dass im Gleichgewicht bevorzugt die schwächere Säure und schwächere Base vorliegt. So reagieren zum Beispiel Hydrogensulfat-Ionen mit Acetat-Ionen weitgehend zu Essigsäure und Sulfat-Ionen:

HSO_4^- (aq) + CH_3COO^- (aq) ⇌
Säure₁   Base₂
$pK_S = 1,92$ $pK_B = 9,25$

SO_4^{2-} (aq) + CH_3COOH (aq)
Base₁   Säure₂
$pK_B = 12,08$ $pK_S = 4,75$

Nach den pK_S-Werten ist das HSO_4^--Ion eine stärkere Säure als Essigsäure; die pK_B-Werte zeigen, dass das CH_3COO^--Ion eine größere Basenstärke besitzt als das SO_4^{2-}-Ion. Da die stärkere Säure und Base somit auf der linken Seite der Reaktionsgleichung stehen, liegt das Protolysegleichgewicht bevorzugt auf der Seite der rechts stehenden Produkte. Die Vorhersage der Gleichgewichtslage einer Protolyse ergibt natürlich nur dann richtige Ergebnisse, wenn kein Reaktionspartner aus dem Gleichgewicht entfernt wird oder im Überschuss hinzugefügt wird.

Um quantitative Aussagen über die Gleichgewichtslage zu machen, muss man die Gleichgewichtskonstante K der Reaktion angeben:

$$K = \frac{c(CH_3COOH) \cdot c(SO_4^{2-})}{c(HSO_4^-) \cdot c(CH_3COO^-)}$$

Der Zahlenwert dieser Konstanten ist aus Tabellen nicht direkt zu entnehmen. Es lässt sich jedoch zeigen, dass zwischen den pK_S-Werten der an der Reaktion beteiligten Säuren und dem pK-Wert der Gleichgewichtskonstanten K folgende Beziehung besteht:

$$pK = pK(\text{Säure 1}) - pK(\text{Säure 2})$$

Da pK_S-Werte tabelliert sind, kann man für beliebige Protolysegleichgewichte die Gleichgewichtskonstante K berechnen. Für das Beispiel ergibt sich:

$$pK = 1,92 - 4,75 = -2,83 \Rightarrow K = 6,8 \cdot 10^2$$

Um das Ausmaß eines Protonenübergangs zwischen zwei Reaktionspartnern vorherzusagen, ist es zweckmäßig, nach folgendem Schema vorzugehen:

1. Anschreiben der Reaktionsgleichung
2. Säuren und Basen auf jeder Seite der Reaktionsgleichung angeben und
3. feststellen, auf welcher Seite die schwächere Säure und schwächere Base steht (Tabelle S. 226).

46 Indikatoren

Säure-Base-Indikatoren sind im Allgemeinen schwache organische Säuren. Eine Indikatorsäure, die man unabhängig von ihrer Konstitution allgemein durch die Formel HIn angeben kann, bildet in Lösung folgendes Protolysegleichgewicht:

$$HIn\,(aq) + H_2O\,(l) \rightleftharpoons In^-\,(aq) + H_3O^+\,(aq)$$

Mit der Protolyse der Indikatorsäure ist eine Konstitutionsänderung verbunden. Sie hat zur Folge, dass die Indikatorsäure eine andere Farbe besitzt als ihre korrespondierende Base. Bei Methylorange ist die HIn-Form rot, die In$^-$-Form gelb. Außer *zweifarbigen* Indikatoren gibt es auch *einfarbige* wie das Phenolphtalein, bei dem die HIn-Form farblos und die In$^-$-Form rot ist.

Die Farbe eines Indikators in einer Lösung ergibt sich aus dem im Gleichgewicht vorliegenden Verhältnis $c\,(HIn):c\,(In^-)$, das vom pH-Wert abhängt. Erniedrigung des pH-Werts verschiebt das Gleichgewicht nach links: die Lösung nimmt die Farbe der HIn-Form an. Eine Erhöhung des pH-Werts führt zur Farbe der In$^-$-Form. Löst man den Term für die Säurekonstante $K_S\,(HIn)$ eines Indikators nach $c\,(H_3O^+)$ auf und multipliziert man mit -1 durch, so erhält man durch Logarithmieren für die pH-Abhängigkeit der Farbe eines Indikators folgenden Zusammenhang:

$$K_S\,(HIn) = \frac{c\,(H_3O^+)\cdot c\,(In^-)}{c\,(HIn)}$$

$$c\,(H_3O^+) - K_S\,(HIn)\cdot \frac{c\,(HIn)}{c\,(In^-)}$$

$$pH = pK_S\,(HIn) - \lg\frac{c\,(HIn)}{c\,(In^-)}$$

Für eine Lösung mit $c\,(HIn) = c\,(In^-)$ gilt:

$$pH = pK_S\,(HIn)$$

Bei diesem pH-Wert zeigt die Lösung eines zweifarbigen Indikators eine Mischfarbe. Die reinen Farbtöne eines Indikators treten erst bei etwa 10 fachem Überschuss der Konzentration der HIn- oder der In$^-$-Form auf:

$$pH = pK_S\,(HIn) - \lg\frac{10}{1} \quad \text{und} \quad pH = pK_S\,(HIn) - \lg\frac{1}{10}$$

Der **Umschlagsbereich** eines Indikators, in dem man eine Farbänderung erkennt, liegt also innerhalb von zwei pH-Einheiten:

$$pH = pK_S\,(HIn) \pm 1$$

Da das Auge nicht für alle Farben gleich empfindlich ist, können die Umschlagsintervalle von Indikatoren etwas variieren. Einige Indikatoren besitzen zwei verschiedene Umschlagsbereiche.

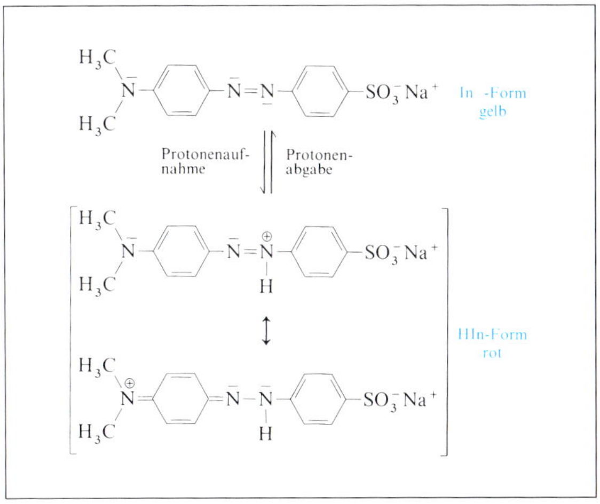

Abb. 125.1 Farbumschlag und Konstitutionsänderung von Methylorange

Indikator	pK_S	Farbumschlag	pH-Bereich
Methylviolett	0,8	gelb-blau	0,0–1,6
Kresolrot	–	rot-gelb	0,2–1,8
Thymolblau (Säure)	1,7	rot-gelb	1,2–2,8
Methylgelb	3,2	rot-gelb	2,5–4,0
Methylorange	3,7	rot-orangegelb	3,1–4,4
Bromphenolblau	4,1	gelb-blau	3,0–4,6
Kongorot	4,1	violett-rot	3,0–5,0
Bromkresolgrün	4,7	gelb-blau	3,8–5,4
Methylrot	5,1	rot-gelb	4,4–6,2
Lackmus	–	rot-blau	5,0–8,0
Bromkresolpurpur	6,3	gelb purpur	5,2–6,8
Bromthymolblau	7,0	gelb-blau	6,0–7,6
Phenolrot	7,9	gelb-rot	6,8–8,4
Kresolrot	8,3	gelb-rot	7,1–8,8
Thymolblau (Base)	8,9	gelb-blau	8,0–9,6
Phenolphthalein	9,5	farblos-rot	8,2–10,0
Thymolphthalein	9,3	farblos-blau	9,0–10,5
Alizaringelb GG	–	gelb-orangebraun	10,1–12,0

Tab. 125.2 Umschlagsbereiche und Farbänderungen verschiedener Indikatoren

A 125.1 In welchem Konzentrationsverhältnis liegen bei pH = 6 die Indikatorsäure und ihre korrespondierende Base von Methylrot vor?

V 125.2 Bestimmung des Umschlagsbereichs von Indikatoren
In zwölf Reagenzgläser gibt man Lösungen vom pH 1 bis pH 12. Jede dieser Lösungen wird mit drei Tropfen der zu untersuchenden Indikatorlösung versetzt.

V 126.1 Durchführung einer Titration

Aus einem Messkolben wird mit einer Pipette eine Probe entnommen, die titriert wird.

Auswertungsbeispiel: Für die Titration von 25 ml Ammoniaklösung wurden 10 ml Schwefelsäure ($c = 0,1$ mol · l^{-1}) bis zum Äquivalenzpunkt benötigt. Aus der Reaktionsgleichung

$$2\,NH_3\,(aq) + H_2SO_4\,(aq) \rightarrow (NH_4)_2SO_4\,(aq)$$

folgt:

$$c\,(NH_3) \cdot V\,(NH_3) = 2 \cdot c\,(H_2SO_4) \cdot V\,(H_2SO_4)$$

Für die Konzentration der Ammoniaklösung ergibt sich somit:

$$c\,(NH_3) = \frac{2 \cdot 0,1 \cdot 10}{25}\ \text{mol} \cdot \text{l}^{-1} = 0,08\ \text{mol} \cdot \text{l}^{-1}$$

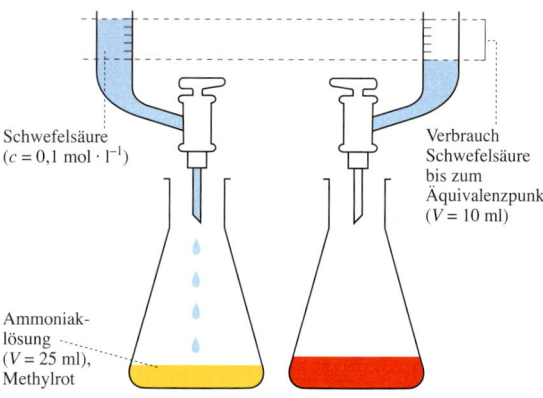

Schwefelsäure ($c = 0,1$ mol · l^{-1})

Verbrauch Schwefelsäure bis zum Äquivalenzpunkt ($V = 10$ ml)

Ammoniaklösung ($V = 25$ ml), Methylrot

V 126.2 Bestimmung des Essigsäuregehalts in Speiseessig

Man gibt 10 ml Speiseessig in einen 250 ml Messkolben, füllt mit deionisiertem Wasser auf und schüttelt gut durch. Eine 25 ml-Probe dieser Lösung wird in einen Weithals-Erlenmeyerkolben pipettiert, mit drei Tropfen Phenolphthalein (F) versetzt und mit Natronlauge ($c = 0,1$ mol · l^{-1}) titriert (weiße Unterlage). Der Farbumschlag des Indikators muss tropfenweise erreicht werden.

a) Welche Stoffmenge an Essigsäure ist in der untersuchten Probe und in 10 ml Speiseessig enthalten?

b) Wie viel Milliliter Essigsäure und wie viel Gramm Essigsäure sind in 100 ml Speiseessig enthalten? Die Dichte von Essigsäure beträgt 1,04 g · cm^{-3}.

V 126.3 Bestimmung des Kalkgehalts in Eierschalen durch Rücktitration

1 g getrocknete und fein pulverisierte Eierschalen werden zu 50 ml Salzsäure ($c = 1$ mol · l^{-1}) gegeben. Nach Beendigung der Gasentwicklung (am besten über Nacht stehen lassen) werden 20 ml-Proben mit Natronlauge ($c = 1$ mol · l^{-1}) (Xi) titriert; als Indikator dient Phenolphthalein (F).
Berechnen Sie den Massenanteil an Calciumcarbonat.
Entsorgung: B1

47 Säure-Base-Titrationen

Als *Titration* oder *Maßanalyse* bezeichnet man ein Verfahren zur Bestimmung des Gehalts, also der Stoffmenge, der Masse und der Konzentration eines Stoffes in Lösung.

Um beispielsweise die Konzentration einer Salzsäurelösung zu bestimmen, wird ein bestimmtes Volumen der Säurelösung genau abgemessen und mit einigen Tropfen einer Indikatorlösung versetzt. Aus einer Bürette lässt man dann hierzu Natronlauge bekannter Konzentration zutropfen, bis der **Äquivalenzpunkt,** also gerade vollständige stöchiometrische Umsetzung entsprechend der Reaktionsgleichung erreicht ist. Den Äquivalenzpunkt erkennt man am Farbumschlag des Indikators. Da bei der Reaktion äquivalenter Stoffmengen von Salzsäure und Natronlauge eine Kochsalzlösung vom pH-Wert 7 vorliegt, muss der Farbumschlag des ausgewählten Indikators in diesem Bereich erfolgen. Aus der Reaktionsgleichung

$$HCl\,(aq) + NaOH\,(aq) \rightarrow NaCl\,(aq) + H_2O\,(l)$$

folgt, dass Base und Säure im Stoffmengenverhältnis 1 : 1 reagieren, also gilt:

$$n\,(HCl) : n\,(NaOH) = 1 : 1$$

Mit $n = c \cdot V$ erhält man:

$$c\,(HCl) \cdot V\,(HCl) = c\,(NaOH) \cdot V\,(NaOH)$$

Damit ergibt sich für die Konzentration der Säure:

$$c\,(HCl) = c\,(NaOH) \cdot \frac{V\,(NaOH)}{V\,(HCl)}$$

Das Volumen der verbrauchten Natronlauge $V\,(NaOH)$ liest man an der Bürette ab. Die bei einer Titration verwendete Lösung bekannter Konzentration bezeichnet man als **Maßlösung.**

Erfolgt bei einer Titration zwischen zwei Reaktionspartnern A und B ein Stoffumsatz nach der Reaktionsgleichung:

$$a \cdot A + b \cdot B \rightarrow \text{Produkte}$$

so lässt sich das Titrationsergebnis durch die folgende Beziehung auswerten: $n\,(A) : n\,(B) = a : b$.
Setzt man $n = c \cdot V$ ein, so erhält man:

$$b \cdot c\,(A) \cdot V\,(A) = a \cdot c\,(B) \cdot V\,(B)$$

Zur Ermittlung der Konzentration einer unbekannten Lösung, zum Beispiel $c\,(A)$, durch eine Titration müssen vorab folgende Angaben eindeutig bekannt sein:
1. die stöchiometrische Gleichung,
2. das Volumen der Probelösung $V\,(A)$,
3. die Konzentration der Maßlösung $c\,(B)$ und
4. das Volumen der zugefügten Maßlösung $V\,(B)$.

Titrationskurven. Die grafische Darstellung des pH-Werts der zu titrierenden Lösung in Abhängigkeit von dem zugegebenen Volumen der Maßlösung bezeichnet man als *Titrationskurve*. Aus der Titrationskurve kann man entnehmen, welcher Indikator für eine bestimmte Titration zur Erkennung des Äquivalenzpunkts geeignet ist.

Starke Säuren – starke Basen. Verwendet man bei der Titration eine Maßlösung, deren Konzentration wesentlich größer ist als die der Probelösung, so kann man die Änderung des pH-Werts durch die Volumenzunahme während der Titration vernachlässigen. Bei der Titration einer Salzsäure mit $c = 0{,}1 \text{ mol} \cdot \text{l}^{-1}$ mit Natronlauge steigt dann der pH-Wert von 1 auf 2, wenn 90 % der Salzsäure titriert sind, die H_3O^+-Ionen-Konzentration also auf ein Zehntel vermindert wurde. Bei jeder weiteren Abnahme der H_3O^+-Ionen-Konzentration auf ein Zehntel des vorhergehenden Werts, steigt der pH-Wert jeweils um eine Einheit. So ergibt sich eine Kurve, die zuerst langsam und dann in der Nähe des Äquivalenzpunkts sprunghaft ansteigt. Am Äquivalenzpunkt besitzt die Kurve einen Wendepunkt. Nach dem Äquivalenzpunkt verläuft die Kurve punktsymmetrisch zum Wendepunkt. Ein solcher Kurvenverlauf ist typisch für die Titration zwischen starken Säuren und starken Basen. Zwischen 99,9 %-iger Neutralisation und einem 0,1 %-igem Überschuss an Natronlauge steigt der pH-Wert von 4 auf 10 an.

Bei einer Genauigkeit der Titration von 0,1 % muss der Umschlagsbereich eines Indikators daher innerhalb dieses pH-Intervalls liegen. Für die Titration zwischen starken Säuren und starken Basen können daher Methylorange, Methylrot, Neutralrot oder Phenolphthalein verwendet werden. Der „pH-Sprung" ist umso kleiner, je geringer die Konzentration der zu titrierenden Säure oder Base ist. Bei Konzentrationen, die unter $10^{-4} \text{ mol} \cdot \text{l}^{-1}$ liegen, kann der Äquivalenzpunkt daher mit Indikatoren nicht mehr erkannt werden.

Schwache Säuren – starke Basen. Auch bei der Titration von Essigsäure mit Natronlauge steigt der pH-Wert zuerst relativ langsam und dann sprunghaft an. Da am Äquivalenzpunkt eine Natriumacetatlösung vorliegt, tritt der Wendepunkt der Kurve im alkalischen Bereich auf. Der pH-Sprung ist kleiner als bei der Titration zwischen starken Säuren und starken Basen und erfolgt von etwa pH 8 auf pH 10. Für die Titration schwacher Säuren mit starken Basen, für die dieser Kurvenverlauf typisch ist, eignet sich daher von den in Abbildung 127.1 eingezeichneten Indikatoren nur Phenolphthalein.

Die Verschiebung des Wendepunkts in den alkalischen Bereich ist umso größer, je schwächer die zu titrierende Säure ist. Dabei wird der pH-Sprung mit abnehmender Säurestärke kleiner, wodurch der Äquiva-

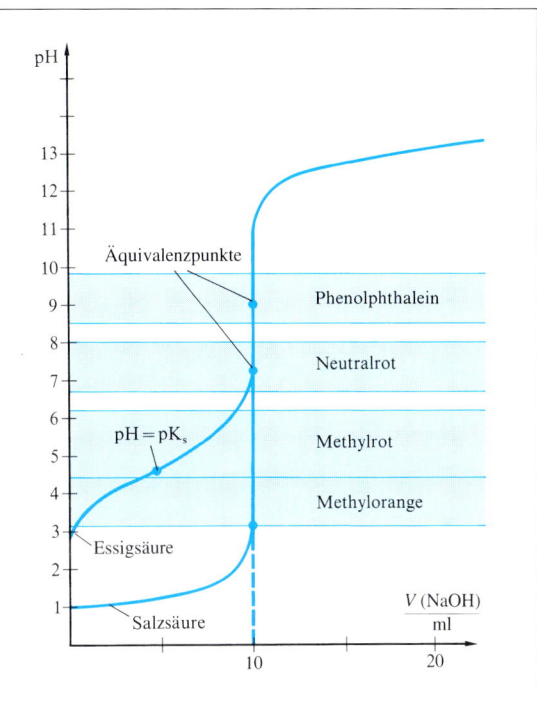

Abb. 127.1 Eignung verschiedener Indikatoren für die Titration von Salzsäure ($c = 0{,}1 \text{ mol} \cdot \text{l}^{-1}$) und Essigsäure ($c = 0{,}1 \text{ mol} \cdot \text{l}^{-1}$) mit Natronlauge ($c = 1 \text{ mol} \cdot \text{l}^{-1}$)

Zugegebenes Volumen Natronlauge in ml	pH-Werte	
	Salzsäure	Essigsäure
0	1	2,87
9	2	5,72
9,9	3	6,5
9,99	4	7,75
⋮	⋮	⋮
10	7	8,87 Äquivalenzpunkt
⋮	⋮	⋮
10,01	10	10
10,1	11	11
11	12	12
20	13	13

Tab. 127.2 pH-Werte im Verlauf der Titration von 100 ml Salzsäure ($c = 0{,}1 \text{ mol} \cdot \text{l}^{-1}$) und 100 ml Essigsäure ($c = 0{,}1 \text{ mol} \cdot \text{l}^{-1}$) mit Natronlauge ($c = 1 \text{ mol} \cdot \text{l}^{-1}$)

V 127.1 Wahl des geeigneten Indikators
Titrieren Sie 10 ml Essigsäure ($c = 0{,}1 \text{ mol} \cdot \text{l}^{-1}$) sowie 10 ml Salzsäure ($c = 0{,}1 \text{ mol} \cdot \text{l}^{-1}$) mit Natronlauge ($c = 0{,}1 \text{ mol} \cdot \text{l}^{-1}$) und verwenden Sie dabei folgende Indikatoren:
a) Methylorange, **b)** Methylrot, **c)** Bromphenolblau, **d)** Phenolphthalein (F).

SÄUREN UND BASEN

127

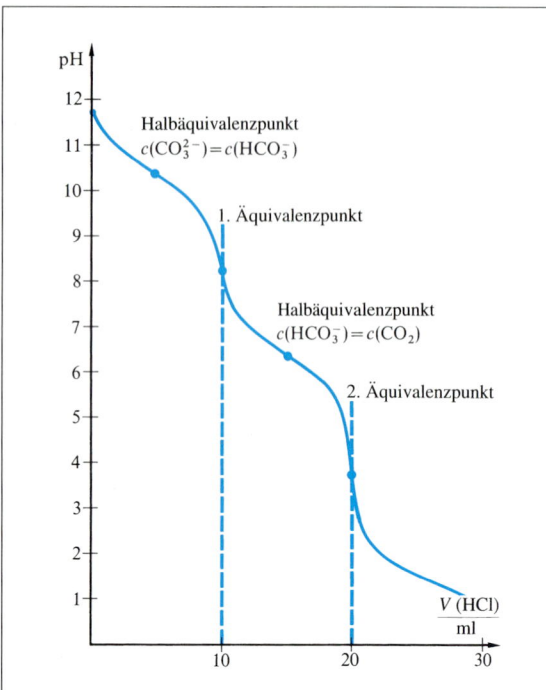

Abb. 128.1 pH-Änderung bei der Titration von 100 ml Natriumcarbonatlösung ($c = 0,1$ mol $\cdot$ l^{-1}) mit Salzsäure ($c = 1$ mol $\cdot$ l^{-1})

A 128.1 Arbeiten Sie Versuchsanleitungen aus, mit denen folgende Aufgaben durch Titration gelöst werden können:
a) Bestimmung der Basenkonstante von Ammoniak.
b) Ermittlung des Gehalts an Ameisensäure in Entkalker.
c) Bestimmung von Zitronensäure in Zitronensaft.

V 128.2 Bestimmung der Säurekonstanten von Ameisensäure durch Halbtitration
Etwa 0,2 ml Ameisensäure (C) werden im Messkolben mit deionisiertem Wasser auf 250 ml aufgefüllt. Man titriert 25 ml-Proben der homogenen Lösung mit Natronlauge ($c = 0,1$ mol $\cdot$ l^{-1}). Als Indikator dient Phenolphthalein (F). Zu einer weiteren 25 ml-Probe, der man keinen Indikator zusetzt, wird dann die Hälfte des zur Titration benötigten Volumens an Natronlauge gegeben und der pH-Wert dieser Lösung bestimmt.

V 128.3 Bestimmung von Natriumcarbonat und Natriumhydrogencarbonat in einer Mischung
Von etwa 2 g einer Mischung aus Natriumcarbonat (Xi) und Natriumhydrogencarbonat wird im Messkolben 250 ml Lösung hergestellt. Man titriert eine 25 ml-Probe unter Verwendung von Phenolphthalein (F) mit Salzsäure ($c = 0,1$ mol $\cdot$ l^{-1}). Nach der Entfärbung des Phenolphthaleins wird Methylorange zugefügt und zu Ende titriert.
Geben Sie die Zusammensetzung der Mischung in Massenprozenten an.

lenzpunkt immer schwieriger zu ermitteln ist. Säuren, deren Säurekonstanten kleiner als etwa 10^{-8} mol $\cdot$ l^{-1} sind, lassen sich mit der Indikatormethode nicht mehr titrieren.

Die pH-Werte im Verlauf der Titration von Essigsäure mit Natronlauge vor dem Äquivalenzpunkt können aus dem Term der Säurekonstante der Essigsäure berechnet werden. Durch Auflösen nach $c(H_3O^+)$, Wechsel des Vorzeichens und Logarithmieren erhält man:

$$K_S = \frac{c(H_3O^+) \cdot c(CH_3COO^-)}{c(CH_3COOH)}$$

$$c(H_3O^+) = K_S \frac{c(CH_3COOH)}{c(CH_3COO^-)}$$

$$pH = pK_S - \lg \frac{c(CH_3COOH)}{c(CH_3COO^-)}$$

Sind 10 % der Essigsäure neutralisiert, so ist in der Lösung das Verhältnis der Konzentration von Säuremolekülen zu Acetat-Ionen wie 9 : 1. Für den pH-Wert gilt:

$$pH = 4,75 - \lg 9 = 3,8$$

Bei 50 %-iger Neutralisation, am *Halbäquivalenzpunkt*, ist der pH-Wert gleich dem pK_S-Wert der Säure: 4,76.

Aus der Titrationskurve schwacher Säuren kann man folglich den pK_S-Wert der Säuren entnehmen.

Schwache Basen – starke Säuren. Bei der Titration schwacher Basen mit starken Säuren sind die Wendepunkte der Titrationskurve in den sauren Bereich verschoben. Titriert man beispielsweise Ammoniaklösung mit Salzsäure, so liegt am Äquivalenzpunkt eine Ammoniumchloridlösung vor, die bei einer Konzentration von 0,1 mol $\cdot$ l^{-1} einen pH-Wert von 5,13 hat. Als Indikator eignet sich daher Methylorange oder Methylrot.

Die Titration schwacher Basen mit schwachen Säuren hat keine praktische Bedeutung, da man die Äquivalenzpunkte mit Indikatoren nicht genau erkennt.

Mehrprotonige Säuren und **Basen** können stufenweise titriert werden, wenn sich die pK_S- und pK_B-Werte der einzelnen Stufen um etwa vier Einheiten unterscheiden. Für die Protolyse der Kohlensäure ist dies der Fall: p$K_{S1} = 6,52$ und p$K_{S2} = 10,4$. Titriert man eine Natriumcarbonatlösung mit Salzsäure, so sind am ersten Äquivalenzpunkt die Carbonat-Ionen in Hydrogencarbonat-Ionen überführt worden:

$$CO_3^{2-}(aq) + H_3O^+(aq) \rightarrow HCO_3^-(aq) + H_2O(l)$$

Wegen der Protolyse der HCO$_3^-$-Ionen reagiert die Lösung dann alkalisch (pH 8). Der Äquivalenzpunkt lässt sich mit Phenolphthalein erkennen. Titriert man bis zur zweiten Stufe, so entsteht eine Lösung von Kohlenstoffdioxid:

$$HCO_3^-(aq) + H_3O^+(aq) \rightarrow CO_2(aq) + 2 H_2O(l)$$

48 Pufferlösungen

Aus der Titrationskurve von Essigsäure geht hervor, dass sich der pH-Wert im Bereich des Halbäquivalenzpunkts relativ wenig ändert. Am Halbäquivalenzpunkt liegt eine gleichmolare Mischung von Essigsäure-Molekülen und Acetat-Ionen vor, wobei folgendes Gleichgewicht besteht:

$$CH_3COOH \ (aq) + H_2O \ (l) \rightleftharpoons$$
$$CH_3COO^- \ (aq) + H_3O^+ \ (aq)$$

Versetzt man die Mischung mit einer alkalischen Lösung, so ändert sich der pH-Wert nur wenig, da die OH^--Ionen von Essigsäure-Molekülen abgefangen werden:

$$CH_3COOH \ (aq) + OH^- \ (aq) \rightleftharpoons$$
$$CH_3COO^- \ (aq) + H_2O \ (l)$$

Auch bei Zugabe von sauren Lösungen bleibt der pH-Wert annähernd konstant, da die H_3O^+-Ionen mit den Acetat-Ionen reagieren:

$$CH_3COO^- \ (aq) + H_3O^+ \ (aq) \rightleftharpoons$$
$$CH_3COOH \ (aq) + H_2O \ (l)$$

Lösungen, die den pH-Wert trotz Zusatz von Säuren oder Basen weitgehend konstant halten, bezeichnet man als **Pufferlösungen.** Ein Puffersystem besteht allgemein aus der Mischung einer Säure und ihrer korrespondierenden Base. Der pH-Wert einer Pufferlösung ergibt sich aus dem Term für die Säurekonstante der Säurekomponente des Puffers:

$$K_S = c \ (H_3O^+) \cdot \frac{c \ (A^-)}{c \ (HA)}$$

Mit dem negativen Logarithmus erhält man durch Umformung die als *Puffergleichung* bezeichnete Beziehung:

$$pH = pK_S + \lg \frac{c \ (A^-)}{c \ (HA)} \Rightarrow pH = pK_S + \lg \frac{c \ (Base)}{c \ (Säure)}$$

Gute Pufferwirkung tritt nur auf, wenn das Konzentrationsverhältnis von Säure und Base des Puffersystems nicht größer als 1:10 oder 10:1 ist, also innerhalb des pH-Bereichs:

$$pH = pK_S \pm 1$$

Die Pufferwirkung ist am besten, wenn das Konzentrationsverhältnis von Säure und Base 1:1 ist.

Durch Zugabe einer Säure oder Base wird das ursprünglich vorhandene Konzentrationsverhältnis zwischen Säure und Base des Puffers verändert. Da der pH-Wert aber nach der Puffergleichung vom Logarithmus dieses Verhältnisses abhängt, ändert sich der pH-Wert bei geringen Zusätzen von Säuren oder Basen nur wenig. Je höher die Konzentration einer Pufferlösung, umso größer ist die *Pufferkapazität.*

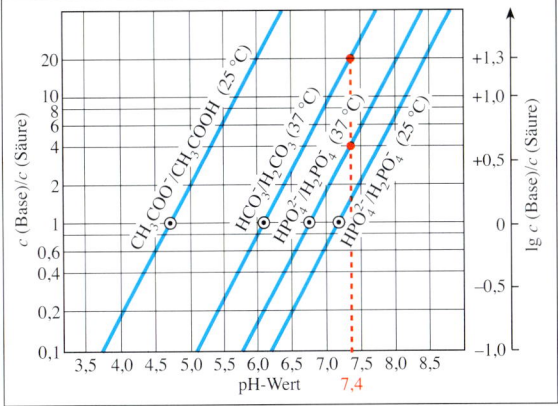

Abb. 129.1 Der Zusammenhang zwischen pH und $\lg c$ (Base)/c (Säure) nach der Puffergleichung. Nach der Puffergleichung erhält man für alle Säure-Base-Paare Geraden, die entsprechend den pK_S-Werten zueinander parallel verschoben sind. Aus dem Diagramm lässt sich ablesen:
a) das Konzentrationsverhältnis der Pufferkomponenten bei bekanntem pH-Wert;
b) der pH-Wert eines Puffers bei bekanntem Komponentenverhältnis;
c) der pK_S-Wert beim Komponentenverhältnis 1:1.
Aus den Geraden für den Kohlensäure-Hydrogencarbonat-Ionen-Puffer und den Dihydrogenphosphat-Hydrogenphosphat-Ionen-Puffer bei 37 °C lässt sich entnehmen, dass im Blut vom pH = 7,4 das Komponentenverhältnis für den Kohlensäurepuffer 20:1 und für den Phosphatpuffer 4:1 beträgt.

A 129.1 Erklären Sie die Wirkung des Phosphatpuffers aus Versuch 129.3. Welchen pH-Wert hat dieser Puffer?

V 129.2 Demonstration des Essigsäure-Acetat-Puffers
Man mischt 10 ml Essigsäure ($c = 2 \ mol \cdot l^{-1}$) (Xi) mit 10 ml Natriumacetat-Lösung ($c = 2 \ mol \cdot l^{-1}$) (Xi). Zu 10 ml dieser Pufferlösung und zu 10 ml einer Lösung von etwa pH = 5, die beide mit Universalindikator versetzt wurden, gibt man
a) 1 ml Salzsäure ($c = 0,1 \ mol \cdot l^{-1}$) und
b) 1 ml Natronlauge ($c = 0,1 \ mol \cdot l^{-1}$).
Welche pH-Werte ergeben sich?
Entsorgung: B1

V 129.3 Der Phosphatpuffer
Zwei Lösungen aus je 3 ml Kaliumdihydrogenphosphat (KH_2PO_4, $c = 0,1 \ mol \cdot l^{-1}$) und Dinatriumhydrogenphosphat (Na_2HPO_4, $c = 0,1 \ mol \cdot l^{-1}$) werden mit Bromthymolblau versetzt. Man zählt die Tropfen an Salzsäure ($c = 0,1 \ mol \cdot l^{-1}$) und Natronlauge ($c = 0,1 \ mol \cdot l^{-1}$), die in den beiden Pufferlösungen einen Farbumschlag bewirken.
Wie viele Tropfen sind erforderlich, um eine gleiche Farbänderung in je 6 ml deionisiertem Wasser, das mit Bromthymolblau versetzt wurde, zu erreichen?

SÄUREN UND BASEN

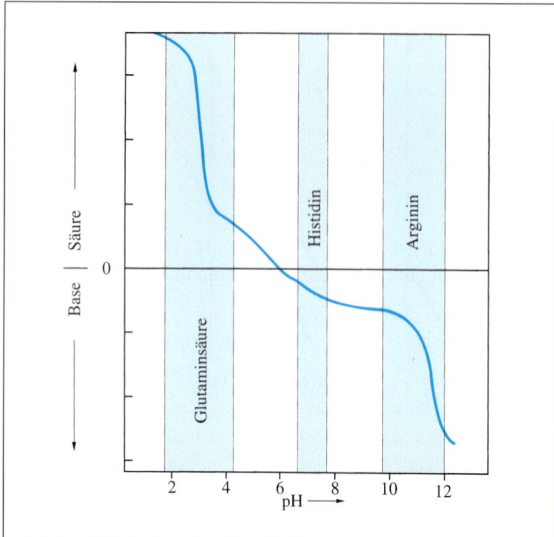

Abb. 130.1 Titrationskurve von Hämoglobin und Pufferbereiche der Proteine. Die Pufferwirkung des Hämoglobins im neutralen Bereich hat große Bedeutung beim CO$_2$-Transport und im Säure-Base-Haushalt des Organismus. Hämoglobin besitzt etwa 40 Histidinreste.

Beispiel: Zu 10 ml Essigsäure-Acetat-Ionen-Puffer, der 0,01 mol Essigsäure-Moleküle und 0,01 mol Acetat-Ionen enthält, gibt man 1 ml Salzsäure ($c = 1$ mol $\cdot$ l^{-1}) hinzu. 1 ml der Salzsäure enthält 0,001 mol H$_3$O$^+$-Ionen. In 11 ml der Pufferlösung liegen daher nach Zusatz der Säure vor:

0,01 mol + 0,001 mol = 0,011 mol CH$_3$COOH
0,01 mol − 0,001 mol = 0,009 mol CH$_3$COO$^-$

In den 11 ml Pufferlösung sind dann folgende Konzentrationen vorhanden:

c (CH$_3$COOH) = 1 mol $\cdot$ l^{-1} und
c (CH$_3$COO$^-$) = 0,82 mol $\cdot$ l^{-1}

Daraus ergibt sich der pH-Wert:

pH = 4,76 + lg 0,82 = 4,68

Der pH-Wert der Pufferlösung ist also von 4,76 auf 4,68 gefallen.

Abb. 130.2 Berechnung der pH-Änderung in einer Pufferlösung

A 130.1 Warum wirkt eine Lösung von Ammoniumacetat nicht als Puffer? Welchen pH-Wert hat eine Ammoniumacetatlösung?

A 130.2 In welchem Volumenverhältnis müssen Lösungen ($c = 0,1$ mol $\cdot$ l^{-1}) von Ammoniak und Ammoniumchlorid gemischt werden, damit eine Pufferlösung vom pH-Wert 9,8 entsteht?

Pufferlösungen sind in der Technik und in der Forschung unentbehrlich, da zur Durchführung vieler Reaktionen ein konstanter pH-Wert erforderlich ist. So werden „Puffer" beispielsweise beim Galvanisieren oder bei der Herstellung von Leder, photografischen Materialien und Farbstoffen benötigt. Häufig verwendet man Pufferlösungen in der analytischen Chemie und zum Eichen von pH-Metern. In der Bakteriologie setzt man Nährböden mit Pufferlösungen an, um den für das Wachstum bestimmter Bakterien optimalen pH-Wert aufrechtzuerhalten.

Biologische Puffersysteme. Von grundlegender Bedeutung sind Puffersysteme im Organismus. Mit der Nahrung und durch den Stoffwechsel werden dem Blut Säuren und Basen in wechselnden Mengen zugeführt. Trotzdem hat menschliches Blut einen nahezu konstanten pH-Wert von 7,4. Schon Abweichungen über ± 0,5 pH-Einheiten sind lebensgefährlich. Zur Erhaltung des pH-Werts innerhalb enger Grenzen sind im Blut mehrere Puffersysteme vorhanden. Die wichtigsten sind der Kohlensäure-Hydrogencarbonat-Ionen-Puffer, der Dihydrogenphosphat-Ion-Hydrogenphosphat-Ionen-Puffer sowie Proteine und hier vor allem das Hämoglobin, das zu 96 % aus Protein besteht. Proteine wirken als Puffer, da sie saure und basische Gruppen enthalten und somit Protonen abgeben als auch aufnehmen können. Eine besondere Stellung kommt dem Kohlensäure-Puffer zu, da Kohlensäure flüchtig ist und aus dem Puffergleichgewicht entfernt werden kann. Im Blut von 37 °C hat Kohlensäure den pK_{S1}-Wert von 6,1. Nach der Puffergleichung ergibt sich damit für das Konzentrationsverhältnis der Komponenten des Kohlensäure-Puffers im Blut (pH = 7,4):

$$7,4 = 6,1 + \lg \frac{c\,(\text{HCO}_3^-)}{c\,(\text{H}_2\text{CO}_3)} \Rightarrow \frac{c\,(\text{HCO}_3^-)}{c\,(\text{H}_2\text{CO}_3)} = \frac{20}{1}$$

Ausschlaggebend für die gute Pufferwirkung ist der leichte Übergang der Kohlensäure in Kohlenstoffdioxid, der in den roten Blutkörperchen durch das Enzym Kohlensäureanhydrase katalysiert wird:

$$\text{H}_2\text{CO}_3\,(\text{aq}) \rightleftharpoons \text{H}_2\text{O}\,(\text{l}) + \text{CO}_2\,(\text{g})$$

Bei einem Säureüberschuss im Blut werden H$_3$O$^+$-Ionen durch Hydrogencarbonat-Ionen abgefangen:

$$\text{H}_3\text{O}^+\,(\text{aq}) + \text{HCO}_3^-\,(\text{aq}) \rightleftharpoons \text{H}_2\text{CO}_3\,(\text{aq}) + \text{H}_2\text{O}\,(\text{l})$$

Nach der Puffergleichung würde dadurch der pH-Wert absinken. Die Kohlensäure steht jedoch mit dem Kohlenstoffdioxid in den Lungen im Gleichgewicht und kann durch verstärkte Atemtätigkeit abgeatmet werden. Auf diese Weise stellt sich der ursprüngliche pH-Wert wieder annähernd ein. Während die Konzentration an Kohlensäure im Blut über die Atmung bestimmt wird, reguliert die Niere die HCO$_3^-$-Konzentration.

SÄUREN UND BASEN

Zusätzliche Aufgaben

A 131.1 Beim Mischen von 100 ml Bariumchloridlösung ($c = 2$ mol $\cdot$ l^{-1}) mit jeweils 100 ml der in der Tabelle aufgeführten Lösungen ($c = 2$ mol $\cdot$ l^{-1}) beobachtet man die angegebenen Temperaturerhöhungen.

Lösung	Temperatur-erhöhung
Natriumsulfat (Na_2SO_4)	4,6 K
Kaliumsulfat (K_2SO_4)	4,5 K
Magnesiumsulfat ($MgSO_4$)	4,4 K
Natriumhydrogensulfat ($NaHSO_4$)	8,3 K
Kaliumhydrogensulfat ($KHSO_4$)	8,3 K
Schwefelsäure (H_2SO_4)	8,8 K

Wie erklären Sie sich die Termperatureffekte? Ändern sich die Temperaturen, wenn man Bariumnitrat ($Ba(NO_3)_2$) anstelle von Bariumchlorid verwendet?

A 131.2 Interpretieren Sie die folgenden Neutralisationsenthalpien:

Säure/Base	$\dfrac{\Delta_R H_m^0}{kJ \cdot mol^{-1}}$
HCl/NaOH	−57,1
HCl/KOH	−57,2
HNO$_3$/NaOH	−57,3
H$_2$SO$_4$/NaOH	−114,4
HCl/NH$_3$	−52,2
HCN/NH$_3$	−5,4

A 131.3 Eine Blutprobe hat einen pH-Wert von 7,4 bei 25 °C. Berechnen Sie die Konzentration an Hydronium-Ionen und an Hydroxid-Ionen im Blut ($K_W = 1 \cdot 10^{-14}$ mol$^2 \cdot$ l^{-2}).

A 131.4 Eine wässrige Lösung hat bei 60 °C einen pH-Wert von 6,8.
Ist diese Lösung sauer oder alkalisch?
($K_W = 9,5 \cdot 10^{-14}$ mol$^2 \cdot$ l^{-2} bei 60 °C)

A 131.5 Eine Salzsäurelösung besitzt eine Konzentration von $c = 11$ mol $\cdot$ l^{-1}.
Wie kann man daraus durch Verdünnen mit Wasser eine Lösung mit einem pH-Wert von 0 erhalten?

A 131.6 Eine einprotonige Säure der Konzentration $c = 0,0482$ mol $\cdot$ l^{-1} hat den pH-Wert 4,41 bei 25 °C.
Wie groß ist die Säurekonstante der Säure?

A 131.7 Die Säurekonstante von Essigsäure ist $1,76 \cdot 10^{-5}$ mol $\cdot$ l^{-1} bei 25 °C.
Welche Stoffmengenkonzentration besitzt eine Essigsäurelösung vom pH-Wert 2,5?

A 131.8 Die Gleichgewichtskonstante (Basenkonstante) für das Protolysegleichgewicht von Ammoniak in Wasser ist $K_B = 1,8 \cdot 10^{-5}$ mol $\cdot$ l^{-1}.

$$NH_3 \text{ (aq)} + H_2O \text{ (}l\text{)} \rightleftharpoons NH_4^+ \text{ (aq)} + OH^- \text{ (aq)}$$

a) Berechnen Sie die Säurekonstante K_S für die Protolyse des Ammonium-Ions.

$$NH_4^+ \text{ (aq)} + H_2O \text{ (}l\text{)} \rightleftharpoons NH_3 \text{ (aq)} + H_3O^+ \text{ (aq)}$$

b) Berechnen Sie den pH-Wert einer Ammoniumchloridlösung der Konzentration $c = 0,025$ mol $\cdot$ l^{-1}.

A 131.9 Die folgenden schwachen Säuren stehen zur Verfügung:
CH_3COOH (pK_S = 4,76), $ClCH_2COOH$ (pK_S = 2,86), CCl_3COOH (pK_S = 0,7) und $H_2C_2O_4$ (pK_{S1} = 1,23, pK_{S2} = 4,19).
Verfügbar ist außerdem Natronlauge mit der Konzentration $c = 1$ mol $\cdot$ l^{-1}.
Welche Säure würden Sie auswählen, und wie würden Sie eine Pufferlösung mit einem pH-Wert von 3 bei 25 °C herstellen?

A 131.10 Es werden 10 ml Natronlauge ($c = 0,1$ mol $\cdot$ l^{-1}) zu 30 ml Essigsäurelösung ($c = 0,1$ mol $\cdot$ l^{-1}) gegeben.
Berechnen Sie den pH-Wert der erhaltenen Pufferlösung.
(pK_S (Essigsäure) = 4,76 bei 25 °C)

A 131.11 Berechnen Sie den pH-Wert von
a) Salzsäure ($c = 2$ mol $\cdot$ l^{-1}),
b) Salpetersäure ($c = 0,001$ mol $\cdot$ l^{-1}) und
c) Ameisensäure ($c = 0,5$ mol $\cdot$ l^{-1}).

A 131.12 Geben Sie eine allgemeine Näherungsformel für die Berechnung des pH-Werts einer schwachen Säure an.

A 131.13 Borax ($Na_2B_4O_7 \cdot 10\,H_2O$) kann als eine schwache Base titriert werden. Eine Lösung, die 1,91 g Borax enthält, verbraucht bis zum Äquivalenzpunkt 20 ml Salzsäure ($c = 0,5$ mol $\cdot$ l^{-1}).
a) Welcher Indikator ist für die Titration geeignet?
b) Wie reagiert die Lösung am Äquivalenzpunkt?
c) Geben Sie die Reaktionsgleichung an.

REDOXREAKTIONEN

Abb. 132.1 Raketenstart. Flüssiger Wasserstoff reagiert mit flüssigem Sauerstoff

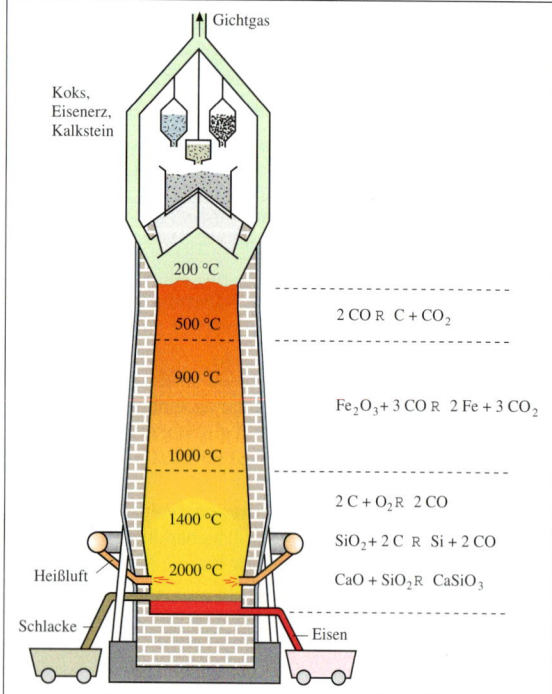

Abb. 132.2 Redoxreaktionen im Hochofen

Um Übersicht in die Vielfalt chemischer Reaktionen zu bringen, werden Reaktionen nach bestimmten Gesichtspunkten zu Klassen zusammengefasst. Eine solche Klasse bilden die *Redoxreaktionen*. Welche Reaktionen ihr zugerechnet werden, hängt jedoch von der Definition der Redoxbegriffe ab.

49 Grundlagen

Die Begriffe **Oxidation** und **Reduktion** sind im Laufe der historischen Entwicklung mehrfach erweitert und neu definiert worden. In ihrer ursprünglichen Bedeutung versteht man unter Oxidation die Reaktion eines Stoffes mit Sauerstoff (Oxygenium), es findet eine *Sauerstoffaufnahme* statt. Entsprechend versteht man unter Reduktion die *Sauerstoffabgabe* eines Stoffes. Reaktionen, bei denen Sauerstoff zwischen den Reaktionspartnern ausgetauscht wird, lassen sich mit diesen Begriffen als **Redoxreaktionen** klassifizieren.

Eine technisch wichtige Redoxreaktion in diesem Sinn ist die Reduktion des Eisenoxids im Hochofenprozess, bei dem das Eisenoxid zu Eisen reduziert wird, indem man es mit dem Reduktionsmittel Kohlenstoff umsetzt, das dabei selber zu Kohlenstoffmonooxid oder Kohlenstoffdioxid oxidiert wird.

Nun gibt es Reaktionen, an denen Sauerstoff als Reaktionspartner nicht teilnimmt, die aber sehr ähnlich ablaufen wie die entsprechenden Reaktionen mit Sauerstoff. So reagiert Magnesium mit Chlor ebenso heftig und exotherm wie mit Sauerstoff. In beiden Reaktionen erhält man ein festes, weißes, aus Ionen aufgebautes Reaktionsprodukt. Die Gleichartigkeit beider Reaktionen zeigt sich, wenn man sie in Teilschritte zerlegt:

$2\,Mg + O_2 \rightarrow 2\,MgO$

$2\,Mg \rightarrow 2\,Mg^{2+} + 4\,e^-$; *Elektronenabgabe*
$O_2 + 4\,e^- \rightarrow 2\,O^{2-}$; *Elektronenaufnahme*

$Mg + Cl_2 \rightarrow MgCl_2$

$Mg \rightarrow Mg^{2+} + 2\,e^-$; *Elektronenabgabe*
$Cl_2 + 2\,e^- \rightarrow 2\,Cl^-$; *Elektronenaufnahme*

In beiden Fällen gibt Magnesium Elektronen ab, die jeweils vom Reaktionspartner aufgenommen werden.

49.1 Redoxbegriffe

Entsprechende Betrachtungen an vielen anderen Reaktionen führten zu einer neuen Definition von Oxidation und Reduktion, wonach eine Oxidation einer **Elektronenabgabe** und die Reduktion einer **Elektronenaufnahme** entspricht.

Nicht alle Redoxreaktionen im alten Sinn verlaufen jedoch unter Elektronenübertragung. Die Reaktion von Wasserstoff mit Sauerstoff verläuft ohne Elektronenaustausch zwischen den Reaktionspartnern. Im Wasser-Molekül liegt keine Ionenbindung, sondern eine polare Atombindung vor. Um zu einer umfassenden Definition der Redoxbegriffe zu kommen, stellt man sich in diesem Fall vor, die bindenden Elektronen der polaren Atombindung seien *formal* an das elektronegativere Atom abgegeben. Dadurch erhalten die Atome eine formale Ladung: die **Oxidationszahl.**

Unter der Oxidationszahl eines Atoms in einer Verbindung versteht man also die Ladung, die dieses Atom erhält, wenn man sich die Verbindung aus Ionen aufgebaut denkt, wobei die bindenden Elektronen jeweils dem elektronegativeren Element zugeordnet werden. Bei Stoffen im elementaren Zustand erhalten die Atome definitionsgemäß die Oxidationszahl null. Die Oxidationszahlen werden in den Formeln über die Elementsymbole geschrieben; für das Wasser schreibt man:
$\overset{I\ -II}{H_2O}$.

Bei der Ermittlung von Oxidationszahlen kommt man in vielen Fällen mit einfachen Regeln aus:
1. Metalle besitzen positive Oxidationszahlen.
2. Wasserstoff hat die Oxidationszahl I.
   (*Ausnahme:* Metallhydride)
3. Sauerstoff hat die Oxidationszahl $-II$.
   (*Ausnahmen:* OF_2, H_2O_2, ...)
4. In einer Verbindung ist die Summe der Oxidationszahlen aller Atome null.
5. In einem Ion ist die Summe der Oxidationszahlen aller Atome gleich der Ionenladung.

Mithilfe der Oxidationszahlen lassen sich nun die Redoxbegriffe umfassend definieren: Unter **Oxidation** versteht man einen Vorgang, bei dem die Oxidationszahl eines Atoms erhöht wird. Dabei gibt das Atom tatsächlich oder formal Elektronen ab. Unter **Reduktion** versteht man einen Vorgang, bei dem die Oxidationszahl eines Atoms erniedrigt wird. Dabei nimmt dieses Atom tatsächlich oder formal Elektronen auf. Reduktion und Oxidation sind immer aneinander gekoppelt und laufen nur gemeinsam in einer **Redoxreaktion** ab.

$$\overset{\text{Oxidation}}{2\,\overset{0}{H_2} + \overset{0}{O_2} \longrightarrow 2\,\overset{I\ -II}{H_2O}}$$
Reduktion

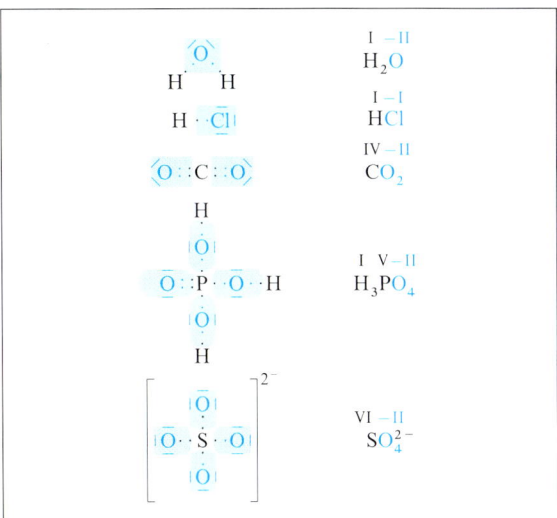

Abb. 133.1 Ermittlung von Oxidationszahlen

VIII	Os
VII	Cl
VI	S
V	N, P, As, Cl
IV	C, Si, Sn, Pb, N, S
III	B, Al, N, P, Fe
II	Be, Mg, Ca, Sr, Ba, Fe, Ni, Cu, Zn, Pb, N
I	H, Li, Na, K, Rb, Cs, Ag, N
$-I$	F, Cl, Br, I
$-II$	O, S, N
$-III$	N, P
$-IV$	C

Tab. 133.2 Oxidationszahlen einiger Elemente

A 133.1 Ermitteln Sie die Oxidationszahlen der Elemente in folgenden Verbindungen und Ionen:
H_2, H_2O_2, CO_3^{2-}, OF_2, Fe^{3+}, CrO_4^{2-}, $Cr_2O_7^{2-}$, $KMnO_4$, $HClO_3$, NaH, H_2SO_4, CH_4, SiH_4

A 133.2 Geben Sie für jede mögliche Oxidationszahl des Stickstoffs eine Verbindung an.

A 133.3 Bei welchen der folgenden Reaktionen handelt es sich um Redoxreaktionen?

a) $Zn + 2\,HCl \rightarrow ZnCl_2 + H_2$
b) $Cu + 4\,HNO_3 \rightarrow Cu(NO_3)_2 + 2\,NO_2 + 2\,H_2O$
c) $H_2SO_4 + 2\,NaOH \rightarrow Na_2SO_4 + 2\,H_2O$
d) $2\,Pb(NO_3)_2 \rightarrow 2\,PbO + 4\,NO_2 + O_2$
e) $H_2SO_4 + 2\,NaCl \rightarrow Na_2SO_4 + 2\,HCl$
f) $2\,H_2SO_4 + 2\,NaBr \rightarrow Na_2SO_4 + SO_2 + 2\,H_2O + Br_2$

REDOXREAKTIONEN

133

Name der Verbindung	Formel	Oxidations-zahl des Mn	Farbe der wäss-rigen Lösung
Kalium-permanganat	$KMnO_4$	VII	tiefviolett
Kalium-manganat	K_2MnO_4	VI	grün
Braunstein	MnO_2	IV	(kaum wasser-löslich)
Mangan-sulfat	$MnSO_4$	II	schwach rosa

Tab. 134.1 Einige Mangan-Verbindungen und die Farbe ihrer wässrigen Lösungen

A 134.1 Werten Sie die Versuche 134.2 und 134.3 mithilfe von Tabelle 134.1 aus.

V 134.2 Permanganat-Ionen als Oxidationsmittel
Es wird eine verdünnte schwefelsaure Lösung (Xi) von Kaliumpermanganat (O, Xn) hergestellt und auf sechs Reagenzgläser verteilt. Geben Sie dann vedünnte wässrige Lösungen folgender Stoffe hinzu:
a) Eisen(II)-sulfat, **b)** Kaliumiodid, **c)** Zinn(II)-chlorid, **d)** Wasserstoffperoxid *(Spanprobe!)*, **e)** Oxalsäure.

V 134.3 Oxidierende Wirkung von Permanganat-Ionen in Abhängigkeit vom pH-Wert
Man stellt eine wässrige Lösung von Natriumsulfit her und verteilt sie auf drei Reagenzgläser. Die erste Lösung wird mit verdünnter Schwefelsäure (Xi) angesäuert, die zweite bleibt neutral, zur dritten gibt man einige Tropfen verdünnter Kalilauge (C). Allen drei Lösungen wird darauf verdünnte Kaliumpermanganatlösung zugesetzt.

V 134.4 Oxidierende Wirkung von Schwefelsäure
In ein Reagenzglas gibt man festes Kaliumchlorid, Kaliumbromid und Kaliumiodid. Setzen Sie den Stoffen jeweils 1 ml konz. Schwefelsäure (C) zu *(Abzug!)*.
Entsorgung: B1
In welchen Fällen tritt eine Redoxreaktion ein?

V 134.5 Reaktion von Kupferoxid und Eisen
In einem Reagenzglas werden etwa gleiche Mengen von Kupferoxid (Xn) und Eisenpulver vermischt. Das Gemenge wird bis zum Aufglühen erhitzt; nach dem Abkühlen untersucht man die Reaktionsprodukte.

LV 134.6 Redoxreaktionen
Zwei Standzylinder, deren Böden mit Sand bedeckt sind, werden mit **a)** Sauerstoff, **b)** Chlor (T, N) gefüllt. *(Abzug!)*
In die Standzylinder wird mit der Tiegelzange je ein brennendes Stück Magnesiumband (F) gehalten. Vergleichen Sie die Reaktionen.

LV 134.7 Reaktion von Zink und Schwefel
Stellen Sie ein Gemenge aus 4 g Schwefelblüte und 8 g Zinkpulver (F) her. Entzünden Sie es mit einem glühenden Eisendraht auf einer feuerfesten Unterlage.
Vorsicht, keine größeren Mengen verwenden! Abzug!

Der Reaktionspartner, der oxidiert wird, ist der Elektronendonator oder das Reduktionsmittel. Der Reaktionspartner, der reduziert wird, ist der Elektronenakzeptor oder das Oxidationsmittel.

Mit diesen umfassenden Redoxbegriffen lassen sich nun Sauerstoffaustauschreaktionen, Elektronenübertragungsreaktionen sowie weitere Reaktionen, bei denen sich Oxidationszahlen ändern, zu *einer* Klasse der Redoxreaktionen zusammenfassen.

49.2 Einrichten von Redoxgleichungen

Nicht alle Redoxgleichungen sind so einfach und übersichtlich wie die bisher angesprochenen. In diesem Abschnitt soll ein Verfahren erarbeitet werden, mit dem man auch für komplizierte Reaktionen Gleichungen aufstellen kann. Als Hilfsmittel dazu werden *Teilgleichungen* verwendet. Diese Teilgleichungen haben im Wesentlichen formalen Charakter. Die durch sie beschriebenen Vorgänge laufen nie allein ab, sondern müssen immer im Zusammenhang mit anderen Teilreaktionen gesehen werden. Die folgenden Reaktionsbeispiele erläutern die entsprechenden Schritte der jeweiligen Oxidation und Reduktion in saurer und alkalischer Lösung sowie während einer Verbrennung.

Beispiel 1: Reaktionen von Permanganat-Ionen mit Eisen(II)-Ionen in saurer Lösung

Schritt 1: Die Farbänderungen bei dieser Reaktion zeigen an, dass Permanganat-Ionen zu Mangan(II)-Ionen reduziert und Eisen(II)-Ionen zu Eisen(III)-Ionen oxidiert werden.

Schritt 2: Für Oxidation und Reduktion werden Teilgleichungen formuliert.

$$\overset{\text{II}}{Fe^{2+}} \to \overset{\text{III}}{Fe^{3+}} + e^-; \quad \textit{Oxidation}$$

$$\overset{\text{VII}}{Mn}\overset{-\text{II}}{O_4^-} + 5\,e^- \to \overset{\text{II}}{Mn^{2+}} + 4\,\overset{-\text{II}}{O^{2-}}; \quad \textit{Reduktion}$$

$\overset{-\text{II}}{O}$-Teilchen sind in freier Form nicht beständig. Sie reagieren mit den in wässriger Lösung vorhandenen hydratisierten Wasserstoff-Ionen unter Bildung von Wasser.

$$MnO_4^- + 8\,H^+ + 5\,e^- \to Mn^{2+} + 4\,H_2O$$

Schritt 3: Die Koeffizienten der Teilgleichungen werden so gewählt, dass die Anzahl der bei der Oxidation erhaltenen Elektronen gleich der Zahl der bei der Reduktion verbrauchten ist. Man sucht das *kleinste gemeinsame Vielfache* der (formal) abgegebenen und aufgenommenen Elektronen, multipliziert die Teilgleichungen mit dem entsprechenden Faktor und addiert die Teilgleichungen.

$$\text{Fe}^{2+} \rightarrow \text{Fe}^{3+} + e^- \qquad\qquad (\cdot 5)$$
$$\text{MnO}_4^- + 8\,\text{H}^+ + 5\,e^- \rightarrow \text{Mn}^{2+} + 4\,\text{H}_2\text{O} \qquad (\cdot 1)$$

$$5\,\text{Fe}^{2+} \rightarrow 5\,\text{Fe}^{3+} + 5\,e^-$$
$$\text{MnO}_4^- + 8\,\text{H}^+ + 5\,e^- \rightarrow \text{Mn}^{2+} + 4\,\text{H}_2\text{O}$$

$$5\,\text{Fe}^{2+} + \text{MnO}_4^- + 8\,\text{H}^+ \rightarrow 5\,\text{Fe}^{3+} + \text{Mn}^{2+} + 4\,\text{H}_2\text{O}$$

Abschließend überprüft man die erhaltene Ionengleichung. Beide Seiten der Gleichung müssen übereinstimmen in der Anzahl der Atome, der Summe der Oxidationszahlen und der Summe der Ionenladungen.

Beispiel 2: Reaktion von Permanganat-Ionen mit Sulfit-Ionen in alkalischer Lösung

Schritt 1: Es entsteht eine grüne Lösung, in der sich Manganat(VI)-Ionen und Sulfat-Ionen nachweisen lassen.

Schritt 2: Formulierung der Teilreaktionen

$$\overset{IV}{\text{SO}_3^{2-}} + 2\,\text{OH}^- \rightarrow \overset{VI}{\text{SO}_4^{2-}} + \text{H}_2\text{O} + 2\,e^- ; \quad (\cdot 1); \quad \textit{Oxidation}$$
$$\overset{VII}{\text{MnO}_4^-} + e^- \rightarrow \overset{VI}{\text{MnO}_4^{2-}} ; \qquad\qquad (\cdot 2); \quad \textit{Reduktion}$$

Schritt 3: Nach Multiplikation der Teilgleichungen erhält man durch Addition die vollständige Redoxgleichung.

$$\overset{IV}{\text{SO}_3^{2-}} + 2\,\text{OH}^- \rightarrow \overset{VI}{\text{SO}_4^{2-}} + \text{H}_2\text{O} + 2\,e^-$$
$$2\,\overset{VII}{\text{MnO}_4^-} + 2\,e^- \rightarrow 2\,\overset{VI}{\text{MnO}_4^{2-}}$$

$$\text{SO}_3^{2-} + 2\,\text{MnO}_4^- + 2\,\text{OH}^- \rightarrow 2\,\text{MnO}_4^{2-} + \text{SO}_4^{2-} + \text{H}_2\text{O}$$

Dieses Prinzip lässt sich auch auf Redoxreaktionen übertragen, die nicht in wässrigen Lösung stattfinden.

Beispiel 3: Verbrennung von Ammoniak in Sauerstoff

Schritt 1: Als Endprodukte dieser Reaktion entstehen Stickstoff und Wasser.

Schritt 2: Bei der Aufstellung der Teilgleichungen ist zu berücksichtigen, dass die Gase Stickstoff und Sauerstoff molekular auftreten.

$$2\,\overset{-III}{\text{NH}_3} \rightarrow \overset{0}{\text{N}_2} + 6\,\text{H}^+ + 6\,e^- ; \quad (\cdot 2); \quad \textit{Oxidation}$$
$$\overset{0}{\text{O}_2} + 4\,\text{H}^+ + 4\,e^- \rightarrow 2\,\overset{-II}{\text{H}_2\text{O}}; \quad (\cdot 3); \quad \textit{Reduktion}$$

Schritt 3: Nach Multiplikation der Teilgleichungen erhält man durch Addition die vollständige Redoxgleichung.

$$4\,\overset{-III}{\text{NH}_3} \rightarrow 2\,\overset{0}{\text{N}_2} + 12\,\text{H}^+ + 12\,e^-$$
$$3\,\overset{0}{\text{O}_2} + 12\,\text{H}^+ + 12\,e^- \rightarrow 6\,\overset{-II}{\text{H}_2\text{O}}$$

$$4\,\text{NH}_3 + 3\,\text{O}_2 \rightarrow 2\,\text{N}_2 + 6\,\text{H}_2\text{O}$$

Abb. 135.1 Reaktion von Permanganat-Ionen mit Sulfit-Ionen in alkalischer Lösung

A 135.1 Überprüfen Sie die Richtigkeit der Ionengleichung für die Umsetzung von Permanganat-Ionen mit Eisen(II)-Ionen in saurer Lösung.

A 135.2 Richten Sie die folgenden Reaktionsgleichungen ein.

a) MnO_4^- (aq) + H^+ (aq) + Cl^- (aq) $\rightarrow$ Mn^{2+} (aq) + Cl_2 (g) + H_2O (l)

b) Fe^{2+} (aq) + $\text{Cr}_2\text{O}_7^{2-}$ (aq) + H^+ (aq) $\rightarrow$ Fe^{3+} (aq) + Cr^{3+} (aq) + H_2O (l)

c) $\text{S}_2\text{O}_3^{2-}$ (aq) + I_2 (aq) $\rightarrow$ $\text{S}_4\text{O}_6^{2-}$ (aq) + I^- (aq)

d) Na (s) + H_2O (l) $\rightarrow$ Na^+ (aq) + OH^- (aq) + H_2 (g)

e) NH_3 (g) + O_2 (g) $\rightarrow$ NO (g) + H_2O (l)

f) H_2S (g) + O_2 (g) $\rightarrow$ H_2O (l) + SO_2 (g)

g) Fe_2O_3 (s) + CO (g) $\rightarrow$ Fe (s) + CO_2 (g)

h) TiO_2 (s) + Al (s) $\rightarrow$ Ti (s) + Al_2O_3 (s)

i) H_2S (g) + SO_2 (g) $\rightarrow$ S (s) + H_2O (l)

A 135.3 Reaktionen, bei denen ein- und derselbe Stoff zugleich oxidiert und reduziert wird, bezeichnet man als *Disproportionierungen*. Der entgegengesetzte Vorgang wird *Synproportionierung* genannt. Richten Sie die folgenden Reaktionsgleichungen ein. Bei welchen Vorgängen liegt eine Disproportionierung, bei welchen eine Synproportionierung vor?

a) KClO_3 (s) $\rightarrow$ KCl (s) + KClO_4 (s)

b) NO_2 (g) + H_2O (l) $\rightarrow$ H^+ (aq) + NO_2^- (aq) + NO_3^- (aq)

c) H_2SO_4 (aq) + H_2S (aq) $\rightarrow$ S (s) + H_2O (l)

d) BrO_3^- (aq) + Br^- (aq) + H^+ (aq) $\rightarrow$ Br_2 (aq) + H_2O (l)

e) NH_4NO_3 (s) $\rightarrow$ N_2O (g) + H_2O (l)

A 135.4 Die folgenden Reaktionen laufen in alkalischer Lösung ab. Stellen Sie die Reaktionsgleichungen auf.
a) Chrom(III)-Ionen reagieren mit Wasserstoffperoxid zu Chromat-Ionen (CrO_4^{2-}).
b) Permanganat-Ionen reagieren mit Bromid-Ionen zu Mangandioxid (Braunstein) und Bromat-Ionen (BrO_3^-).

REDOXREAKTIONEN

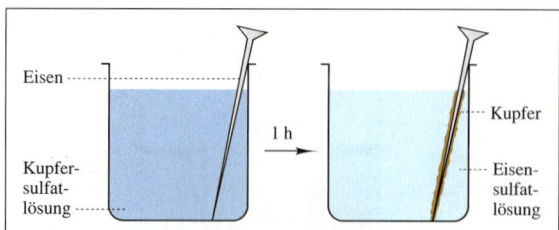

Abb. 136.1 Verhalten eines Eisennagels in Kupfersulfatlösung

Reduktionsmittel	Oxidationsmittel
Li	Li$^+$
K	K$^+$
Ca	Ca^{2+}
Na	Na$^+$
Mg	Mg^{2+}
Al	Al^{3+}
Zn	Zn^{2+}
Fe	Fe^{2+}
Ni	Ni^{2+}
Sn	Sn^{2+}
Pb	Pb^{2+}
Cu	Cu^{2+}
Ag	Ag$^+$
Hg	Hg^{2+}
Au	Au^{3+}

(Reduktionswirkung / Oxidationswirkung)

Tab. 136.2 Redoxreihe der Metalle und Metall-Ionen

A 136.1 Die Standardbildungsenthalpie von MgO beträgt −601 kJ · mol^{-1}, die von Fe$_2$O$_3$ −824 kJ · mol^{-1}. Ist dies ein Widerspruch zu der Tatsache, dass von beiden Metallen Magnesium das bessere Reduktionsmittel ist?

V 136.2 Verhalten der Metalle beim Erhitzen
Vergleichen Sie die Vorgänge beim Erhitzen von einem Stück Magnesium (F), Kupfer und Platin an der Luft.

V 136.3 Reaktion von Metallen mit Salzsäure
Geben Sie je eine Probe Zink (F), Calcium (F), Magnesium (F), Eisen und Kupfer zu Salzsäure und vergleichen Sie die Reaktionsgeschwindigkeiten. Die Metallstücke müssen etwa gleiche Oberflächen haben.

V 136.4 Redoxreihe der Metalle
a) Eisenpulver wird in eine verdünnte, schwach blau gefärbte Kupfersulfatlösung gegeben. Nach Beendigung der Reaktion wird eine Probe der Lösung mit Kaliumhexacyanoferrat(III)-lösung versetzt.
b) Ein Stück Kupfer wird zu Eisen(II)-sulfatlösung gegeben.
Entsorgung: B2

LV 136.5 Reaktion von Kupfer mit Silber(II)-Ionen
Ein blankes Kupferstück wird in Silberchloridlösung (Xi) getaucht.
Entsorgung: B2

50 Redoxreaktionen und Spannungsreihe

In den folgenden Kapiteln soll untersucht werden, ob und unter welchen Bedingungen Redoxreaktionen spontan ablaufen. Dazu werden zunächst Redoxreaktionen der Metalle betrachtet.

50.1 Redoxreihe der Metalle

Etwa drei Viertel aller Elemente gehören zu den Metallen. Sie alle zeichnen sich durch gemeinsame Eigenschaften wie gute elektrische und thermische Leitfähigkeit, den typischen Metallglanz und leichte Verformbarkeit aus; bei chemischen Reaktionen nehmen sie ausnahmslos positive Oxidationszahlen an. Sie unterscheiden sich untereinander aber erheblich in ihrer Reaktionsfähigkeit. Das äußert sich in ihrem unterschiedlichen Verhalten beim Erhitzen an der Luft und bei der Reaktion mit Säuren. Alle Reaktionen verlaufen unter Elektronenabgabe, die Fähigkeit hierzu ist jedoch recht unterschiedlich ausgeprägt.

Bei der Reaktion von Eisen mit Kupfersulfatlösung beobachtet man, dass sich auf dem Eisen Kupfer abscheidet und mit Fortschreiten der Reaktion die von hydratisierten Kupfer-Ionen hervorgerufene Blaufärbung der Lösung verschwindet. Die Kupfer-Ionen werden reduziert.

Reduktion: Cu^{2+} + 2 e$^-$ → Cu

Die dazu notwendigen Elektronen kommen vom Eisen, das bei dieser Reaktion oxidiert wird.

Oxidation: Fe → Fe^{2+} + 2 e$^-$

Die entstandenen Eisen(II)-Ionen lassen sich durch Zugabe von Hexacyanoferrat(III)-Ionen nachweisen. Eisen ist also in der Lage, Kupfer-Ionen zu reduzieren:

2 Fe (s) + 2 Cu^{2+} (aq) → 2 Fe^{2+} (aq) + 2 Cu (s)

Gibt man jedoch Kupfer zu Eisen(II)-sulfatlösung, findet keine Reaktion statt. Kupfer ist nicht in der Lage Eisen(II)-Ionen zu reduzieren. Eisen gibt leichter Elektronen ab als Kupfer, ist also von beiden Metallen das stärkere Reduktionsmittel. Von beiden Ionensorten ist das Kupfer(II)-Ion das stärkere Oxidationsmittel. Führt man derartige Versuche systematisch mit einer größeren Anzahl von Metallen und Salzlösungen aus, lassen sich die Metalle nach ihrer Reduktionswirkung, die Metall-Ionen nach ihrer Oxidationswirkung anordnen. Die Ergebnisse dieser Untersuchungen sind in der **Redoxreihe der Metalle** zusammengefasst. Sie zeigt, dass ein Metall die Metall-Ionen reduzieren kann, die unterhalb von ihm in der Redoxreihe angeordnet sind. Für die ablaufenden Teilreaktionen gilt:

$$Me^{n+} + n \cdot e^- \rightleftharpoons Me$$

Das Metall und das durch Elektronenabgabe hervorgegangene Metall-Ion bilden ein Beispiel für ein **Redoxpaar** Me^{n+}/Me.

Die Redoxreihe der Metalle lässt sich theoretisch verstehen, wenn man die energetischen Vorgänge beim Übergang von Metall zum hydratisierten Ion betrachtet. Einerseits erfordert die Ionisierung Energie, andererseits wird durch die Hydration der Ionen Hydrationsenergie frei. Von der Summe dieser beiden Energien ist der Übergang in starkem Maße abhängig.

Ein Maß für die Triebkraft der Bildung hydratisierter Ionen sind die molaren freien Standardbildungsenthalpien $\Delta_f G_m^0$ der hydratisierten Ionen. Diese sind definiert als die molaren freien Reaktionsenthalpien $\Delta_R G_m^0$ der Reaktionen:

$$Me + nH^+ \rightarrow Me^{n+} + \tfrac{n}{2}H_2$$

Je kleiner $\Delta_f G_m^0$, desto stärker ist das Reduktionsvermögen eines Metalls. Im vorigen Beispiel ist für Fe^{2+} (aq)-Ionen $\Delta_f G_m^0 = -79\ kJ \cdot mol^{-1}$, und für Cu^{2+} (aq)-Ionen ist $\Delta_f G_m^0 = +66\ kJ \cdot mol^{-1}$. Die molare freie Reaktionsenthalpie für die Reaktion:

$$Fe\ (s) + Cu^{2+}\ (aq) \rightarrow Fe^{2+}\ (aq) + Cu\ (s)$$

ergibt sich also zu:

$$\Delta_R G_m^0 = \Delta_f G_m^0\ (Fe^{2+}) - \Delta_f G_m^0\ (Cu^{2+}) = -145\ kJ \cdot mol^{-1}$$

Der spontane Ablauf dieser Reaktion lässt sich aus den thermodynamischen Daten der Reaktionspartner vorhersagen.

50.2 Galvanische Zellen

Aus der Redoxreihe der Metalle lässt sich ablesen, dass Zink Kupfer-Ionen reduzieren kann.

Oxidation: $Zn \rightarrow Zn^{2+} + 2\,e^-$
Reduktion: $Cu^{2+} + 2\,e^- \rightarrow Cu$

Gesamtreaktion:
$$Zn\ (s) + Cu^{2+}\ (aq) \rightarrow Zn^{2+}\ (aq) + Cu\ (s)$$

Bei dieser Reaktion gehen Elektronen vom Zink zu den Kupfer-Ionen über. Taucht man einen Zinkstab in eine Kupfersulfatlösung, findet dieser Elektronenaustausch an der Zinkoberfläche statt. Durch eine Veränderung der Versuchsanordnung lässt sich der Elektronenübergang bei dieser Reaktion nachweisen. Dazu trennt man den Zinkstab und die Kupfersulfatlösung räumlich voneinander und ermöglicht den Elektronenübergang zwischen beiden durch einen elektrischen Leiter. Der Elektronenfluss kann mit einem Strommesser nachgewiesen und zum Betreiben eines kleinen Motors ausgenutzt werden.

Abb. 137.1 Bildung eines Bleibaums bei der Reaktion von Zink mit Blei(II)-Ionen

A 137.1 Die folgende Tabelle gibt die molaren freien Standardbildungsenthalpien der Alkalimetall-Ionen in $kJ \cdot mol^{-1}$ an.

Ion	$\dfrac{\Delta_f G_m^0}{kJ \cdot mol^{-1}}$	Ion	$\dfrac{\Delta_f G_m^0}{kJ \cdot mol^{-1}}$
Li^+ (aq)	−293	Li^+ (g)	651
Na^+ (aq)	−262	Na^+ (g)	573
K^+ (aq)	−282	K^+ (g)	481
Rb^+ (aq)	−282	Rb^+ (g)	450
Cs^+ (aq)	−282	Cs^+ (g)	430

Begründen Sie die Zusammenhänge zwischen diesen Daten und der Stellung der Metalle in der Redoxreihe.

A 137.2 Folgende Redoxreaktionen laufen spontan ab:
$3\ V\ (s) + 2\ Cr^{3+}\ (aq) \rightarrow 3\ V^{2+}\ (aq) + 2\ Cr\ (s)$
$Ni\ (s) + Sn^{2+}\ (aq) \rightarrow Ni^{2+}\ (aq) + Sn\ (s)$
$2\ Cr\ (s) + 3\ Ni^{2+}\ (aq) \rightarrow 2\ Cr^{3+}\ (aq) + 3\ Ni\ (s)$

Sind dann auch die folgenden Reaktionen möglich?
$2\ Cr\ (s) + 3\ Sn^{2+}\ (aq) \rightarrow 2\ Cr^{3+}\ (aq) + 3\ Sn\ (s)$
$Ni\ (s) + V^{2+}\ (aq) \rightarrow Ni^{2+}\ (aq) + V\ (s)$
$V\ (s) + Sn^{2+}\ (aq) \rightarrow V^{2+}\ (aq) + Sn\ (s)$

A 137.3 a) Berechnen Sie die molare freie Reaktionsenthalpie für die Reaktion
$Zn\ (s) + Pb^{2+}\ (aq) \rightarrow Zn^{2+}\ (aq) + Pb\ (s)$
b) Begründen Sie, warum die Reaktion von Blei mit Zink-Ionen nicht spontan abläuft.

V 137.4 Einordnung einiger Metalle in die Redoxreihe
Die Metalle Silber, Zink (F), Kupfer und Blei (T, N, ▼) werden nacheinander in Silbernitratlösung (Xi), Zinksulfatlösung, Kupfersulfatlösung und Bleinitratlösung (Xn, N, ▽) gegeben. Prüfen Sie, in welchen Fällen eine Reaktion stattfindet oder nicht. Legen Sie zur Auswertung eine Tabelle an.
Angelaufene Metalle müssen vorher blank geschmirgelt werden.
Entsorgung: B2

REDOXREAKTIONEN

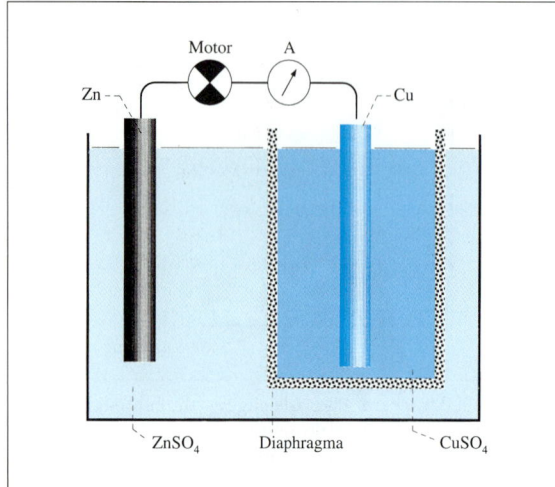

Abb. 138.1 Versuchsaufbau einer galvanischen Zelle

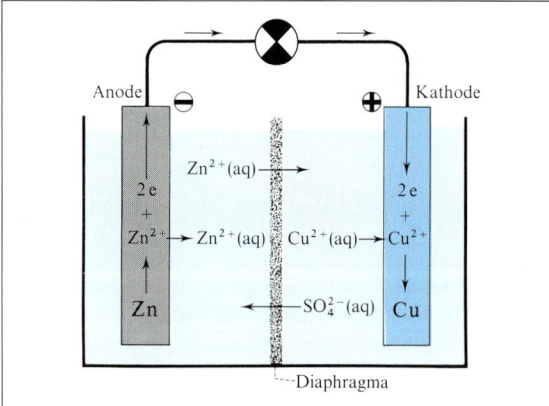

Abb. 138.2 Schematische Darstellung der Reaktionen in einer Zink-Kupfer-Zelle

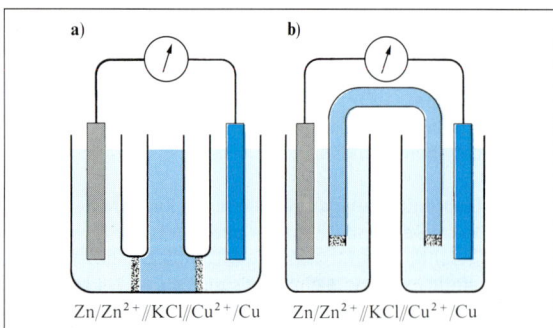

Abb. 138.3 Apparative Ausführung von Salzbrücken.
a) Dreischenkelrohr, **b)** Flüssigkeitsheber
(statt KCl kann auch KNO_3 oder NH_4NO_3 verwendet werden)

Eine solche Versuchsanordnung (Abb. 138.1) nennt man eine **galvanische Zelle.** Sie besteht aus zwei **Halbzellen.**

In der einen Halbzelle taucht eine Zinkelektrode in Zinksulfatlösung, in der anderen eine Kupferelektrode in Kupfersulfatlösung. Die Salzlösungen der Halbzellen sind durch eine poröse Wand (Diaphragma) getrennt, die Elektroden werden leitend miteinander verbunden. Der Aufbau einer galvanischen Zelle wird durch das Zellendiagramm beschrieben:

$Zn/Zn^{2+}//Cu^{2+}/Cu$

Die Phasengrenzen fest/flüssig deutet man bei dieser Schreibweise durch einen Schrägstrich an, die beiden Halbzellen werden durch einen Doppelschrägstrich getrennt. Dabei steht links immer die **Donatorhalbzelle,** von der Elektronen geliefert werden, rechts die **Akzeptorhalbzelle,** von der die Elektronen aufgenommen werden.

Werden die Elektroden der Zink-Kupfer-Zelle leitend miteinander verbunden, fließen Elektronen von der Zinkhalbzelle zur Kupferhalbzelle. Die Zinkelektrode stellt den *Minuspol* in dieser Anordnung dar, die Kupferelektrode den *Pluspol.* Während des Elektronenflusses gehen in der Zinkhalbzelle von der Zinkelektrode Zink-Ionen in Lösung, Zink wird oxidiert. In der Kupferhalbzelle werden gleich viele Kupfer-Ionen an der Kupferelektrode reduziert und an der Elektrode abgeschieden.

Eine Elektrode wird als **Anode** bezeichnet, wenn positive Ladungsträger vom Metall in die Lösung oder negative Ladungsträger von der Lösung in das Metall übergehen. Eine Elektrode heißt **Kathode,** wenn positive Ladungsträger von der Lösung ins Metall oder negative Ladungsträger vom Metall in die Lösung übergehen. In der Zink-Kupfer-Zelle stellt die Zinkelektrode also die Anode, die Kupferelektrode die Kathode dar.

Die Vorgänge in der galvanischen Zelle werden durch die Halbzellenreaktionen beschrieben, die zur Zellenreaktion zusammengefasst werden.

Halbzellenreaktion 1:
$Zn \rightarrow Zn^{2+} + 2\,e^-$;   *Oxidation*
Halbzellenreaktion 2:
$Cu^{2+} + 2\,e^- \rightarrow Cu$;   *Reduktion*

Zellenreaktion:
$Zn\,(s) + Cu^{2+}\,(aq) \rightarrow Zn^{2+}\,(aq) + Cu\,(s)$

Während des Reaktionsablaufs werden von der Zinkelektrode Elektronen zur Kupferelektrode transportiert. Um den Stromfluss aufrecht zu erhalten, muss die Versuchsanordnung einen Ladungsausgleich zwischen den Salzlösungen ermöglichen. Dazu dient entweder die poröse Trennwand (Diaphragma), durch die Zink-Ionen zur Kupferhalbzelle und Sulfat-Ionen zur Zinkhalbzelle wandern können, oder eine so genannte „Salzbrücke", die die Halbzellen verbindet.

Der Elektronenfluss in einer galvanischen Zelle wird durch eine Spannung hervorgerufen. Zwischen den Elektroden der beiden Halbzellen besteht also eine *Potentialdifferenz.*

Das elektrische **Potential** ist das Maß für die Stärke eines elektrischen Feldes an einem Ort. Zwischen Orten mit unterschiedlichen Potentialen besteht eine Spannung; sie ist das Maß für die Potentialdifferenz. Potentiale sind nicht der direkten Messung zugänglich, sie werden als Potentialdifferenzen (Spannungen) gegen einen ausgezeichneten Bezugspunkt gemessen.

In einer galvanischen Zelle besitzen die beiden Elektroden unterschiedliche Potentiale. Das Entstehen der Potentialdifferenz lässt sich folgendermaßen erklären:

In einer Halbzelle treten durch die Phasengrenze fest/flüssig ständig Metall-Ionen in beiden Richtungen hindurch. Überwiegt dabei zunächst die Abgabe von Metall-Ionen aus der festen in die flüssige Phase, lädt sich die feste Phase negativ gegenüber der flüssigen Phase auf, überwiegt dagegen zunächst der Ionendurchtritt von der flüssigen in die feste Phase, lädt sich diese positiv gegenüber der flüssigen Phase auf. Die elektrische Aufladung der Phasen wirkt einem weiteren einseitig gerichteten Übergang der Metall-Ionen entgegen und führt zum Zustand des **elektrochemischen Gleichgewichts,** in dem pro Zeiteinheit gleich viele Ionen in der einen wie in der anderen Richtung durch die Phasengrenze treten. An der Phasengrenze besteht eine *elektrische Doppelschicht* aus positiven und negativen Ladungsträgern.

Nach Einstellung des elektrochemischen Gleichgewichts besitzen verschiedene Halbzellen unterschiedliche Elektrodenpotentiale. Kombiniert man zwei Halbzellen zu einer galvanischen Zelle, ist zwischen den Elektroden eine Spannung messbar.

Die Spannungsmessung an einer galvanischen Zelle soll möglichst stromlos erfolgen, um die elektrochemischen Gleichgewichte an den Elektroden und somit die Potentialeinstellung nicht zu stören. Deshalb muss dazu ein hochohmiges Messgerät verwendet werden. Da bei der Spannungsmessung auch ein geschlossener Stromkreis vorliegen muss, müssen dazu die Halbzellen über eine Salzbrücke verbunden werden.

GALVANI und die Anfänge der Elektrochemie. Galvanische Zellen sind nach dem Mediziner und Naturforscher GALVANI (1737–1798) benannt, der 1786 eine seltsame Beobachtung machte: Frisch präparierte Froschschenkel zuckten, wenn sie mit einem Messinghaken an einem Eisendraht befestigt wurden. Experimente mit anderen Metallen ergaben immer ein Zucken, wenn Nerv und Muskel von zwei unterschiedlichen, miteinander verbundenen Metalldrähten berührt wurden. GALVANI nahm an, dass die Elektrizität im Muskel säße, und bezeichnete sie als „tierische Elektrizität". Aber ohne es zu wissen, konstruierte er mit seinen Metall-

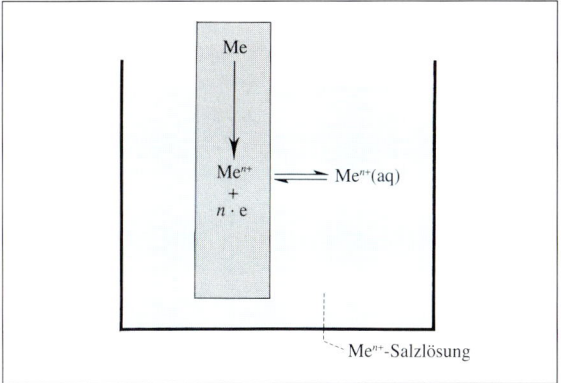

Abb. 139.1 Elektrochemisches Gleichgewicht. Beim Eintauchen des Metalls in die Salzlösung setzen an den Phasengrenzen in beiden Richtungen Durchtrittsreaktionen ein. Dabei überwiegt der Ablauf in einer Richtung bis zur Einstellung des elektrochemischen Gleichgewichts.

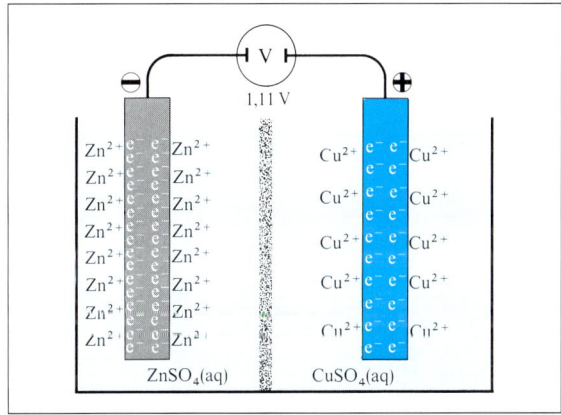

Abb. 139.2 Ladungsdoppelschichten an den Phasengrenzen Zn (s)/ZnSO$_4$ (aq) und Cu (s)/CuSO$_4$ (aq). Im elektrochemischen Gleichgewicht verteilen sich die Ladungsträger nicht gleichmäßig in den Phasen, sondern bilden aufgrund der elektrostatischen Anziehung an der Phasengrenze eine Ladungsdoppelschicht. Die unterschiedliche Lage des elektrochemischen Gleichgewichts in einer Zink- und einer Kupferhalbzelle führt zu einer Potentialdifferenz.

A 139.1 VOLTA bemerkte einen scharfen Geschmack durch Blei-Ionen, wenn er ein Stück Blei und ein Stück Silber gleichzeitig in den Mund nahm und sich die Metallstücke berührten. Erklären Sie diese Beobachtung.

V 139.2 **Galvanische Zelle**
In ein Becherglas mit Zinksulfatlösung ($c = 1\,mol \cdot 1^{-1}$) wird ein poröser Tonzylinder mit Kupfersulfatlösung ($c = 1\,mol \cdot 1^{-1}$) (Xn) gestellt. In die Zinksulfatlösung taucht ein Zinkstab, in die Kupfersulfatlösung ein Kupferblech. Die Metalle werden über einen Strommesser leitend verbunden. Ein 2 V-Gleichstrommotor wird angeschlossen.
Entsorgung: B2

REDOXREAKTIONEN

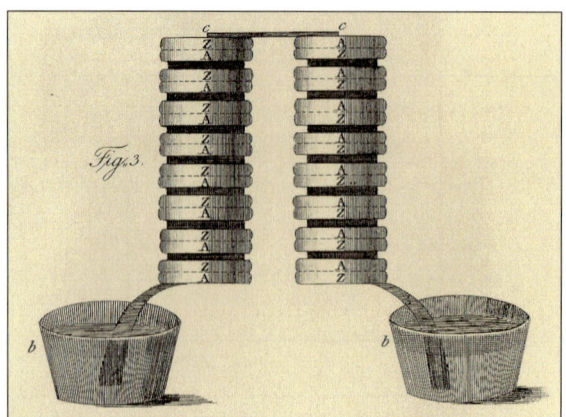

Abb. 140.1 VOLTAsche Säule

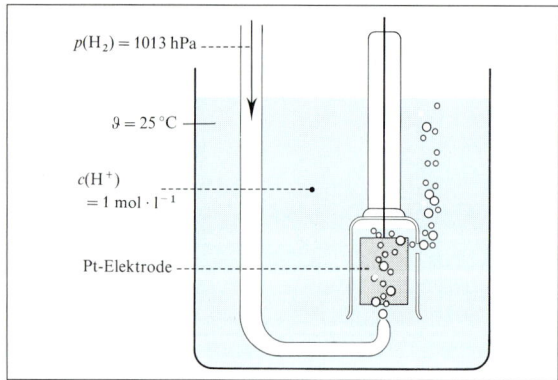

Abb. 140.2 Standardwasserstoffhalbzelle

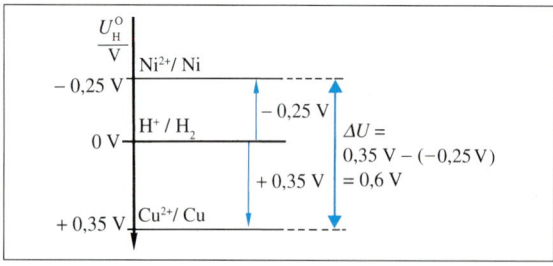

Abb. 140.3 Spannungen galvanischer Zellen. Unter Standardbedingungen lassen sich die Spannungen aus den Standardelektrodenpotentialen der Halbzellen berechnen:

$U = U_H^0$ (Akzeptorhalbzelle) – U_H^0 (Donatorhalbzelle)

drähten eine einfache Form von Batterie. Heute nutzt man seine Entdeckungen bei Herzschrittmachern zur Stimulierung der Herzmuskeln.

Eine Erklärung für GALVANIS Experimente fand erst der Physiker VOLTA (1745–1827). Er wiederholte viele Experimente, konzentrierte sich auf die verwendeten Metalldrähte und auf eine ungeklärte Beobachtung: Berührt man mit der Zunge gleichzeitig ein Stück Blei und ein Stück Silber, die miteinander Kontakt haben, bemerkt man einen unangenehmen, scharfen Geschmack. Trennt man die Metalle, bleibt der Geschmack aus. Nach zweijähriger experimenteller Arbeit stellte VOLTA seine Theorie der „metallischen Elektrizität" vor und veröffentlichte die Redoxreihe der Metalle.

VOLTAS Forschungsergebnisse ermöglichten erstmalig den Bau einer leistungsstarken Batterie, der nach ihm benannten VOLTAschen Säule. Er schichtete mehrere Paare von Zink- und Kupferplatten übereinander und legte mit Schwefelsäure getränkte Filzscheiben zwischen die Plattenpaare. Mit der VOLTAschen Säule ließen sich kontinuierlich hohe Ströme erzeugen. So entdeckte man, dass an den Polen der VOLTAschen Säule Wasser in Wasserstoff und Sauerstoff zerlegt wird.

50.3 Spannungsreihe der Metalle

Um die Halbzellen nach ihren Elektrodenpotentialen zu ordnen, misst man die Spannungen gegen eine ausgewählte Bezugshalbzelle, der so genannten **Standardwasserstoffhalbzelle**. Als Elektrode wird hier die gesamte Halbzelle einschließlich fester und flüssiger Phase bezeichnet. Da die Elektrodenpotentiale von der Konzentration des Elektrolyten, dem Druck und der Temperatur abhängig sind, müssen Standardbedingungen eingehalten werden. In einer Standardwasserstoffhalbzelle wird ein Platinblech, das bei 25 °C von Wasserstoffgas unter einem Druck von 1013 hPa umspült wird, in eine Säure mit einer Hydronium-Ionen-Konzentration von $1 \text{ mol} \cdot \text{l}^{-1}$ getaucht. Die Platinelektrode absorbiert an ihrer Oberfläche Wasserstoffgas. Ähnlich wie bei den Metallhalbzellen stellt sich an der Phasengrenze ein elektrochemisches Gleichgewicht ein, wodurch die Platinelektrode ein bestimmtes elektrisches Potential erhält. Die Spannung der galvanischen Zelle

$$\text{Me/Me}^{n+} (c = 1 \text{ mol} \cdot \text{l}^{-1}) // \text{H}^+ (c = 1 \text{ mol} \cdot \text{l}^{-1}) / \text{H}_2(\text{Pt})$$

ist ein Maß für das **Standardelektrodenpotential U^0** der Halbzelle Me^{n+}/Me. Sie wird auch Potential des Redoxpaares Me^{n+}/Me bei Standardbedingungen genannt. Das Standardpotential des Redoxpaares H^+/H_2 ist definitionsgemäß null. Wirkt die Halbzelle Me^{n+}/Me gegenüber der Standardwasserstoffhalbzelle als Donator, erhält ihr Standardelektrodenpotential ein negatives, andernfalls ein positives Vorzeichen. Ordnet man die Halbzellen Me^{n+}/Me nach ihren Standardelektrodenpotentialen, erhält man die *Spannungsreihe der Metalle. Sie liefert wichtige Informationen über den Verlauf von Redoxreaktionen in wässrigen Lösungen, da hier die Reduktions- bzw. Oxidationswirkung des Redoxpaares Me^{n+} (aq)/Me quantitativ erfasst wird.* Je negativer das Redoxpotential ist, desto größer ist die Reduktionswirkung des Metalls bzw. desto schwächer ist die Oxidationswirkung des Metall-Ions. Ein negatives Standardelektrodenpotential zeigt an, dass das Metall leicht in den Zustand hydratisierter Ionen übergeht, das Metall ist unedel, während ein positives Standardelektrodenpotential ein edles Metall charakterisiert. So ist Lithium das unedelste, Gold das edelste Metall.

50.4 Spannungsreihe der Nichtmetalle

Die bisher für Metalle durchgeführten Überlegungen sind auch auf Nichtmetalle übertragbar. Leitet man Chlor in eine wässrige Lösung von Kaliumbromid ein, so entsteht unter Braunfärbung der Flüssigkeit Brom und in der Lösung sind Chlorid-Ionen nachweisbar. Ähnliche Redoxreaktionen kann man beobachten, wenn man eine wässrige Kaliumiodidlösung mit Chlor oder Brom versetzt. Auch Nichtmetalle zeigen unterschiedliche Tendenzen, hydratisierte Ionen zu bilden. Für die Einordnung der Nichtmetalle in eine Spannungsreihe müssen zunächst die Standardelektrodenpotentiale der entsprechenden Redoxsysteme bestimmt werden.

Viele Nichtmetalle sind aber bei Zimmertemperatur gasförmig, sodass aus ihnen keine festen Elektroden herstellbar sind. In diesen Fällen verwendet man – ähnlich wie bei der Standardwasserstoffhalbzelle – eine nicht angreifbare oder *inerte* Elektrode aus Platin, die von dem entsprechenden Gas umspült wird. Sie wird in eine Salzlösung gestellt, die einmolar an den dazugehörigen Nichtmetall-Ionen ist.

Zur Messung des Standardelektrodenpotentials des Redoxpaares Cl_2/Cl^- stellt man eine von Chlor ($p = 1013$ hPa) umspülte Platinelektrode in eine Natriumchloridlösung ($c = 1$ mol $\cdot$ l^{-1}). An der Platinoberfläche stellt sich ein elektrochemisches Gleichgewicht ein. Kombiniert man diese Chlorhalbzelle mit einer Standardwasserstoffhalbzelle, so lässt sich unter Standardbedingungen eine Spannung von 1,36 V messen. Das Redoxpaar H^+/H_2 gibt dabei Elektronen an das Redoxpaar Cl_2/Cl^- ab.

In ähnlicher Weise kann man die Standardelektrodenpotentiale für andere Nichtmetalle bestimmen und erhält so eine *Spannungsreihe der Nichtmetalle*. Bei Nichtmetallen wirken die Ionen als Reduktionsmittel und stehen daher auf der rechten Seite der Teilgleichung.

oxidierte Form	$\rightleftharpoons$	reduzierte Form	$\dfrac{U_H^0}{V}$
$Li^+ + e^-$	$\rightleftharpoons$	Li	−3,05
$Cs^+ + e^-$	$\rightleftharpoons$	Cs	−2,92
$Rb^+ + e^-$	$\rightleftharpoons$	Rb	−2,92
$K^+ + e^-$	$\rightleftharpoons$	K	−2,92
$Ba^{2+} + 2\,e^-$	$\rightleftharpoons$	Ba	−2,90
$Sr^{2+} + 2\,e^-$	$\rightleftharpoons$	Sr	−2,89
$Ca^{2+} + 2\,e^-$	$\rightleftharpoons$	Ca	−2,87
$Na^+ + e^-$	$\rightleftharpoons$	Na	−2,71
$Mg^{2+} + 2\,e^-$	$\rightleftharpoons$	Mg	−2,36
$Al^{3+} + 3\,e^-$	$\rightleftharpoons$	Al	−1,66
$Mn^{2+} + 2\,e^-$	$\rightleftharpoons$	Mn	−1,18
$Zn^{2+} + 2\,e^-$	$\rightleftharpoons$	Zn	−0,76
$Cr^{3+} + 3\,e^-$	$\rightleftharpoons$	Cr	−0,74
$Fe^{2+} + 2\,e^-$	$\rightleftharpoons$	Fe	−0,41
$Co^{2+} + 2\,e^-$	$\rightleftharpoons$	Co	−0,28
$Ni^{2+} + 2\,e^-$	$\rightleftharpoons$	Ni	−0,25
$Sn^{2+} + 2\,e^-$	$\rightleftharpoons$	Sn	−0,14
$Pb^{2+} + 2\,e^-$	$\rightleftharpoons$	Pb	−0,13
$Cu^{2+} + 2\,e^-$	$\rightleftharpoons$	Cu	+0,35
$Ag^+ + e^-$	$\rightleftharpoons$	Ag	+0,80
$Pt^{2+} + 2\,e^-$	$\rightleftharpoons$	Pt	+1,20
$Au^{3+} + 3\,e^-$	$\rightleftharpoons$	Au	+1,38

Tab. 141.1 Spannungsreihe der Metalle

oxidierte Form	$\rightleftharpoons$	reduzierte Form	$\dfrac{U_H^0}{V}$
$Te + 2\,e^-$	$\rightleftharpoons$	Te^{2-}	−0,95
$Se + 2\,e^-$	$\rightleftharpoons$	Se^{2-}	−0,77
$S + 2\,e^-$	$\rightleftharpoons$	S^{2-}	−0,51
$\frac{1}{2}O_2 + H_2O + 2\,e^-$	$\rightleftharpoons$	$2\,OH^-$	+0,40
$I_2 + 2\,e^-$	$\rightleftharpoons$	$2\,I^-$	+0,58
$Br_2 + 2\,e^-$	$\rightleftharpoons$	$2\,Br^-$	+1,07
$Cl_2 + 2\,e^-$	$\rightleftharpoons$	$2\,Cl^-$	+1,36
$F_2 + 2\,e^-$	$\rightleftharpoons$	$2\,F^-$	+2,85

Tab. 141.2 Spannungsreihe der Nichtmetalle

A 141.1 Berechnen Sie die Spannungen folgender galvanischer Zellen ($c = 1$ mol $\cdot$ l^{-1}): **a)** Ag/Ag$^+$ (c)//Au^{3+} (c)/Au, **b)** Zn/Zn^{2+} (c)//Pb^{2+} (c)/Pb, **c)** Ni/Ni^{2+} (c)//Pt^{2+} (c)/Pt.

A 141.2 Warum scheidet sich aus Schwefelwasserstoffwasser, das an der Luft steht, leicht Schwefel aus?

REDOXREAKTIONEN

141

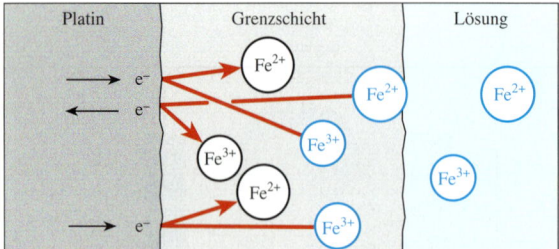

Abb. 142.1 Vorgänge an einer Redoxelektrode (schematisch)

Abb. 142.2 Netzwerkmodul auf einer Trägerplatte

A 142.1 Die oxidierende Wirkung von Eisen(III)-Ionen findet in der Elektrotechnik Anwendung: Mithilfe von Eisen(III)-chlorid wird von Trägerplatten an denjenigen Stellen das metallische Kupfer abgelöst, an denen keine Leiterzüge benötigt werden. Welche Reaktion liegt diesem Vorgang zugrunde? Erklären Sie die Reaktion mithilfe der Spannungsreihe.

50.5 Spannungsreihe homogener Redoxsysteme

Bisher wurden Redoxsysteme betrachtet, die aus einer Metall- oder Gaselektrode und der wässrigen Lösung eines entsprechenden Salzes bestanden. Zuletzt sollen Redoxreaktionen zwischen Stoffen in homogener Phase untersucht werden. Dazu gehören Vorgänge in wässriger Lösung, bei denen Elektronenübergänge zwischen Ionen ein und desselben Elements stattfinden.

Eine wässrige Lösung, die Eisen(II)- und Eisen(III)-Ionen nebeneinander enthält, ist ein derartiges System. Taucht man eine Platinelektrode in diese Salzlösung, so geben Eisen(II)-Ionen beim Auftreffen auf die Elektrode ein Elektron ab, während Eisen(III)-Ionen dort ein Elektron aufnehmen. Nach einiger Zeit stellt sich an der Elektrode ein Gleichgewicht zwischen Eisen(II)- und Eisen(III)-Ionen ein. Die Platinelektrode ist dann gegenüber der Lösung elektrisch geladen.

Wird diese Halbzelle mit einer Standardwasserstoffhalbzelle verbunden, so ist ein Elektronenfluss von der Wasserstoff- zur Fe^{3+}/Fe^{2+}-Halbzelle festzustellen. Für eine Lösung, die gleiche Stoffmengen an Eisen(II)- und Eisen(III)-Ionen enthält, ergibt sich eine Spannung von 0,77 V. Das System Fe^{3+}/Fe^{2+} wirkt gegenüber dem System H^+/H_2 oxidierend.

$$H_2 \rightarrow 2\,H^+ + 2\,e^-; \qquad \textit{Oxidation}$$
$$2\,Fe^{3+} + 2\,e^- \rightarrow 2\,Fe^{2+}; \quad \textit{Reduktion}$$

$$2\,Fe^{3+}\,(aq) + H_2\,(g) \rightarrow 2\,Fe^{2+}\,(aq) + 2\,H^+\,(aq)$$

In ähnlicher Weise lassen sich mithilfe von Inertelektroden auch für andere Redoxsysteme Spannungen messen. So erhält man die folgende *Spannungsreihe homogener Redoxsysteme*.

Oxidationsmittel	+ $z \cdot e^-$		$\rightleftharpoons$	Reduktionsmittel	$\dfrac{U_H^0}{V}$
Cr^{3+}	+	e^-	$\rightleftharpoons$	Cr^{2+}	−0,41
Sn^{4+}	+	$2\,e^-$	$\rightleftharpoons$	Sn^{2+}	+0,15
Cu^{2+}	+	e^-	$\rightleftharpoons$	Cu^+	+0,15
Fe^{3+}	+	e^-	$\rightleftharpoons$	Fe^{2+}	+0,77
$NO_3^- + 4\,H^+$	+	$3\,e^-$	$\rightleftharpoons$	$NO + 2\,H_2O$	+0,96
$MnO_2 + 4\,H^+$	+	$2\,e^-$	$\rightleftharpoons$	$Mn^{2+} + 2\,H_2O$	+1,23
$Cr_2O_7^{2-} + 14\,H^+$	+	$6\,e^-$	$\rightleftharpoons$	$2\,Cr^{3+} + 7\,H_2O$	+1,33
$ClO_3^- + 6\,H^+$	+	$6\,e^-$	$\rightleftharpoons$	$Cl^- + 3\,H_2O$	+1,45
$MnO_4^- + 8\,H^+$	+	$5\,e^-$	$\rightleftharpoons$	$Mn^{2+} + 4\,H_2O$	+1,51
Ce^{4+}	+	e^-	$\rightleftharpoons$	Ce^{3+}	+1,61

Tab. 142.3 Spannungsreihe homogener Redoxsysteme

REDOXREAKTIONEN

50.6 Konzentrationsabhängigkeit der Elektrodenpotentiale und die NERNSTsche Gleichung

Zwei gleiche Halbzellen besitzen gleiche Elektrodenpotentiale; eine daraus aufgebaute galvanische Zelle zeigt keine Spannung. Kombiniert man zwei gleichartige Halbzellen mit unterschiedlichen Elektrolytkonzentrationen zu einer galvanischen Zelle, ist eine Spannung messbar. Eine solche galvanische Zelle nennt man **Konzentrationszelle.** Da die Spannungen von den Ionenkonzentrationen der Elektrolytlösung abhängig sind, müssen in Zellendiagrammen die Konzentrationen angegeben werden:

$$Zn/Zn^{2+} \ (c = 0{,}01 \ mol \cdot l^{-1})//Zn^{2+} \ (c = 1 \ mol \cdot l^{-1})/Zn$$

In einer Konzentrationszelle bilden sich in beiden Halbzellen unterschiedliche Elektrodenpotentiale aus, dabei ist die Halbzelle mit der verdünnteren Elektrolytlösung die Donatorhalbzelle, sie besitzt also das negativere Elektrodenpotential. Im Fall einer Zinkkonzentrationszelle lässt sich das nur so erklären, dass in der Halbzelle mit der verdünnteren Lösung bis zur Einstellung des elektrochemischen Gleichgewichts mehr Ionen von der festen in die flüssige Phase eingetreten sind als bei der Halbzelle mit der konzentrierteren Lösung.

Stellt man zwischen den Elektroden dieser Konzentrationszelle eine leitende Verbindung her, fließen entsprechend dem Potentialgefälle Elektronen von der Halbzelle mit der verdünnteren zur Halbzelle mit der konzentrierteren Elektrolytlösung. Dabei werden in der Halbzelle mit der verdünnten Elektrolytlösung Zink-Atome oxidiert und Zink-Ionen gehen in Lösung, während in der anderen Halbzelle Zink-Ionen reduziert werden und sich an der Elektrode festes Zink abscheidet.

Es stellt sich die Frage nach dem quantitativen Zusammenhang zwischen der Spannung und den Ionenkonzentrationen in einer Konzentrationszelle. Ändert man systematisch die Konzentrationsverhältnisse in Konzentrationszellen mit Redoxpaaren, die sich um *eine* Ladungseinheit unterscheiden, zeigt sich, dass die experimentell gefundenen Spannungen den Logarithmen der Konzentrationsverhältnisse proportional sind. Für Konzentrationszellen mit einfach positiv geladenen Metall-Ionen gilt:

Eine Änderung des Konzentrationsverhältnisses um den Faktor 10 hat eine Spannungsänderung um 0,059 V = 59 mV zur Folge. Es gilt:

$$U = 0{,}059 \ V \cdot \lg \frac{c_A}{c_D}$$

Dabei ist c_A der Zahlenwert der Ionenkonzentration in der Akzeptorhalbzelle und c_D der Zahlenwert der Ionenkonzentration in der Donatorhalbzelle.

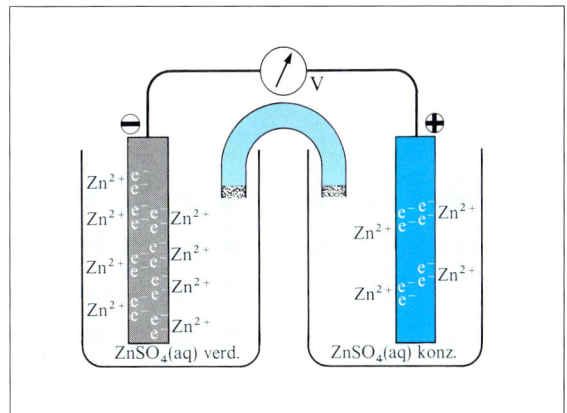

Abb. 143.1 Potentialdifferenz in einer Konzentrationszelle

V 143.1 Eine Zinkkonzentrationszelle
Festes Zinksulfat wird in einem Reagenzglas vorsichtig mit Wasser überschichtet. In das so vorbereitete Reagenzglas wird ein Zinkstab gestellt. (Beobachtung nach einigen Tagen.)

V 143.2 Konzentrationszelle
Zwei Zn^{2+}/Zn-Halbzellen mit gleicher Zink-Ionenkonzentration werden über eine Salzbrücke verbunden und die Spannung zwischen den Elektroden gemessen. Der Elektrolyt in der einen Halbzelle wird stark verdünnt und die Spannung erneut gemessen. Zur Spannungsmessung ist ein hochohmiges Messgerät mit Millivolt-Bereich erforderlich.
Entsorgung: B2

V 143.3 Konzentrationsabhängigkeit der Zellspannungen
a) In zwei Bechergläser, die mit je 100 ml Silbernitratlösung ($c = 0{,}1 \ mol \cdot l^{-1}$) gefüllt sind, tauchen zwei gleichartige Silberbleche als Elektroden. Die Halbzellen werden mit einer Salzbrücke aus konzentrierter Ammoniumnitratlösung (O) verbunden. Um zu Anfang eine eventuelle Spannung zwischen den Elektroden auszuschalten, werden sie kurzgeschlossen, und danach wird ein hochohmiges Spannungsmessgerät angeschlossen.
Entsorgung: B2
b) Die Silbernitratlösung der einen Halbzelle wird nun mehrmals hintereinander um den Faktor 10 verdünnt und jeweils die Spannung der Zelle gemessen. Zum Verdünnen füllt man 10 ml der benutzten Lösung in einen Messzylinder und setzt 90 ml Wasser hinzu.
c) Die Auswertung wird nach folgender Tabelle vorgenommen:

$\frac{c_1 (Ag^+)}{mol \cdot l^{-1}}$	$\frac{c_2 (Ag^+)}{mol \cdot l^{-1}}$	$\frac{c_1 (Ag^+)}{c_2 (Ag^+)}$	$\lg \frac{c_1 (Ag^+)}{c_2 (Ag^+)}$	$\frac{U}{V}$

143

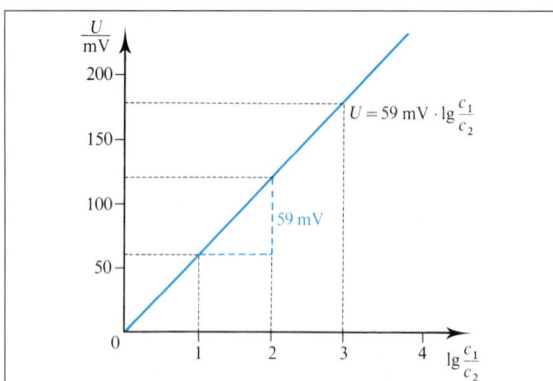

Abb. 144.1 Abhängigkeit der Zellspannung einer Silber-konzentrationszelle vom Logarithmus der Konzentrations-verhältnisse

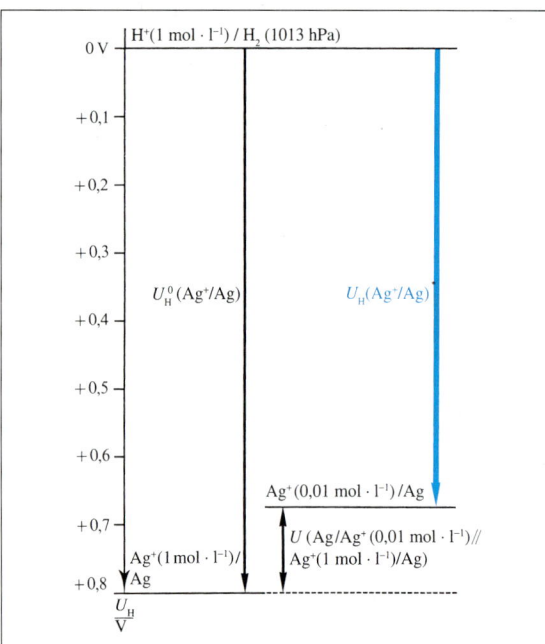

Abb. 144.2 Bestimmung des Elektrodenpotentials der Halb-zelle Ag^+ ($c = 0,01$ mol $\cdot$ l^{-1})/Ag

A 144.1 Bei der Zink-Kupfer-Zelle wird **a)** die Zinksulfatlösung, **b)** die Kupfersulfatlösung verdünnt.
Welchen Einfluss hat das auf die Zellspannung?
Welchen Einfluss hat das auf die Bewegung eines durch die Zelle angetriebenen Motors?

A 144.2 Bestimmen Sie das Elektrodenpotential der Halbzelle **a)** Zn^{2+} ($c = 0,0001$ mol $\cdot$ l^{-1})/Zn, **b)** Cu^{2+} ($c = 0,0001$ mol $\cdot$ l^{-1})/Cu.
Zeichnen Sie die Spannungsdiagramme.

Allgemein lässt sich dieser Zusammenhang nur auf thermodynamischem Wege ableiten. Dabei erhält man folgendes Ergebnis:

$$U = \frac{R \cdot T}{n \cdot F} \cdot \ln \frac{c_A}{c_D}$$

$R = 8,314$ J $\cdot$ K^{-1} $\cdot$ mol^{-1}, molare Gaskonstante
T ist die Temperatur in K
$F = 96485$ C $\cdot$ mol^{-1}, FARADAY-Konstante
n ist die Zahl der pro Formelumsatz ausgetauschten Elektronen; ln ist der natürliche Logarithmus.

Für die Temperatur 298 K (25 °C) und bei Umrechnung in Zehner-Logarithmus ergibt sich:

$$U = \frac{R \cdot T}{n \cdot F} \cdot 2,303 \cdot \lg \frac{c_A}{c_D} = \frac{0,059}{n} \text{ V} \cdot \lg \frac{c_A}{c_D}$$

Der aufgezeigte Zusammenhang ermöglicht nun die Berechnung des Elektrodenpotentials einer Halbzelle mit beliebiger Elektrolytkonzentration aus dem Standardelektrodenpotential und einem konzentrationsabhängigen Term. Für das Elektrodenpotential der Halbzelle Ag^+ ($c = 0,01$ mol $\cdot$ l^{-1})/Ag gilt:

$U = U_H^0$ (Ag^+/Ag)
$-U$ (Ag/Ag^+ ($c = 0,01$ mol $\cdot$ l^{-1})//Ag^+ ($c = 1$ mol $\cdot$ l^{-1})/Ag)

$$= U_H^0 \text{ (Ag}^+\text{/Ag)} - \frac{0,059}{1} \text{ V} \cdot \lg \frac{1}{10^{-2}}$$

$$= U_H^0 \text{ (Ag}^+\text{/Ag)} - (0,059 \cdot \lg 1 - 0,059 \cdot \lg 10^{-2}) \text{ V}$$

$$= 0,80 \text{ V} - 2 \cdot 0,059 \text{ V} = 0,682 \text{ V}$$

Allgemein berechnet man das Elektrodenpotential der Halbzelle Me^{n+}(c)/Me nach der **NERNSTschen Gleichung:**

$$U_H \text{ (Me}^{n+} \text{ (}c\text{)/Me)} = U_H^0 \text{ (Me}^{n+}\text{/Me)} + \frac{0,059}{n} \text{ V} \cdot \lg c \text{ (Me}^{n+}\text{)}$$

50.7 Anwendungen der Spannungsreihe und der NERNSTschen Gleichung

Die Spannungsreihe und die NERNSTsche Gleichung finden bei Redoxreaktionen und in der Elektrochemie vielfache Anwendungen.

Zellspannungen beliebiger galvanischer Zellen. Zur Berechnung von Zellspannungen hat man die Potentiale der beiden Halbzellen zu bestimmen und ihre Differenz zu bilden: $U = U_A - U_D$
Für die Zellspannung der Zelle
Co/Co^{2+} ($c = 0,0001$ mol $\cdot$ l^{-1})//Ni^{2+} ($c = 0,1$ mol $\cdot$ l^{-1})/Ni ergibt sich:

$$U_H \text{ (Co}^{2+}\text{/Co)} = -0,28 \text{ V} + \frac{0,059}{2} \text{ V} \cdot \lg 10^{-4} = -0,40 \text{ V}$$

$$U_H \text{ (Ni}^{2+}\text{/Ni)} = -0,25 \text{ V} + \frac{0,059}{2} \text{ V} \cdot \lg 10^{-1} = -0,28 \text{ V}$$

Die Cobalthalbzelle ist also die Donatorhalbzelle.

$$U = -0,28 \text{ V} - (-0,40 \text{ V}) = 0,12 \text{ V}$$

Ist dagegen die Nickel-Ionen-Konzentration gegenüber der Cobalt-Ionen-Konzentration sehr klein, so kehren sich die Verhältnisse um. In der Zelle Ni/Ni^{2+} ($c = 0,0001$ mol $\cdot$ l^{-1})//Co^{2+} ($c = 0,1$ mol $\cdot$ l^{-1})/Co besitzt die Nickelhalbzelle das negativere Potential und stellt somit die Donatorhalbzelle dar:

$$U_H \text{ (Ni}^{2+}\text{/Ni)} = -0,37 \text{ V} \quad \text{und} \quad U_H \text{ (Co}^{2+}\text{/Co)} = -0,31 \text{ V}$$

Die Abhängigkeit des Potentials der Wasserstoffhalbzelle vom pH-Wert. Die Anwendung der NERNSTschen Gleichung auf die Wasserstoffhalbzelle ergibt:

$$U_H \text{ (H}^+\text{/H}_2) = U_H^0 \text{ (H}^+\text{/H}_2) + 0,059 \text{ V} \cdot \lg c \text{ (H}^+)$$

wobei $U_H^0 = 0$ V und $\lg c$ (H$^+$) $= -$pH. Das Elektrodenpotential hängt also in einfacher Weise vom pH-Wert des Elektrolyten ab:

$$U_H \text{ (H}^+\text{/H}_2) = -0,059 \text{ V} \cdot \text{pH}$$

Für eine neutrale wässrige Lösung (pH = 7) beträgt das Potential demzufolge $-0,41$ V. Dies lässt eine Voraussage über die Redoxreationen zwischen Wasser und Metallen zu. Wasser wird nur von denjenigen Metallen zu Wasserstoff reduziert, deren Potentiale negativer als $-0,41$ V sind. Allerdings reagieren viele unedle Metalle, wie Aluminium oder Zink, nur oberflächlich mit Wasser, obwohl ihr Potential negativer als $-0,41$ V ist. Bei diesen Metallen bildet das entsprechende Metallhydroxid eine unlösliche Schutzschicht um das Metall, so dass die Reaktion sofort zum Stillstand kommt.

Messung von pH-Werten. Die Abhängigkeit des Elektrodenpotentials der Wasserstoffhalbzelle vom pH-Wert des Elektrolyten lässt sich zur pH-Messung ausnutzen. Dazu muss man die Spannung einer galvanischen Zelle messen, die aus einer Standardwasserstoffhalbzelle und einer Wasserstoffhalbzelle mit der Probelösung als Elektrolyten besteht. Der pH-Wert lässt sich dann aus der gemessenen Spannung berechnen. Zur Vereinfachung der Handhabung verwendet man heute besondere pH-abhängige Halbzellen, wie die so genannte *Glaselektrode.* Auch als Bezugshalbzelle wird die Standardwasserstoffhalbzelle meist durch eine andere Halbzelle, wie die Kalomelelektrode, ersetzt. Die pH-Messung erfolgt heute mit Einstab-Messketten, bei denen eine Glaselektrode und eine Bezugselektrode in einem Glasrohr kombiniert sind.

Verhalten von Metallen gegenüber (verdünnten) Säuren. Metalle, für die das Redoxpaar Me^{n+}/Me ein negatives Standardelektrodenpotential besitzt, also die unedlen Metalle, sind in der Lage Hydronium-Ionen zu reduzieren:

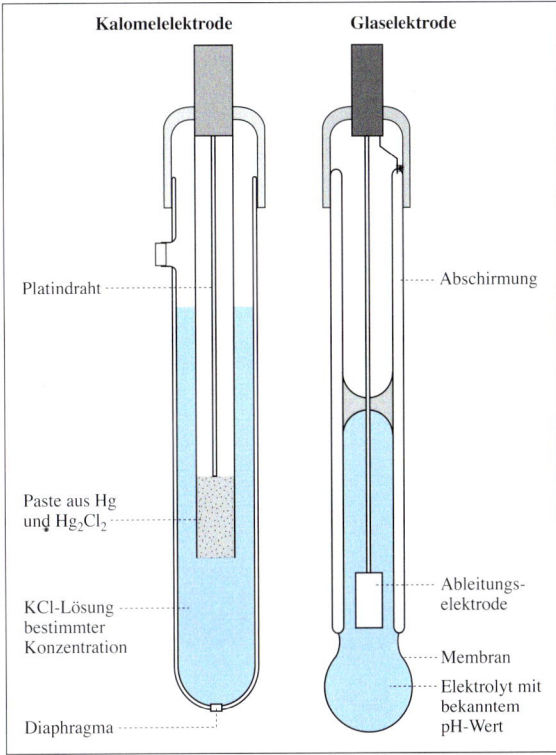

Abb. 145.1 Kalomelelektrode. In einer „Kalomelelektrode" steht flüssiges Quecksilber mit einer Quecksilber(I)-chloridlösung von sehr geringer, aber genau definierter und konstanter Konzentration in Berührung. Solche Lösungen werden hergestellt, indem man eine Kaliumchloridlösung bestimmter Konzentration mit Kalomel Hg$_2$Cl$_2$ sättigt. Je nach Konzentration der Kaliumchloridlösung ist die Löslichkeit des Kalomels verschieden (Löslichkeitsprodukt!). Kalomelelektroden sind unempfindlich gegen äußere Einflüsse und liefern daher gut reproduzierbare Messergebnisse. Das Potential einer Kalomelelektrode mit Kaliumchloridlösung ($c = 1$ mol $\cdot$ l^{-1}) beträgt +0,28 V.

Glaselektrode. Die Glaselektrode besteht aus einem Glasrohr, an dem eine dünnwandige Membran in Kölbchenform angesetzt ist. Sie ist mit einer Pufferlösung von genau definiertem pH-Wert gefüllt. Die Wirkungsweise beruht darauf, dass sich zwischen der Glasmembran und der wässrigen Lösung eine Potentialdifferenz ausbildet, die vom pH-Wert der äußeren Lösung abhängig ist.

Labels in figure: Kalomelelektrode, Glaselektrode, Platindraht, Paste aus Hg und Hg$_2$Cl$_2$, KCl-Lösung bestimmter Konzentration, Diaphragma, Abschirmung, Ableitungselektrode, Membran, Elektrolyt mit bekanntem pH-Wert

A 145.1 Eine Konzentrationszelle besteht aus einer Standardwasserstoffhalbzelle und einer Wasserstoffhalbzelle mit einer Elektrolytlösung von unbekannter Hydronium-Ionen-Konzentration. Es wird eine Spannung von 0,531 V (0,708 V, 0,455 V) gemessen.
Welchen pH-Wert besitzen die Lösungen?

REDOXREAKTIONEN

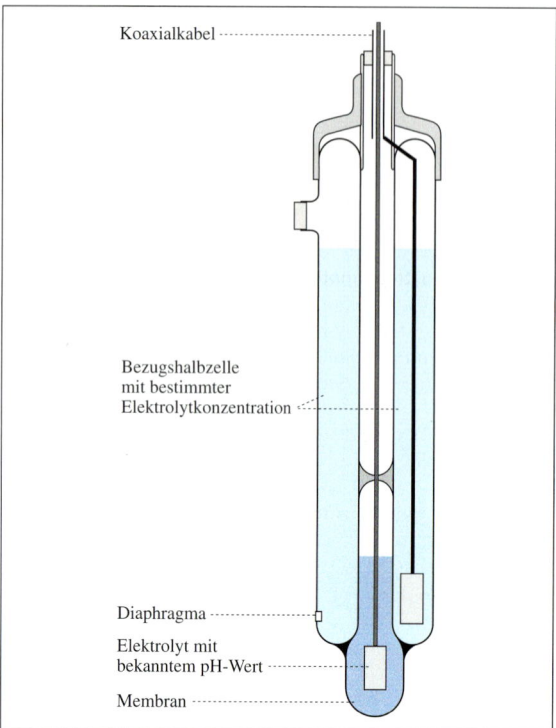

Abb.146.1 Einstab-Messkette. In einer Einstab-Messkette sind eine Glaselektrode und eine Vergleichselektrode in einem Glasrohr integriert.

A 146.1 **a)** Welche Spannung liefert die abgebildete Zelle unter Standardbedingungen?
b) In welcher Richtung fließen die Elektronen?
c) Wie bewegen sich die Ionen in den flüssigen Phasen und in der Salzbrücke?
d) Geben Sie das Zellendiagramm an.

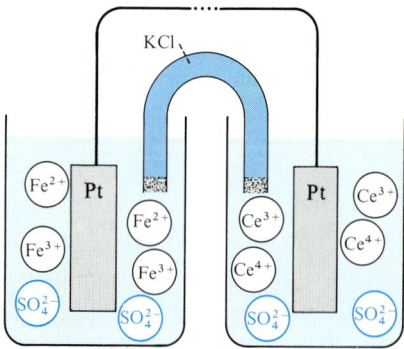

LV 146.2 Salpetersäure als Oxidationsmittel
Je ein Stück Kupferblech wird in konzentrierte Salzsäure (C) und halbkonzentrierte Salpetersäure (O, C) gegeben. Entstehende Gase werden pneumatisch aufgefangen. *Abzug!*
Entsorgung: B1

$$Me^{n+} + n \cdot e^- \rightleftharpoons Me; \quad U_H^0 < 0\ V$$
$$\underline{2\ H^+ + 2\ e^- \rightleftharpoons H_2; \qquad U_H^0 = 0\ V}$$
$$Me\ (s) + n\ H^+\ (aq) \rightarrow Me^{n+}\ (aq) + \frac{n}{2}\ H_2\ (g)$$

Besitzt das Redoxpaar Me^{n+}/Me ein positives Standardelektrodenpotential, ist das Metall demnach nicht in der Lage mit Hydronium-Ionen zu reagieren. Es ist ein Edelmetall.

Nach diesen Überlegungen reagiert Kupfer nicht mit Hydronium-Ionen. Es ist jedoch bekannt, dass Kupfer sich in halbkonzentrierter Salpetersäure unter Bildung von Stickstoffmonooxid löst. Das kann also nur durch eine Reaktion des Kupfers mit den Nitrat-Ionen bewirkt werden, wie sich aus den Potentialen der Teilreaktionen ersehen lässt:

$$\overset{V}{N}O_3^- + 4\ H^+ + 3\ e^- \rightleftharpoons \overset{II}{N}O + 2\ H_2O; \quad U_H^0 = +0{,}95\ V$$

$$Cu^{2+} + 2\ e^- \rightleftharpoons Cu; \qquad\qquad U_H^0 = +0{,}35\ V$$

Nitrat-Ionen können in saurer Lösung von Redoxsystemen mit negativerem Potential als +0,95 V Elektronen aufnehmen. Kupfer-Atome werden daher zu Kupfer-Ionen oxidiert, und die Nitrat-Ionen werden zu Stickstoffmonooxid reduziert.

Zusammenhang zwischen der Zellspannung und der Gleichgewichtskonstanten der Zellenreaktion. Für die galvanische Zelle (Pt) $Fe^{2+}/Fe^{3+}//Ce^{4+}/Ce^{3+}$ (Pt) lassen sich die Potentiale der beiden Halbzellen gemäß der NERNSTschen Gleichung folgendermaßen berechnen:

$$U_H\ (Fe^{3+}/Fe^{2+}) = U_H^0\ (Fe^{3+}/Fe^{2+}) + \frac{R \cdot T}{n \cdot F} \cdot \ln \frac{c\ (Fe^{3+})}{c\ (Fe^{2+})}$$

$$U_H\ (Ce^{4+}/Ce^{3+}) = U_H^0\ (Ce^{4+}/Ce^{3+}) + \frac{R \cdot T}{n \cdot F} \cdot \ln \frac{c\ (Ce^{4+})}{c\ (Ce^{3+})}$$

Die Spannung der galvanischen Zelle ergibt sich demnach zu:

$$U = U_H\ (Ce^{4+}/Ce^{3+}) - U_H\ (Fe^{3+}/Fe^{2+})$$

$$= \left(U_H^0\ (Ce^{4+}/Ce^{3+}) + \frac{R \cdot T}{n \cdot F} \cdot \ln \frac{c\ (Ce^{4+})}{c\ (Ce^{3+})} \right)$$

$$- \left(U_H^0\ (Fe^{3+}/Fe^{2+}) + \frac{R \cdot T}{n \cdot F} \cdot \ln \frac{c\ (Fe^{3+})}{c\ (Fe^{2+})} \right)$$

$$= \Delta U_H^0 + \frac{R \cdot T}{n \cdot F} \cdot \left(\ln \frac{c\ (Ce^{4+})}{c\ (Ce^{3+})} - \ln \frac{c\ (Fe^{3+})}{c\ (Fe^{2+})} \right)$$

$$= \Delta U_H^0 + \frac{R \cdot T}{n \cdot F} \cdot \ln \frac{c\ (Ce^{4+}) \cdot c\ (Fe^{2+})}{c\ (Ce^{3+}) \cdot c\ (Fe^{3+})}.$$

Im Gleichgewicht ist die Spannung gleich null. Der Ausdruck

$$\frac{c\ (Ce^{4+}) \cdot c\ (Fe^{2+})}{c\ (Ce^{3+}) \cdot c\ (Fe^{3+})}$$

ist der Kehrwert der Gleichgewichtskonstanten K für die Reaktion:

$$Ce^{4+} (aq) + Fe^{2+} (aq) \rightleftharpoons Ce^{3+} (aq) + Fe^{3+} (aq)$$

Für diesen Fall gilt also:

$$0 = \Delta U_H^0 - \frac{R \cdot T}{n \cdot F} \cdot \ln K \quad \text{oder} \quad \Delta U_H^0 = \frac{R \cdot T}{n \cdot F} \ln K$$

Diese Beziehung lässt sich auf thermodynamischem Wege für beliebige Redoxreaktionen ableiten.

pH-Abhängigkeit der oxidierenden Wirkung von Permanganat-Ionen.

Die Teilreaktion für die Reduktion von Permanganat-Ionen zeigt, dass dieser Vorgang an das Vorhandensein von Wasserstoff-Ionen gebunden ist:

$$MnO_4^- + 8 H^+ + 5 e^- \rightarrow Mn^{2+} + 4 H_2O; \quad U_H^0 = 1,51 \text{ V}$$

Die NERNSTsche Gleichung nimmt für diese Teilreaktion folgende Form an:

$$U_H = U_H^0 + \frac{0,059}{n} \text{ V} \cdot \lg \frac{c(MnO_4^-) \cdot c^8(H^+)}{c(Mn^{2+})}$$

Für eine Lösung, die Permanganat-Ionen, Mangan(II)-Ionen und Wasserstoff-Ionen jeweils mit der Konzentration $1 \cdot l^{-1}$ enthält, wird der konzentrationsabhängige Term obiger Gleichung 0. Es gilt dann $U_H = U_H^0 = 1,51$ Volt. Wird der pH-Wert der Lösung jedoch auf 2 erhöht, ergibt sich ein niedrigeres Potential:

$$U_H = 1,51 \text{ V} + \frac{0,059}{5} \text{ V} \cdot \lg \frac{1 \cdot (10^{-2})^8}{1} = 1,32 \text{ V}$$

Wenn man von den oben genannten Konzentrationen an Permanganat-Ionen und Mangan(II)-Ionen ausgeht, kann man also bei einem pH-Wert von 0 Chlorid-Ionen zu Chlor oxidieren, was bei einem pH-Wert von 2 schon nicht mehr möglich ist (U_H^0 (Cl_2/Cl^-) = + 1,36 V).

Zusammenhang zwischen $\Delta_R G_m^0$ und der Gleichgewichtskonstanten der Zellenreaktion.

Hat die Zellenreaktion den Gleichgewichtszustand erreicht, ist die Zellspannung null. Dann gilt:

$$\Delta U_H^0 = \frac{R \cdot T}{n \cdot F} \cdot \ln K$$

Multipliziert man diese Beziehung mit $n \cdot F$, ergibt sich $\Delta U_H^0 \cdot n \cdot F = R \cdot T \cdot \ln K$, wobei $\Delta U_H^0 \cdot n \cdot F$ die von der galvanischen Zelle verrichtete elektrische Arbeit W_{el} ist. Für die molare freie Enthalpie der Zellenreaktion gilt:

$$\Delta_R G_m^0 = -W_{el}$$

Somit ist: $\Delta_R G_m^0 = -R \cdot T \cdot \ln K$

Mit dieser Beziehung lassen sich entscheidende Aussagen über den Verlauf chemischer Reaktionen machen.

A 147.1 Zwischen der Gleichgewichtskonstanten K und der Zellspannung ΔU_H^0 besteht der Zusammenhang:

$$\Delta U_H^0 = \frac{R \cdot T}{n \cdot F} \cdot \ln K$$

oder für 298 K:

$$\Delta U_H^0 = \frac{0,059 \text{ V}}{n} \cdot \lg K$$

Lösen Sie die obige Beziehung nach K auf. Berechnen Sie aus den Standardelektrodenpotentialen die Gleichgewichtskonstanten für die Reaktion von:
a) Eisen(II)-Ionen mit Cer(IV)-Ionen,
b) Zinn(II)-Ionen mit Chlor,
c) Iodid-Ionen mit Sauerstoff.

A 147.2 In einer Kaliumdichromatlösung befinden sich Dichromat-Ionen und Chrom(III)-Ionen im Verhältnis 10 000 : 1 (z. B.: c ($Cr_2O_7^{2-}$) = 1 mol $\cdot l^{-1}$ und c (Cr^{3+}) = 10^{-4} mol $\cdot l^{-1}$). Lassen sich mit dieser Lösung Chlorid-Ionen oxidieren, wenn man
a) in schwefelsaurem Medium (pH = 0),
b) in essigsaurem Medium (pH = 3) arbeitet?

LV 147.3 Die pH-Abhängigkeit des Potentials der Halbzelle $Cr_2O_7^{2-}$ /Cr^{3+}
a) 25 ml einer Lösung von $KCr(SO_4)_2 \cdot 12 H_2O$ ($c = 0,1$ mol $\cdot l^{-1}$) werden mit 25 ml einer $K_2Cr_2O_7$-Lösung ($c = 0,1$ mol $\cdot l^{-1}$) (T, ▽) gemischt. Zu der Lösung gibt man 50 ml Salpetersäure ($c = 2$ mol $\cdot l^{-1}$) (C). Tauchen Sie eine Platinelektrode in die Lösung und messen Sie das Potential dieser Halbzelle gegenüber einer Standardwasserstoffhalbzelle.
b) Geben Sie in einem zweiten Versuch statt der Salpetersäure 50 ml Essigsäure ($c = 0,2$ mol $\cdot l^{-1}$) zu dem Gemisch und messen Sie wieder das Potential. Wie ändern sich die Messwerte, wenn man langsam unter Rühren Natronlauge ($c = 2$ mol $\cdot l^{-1}$) hinzugibt, bis die Lösung klar ist?
Entsorgung: B2

LV 147.4 Oxidierende Wirkung von Dichromat
In einem Reagenzglas wird eine Mischung aus 1 ml gesättigter Kaliumdichromatlösung (T, ▽) und 2 ml konz. Salzsäure (C) erwärmt *(Abzug!)*. Halten Sie einen Streifen feuchtes blaues Lackmuspapier an die Reagenzglasöffnung. Beobachten Sie die Farbänderung in der Lösung.
Entsorgung: B2

LV 147.5 Oxidierende Wirkung von Dichromat
Stellen Sie konzentrierte Lösungen von $Cr(NO_3)_3 \cdot 9 H_2O$ (O, Xi) und Kaliumdichromat (T, ▽) her, und geben Sie die Lösungen zusammen. Das erhaltene Gemisch wird auf zwei Reagenzgläser verteilt, die eine Lösung säuert man mit Salpetersäure (O, C), die andere mit Essigsäure (C) an. Geben Sie in jede der Lösungen eine Spatelspitze Kaliumbromid und schütteln Sie mit Heptan (F, Xn, N) aus.
Entsorgung: B2 und B3

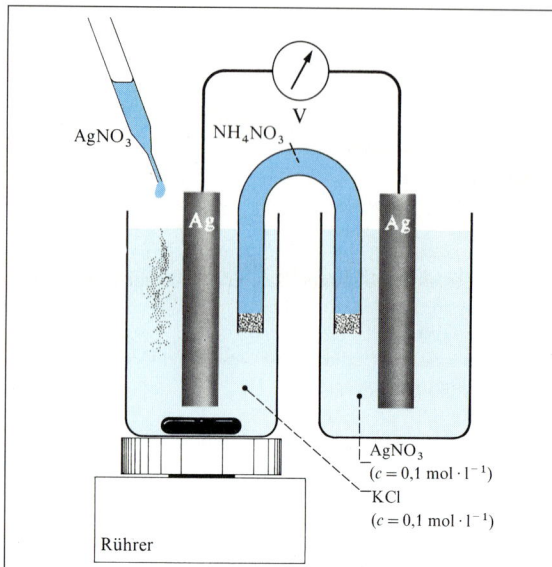

Abb. 148.1 Versuchsanordnung zur Bestimmung des Löslichkeitsprodukts von Silberchlorid

A 148.1 Eine Silberkonzentrationszelle zeigt eine Spannung von 0,55 V. Die eine Halbzelle enthält Silbernitratlösung (c = 0,01 mol · l^{-1}), die andere Halbzelle eine Kaliumbromidlösung (c = 0,1 mol · l^{-1}) mit Silberbromid-Niederschlag. Berechnen Sie das Löslichkeitsprodukt von Silberbromid.

A 148.2 Welche Zellenspannung besitzt eine Silberkonzentrationszelle, die in der einen Halbzelle einen Silberchloridniederschlag in Kaliumchloridlösung (c = 0,1 mol · l^{-1}), in der anderen Halbzelle einen Silberiodidniederschlag in Kaliumiodidlösung (c = 0,01 mol · l^{-1}) enthält?
K_L (AgCl) = 2 · 10^{-10} mol^2 · l^{-2}
K_L (AgI) = 8 · 10^{-17} mol^2 · l^{-2}
T = 298 K

A 148.3 Wie ändert sich die Zellspannung, wenn man in V 148.4 die Silbernitratlösung (c = 0,1 mol · l^{-1}) kontinuierlich zulaufen lässt?

V 148.4 Bestimmung des Löslichkeitsprodukts von Silberchlorid
Eine Silberkonzentrationszelle wird aufgebaut: Die eine Halbzelle enthält Silbernitratlösung (c = 0,1 mol · l^{-1}), in der anderen Halbzelle werden zu Kaliumchloridlösung (c = 0,1 mol · l^{-1}) unter Rühren wenige Tropfen Silbernitratlösung (c = 0,1 mol · l^{-1}) gegeben. In die Halbzellen tauchen gleich große Silberelektroden. Die Salzbrücke enthält konzentrierte Ammoniumnitratlösung (O). Die Zellspannung wird mit einem hochohmigen Spannungsmessgerät bestimmt.
Entsorgung: B2

Bestimmung des Löslichkeitsprodukts. Aus der Spannung einer Konzentrationszelle lässt sich die unbekannte Ionenkonzentration eines Elektrolyten berechnen, wenn die Konzentration des anderen Elektrolyten bekannt ist. Diese Methode wird angewandt, um sehr kleine Ionenkonzentrationen zu bestimmen, wenn andere analytische Methoden wie Fällungsanalysen und Titrationen versagen. Dies soll hier am Beispiel des Löslichkeitsprodukts von Silberchlorid K_L (AgCl) = c (Ag$^+$) · c (Cl$^-$) gezeigt werden.

Gibt man zu einer Kaliumchloridlösung Silbernitratlösung, fällt sofort festes Silberchlorid aus. Über dem Silberchloridniederschlag bleiben nur sehr wenige Silber-Ionen in Lösung, denn das Lösungsgleichgewicht liegt fast vollständig auf der linken Seite:

$$AgCl\ (s) \rightleftharpoons Ag^+\ (aq) + Cl^-\ (aq)$$

Die Konzentration der in Lösung verbliebenen Silber-Ionen c (Ag$^+$) lässt sich auf elektrochemischem Wege bestimmen. Dazu stellt man eine Silberkonzentrationszelle her, deren eine Halbzelle als Elektrolyten eine Silbernitratlösung von genau bestimmter Konzentration c_A (Ag$^+$) enthält. In der anderen Halbzelle geht man von einer Kaliumchloridlösung bestimmter Konzentration aus und führt die beschriebene Fällung durch. Aufgrund der unterschiedlichen Ag$^+$-Konzentrationen lässt sich an einer solchen Konzentrationszelle eine Spannung U messen, aus der sich mithilfe der NERNSTschen Gleichung die unbekannte Konzentration der Silber-Ionen c (Ag$^+$) nach der Fällung bestimmen lässt:

$$U = 0,059\ \text{V} \cdot \lg \frac{c_A\ (Ag^+)}{c\ (Ag^+)}$$
$$= 0,059\ \text{V} \cdot (\lg c_A\ (Ag^+) - \lg c\ (Ag^+))$$

Daraus ergibt sich:

$$\lg c\ (Ag^+) = -\frac{U}{0,059\ \text{V}} + \lg c_A\ (Ag^+), \quad \text{also}$$
$$c\ (Ag^+) = 10^{-\frac{U}{0,059\ \text{V}} + \lg c_A\ (Ag^+)}\ \text{mol} \cdot \text{l}^{-1}$$

Verwendet man zur Silberchloridfällung nur wenig Silbernitrat, so bleibt die Chlorid-Ionen-Konzentration praktisch konstant. Zur Bestimmung des Löslichkeitsprodukts wird mit der Ausgangskonzentration an Chlorid-Ionen gerechnet. *Berechnungsbeispiel:*

$$c_A\ (Ag^+)\ \ = 0,1\ \text{mol} \cdot \text{l}^{-1}$$
$$c\ (Cl^-)\ \ = 0,1\ \text{mol} \cdot \text{l}^{-1}; \quad U = 0,47\ \text{V}$$
$$c\ (Ag^+)\ \ = 10^{-\frac{0,47\ \text{V}}{0,059\ \text{V}} - 1}\ \text{mol} \cdot \text{l}^{-1} = 10^{-8,95}\ \text{mol} \cdot \text{l}^{-1}$$
$$= 1,12 \cdot 10^{-9}\ \text{mol} \cdot \text{l}^{-1}$$
$$K_L\ (AgCl) = 1,12 \cdot 10^{-9}\ \text{mol} \cdot \text{l}^{-1} \cdot 10^{-1}\ \text{mol} \cdot \text{l}^{-1}$$
$$= 1,12 \cdot 10^{-10}\ \text{mol}^2 \cdot \text{l}^{-2}$$

51 Korrosion und Korrosionsschutz

Unter Korrosion versteht man die Zerstörung von Werkstoffen durch deren chemische oder elektrochemische Reaktion mit ihrer Umgebung. An dieser Stelle soll die *elektrochemische Korrosion* behandelt werden. Bei ihr wird die Zerstörung des Werkstoffs durch die Anwesenheit eines Elektrolyten ausgelöst. In saurem Medium kommt es dabei zur Abscheidung von Wasserstoff, während in neutraler Lösung durch Reduktion von Sauerstoff Hydroxid-Ionen entstehen.

51.1 Korrosionsvorgänge

Viele Metalle enthalten aufgrund ihres Vorkommens in der Natur oder ihres Herstellungsprozesses Beimengungen von Fremdmetallen. So sind in technischem Zink immer Verunreinigungen von Kupfer zu finden. Wenn dieses Zink mit kohlenstoffdioxidhaltigem Wasser in Berührung kommt, bildet sich zwischen Zink und Kupfer eine kurzgeschlossene galvanische Zelle, ein **Lokalelement.** Der Vergleich der Standardelektrodenpotentiale ergibt eine Differenz von 1,11 Volt. Deshalb löst sich an den Berührungsstellen zwischen Zink und Kupfer das unedlere Zink unter Abgabe von Elektronen auf. Die Elektronen fließen zum edleren Kupfer und reduzieren an der Grenzfläche zwischen Kupfer und Wasser die durch die Protolyse der Kohlensäure gebildeten Wasserstoff-Ionen.

$$Zn\,(s) + 2\,H^+\,(aq) \rightarrow Zn^{2+}\,(aq) + H_2\,(g)$$

Die Oberfläche des Zinks wird ständig abgetragen, sodass sich unter Einwirkung des Elektrolyten auch weiter im Inneren Lokalelemente bilden und sich das unedlere Zink im Laufe der Zeit auflöst.

Am Beispiel des *Rostens von Eisen* lassen sich Korrosionsvorgänge erläutern, an denen der im Elektrolyten gelöste Luftsauerstoff beteiligt ist. Dieser wird durch Elektronendonatoren, die mit dem Elektrolyten in Verbindung stehen, zu Hydroxid-Ionen reduziert. Beim Rosten liefert das Eisen die Elektronen, es wird in Form von Ionen im Elektrolyten gelöst. Edlere Fremdmetalle im Eisen oder auch Eisenoxid fördern dabei die Elektronenabgabe.

$$2\,Fe \rightarrow 2\,Fe^{2+} + 4\,e^-$$
$$O_2 + 2\,H_2O + 4\,e^- \rightarrow 4\,OH^-$$

$$2\,Fe\,(s) + O_2\,(g) + 2\,H_2O\,(l) \rightarrow 2\,Fe^{2+}\,(aq) + 4\,OH^-\,(aq)$$

Somit müssen für das Rosten Sauerstoff und Wasser vorhanden sein. Die Hydroxid-Ionen bilden sich bevorzugt in der sauerstoffreichen Randzone von Wassertropfen, während die Eisen(II)-Ionen in der Tropfenmitte entstehen (Abb. 150.1). Durch Diffusion treffen sich die Eisen(II)-Ionen und die Hydroxid-Ionen zwischen Tropfenmitte und Tropfenrand.

Abb. 149.1 Rosten von Eisen

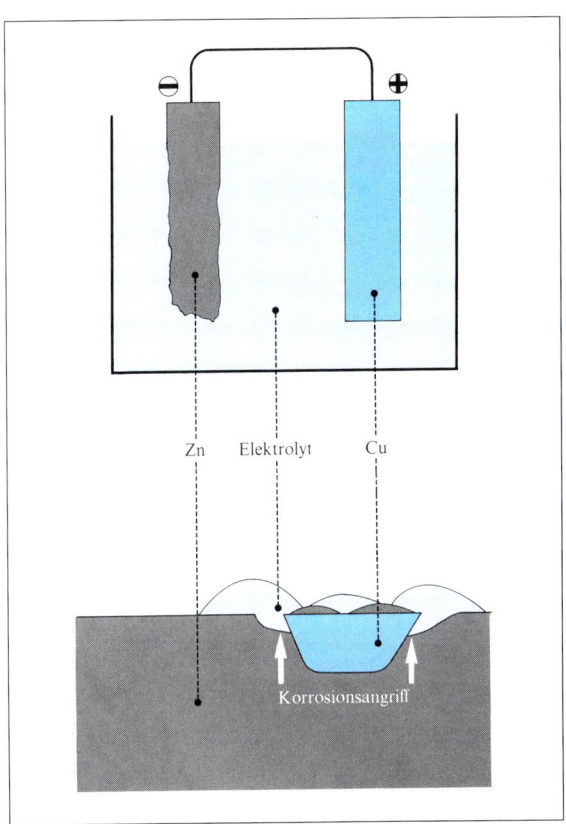

Abb. 149.2 Vergleich zwischen einer galvanischen Zelle und einem Lokalelement

A 149.1 Vergleichen Sie die Vorgänge, die in einer galvanischen Zelle ablaufen, mit denen in einem Lokalelement.

V 149.2 **Modellversuch zur Korrosion**
Ein Becherglas wird zur Hälfte mit verdünnter Schwefelsäure (Xi) gefüllt. Dann legt man Zinkblech oder einen Zinkstab (reinstes Zink!) in die Säure und beobachtet. Schließlich wird das Zink mit einem Kupferdraht berührt. Beachten Sie, wo sich der Wasserstoff bildet.
Entsorgung: B1

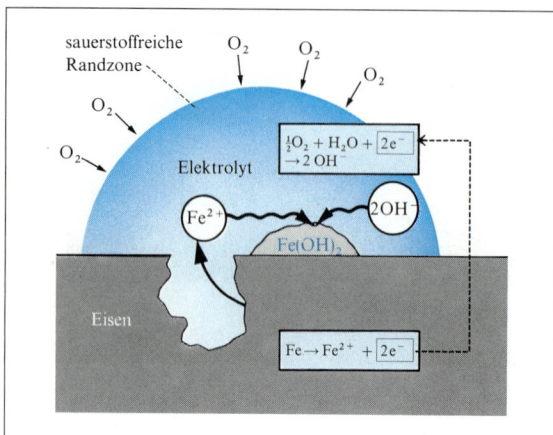

Abb. 150.1 Rosten von Eisen (schematisch)

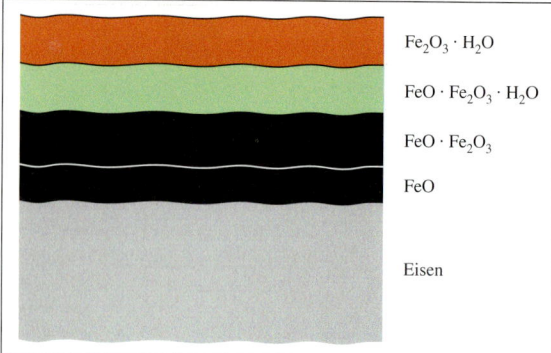

Abb. 150.2 Oberfläche von korrodiertem Eisen

A 150.1 Abb. 150.2 zeigt die Oberfläche von korrodiertem Eisen. Berechnen Sie den prozentualen Sauerstoffgehalt der einzelnen Eisenoxide.
Woraus ergibt sich die Abfolge der verschiedenen Oxidschichten?

V 150.2 Korrosion von Eisen
Aus ca. 2 g Agar-Agar (Gelbildner) und 100 ml Wasser wird unter Erhitzen eine Lösung hergestellt. Der Flüssigkeit werden ein Spatel Natriumchlorid, eine Spatelspitze Kaliumhexacyanoferrat(III) und einige Tropfen Phenolphthalein-Lösung (F) zugesetzt. Die Lösung wird in eine Petrischale gegossen, und man legt folgende Gegenstände hinein:
– einen unbehandelten Eisennagel,
– einen an einem Ende abgeschmirgelten Eisennagel,
– einen Eisennagel, der zur einen Hälfte in der Flamme oxidiert wurde.
Die Lösung wird ruhig stehengelassen und nach einigen Stunden wieder betrachtet.
Hinweis: Durch die bei der Korrosion entstehenden Hydroxid-Ionen wird Phenolphthalein rot gefärbt; Eisen(II)-Ionen bilden mit den Hexacyanoferrat(III)-Ionen eine blaue Verbindung.

Dort bildet sich ein poröser Niederschlag aus Eisen(II)-hydroxid, der durch den Luftsauerstoff zu wasserhaltigen Eisen(III)-oxiden oxidiert wird.

$$2 \, Fe \, (OH)_2 + \tfrac{1}{2} O_2 \, (g) \rightarrow Fe_2O_3 \cdot H_2O + H_2O \, (l)$$

Es entstehen dabei jedoch auch Eisen(II,III)-oxide sowie Eisen(II)-oxid. Die entstehende Rostschicht kann das Eisen nicht vor weiterer Korrosion schützen, weil die Stelle, an der das Eisen in Lösung geht, nicht mit dem Ort der Rostentstehung identisch ist. Die Schicht ist zudem spröde und porös, sodass sie weiter Wasser aufnehmen kann.

Der gesamte Korrosionsvorgang wird bei Anwesenheit von Salzen beschleunigt, weil diese die Leitfähigkeit des Wassers erhöhen. Dadurch wird der Ladungstransport über größere Entfernungen möglich. Ist hingegen kein Sauerstoff vorhanden, so rostet Eisen kaum. So kann Wasser lange Zeit in Zentralheizungsrohren fließen, ohne diese in größerem Maße anzugreifen, weil das Wasser wegen der hohen Temperatur nur wenig gelösten Luftsauerstoff enthält.

Nach Betrachtung dieser Beispiele kann man verallgemeinern: Voraussetzung für den Ablauf von elektrochemischen Korrosionsvorgängen ist das Vorhandensein einer Elektrolytflüssigkeit, in der Elektronenakzeptoren wie Wasserstoff-Ionen oder Sauerstoff gelöst sind. Das korrodierende Metall fungiert dann als Elektronendonator; es wird zerstört, weil es fortwährend unter Abgabe von Elektronen in Lösung geht.

51.2 Korrosionsschutz

Die jährlichen Verluste der Weltwirtschaft durch Korrosion sind sehr hoch. Dabei muss man beachten, dass neben der Zerstörung der Werkstoffe auch noch Folgeschäden auftreten können, deren Kosten die der Korrosion teilweise noch übertreffen. Zu denken wäre dabei an undichte Wasser- und Gasleitungen und die sich dadurch möglicherweise ergebenden Unfälle, an den Ausfall von Produktionsanlagen, an die durch beschädigte Öltanks entstehende Umweltverschmutzung. Diese Beispiele zeigen, wie wichtig Überlegungen zum Korrosionsschutz sind.

Metallüberzüge. Man kann ein Metall gegen Korrosion schützen, indem man es mit einem durchgehenden Überzug aus einem korrosionsbeständigeren Metall versieht, der Luft und Feuchtigkeit fernhält. Dies wird auf verschiedene Weise durchgeführt.

Beim *Schmelztauchen* wird das zu schützende Metall in die Schmelze des Überzugsmetalls eingetaucht. Dabei kommt es an der Grenzfläche zwischen beiden Metallen zur Bildung einer Legierung. So werden Stahlbleche und -rohre sowie auch Eimer, Kessel und andere Fertigprodukte in flüssiges Zink getaucht, wobei sie sich mit einer etwa 0,05 mm starken Schicht überziehen (Feuerverzinken). Die Korrosionsbeständigkeit der verzinkten Gegenstände ist darauf zurückzuführen, dass das Zink an Luft eine schützende Oxidschicht ausbildet. Aus Eisenblechen entsteht durch Tauchen in geschmolzenes Zinn Weißblech, aus dem auch Konservendosen gefertigt werden (Feuerverzinnung). So wird verhindert, dass die aufbewahrten Lebensmittel, die auch organische Säuren enthalten, das Dosenmaterial angreifen und dadurch geschmacklich verändert werden. Der Materialverbrauch beim Schmelztauchen ist hoch, da die entstehenden Überzüge verhältnismäßig dick sind. Als Überzugsmetalle eignen sich vorwiegend solche mit niedriger Schmelztemperatur, da diese bereits mit geringem Energieaufwand flüssig gehalten werden können.

Das zweite wesentliche Verfahren zur Herstellung von Metallüberzügen ist das *Galvanisieren*. Dabei wird das Überzugsmetall elektrolytisch auf dem zu schützenden Werkstoff abgeschieden (Verchromen, Vernickeln, Vergolden). Die so erzeugten Überzüge haften bei sachgemäßer Vorbehandlung des Trägermaterials gut auf dem Untergrund und haben eine geringe Schichtdicke (0,012 mm), sodass dieses Verfahren mit weniger Material auskommt.

Korrosionsschutz durch Metallüberzüge ist nur so lange wirksam, wie der Überzug nicht beschädigt wird. Falls das jedoch eintritt, bildet sich ein Lokalelement, und die Korrosion setzt um so stärker ein. Weißblech rostet bei Beschädigung der Zinnschicht schneller als Eisenblech

Nichtmetallüberzüge. Metalle können auch durch Nichtmetallüberzüge geschützt werden. Dabei unterscheidet man zwischen *Anstrichen* (Öle, Firnisse, Lacke), *Emaille-Überzügen* und natürlichen *Oxidschichten*.

Öle, Firnisse und Lacke werden in flüssiger Form auf die Metalloberfläche aufgetragen. Ein Beispiel dafür sind lufttrocknende Anstriche auf der Basis von Leinsamenöl, denen man Terpentinöl zur Erhöhung der Viskosität zusetzt. Die Ölsäure-Moleküle enthalten reaktionsfähige Zweifachbindungen und werden unter Einwirkung des Luftsauerstoffs miteinander vernetzt. So bilden sie schließlich einen zähen, zusammenhängenden Schutzfilm. Heute verwendet man allerdings anstatt der leicht in Fettsäuren zerfallenden Öle in zunehmendem Maße synthetische Kunstharz- und Chlorkautschuklacke.

Die chemische Widerstandsfähigkeit von Überzügen kann durch Zusätze erhöht werden. Ein Beispiel dafür sind Anstriche, die Blei-Verbindungen (z. B. Mennige) enthalten. Bei diesen Überzügen ist jedoch die Gefahr des mechanischen Abriebs groß.

Durch *Emaillieren* werden vor allem Verkehrsschilder, Behälter und Haushaltsgeräte aus Stahl oder Gusseisen geschützt. Dazu wird ein Gemenge aus Ton,

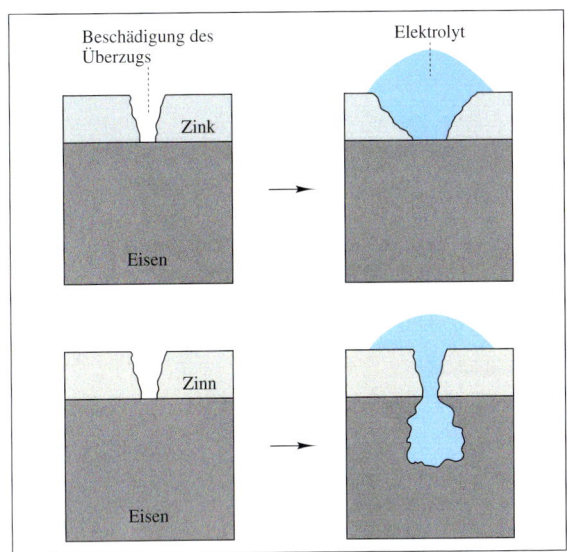

Abb. 151.1 Verlauf der Korrosion bei verzinktem und bei verzinntem Eisenblech

Ort	Umgebung, Klima	Korrosion pro Jahr in $g \cdot m^{-2}$
Khartum	trocken	3
Singapore	trop. Seeklima	90
Llanwryd Wells	ländlich	180
Woolwich	Industrie	365
Sheffield	viel Industrie	840

Tab. 151.2 Korrosion von Eisen in Abhängigkeit von Umgebung und Klima

A 151.1 Heizkessel aus Eisen werden gewöhnlich mit Kupferrohren verbunden. Dennoch kommt es kaum zum Rosten des Wasserkessels.
Woran könnte das liegen?

A 151.2 Schlagen Sie einen einfachen Versuch vor, mit dem man zeigen kann, dass beim Rosten von Eisen Sauerstoff verbraucht wird.

A 151.3 In Abb. 151.1 ist schematisch dargestellt, was passiert, wenn der Überzug eines *verzinkten* bzw. eines *verzinnten* Eisengegenstands beschädigt wird.
Erklären Sie den unterschiedlichen Verlauf der Korrosion unter Berücksichtigung der Elektrodenpotentiale der beteiligten Metalle.

A 151.4 In der Autoindustrie werden Bleche zum Schutz vor Korrosion verzinkt.
Könnte man anstelle von Zink auch Zinn verwenden?

REDOXREAKTIONEN

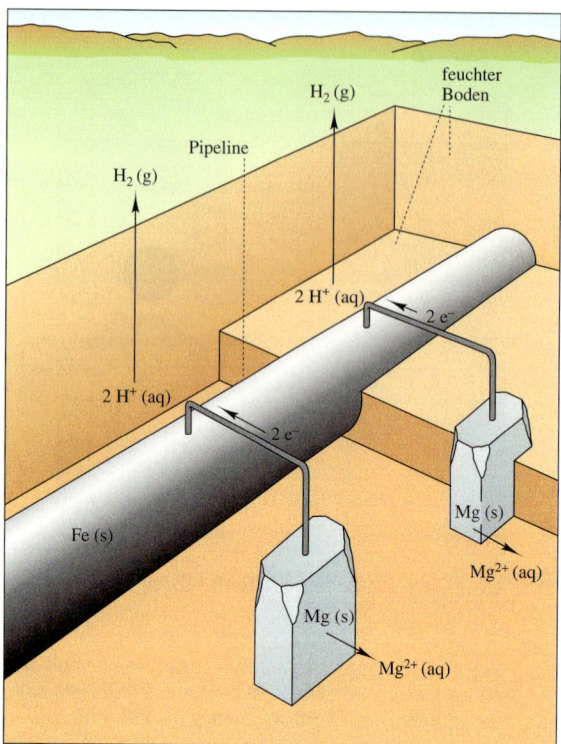

Abb. 152.1 Kathodischer Schutz einer Rohrleitung

Quarz, Feldspat, Zinnoxid und Borax auf den Gegenstand aufgetragen und in Öfen bis zum Sintern erhitzt. Die Emailleschicht wird hart und durchsichtig, ist jedoch gegen mechanische Einflüsse empfindlich und platzt leicht ab. Die Haft- und Widerstandsfähigkeit von Anstrichen und Emailleüberzügen lässt sich erhöhen, wenn man den zu schützenden Werkstoff vorher mit Alkalimetall-Phosphaten behandelt. Dabei entsteht eine harte, feinkörnige Phosphatschicht, die fest mit dem Metall verbunden ist und einen guten Untergrund für weitere Schutzüberzüge bildet.

Nichtmetallische Schutzüberzüge ergeben sich bei einigen Metallen auf natürlichem Wege. Aluminium, Chrom und Nickel bilden wie Zink an Luft dünne Oxidschichten aus, die das darunterliegende Metall vor Korrosion schützen. Diese natürliche Oxidschicht lässt sich wie beim Aluminium durch elektrolytische Oxidation künstlich verstärken (s. Eloxalverfahren).

Zusatz von Inhibitoren. Die Korrosion von Metallen kann auch gemindert werden, indem man der Elektrolytflüssigkeit, mit der das zu schützende Metall in Berührung kommt, Inhibitoren zusetzt. Diese Stoffe reagieren mit dem Metall unter Bildung einer Schutzschicht: Bei Zusatz von Phosphorsäure überziehen sich Eisen und Zink mit einer Schicht aus dem entsprechenden Phosphat, die die darunterliegenden Metalle vor Korrosion schützt. Inhibitoren können auch auf andere Art wirksam werden. Durch Zugabe von Hydrazin wird der korrosionsfördernde im Elektrolyten gelöste Sauerstoff entfernt.

$$N_2H_4 \text{ (aq)} + O_2 \text{ (g)} \rightarrow N_2 \text{ (g)} + 2 H_2O \text{ (l)}$$

Andere Stoffe erschweren die Reduktion von Wasserstoff-Ionen zu Wasserstoff. Dadurch wird die Abgabe von Elektronen durch das korrodierende Metall verhindert.

Kathodischer Schutz. Um die Korrosion von Tanklagern, Wasserversorgungsanlagen oder unterirdisch verlegten Rohren (Pipelines) zu vermeiden, verbindet man das korrosionsgefährdete Metall elektrisch leitend mit einem Metall, das sich leichter oxidieren lässt. Geht man davon aus, dass die Bodenfeuchtigkeit den Elektrolyten darstellt, so liegt eine galvanische Zelle vor, bei der das unedlere Metall als Anode fungiert und das zu schützende als Kathode. So werden Magnesiumstücke in regelmäßigen Abständen parallel zu Eisenrohren verlegt und mit ihnen leitend verbunden. Im Verlauf des Korrosionsvorgangs gibt das unedlere Magnesium über das Eisen Elektronen an Elektronenakzeptoren im Elektrolyten ab und löst sich dabei auf („Opferanode"). Das als Kathode wirkende Eisen hingegen bleibt unbeschädigt. Ein zu schneller Verbrauch des Magnesiums lässt sich vermeiden, wenn man durch die Wahl geeigneter elektrischer Widerstände die Stromdichte niedrig hält.

A 152.1 Die Korrosion in Rohrleitungen kann gemindert werden, wenn man dem Elektrolyten Natriumsulfit zusetzt. Worauf könnte die korrosionshemmende Wirkung von Natriumsulfit beruhen? Geben Sie eine Reaktionsgleichung für den ablaufenden Vorgang an.

V 152.2 Korrosionsschutz
Zwei Eisenstäbe werden blank geschmirgelt. Einer der beiden wird darauf in konzentrierte Salpetersäure (C) getaucht. Dann bringt man beide in ein Becherglas mit verdünnter Schwefelsäure (Xi), ohne dass sie sich berühren. Achten Sie dabei auf Gasentwicklung. Schließlich wird der mit konzentrierter Salpetersäure vorbehandelte Stab durch einen Schlag erschüttert und dann wieder in die Schwefelsäure gegeben.
Entsorgung: B1

V 152.3 Korrosionsschutz
Stellen Sie wie in Versuch 150.2 ein Agar-Agar-Gemisch her. In die Petrischale werden zwei Eisennägel gelegt, der eine ist leitend mit einem Zinkstab verbunden, der andere ist zur Hälfte verkupfert. (Zum Verkupfern wird der zweite Nagel mehrmals in eine Kupfersulfatlösung getaucht, zwischendurch vorsichtig abwischen!)
Die Lösung wird nach einigen Stunden wieder betrachtet.

52 Redoxreaktionen in der Maßanalyse

Ein einfach durchzuführendes maßanalytisches Verfahren ist die *Titration*. Bei einer Säure-Base-Titration ermittelt man die unbekannte Konzentration einer Säure durch Zugabe einer Base bekannter Konzentration, bis ein definierter Endzustand, der Äquivalenzpunkt, erreicht ist. Man erkennt ihn am Farbumschlag eines geeigneten Indikators. Zur maßanalytischen Bestimmung eignen sich auch Redoxreaktionen. So kann man die unbekannte Konzentration eines Reduktionsmittels durch Titration mit einer Maßlösung eines Oxidationsmittels bestimmen. Für die Endpunktsbestimmung sind vielfältige Methoden entwickelt worden. Die Manganometrie und die Iodometrie sind zwei häufig angewandte Analysenmethoden.

Manganometrie. Bei dieser Methode wird das Permanganat-Ion als Oxidationsmittel eingesetzt. Wie weit es reduziert wird, hängt davon ab, ob die Redoxreaktion in saurem, neutralem oder basischem Milieu durchgeführt wird. In stark saurer Lösung wird das Permanganat-Ion zum Mangan(II)-Ion reduziert:

$$\overset{VII}{MnO_4^-} + 8\,H^+ + 5\,e^- \rightarrow \overset{II}{Mn^{2+}} + 4\,H_2O$$

Das Standardelektrodenpotential für das Redoxpaar MnO_4^-/Mn^{2+} beträgt 1,5 V, sodass viele Reduktionsmittel maßanalytisch mit Permanganatlösung bestimmt werden können. Wegen des stark positiven Potentials ergibt sich zu vielen Reduktionsmitteln eine so große Potentialdifferenz, dass der vollständige Ablauf der Redoxreaktion gewährleistet ist. Damit erfüllt das Permanganat-Ion eine wichtige Voraussetzung für den Einsatz in der Maßanalyse.

In schwach saurem oder neutralem Milieu wird das Permanganat-Ion nur zu Mangandioxid reduziert.

$$\overset{VII}{MnO_4^-} + 4\,H^+ + 3\,e^- \rightarrow \overset{IV}{MnO_2} + 2\,H_2O$$

Das Standardelektrodenpotential hierfür beträgt 1,7 V. Das Permanganat-Ion wirkt somit in diesem Milieu noch stärker oxidierend als im stark sauren. Die Bedeutung der Manganometrie für die Maßanalyse besteht gerade darin, dass fast alle Reduktionsmittel manganometrisch bestimmt werden können. Wegen des relativ niedrigen Standardelektrodenpotentials ist die Reduktion des Permanganat-Ions in stark alkalischer Lösung für die Maßanalyse nicht von großer Bedeutung:

$$\overset{VII}{MnO_4^-} + e^- \rightarrow \overset{VI}{MnO_4^{2-}}; \quad U_H^0 = +0{,}58\,V$$

Bei manganometrischen Bestimmungen in stark saurem Medium lässt sich der Endpunkt der Titration ohne Indikator leicht erkennen. Die violette Permanganatlösung

$S\,(s) + H_2O + 2\,e^-$	$\rightleftharpoons HS^- + OH^-$	$-0{,}48\,V$
$TiO^{2+} + 2\,H^+ + e^-$	$\rightleftharpoons Ti^{3+} + H_2O$	$+0{,}10\,V$
$Sn^{4+} + 2\,e^-$	$\rightleftharpoons Sn^{2+}$	$+0{,}15\,V$
$SO_4^{2-} + 2\,H^+ + 2\,e^-$	$\rightleftharpoons SO_3^{2-} + H_2O$	$+0{,}17\,V$
$UO_2^{2+} + 4\,H^+ + 2\,e^-$	$\rightleftharpoons U^{4+} + 2\,H_2O$	$+0{,}28\,V$
$[Fe(CN)_6]^{3-} + e^-$	$\rightleftharpoons [Fe(CN)_6]^{4-}$	$+0{,}36\,V$
$AsO_4^{3-} + 2\,H^+ + 2\,e^-$	$\rightleftharpoons AsO_3^{3-} + H_2O$	$+0{,}56\,V$
$\mathbf{MnO_4^- + e^-}$	$\mathbf{\rightleftharpoons MnO_4^{2-}}$	$\mathbf{+0{,}58\,V}$
$I_2\,(aq) + 2\,e^-$	$\rightleftharpoons 2\,I^-$	$+0{,}62\,V$
$O_2\,(g) + 2\,H^+ + 2\,e^-$	$\rightleftharpoons H_2O_2$	$+0{,}68\,V$
$Fe^{3+} + e^-$	$\rightleftharpoons Fe^{2+}$	$+0{,}77\,V$
$NO_3^- + 2\,H^+ + 2\,e^-$	$\rightleftharpoons NO_2^- + H_2O$	$+0{,}94\,V$
$VO_2^+ + 2\,H^+ + 2\,e^-$	$\rightleftharpoons VO^{2+} + H_2O$	$+1{,}00\,V$
$Br_2\,(aq) + 2\,e^-$	$\rightleftharpoons 2\,Br^-$	$+1{,}07\,V$
$Cr_2O_7^{2-} + 14\,H^+ + 6\,e^-$	$\rightleftharpoons 2\,Cr^{3+} + 7\,H_2O$	$+1{,}33\,V$
$Cl_2\,(aq) + 2\,e^-$	$\rightleftharpoons 2\,Cl^-$	$+1{,}36\,V$
$\mathbf{MnO_4^- + 8\,H^+ + 5\,e^-}$	$\mathbf{\rightleftharpoons Mn^{2+} + 4\,H_2O}$	$\mathbf{+1{,}51\,V}$
$Ce^{4+} + e^-$	$\rightleftharpoons Ce^{3+}$	$+1{,}61\,V$
$\mathbf{MnO_4^- + 4\,H^+ + 3\,e^-}$	$\mathbf{\rightleftharpoons MnO_2 + 2\,H_2O}$	$\mathbf{+1{,}70\,V}$
$S_2O_8^{2-} + 2\,e^-$	$\rightleftharpoons 2\,SO_4^{2-}$	$+2{,}01\,V$

Tab. 153.1 Stellung des Permanganat-Ions in der Spannungsreihe

A 153.1 Stellen Sie Reaktionsgleichungen für die nach Tabelle 153.1 möglichen manganometrischen Bestimmungen in saurem Medium auf.

A 153.2 Berechnen Sie, wie viel Milligramm Eisen(II)-Ionen durch 1 ml einer Kaliumpermanganatlösung ($c = 0{,}02\,mol \cdot l^{-1}$) angezeigt werden.

V 153.3 Einstellung der Kaliumpermanganat-Maßlösung
Eine Kaliumpermanganatlösung ($c = 0{,}02\,mol \cdot l^{-1}$) wird hergestellt. Die Lösung wird sofort mit Natriumoxalatlösung ($c = 0{,}05\,mol \cdot l^{-1}$) in schwefelsaurer Lösung titriert. Die Titration wird nach mehreren Tagen wiederholt.
Berechnen Sie jeweils die Konzentration der Kaliumpermanganatlösung. Die Kaliumpermanganat-Maßlösung verändert sich im Laufe der Zeit.
Die Konzentration an Permanganat-Ionen nimmt durch die Oxidation von Staubteilchen und durch Selbstzersetzung laufend etwas ab. Vor einer Analyse mit Kaliumpermanganatlösung muss daher die genaue Konzentration der Permanganat-Ionen durch Titration mit Natriumoxalat-Maßlösung in schwefelsaurer Lösung ermittelt werden:

$$2\,MnO_4^-\,(aq) + 5\,C_2O_4^{2-}\,(aq) + 16\,H^+\,(aq) \rightarrow$$
$$2\,Mn^{2+}\,(aq) + 10\,CO_2\,(g) + 8\,H_2O\,(l)$$

REDOXREAKTIONEN

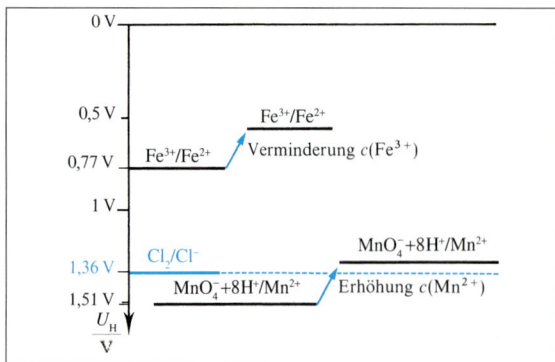

Abb. 154.1 Potentialänderungen durch Zugabe von REINHARDT-ZIMMERMANN-Lösung

A 154.1 Calciumoxalat ist eine in Wasser schwer lösliche Verbindung.
Entwerfen Sie eine Methode zur manganometrischen Bestimmung der Calcium-Ionen. Geben Sie an, wie viel Milligramm Calcium-Ionen von 1 ml Kaliumpermanganatlösung ($c = 0{,}02 \text{ mol} \cdot \text{l}^{-1}$) angezeigt werden.

A 154.2 In Legierungen bestimmt man den Gehalt an Mangan(II)-Ionen durch Titration einer gelösten Probe mit Kaliumpermanganatlösung in neutralem Medium. Dabei tritt eine Synproportionierung zu Mangandioxid ein.
Entwickeln Sie die Reaktionsgleichung und berechnen Sie, wie viel Milligramm Mangan(II)-Ionen durch den Verbrauch von 1 ml Kaliumpermanganatlösung ($c = 0{,}02 \text{ mol} \cdot \text{l}^{-1}$) angezeigt werden.

A 154.3 Sulfid-Ionen, Sulfit-Ionen und Thiosulfat-Ionen werden in stark alkalischem Medium von Kaliumpermanganatlösung zu Sulfat-Ionen oxidiert.
Entwickeln Sie die Reaktionsgleichungen.

A 154.4 Wie müsste man vorgehen, um den Gehalt an Eisen(II)- und Eisen(III)-Ionen in einem Eisenerz zu bestimmen?

V 154.5 Bestimmung des Wasserstoffperoxidgehalts von Perhydrol
1 ml des zu prüfenden Perhydrols (C) werden in einem Messkolben auf 100 ml verdünnt. Von dieser Lösung werden 10 ml in einen Erlenmeyerkolben pipettiert, auf etwa 200 ml verdünnt, mit 20 ml 25 %iger H_2SO_4 (C) angesäuert und mit Kaliumpermanganatlösung ($c = 0{,}02 \text{ mol} \cdot \text{l}^{-1}$) titriert.

V 154.6 Bestimmung des Gehalts an Perborat ($NaBO_2 \cdot H_2O_2 \cdot 3\,H_2O$) in Waschmitteln
0,5 g eines Waschmittels (Persil, Dixan) werden abgewogen und mit 300 ml kaltem Wasser übergossen. Nach Zusatz von etwa 20 ml 5 %iger Schwefelsäure (Xi) wird mit Kaliumpermanganatlösung ($c = 0{,}02 \text{ mol} \cdot \text{l}^{-1}$) titriert.
Wie viel Prozent Perborat enthält das Waschmittel?

geht bei der Titration in farblose Mangan(II)-Ionenlösung über. Der erste überschüssige Tropfen Permanganatlösung erzeugt eine schwache Rosafärbung der Lösung. Diese Färbung ist noch gut zu erkennen, wenn man einen Tropfen einer Kaliumpermanganatlösung ($c = 0{,}02 \text{ mol} \cdot \text{l}^{-1}$) in 300 ml Wasser gibt.

Die Manganometrie kann eingesetzt werden, um den Gehalt einer Lösung an Eisen(II)-Ionen zu bestimmen. Die Titration wird in saurem Medium durchgeführt und läuft nach folgender Gleichung ab:

$$5\,Fe^{2+} (aq) + MnO_4^- (aq) + 8\,H^+ (aq) \rightarrow$$
$$5\,Fe^{3+} (aq) + Mn^{2+} (aq) + 4\,H_2O (l)$$

Zur Analyse von Magneteisenstein $FeO \cdot Fe_2O_3$ werden die Erze in Salzsäure gelöst. In der zu titrierenden Lösung liegen somit auch Chlorid-Ionen vor, was zu Schwierigkeiten führt. Neben den Eisen(II)-Ionen werden nämlich auch Chlorid-Ionen von den Permanganat-Ionen oxidiert, was die Analysenergebnisse verfälscht. Die Oxidation der Chlorid-Ionen führt zu einem Mehrverbrauch an Permanganatmaßlösung.

$$2\,Cl^- \rightarrow Cl_2 + 2\,e^-; \qquad\qquad U_H^0 = 1{,}36\text{ V}$$

$$MnO_4^- + 8\,H^+ + 5\,e^- \rightarrow Mn^{2+} + 4\,H_2O; \qquad U_H^0 = 1{,}51\text{ V}$$

Die Störung der Analyse durch die Chlorid-Ionen kann jedoch durch Zugabe von REINHARDT-ZIMMERMANN-Lösung vermieden werden, die Mangan(II)-Ionen und Phosphorsäure enthält. Ihre Wirkung erkennt man durch Anwendung der NERNSTschen Gleichung:

$$U_H\,(MnO_4^-/Mn^{2+}) =$$
$$1{,}51\text{ V} + \frac{0{,}059}{5}\text{ V} \cdot \lg \frac{c\,(MnO_4^-) \cdot c^8\,(H^+)}{c\,(Mn^{2+})}$$

Durch die Zugabe der REINHARDT-ZIMMERMANN-Lösung wird die Mangan(II)-Ionenkonzentration erhöht und dadurch das Potential des Redoxpaares MnO_4^-/Mn^{2+} erniedrigt. Wählt man eine so hohe Mangan(II)-Ionenkonzentration, dass das Potential unter 1,36 V sinkt, ist eine Oxidation der Chlorid-Ionen nicht mehr möglich.

Die zugegebene Phosphorsäure bindet komplex die Eisen(III)-Ionen, deren Konzentration in der Lösung dadurch erheblich herabgesetzt wird:

$$U_H\,(Fe^{3+}/Fe^{2+}) = 0{,}77\text{ V} + 0{,}059\text{ V} \cdot \lg \frac{c\,(Fe^{3+})}{c\,(Fe^{2+})}$$

Aus der NERNSTschen Gleichung ersieht man, dass eine Verringerung der Eisen(III)-Ionenkonzentration zu einer Erniedrigung des Potentials für das Redoxpaar Fe^{3+}/Fe^{2+} führt. Dadurch bleibt nach Zugabe der REINHARDT-ZIMMERMANN-Lösung die Potentialdifferenz zwischen den beiden Redoxsystemen erhalten. Der vollständige Ablauf der Redoxreaktion ist weiterhin gewährleistet.

Iodometrie. Das Redoxpaar I_2/I^- nimmt mit seinem Standardelektrodenpotential von 0,62 V eine Mittelstellung in der Spannungsreihe ein.

$$I_2 \text{ (aq)} + 2\,e^- \rightarrow 2\,I^- \text{ (aq)}; \quad U_H^0 = 0{,}62 \text{ V}$$

So eignet sich die Iodometrie grundsätzlich zur Bestimmung vieler Reduktionsmittel, aber auch zur Bestimmung vieler Oxidationsmittel. Sie ist daher eine der vielseitigsten maßanalytischen Methoden.

Zur Bestimmung von Reduktionsmitteln wird Iod als Oxidationsmittel eingesetzt. Da Iod in Wasser schlecht löslich ist, arbeitet man mit einer Maßlösung von Iod in Kaliumiodidlösung. In ihr liegen I_3^--Ionen vor, die sich bei Redoxreaktionen jedoch wie Iod-Moleküle verhalten. Reduktionsmittel mit einem negativeren Potential als + 0,62 V kann man mit Iod-Iodkalium-Lösung maßanalytisch bestimmen. So werden Sulfid-Ionen nach folgender Gleichung oxidiert:

$$S^{2-} \text{ (aq)} + I_2 \text{ (aq)} \rightarrow S \text{ (s)} + 2\,I^- \text{ (aq)}$$

Bei der Bestimmung von Oxidationsmitteln benutzt man Kaliumiodidlösung, mit der sich beispielsweise Eisen(III)-Ionen bestimmen lassen:

$$2\,Fe^{3+} \text{ (aq)} + 2\,I^- \text{ (aq)} \rightarrow I_2 \text{ (aq)} + 2\,Fe^{2+} \text{ (aq)}$$

Zur vielfachen Verwendung der iodometrischen Titrationen trägt besonders die einfache Endpunktsbestimmung bei, denn Iod ist wegen seiner braunen Farbe in wässriger Lösung leicht vom farblosen Iodid-Ion zu unterscheiden. Die Endpunktsanzeige lasst sich noch verbessern, wenn man der zu titrierenden Lösung etwas Stärkelösung hinzusetzt, da Iod schon in geringster Konzentration mit Stärke einen tiefblauen Komplex bildet.

Viele Reduktionsmittel können direkt mit Iodlösung titriert werden. Das erste überschüssige Iod wird durch die Braunfärbung der Lösung oder nach Zusatz von Stärkelösung durch das Auftreten des blauen Iod-Stärke-Komplexes angezeigt.

Bei der Bestimmung von Oxidationsmitteln gibt man Iodidlösung im Überschuss zu der Probelösung und titriert dann das entstandene Iod mit einer Maßlösung von Natriumthiosulfat:

$$I_2 \text{ (aq)} + 2\,S_2O_3^{2-} \text{ (aq)} \rightarrow 2\,I^- \text{ (aq)} + S_4O_6^{2-} \text{ (aq)}$$

Bei dieser Reaktion, die in dieser Weise nur in neutraler oder schwach saurer Lösung abläuft, oxidiert Iod das Thiosulfat-Ion zum Tetrathionat-Ion.

Titrationen in alkalischen Lösungen führen zu Fehlern, da hier das Thiosulfat-Ion teilweise zum Sulfat-Ion oxidiert wird.

$$S_2O_3^{2-} \text{ (aq)} + 4\,I_2 \text{ (aq)} + 10\,OH^- \text{ (aq)} \rightarrow$$
$$2\,SO_4^{2-} \text{ (aq)} + 8\,I^- \text{ (aq)} + 5\,H_2O \text{ (l)}$$

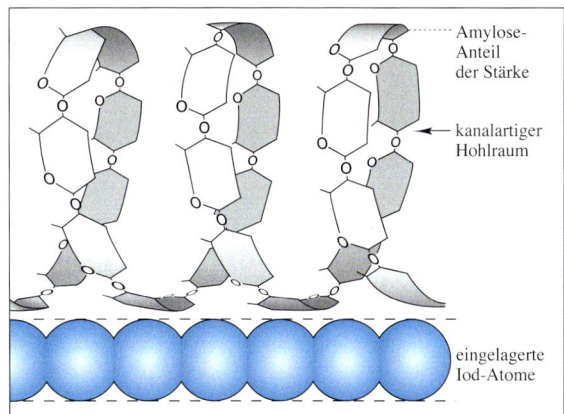

Abb. 155.1 Iod-Stärke-Komplex

Amylose-Anteil der Stärke

kanalartiger Hohlraum

eingelagerte Iod-Atome

$S_4O_6^{2-} + 2\,e^-$	$\rightleftharpoons 2\,S_2O_3^{2-}$	0,08 V
$Sn^{4+} + 2\,e^-$	$\rightleftharpoons Sn^{2+}$	0,15 V
$S \text{ (s)} + 2\,H^+ + 2\,e^-$	$\rightleftharpoons H_2S \text{ (g)}$	0,17 V
$SO_4^{2-} + 2\,H^+ + 2\,e^-$	$\rightleftharpoons SO_3^{2-} + H_2O$	0,17 V
$I_2 + 2\,e^-$	$\rightleftharpoons 2\,I^-$	**0,62 V**
$ClO^- + H_2O + 2\,e^-$	$\rightleftharpoons Cl^- + 2\,OH^-$	0,89 V
$IO_3^- + 6\,H^+ + 6\,e^-$	$\rightleftharpoons I^- + 3\,H_2O$	1,09 V
$Cr_2O_7^{2-} + 14\,H^+ + 6\,e^-$	$\rightleftharpoons 2\,Cr^{3+} + 7\,H_2O$	1,33 V
$BrO_3^- + 6\,H^+ + 6\,e^-$	$\rightleftharpoons Br^- + 3\,H_2O$	1,44 V
$MnO_4^- + 8\,H^+ + 5\,e^-$	$\rightleftharpoons Mn^{2+} + 4\,H_2O$	1,51 V
$MnO_4^- + 4\,H^+ + 3\,e^-$	$\rightleftharpoons MnO_2 \text{ (s)} + 2\,H_2O$	1,70 V

Tab. 155.2 Die Stellung des Redoxpaares I_2/I^- in der Spannungsreihe. Sie lässt in der Iodometrie zwei Anwendungsmethoden zu:
– Einsatz von Iod als Oxidationsmittel,
– Einsatz von Iodid-Ionen als Reduktionsmittel.

V 155.1 Bestimmung Sulfit-Ions
Eine direkte Titration der Sulfit-Ionenlösung mit Iodlösung führt zu ungenauen Werten. Zur praktischen Durchführung werden 50 ml der verdünnten Sulfitlösung in 50 ml Iodlösung ($c = 0{,}1$ mol $\cdot$ l^{-1}) hineinpipettiert, die Lösung auf etwa 200 ml verdünnt und mit Salzsäure schwach angesäuert. Der Iodüberschuss wird mit Natriumthiosulfatlösung ($c = 0{,}1$ mol $\cdot$ l^{-1}) zurücktitriert.

V 155.2 Bestimmung des Iodat-Ions
Die zu bestimmende Iodatlösung wird mit konzentrierter Kaliumiodidlösung im Überschuss versetzt, angesäuert und das bei der Reaktion entstandene Iod wird mit Natriumthiosulfatlösung ($c = 0{,}1$ mol $\cdot$ l^{-1}) titriert.

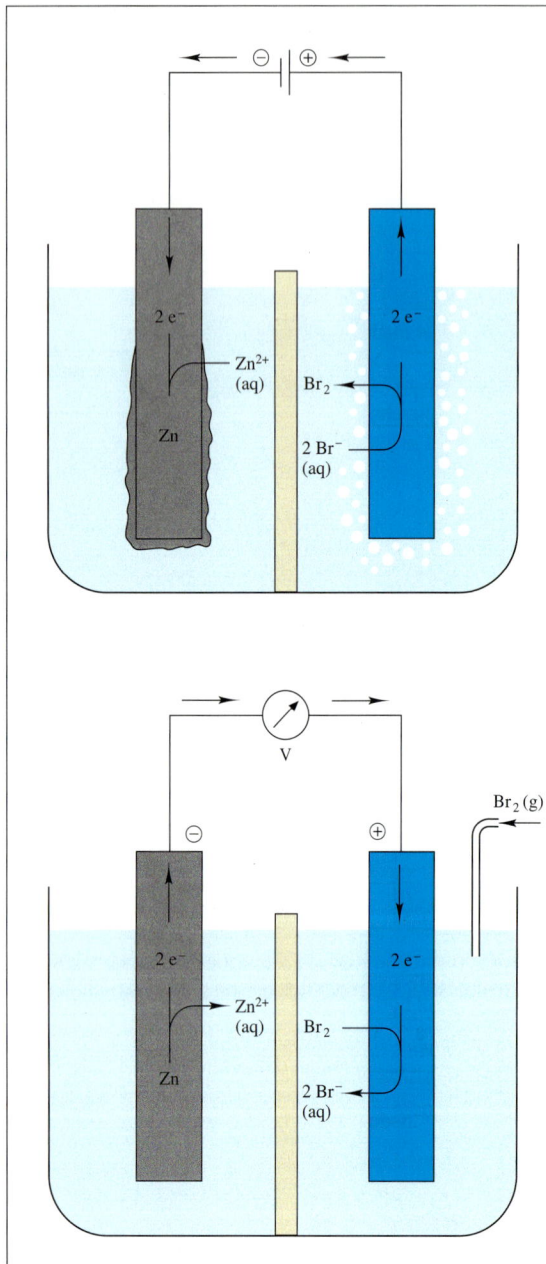

Abb. 156.1 Vergleich einer Elektrolysezelle mit einer galvanischen Zelle

V 156.1 Elektrolyse von Zinkbromidlösung

a) In einem U-Rohr tauchen zwei Kohleelektroden in 5 %ige Zinkbromidlösung (Xi). Man legt an die Elektroden eine Spannung von 5 V bis 8 V an.
b) Nach fünf Minuten unterbricht man die Elektrolyse und entfernt die Spannungsquelle. Man verbindet die Elektroden über einen Strommesser und schließt einen 2 V-Gleichstrom-Motor an.

53 Elektrolysen

Als Elektrolysen bezeichnet man allgemein Vorgänge, bei denen Stoffumwandlungen unter Aufwendung elektrischer Arbeit stattfinden. In den folgenden Kapiteln werden elektrolytische Vorgänge in wässrigen Lösungen qualitativ und quantitativ untersucht.

53.1 Elektrolysen als Redoxreaktionen

Legt man an zwei Kohleelektroden, die in eine Zinkbromidlösung tauchen, eine genügend große Gleichspannung an, beobachtet man nach kurzer Zeit an der Kathode eine deutliche Zinkabscheidung; an der Anode entsteht Brom. Es laufen die folgenden *Elektrodenreaktionen* ab:

Kathode: $Zn^{2+} + 2\,e^- \rightarrow Zn;$ *Reduktion*
Anode: $2\,Br^- \rightarrow Br_2 + 2\,e^-;$ *Oxidation*

$$ZnBr_2\,(aq) \rightarrow Zn\,(s) + Br_2\,(aq)$$

Bei der Elektrolyse werden an der Kathode Zink-Ionen reduziert, an der Anode Bromid-Ionen oxidiert. Man spricht von *kathodischer Reduktion* und *anodischer Oxidation*. Die Elektrolysereaktion läuft nur ab, solange elektrische Arbeit verrichtet wird. Es handelt sich also um einen *endergonischen Vorgang*.

Unterbricht man die Elektrolyse, zeigt sich, dass zwischen den Elektroden eine Spannung von etwa 1,8 V besteht. Stellt man zwischen den Elektroden eine leitende Verbindung her, so fließt ein Strom, der dem Elektrolysestrom entgegengesetzt gerichtet ist. Aufgrund der Spannung lässt sich ein Motor betreiben; es wird elektrische Arbeit verrichtet. Durch die Elektrolyse ist eine galvanische Zelle entstanden, die aus einer Zink- und einer Bromhalbzelle aufgebaut ist.

$Zn/Zn^{2+}//Br^-/Br_2$

Ihre Spannung beträgt unter Standardbedingungen 1,83 V. In ihr laufen die folgenden Halbzellenreaktionen ab:

Minuspol (Anode): $Zn \rightarrow Zn^{2+} + 2\,e^-;$ *Oxidation*
Pluspol (Kathode): $Br_2 + 2\,e^- \rightarrow 2\,Br^-;$ *Reduktion*

Zellenreaktion: $Zn\,(s) + Br_2\,(aq) \rightarrow ZnBr_2\,(aq)$

Die Zellenreaktion läuft spontan unter Freisetzung elektrischer Energie ab; sie ist *exergonisch*.

Die Elektrolysereaktion stellt also die Umkehrung der in der galvanischen Zelle freiwillig ablaufenden Zellenreaktion dar. Elektrolysereaktionen sind also erzwungene Redoxreaktionen, die unter Verbrauch elektrischer Energie ablaufen.

Während der Elektrolyse verändern sich die Elektroden oberflächlich. Auf der Kathode bildet sich eine feste

Zinkschicht, an der Anode wird Brom adsorbiert. Eine solche Veränderung der Elektroden aufgrund elektrolytischer Vorgänge nennt man **Polarisation.**

53.2 Zersetzungsspannung

Nachdem im letzten Kapitel die Zusammenhänge zwischen den Vorgängen, die sich in galvanischen Zellen und bei Elektrolysen abspielen, betrachtet worden sind, soll nun eine quantitative Fragestellung im Mittelpunkt stehen: Wie hoch muss die für die Elektrolyse einer wässrigen Lösung anzulegende Spannung mindestens sein?

Zur Beantwortung dieser Frage wird die Elektrolyse einer Salzsäure mit der Konzentration $c = 1 \ mol \cdot l^{-1}$ näher untersucht (V 157.2). Bei dieser Elektrolyse entstehen Wasserstoff und Chlor. Auf der Grundlage der bisherigen Überlegungen lässt sich jedoch nicht vorhersagen, welche Spannung erforderlich ist, damit die Zersetzung der Salzsäure und damit die Gasentwicklung an den Elektroden merklich eintritt.

Trägt man die Werte für die von außen angelegte Spannung und die jeweils dazugehörigen Stromstärkewerte in ein Schaubild ein, so ergibt sich eine *Strom-Spannungs-Kurve* (V 157.2). Anfangs erhöht sich die Stromstärke trotz kontinuierlicher Steigerung der angelegten Spannung kaum. Erst von einer bestimmten Mindestspannung ab steigt sie stärker an und verläuft dann gemäß dem OHMschen Gesetz. In Übereinstimmung mit der Kurve ist bei der Elektrolyse der Salzsäure auch erst ab einer gewissen Mindestspannung eine kontinuierliche Gasentwicklung zu beobachten.

Zur Elektrolyse der Salzsäure wurden Platinelektroden verwendet. Sie haben die Eigenschaft, an ihrer Oberfläche Gase zu adsorbieren. Was passiert an diesen Platinelektroden im Einzelnen, wenn man, von 0 Volt ausgehend, die Spannung kontinuierlich steigert?

Der erste durch die Spannung bewirkte Strom ist mit folgenden Elektrodenreaktionen verbunden:

Kathode: $2 \ H^+ + 2 \ e^- \rightarrow H_2$

Anode: $2 \ Cl^- \rightarrow Cl_2 + 2 \ e^-$

Die entstandenen Gase werden am Platin adsorbiert. Damit sind die Platinelektroden zu einer Wasserstoff- und einer Chlorelektrode geworden, sie sind also *polarisiert*.

Somit hat sich eine galvanische Zelle gebildet: (Pt) H_2/HCl/Cl_2 (Pt). Zwischen den Halbzellen besteht eine Spannung, deren Wirkung der von außen angelegten Elektrolysespannung entgegengerichtet ist. Man bezeichnet sie als *Polarisationsspannung*. Sie ist dafür verantwortlich, dass die Stromstärke anfangs kaum steigt. Sie muss überwunden werden, bevor die Elektrolyse merklich und kontinuierlich einsetzen kann.

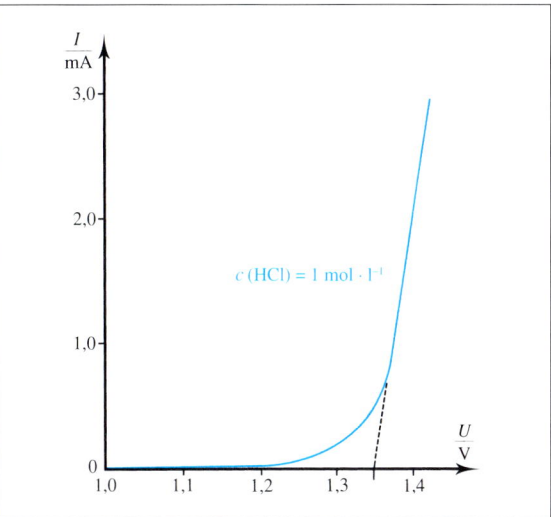

Abb. 157.1 Strom-Spannungs-Kurve

V 157.1 Reaktion von Zink und Brom
Man gibt zu Bromwasser (T, Xi) ein wenig Zinkpulver (F) und schüttelt um.
Entsorgung: B1

V 157.2 Messung der Zersetzungsspannung
Bauen Sie eine Apparatur nach der unten stehenden Schaltskizze auf. Der Stromkreis besteht aus der Elektrolysezelle mit Platinelektroden, einer Gleichspannungsquelle, einem Schiebewiderstand (Potentiometer) zur Regulation der Gleichspannung, einem Spannungs- und einem Strommesser.
In die Elektrolysezelle wird Salzsäure mit der Konzentration $c = 1 \ mol \cdot l^{-1}$ gefüllt. Der Elektrodenabstand beträgt etwa 3 cm.
a) Die angelegte Gleichspannung wird mithilfe des Potentiometers kontinuierlich von 0 Volt auf 2 Volt erhöht. Nehmen Sie eine Strom-Spannungs-Kurve auf. Ab welcher Spannung findet eine kontinuierliche Gasabscheidung an den Elektroden statt?
b) Lassen Sie die Elektrolyse bei 2 Volt ablaufen. Dann wird die Spannungsquelle abgeschaltet. Beobachten Sie dabei die Anzeige der Messinstrumente.
c) Bestimmen Sie die Zersetzungsspannung für Bromwasserstoffsäure (C).
Entsorgung: B1

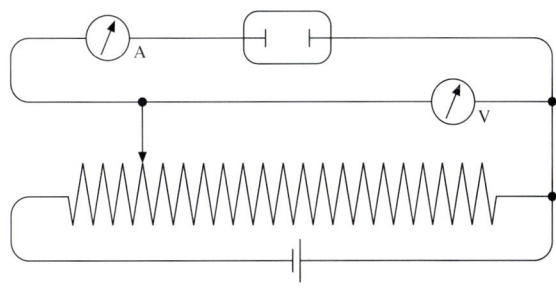

157

Gas	Elektroden-material	Stromdichte in A · cm^{-2}			
		10^{-3}	10^{-2}	10^{-1}	10^{0}
Wasser-stoff	Pt (platiniert)	–0,02	–0,04	–0,05	–0,07
	Pt (blank)	–0,12	–0,23	–0,35	–0,47
	Graphit	–0,60	–0,78	–0,97	1,03
	Quecksilber	–0,94	–1,04	–1,15	–1,25
Sauer-stoff	Pt (platiniert)	0,40	0,52	0,64	0,77
	Pt (blank)	0,72	0,85	1,28	1,49
	Graphit	0,53	0,90	1,09	1,24
Chlor	Pt (platiniert)	0,006	0,016	0,026	0,08
	Pt (blank)	0,008	0,03	0,054	0,24
	Graphit	0,1	–	0,25	0,50

Tab. 158.1 Überspannungen in Volt von Wasserstoff, Sauerstoff und Chlor an verschiedenen Elektroden in Abhängigkeit von der Stromdichte

$H_3O^+ \rightleftharpoons H^+ + H_2O$	Dehydratation
$H^+ + e^- \rightleftharpoons H_{ads}$	Entladung und Adsorption
$2\,H_{ads} \rightleftharpoons H_{2_{ads}}$	Kombination
$H_{2_{ads}} \rightleftharpoons H_2\,(aq)$	Desorption
$H_2\,(aq) \rightleftharpoons H_2\,(g)$	Austritt aus der Lösung

Tab. 158.2 Denkbare Teilreaktionen für die elektrolytische Abscheidung von Wasserstoff in saurem Medium. Eine umfassende Deutung des Phänomens *Überspannung* ist an dieser Stelle nicht möglich. Elektrodenreaktionen setzen sich aus mehreren Teilvorgängen zusammen, von denen einer oder mehrere kinetisch gehemmt sein können. Der am langsamsten verlaufende Teilvorgang wird zum geschwindigkeitsbestimmenden Schritt der gesamten Elektrodenreaktion und ist somit die Ursache für das Auftreten von Überspannungen.

A 158.1 Vergleichen Sie die Richtung des Elektronenflusses bei der Elektrolyse von Salzsäure und innerhalb der galvanischen Zelle (Pt) H_2/HCl/Cl_2 (Pt).

A 158.2 Wie ist es zu erklären, dass bei Versuch 157.2 nach Abschalten der Gleichspannungsquelle noch kurzzeitig eine Spannung zu messen ist?

V 158.3 **Eine Salzsäure (c = 0,1 mol · l^{-1}) wird mit Graphit-elektroden elektrolysiert**
Messen Sie die Zersetzungsspannung.
Entsorgung: B1

Der zu Beginn festzustellende schwache Strom entsteht dadurch, dass die in geringem Maße entstandenen Chlor- und Wasserstoff-Moleküle in die Lösung diffundieren, worauf sich erneut Wasserstoff und Chlor an den Elektroden abscheiden. Diesen Strom nennt man *Diffusionsstrom*.

Erhöht sich die äußere Elektrolysespannung, so nimmt auch die Polarisationsspannung zu. Erst wenn die abgeschiedenen Gase Atmosphärendruck erreicht haben und entweichen, steigt die Polarisationsspannung nicht weiter. Dann führt die Erhöhung der Elektrolysespannung zu einer Änderung der Stromstärke gemäß dem OHMschen Gesetz, die Elektrolyse setzt merklich ein, wie man auch an der kontinuierlichen Gasabscheidung erkennen kann. Diejenige Mindestspannung, bei der eine „Zersetzung" des Elektrolyten beginnt, bezeichnet man als *Zersetzungsspannung*.

Die Zersetzungsspannung lässt sich aus der Spannung der galvanischen Zelle (Pt) H_2/HCl/Cl_2 (Pt) berechnen. Bei einem Wert von 1,36 V findet allerdings noch keine kontinuierliche Elektrolyse statt. Damit ein Strom merklich fließen kann, muss die Spannung etwas größer sein, weil zusätzlich der OHMsche Widerstand der Zelle überwunden werden muss. Man erhält die Zersetzungsspannung aus der Strom-Spannungs-Kurve durch Extrapolation des aufsteigenden Astes als Schnittpunkt mit der *x*-Achse.

Überspannung. Verwendet man für die Elektrolyse der Salzsäure (c = 1 mol · l^{-1}) nicht Platin sondern Graphit als Elektrodenmaterial, so wird die Zersetzungsspannung deutlich größer als 1,36 Volt. Auch bei vielen anderen Elektrolysen liegen die tatsächlich gemessenen Zersetzungsspannungen höher als die berechneten Werte. Die Differenz zwischen den experimentell bestimmten und den theoretisch zu erwartenden Abscheidungspotentialen bezeichnet man als *Überspannung*. Bei den Reaktionen ist die Abscheidung der Ionen an den Elektroden offensichtlich behindert. Dafür gibt es unterschiedliche Ursachen. Dies wird deutlich, wenn man den Vorgang der elektrolytischen Abscheidung eines Stoffes in Teilreaktionen zerlegt (Tab. 158.2).

Die Höhe der Überspannung ist von mehreren Faktoren abhängig. Dazu gehören Art und Konzentration der abzuscheidenden Ionen, Art des Elektrodenmaterials und dessen Oberflächenbeschaffenheit sowie Temperatur und Stromdichte. Für Reaktionen, bei denen Metalle abgeschieden werden, sind die Überspannungswerte niedrig. Entstehen jedoch Gase an den Elektroden, treten deutliche Überspannungen auf. So ist die Abscheidung von Sauerstoff an Graphit und Platin relativ stark behindert; Wasserstoff weist an Zink und Quecksilber hohe Überspannungen auf. Diese Tatsachen sind für viele technische Verfahren wie z. B. die Chloralkalielektrolyse von Bedeutung.

53.3 Elektrolysen wässriger Salzlösungen

Bei der Elektrolyse einer wässrigen Natriumsulfatlösung könnte man erwarten, dass an der Kathode Natrium-Ionen reduziert, an der Anode Sulfat-Ionen oxidiert werden:

Kathode: $Na^+ + e^- \rightarrow Na$; $\qquad U_H^0 = -2{,}71$ V
Anode: $\quad 2\,SO_4^{2-} \rightarrow S_2O_8^{2-} + 2\,e^-$; $U_H^0 = \;\;2{,}01$ V

Führt man die Elektrolyse mit Platinelektroden durch, bleiben diese Reaktionen aus. An der Kathode bildet sich Wasserstoff, an der Anode Sauerstoff. Dies ist dadurch erklärbar, dass das Lösungsmittel Wasser auch an den Elektrodenreaktionen teilnimmt. Man kann zunächst davon ausgehen, dass aus dem Wassergleichgewicht stammende Hydronium-Ionen an der Kathode reduziert und Hydroxid-Ionen an der Anode oxidiert werden:

Kathode: $2\,H^+ + 2\,e^- \rightarrow H_2$; $\qquad U_H = -0{,}41$ V (pH = 7)
Anode: $\quad 4\,OH^- \rightarrow O_2 + 2\,H_2O + 4\,e^-$;
$\qquad\qquad\qquad\qquad\qquad U_H = \;\;0{,}82$ V (pH = 7)

Obwohl die Konzentration der Hydronium-Ionen und der Hydroxid-Ionen in neutraler Lösung nur 10^{-7} mol · l^{-1} betragen, beobachtet man an den Elektroden starke Gasentwicklungen. Dies lässt sich befriedigend nur durch die Annahme erklären, dass an den Elektroden Wasser-Moleküle direkt reduziert und oxidiert werden. Die Elektrodenreaktionen lassen sich also besser durch die folgenden Reaktionsgleichungen beschreiben:

Kathode: $2\,H_2O + 2\,e^- \rightarrow H_2 + 2\,OH^-$;
$\qquad\qquad\qquad\qquad\qquad U_H = -0{,}41$ V (pH = 7)
Anode: $\quad 2\,H_2O \rightarrow O_2 + 4\,H^+ + 4\,e^-$;
$\qquad\qquad\qquad\qquad\qquad U_H = \;\;0{,}82$ V (pH = 7)

Für die Zersetzungsspannung des Wassers ergibt sich ohne Berücksichtigung von Überspannungen 1,23 V. Dieser Wert ist viel kleiner als die für die Bildung von Natrium und Peroxodisulfat-Ionen erforderliche Zersetzungsspannung. Es zeigt sich allgemein, dass bei Elektrolysen immer die Reaktionen ablaufen, die die kleinste Zersetzungsspannung erfordern. An der Kathode wird dann der Stoff mit dem positivsten Potential reduziert, an der Anode wird der Stoff mit dem negativsten Potential oxidiert. So tritt immer die Wasserelektrolyse ein, wenn man wässrige Lösungen der Alkali- und Erdalkalisalze von Sauerstoffsäuren mit Platinelektroden elektrolysiert.

Die Zersetzungsspannung des Wassers ist vom pH-Wert unabhängig, wie die folgenden Rechnungen zeigen:

$$U_H\,(H^+/H_2) = 0\text{ V} + 0{,}059\text{ V} \cdot \lg c\,(H^+)$$
$$= -0{,}059\text{ V} \cdot \text{pH}$$

$$U_H\,(O_2/OH^-) = 0{,}40\text{ V} - 0{,}059\text{ V} \cdot \lg c\,(OH^-)$$
$$= 0{,}40\text{ V} + 0{,}059\text{ V} \cdot \text{pOH}$$
$$= 0{,}40\text{ V} + 0{,}059\text{ V} \cdot (14 - \text{pH})$$
$$= 1{,}23\text{ V} - 0{,}059\text{ V} \cdot \text{pH}$$

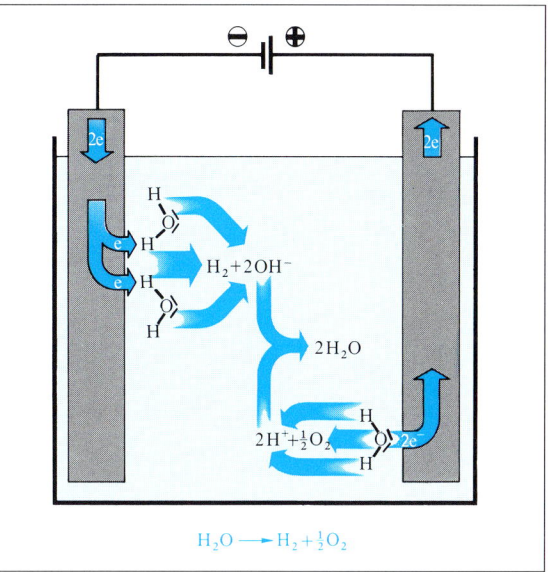

Abb. 159.1 Elektrodenreaktionen bei der Elektrolyse einer wässrigen Natriumsulfatlösung

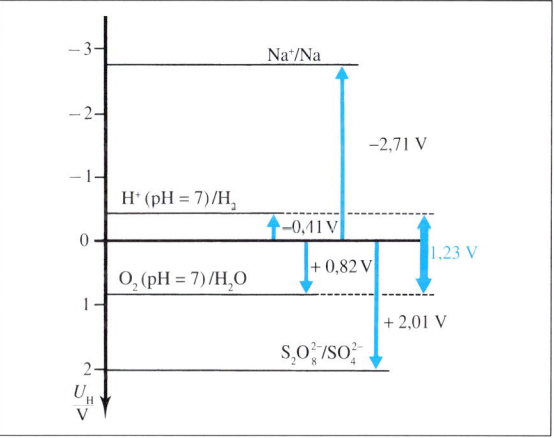

Abb. 159.2 Spannungsdiagramm für die Elektrolyse einer neutralen Natriumsulfatlösung. Es läuft die Elektrolyse mit der kleinsten Zersetzungsspannung ab.

V 159.1 Elektrolyse von Natriumsulfatlösung
Eine verdünnte, neutrale Natriumsulfatlösung wird mit Universalindikator-Lösung (pH 4 bis pH 9) versetzt. Elektrolysieren Sie diese Lösung im Hofmannschen Apparat. Verwenden Sie Platinelektroden, an die eine Gleichspannung von 4 V bis 8 V angelegt wird. Fangen Sie die entstehenden Gase im Reagenzglas auf und prüfen Sie das an der Kathode entstehende Gas mit einem brennenden, das an der Anode entstehende Gas mit einem glimmenden Span. Geben Sie die Elektrolytlösung nach Beendigung der Elektrolyse in ein Becherglas und rühren Sie um.

REDOXREAKTIONEN

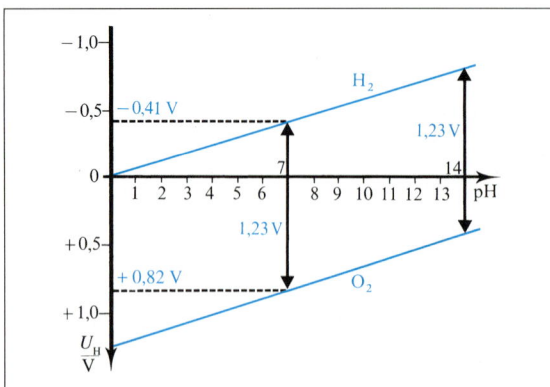

Abb. 160.1 pH-Abhängigkeit der Abscheidungspotentiale von Wasserstoff und Sauerstoff

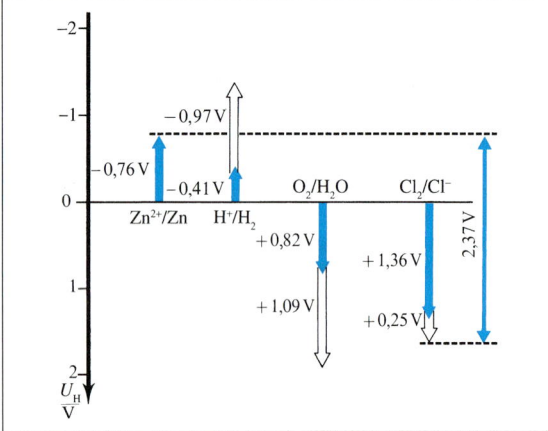

Abb. 160.2 Spannungsdiagramm. Elektrolyse einer neutralen Zinkchloridlösung mit Graphitelektroden bei einer Stromdichte von $0{,}1 \, A \cdot cm^{-2}$. Überspannungen sind durch weiße Pfeile gekennzeichnet.

Bei allen pH-Werten beträgt die Zersetzungsspannung des Wassers 1,23 V.

In der Praxis lassen sich jedoch Elektrolysereaktionen ohne genaue Kenntnis der Überspannungen nicht vorhersagen. Bei der Elektrolyse einer Zinkchloridlösung konkurrieren die folgenden Elektrodenreaktionen:

Kathode:

$$Zn^{2+} + 2 \, e^- \rightarrow Zn; \qquad U_H^0 = -0{,}76 \, V$$
$$2 \, H_2O + 2 \, e^- \rightarrow H_2 + 2 \, OH^-; \quad U_H = -0{,}41 \, V \, (pH = 7)$$

Anode:

$$2 \, Cl^- \rightarrow Cl_2 + 2 \, e^-; \qquad U_H^0 = 1{,}36 \, V$$
$$2 \, H_2O \rightarrow O_2 + 4 \, H^+ + 4 \, e^-; \qquad U_H = 0{,}82 \, V \, (pH = 7)$$

Hiernach ist die Elektrolyse des Wassers zu erwarten. Führt man die Elektrolyse mit einer Zinkchloridlösung ($c = 1 \, mol \cdot l^{-1}$) und Graphitelektroden durch, beobachtet man jedoch die Abscheidung von Zink und Chlor. Bei einer Stromdichte von $0{,}1 \, A \cdot cm^{-2}$ ist die Überspannung von Wasserstoff an Graphitelektroden $-0{,}97 \, V$, die von Sauerstoff 1,09 V. Wegen der viel geringeren Überspannungen von Zink und Chlor übertreffen die Abscheidungspotentiale von Wasserstoff und Sauerstoff betragsmäßig die Abscheidungspotentiale von Zink und Chlor, sodass in diesem Fall keine Elektrolyse des Wassers einsetzt.

Führt man die Zinkchloridelektrolyse jedoch mit blanken Platinelektroden aus, ist neben der Zinkabscheidung an der Kathode auch eine Wasserstoffentwicklung zu beobachten. Die Überspannung des Wasserstoffs beträgt nur noch $-0{,}35 \, V$, sodass in neutraler Lösung Zink und Wasserstoff jetzt nahezu gleich große Abscheidungspotentiale besitzen. An der Anode liegt die Überspannung des Sauerstoffs mit 1,28 V jetzt noch höher, sodass auch an der Platinelektrode Chlor entwickelt wird.

Bei der Elektrolyse einer Salzsäure ($c = 0{,}001 \, mol \cdot l^{-1}$) mit Platinelektroden und der sehr geringen Stromdichte von $0{,}005 \, A \cdot cm^{-2}$ ist jedoch nach anfänglicher geringer Chlorentwicklung die Sauerstoffabscheidung begünstigt. Bei den angegebenen Bedingungen ist die Überspannung von Sauerstoff 0,78 V, die von Chlor 0,02 V. Es gilt:

$$
\begin{aligned}
U_H \, (O_2) &= U \, (O_2/OH^-) + 0{,}78 \, V \\
&= 1{,}23 \, V - 0{,}059 \, V \cdot pH + 0{,}78 \, V = 1{,}83 \, V \\
&\text{für } pH = 3
\end{aligned}
$$

$$
\begin{aligned}
U_H \, (Cl_2) &= U \, (Cl_2/Cl^-) + 0{,}02 \, V \\
&= 1{,}36 \, V - 0{,}059 \, V \cdot \lg c \, (Cl^-) + 0{,}02 \, V \\
&= 1{,}38 \, V - 0{,}059 \, V \cdot \lg c \, (Cl^-)
\end{aligned}
$$

Hieraus ergibt sich, dass die Sauerstoffabscheidung begünstigt ist, wenn $c \, (Cl^-) < 10^{-8} \, mol \cdot l^{-1}$. Diese Konzentration wird aber in der nächsten Umgebung der Anode sehr schnell unterschritten, da bei der geringen Elektrolytkonzentration die Anzahl der pro Zeiteinheit in diesen Bereich eintretenden Chlorid-Ionen zu gering ist.

V 160.1 Elektrolyse von wässriger Zinkchloridlösung
a) Elektrolysieren Sie in einem U-Rohr mit seitlichen Ansätzen Zinkchloridlösung ($c = 1 \, mol \cdot l^{-1}$) (C, N). Verwenden Sie Graphitelektroden und elektrolysieren Sie mit einer Gleichspannung von 20 V bei einer Stromstärke von 0,4 A bis 0,5 A. Bringen Sie in den seitlichen Ansatz bei der Anode ein angefeuchtetes Stück Kaliumiodidstärkepapier.
b) Führen Sie die Elektrolyse auch mit Platinelektroden durch.
Entsorgung: B2

V 160.2 Elektrolyse von Salzsäure ($c = 0{,}001 \, mol \cdot l^{-1}$)
Führen Sie die Elektrolyse im Hofmannschen Apparat mit Platinelektroden von etwa je $1 \, cm^2$ Oberfläche mit einer Spannung von 120 V und einer Stromstärke von 5 mA durch.

53.4 FARADAYsche Gesetze

Bisher wurde gezeigt, welche Stoffe sich unter welchen Bedingungen bei einer Elektrolyse an den Elektroden abscheiden. Dieses Kapitel untersucht die Zusammenhänge zwischen den abgeschiedenen Stoffmengen und den durch die Elektrolysezelle geflossenen Ladungsmengen. Dazu muss man Elektrolysen bei konstanter Stromstärke I durchführen und nach bestimmten Zeiten t die abgeschiedenen Stoffmengen messen. Trägt man in einem Koordinatensystem die abgeschiedenen Stoffmengen gegen die Ladungsmenge $Q = I \cdot t$ auf, erhält man Ursprungsgeraden. Es gilt das **1. FARADAYsche Gesetz:**

Die elektrolytisch abgeschiedenen Stoffmengen sind der durch den Elektrolyten geflossenen Ladungsmenge proportional.

Um zu ermitteln, welche Ladungsmengen zur Abscheidung von 1 mol verschiedener Stoffe jeweils erforderlich sind, schaltet man einige Elektrolysezellen hintereinander, sodass in einer bestimmten Zeit die gleiche Ladungsmenge durch alle Elektrolysezellen fließt.

Elektrolysiert man Silbernitratlösung, Kupfersulfatlösung und Schwefelsäure gleichzeitig, laufen die folgenden Reaktionen ab:

$$Ag^+ + e^- \rightarrow Ag$$
$$Cu^{2+} + 2\,e^- \rightarrow Cu$$
$$2\,H^+ + 2\,e^- \rightarrow H_2$$
$$2\,H_2O \rightarrow O_2 + 4\,H^+ + 4\,e^-$$

Die Elektrolyse zeigt, dass die abgeschiedenen Stoffmengen immer in einem bestimmten Verhältnis stehen:

$$n\,(Ag) : n\,(Cu) : n\,(H_2) : n\,(O_2) = 1 : \tfrac{1}{2} : \tfrac{1}{2} : \tfrac{1}{4}$$

Zur Abscheidung von 1 mol Silber-Atomen ist eine Ladungsmenge von 96 485 C erforderlich. Daraus ergibt sich die FARADAYsche Konstante:

$$1\,F = 96\,485\,C \cdot mol^{-1}$$

Zur Abscheidung von 1 mol Kupfer-Atomen ist somit die Ladungsmenge $2 \cdot 96\,485$ C erforderlich. 1 mol Sauerstoff-Moleküle wird durch die Ladungsmenge $4 \cdot 96\,485$ C abgeschieden. Aus solchen Experimenten ergibt sich das **2. FARADAYsche Gesetz:**

Zur elektrolytischen Abscheidung von 1 mol Teilchen eines Stoffes ist eine Ladungsmenge von $n \cdot 96\,485$ C erforderlich, wobei n die Zahl der Elektronen ist, die zur Abscheidung eines Teilchens an der Elektrode ausgetauscht werden.

Mithilfe des 2. FARADAYschen Gesetzes lässt sich die *Ladung eines Elektrons* berechnen. Zur Abscheidung von 1 mol Silber-Atomen sind $6,022 \cdot 10^{23}$ Elektronen mit einer Ladung von 96 485 C erforderlich. Ein Elektron hat damit die Ladung von $1,602 \cdot 10^{-19}$ C.

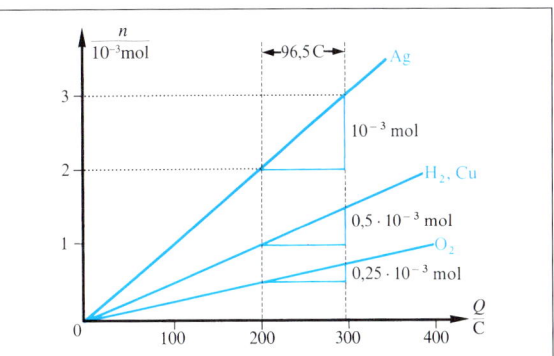

Abb. 161.1 Zusammenhang zwischen Ladung und abgeschiedener Stoffmenge

A 161.1 Bei der Elektrolyse von Kupfersulfatlösung fließt 15 min ein Strom $I = 0,5$ A.
Wie groß ist die abgeschiedene Kupfermenge in g?
Wie viel Milliliter Sauerstoff entstehen bei der Elektrolyse?

A 161.2 Wie viel Gramm Kupfer wird aus einer Kupfersulfatlösung abgeschieden, wenn in einer hintereinandergeschalteten Elektrolysezelle gleichzeitig 1 g Silber abgeschieden wird?
Wie lange muss ein Strom von 0,75 A fließen, um die obige Kupfermenge abzuscheiden?

A 161.3 Berechnen Sie die Ionenladung des Ions X^{n+} mit der Masse 52 u, wenn sich bei der Elektrolyse einer Salzlösung bei $I = 3$ A und 6 min Elektrolysedauer 0,1940 g von X abscheiden.

V 161.4 Erstes FARADAYsches Gesetz
Elektrolysieren Sie verdünnte Schwefelsäure (Xi) mit Platinelektroden im Hofmannschen Apparat. Führen Sie zunächst bei geöffneten Hähnen eine fünfminütige Vorelektrolyse durch. Schließen Sie die Hähne und elektrolysieren Sie 15 min mit der konstanten Stromstärke $I = 0,5$ A. Lesen Sie jede Minute die entstandenen Gasvolumina ab.
Entsorgung: B1

V 161.5 Zweites FARADAYsches Gesetz
Drei Elektrolysezellen werden hintereinandergeschaltet. Die erste enthält 15 %ige Silbernitratlösung (C) und als Elektroden 1 mm starke Silberbleche (5 cm · 3 cm). Die zweite Zelle enthält eine Lösung von 25 g $CuSO_4 \cdot 5\,H_2O$ (Xn, N), 10 g konzentrierte Schwefelsäure (C) und 10 g Ethanol (F) in 200 ml Wasser. Die dritte Zelle ist ein Hofmannscher Apparat, der mit verdünnter Schwefelsäure gefüllt ist.
Elektrolysieren Sie 10 min bis 15 min bei einer konstanten Stromstärke $I = 0,2$ A.
Ermitteln Sie die abgeschiedenen Stoffmengen. Bestimmen Sie jeweils die Ladungsmenge, die zur Abscheidung von 1 mol Teilchen erforderlich ist.
Entsorgung: B2

V 162.1 **Elektrolyse von Natriumchloridlösung**

Eine konzentrierte Natriumchloridlösung, der etwas Phenolphthalein (F) zugesetzt wurde, wird unter Verwendung von Platinelektroden elektrolysiert. Identifizieren Sie die entstehenden Gase. *(Vorsicht! Abzug!)*

Welche Reaktionen finden an den Elektroden statt?

Die Antwort soll auch mithilfe der Abscheidungspotentiale der denkbaren Elektrodenreaktionen begründet werden.

LV 162.2 **Modellversuch zur Chloralkalielektrolyse nach dem Amalgamverfahren**

Es wird eine Apparatur nach der unten stehenden Abbildung zusammengestellt. Das Becherglas wird mit konzentrierter Natriumchloridlösung gefüllt, der einige Tropfen Kaliumiodid-Stärke-Lösung zugesetzt wurden. Die Porzellanschale wird 1 cm hoch mit Quecksilber (T, N, ▼) gefüllt. Als Zuleitung zur Quecksilberkathode dient ein Eisendraht, der sich in einem Glasrohr befindet, das auf beiden Seiten mit geschmolzener Kerzenmasse verschlossen wurde. Es wird eine Gleichspannung von ca. 10 V angelegt und etwa 3 min lang elektrolysiert. Die Schale mit Quecksilber wird dann herausgenommen und die Salzlösung vorsichtig abgegossen. Das Quecksilber gibt man in ein Becherglas und fügt etwas Wasser sowie einige Tropfen Phenolphthalein (F) hinzu. Danach wird vorsichtig umgerührt.

(Vorsichtig beim Arbeiten mit Quecksilber! Verwenden Sie eine Quecksilberwanne! Außerdem entsteht bei diesem Versuch Chlor!)

Entsorgung: Quecksilber alkalifrei waschen und wiederverwerten.

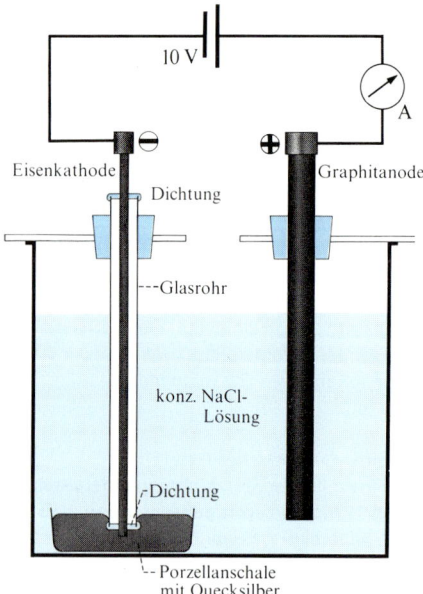

10 V

A

Eisenkathode ⊖

Dichtung

⊕ Graphitanode

---Glasrohr

konz. NaCl-Lösung

Dichtung

--- Porzellanschale
mit Quecksilber

54 Chloralkalielektrolyse

Die bisherigen Kapitel behandelten die theoretischen Grundlagen elektrolytischer Vorgänge. Im Folgenden wird die Bedeutung dieser Vorgänge für die Technik betrachtet.

54.1 Grundlagen

Die Elektrolyse einer wässrigen Natriumchloridlösung, die so genannte Chloralkalielektrolyse, dient in der chemischen Industrie zur Herstellung von Chlor, Natronlauge und Wasserstoff. Anhand eines Modellversuchs sollen die Grundlagen dieses Verfahrens erläutert werden. Bei der Elektrolyse einer konzentrierten Natriumchloridlösung mit einer Graphitanode und einer Quecksilberkathode sind prinzipiell folgende Reaktionen an den Elektroden denkbar:

Anode: $2\,Cl^- \rightarrow Cl_2 + 2\,e^-$; $\quad U_H^0 = +1{,}36\ V$

oder $\quad 2\,H_2O \rightarrow O_2 + 4\,H^+ + 4\,e^-$;

$$U_H = +0{,}82\ V\ (pH = 7)$$

Kathode: $Na^+ + e^- \rightarrow Na$; $\quad U_H^0 = -2{,}71\ V$

oder $\quad 2\,H_2O + 2\,e^- \rightarrow 2\,OH^- + H_2$;

$$U_H = -0{,}41\ V\ (pH = 7)$$

Die Beobachtungen bei dieser Elektrolyse zeigen, dass an der Anode im Wesentlichen Chlor entsteht. Die Abscheidung von Sauerstoff ist wegen dessen hoher Überspannung an Graphit behindert.

An der Kathode bildet sich anfänglich Wasserstoff, im Laufe der Zeit scheidet sich jedoch auch Natrium ab und bildet mit dem Quecksilber der Kathode eine Legierung, das Natriumamalgam. Für diesen unerwarteten Verlauf an der Kathode gibt es mehrere Gründe:

1. Die Änderung des pH-Werts im Verlauf der Elektrolyse,
2. die hohe Überspannung von Wasserstoff an Quecksilber,
3. der exergonische Verlauf der Bildung von Natriumamalgam und
4. die hohe Konzentration der Natriumchloridlösung.

Zu 1. Anfangs kommt es bei der Elektrolyse zur Abscheidung von Wasserstoff. Bei diesem Elektrodenvorgang bilden sich jedoch auch Hydroxid-Ionen, sodass die Lösung in der Nähe der Kathode alkalisch wird. Dadurch ändert sich aber das Abscheidungspotential von Wasserstoff. Bei einem pH-Wert von 11 ergibt sich z. B.:

$$U_H\,(H^+/H_2) = -0{,}059\ V \cdot 11 = -0{,}65\ V$$

Zu 2. Bei der gegebenen Versuchsanordnung bildet Quecksilber die Kathode. Wasserstoff hat an Quecksilber bei einer Stromdichte von $0{,}5\ A \cdot cm^{-2}$ eine Überspannung von −1,2 V. Somit ergibt sich das Abscheidungspotential zu:

$$U_H \ (H^+/H_2 \text{ an Hg}) = -0,65 \text{ V} + (-1,20 \text{ V}) = -1,85 \text{ V}$$

Zu 3. Die zur Abscheidung von Natrium-Ionen erforderliche elektrische Energie wird um den Betrag der bei der Amalgambildung entstehenden Energie vermindert. Es lässt sich berechnen, dass dadurch das Abscheidungspotential für Natrium um 0,87 V positiver wird.

Zu 4. Das Abscheidungspotential des Natriums ist abhängig von der Konzentration der Natrium-Ionen. In einer Natriumchloridlösung ($c = 5,5 \text{ mol} \cdot l^{-1}$) ist das Potential um 0,04 V positiver als in einer Lösung ($c = 1 \text{ mol} \cdot l^{-1}$). Somit ergibt sich das Abscheidungspotential für Natrium zu:

$$U_H \ (Na^+/Na) = -2,71 \text{ V} + 0,87 \text{ V} + 0,04 \text{ V} = -1,80 \text{ V}$$

Es ist damit unter diesen Versuchsbedingungen um 0,05 V positiver als das Abscheidungspotential für Wasserstoff. Daher findet bei einem pH-Wert von 11 die kathodische Reduktion von Natrium-Ionen zu Natrium und die Bildung von Natriumamalgam statt.

Gibt man zu dem als Kathode verwendeten Quecksilber Wasser und etwas Phenolphthalein, so ist eine Rotfärbung zu erkennen. Dabei tritt folgende Reaktion ein:

$$2 \ NaHg \ (l) + 2 \ H_2O \ (l) \rightarrow$$
$$2 \ NaOH \ (aq) + 2 \ Hg \ (l) + H_2 \ (g)$$

So lassen sich bei der Chloralkalielektrolyse neben Chlor die für die chemische Industrie wichtigen Stoffe Natronlauge und Wasserstoff herstellen.

54.2 Das Amalgamverfahren

Für die großtechnische Durchführung der Chloralkalielektrolyse nach dem *Amalgamverfahren* dient Steinsalz als Rohstoff. Die in der Natur vorhandenen Steinsalzvorkommen werden auf mehr als zehn Billionen Tonnen allein in Deutschland geschätzt. Jährlich werden davon nur etwa zehn Millionen Tonnen Salz gewonnen. Das für die Elektrolyse verwendete Steinsalz muss mindestens 98,5 % Natriumchlorid enthalten und frei sein von Schwermetall-Verbindungen wie Chrom-, Molybdän- und Vanadium-Salzen.

Das großtechnische Verfahren beginnt mit dem Lösen des gelagerten Steinsalzes. Bei einer Temperatur von etwa 80 °C wird eine nahezu gesättigte Salzlösung ($c = 5,5 \text{ mol} \cdot l^{-1}$) hergestellt, die man als Rohsole bezeichnet. Zur Reinigung von Fremdstoffen gelangt die Lösung in Fällungsbecken, wo durch Zugabe von Natronlauge, Natriumcarbonat und Bariumcarbonat die Fremdionen unter ständigem Rühren über drei Stunden lang bei

Abb. 163.1 Salzbergwerk

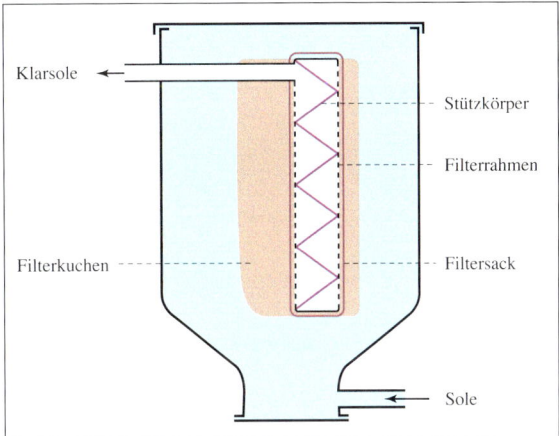

Abb. 163.2 Aufbau eines Filters der Kesselfilteranlage (Schemaskizze). Die Sole wird durch die Filtersäcke gedrückt, sodass sich der Filterkuchen außen absetzt und die klare Sole in das Innere der Filtersäcke gelangt.

A 163.1 Die molare freie Bildungsenthalpie eines Natriumamalgams mit einem Natriumgehalt von 0,01 % beträgt −90 kJ · mol⁻¹. Berechnen Sie, um wie viel das Abscheidungspotential des Natriums durch die exergonische Bildung von Natriumamalgam positiver wird.

LV 163.2 Bildung von Natriumamalgam
In einem Reagenzglas werden 5 ml Paraffinöl erhitzt, dann wird ein entrindetes Stück Natrium (F, C) hinzugegeben. Zu dem geschmolzenen Natrium gibt man vorsichtig tropfenweise etwas Quecksilber (T, N, ▼). Das erhärtete Amalgam wird mit Benzin (F) gewaschen und dann mit Wasser und Phenolphthalein (F) versetzt. *(Abzug! Quecksilberwanne!)*

Abb. 164.1 Elektrolysehalle

☠	**T+** **sehr giftig**	**Chlor** R 23 Giftig beim Einatmen R 36/37/38 Reizt die Augen, die Atmungsorgane und die Haut
🌳	**N** **umwelt-** **gefährlich**	R 50 Sehr giftig für Wasser-organismen
🧪	**C** **ätzend** (w ≥ 2 %)	**Natronlauge** R 35 Verursacht schwere Verätzungen

Abb. 164.2 Gefahrenpotential von Chlor und Natronlauge

60 °C bis 70 °C ausgefällt werden. So wird sichergestellt, dass die Fällung quantitativ verläuft. Anschließend passiert die Sole eine Filtrierstation und kommt dann als Klarsole in einen Sammelbehälter, von wo aus sie kontinuierlich der Elektrolysezelle zugeführt wird. Nach der Elektrolyse wird die verarmte Dünnsole entchlort und dann erneut dem Lösebunker zugeleitet, wo sie wieder auf die erforderliche Konzentration gebracht wird.

In der Elektrolyseanlage selbst werden bis zu 125 Elektrolysezellen hintereinandergeschaltet. Die Zellen sind schmale, geschlossene Wannen. In ihnen befinden sich die Anoden aus Titan. Der Zellenboden ist abgeschrägt und mit Eisen ausgekleidet. Er wird durch die flüssige Quecksilberkathode bedeckt, deren Abstand zu den Anoden nur etwa 3 mm beträgt.

Die Elektrolyse findet bei einer Spannung von etwa 4 V statt. An der Anode wird Chlor abgeschieden, das sich teils in der Sole löst und teils entweicht. Das gasförmige Chlor wird von der mitgerissenen Sole getrennt und dann mithilfe von Schwefelsäure getrocknet, schließlich gekühlt und verflüssigt. Ähnliches geschieht mit dem in der Dünnsole gelösten Chlor, nachdem es in Chlorabscheidern von der Natriumchloridlösung getrennt worden ist. An der Kathode scheidet sich Natrium ab und bildet mit dem Quecksilber Natriumamalgam. Dabei befindet sich das Quecksilber ständig in Bewegung, und das etwa 0,2 %ige Amalgam wird in einem zweiten Kreislauf einer Zersetzungszelle zugeleitet. In dieser entstehen durch Reaktion mit Wasser Natronlauge und Wasserstoff. Das amalgamfreie Quecksilber wird in die Elektrolysezelle zurückgeführt. Der Wasserstoff wird abgesaugt und von mitgerissener Lauge und Quecksilber befreit, sodass er für Hydrierungsreaktionen verwendet werden

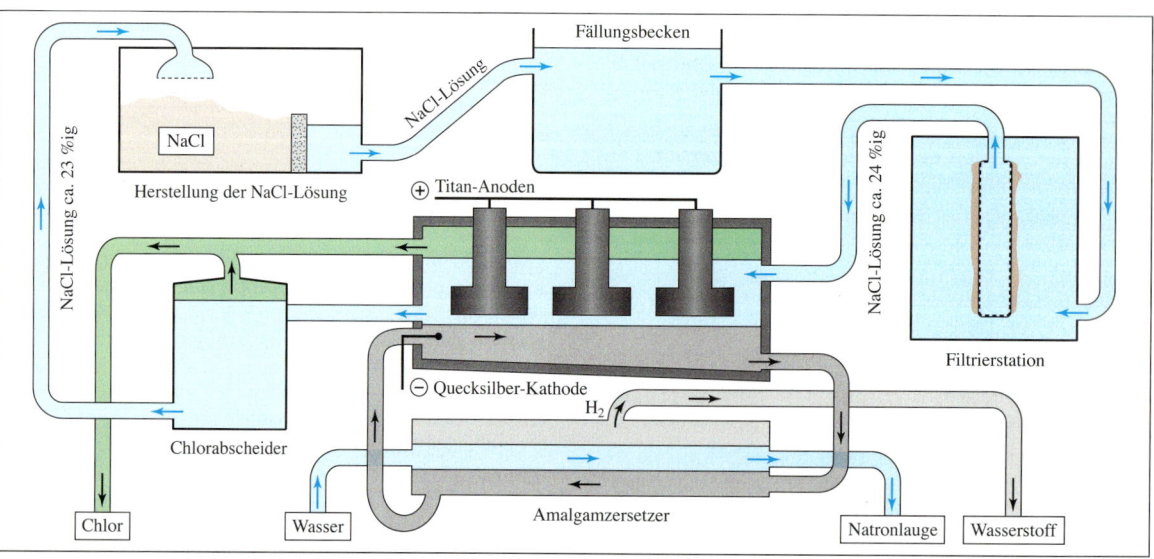

Abb. 164.3 Technischer Ablauf des Amalgamverfahrens

kann. Die anfallende 50%ige Natronlauge ist sehr rein und wird direkt an die Verbraucher weitergeben.

Beim Amalgamverfahren handelt es sich um ein im Kreislauf arbeitendes kontinuierliches Verfahren, das weitgehend automatisiert ist. Den gesamten Stoff- und Energieumsatz zeigt die folgende Gleichung:

$$2\,NaCl\,(aq) + 2\,H_2O\,(l) \rightarrow$$
$$Cl_2\,(g) + 2\,NaOH\,(aq) + H_2\,(g);\ \Delta_R H_m^0 = 454\,kJ \cdot mol^{-1}$$

Probleme bei der Durchführung. In der Praxis können verschiedene Schwierigkeiten auftreten:

1. In neutraler Lösung ist anfangs an der Kathode eine Abscheidung von Wasserstoff gemäß

$$2\,H_2O + 2\,e^- \rightarrow H_2 + 2\,OH^-$$

zu erwarten. Die Bildung von Wasserstoff ist jedoch unerwünscht, da sich der Wasserstoff mit dem anodisch entstehenden Chlor zu gefährlichem Chlorknallgas vermischen kann. Außerdem wird entsprechend weniger Natrium abgeschieden. Um dies zu vermeiden, setzt man je Liter Sole etwa 0,02 g Natriumhydroxid und 0,2 g Natriumcarbonat zu. So erhält die Sole einen pH-Wert zwischen 11 und 13, und die Abscheidung von Wasserstoff wird weitgehend verhindert, da sein Abscheidungspotential in alkalischer Lösung negativer wird.

2. Verunreinigungen in der Sole beeinträchtigen bereits in geringen Mengen den Ablauf der Elektrolyse. Molybdän- und Vanadium-Ionen können sich in metallischer Form an der Quecksilberoberfläche niederschlagen. Die Überspannung des Wasserstoffs an diesen Metallen ist jedoch geringer als an Quecksilber, sodass wiederum die Bildung des unerwünschten Wasserstoffs begünstigt wird. Andere Metall-Ionen (Magnesium, Titan, Eisen) bilden mit den vorhandenen Hydroxid-Ionen unlösliche Niederschläge und erniedrigen so den pH-Wert an der Kathode. Dadurch wird aber das Abscheidungspotential für Wasserstoff positiver, und die Abscheidung von Natrium ist erschwert.

3. Ein Teil des anodisch abgeschiedenen Chlors löst sich und disproportioniert:

$$Cl_2\,(aq) + H_2O\,(l) \rightleftharpoons HClO\,(aq) + H^+\,(aq) + Cl^-\,(aq)$$

Auf diese Weise geht Chlor verloren. Dieser Verlust kann gemindert werden, wenn die Reinsole hoch konzentriert ist und stets eine hohe Temperatur hat.

4. Sinkt im Verlauf der Elektrolyse die Konzentration an Chlorid-Ionen, so können an der Anode in verstärktem Maße auch folgende Reaktionen stattfinden:

$$4\,OH^- \rightarrow 2\,H_2O + O_2 + 2\,e^-$$

Auch die durch die Disproportionierung des Chlors entstandenen Hypochlorit-Ionen können weiter reagieren:

$$ClO^- + 4\,OH^- \rightarrow ClO_3^- + 2\,H_2O + 4\,e^-$$

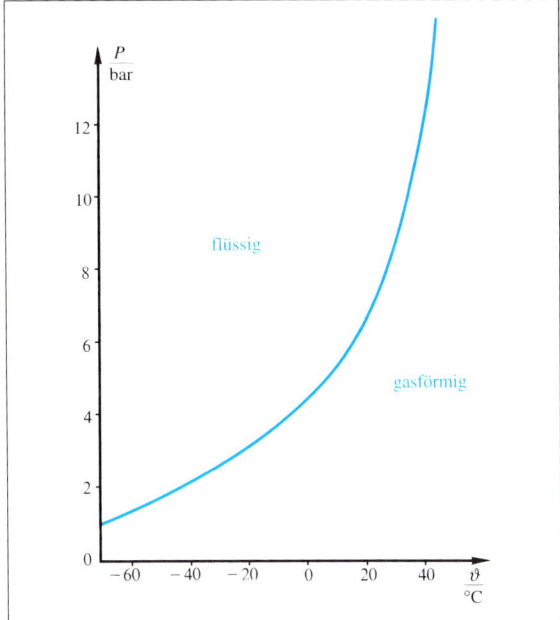

Abb. 165.1 Dampfdruck-Kurve des flüssigen Chlors

A 165.1 Welchen pH-Wert hat eine Flüssigkeit, die 0,02 g Natriumhydroxid im Liter Lösung enthält? Wodurch ändert sich der pH-Wert während des Elektrolysevorgangs ständig?

A 165.2 Warum kann man den Verlust an Chlor verringern, wenn man die Konzentration und die Temperatur der Reinsole möglichst hoch hält?

A 165.3 Nachdem das aus der Elektrolysezelle abgeführte Chlor gekühlt, gereinigt und getrocknet worden ist, muss es für den Versand verflüssigt werden. Unter welchen Bedingungen kann man Chlor
a) bei Normaltemperatur, **b)** bei Normaldruck,
c) bei –10 °C verflüssigen? (siehe Abb. 165.1)

A 165.4 Wenn man Chlor mit einer Suspension von Calciumhydroxid umsetzt, entsteht Calciumhypochloritchlorid (Ca(OCl)Cl). Es bildet den wesentlichen Bestandteil von *Chlorkalk*, der früher zum Bleichen und zur Desinfektion eingesetzt wurde. Chlorkalk war lange Zeit die einzige Form, in der man Chlor transportieren konnte.
a) Stellen Sie die Reaktionsgleichung auf.
b) Salzsäure setzt aus Chlorkalk Chlor frei. Geben Sie die Gleichung an.

V 165.5 Eigenschaften von Chlorwasser
Überprüfen Sie das Verhalten von Chlorwasser (Xn) gegenüber Indigo- und Kaliumiodidlösung. Versetzen Sie Chlorwasser mit verdünnter Natronlauge (C). Vor und nach dem Versuch wird eine Geruchsprobe gemacht. *(Vorsicht! Chlor ist ein Atemgift! Abzug!)*

REDOXREAKTIONEN

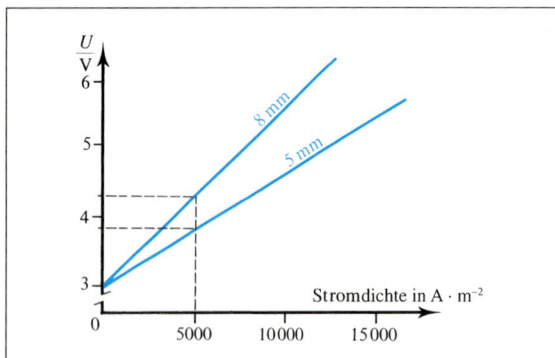

Abb.166.1 Zellenspannung bei verschiedenen Elektroden-abständen und Stromdichten

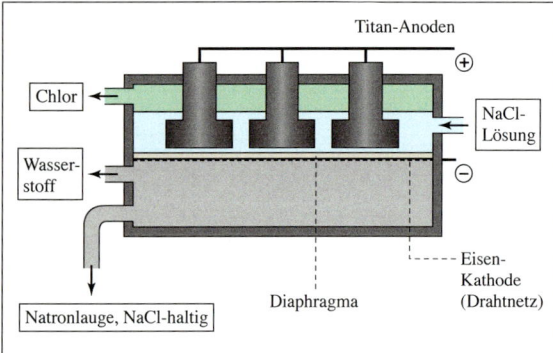

Abb.166.2 Schemaskizze einer Diaphragmazelle

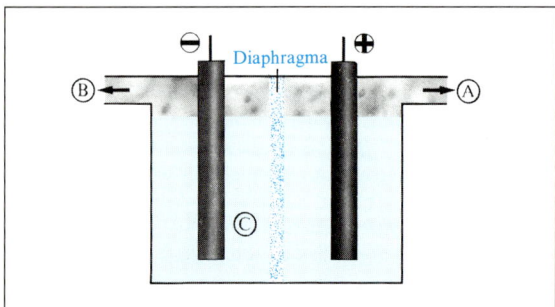

Abb.166.3 Prinzipskizze zum Diaphragmaverfahren

A 166.1 In Abb.166.3 ist eine Prinzipskizze zum Diaphragma-verfahren dargestellt. Welche Reaktionsprodukte entstehen bei A, B und C?

LV 166.2 Stellen Sie nach LV 163.2 Natriumamalgam her (T, N, ▼). Geben Sie Wasser hinzu. Beobachten Sie, wie sich die Wasserstoffentwicklung ändert, wenn man einen Gra-phitstab in das Natriumamalgam hält. Wo findet die Gasent-wicklung statt?
Entsorgung: Quecksilber alkalifrei waschen und wiederver-werten.

Diese Reaktionen beeinflussen in mehrfacher Hinsicht die Wirtschaftlichkeit des Verfahrens. Durch sie wird die Stromausbeute gemindert, dadurch steigen die Energie-kosten für den Prozess. Außerdem verunreinigt der ent-stehende Sauerstoff das Chlor. Er kann auch die Graphit-anoden unter Bildung von Kohlenstoffdioxid angreifen.

5. Durch die Zerstörung der Graphitanoden vergrö-ßert sich der Abstand zwischen Anode und Kathode. Um die Stromdichte konstant zu halten, müsste man deshalb laufend die Zellenspannung erhöhen, was wie-derum einen zusätzlichen Energieaufwand bedeuten würde. Daher ist es notwendig, den Elektrodenabstand regelmäßig zu korrigieren. Dies muss von Hand vorge-nommen werden, da der Abstand zwischen den Anoden und dem fließenden Quecksilber nur etwa 3 mm beträgt.

In neueren Zellen verwendet man auch Graphitano-den mit Titanüberzügen, die widerstandsfähiger, aber auch teurer sind.

6. Im Verlauf der Elektrolyse reichert sich das Natri-um im Quecksilber an. Nur bei einem Gehalt von 0,2 bis 0,4 % ist die Lösung jedoch flüssig und leicht beweglich. Bei steigendem Natriumgehalt wird die Legierung immer zäher. Dadurch kommt es zu Störungen im Quecksilber-kreislauf. Die dünne Quecksilberschicht kann reißen, und der Eisenboden der Zelle wird freigelegt. An Eisen scheidet sich jedoch vorwiegend Wasserstoff und nicht Natrium ab. Um solche Störungen zu vermeiden, muss sichergestellt werden, dass die Zersetzung des Natrium-amalgams schnell und kontinuierlich verläuft. Dieser Vorgang findet aber normalerweise nur sehr langsam statt. Setzt man jedoch dem Natriumamalgam Graphit hinzu, so bildet sich ein Lokalelement heraus. Die Was-serstoff-Ionen werden an Graphit leichter entladen als an Quecksilber, sodass die Zersetzungsgeschwindigkeit des Amalgams erhöht wird. Das Quecksilber wird schnel-ler regeneriert, der Kreislauf wird aufrechterhalten.

54.3 Das Diaphragmaverfahren

Im Unterschied zum Amalgamverfahren besteht die Kathode beim Diaphragmaverfahren aus einem feinen Eisennetz, das auf einem Eisenrost liegt. Die Anode be-steht aus Titan. Anode und Kathode werden durch eine horizontal liegende poröse Scheidenwand, ein so ge-nanntes Diaphragma, voneinander getrennt.

An der Anode entsteht wie beim Amalgamverfahren Chlor. An der Eisenkathode wird jedoch nicht Natrium, sondern Wasserstoff abgeschieden, da die Überspan-nung des Wasserstoffs am Eisen wesentlich geringer ist als am Quecksilber. Zusammen mit dem Wasserstoff entstehen auch Hydroxid-Ionen. Um zu vermeiden, dass die Hydroxid-Ionen aus dem Kathodenraum zur Anode wandern, sind die beiden Räume durch das Diaphragma, das dem Verfahren seinen Namen gibt, getrennt. Aus dem Kathodenraum tritt Natronlauge (Bäderlauge) aus, die in Eindampfanlagen konzentriert wird.

Als Endprodukte entstehen beim Diaphragmaverfahren also ebenfalls Chlor und Natronlauge sowie Wasserstoff. Im Gegensatz zum Amalgamverfahren ist die Natronlauge jedoch durch Cl^--Ionen verunreinigt und muss in mehreren Arbeitsgängen von Kochsalz befreit werden.

Das Diaphragmaverfahren kann bei Bedarf auch zur Herstellung von Hypochloriten und Chloraten dienen: Vermischt man Anoden- und Kathodenflüssigkeit durch ständiges Rühren miteinander, so reagiert das in der Anodenflüssigkeit gelöste Chlor mit den Hydroxid-Ionen:

$$Cl_2 \text{ (aq)} + 2\,OH^- \text{ (aq)} \rightleftharpoons Cl^- \text{ (aq)} + ClO^- \text{ (aq)} + H_2O \text{ (l)}$$

Führt man diese Reaktion bei 70 °C bis 80 °C durch, so disproportionieren die Hypochlorit-Ionen:

$$3\,ClO^- \text{ (aq)} \rightarrow ClO_3^- \text{ (aq)} + 2\,Cl^- \text{ (aq)}$$

Mithilfe des Diaphragmaverfahrens und durch Variation der Reaktionsbedingungen lassen sich also verschiedene Grundchemikalien herstellen.

Membranverfahren. Dieses Verfahren wurde erst in der letzten Zeit entwickelt. Es arbeitet ebenfalls mit Titananoden und Eisenkathoden. An den Elektroden laufen die gleichen Vorgänge wie beim Diaphragmaverfahren ab. Allerdings ist hier das Diaphragma durch eine nur 0,1 mm dünne Ionenaustauschermembran ersetzt. Durch diese Membran gelangen Natrium-Ionen zum Ladungsausgleich in den Kathodenraum, für Hydroxid-Ionen und Chlorid-Ionen ist sie praktisch undurchlässig. Die erzeugte etwa 30 %ige Natronlauge ist somit frei von Chlorid-Ionen und die Disproportionierung von Chlor wird vermieden.

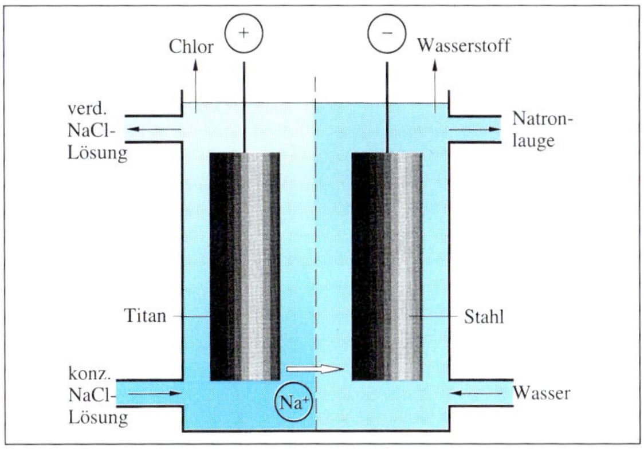

Abb.167.1 Aufbau einer Membranzelle

	Diaphragma-zelle	Amalgamzelle
Badspannung (V)	3,9–4,1	4,3–4,7
Belastung (kA)	12–14	100–500
Stromausbeute (%)	90–95	93–97
Energieverbrauch ($kWh \cdot t_{Cl_2}^{-1}$)	2750	3300
Konzentration der Natronlauge (%)	12	50
Qualität der Lauge	NaCl-haltig	rein
Verunreinigung des Chlors	geringe Mengen Sauerstoff	rein

Tab.167.2 Vergleich der Betriebsdaten von Diaphragma- und Amalgamzelle

54.4 Wirtschaftliche Aspekte

Eine wirtschaftlich arbeitende Elektrolysezelle muss mehrere Anforderungen erfüllen. Der Energieaufwand pro Tonne Erzeugnis soll klein sein. Dazu müssen die Stromausbeute hoch und die Spannungsverluste klein gehalten werden. Der OHMsche Widerstand des Elektrolyten muss klein sein. Das wird durch eine hohe Konzentration und damit hohe Leitfähigkeit der Salzlösung sichergestellt. Die Produktion von Chlor und Natronlauge in Tonnen pro Stunde soll möglichst hoch sein. Außerdem muss bei der Konstruktion der Elektrolysezelle ein günstiges Verhältnis zwischen Elektrodenfläche und Standfläche erzielt werden. Anschaffungs-, Reparatur- und Wartungskosten der Zelle sollen niedrig sein.

Ob Diaphragma- oder Amalgamzellen wirtschaftlicher sind, hängt u. a. von den Anforderungen an die

A 167.1 Natriumperchlorat ($NaClO_4$) gewinnt man durch Elektrolyse einer wässrigen Lösung von Natriumchlorat ($NaClO_3$).
Geben Sie die Gleichung für die Elektrodenreaktionen und die Gesamtgleichung an.

A 167.2 Elektrolytische Darstellung von Natriumhypochlorit
Ein schmales, hohes Becherglas wird mit einer Platte bedeckt, die zwei Öffnungen für Elektroden enthält. Bei einer Spannung von 4 V bis 6 V wird eine konzentrierte Natriumchloridlösung mit Graphitelektroden etwa 5 min lang elektrolysiert. Danach werden die Elektroden entfernt und die Flüssigkeit umgerührt. Machen Sie vor und nach dem Umrühren vorsichtig eine Geruchsprobe. Schließlich werden einige Tropfen der Flüssigkeit auf Kaliumiodid-Stärke- und auf Lackmuspapier gegeben.
Erklären Sie, warum die bei diesem Versuch entstandene Flüssigkeit als Bleichlauge bezeichnet wird.

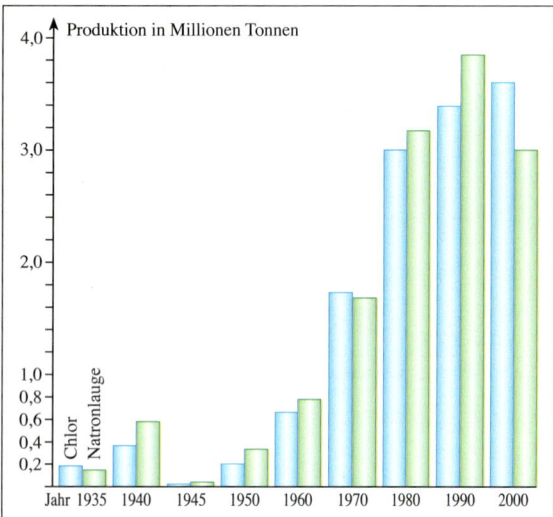

Abb. 168.1 Produktion von Chlor und Natriumhydroxid in Deutschland

Zwischenprodukt	Endprodukt
HCl	PVC Sulfonamide Sulfonate
NaOCl Ca(OCl)$_2$ CaCl(OCl)	Bleich- und Desinfektionsmittel
SiCl$_4$	Füllstoff für Siliconkautschuk
SO$_2$Cl$_2$ SOCl$_2$	Chlorierungsmittel
PCl$_3$	Insektizide
COCl$_2$	Polyurethane Polycarbonate

Tab. 168.2 Verwendungszweck anorganischer Chlor-Verbindungen

V 168.1 Versuch zum Sulfat-Salzsäure-Verfahren
Man lasse konzentrierte Schwefelsäure (C) aus einem Tropftrichter in ein Reagenzglas mit seitlichem Ansatz tropfen, in dem sich festes Natriumchlorid befindet. Das entstehende Gas (C) wird in ein Reagenzglas geleitet, das Wasser und Lackmuslösung enthält. Geben Sie zu der Flüssigkeit Silbernitratlösung.
Entsorgung: B1

LV 168.2 Verbrennung von Wasserstoff in Chlor
Wasserstoff (F+) wird in einem mit Chlor (T, N) gefüllten Standzylinder verbrannt. An die Öffnung des Zylinders wird Universalindikatorpapier gehalten *(Abzug!)*.

Reinheit der hergestellten Lauge ab. Die Investitionskosten für Anlagen vergleichbarer Größe unterscheiden sich kaum. In Deutschland wurde bis in die 1960er Jahre in etwa 90 % aller Anlagen das Amalgamverfahren angewendet. In den 1970er Jahren sank sein Anteil auf unter 60 %, weil neue Anlagen im Wesentlichen mit Diaphragmazellen gebaut wurden.

Das Membranverfahren wird in Deutschland nur in wenigen Zellen betrieben. Die vorhandenen Altanlagen zur Produktion von Chlor und Natronlauge sind nicht ausgelastet, sodass sich kaum Bedarf zum Bau neuer Anlagen ergibt. Ausgediente Anlagen nach dem Amalgamverfahren wurden jedoch durch Membranzellen ersetzt.

In der Europäischen Union wird aber immer noch zu 55 % das Amalgamverfahren zur Chlorproduktion eingesetzt, während auf das Diaphragmaverfahren und das Membranverfahren etwa jeweils 20 % entfallen. Anders sieht es in den USA und Japan aus: In den USA überwiegt zu 75 % das Diaphragmaverfahren, in Japan wird zu 90 % das Membranverfahren angewendet.

Bedarfsprobleme. Die Chloralkalielektrolyse ist dadurch gekennzeichnet, dass die Erzeugung von Chlor immer mit dem Entstehen von Natronlauge und Wasserstoff gekoppelt ist. Es ist interessant zu verfolgen, wie sich der Bedarf an diesen Produkten in Abhängigkeit von der jeweiligen geschichtlichen Situation und dem Entwicklungsstand der chemischen Industrie verändert hat.

Bereits am Anfang des letzten Jahrhunderts wurde Chlor zum Bleichen und Desinfizieren verwendet. Die Chloralkalielektrolyse gewann aber erst um die Jahrhundertwende an Bedeutung. Sie diente damals im Wesentlichen zur Herstellung von Natronlauge, und Chlor fiel nur als lästiges Nebenprodukt an. Das änderte sich erst während des Ersten Weltkriegs, als Chlor zur Synthese von chemischen Kampfstoffen (Phosgen, Senfgas, Clark) missbraucht wurde.

Während der 1930er Jahre wuchs dann der Bedarf an Natronlauge mit der Ausdehnung der Chemiefaser- und Zellstoffindustrie. Das unliebsame Nebenprodukt Chlor aber drohte die Herstellung des Haupterzeugnisses Natronlauge zu blockieren. Trotz der Verwendung von Chlorprodukten zum Bleichen von Textilien und Papier (Bleichlauge), als Desinfektionsmittel (Chlorkalk) oder zur Trinkwasserentkeimung blieb ein Überschuss zurück.

Schließlich wurden neue Nutzungsmöglichkeiten gefunden. Durch Verbrennen von Wasserstoff in Chlor begann man großtechnisch Salzsäure herzustellen und löste so das ältere Sulfat-Salzsäure-Verfahren ab. Chlor diente zur Chlorierung von Kohlenwasserstoffen und damit zur Herstellung vieler organischer Lösungsmittel (z. B. CCl$_4$, CHCl$_3$). In den 1950er Jahren stieg der Bedarf an Chlor stark an. Chlor wurde verstärkt zur Her-

REDOXREAKTIONEN

stellung von Pflanzenschutz- und Schädlingsbekämp-fungmitteln, zur Erzeugung von Synthesekautschuk, Lacken und Kunststoffen, Farbstoffen und Pharmazeutika eingesetzt. Die Herstellung des Kunststoffs PVC aus Vinylchlorid ist auch heute noch ein starker Motor für die Chlorproduktion und die Chloralkalielektrolyse.

So ist Chlor in den letzten Jahrzehnten zu einem der wichtigsten anorganischen Produkte geworden. Bis in die Mitte der 1970er Jahre betrugen die jährlichen Zuwachsraten zwischen 5 % und 10 %. Seitdem stagniert die Chlor-Produktion in den Industrieländern allerdings.

Natronlauge war lange Zeit ein Überschussprodukt in Europa. Deshalb wandelte man einen Teil der Lauge durch Umsetzung mit Kohlenstoffdioxid in *Soda* um. Soda ist eine wichtige Industriechemikalie, die überwiegend zur Herstellung von Glas eingesetzt wird.

In dieser Situation ist für die Industrie die Elektrolyse von Salzsäure interessant. Dabei erhält man sehr feines Chlor, ohne dass gleichzeitig Natronlauge entsteht.

Die Nutzung des bei der Chloralkalielektrolyse anfallenden Wasserstoffs hat hingegen nie größere Schwierigkeiten bereitet. Er wurde zeitweise zur Füllung von Zeppelinen genutzt. Heute allerdings wird er im Wesentlichen für Hydrierungsreaktionen und zur Ammoniaksynthese verwendet; er kann aber auch nach Reaktion mit Chlor zur Salzsäureherstellung benutzt werden oder durch Verbrennung in Sauerstoffatmosphäre zur Erzeugung hoher Temperaturen dienen.

Das Amalgam-, das Diaphragma- und das Membranverfahren unterscheiden sich erheblich in ihren Umweltbelastungen. Bei allen drei Verfahren treten Chlor-Emissionen auf. Sie können durch eine Chlorvernichtungsanlage minimiert werden, in der alle Abgasströme gereinigt werden, sodass die Chlor-Emission bei etwa 1 mg · m⁻³ liegt. Bei einem Störfall muss die Anlage in der Lage sein, die gesamte Chlorproduktion aufzunehmen, bis die Anlage heruntergefahren ist. Weitere Chlor-Emissionen treten durch Hypochlorit-Ionen und Chlorat-Ionen im Abwasser auf.

Das Verfahren mit den größten Problemen ist das *Amalgamverfahren*. Die heute üblichen Anlagen enthalten etwa 12 000 t Quecksilber. Beim Betrieb wird Quecksilber über die Luft und das Wasser, sowie über die Produkte und den Abfall emittiert. In der EU gelangten 1998 auf diesen Wegen 9,5 t Quecksilber in die Umwelt. Die unterschiedlichen Anlagen emittieren zwischen 0,2 g und 3 g Quecksilber pro Tonne produzierten Chlors.

Altlasten an Quecksilber bestehen auf Deponien, wo früher Graphitschlämme abgelagert wurden. Damals benutzte man für das Amalgamverfahren noch reine Graphit-Anoden ohne Titanüberzüge.

Das Hauptproblem beim *Diaphragmaverfahren* ist das als Diaphragma verwendete Asbest. Asbestfasern können sich in den Atemwegen festsetzen und Krebserkrankungen auslösen.

Das *Membranverfahren* kommt ohne den Einsatz von Quecksilber und Asbest aus. Darüber hinaus hat es von allen drei Verfahren den besten energetischen Wirkungsgrad und die größten ökologischen Vorteile. Der Übergang zu diesem Verfahren kommt in der EU allerdings nur langsam voran.

Abb. 169.1 Chloralkalielektrolyse und die Umwelt

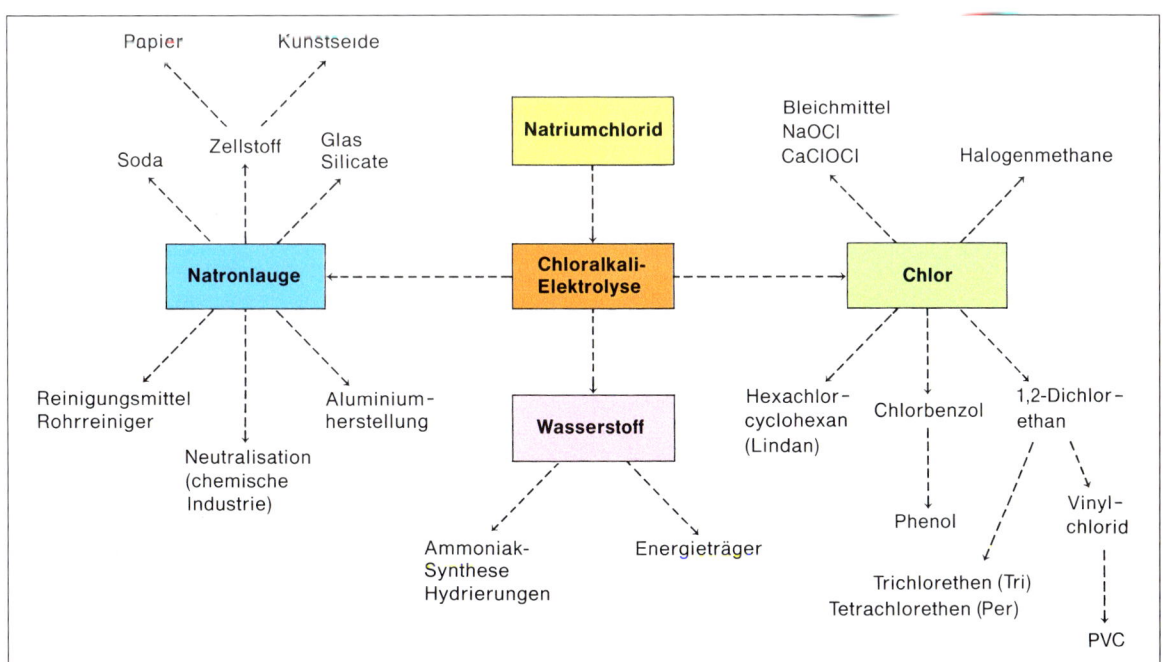

Abb. 169.2 Verwendung von Chlor und Natronlauge

REDOXREAKTIONEN

169

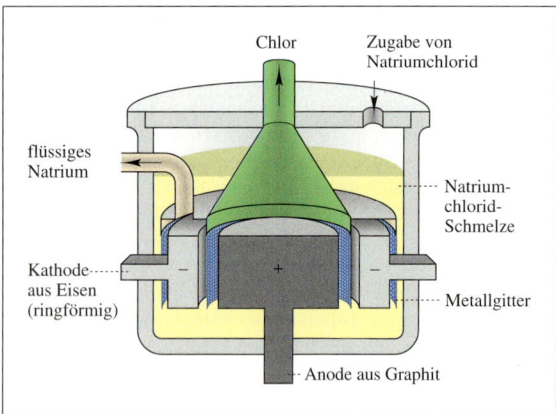

Abb.170.1 Technische Gewinnung von Natrium. Querschnitt durch eine runde DOWNS-Zelle.

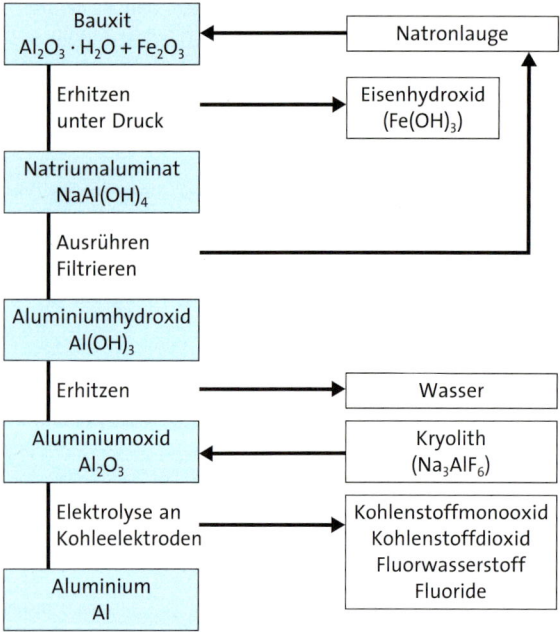

Abb.170.2 Gewinnung von Aluminium aus Rohbauxit

A 170.1 In Abb.170.1 ist eine DOWNS-Zelle zur Gewinnung von Natrium aus Steinsalz dargestellt.

a) Stellen Sie die Gleichungen für die bei der Schmelzflusselektrolyse ablaufenden Elektrodenvorgänge auf.

b) Warum befindet sich um die Kathode herum ein feinmaschiges Eisennetz?

c) Die Schmelztemperatur von Natriumhydroxid (330 °C) ist niedriger als die von Natriumchlorid (800 °C). Geben Sie die Gründe an, warum man heute dennoch Natriumchlorid als Elektrolyt verwendet. Stellen Sie dazu die Gleichungen für die bei einer Schmelzflusselektrolyse von Natriumhydroxid ablaufenden Elektrodenvorgänge auf.

55 Schmelzflusselektrolyse

55.1 Großtechnische Natriumgewinnung

Alkalimetalle verbinden sich schnell in exothermer Reaktion mit anderen Stoffen. Sie kommen deshalb in der Natur nicht in elementarer Form vor. In Meerwasser, Salzseen und Salzlagerstätten findet man aber große Mengen an Natrium- und Kalium-Verbindungen. Für die Gewinnung der Metalle liegt es daher nahe, die Metalle aus ihren Salzen durch Reduktion der Metall-Ionen herzustellen. Da die Alkalimetalle aber selbst die stärksten Reduktionsmittel sind, lässt sich das nicht auf chemischem Wege erreichen. Möglich wird die Reduktion durch Einsatz elektrischer Energie im technischen Verfahren der *Schmelzflusselektrolyse*.

Natrium wird großtechnisch durch Elektrolyse von gereinigtem Steinsalz hergestellt. Die DOWNS-Elektrolysezelle besteht aus einem zylindrischen Eisenbehälter, der mit feuerfesten Steinen ausgemauert ist. Von unten ragt eine Anode aus Graphit hinein, die von einer ringförmigen Kathode aus Eisen umgeben ist. Da reines Natriumchlorid erst bei 800 °C schmilzt, mischt man etwas Bariumchlorid und Calciumchlorid zu. Diese Mischung schmilzt bereits bei etwa 600 °C. Schließt man den Stromkreis, so wandern die positiv geladenen Natrium-Ionen zur Kathode und die negativ geladenen Chlorid-Ionen zur Anode. Bei einer Spannung von 7 Volt beträgt die Stromstärke etwa 35 000 Ampere.

Das entweichende Chlor wird durch eine Metallglocke über der Graphit-Anode abgeleitet. Das entstehende flüssige Natrium hat eine geringere Dichte als die Schmelze; es sammelt sich in einer ringförmigen Rinne oberhalb der Kathode am Glockenrand.

55.2 Großtechnische Aluminiumgewinnung

Aluminium ist in Form seiner Verbindungen zu etwa 7,5 % am Aufbau der Erdrinde beteiligt. Damit ist es das auf der Erde am häufigsten vorkommende Metall. Man findet abbauwürdige Aluminium-Verbindungen vor allem in Südfrankreich, Jugoslawien und Ungarn. Größere Vorkommen liegen in Indonesien und Australien.

Als Rohstoff für die technische Aluminiumgewinnung eignen sich nur wenige aluminiumhaltige Mineralien. Zumeist wird der nach seinem Fundort Les Baux benannte Bauxit verwendet. Bauxit entsteht durch Verwitterung von Feldspäten. Seine Zusammensetzung lässt sich näherungsweise durch die Formeln $Al_2O_3 \cdot H_2O$ oder $AlO(OH)$ beschreiben. Er enthält jedoch neben Aluminiumhydroxiden auch noch Eisen(III)-oxid-Hydrate und Siliciumverbindungen.

Als erstes muss man aus Rohbauxit mithilfe von Aufschlussverfahren reines Aluminiumoxid herstellen. Diese als Tonerde bezeichnete Verbindung dient dann als eigentliches Ausgangsmaterial für die großtechnische Aluminiumgewinnung. Eine chemische Reduktion des Aluminiumoxids zur Herstellung von Aluminium ist wegen der hohen Bildungsenthalpie des Aluminiumoxids schwierig und kostspielig. Deshalb bietet sich in diesem Fall wieder der elektrochemische Weg an. Man stellt das Metall durch Schmelzflusselektrolyse her.

Dieses Verfahren findet in eisernen Wannen statt, deren Wände mit Kohle ausgekleidet sind. Die Kohle dient gleichzeitig als Kathode. Die Stromzuführung erfolgt über Eisenschienen, die in die Kohle eingelagert sind. Als Anoden werden Blockanoden aus vorgebranntem Graphit verwendet. Sie sind beweglich, sodass man den Abstand zwischen Kathode und Anode ständig regulieren kann.

Der Schmelzpunkt von reinem Aluminiumoxid liegt bei 2045 °C. Es leitet den Strom schlecht. Die Erzeugung der Schmelze und die Aufrechterhaltung der Arbeitstemperatur würden daher hohe Energiekosten verursachen und das Verfahren unrentabel machen. Deshalb wird die Tonerde in *Kryolith*, Natriumhexafluoroaluminat (Na_3AlF_6), eingetragen. Ein Gemenge aus 10 % Aluminiumoxid und 80 % Kryolith, dem noch Calcium- und Aluminiumfluorid zugesetzt werden, hat eine Schmelztemperatur von etwa 940 °C. Es ist wegen seiner guten Leitfähigkeit leicht elektrolysierbar. Die einmal hergestellte Schmelze bleibt erhalten, weil ein Teil der elektrischen Energie in Wärme umgewandelt wird.

Bei der Elektrolyse werden Al^{3+}-Ionen an der Kathode entladen. Gleichzeitig entsteht an der Anode Kohlenstoffdioxid.

Kathode: $4\,Al^{3+} + 12\,e^- \rightarrow 4\,Al$
Anode: $3\,C + 6\,O^{2-} \rightarrow 3\,CO_2 + 12\,e^-$
Gesamtvorgang: $2\,Al_2O_3(l) + 3\,C(s) \rightarrow 4\,Al(l) + 3\,CO_2(g)$

Das flüssige Aluminium (Schmelztemperatur: 659 °C) sammelt sich aufgrund seiner Dichte am Boden der Wanne. Es wird durch die darüberstehende Schmelze vor Oxidation geschützt und kann von Zeit zu Zeit abgesaugt werden. Es gelangt in Warmhalteöfen, in denen sich gelöste Gase und mitgerissene Fremdstoffe abscheiden und wird dann in Barren gegossen. Das so hergestellte Aluminium hat eine Reinheit von 99,6 %.

Einzelprobleme. Bei der Durchführung der Elektrolyse treten folgende Schwierigkeiten auf:

1. Die Blockanoden werden während der Elektrolyse verbraucht. Der Kohlenstoff wird oxidiert und bildet mit den Oxid-Ionen aus der Schmelze Kohlenstoffdioxid. Um den erforderlichen Abstand zwischen Anode und Kathode von 3 cm bis 6 cm aufrecht zu erhalten,

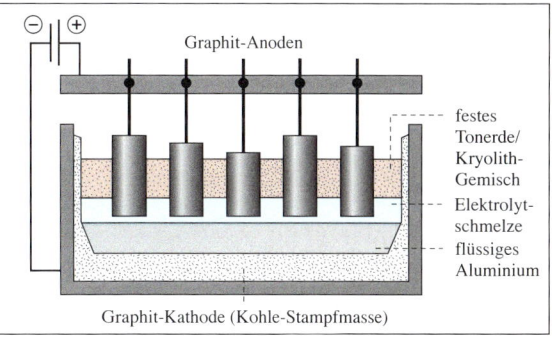

Abb. 171.1 Elektrolyseofen für die Schmelzflusselektrolyse von Aluminiumoxid (schematisch)

Abb. 171.2 Elektrolysewanne

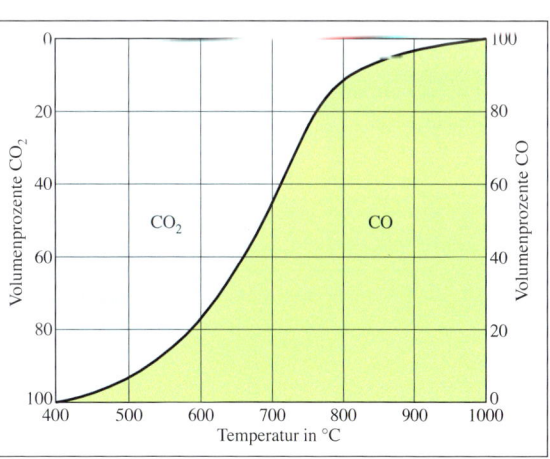

Abb. 171.3 Diagramm zum BOUDOUARD-Gleichgewicht (bei einem Gesamtdruck von 10^5 Pa)

A 171.1 Warum lässt sich Aluminium nicht durch Elektrolyse einer wässrigen Aluminiumsalz-Lösung herstellen?

A 171.2 Welche Zusammensetzung an Kohlenstoffoxiden müsste das Gasgemisch, das als Abgas aus den Elektrolyseöfen entweicht, theoretisch haben?

REDOXREAKTIONEN

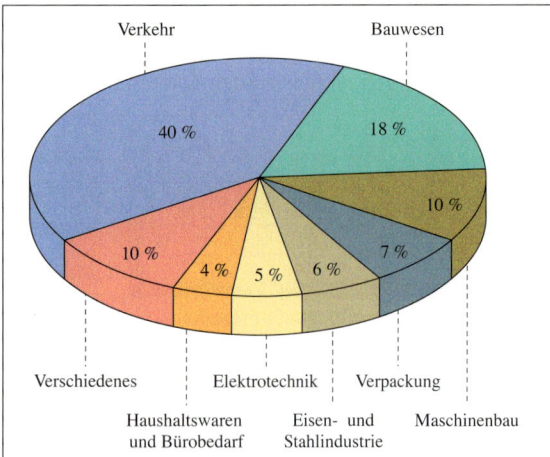

Abb. 172.1 Verwendung von Aluminium in Deutschland (gesamt: 2,6 Mio t). Die Weltmarktpreise für Aluminium gehen seit 2001 stark zurück, da Überkapazitäten der Produzenten für ein hohes Angebot sorgten, die Nachfrage wegen der schlechten Bau- und Automobilkonjunktur jedoch in vielen Industrieländern stagnierte. Insgesamt fielen die Preise von 1546 US-$/t zu Jahresbeginn 2001 auf 1340 US-$/t am Jahresende.

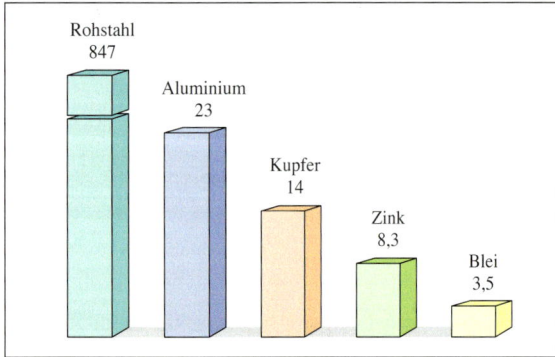

Abb. 172.2 Weltproduktion an Metallen in Millionen Tonnen

Spannung in V	4,3 bis 7
Stromstärke in kA	100 bis 150
Stromdichte in $A \cdot m^{-2}$	7000
Stromausbeute in %	bis 93
Energieverbrauch in $kWh \cdot kg_{Al}^{-1}$	14,5 bis 15,6
Reinheitsgrad des Al in %	bis 99,85

Tab. 172.3 Betriebsdaten moderner Elektrolyseöfen

müssen die Anoden regelmäßig nachgeführt werden. Ein Anodenblock von etwa 1000 kg Masse bleibt drei bis vier Wochen im Elektrolysebad, ehe er ausgewechselt werden muss.

2. Das Anodengas besteht im Wesentlichen aus Kohlenstoffdioxid und Kohlenstoffmonooxid, etwa im Verhältnis von 2 : 1. Es wird ständig abgesaugt, und zwar bis zu 8000 m^3 in der Stunde. Das Gemisch wird einer zentralen Gasreinigungsanlage zugeführt.

Da dem Elektrolyten zur Herabsetzung der Schmelztemperatur Fluor-Verbindungen zugesetzt werden, können sich bei der Elektrolyse auch sehr giftige Fluor-Verbindungen bilden, beispielsweise Fluorwasserstoff. Das fluorhaltige Abgas wird daher in der Reinigungsanlage an einer Schicht von Aluminiumoxid absorbiert und in einem nahezu geschlossenen Stoffkreislauf in die Elektrolysezelle zurückgebracht. Das gereinigte Abgas enthält weniger als 1 mg · m^{-3} Fluor.

3. Das Aluminiumoxid wird bei dem Verfahren verbraucht. Sein Anteil an der Schmelze bewegt sich zwischen 8 % und 2 %, darf aber nicht unter 2 % sinken, da sonst der *Anodeneffekt* auftritt: Die Anode wird bei zu geringem Anteil an Aluminiumoxid schlecht benetzt, es bildet sich ein Gasfilm um die Elektrode aus, sodass der Widerstand der Zelle steigt. Um die hohe Stromstärke aufrecht zu erhalten, steigt die Spannung auf Werte von über 30 V. Dieser Effekt muss vermieden werden, damit das Verfahren kontinuierlich abläuft. Außerdem bilden sich an der Anode leicht Fluor-Verbindungen, wenn der Anteil an Oxid in der Schmelze sinkt. In modernen Anlagen sorgt deshalb eine computergesteuerte Dosiermaschine dafür, dass in Abständen von wenigen Minuten Tonerde nachgefüllt wird.

Wirtschaftliche Aspekte. Nach diesen Überlegungen lassen sich die bei der Schmelzflusselektrolyse stattfindenden Vorgänge wie folgt beschreiben:

$$Al_2O_3 \, (l) \rightarrow 2 \, Al \, (l) + \tfrac{3}{2} \, O_2 \, (g); \quad \Delta_R H_m^0 = 1671 \text{ kJ} \cdot \text{mol}^{-1}$$

$$\tfrac{3}{2} \, C \, (s) + \tfrac{3}{2} \, O_2 \, (g) \rightarrow \tfrac{3}{2} \, CO_2 \, (g); \quad \Delta_R H_m^0 = -591 \text{ kJ} \cdot \text{mol}^{-1}$$

$$Al_2O_3 \, (l) + \tfrac{3}{2} \, C \, (s) \rightarrow 2 \, Al \, (l) + \tfrac{3}{2} \, CO_2 \, (g);$$
$$\Delta_R H_m^0 = 1080 \text{ kJ} \cdot \text{mol}^{-1}$$

Aus den Enthalpiewerten wird ersichtlich, dass bei diesem Verfahren ein hoher Bedarf an Energie besteht. Aluminiumwerke sind deshalb nur dort rentabel, wo günstiger Strom, z. B. durch Wasserkraft- oder Atomkraftwerke, zur Verfügung steht. Die Wirtschaftlichkeit des Verfahrens ist außerdem von dem Vorhandensein von Bauxit mit hohem Aluminiumoxidgehalt abhängig. Die Bauxitvorkommen der Erde sind trotz weiterer Funde in Australien und Nordchina nicht unbegrenzt. Man wird langfristig auch andere Aluminium-Verbindungen für die Aluminiumgewinnung nutzbar machen.

An dieser Stelle bietet sich ein Vergleich mit der Produktionskapazität eines Hochofens an. Moderne 150-kA-Elektrolysezellen stellen etwa 1000 kg Aluminium pro Tag her. Eine Aluminiumhütte, die drei Elektrolysehallen von je 20 m Breite und 600 m Länge mit 100 Zellen umfasst, erzeugt dann täglich 300 Tonnen Aluminium. Ein Hochofen mittlerer Größe stellt in 24 Stunden 1000 t Roheisen her. Trotz dieser geringen Produktion von Aluminium „pro Raum- und Zeiteinheit" bleibt aber festzustellen, dass die Verfahrenstechnik der elektrochemischen Aluminiumgewinnung weitgehend ausgereift ist und in absehbarer Zeit nicht durch ein wirtschaftlicheres Verfahren abgelöst werden kann.

Zur Wirtschaftlichkeit trägt außerdem bei, dass sich das Elektrolyseverfahren weitgehend automatisieren lässt. So wird in modernen Anlagen zur Überwachung des Prozessablaufs ein Computer eingesetzt, der nicht nur das Eintreten des Anodeneffekts verhindern kann, sondern auch die Fluor-Emission begrenzt.

Aluminium und seine Legierungen sind heute für Industrie und Technik unentbehrlich. Sie zeichnen sich durch geringe Dichte, Korrosionsfestigkeit sowie gute Leitfähigkeit für Wärme und Elektrizität aus. *Duralumin* enthält neben Aluminium etwa 5 % Kupfer, 2 % Magnesium, 1 % Mangan und 1 % Silicium. Diese Legierung wird wegen ihrer relativ geringen Dichte und ihrer großen Härte im Flugzeugbau eingesetzt. *Hydronalium* besteht zu etwa 12 % aus Magnesium und wird beim Schiffbau verwendet, da es gegen Meerwasser beständig ist. Eine siliciumhaltige Aluminiumlegierung ist im geschmolzenen Zustand dünnflüssig wie Wasser und kann so auch verwinkelte Gussformen ausfüllen. Im erstarrten Zustand ist sie dagegen hart und widerstandsfähig, sodass aus ihr Zylinderblöcke, Kurbelwellen und Getriebegehäuse für Autos gefertigt werden.

Abb. 173.1 Bauxitabbau in Brasilien

A 173.1 Beim Aufschluss von Bauxit findet folgende Reaktion statt:

$Al(OH)_3$ (s) + OH^- (aq) $\rightleftharpoons$ $Al(OH)_4^-$ (aq)

a) Welche Bedeutung hat diese Gleichgewichtsreaktion für den Aufschluss?
b) Was geschieht, wenn man in die Aluminat-Lösung Kohlenstoffdioxid einleitet?

A 173.2 Zur Herstellung von 1 t Aluminium werden benötigt:
4 t bis 5 t Bauxit, aus dem man 2 t Al_2O_3 gewinnt, etwa 50 kg Kryolith, 500 kg bis 600 kg Elektrodenkohle und etwa 15 000 kWh elektrischer Energie, wobei etwa die Hälfte dieser Energie als Wärme frei wird.
Wie groß ist *theoretisch* die elektrische Energie, die notwendig ist, um durch Schmelzflusselektrolyse 1 t Aluminium herzustellen?

A 173.3 Wie groß ist die tägliche Aluminiumproduktion einer Elektrolysezelle, die mit einer Stromstärke von I = 100 kA bei einer Stromausbeute von η = 85 % betrieben wird?

A 173.4 An der Anode wird als Nebenprodukt elektrochemisch auch Tetrafluormethan gebildet.
Geben Sie die Reaktionsgleichung an.

REDOXREAKTIONEN

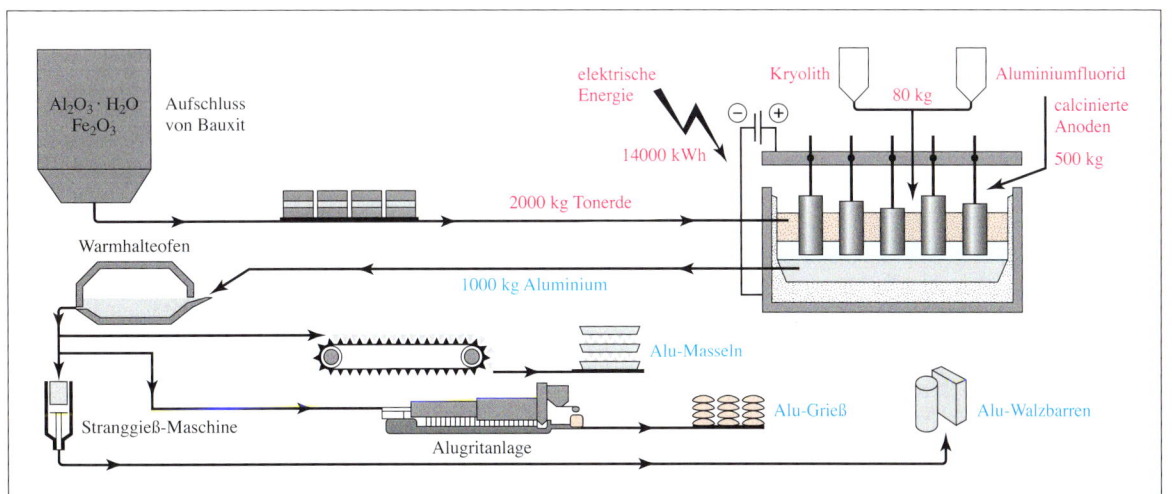

Abb. 173.2 Schema zur Herstellung von Aluminium

173

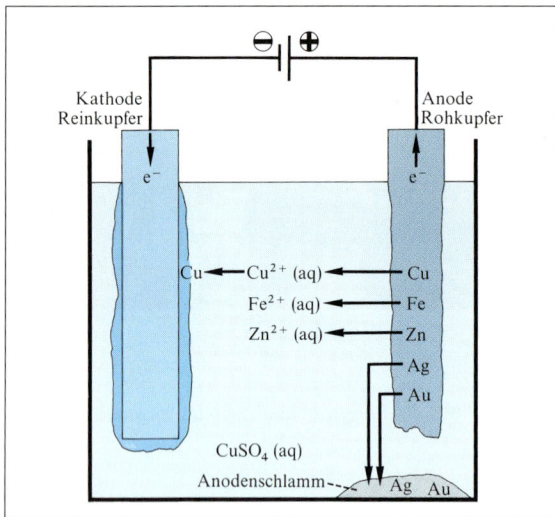

Abb. 174.1 Elektrolytische Kupferraffination

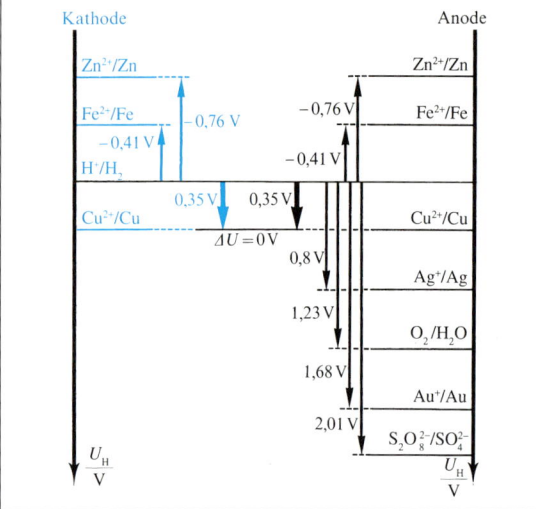

Abb. 174.2 Spannungsdiagramm zur Kupferraffination

V 174.1 Elektrolyse von Schwefelsäure mit Kupferelektroden
Verdünnte Schwefelsäure (Xi) wird in ein U-Rohr mit seitlichen Ansätzen gegeben. Als Elektroden dienen zwei Kupferstäbe.
Elektrolysieren Sie bei der Stromstärke $I = 0,5$ A.
Entsorgung: B1

V 174.2 Modellversuch zur Kupferraffination
Elektrolysieren Sie in einem Becherglas gesättigte Kupfersulfatlösung (Xn, N) der pro 200 ml Lösung 15 ml konzentrierte Schwefelsäure (C) zugesetzt werden. Als Kathode dient ein Kupferblech, als Anode wird ein Messingblech verwendet. Halten Sie die Stromstärke so gering, dass keine Gasentwicklung auftritt.
Entsorgung: B2

56 Elektrolytische Gewinnung von Reinkupfer

Führt man die Elektrolyse einer Kupfersulfatlösung mit Kupferelektroden durch, so beobachtet man, dass sich an der Kathode Kupfer abscheidet, während sich die Kupferanode langsam auflöst. Die Anode ist hier also selbst an der Elektrolysereaktion beteiligt. Dies ist einzusehen, wenn man die möglichen Elektrodenreaktionen betrachtet.

Kathode:
a) $Cu^{2+} + 2\,e^- \rightarrow Cu$; $\quad U_H^0 = 0,35$ V
b) $2\,H_2O + 2\,e^- \rightarrow H_2 + 2\,OH^-$; $\quad U_H = -0,41$ V
$\quad$(pH = 7)

Anode:
a) $2\,SO_4^{2-} \rightarrow S_2O_8^{2-} + 2\,e^-$; $\quad U_H^0 = 2,01$ V
b) $2\,H_2O \rightarrow O_2 + 4\,H^+ + 4\,e^-$; $\quad U_H = 0,82$ V
$\quad$(pH = 7)
c) $Cu \rightarrow Cu^{2+} + 2\,e^-$; $\quad U_H^0 = 0,35$ V

Die geringste Zersetzungsspannung ergibt sich bei einer kathodischen Reduktion der Kupfer(II)-Ionen und einer anodischen Oxidation des Kupfers, nämlich theoretisch 0 V. Es sollte bei dieser Elektrolyse keine Energie verbraucht werden. In der Praxis treten allerdings Energieverluste durch den OHMschen Widerstand der Lösung auf.

Die hier beschriebene Elektrolyse ist technisch von großer Bedeutung und wird zur Herstellung hochreinen Kupfers angewendet, das in der Elektrotechnik benötigt wird. Bei der Verhüttung von Kupfererzen lässt sich nämlich nur Rohkupfer mit einem Kupfergehalt von 96 % bis 98 % erhalten. Dieses Rohkupfer weist Verunreinigungen an unedleren Metallen wie Zink und Eisen, aber auch an edleren Metallen wie Silber und Gold auf. Das Reinkupfer erhält man durch *elektrolytische Raffination*. Dabei wird eine saure Kupfersulfatlösung elektrolysiert. Man verwendet eine Kathode aus Reinkupfer, eine Anode aus Rohkupfer. Bei dieser Elektrolyse werden das Anodenkupfer und die unedlen Verunreinigungen oxidiert. Kupfer-Ionen, Eisen-Ionen und Zink-Ionen gehen in Lösung. Die edleren Verunreinigungen hingegen werden unter diesen Bedingungen nicht oxidiert. Sie setzen sich als „Anodenschlamm" ab. Durch Aufarbeitung lassen sich aus dem Anodenschlamm Silber und Gold gewinnen.

An der Kathode werden nun nur die Kupfer-Ionen aus der Lösung entladen, da sie von allen in Lösung befindlichen Kationen das positivste Potential besitzen. Eisen- und Zink-Ionen werden unter diesen Bedingungen an der Kathode nicht reduziert; sie bleiben in Lösung. Auf diese Weise erhält man an der Kathode hochreines Kupfer.

Die folgende Überlegung zeigt quantitativ die selektive Wirkung der kathodischen Reduktion bei der Elektrolyse einer wässrigen Lösung mit mehreren Kationen.

REDOXREAKTIONEN

An der Kathode werden immer die Ionen abgeschieden, deren Redoxpaar das positivste Potential besitzt. Die Potentiale sind aber von der Konzentration der in Lösung befindlichen Ionen abhängig. Sie lassen sich mithilfe der NERNSTschen Gleichung bestimmen. Für die Redoxpaare Cu^{2+}/Cu und Fe^{2+}/Fe gilt:

$$U_H (Cu^{2+}/Cu) = 0{,}35\ V + \frac{0{,}059}{2}\ V \cdot \lg c\ (Cu^{2+})$$

$$U_H (Fe^{2+}/Fe) = -0{,}44\ V + \frac{0{,}059}{2}\ V \cdot \lg c\ (Fe^{2+})$$

Wenn die Konzentrationen der Eisen- und Kupfer-Ionen in der Lösung gerade so groß sind, dass

$$U_H (Cu^{2+}/Cu) = U_H (Fe^{2+}/Fe),$$

ist die Abscheidung von Kupfer- und Eisen-Ionen gleichberechtigt. Die folgende Rechnung zeigt, welche Konzentrationsverhältnisse für diesen Fall in der Lösung vorliegen müssen. Durch Gleichsetzen der obigen Terme erhält man:

$$-0{,}44\ V + \frac{0{,}059}{2}\ V \cdot \lg c\ (Fe^{2+}) =$$
$$0{,}35\ V + \frac{0{,}059}{2}\ V \cdot \lg c\ (Cu^{2+})$$

$$\frac{0{,}059}{2}\ V \cdot (\lg c\ (Fe^{2+}) - \lg c\ (Cu^{2+})) =$$
$$0{,}35\ V + 0{,}44\ V = 0{,}79\ V$$

$$\lg c\ (Fe^{2+}) - \lg c\ (Cu^{2+}) = \frac{0{,}79\ V \cdot 2}{0{,}059\ V} = 26{,}8$$

$$\lg \frac{c\ (Fe^{2+})}{c\ (Cu^{2+})} = 26{,}8 \quad \text{also}$$

$$\frac{c\ (Fe^{2+})}{c\ (Cu^{2+})} \approx 10^{27} \quad \text{oder}$$

$$c\ (Fe^{2+}) : c\ (Cu^{2+}) \approx 10^{27} : 1$$

Die Abscheidung von Kupfer- und Eisen-Ionen ist also erst gleichberechtigt bei einem Konzentrationsverhältnis von $10^{27} : 1$. Dieses Verhältnis kann bei der Kupferraffination nie erreicht werden, und so erhält man an der Kathode nur hochreines Kupfer.

Selbst aus einer konzentrierten Eisen(II)-Salzlösung, die durch Kupfer(II)-Ionen verunreinigt ist, scheidet sich bei einer Elektrolyse zunächst Kupfer an der Kathode ab. Wegen ihrer selektiven Wirkung kommt der Elektrolyse eine große Bedeutung für die quantitative Analyse zu. Der Gehalt einer Lösung an Kupfer(II)-Ionen lässt sich auf diese Weise quantitativ bestimmen, auch wenn neben den Kupfer(II)-Ionen noch Blei(II)-, Cadmium(II)-, Nickel(II)-, Cobalt(II)- oder Eisen(II)-Ionen in der Lösung vorhanden sind. Nach der Elektrolyse muss man die Massenzunahme der Kathode durch Wägung ermitteln. Daher nennt man diese Methode *Elektrogravimetrie*.

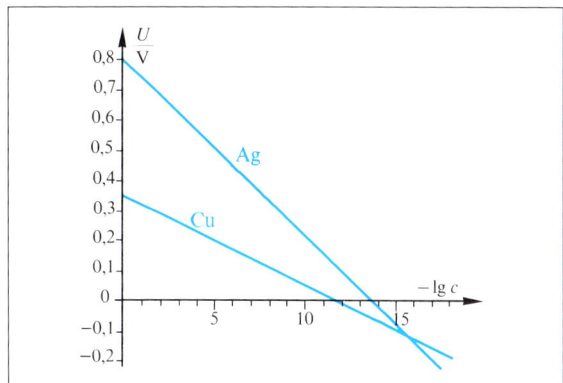

Abb.175.1 Abscheidungspotentiale von Silber und Kupfer

Abb.175.2 Kupfer-Rundbarren aus der elektrolytischen Kupfer-Raffination

Element	spezifische Leitfähigkeit in $\Omega^{-1} \cdot m^{-1}$ bei 18 °C
Ag	$62{,}5 \cdot 10^6$
Cu	$58{,}9 \cdot 10^6$
Au	$43{,}8 \cdot 10^6$
Al	$31{,}3 \cdot 10^6$
Fe	$10 \cdot 10^6$
Hg	$1 \cdot 10^6$
C (Graphit)	$2 \cdot 10^4$
Si	$0{,}4 \cdot 10^{-3}$
S	$0{,}52 \cdot 10^{-15}$

Tab.175.3 Spezifische Leitfähigkeit einiger Elemente

A 175.1 a) Eine wässrige Lösung mit einer Konzentration an Kupfer(II)-Ionen von $1\ mol \cdot l^{-1}$ und einer Silber-Ionen-Konzentration von $0{,}1\ mol \cdot l^{-1}$ wird mit Platinelektroden elektrolysiert. Beschreiben Sie die Elektrodenvorgänge.
b) Stellen Sie anhand von Abb.175.1 fest, bei welcher Silber-Ionen-Konzentration die Abscheidungspotentiale von Silber und Kupfer gleich sind.

REDOXREAKTIONEN

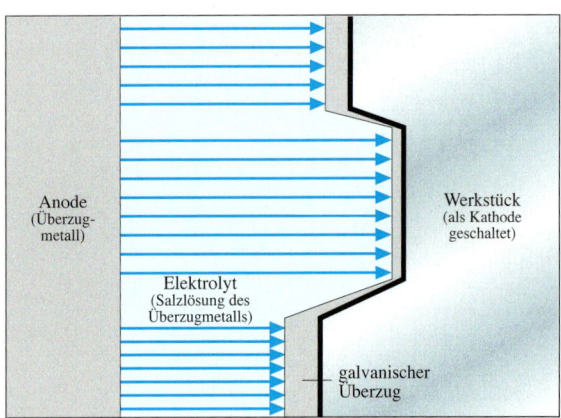

Abb. 176.1 Zusammenhang zwischen Anodenabstand, Stromdichte und Schichtdicke eines galvanischen Überzugs. Die Dichte der Pfeile gibt die Stromdichte wieder.

V 176.1 Galvanische Verkupferung

Stellen Sie eine Elektrolytlösung her, indem Sie 125 g Kupfersulfat-Pentahydrat (Xn, N) sowie 50 g konzentrierte Schwefelsäure (C) und 50 g Ethanol (F) zu 1 l Wasser lösen. Elektrolysieren Sie mit einer Kupferanode mit einer Stromdichte bis zu $0{,}03 \text{ A} \cdot \text{cm}^{-2}$. Das zu verkupfernde Metallstück wird als Kathode geschaltet. *Entsorgung:* B2

V 176.2 Versilbern eines Kupferstücks

Ein Kupferstück wird ausgeglüht und in ein Reagenzglas mit wenig Ethanol (F) gegeben. Das jetzt blanke Kupferstück wird in die Schlinge eines Silberdrahtes gelegt, der als Kathode geschaltet wird. Als Anode dient ein Silberblech. Es wird mit einer Spannung von 2 V und mit einer Stromdichte von höchstens $0{,}005 \text{ A} \cdot \text{cm}^{-2}$ elektrolysiert.

V 176.3 Vernickeln

Stellen Sie eine Nickelnitratlösung ($c = 1 \text{ mol} \cdot \text{l}^{-1}$) (T, ▽) in Salpetersäure ($c = 0{,}1 \text{ mol} \cdot \text{l}^{-1}$) her. Als Elektroden werden zwei sorgfältig gereinigte Kupferbleche verwendet. *Entsorgung:* B2

57 Galvanotechnik

Der Gebrauchswert vieler Gegenstände lässt sich erhöhen, wenn diese vor Korrosion geschützt werden. Dazu wird in vielen Fällen der zu schützende Gegenstand mit einem dünnen Überzug aus einem widerstandsfähigeren Metall überzogen. Dies kann auf elektrolytischem Wege, durch *Galvanisieren* geschehen.

Beim Galvanisieren wird der zu überziehende Gegenstand in die Salzlösung des Überzugmetalls getaucht und als Kathode geschaltet. Als Anode dient ein Stück des Überzugmetalls, das sich langsam auflöst. So bleibt die Ionenkonzentration des Elektrolyten konstant.

Um feste und gleichmäßige Metallüberzüge zu erhalten, darf pro Zeiteinheit nicht zu viel Metall abgeschieden werden; die Metall-Ionen-Konzentration muss klein, aber konstant gehalten werden. Deshalb setzt man den galvanischen Bädern Komplexbildner hinzu, die einen Teil der Metall-Ionen binden. Die Metall-Ionenkomplexe und die freien Metall-Ionen stehen miteinander im Gleichgewicht, sodass der Zusatz von Komplexbildnern eine „Pufferung" der Metall-Ionen bewirkt.

$$Ag^+ \, (aq) + 2\, NH_3 \, (aq) \rightleftharpoons [Ag(NH_3)_2]^+ \, (aq)$$

Ein Problem der Galvanotechnik ist, dass die pro Zeiteinheit abgeschiedene Metallmenge von der Entfernung des Werkstücks zur Anode abhängt. Ist der zu überziehende Gegenstand räumlich ausgedehnt, ergeben sich unterschiedliche Schichtdicken. Man könnte das Werkstück zwar weit von der Anode entfernt anbringen, sodass die Abstandsunterschiede relativ gering werden, dies würde aber hohe Badspannungen erfordern und somit den Energieverbrauch steigern. Durch weitere Zusätze lässt sich erreichen, dass Überzüge von gleichmäßiger Schichtdicke entstehen. Viele galvanotechnische Verfahren sind daher patentrechtlich geschützt, da ihre Entwicklung viel Erfahrung und experimentelle Arbeit erfordert.

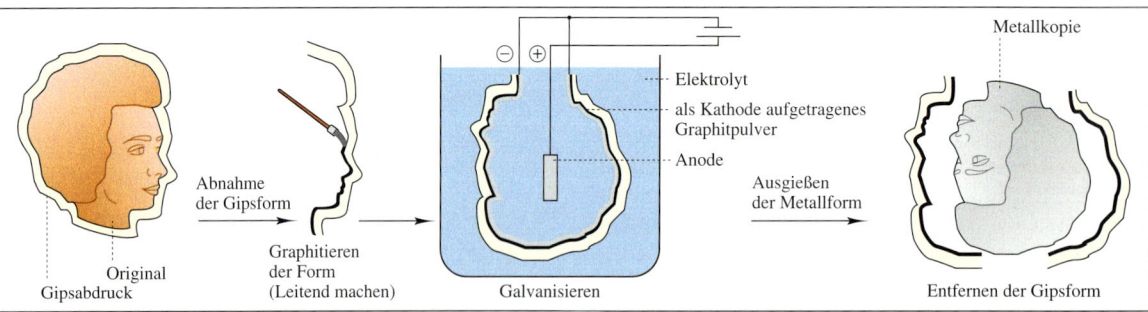

Abb. 176.2 Verfahren der Galvanoplastik. Eine interessante Anwendung des Galvanisierens ist die Technik der Galvanoplastik. Mit diesem Verfahren ist es möglich, maßgetreue Nachbildungen dreidimensionaler Gebilde herzustellen. Von dem Originalgegenstand (Büste, Münze) wird ein Negativ-Gipsdruck hergestellt, eine so genannte Matrize. Nachdem die Poren des Gipsabdrucks durch Tränken in geschmolzenem Paraffin verschlossen worden sind, wird die Matrize durch Aufpinseln von Graphitpulver leitend gemacht. In einem geeigneten Bad wird der Abdruck dann durch Galvanisieren mit einem Metallüberzug versehen. Die erhaltene Metallform wird ausgegossen und nach dem Entfernen des äußeren Gipsmantels liegt eine Kopie des Originals vor.

58 Das Eloxalverfahren

Aluminium und seine Legierungen sind heute wegen ihrer chemischen Beständigkeit, ihrer geringen Dichte, der guten Wärme- und Stromleitfähigkeit und ihrer hervorragenden mechanischen Eigenschaften gesuchte Werkstoffe. Ihr Anwendungsbereich reicht von der Lebensmittelverpackung bis zum Flugzeugwerkstoff.

Aluminium überzieht sich an Luft mit einer dünnen, durchsichtigen Oxidschicht von etwa 0,003 mm Stärke, die das darunterliegende Metall vor weiterer Oxidation schützt. Durch sie bleibt der silbrige Glanz erhalten. Sie ist auch der Grund dafür, dass Aluminium trotz seines negativen Standardelektrodenpotentials ($U_H^0 = -1,66$ V) nicht mit Wasser reagiert. Man sagt, Aluminium ist *passiviert*. Saure und alkalische Lösungen zerstören allerdings den dünnen Schutzfilm und lösen dann das Aluminium auf. Chloridhaltige Lösungen greifen Aluminium auch dann an, wenn sie neutral sind: Die Oxidschicht löst sich unter Bildung von Al$(OH)_2$Cl-Molekülen. Um die Korrosionsbeständigkeit von Aluminium zu verbessern, wird die natürliche Oxidschicht durch **ele**ktrolytische **Ox**idation von **Al**uminium verstärkt (**Eloxal**verfahren).

Hierbei wird der zu eloxierende Gegenstand als Anode in einer Elektrolyseapparatur geschaltet. Der Elektrolyt besteht aus verdünnter Schwefelsäure, die Kathode aus Blei oder Aluminium. Bei Anlegen einer Spannung entsteht an der Kathode Wasserstoff. Die Vorgänge an der Anode können hier nur vereinfacht dargestellt werden. Durch Abgabe von Elektronen entstehen in der Aluminiumanode Aluminium-Ionen, die durch feine Poren in der natürlichen Oxidschicht zum Elektrolyten wandern. Man nimmt folgende Reaktion an:

$$2\,Al^{3+} + 3\,H_2O \rightarrow Al_2O_3 + 6\,H^+$$

Auf diese Weise bildet sich ständig Aluminiumoxid. Die Schicht wächst „in das Metall hinein", da der Vorgang mit dem teilweisen Abbau des Elektrodenmaterials einhergeht. Dennoch nimmt die Dicke des behandelten Gegenstands insgesamt zu, weil die Oxidbildung mit einer Volumenzunahme verbunden ist.

Die Dichte und Beschaffenheit der Oxidschicht hängt vom Elektrolyten ab. Verwendet man verdünnte Schwefelsäure, so kommt es teilweise wieder zur Auflösung der Grundschicht, weil die Oxid-Ionen als starke BRÖNSTED-Basen mit den in hoher Konzentration vorhandenen Hydronium-Ionen reagieren. Die Schicht wird jedoch nachgebildet, und es entsteht eine Vielzahl feinerer Poren. Die Ionen des Elektrolyten können weiterhin zu den durch anodische Oxidation entstandenen Aluminium-Ionen wandern, die Schicht bleibt stromdurchlässig. Auf diese Weise bilden sich über der Grundschicht Deckschichten bis zu einer Stärke von 0,03 mm.

Abb. 177.1 Aluminiumfassade

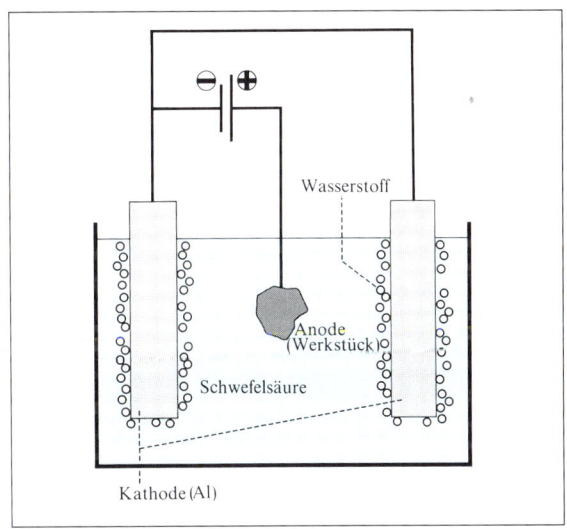

Abb. 177.2 Eloxalverfahren (schematisch)

A 177.1 Verreibt man etwas Quecksilber(II)-chloridlösung auf einem Aluminiumblech, so wachsen nach kurzer Zeit weiße Fasern aus dem Aluminium heraus.
a) Welche Reaktion könnte zwischen dem Quecksilber(II)-chlorid und dem Aluminium eingetreten sein?
b) Quecksilber bildet mit Aluminium eine Legierung. Welche Bedeutung hat dies für den Verlauf des Versuches? Woraus bestehen die weißen Fasern?

V 177.2 Passivierung von Aluminium
Geben Sie ein dünnes Stück Aluminiumblech in **a)** Wasser, **b)** konzentrierte Salpetersäure (C), **c)** konzentrierte Natronlauge (C), **d)** konzentrierte Salzsäure (C), **e)** Kupfersulfatlösung (0,5 mol · l⁻¹) und **f)** Kupferchloridlösung (0,5 mol · l⁻¹).
Entsorgung: B1 bzw. B2

REDOXREAKTIONEN

Abb. 178.1 Eloxierte, stark reflektierende Lampenkörper

A 178.1 In Abb. 178.2 ist das Galvanisieren und das Eloxieren schematisch dargestellt. Stellen Sie Unterschiede und Ähnlichkeiten beider Verfahren heraus.

V 178.2 Modellversuch zum Eloxalverfahren
Ein schmaler Streifen Aluminiumblech wird folgendermaßen präpariert: Das Blech wird in Aceton (F, Xi) entfettet, dann wird das Lösungsmittel unter fließendem Wasser abgespült. Der Streifen wird kurz in ein Reagenzglas mit halbkonzentrierter Salpetersäure (C) gehalten. Nach Abspülen der Säure kann das Eloxieren beginnen.
Entsorgung: B1
Als Elektrolysiergefäß dient ein weites Reagenzglas, das in einem Becherglas mit Wasser von ca. 18 °C steht. Elektrolyt ist verdünnte Schwefelsäure (150 g H_2SO_4 auf 1 Liter Wasser) (C). Der vorbereitete Aluminiumstreifen wird als Anode geschaltet; die Kathode besteht aus einem Aluminiumdraht von 2 mm Ø, der sich in einem Glasrohr befindet, um einen Kurzschluss zu vermeiden. Es wird etwa 10 min bei einer Gleichspannung von 12 Volt bis 18 Volt elektrolysiert.
Entsorgung: B1
Den eloxierten Streifen hält man etwa 5 min in ein Reagenzglas mit Farbstofflösung (Alizarin). Nach Abspülen unter fließendem Wasser findet dann das *Verdichten* statt: Der Aluminiumstreifen wird in siedendem Wasser etwa 10 min lang erhitzt.
Untersuchen Sie den eloxierten Streifen im Vergleich zu einem unbehandelten Streifen unter dem Mikroskop. Überprüfen Sie ihn auf seine Widerstandsfähigkeit gegenüber Salzsäure. Hängen Sie eloxierte und unbehandelte Aluminiumstreifen für längere Zeit im Freien auf und überprüfen Sie so die Wetterbeständigkeit.

Wenn man dagegen eine schwächere organische Säure (Oxalsäure, Maleinsäure) als Elektrolyt verwendet, kommt es nur in geringem Maße zur Auflösung der Oxidschicht. So entstehen dichtere, porenärmere Schichten von sehr großer Härte, deren elektrischer Widerstand wegen der geringen Porenzahl sehr hoch ist.

Die durch Eloxieren entstandene Schutzschicht ist technisch in vielerlei Hinsicht von Bedeutung. Man muss zuerst die hohe Korrosionsfestigkeit und mechanische Widerstandsfähigkeit des eloxierten Werkstücks erwähnen. Die noch vorhandenen Poren in der Schicht lassen sich durch Behandlung mit Wasserdampf schließen. Dabei wird das Aluminiumoxid teilweise hydratisiert, es bilden sich Aluminiumhydroxid-Gele, und der bei den hohen Temperaturen stattfindende Quellungsvorgang bewirkt die Verdichtung der Schicht. Da diese durchsichtig ist, bleibt der Glanz des Aluminiums erhalten. Selbst aggressive Chemikalien wie Schwefeldioxid oder Schwefeltrioxid greifen die Schutzschicht kaum an. Daher wird eloxiertes Aluminium zur Gestaltung von Häuserfassaden und Fensterrahmen, zur Herstellung von Fernsehantennen oder Zierleisten und Kühlergrills verwendet.

Beim Waschen mit kaltem Wasser bleiben die Poren der Oxidschicht im Wesentlichen erhalten. Bei Bedarf kann man dann in die Poren Farbstoffe oder lichtempfindliche Stoffe einlagern. Dazu eignen sich besonders organische saure Farbstoffe. Sie bilden mit dem hydratisierten Aluminiumoxid und dem Aluminiumhydroxid leicht Komplexverbindungen und haften dadurch gut auf der Oberfläche. Die so erzeugten Farbschichten sind im Vergleich zu Anstrichen mit Deckfarben wesentlich abriebfester und witterungsbeständiger. Auf einfache Weise lassen sich eloxierte Oberflächen beschriften oder mit Mustern versehen. Dazu deckt man die gefärbten Flächen teilweise ab und behandelt das Werkstück mit Salpetersäure, sodass die ungeschützten Stellen entfärbt werden. Diese kann man im Naturton belassen oder von neuem mit einem anderen Farbstoff einfärben.

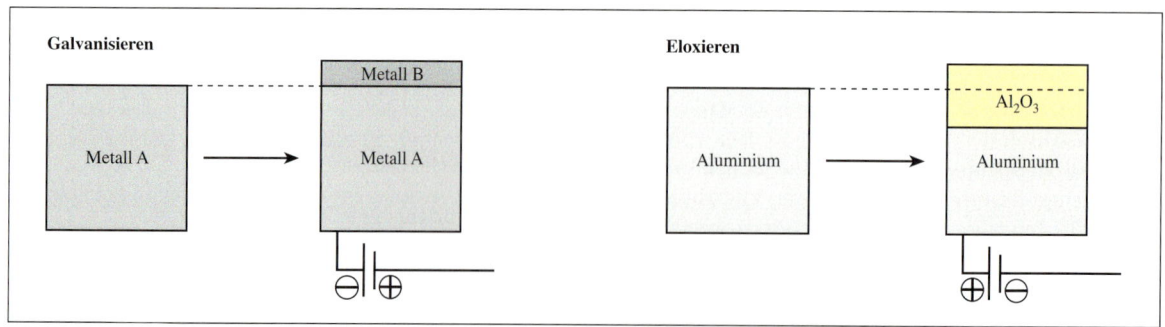

Abb. 178.2 Galvanisieren und Eloxieren von Werkstücken in schematischer Darstellung

59 Elektrochemische Stromerzeugung

In vielen Bereichen des täglichen Lebens werden vom Stromnetz unabhängige Spannungsquellen benutzt. Sie werden zum Betrieb von Taschenlampen, Elektronenblitzgeräten, Spielzeug, Uhren, in vielen elektrischen Kleingeräten und in Kraftfahrzeugen benötigt. Aber auch in anderen technischen Bereichen spielen sie eine wichtige Rolle, wie zur Notstromversorgung oder zur Stromversorgung in Gebieten ohne Netzanschluss. Mobile Spannungsquellen werden zur Versorgung von Fernsehrelaisstationen im Hochgebirge oder zur Stromversorgung von Seezeichen verwendet. In vielen Fällen werden dazu elektrochemische Spannungsquellen benutzt, die elektrische Energie direkt aus der Energie gewinnen, die bei chemischen Vorgängen frei wird.

In der Frühzeit der Elektrotechnik waren galvanische Zellen die einzigen elektrischen Energiequellen. So wurde 1836 von DANIELL die schon behandelte Zink-Kupfer-Zelle, das DANIELL-Element, entwickelt. Schon um 1800 experimentierte VOLTA mit der nach ihm benannten Säule, bei der er bis zu 30 Zink- und Silberplatten in einem Elektrolyten hintereinanderschaltete, um höhere *Spannungen* zu erhalten.

Zur praktischen Verwendung muss eine galvanische Zelle einen für den jeweiligen Zweck ausreichende *Stromstärke* liefern. Dies hängt in hohem Maße von der Konstruktion der Zelle ab. Die Stromstärke im gesamten Stromkreis ist um so höher, je größer die pro Zeiteinheit umgesetzte Stoffmenge ist und je weniger der Ionentransport in der Zelle behindert wird. Der Einsatz einer galvanischen Zelle zur Stromerzeugung ist somit nicht nur von ihrer Spannung, sondern insgesamt von ihrer *Leistung*, dem Produkt aus Spannung und Stromstärke, abhängig. Die folgenden Kapitel beschäftigen sich vor allem mit dem Aufbau technisch verwendeter Zellen.

59.1 Das LECLANCHÉ-Element

Die bekannteste Trockenbatterie ist die häufig verwendete **Taschenlampenbatterie.** Sie geht zurück auf eine Entwicklung des französischen Ingenieurs LECLANCHÉ, der das nach ihm benannte LECLANCHÉ-Element 1867 anlässlich der Weltausstellung in Paris erstmals der Öffentlichkeit vorstellte. Das LECLANCHÉ-Element besteht aus einem Zinkzylinder und einem von Graphit/Braunstein-Gemisch umgebenen Kohlestab als Elektroden. Als Elektrolyt dient eine 20%ige Ammoniumchlorid-lösung, in die die Elektroden eintauchen. Bei der kommerziellen Ausführung des LECLANCHÉ-Elements in Form der Tschenlampenbatterie wird die Elektrolytlösung mit Quellmitteln wie Stärke oder Sägemehl ein-

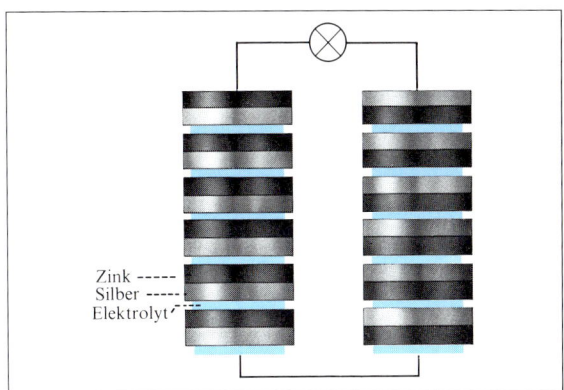

Abb.179.1 VOLTAsche Säule

Primärbatterien	928	Sekundärbatterien	127
Rundzellen	**806**	**Rundzellen**	**121**
Alkalimangan	541	Nickel-Cadmium	38
Zink-Kohle	218	Nickel-Metallhydrid	83
Lithium	47		
Knopfzellen	**122**	**Knopfzellen**	**6**
Silberoxid	20	Nickel-Metallhydrid	5
Alkalimangan	22	Lithium	1
Zink-Luft	35		
Lithium	45		

Tab.179.2 Batterieverbrauch in Deutschland 2002 (in Millionen Stück)

Zellentyp (Entladungszeit)	Batterie-masse in kg bei 1 kW Leistung	Kosten in €/ kWh	Lebens-dauer in Jahren
Zn/NH$_4$Cl/MnO$_2$ (100 h)	2000	110	2
Zn/NaOH/MnO$_2$ (100 h)	1250	120	2
Zn/KOH/HgO (100 h)	950	500	5
Zn/KOH/Luft (100 h)	450	100	2–10
Pb/H$_2$SO$_4$/PbO$_2$* (20 h)	900	0,50	2–4
Cd/KOH/NiOOH* (gasdicht) (20 h)	650	2	10–20

Tab.179.3 Charakteristische Daten für galvanische Zellen. Bei der Batteriemasse handelt es sich um berechnete Vergleichswerte (* wiederaufladbar)

REDOXREAKTIONEN

179

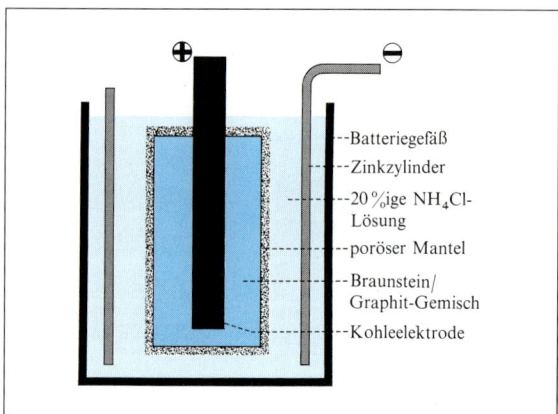

Abb.180.1 LECLANCHÉ-Element

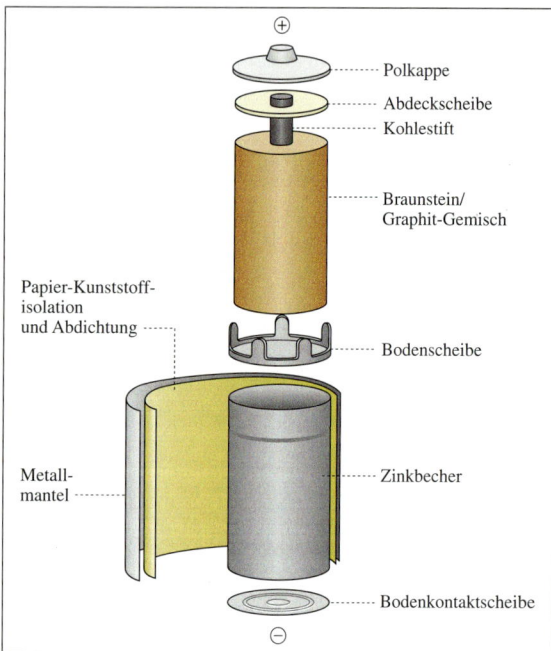

Abb.180.2 Aufbau einer Taschenlampenbatterie

A 180.1 LECLANCHÉ benutzte zunächst statt eines Zinkzylinders einen Zinkstab.
Welchen Nachteil hat dies?

A 180.2 Wozu dient der Graphitzusatz zum Braunstein?

V 180.3 Depolarisatorwirkung
Tauchen Sie einen Zink- und einen Kohlestab in 20%ige Ammoniumchloridlösung (Xn) und messen die Spannung zwischen den Elektroden.
Vergleichen Sie mit der Spannung einer Taschenlampenbatterie oder dem LECLANCHÉ-Element aus Abb.180.1.

gedickt. Die Zinkelektrode wird in Becherform hergestellt, sodass sie gleichzeitig die Funktion des Batteriebehälters übernimmt. Durch diese Konstruktion ist die Zelle einfach zu produzieren und zu handhaben. Trotz ihres Namens ist diese Trockenbatterie nicht trocken, sondern die Elektrolytlösung ist eben nur „gebunden". Das Wasser spielt als Lösungsmittel und auch für die Zellreaktionen eine wichtige Rolle.

Im LECLANCHÉ-Element stellt die Zinkelektrode den Minuspol, die Kohleelektrode den Pluspol dar. Die Zellreaktionen, besonders die Teilreaktionen an der Braunstein/Graphit-Elektrode, sind äußerst komplex und auch heute noch nicht vollständig aufgeklärt. Die im LECLANCHÉ-Element ablaufenden Vorgänge lassen sich aber insgesamt durch die folgenden Teilgleichungen beschreiben.

Am **Minuspol** wird das Zink oxidiert, Zink-Ionen gehen in den Elektrolyten über:

$$Zn \rightarrow Zn^{2+} + 2\,e^-$$

Für die Reaktion am **Pluspol** wird angenommen, dass zunächst Wasserstoff-Ionen aus der schwach sauren Elektrolytlösung reduziert werden:

$$2\,H^+ + 2\,e^- \rightarrow H_2$$

Liefen nur diese Vorgänge ab, so würde der entstehende Wasserstoff die Kohleelektrode mit Gasbläschen umgeben. Dadurch wäre eine weitere Abgabe von Elektronen erschwert, der Stromfluss käme nach kurzer Zeit zum Stillstand. Der im LECLANCHÉ-Element zugesetzte Braunstein verhindert nun diese sonst eintretende Polarisation, er wirkt als **Depolarisator,** indem er den entstehenden Wasserstoff oxidiert, wobei er selbst reduziert wird.

$$2\,MnO_2\,(s) + H_2\,(g) \rightarrow 2\,MnOOH\,(s)$$
$$2\,MnOOH\,(s) \rightarrow Mn_2O_3\,(s) + H_2O\,(l)$$

Die angenommenen Teilreaktionen am Pluspol laufen gleichzeitig ab, molekularer Wasserstoff lässt sich im LECLANCHÉ-Element nicht nachweisen, sodass die Reaktionen besser in einer Reaktionsgleichung zusammengefasst werden.

Pluspol: $2\,MnO_2 + 2\,H^+ + 2\,e^- \rightarrow 2\,MnOOH$

Der Elektrolyt Ammoniumchlorid nimmt an den stromerzeugenden Reaktionen nicht teil, sondern ist nur für anschließend ablaufende Sekundärreaktionen verantwortlich. Durch den Verbrauch von H^+-Ionen wird die Elektrolytlösung am Pluspol mit OH^--Ionen angereichert. Diese Erhöhung der Hydroxid-Ionen-Konzentration an der Braunstein/Kohle-Elektrode führt zu einer Verschiebung des Gleichgewichts

$$NH_4^+\,(aq) + OH^-\,(aq) \rightleftharpoons NH_3\,(aq) + H_2O\,(l)$$

nach rechts.

Das so entstehende Ammoniak wird von den am Minuspol gebildeten Zink-Ionen komplex gebunden.

$$Zn^{2+} (aq) + 2 NH_3 (aq) \rightarrow [Zn(NH_3)_2]^{2+} (aq)$$

Dieses Komplexion bildet mit den im Elektrolyten befindlichen Chlorid-Ionen einen schwer löslichen Niederschlag.

$$[Zn(NH_3)_2]^{2+} (aq) + 2 Cl^- (aq) \rightarrow [Zn(NH_3)_2]Cl_2 (s)$$

Eine weitere Sekundärreaktion ist die Bildung von Zinkhydroxid aus den am Minuspol entstehenden Zink-Ionen und den am Pluspol gebildeten Hydroxid-Ionen.

$$Zn^{2+} (aq) + 2 OH^- (aq) \rightarrow Zn(OH)_2 (s)$$

Dieses Zinkhydroxid „altert" und reagiert dabei zu Wasser und Zinkoxid, das sich z. T. auf den Elektroden absetzt und dadurch den elektrischen Widerstand der Zelle erhöht.

Die im LECLANCHÉ-Element ablaufenden chemischen Reaktionen beeinflussen in starkem Maße seine charakteristischen elektrischen Eigenschaften. Dies soll hier an Hand einiger Beispiele erläutert werden.

Batteriespannung. Durch Anwendung der NERNSTschen Gleichung auf die Elektrodenreaktionen lassen sich Aussagen über die Elektrodenpotentiale und somit über die Batteriespannung gewinnen.

Minuspol: $U_{H1} = -0{,}763 \text{ V} + \dfrac{0{,}059}{2} \text{ V} \cdot \lg c (Zn^{2+})$

Pluspol: $U_{H2} = 1{,}014 \text{ V} + 0{,}059 \text{ V} \cdot \lg c (H^+)$
$\qquad\quad = 1{,}014 \text{ V} - 0{,}059 \text{ V} \cdot pH$

Das Elektrodenpotential am Minuspol ist von der Zink-Ionen-Konzentration, das am Pluspol von der Hydronium-Ionen-Konzentration, also vom pH-Wert, abhängig.

Zwar lässt sich der pH-Wert einer 20%igen Ammoniumchloridlösung zu pH = 4,5 errechnen, doch ist die Konzentration der Zink-Ionen nicht genau zu ermitteln. So lässt sich die Batteriespannung nicht exakt berechnen. Unter der Annahme $c (Zn^{2+}) = 1 \text{ mol} \cdot l^{-1}$ liefert das LECLANCHÉ-Element eine Spannung von

$$U_{H2} - U_{H1} = (1{,}014 - 0{,}059 \cdot 4{,}5) \text{ V} - (-0{,}763) \text{ V} = 1{,}512 \text{ V}$$

Eine Spannung dieser Größe misst man jedoch nur in unbelastetem Zustand der Batterie. Der Wert dieser *Ruhespannung* kann allerdings je nach Art der verwendeten Rohstoffe zwischen 1,35 V und 1,72 V schwanken.

Bei belasteter Zelle misst man eine geringere Spannung, die so genannte *Arbeitsspannung*. Sie ist um so niedriger, je höher die Belastung ist und nimmt während der Belastung noch weiter ab. Man nennt das LECLANCHÉ-Element daher ein nicht konstantes Element. Nach Beendigung der Stromentnahme „erholt" sich die Batterie wieder, d. h. die Spannung steigt wieder an.

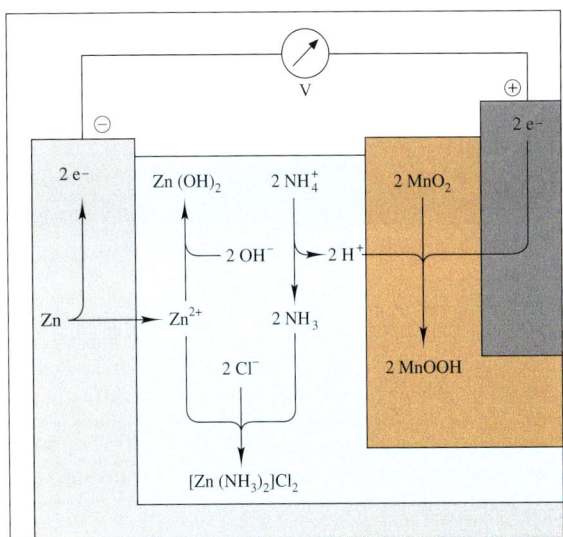

Abb. 181.1 Reaktionen im LECLANCHÉ-Element

Temperatur in °C	Ruhespannung in V	Arbeitsspannung in V*	Kurzschlussstromstärke in kA	Entladungsdauer in h* (kontinuierlich)
30	1,57	1,49	6,5	17
20	1,56	1,48	6,0	14
10	1,56	1,47	5,5	11
0	1,55	1,46	5,0	8
−10	1,54	1,41	4,5	6
−20	1,53	1,3	3,0	4
−30	1,53	1,0	1,0	1

Abb. 181.2 Elektrische Eigenschaften einer Taschenlampenbatterie bei verschiedenen Temperaturen (* Belastungswiderstand 8 Ω)

A 181.1 Formulieren Sie mithilfe von Abb. 181.1 für die an den Elektroden und im Elektrolyten ablaufenden Vorgänge eine Gesamtgleichung für die Reaktionen im LECLANCHÉ-Element.

A 181.2 BUNSEN stellte galvanische Zellen her, bei denen stark oxidierende Säuren als Depolarisatoren fungierten. Erklären Sie, welche Nachteile solche Zellen haben.

A 181.3 Welchen Einfluss hat die Temperatur auf das elektrische Verhalten eines LECLANCHÉ-Elements? Führen Sie Gründe dafür an.
Welche praktischen Konsequenzen ergeben sich aus dem Temperatureinfluss?

REDOXREAKTIONEN

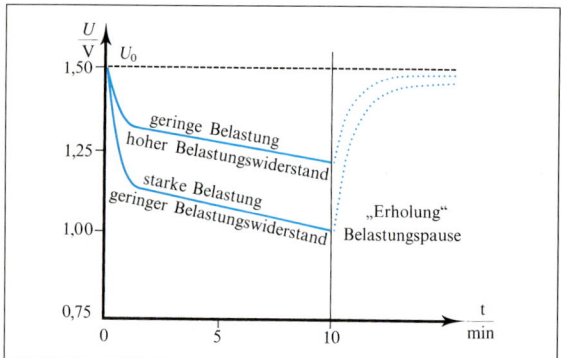

Abb. 182.1 Spannungsverlauf bei Belastung eines LECLANCHÉ-Elements. Die Ruhespannung nimmt bis zur Entladung ständig ab. Unterhalb einer Ruhespannung von 0,75 V nennt man die Batterie entladen. Die speziellen Messwerte hängen vom jeweils benutzten Element ab.

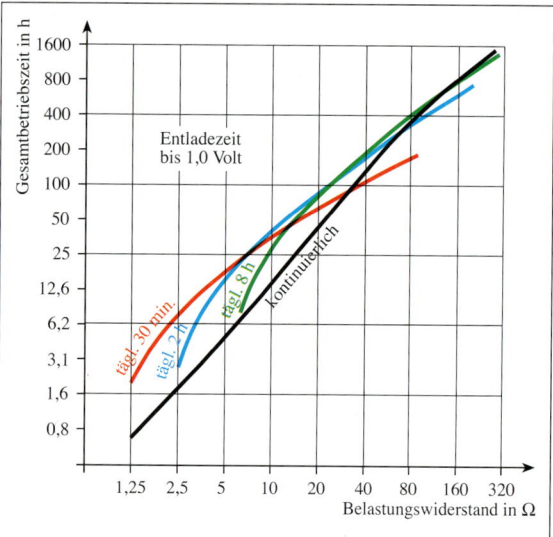

Abb. 182.2 Gesamtbetriebszeit einer handelsüblichen Taschenlampenbatterie in Abhängigkeit vom Belastungswiderstand und von der Betriebsart

A 182.1 a) Eine Batterie betreibt ein Gerät mit dem Widerstand 3 Ω. Welche Gesamtbetriebszeit ist bei einem täglichen Gebrauch von 30 min, täglich 2 h und kontinuierlichem Gebrauch zu erwarten (Abb. 182.2). Begründen Sie die Ergebnisse.
b) Wie ändern sich jeweils die Gesamtbetriebszeiten, wenn mit der gleichen Batterie ein Gerät mit 7 Ω (20 Ω, 80 Ω) betrieben wird. Begründen Sie die Unterschiede zu den Ergebnissen von a).

A 182.2 Ist es günstiger die Batterie aus Abb. 182.2 täglich 2 h bei 10 Ω oder täglich 30 min bei 2,5 Ω zu entladen?

Liefert die Batterie jedoch nur noch eine Spannung von 0,75 V, ist sie für den Betrieb elektrischer Geräte nicht mehr zu gebrauchen; man nennt sie entladen.

Um den Spannungsabfall bei Belastung zu erklären, muss man bedenken, dass während des Stromflusses an der Zinkelektrode laufend Zink-Ionen und an der Kohleelektrode Hydroxid-Ionen entstehen. Während der Belastung der Zelle entstehen an den Elektroden nun pro Zeiteinheit mehr Ionen, als durch die anschließenden Sekundärreaktionen gleichzeitig verbraucht werden. Vor allem die Hydroxid-Ionen diffundieren nur langsam aus dem festen Braunstein in den Elektrolyten. Die Erhöhung der Zink-Ionen-Konzentration hat eine Erhöhung des Zinkelektrodenpotentials, die Erhöhung der Hydroxid-Ionen-Konzentration eine Erhöhung des pH-Wertes und somit eine Verminderung des Elektrodenpotentials am Pluspol zur Folge. Beides führt zu einer Verringerung der Batteriespannung. Nach Beendigung der Stromentnahme verringern sich die Ionenkonzentrationen an den Elektroden wieder, da die Ionen in den Elektrolyten diffundieren und durch die Sekundärreaktionen verbraucht werden. Da der „Erholungsprozess" beim LECLANCHÉ-Element relativ lange dauert, ist es für hohe und lange Belastungen nur bedingt geeignet.

Bei fortgesetzter Stromentnahme verbrauchen sich die Elektrodenmaterialien, die Konzentration an Zink-Ionen und der pH-Wert nehmen weiter zu und die Zinkelektrode überzieht sich mit einer isolierenden Zinkhydroxid- und Zinkoxidschicht. Nun erreicht die Batterie auch nach Erholungspausen ihre ursprüngliche Ruhespannung nicht mehr. Eine verbrauchte Zink-Braunstein-Batterie lässt sich wegen der nicht umkehrbaren (irreversiblen) Sekundärreaktionen nicht wieder aufladen. Sie gehört deswegen zu den *Primärelementen*.

Gesamtbetriebszeit. Für den Benutzer einer Taschenlampenbatterie ist nicht nur ihre Spannung, sondern auch ihre mögliche Gesamtbetriebszeit von Bedeutung. Diese ist einerseits vom Belastungswiderstand des betriebenen Geräts, andererseits von der Häufigkeit und der Länge des Betriebs, der *Betriebsart,* abhängig. Ist der elektrische Widerstand des angeschlossenen Verbrauchers klein, fließt nach dem OHMschen Gesetz $I = U \cdot R^{-1}$ ein hoher Strom, und die Batterie ist nach kurzer Betriebszeit entladen. Je kleiner also der Belastungswiderstand, desto kürzer ist die Betriebszeit.

Andererseits hat die Betriebsart starken Einfluss auf die nutzbare Betriebszeit der Batterie. Für niedrige Belastungswiderstände, also hohe erzeugte Stromstärken gilt: Je länger die „Erholungsphasen" zwischen den Belastungen, desto größer die Betriebszeit. Ist andererseits der Belastungswiderstand groß und wird die Batterie täglich nur sehr kurze Zeitspannen benutzt, ergeben sich überraschenderweise kürzere Gesamtbetriebszeiten für die Batterie als bei kontinuierlichem Betrieb mit dem gleichen Belastungswiderstand. Diese Tatsache liegt darin begründet, dass während der langen Betriebspausen – wie auch bei längeren Lagerzeiten – Reaktionen in der Batterie ablaufen können, die eine langsame Selbstentladung bewirken.

Kapazität. Die Einsatzfähigkeit einer Batterie ist nicht nur von ihrer Spannung und ihrer Leistung, sondern auch von ihrer Kapazität abhängig. Darunter versteht man die Ladungsmenge, die sie bis zu ihrer Entladung liefert. Nach dem FARADAYschen Gesetz werden 86,9 g Braunstein und 32,7 g Zink für die Erzeugung von 96 500 C benötigt. Aus diesen Daten lässt sich die theoretische Kapazität einer Batterie berechnen. Die tatsächlich entnehmbare Kapazität ist aus ähnlichen Gründen, wie sie bei der Behandlung der Betriebszeiten angeführt wurden, stark von den Betriebsbedingungen abhängig und besitzt einen kleineren Wert, als theoretisch errechnet wird. Da bei der Taschenlampenbatterie die Zinkelektrode gleichzeitig als Batteriegefäß dient, ist aus Gründen der Festigkeit Zink im Überschuss vorhanden und die theoretische Kapazität nur von der Braunsteinmenge abhängig.

Lagerfähigkeit. Die Lagerfähigkeit der Taschenlampenbatterie hängt von ihrer Konstruktion ab. Schon durch geringen Wasserverlust wird die Elektrolytpaste zäh und brüchig und es kristallisieren Salze aus. Die Leitfähigkeit des Elektrolyten wird dadurch erheblich herabgesetzt und die Stromerzeugung behindert. Eindringen von Luft führt zur Korrosion des Zinks. Das entstehende Zinkoxid überzieht die Zinkelektrode mit einer isolierenden Schicht und erhöht dadurch den Widerstand der Zelle. Viele Batterien sind deshalb mit einem Stahlmantel und speziellen Dichtungshülsen ausgerüstet.

Besondere Beachtung verdient auch die Qualität des verwendeten Zinks. Verunreinigungen von Eisen und Kupfer in den Batterierohstoffen wirken stark korrodierend, während genau abgestimmte Zusätze von Blei und Cadmium das Brüchigwerden der Becher verhindern und die mechanische Festigkeit erhöhen.

Auslaufen. Ein Auslaufen der Taschenlampenbatterie tritt normalerweise nicht ein, wenn die Zinkbecher eine ausreichende Wandstärke besitzen. Jedoch können bei Tiefentladungen (vergessenes Ausschalten eines Geräts) Risse im Zinkbecher entstehen, durch die feuchte Elektrolytmasse nach außen dringen kann.

In Batterien mit hoher Auslaufsicherheit (super dry) wird anstelle von Ammoniumchlorid Zinkchlorid als Elektrolytsalz verwendet. Hier binden die Reaktionsprodukte Wasser in Form von Kristallwasser, sodass ein Auslaufen der Elektrolytmasse auch bei Tiefentladungen weitgehend verhindert wird.

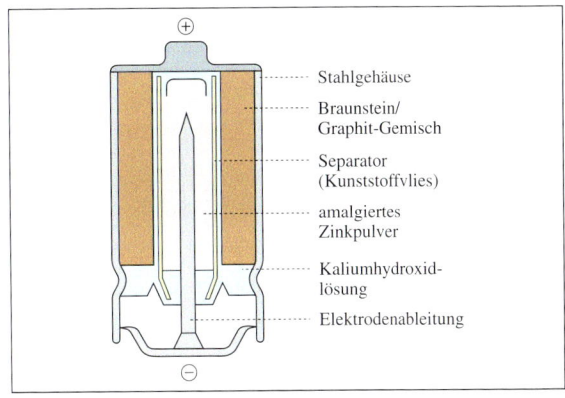

Abb.183.1 Schnitt durch eine Alkali-Mangan-Batterie

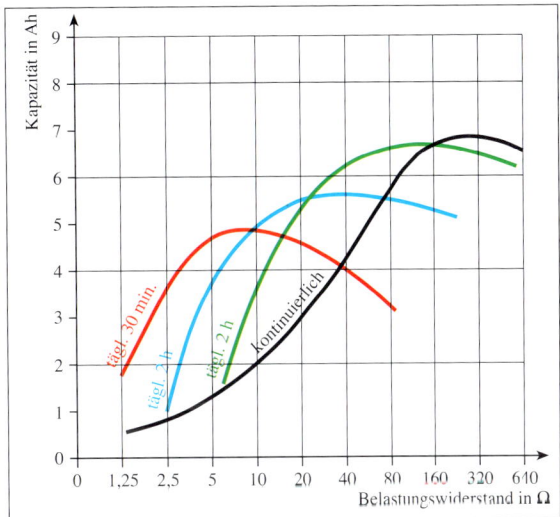

Abb.183.2 Kapazität einer handelsüblichen Taschenlampenbatterie (Abhängigkeit vom Belastungswiderstand und der Betriebsart)

A 183.1 Welche theoretische Kapazität besitzt eine Taschenlampenbatterie mit einer Braunsteinfüllung von 26 g?

A 183.2 Verbrauchte Batterien kann man durch vorsichtiges Erwärmen für kurze Zeit wieder „auffrischen“.
Wie lässt sich das erklären?

A 183.3 Wieso kommt es bei Tiefentladung einer Taschenlampenbatterie zu Rissen im Zinkbecher?

A 183.4 Erklären Sie die korrodierende Wirkung von Eisen- und Kupferverunreinigungen im Zinkbecher einer Taschenlampenbatterie.

A 183.5 Vergleichen Sie die Alkali-Mangan-Batterie mit der LECLANCHÉ-Batterie.

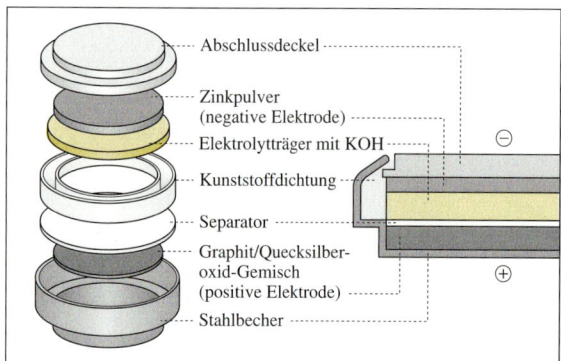

Abb. 184.1 Aufbau einer Quecksilberoxid-Batterie (Knopfzelle). Durch die Batterieverordnung von 2001 wird der Quecksilbergehalt auf maximal 2 % bei Knopfzellen und 0,0005 % bei sonstigen Batterien beschränkt.

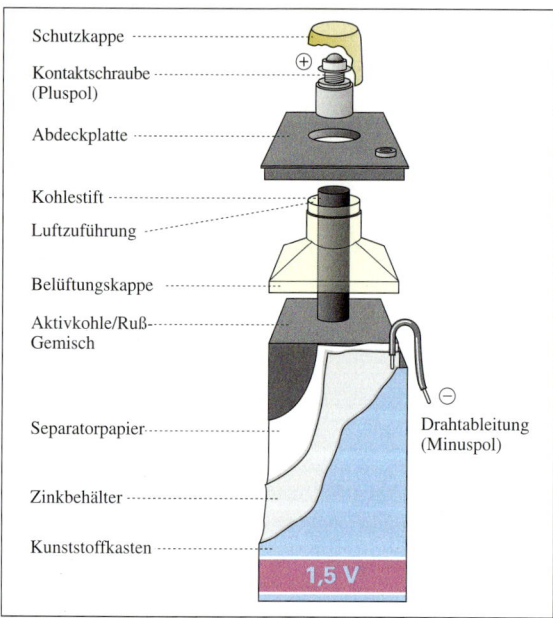

Abb. 184.2 Aufbau einer Luftsauerstoff-Zelle

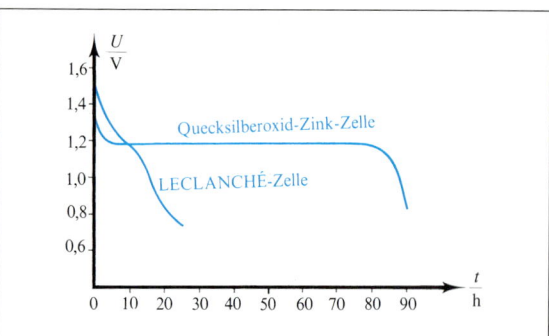

Abb. 184.3 Kontinuierliche Entladung von Mignonzellen mit 50 Ω Belastungswiderstand.

59.2 Die Quecksilberoxid-Batterie

Für besonders kleine Geräte wie automatische Kameras oder Hörgeräte findet die Quecksilberoxid-Batterie häufig Verwendung. Den Minuspol bildet wie im LECLANCHÉ-Element eine Zinkelektrode, der Batteriebehälter ist jedoch aus Stahl gefertigt. Der Pluspol besteht aus Graphit und Quecksilberoxid als Depolarisator. Diese Zelle enthält als Elektrolyt Kaliumhydroxidlösung, die in Kunststoffgewebe aufgesaugt ist. Sie liefert durch folgende Elektrodenreaktionen eine Spannung von 1,35 V:

Minuspol: $\quad$ $Zn \rightarrow Zn^{2+} + 2\,e^-$
Pluspol: $\quad$ $HgO + 2\,e^- + H_2O \rightarrow Hg + 2\,OH^-$
Zellenreaktion:
$Zn\,(s) + HgO\,(s) + H_2O\,(l) \rightarrow Zn\,(OH)_2\,(s) + Hg\,(l)$

Neben ihrer geringen Größe besitzt die Quecksilberoxid-Batterie den wesentlichen Vorteil, dass sie während ihrer Betriebszeit eine fast gleichbleibende Spannung zeigt, da während des Entladens Quecksilber entsteht, welches die Leitfähigkeit der Zelle laufend erhöht.

Wegen der Umweltbelastung durch Quecksilber finden zunehmend **Silberoxid-Batterien** Verwendung, bei denen statt des Quecksilberoxids Silberoxid als Depolarisator eingesetzt wird.

59.3 Die Zink-Luft-Batterie

Die Verknappung des Braunsteins im Ersten Weltkrieg führte zu der Idee, den unbegrenzt zur Verfügung stehenden Luftsauerstoff als Depolarisator zu nutzen. Dieser Gedanke ist in der so genannten Zink-Luft-Batterie verwirklicht, in der ein Zinkblech den Minuspol und ein poröser Aktivkohlestab den Pluspol bilden. Die Kohleelektrode taucht nur teilweise in die als Elektrolyt verwendete Kaliumhydroxidlösung, ein Teil der Elektrode steht mit Luftsauerstoff in Verbindung, der von der Kohleelektrode adsorbiert wird. Unter der katalytischen Wirkung des Elektrodenmaterials wird der Sauerstoff reduziert, gleichzeitig wird das Zink oxidiert.

Pluspol: $\quad$ $O_2 + 2\,H_2O + 4\,e^- \rightarrow 4\,OH^-$
Minuspol: $\quad$ $2\,Zn \rightarrow 2\,Zn^{2+} + 4\,e^-$
Zellenreaktion:
$2\,Zn\,(s) + O_2\,(g) + 2\,H_2O\,(l) \rightarrow 2\,Zn(OH)_2\,(s)$

Da die Zink-Luft-Batterie keine Depolarisatorsubstanz enthält, zeichnet sie sich bei gleicher Leistung gegenüber anderen Batterien durch ihre geringe Masse aus. Eine breite Verwendung fand sie früher als „Eisenbahnzelle" zur Stromversorgung von Signalen, und heute wird sie häufig als Spannungsquelle für Weidezaungeräte benutzt. Inzwischen ist auch eine umweltfreundliche Zink-Luft-Knopfzelle entwickelt worden.

59.4 Der Bleiakkumulator

Galvanische Zellen, die sich nach ihrer Entladung wieder aufladen lassen, nennt man **Sekundärelemente** oder **Akkumulatoren.** Ein technisch außerordentlich wichtiges Sekundärelement ist der Bleiakkumulator, der als Autobatterie verwendet wird. Der Bleiakkumulator besteht in geladenem Zustand aus einer Bleielektrode und einer Bleidioxidelektrode. Als Elektrolyt dient 20%ige Schwefelsäure. Beim Entladen laufen an den Elektroden folgende Reaktionen ab:

Minuspol: $\overset{0}{Pb}$ (s) $\rightarrow$ $\overset{II}{Pb^{2+}}$ (aq) + 2 e$^-$

Pluspol:

$\overset{IV}{PbO_2}$ (s) + 4 H$^+$ (aq) + 2 e$^-$ $\rightarrow$ $\overset{II}{Pb^{2+}}$ (aq) + 2 H$_2$O (l)

Die Blei(II)-Ionen bilden mit den Sulfat-Ionen des Elektrolyten einen schwer löslichen Niederschlag, der sich auf den Elektroden absetzt. Insgesamt entstehen beim Entladen also unter Verbrauch von Schwefelsäure Bleisulfat und Wasser. Diese Reaktion lässt sich umkehren, ein entladener „Akku" kann also wieder aufgeladen werden.

$$Pb\text{ (s)} + PbO_2\text{ (s)} + 4\,H^+\text{ (aq)} + 2\,SO_4^{2-}\text{ (aq)} \underset{\text{Laden}}{\overset{\text{Entladen}}{\rightleftharpoons}}$$
$$2\,PbSO_4\text{ (s)} + 2\,H_2O\text{ (l)}$$

Die Umkehrreaktion wird erzwungen, indem man die Stromrichtung durch Anlegen einer äußeren Spannung umkehrt. Dabei werden kathodisch Blei(II)-Ionen wieder zu Blei reduziert, anodisch Blei(II)-Ionen zu Blei(IV)-oxid oxidiert. Nach der Spannungsreihe sollte der Bleiakkumulator beim Anlegen einer Spannung als Elektrolysezelle arbeiten und die Wasserelektrolyse sollte ablaufen. Sie findet aber zunächst nicht statt, da die Wasserstoffabscheidung an der Bleielektrode und die Sauerstoffabscheidung an Bleidioxid wegen der hohen Überspannungen stark behindert sind. Dadurch wird die Aufladung überhaupt erst möglich.

Während des Aufladevorganges bleibt die Blei(II)-Ionenkonzentration im Elektrolyten so lange konstant, wie noch festes Bleisulfat vorhanden ist. Gegen Ende der Aufladung nimmt die Blei(II)-Ionenkonzentration dann schlagartig ab. Durch diese Konzentrationsänderung kommt es dann doch zur Abscheidung von Wasserstoff und Sauerstoff. Man sagt, „der Akku gast". Der Ladevorgang darf also nicht zu lange ausgedehnt werden, da sonst im „Akku" ein Knallgasgemisch entsteht. Verdampftes und elektrolytisch zersetztes Wasser muss von Zeit zu Zeit ersetzt werden. Während des Lade- und Entladevorgangs ändert sich laufend die Konzentration der Schwefelsäure und somit auch ihre Dichte. Der Ladezustand kann deswegen einfach durch eine Dichtebestimmung der Schwefelsäure überprüft werden.

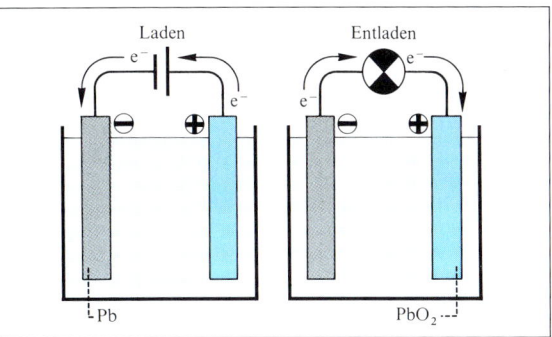

Abb.185.1 Entladen und Laden eines Bleiakkumulators

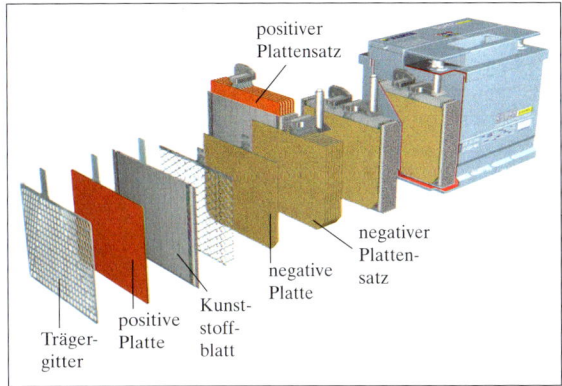

Abb.185.2 Aufbau einer Autobatterie

Vorteile	Nachteile
– Abgasfreiheit – Geräuscharmut – günstiges Drehmoment – Wegfall von Getriebe und Kupplung – kein Verbrauch im Leerlauf – hoher Wirkungsgrad	– hohes Gewicht von Batterien und Gleichstrommotor – schlechte Beschleunigung bei mittleren und hohen Geschwindigkeiten – hohe Anschaffungskosten für Batterie – Zeitbedarf für Wiederaufladung – fehlende Heizung

Tab.185.3 Vor- und Nachteile des Elektroantriebs von Fahrzeugen

V 185.1 Herstellung eines Bleiakkumulators
Zwei Bleibleche (T, N, ▼) werden gut zur Hälfte in ein Becherglas mit 20%iger Schwefelsäure (C) eingetaucht *(Schutzbrille!).* Dann wird an die Bleibleche eine Gleichspannung von etwa 10 V angelegt und bei einer Stromstärke von 0,5 A bis 1 A etwa 10 min elektrolysiert.
Danach wird anstelle der Gleichspannungsquelle ein kleiner Motor (2 V, Gleichspannung) an die Elektroden angeschlossen.
Entsorgung: B1

Akkus für den Hausgebrauch

Für die meisten Anwendungen im Alltag wie Digitalkameras, Discmen oder ansteckbare Fahrradleuchten wird der **Nickel/Metallhydrid-Akku** eingesetzt.

Die negative Elektrode besteht aus einer Metall-Legierung, die bei Raumtemperatur reversibel Wasserstoff speichern kann. Beim Betrieb der Zelle wird der Wasserstoff oxidiert. Als Wasserstoffspeicher werden sehr spezielle Legierungen verwendet, z.B. $La_{0,8}Nd_{0,2}Ni_{2,5}Co_{2,4}Si_{0,1}$. Auch Legierungen mit Chrom, Molybdän, Wolfram, Nickel und Cobalt sind im Einsatz. Der Wasserstoff wird von den Metall-Legierungen absorbiert und als Metallhydrid gespeichert. Entscheidend für den Betrieb der Zelle sind eine schnelle Aufnahme und Abgabe von Wasserstoff und eine große Aufnahmekapazität für Wasserstoff.

Der Pluspol besteht aus einer Elektrode, die mit Nickel(III)oxidhydroxid beschichtet ist. Als Elektrolyt wird Kaliumhydroxid-Lösung verwendet. Die Spannung eines Nickel/Metallhydrid-Akkus beträgt 1,2 V. In der Zelle laufen die folgenden Reaktionen ab:

Minuspol: $Metall\text{-}H_2$ (s) + 2 OH$^-$ (aq) →
$$Metall + 2\ H_2O\ (l) + 2\ e^-$$

Pluspol: 2 NiOOH (s) + 2 H$_2$O (l) + 2 e$^-$ →
$$2\ Ni(OH)_2\ (s) + 2\ OH^-\ (aq)$$

Durch Anlegen einer genügend großen Spannung lässt sich die Zellreaktion umkehren: Der Akku wird wieder aufgeladen. Um zu verhindern, dass gegen Ende der Entladung anstelle von Wasserstoff Metalle aus dem Wasserstoffspeicher oxidiert werden, wird die negative Elektrode gegenüber der positiven Elektrode überdimensioniert. Die Größe der positiven Elektrode bestimmt somit die nutzbare Ladungskapazität der Zelle.

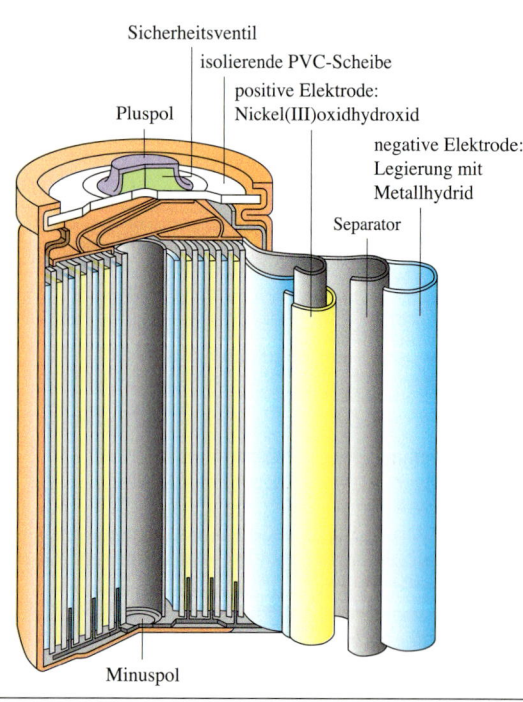

Sicherheitsventil
isolierende PVC-Scheibe
positive Elektrode: Nickel(III)oxidhydroxid
Pluspol
negative Elektrode: Legierung mit Metallhydrid
Separator
Minuspol

Obwohl man einen Bleiakkumulator wieder aufladen kann, hat er eine begrenzte Lebensdauer, weil neben den umkehrbaren Lade- und Entladereaktionen auch irreversible Vorgänge auftreten. Das bei der Entladung gebildete Bleisulfat setzt sich zu Blei(II)-oxid um und schlägt sich auf den Elektroden nieder. Das geschieht stets, wenn der Akkumulator nicht voll aufgeladen ist, wodurch sich die Leistung und vor allem die Kapazität verringern. Nach 350 Lade- und Entladezyklen besitzt er etwa noch 57 % seiner Anfangskapazität.

Der Bleiakkumulator dient nicht nur als Starterbatterie in Kraftfahrzeugen, sondern wird schon seit langem auch für den Fahrzeugantrieb benutzt, z.B. bei Elektrokarren. Um die Abgas- und Lärmbelästigung in unseren Großstädten zu vermindern, bemüht man sich, auch anderen Fahrzeuge mit Elektroantrieben auszurüsten. Für diesen Zweck sind verbesserte Formen des Bleiakkumulators entwickelt worden, die eine längere Lebensdauer besitzen als übliche Autobatterien. Eine Einschränkung dieser Zukunftsentwicklung kommt von einer ganz anderen Seite, nämlich den Bleivorräten auf der Erde. Mit den bisher bekannten Bleivorkommen auf der Erde könnten *nur* 20 Millionen Autos mit Bleiakkumulatoren angetrieben werden. Heute gibt es aber allein in den USA schon über 100 Millionen Kraftfahrzeuge.

Berechnung der Zellenspannung des Bleiakkumulators. Die Spannung des Bleiakkumulators errechnet sich aus den Elektrodenpotentialen, die wiederum von der Konzentration der Blei(II)-Ionen abhängig sind. Diese lässt sich durch die folgenden Überlegungen bestimmen.

20 %ige Schwefelsäure der Dichte 1,15 g · ml^{-1} besitzt eine Konzentration von 2,35 mol · l^{-1}. Bei einer etwa 1 %igen Protolyse der Hydrogensulfat-Ionen beträgt die Sulfat-Ionen-Konzentration 2,35 · 10^{-2} mol · l^{-1}.

Aus dem Löslichkeitsprodukt des Blei(II)-sulfats ($K_L = 2 \cdot 10^{-8}$ mol^2 · l^{-2}) ergibt sich die Konzentration der Blei(II)-Ionen:

$$c\,(Pb^{2+}) = \frac{2 \cdot 10^{-8}\ mol^2 \cdot l^{-2}}{2,35 \cdot 10^{-2}\ mol \cdot l^{-1}} = 8,5 \cdot 10^{-7}\ mol \cdot l^{-1}$$

Daraus ergeben sich für die Blei- und die Bleidioxidelektrode folgende Potentiale:

$$U_H\,(Pb^{2+}/Pb) = U_H^0\,(Pb^{2+}/Pb) + \frac{0,059}{2}\ V \cdot \lg c\,(Pb^{2+})$$

$$= -0,13\ V - 0,18\ V = -0,31\ V$$

$$U_H\,(PbO_2/Pb^{2+}) = U_H^0\,(PbO_2/Pb^{2+})$$

$$+ \frac{0,059}{2}\ V \cdot \lg \frac{c^4\,(H^+)}{c\,(Pb^{2+})}$$

$$= 1,46\ V + 0,22\ V = 1,68\ V$$

Die Spannung des Bleiakkumulators beträgt also 1,99 V.

59.5 Brennstoffzellen

Beim normalen Ablauf einer Redoxreaktion wird die Reaktionsenergie hauptsächlich in Form von Wärme frei; diese Wärme kann nun in mechanische Energie umgewandelt werden, mit deren Hilfe Generatoren zur Stromerzeugung betrieben werden können. Bei jeder Umwandlung von einer Energieform in die andere geht Energie in Form von Wärme verloren. So wird in Kraftwerken, die durch die Verbrennung von Kohle oder Öl betrieben werden, letztlich nur ein geringer Teil der chemischen Reaktionsenergie in elektrische Energie umgewandelt. Das Verhältnis von gewonnener Energie zu aufgewendeter Energie, der Wirkungsgrad, ist gering.

Bei der elektrochemischen Stromgewinnung wird nun die chemische Reaktionsenergie ohne den Umweg über Wärmeenergie und mechanische Energie direkt in elektrische Energie umgewandelt. Dazu lässt man den Oxidations- und den Reduktionsvorgang einer Redoxreaktion in einer galvanischen Zelle räumlich getrennt an Elektroden ablaufen, die zum Elektronentransport leitend verbunden sind. Dabei wird die meiste der sonst als Wärme freiwerdenden Energie direkt als elektrische Energie frei. Auf diese Weise wird ein sehr günstiger Wirkungsgrad erreicht.

Um viel elektrische Energie aus einer galvanischen Zelle gewinnen zu können, müsste es gelingen, Reaktionen, die unter normalen Bedingungen sehr viel Wärme liefern, also stark exotherm sind, unter den eben beschriebenen Bedingungen ablaufen zu lassen. Unsere konventionelle Energie beziehen wir überwiegend aus Verbrennungsreaktionen, die ja sehr stark exotherm sind, und so liegt es nahe, Verbrennungsreaktionen auch für die elektrochemische Stromerzeugung auszunutzen. Diese Idee ist in speziellen galvanischen Zellen, den *Brennstoffzellen,* verwirklicht worden, deren prinzipieller Aufbau soll hier am Beispiel der Wasserstoff-Sauerstoff-Zelle, betrachtet werden.

In der Wasserstoff-Sauerstoff-Zelle wird die sehr stark exotherme Knallgasreaktion zwischen Wasserstoff und Sauerstoff zur direkten Stromerzeugung ausgenutzt ($\Delta_R H_m^0 = -573{,}2\ \text{kJ} \cdot \text{mol}^{-1}$). Wasserstoff stellt hier den Brennstoff dar. Im Modellversuch werden in der Wasserstoff-Sauerstoff-Zelle palladinierte Nickelnetze oder Platinnetze in der einen Halbzelle von Wasserstoff, in der anderen von Sauerstoff umspült. Als Elektrolyt benutzt man Kalilauge. An den Elektroden laufen dabei folgende Teilreaktionen ab:

Minuspol: $2\,H_2 \rightarrow 4\,H^+ + 4\,e^-$; $\qquad U_H = -0{,}87\ \text{V}$
Pluspol: $\quad O_2 + 2\,H_2O + 4\,e^- \rightarrow 4\,OH^-$; $\quad U_H = 0{,}36\ \text{V}$

Am Minuspol wird der Wasserstoff oxidiert. Die Elektronen wandern durch die leitende Verbindung zum Pluspol, wo der Sauerstoff mit Wasser unter Aufnahme von Elektronen zu Hydroxid-Ionen reagiert, also reduziert wird.

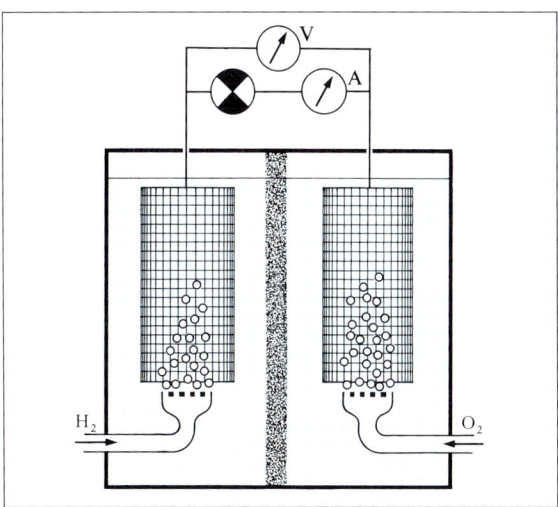

Abb.187.1 Modell einer Wasserstoff-Sauerstoff-Brennstoffzelle

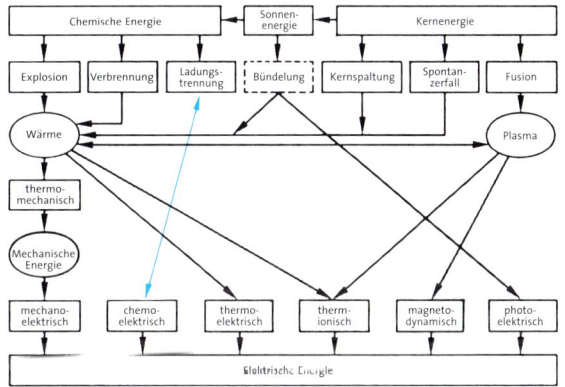

Abb.187.2 Möglichkeiten der Energieumwandlung

Energieumwandler		Wirkungsgrad
Wärmekraftwerk	Dampfturbine	0,38–0,42
	Gasturbine	0,32–0,35
Dieselmotor		0,35–0,41
Benzinmotor		0,25
Solarzelle		0,11
Brennstoffzelle		0,40–0,70

Tab.187.3 Wirkungsgrade von Energieumwandlern

LV 187.1 Wasserstoff-Sauerstoff-Brennstoffzelle
In einer mit poröser Trennwand (Schaumgummi) versehenen Kammer (Abb.187.1) werden zwei palladinierte Nickeldrahtnetze vollständig (!) in Kalilauge ($c = 5\ \text{mol} \cdot \text{l}^{-1}$) (C) getaucht und mit Wasserstoff (F+) bzw. Sauerstoff umspült. An die Elektroden wird ein kleiner Motor angeschlossen.
Entsorgung: B1

187

Abb. 188.1 Pkw mit Brennstoffzelle

Zellentyp	Masse in kg bei 1 kW Leistung	Kosten in € für 1 kWh	Lebens- dauer
H_2/KOH/O_2 (l)	8	8	1 Jahr
H_2/KOH/O_2 (g)	8	0,8	1 Jahr
H_2/KOH/Luft	15	0,55	5000 h
N_2H_4/KOH/Luft	50	10	1500 h
H_2 + CO*/H_3PO_4/Luft	25	0,07	4000 h
* aus Erdgas			

Tab. 188.2 Charakteristische Daten für Brennstoffzellen. Bei Brennstoffzellen wird chemische Energie direkt in elektrische Energie umgewandelt. Wegen der sehr guten Energieausnutzung werden Brennstoffzellen zukünftig große Bedeutung erlangen. Beim amerikanischen Apollo-Projekt wurden bereits Anlagen mit 31 Zellen eingesetzt. Sie erreichten bei mindestens 1000 Betriebsstunden eine Leistung von 2300 W.

LV 188.1 Hydrazin-Sauerstoff-Brennstoffzelle
Ein U-Rohr mit Fritte wird zur Hälfte mit Kalilauge (c = 5 mol · l⁻¹) (C) gefüllt, in die zwei Nickeldrahtnetze als Elektroden eintauchen. An die Elektroden wird ein kleiner Motor angeschlossen. In den einen Schenkel werden etwa 3 ml Hydrazinlösung (T, N), in den anderen etwa 3 ml 30 %iges Wasserstoffperoxid (C) gegeben. Das U-Rohr wird vorsichtig erwärmt.
Entsorgung: B1

Die am Minuspol entstehenden Wasserstoff-Ionen und am Pluspol entstehenden Hydroxid-Ionen reagieren zu Wasser, dem *Verbrennungsprodukt* der Wasserstoff-Sauerstoff-Brennstoffzelle. Insgesamt läuft in dieser Zelle also die folgende Reaktion ab:

$$2\,H_2\,(g) + O_2\,(g) \rightarrow 2\,H_2O\,(l);\quad U = 1{,}23\,V$$

Die Wasserstoff-Sauerstoff-Brennstoffzelle wird deswegen auch häufig *Knallgaszelle* genannt.

Die Brennstoffzellen zeichnen sich gegenüber den bisher besprochenen Primär- und Sekundärelementen vor allem dadurch aus, dass mit ihnen ein kontinuierlicher Betrieb möglich ist, da hier Aufladezeiten oder Erneuerungen von Batterien entfallen. Die Wasserstoff-Sauerstoff-Zelle besitzt weiterhin den wesentlichen Vorteil, dass ihre Ausgangsstoffe leicht herzustellen sind und praktisch unbegrenzt zur Verfügung stehen. Hinzu kommt die Umweltfreundlichkeit, da einzig Wasser als Reaktionsprodukt auftritt. Obwohl Prototypen schon zum Antrieb von Fahrzeugen gebaut worden sind, stößt die technische Verwirklichung der Brennstoffzellen für die Serienproduktion noch auf praktische und vor allem wegen des hohen Preises auf wirtschaftliche Schwierigkeiten.

Inzwischen sind weitere Brennstoffzellen für gasförmige Brennstoffe wie Methan und Ammoniak, aber auch für flüssige Brennstoffe wie Alkohole und Hydrazin entwickelt worden. Hydrazin ist ein ausgezeichneter Brennstoff. Es lässt sich aus Wasser und Luft synthetisieren, ist bei Raumtemperatur flüssig und bildet in Reaktion mit Sauerstoff nur umweltverträgliche Produkte.

$$N_2H_4\,(l) + O_2\,(g) \rightarrow N_2\,(g) + 2\,H_2O\,(l)$$

Erprobungen einer 400 W-Hydrazin-Luft-Zelle zum Antrieb eines Motorrades sind durchaus erfolgreich verlaufen. Im Moment ist die Herstellung von Hydrazin allerdings noch 150-mal teurer als die von Benzin (bezogen auf den gleichen Energieinhalt). Ein weiterer entscheidender Nachteil ist, dass Hydrazin zu den Krebs erregenden Arbeitsstoffen zählt. Es wird daher bisher nur in der Raumfahrt als Brennstoff eingesetzt. So werden zur Zeit die meisten Brennstoffzellen mit Wasserstoff und Sauerstoff oder Wasserstoff und Luft betrieben.

In letzter Zeit geht die Forschung allerdings noch in eine andere Richtung: Man versucht Brennstoffzellen mit einem festen Elektrolyten zu entwickeln. Diese *keramischen* Zellen werden bei Temperaturen um 1000 °C betrieben. In ihnen könnten auch natürliche Energieträger wie Erdgas und Erdöl umgesetzt werden. Ihr Wirkungsgrad soll deutlich höher liegen als bei herkömmlichen Zellen.

Wegen dieser vielen noch zu lösenden technischen Probleme hat man Brennstoffzellen bisher nur für spezielle Aufgaben eingesetzt, in denen sie sich allerdings bewährt haben.

Zusätzliche Aufgaben

A 189.1 Ermitteln Sie die Oxidationszahlen in folgenden Verbindungen:

NaH	LiBH$_4$	HCO$_3^-$	Al$_4$C$_3$	B$_2$H$_6$
HCl	Cl$_2$	HClO	HClO$_2$	HClO$_3$	HClO$_4$

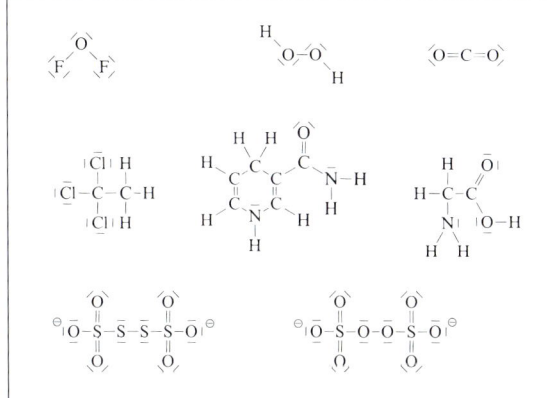

A 189.2 Aus fotografischen Bädern kann man Silber-Ionen entfernen, indem man das Bad durch einen Behälter leitet, der mit Eisenwolle gefüllt ist.
a) Erklären Sie diesen Vorgang.
b) Welche anderen Metalle lassen sich statt Eisen verwenden? Warum ist Blei nicht geeignet?
c) Man kann Silber-Ionen auch aus der Lösung entfernen, indem man die Lösung mit einer konzentrierten Lösung von Natriumdithionit (Na$_2$S$_2$O$_4$) versetzt. In alkalischer Lösung entstehen dabei Sulfit-Ionen, elementares Silber fällt aus. Geben Sie die Reaktionsgleichung an.
Warum darf man bei diesem Verfahren nicht in saurer Lösung arbeiten?

A 189.3 Gegeben ist die folgende galvanische Zelle:

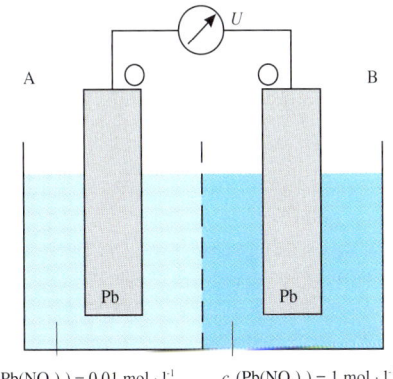

c_A(Pb(NO$_3$)$_2$) = 0,01 mol · l^{-1} c_B(Pb(NO$_3$)$_2$) = 1 mol · l^{-1}

a) Ordnen Sie Pluspol und Minuspol zu. Welche Elektrodenreaktionen laufen ab, wenn ein Strom fließt?
b) Berechnen Sie die Zellspannung.
c) Welche Beobachtungen macht man jeweils am Spannungsmessgerät, wenn man in der Halbzelle A dem Elektrolyten folgende Salze zusetzt:
– Kaliumnitrat,
– Blei(II)-nitrat,
– Natriumsulfat (K_L (PbSO$_4$) = 1,6 · 10^{-8} mol^2 · l^{-2}).

A 189.4 Zur Bestimmung des Löslichkeitsprodukts von Bleisulfat sind in der abgebildeten galvanischen Zelle zur Halbzelle A wenige Tropfen Blei(II)-nitratlösung gegeben worden. Danach beträgt die Zellspannung 0,170 V.

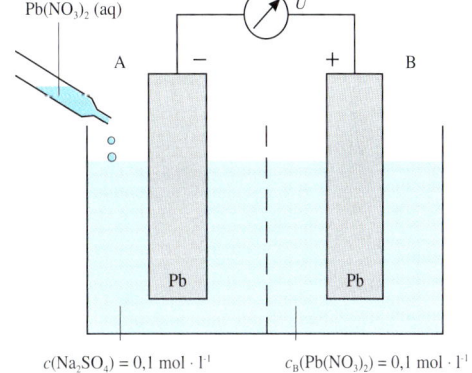

c(Na$_2$SO$_4$) = 0,1 mol · l^{-1} c_B(Pb(NO$_3$)$_2$) = 0,1 mol · l^{-1}

a) Erläutern Sie die Versuchsanordnung.
b) Berechnen Sie das Löslichkeitsprodukt von Bleisulfat.

A 189.5 Bei einer Silberchloridelektrode taucht ein Silberdraht, der mit Silberchlorid überzogen ist, in eine Kaliumchloridlösung (c (KCl) = 0,1 mol · l^{-1}).
Berechnen Sie das Elektrodenpotential dieser Silberchloridelektrode (K_L (AgCl) = 2 · 10^{-10} mol^2 · l^{-2}).

A 189.6 Eine Kalomelektrode ist eine Halbzelle mit dem Redoxpaar Hg$_2^{2+}$/Hg. Als Elektrolyten verwendet man Kaliumchloridlösung, die mit Kalomel (Hg$_2$Cl$_2$) gesättigt ist.
Berechnen Sie das Elektrodenpotential für
c (KCl) = 0,1 mol · l^{-1}.

(K_L (Hg$_2$Cl$_2$) = 1 · 10^{-18} mol^3 · l^{-3})

A 189.7 Beschreiben und begründen Sie die Elektrodenreaktionen bei der Elektrolyse einmolarer Lösungen von
a) Kupferchlorid, **b)** Kaliumnitrat (Platinelektroden; Stromdichte 0,1 A · cm^{-2}).

A 190.8 Die Abbildung zeigt einen Schnitt durch die Alkali-Mangan-Batterie, eine Weiterentwicklung der LECLANCHÉ-Batterie. Als Elektrolyt wird Kaliumhydroxidlösung verwendet. *Hinweis:* Bei der Entladung geht Zink in dem stark alkalischen Elektrolyten als Hydroxozinkat ($[Zn(OH)_4]^{2-}$) in Lösung.

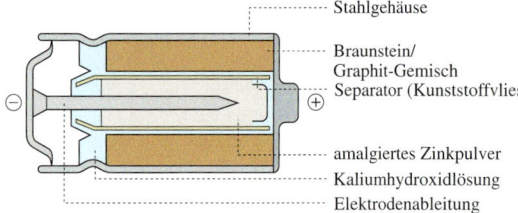

- Stahlgehäuse
- Braunstein/Graphit-Gemisch
- Separator (Kunststoffvlies)
- amalgiertes Zinkpulver
- Kaliumhydroxidlösung
- Elektrodenableitung

a) Vergleichen Sie die Alkali-Mangan-Batterie mit der LECLANCHÉ-Batterie. Stellen Sie Unterschiede und Gemeinsamkeiten dar.
b) Formulieren Sie die in der Batterie ablaufenden Reaktionen.

A 190.9 Im Nickel-Cadmium-Akkumulator besteht der Minuspol aus einer Platte mit fein verteiltem Cadmium, der Pluspol aus einer Platte mit Nickel(III)-oxidhydroxid (NiOOH), das beim Entladen in Nickel(II)-hydroxid übergeht. Als Elektrolyt verwendet man Kaliumhydroxidlösung.

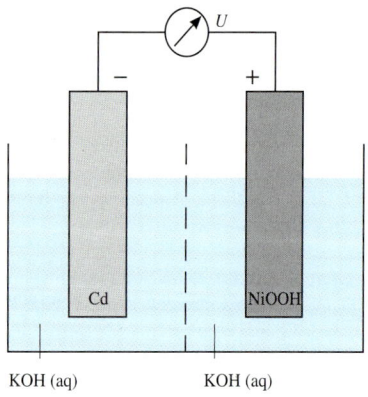

U

− +

Cd   NiOOH

KOH (aq)   KOH (aq)

Formulieren Sie die Elektrodenreaktionen und die Gesamtreaktion für das Entladen und Laden.

A 190.10 Gegeben sind folgende Halbzellen:
Sn/Sn^{2+} ($c = 1\ mol \cdot l^{-1}$) und Pb/Pb^{2+} ($c = 0{,}001\ mol \cdot l^{-1}$).
Aus beiden Halbzellen wird eine galvanische Zelle zusammengestellt.
a) Geben Sie die Halbzellenpotentiale an.
b) Benennen Sie Donator- und Akzeptorhalbzelle. In welche Richtung fließen die Elektronen?
c) Welche Spannung lässt sich messen?

A 190.11 Gegeben ist folgende galvanische Zelle:

Cd/Cd^{2+} ($c = ?$)//Ni^{2+} ($c = 0{,}2\ mol \cdot l^{-1}$)/Ni

Die Spannung der Zelle beträgt $U = 0{,}2\ V$.
Berechnen Sie die Konzentration der Cadmium-Ionen in der Cadmiumhalbzelle.

A 190.12 Eisen(II)-Ionen können durch Silber-Ionen oxidiert werden.
a) Stellen Sie die Reaktionsgleichung für die Umsetzung auf.
b) Berechnen Sie mithilfe der Standardelektrodenpotentiale die Gleichgewichtskonstante K für die Reaktion.

A 190.13 Zu betrachten ist die folgende galvanische Zelle:

Zn/Zn^{2+} ($c = 1\ mol \cdot l^{-1}$)//Cu^{2+} ($c = 1\ mol \cdot l^{-1}$)/Cu

$\Delta_f G_m^0$ (Zn^{2+} (aq)) = $-146{,}3\ kJ \cdot mol^{-1}$

$\Delta_f G_m^0$ (Cu^{2+} (aq)) = $66{,}0\ kJ \cdot mol^{-1}$

a) Berechnen Sie die Zellspannung unter Standardbedingungen.
b) Wie ändern sich die Ionenkonzentrationen bei Betrieb der Zelle? In welche Richtung fließen die Elektronen? Begründen Sie Ihre Antwort mithilfe der $\Delta_f G_m^0$-Werte.
c) Wie ändert sich die Zellspannung beim Betrieb der Zelle? Wenden Sie zur Begründung die NERNSTsche Gleichung auf beide Halbzellenreaktionen an.
d) Wie groß ist das Verhältnis der Konzentrationen von Kupfer-Ionen zu Zink-Ionen, wenn die Zellspannung noch 1 Volt beträgt?
e) Zeigen Sie mithilfe der in dieser Aufgabe gegebenen Werte, welche Beziehung zwischen der molaren freien Standardreaktionsenthalpie $\Delta_R G_m^0$ und der elektrischen Arbeit W_{el} besteht.

($1\ F = 96\,500\ A \cdot s \cdot mol^{-1}$; $1\ V = 1\ J \cdot A^{-1} \cdot s^{-1}$)

A 190.14 Eine *Chinhydronelektrode* ist eine Halbzelle, die gleiche Stoffmengen an Chinon und Hydrochinon enthält. Sie wird als Bezugshalbzelle in saurer Lösung verwendet. Sie hat ein Standardelektrodenpotential von $U_H^0 = 0{,}70\ V$.

Hydrochinon   Chinon

a) Geben Sie die Halbzellenreaktion an. Verwenden Sie beim Aufstellen der Reaktionsgleichung Oxidationszahlen.
b) Welches Potential hat eine Chinhydronelektrode in essigsaurer Lösung
(c (Essigsäure) = $1\ mol \cdot l^{-1}$; pK_S (Essigsäure) = 4,76)?
c) Die essigsaure Chinhydronelektrode wird mit einer Halbzelle kombiniert, die das Redoxsystem Fe^{3+}/Fe^{2+} enthält (Standardbedingungen, $U_H^0 = 0{,}77\ V$). Geben Sie die Reaktionsgleichung für die ablaufende Zellreaktion an.

A 191.15 Für die abgebildete galvanische Zelle gelten Standardbedingungen.

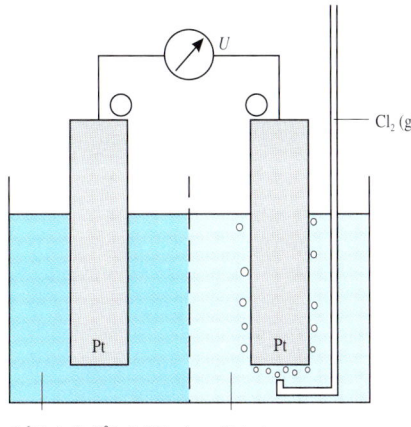

Cr^{3+}(aq); Cr$_2$O$_7^{2-}$(aq); H$^+$(aq)   Cl$^-$(aq)

a) Welche Halbzellenreaktionen laufen ab? Geben Sie Pluspol und Minuspol der Zelle an. Welche Spannung lässt sich in der Zelle messen?
b) Muss man die Konzentration der Chlorid-Ionen erhöhen oder verringern, um eine Umkehrung der Polung zu erreichen? Begründen Sie Ihre Antwort.
c) Mithilfe einer Dichromatlösung soll Chlor hergestellt werden. Eignet sich dafür besser eine Kochsalzlösung oder konzentrierte Salzsäure? Begründen Sie Ihre Antwort anhand von Rechnungen. Gehen Sie dabei von folgenden Konzentrationen aus:

Kochsalzlösung: c (Cl$^-$) = 1 mol · l^{-1};   pH = 7

konz. Salzsäure: c (H$^+$) = c (Cl$^-$) = 10 mol · l^{-1}

Dichromatlösung: c (Cr$_2$O$_7^{2-}$) = 1 mol · l^{-1}
    c (Cr^{3+}) = 10^{-3} mol · l^{-1}

A 191.16 Eine galvanische Zelle besteht aus einer Standard-wasserstoffhalbzelle und einer zweiten Halbzelle. Es lässt sich eine bestimmte Spannung messen. Nun verdünnt man die Elektrolytlösung in der zweiten Halbzelle.
Wie ändert sich die Spannung der Zelle, wenn es sich bei der zweiten Halbzelle:
– um eine Zn/Zn^{2+}-Halbzelle,
– um eine Cu/Cu^{2+}-Halbzelle handelt?
a) Begründen Sie Ihre Antwort auf der Grundlage der NERNSTschen Gleichung für die Halbzellen.
b) Gegeben ist eine Konzentrationszelle. Beim Verdünnen der Lösung in der Halbzelle, die den Minuspol bildet, steigt die Spannung. Handelt es sich um eine *Metall-* oder um eine *Nichtmetall-*Konzentrationszelle?

A 191.17 a) Nennen Sie Gründe, warum man Batterien nicht mit dem Hausmüll entsorgen sollte.
b) Überlegen Sie, welche Probleme beim Recycling von Altbatterien auftreten könnten.

A 191.18 Der Massenanteil an Schwefelwasserstoff in Schwefelwassserstoffwasser soll iodometrisch bestimmt werden. Dazu werden 50 ml des Schwefelwasserstoffwassers mit 50 ml Iodlösung (c = 0,05 mol · l^{-1}) versetzt. Man titriert den Iodüberschuss mit einer Maßlösung von Natriumthiosulfat (c = 0,1 mol · l^{-1}). Es werden 15 ml Maßlösung verbraucht.
a) Stellen Sie die Reaktionsgleichungen für die Umsetzung von Schwefelwasserstoffwasser mit Iodlösung sowie für die Titration von Iod mit Thiosulfatlösung auf.
b) Wie groß ist die Stoffmenge an Iod, die bei der Umsetzung mit dem Schwefelwasserstoffwasser verbraucht wurde?
c) Wie viel Gramm Schwefelwasserstoff enthält ein Liter der Lösung? Geben Sie den Massenanteil in Prozent an.

A 191.19 Eine Lösung, die Eisen(II)-Ionen und Eisen(III)-Ionen nebeneinander enthält, soll manganometrisch bestimmt werden. 50 ml der Ausgangslösung verbrauchen 15 ml einer Maßlösung von Kaliumpermanganat (c = 0,02 mol · l^{-1}). Danach werden die Eisen(III)-Ionen vollständig zu Eisen(II)-Ionen reduziert. Für eine zweite 50 ml-Probe werden jetzt 24 ml der Maßlösung benötigt.
a) Stellen Sie die Reaktionsgleichung für die Umsetzung von Permanganat-Ionen mit Eisen(II)-Ionen in saurer Lösung auf.
b) Berechnen Sie die Masse an Eisen(II)-Ionen und an Eisen(III)-Ionen in 1 Liter der Ausgangslösung.

A 191.20 Gegeben ist eine wässrige Lösung (pH = 7) mit c (Pb^{2+}) = 0,1 mol · l^{-1} und c (Ni^{2+}) = 0,01 mol · l^{-1}.
a) Berechnen Sie die Abscheidungspotentiale für Blei und für Nickel.
b) Kann es bei der Verwendung von Platinelektroden auch zur Abscheidung von Wasserstoff kommen? Die Überspannung von Wasserstoff beträgt U = –0,04 V.
c) Berechnen Sie, wie stark die Konzentration der Blei-Ionen sinken muss, bis die Abscheidung von Nickel einsetzt.

A 191.21 Eine wässrige Lösung von Natriumchlorid (c = 0,1 mol · l^{-1}) wird bei einer Stromstärke von I = 0,193 A über eine Zeit von acht Minuten und 20 Sekunden elektrolysiert. An den Elektroden bilden sich Chlor und Wasserstoff.
a) Geben Sie die Gleichungen für die Reaktionen an Kathode und Anode an.
b) Welchen pH-Wert hat die Lösung am Anfang und am Ende der Elektrolyse?

A 191.22 Eine Metallplatte von 200 cm^2 Oberfläche soll versilbert werden, sodass eine 0,02 mm dicke Schicht entsteht. Wie lange muss die Platte in einer Silbernitrat-Lösung galvanisiert werden, wenn die Stromstärke I = 0,4 A beträgt und die Stromausbeute bei 90 % liegt?
(ϱ (Silber) = 10,5 g · cm^{-3})

KOMPLEXREAKTIONEN

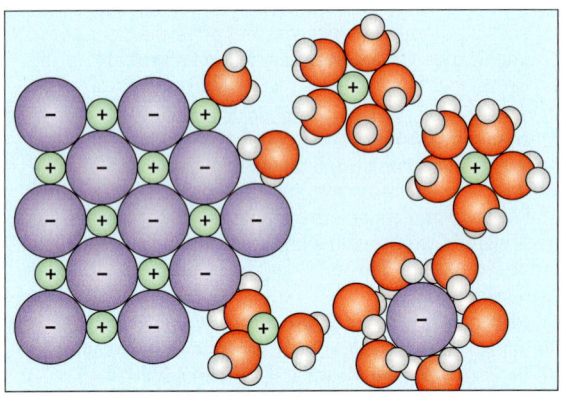

Abb. 192.1 Modell des Lösungsvorgangs eines Ionenkristalls

V 192.1 Cobaltchlorid als Feuchtigkeitsindikator
Das als Trockenmittel verwendete *Blaugel* ist ein Kieselgel mit Cobaltchloridzusatz. Versetzen Sie eine blau gefärbte Probe mit einigen Tropfen Wasser.

V 192.2 Bestimmung des Wassergehalts von blauem Kupfersulfat
Etwa 1 g des Salzes (Xn, N) wird in einen Porzellantiegel genau eingewogen. Bei aufgelegtem Deckel wird der Tiegel in einem Tondreieck auf einem Dreifuß erhitzt. Nach etwa 5 min ist bei mittlerer Flamme das Wasser vollständig ausgetrieben. Nach dem Abkühlen wird zurückgewogen.
Berechnen Sie, wie viel Mol Wasser in einem Mol des Salzes enthalten sind.
Entsorgung: B 2

LV 192.3 Entwässerung von kristallwasserhaltigen Salzen
a) Im Reagenzglas wird jeweils eine Spatelspitze der folgenden Salze erhitzt, bis kein Wasserdampf mehr entweicht: $FeSO_4 \cdot 7\,H_2O$, $CoCl_2 \cdot 6\,H_2O$ (T, N, ▼), $CuCl_2 \cdot 2\,H_2O$ (Xn), $CuSO_4 \cdot 5\,H_2O$ (Xn, N)
b) Etwas blaues Kupfersulfat wird mit konzentrierter Schwefelsäure (C) leicht erwärmt.
Entsorgung: B2

LV 192.4 Farbänderungen beim Auflösen wasserfreier Salze
Die in LV 192.3 a) erhaltenen Proben sowie eine Spatelspitze Kupfer(II)-bromid ($CuBr_2$) (Xn) werden jeweils in einigen Millilitern Wasser gelöst. Vergleichen Sie die Farben der Lösungen mit denen der Hydrate.
Entsorgung: B2

In wässrigen Lösungen treten oft Erscheinungen auf, die sich weder als Säure-Base- noch als Redoxreaktionen deuten lassen. Versetzt man eine Lösung, die Chlorid-Ionen enthält, mit einer Silbernitratlösung, so fällt Silberchlorid aus. Der Niederschlag verschwindet jedoch, wenn man Ammoniaklösung hinzufügt. Silber-Ionen und Ammoniak-Moleküle sind hier an einer Reaktion beteiligt, die zu den **Komplex-** oder **Koordinationsreaktionen** gehört. Um grundlegende Vorstellungen über diesen Reaktionstyp entwickeln zu können, soll zunächst das Verhalten von Ionen gegenüber Wasser-Molekülen genauer untersucht werden.

60 Bildung hydratisierter Ionen

In einer wässrigen Salzlösung sind Kationen und Anionen aufgrund der elektrostatischen Anziehung von den Dipolmolekülen des Wassers umgeben, sie sind *hydratisiert*. Die Bildung hydratisierter Ionen stellt einen besonders einfachen Fall der Komplexbildung dar. Einige mit der Hydratation zusammenhängende Phänomene sollen deshalb kurz beschrieben werden.

Erhitzt man blaues Kupfersulfat, so entweicht Wasserdampf. Das blaue Salz enthält also Wasser, und zwar sind hier auf ein Mol Kupfer-Ionen 5 mol Wasser als *Kristallwasser* in die Salzkristalle eingebaut. Diese Zusammensetzung gibt man durch die Formel $CuSO_4 \cdot 5\,H_2O$ an. Derartige kristallwasserhaltige Salze bezeichnet man als **Hydrate**. Den Wassergehalt gibt man durch griechische Zahlwörter an: Kupfersulfat-*Penta*hydrat, Magnesiumsulfat-*Hepta*hydrat ($MgSO_4 \cdot 7\,H_2O$).

Wasserfreies Kupfersulfat ist farblos. Die blaue Farbe des Hydrats und der Lösung ist also auf die Hydratation der Kupfer-Ionen zurückzuführen. Entsprechende Farbunterschiede beobachtet man auch bei Salzen von anderen Übergangsmetallen; so sind das Hexahydrat und eine konzentrierte Lösung von Cobalt(II)-chlorid lilarot, während das wasserfreie Salz blau ist. Versetzt man ein wasserfreies Salz mit Wasser, so tritt wieder die Farbe des Hydrats auf. Einige wasserfreie Salze können deshalb zum Nachweis von Wasser verwendet werden. Andere Salze der Hauptgruppenmetalle bilden stabile *farblose* Hydrate. Kristallsoda ($Na_2CO_3 \cdot 10\,H_2O$)

und Alaun ($KAl(SO_4)_2 \cdot 12\ H_2O$) sind bekannte Beispiele. Da wasserfreie Salze unter Hydratbildung Wasser binden können, benutzt man sie in einigen Fällen als *Trockenmittel* für Gase.

Das Phänomen der *Volumenkontraktion* liefert einen weiteren Hinweis auf den Hydratationsvorgang: Wenn man eine höher konzentrierte Salzlösung herstellt, so ist das Volumen der Lösung um etwa 2 % kleiner als die Summe der Volumina von Salz und Wasser. Man muss annehmen, dass in den Hydrathüllen der Ionen die Wasser-Moleküle dichter gepackt sind als in reinem Wasser. Diese Volumenverminderung ließe sich erst durch einen Druck von etwa 100 MPa erreichen.

Beim Auflösen von Salzen beobachtet man oft deutliche *Temperaturänderungen*. Kaliumchlorid, Ammoniumnitrat oder Calciumchlorid-*Hexa*hydrat lösen sich unter merklicher Abkühlung. Das erscheint zunächst verständlich, da die Ionen gegen die elektrostatische Anziehung aus dem Gitterverband entfernt werden müssen. Lithiumchlorid oder wasserfreies Calciumchlorid lösen sich jedoch überraschenderweise unter Erwärmung. Der gesamte Lösungsvorgang muss also auch energieliefernde Schritte enthalten. Dabei kann es sich nur um die Hydratation handeln, bei der neue Bindungen zwischen Ionen und Wasser-Molekülen geknüpft werden.

Das Zusammenwirken endothermer und exothermer Teilvorgänge beim Lösen von Salzen lässt sich auch quantitativ erfassen. Man verwendet dabei *Hydratationsenthalpien* für die verschiedenen Ionen. Diese Werte beziehen sich auf den nicht beobachtbaren Vorgang Ion (g) → Ion (aq). Den Lösungsvorgang *denkt* man sich dann in zwei Teilschritte zerlegt:

Im ersten Schritt wird die *Gitterenthalpie* aufgewendet ($\Delta H_{Gitter} > 0$), um aus dem Ionengitter gasförmige Ionen zu erzeugen. Im zweiten Schritt werden die Ionen hydratisiert. Dabei werden die Hydratationsenthalpien für Anionen und Kationen frei ($\Delta H_{Hydr.} < 0$). Die beobachtete Lösungsenthalpie (Lösungswärme) ist dann die Summe aus der Gitterenthalpie und der gesamten Hydratationsenthalpie.

$$\Delta H_{Lösung} = \Delta H_{Gitter} + \Delta H_{Hydr.}$$

Ob ein Lösungsvorgang exotherm oder endotherm verläuft, hängt davon ab, ob die Hydratationsenthalpie die Gitterenthalpie übertrifft oder nicht.

H⁺	−1091	Mg²⁺	−1921	Co²⁺	−1996	OH⁻	−460
Li⁺	−519	Ca²⁺	−1577	Ni²⁺	−2105	F⁻	−515
Na⁺	−409	Sr²⁺	−1443	Cu²⁺	−2100	Cl⁻	−381
K⁺	−322	Ba²⁺	−1305	Al³⁺	−4665	Br⁻	−347
Be²⁺	−2494	Fe²⁺	−1946	Fe³⁺	−4430	I⁻	−305

Tab. 193.3 Hydratationsenthalpien in $kJ \cdot mol^{-1}$

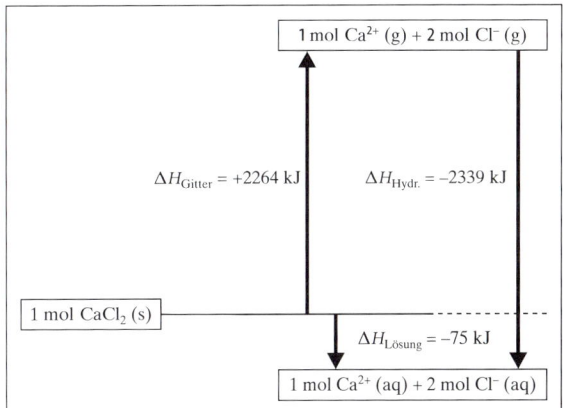

Abb. 193.1 Enthalpiediagramm für einen exothermen Lösungsvorgang

Reaktion	$\dfrac{\Delta H_m^0}{kJ \cdot mol^{-1}}$	Reaktion	$\dfrac{\Delta H_m^0}{kJ \cdot mol^{-1}}$
Na (g) → Na⁺ (g) + e⁻	500	Cl₂ (g) → 2 Cl (g)	242
Mg (g) → Mg²⁺ (g) + 2 e⁻	2240	O₂ (g) → 2 O (g)	497

Tab. 193.2 Enthalpiewerte für einige Vorgänge

A 193.1 Entwerfen Sie ein Enthalpiediagramm für einen endothermen Lösungsvorgang.

A 193.2 Die Lösungsenthalpien für $CuSO_4$ (s) und $CuSO_4 \cdot 5\ H_2O$ (s) betragen $-67\ kJ \cdot mol^{-1}$ bzw. $11\ kJ \cdot mol^{-1}$. Wie viel Energie wird bei der Bildung von $CuSO_4 \cdot 5\ H_2O$ (s) aus $CuSO_4$ (s) und Wasser frei? Zeichnen Sie ein Diagramm.

V 193.3 Volumenänderung bei der Bildung einer Salzlösung
Man gibt etwa 100 g Natriumchlorid (Speisesalz) in einen 500-ml-Messkolben und füllt möglichst rasch mit Wasser bis zur Ringmarke auf. Unter Umschwenken wird das Salz dann gelöst.

V 193.4 Temperaturänderungen beim Auflösen von Salzen
Zu jeweils etwa 5 g der folgenden Salze werden in einem Reagenzglas wenige ml Wasser hinzugefügt: NaCl, KCl, NH₄Cl, NH₄NO₃ (O), CaCl₂ (Xi), CaCl₂ · 6 H₂O (Xi).

V 193.5 Ermittlung der Lösungsenthalpie von Calciumchlorid
Man löse jeweils 0,1 mol CaCl₂ (Xi) bzw. CaCl₂ · 6 H₂O (Xi) in 100 ml Wasser und messe die Temperaturänderung. Welche weiteren Daten benötigt man, um die Lösungsenthalpie (in $kJ \cdot mol^{-1}$) zu berechnen?

KOMPLEXREAKTIONEN

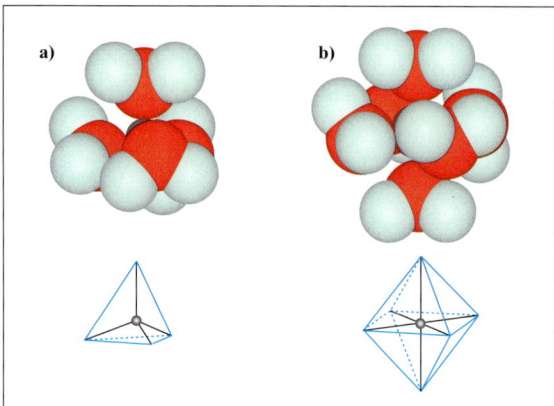

Abb. 194.1 Aquakomplexe und zugehörige Koordinationspolyeder. Ein Tetraeder liegt z.B. in $BeSO_4 \cdot 4\,H_2O$ (a) vor, ein Oktaeder in $Ni(NO_3)_2 \cdot 6\,H_2O$ (b).

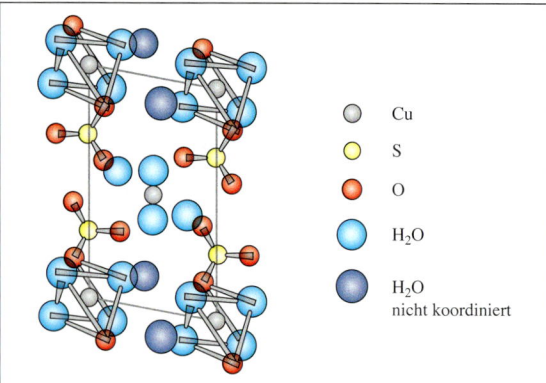

Cu
S
O
H_2O
H_2O
nicht koordiniert

Abb. 194.2 Stuktur von $CuSO_4 \cdot 5\,H_2O$. Jedes Kupfer-Ion ist von vier Wasser-Molekülen koordiniert. Dieses Quadrat wird durch Sauerstoff-Atome von Sulfat-Ionen zu einem (verzerrten) Oktaeder ergänzt. Das fünfte Wasser-Molekül ist über Wasserstoffbrückenbindungen an das Sulfat-Ion gebunden.

$BeSO_4 \cdot 4\,H_2O$	$FeCl_3 \cdot 6\,H_2O$
$BaCl_2 \cdot 2\,H_2O$	$CuSO_4 \cdot 5\,H_2O$
$(NH_4)_2Fe(SO_4)_2 \cdot 6\,H_2O$	$CaCl_2 \cdot 6\,H_2O$
$Ni(NO_3)_2 \cdot 6\,H_2O$	$FeSO_4 \cdot 7\,H_2O$
$MgCl_2 \cdot 6\,H_2O$	$CoCl_2 \cdot 6\,H_2O$
$CrCl_3 \cdot 6\,H_2O$	$ZnSO_4 \cdot 7\,H_2O$

Tab. 194.3 Einige bei Raumtemperatur stabile Hydrate

A 194.1 Natriumcarbonat kristallisiert als $Na_2CO_3 \cdot 10\,H_2O$, sodass jedes Na^+-Ion oktaedrisch von H_2O-Molekülen umgeben ist. Dabei sind jeweils zwei Oktaeder über eine gemeinsame Kante verknüpft.
Skizzieren Sie diese $[Na_2(H_2O)_{10}]^{2+}$-Baueinheit.

61 Bau hydratisierter Kationen

Die Untersuchung von Hydraten ergibt, dass Hexahydrate besonders häufig auftreten. Wenn alle Wasser-Moleküle im Kristall um das kleinere und meist höher geladene Kation angeordnet sind, ergibt sich hierfür ein Oktaeder als die höchstsymmetrische Form.

Eine derartige Strukturvorstellung ist 1893 von A. WERNER (Nobelpreis 1913) eingeführt worden. Er konnte sich damals nur auf ähnlich einfache Beobachtungen stützen, wie sie hier bisher beschrieben worden sind. Heute beweisen Röntgenstrukturuntersuchungen, dass die Metallionen in Hydraten meist oktaedrisch von 6 Wasser-Molekülen umgeben sind. Dieses Oktaeder stellt eine Baueinheit des Kristallgitters dar, und man darf annehmen, dass diese Einheit auch in wässriger Lösung erhalten bleibt. Man bezeichnet solche Teilchen als **Aquakomplexe.** Sie bestehen jeweils aus einem Metallion als *Zentralteilchen* und einer bestimmten Anzahl von angelagerten Wasser-Molekülen, den *Liganden*.

Die Anzahl der Liganden wird als **Koordinationszahl** bezeichnet. Bevorzugt treten solche Werte auf, die die Bildung hochsymmetrischer Komplexe ermöglichen. Mit sechs Liganden entsteht im Allgemeinen ein Oktaeder, mit vier Liganden ein Tetraeder oder ein Quadrat. Verbindungen, die Komplexteilchen enthalten, nennt man **Komplexverbindungen** oder auch *Koordinationsverbindungen*.

In der chemischen Zeichensprache verwendet man eckige Klammern, um auf das Vorliegen von Komplexteilchen hinzuweisen. Für das von sechs Wasser-Molekülen umgebene Nickel-Ion, das *Hexaaqua-nickel(II)-Ion*, schreibt man $[Ni(H_2O)_6]^{2+}$, für das *Tetraaqua-beryllium(II)-Ion* $[Be(H_2O)_4]^{2+}$. Ganz entsprechend verwendet man die eckigen Klammern auch in Substanzformeln von Komplexverbindungen. Die Formel $[Cu(H_2O)_4]SO_4 \cdot H_2O$ (s) weist auf die Struktur des festen Kupfersulfat-Pentahydrats hin: Kupfer-Ionen sind jeweils von vier Wasser-Molekülen umgeben.

Bindungsverhältnisse in Komplexen. Neben Wasser-Molekülen können Komplexe auch andere Dipol-Moleküle wie Ammoniak oder Anionen als Liganden enthalten. Gemeinsam ist allen Liganden, dass sie an einem Atom wenigstens ein *freies* Elektronenpaar tragen. Diese freien Elektronenpaare sind entscheidend für die Ausbildung einer chemischen Bindung zwischen Zentralteilchen und Ligand: Ein freies Elektronenpaar des Liganden wird zu einem *Bindungs*elektronenpaar zwischen Metall- und Ligand-Atom. Dadurch entsteht eine mehr oder minder *polare Elektronenpaarbindung*. In Grenzfällen kann es sich bei der Bindung in Komplexen auch um eine rein elektrostatische Anziehung oder um eine nahezu unpolare Elektronenpaarbindung handeln.

62 Austausch von Liganden

Aquakomplexe in Lösung sind keine dauerhaft beständigen Teilchen. Koordinierte Wasser-Moleküle werden meist in außerordentlich rascher Reaktion gegen andere Wasser-Moleküle aus der Umgebung ausgetauscht. Je nach Zusammensetzung der Lösung können dabei auch andere Dipol-Moleküle oder Anionen angelagert werden. Es stellt sich ein *Ligandenaustauschgleichgewicht* ein, dessen Lage von der Art der Teilchen, von ihrer Konzentration und von der Temperatur abhängig ist. Meist wird jeweils ein Wasser-Molekül durch einen anderen Liganden ersetzt, sodass der neue Komplex die gleiche Koordinationszahl aufweist.

Ligandenaustauschvorgänge erkennt man häufig an Farbänderungen. Versetzt man eine Cobalt(II)-Salzlösung mit konzentrierter Salzsäure, so ändert sich die Farbe von rosa nach blau. Diese Blaufärbung wird durch tetraedrisch gebaute $[CoCl_4]^{2-}$-Ionen verursacht. Der Aquakomplex geht also in einen *Chlorokomplex* über, indem die koordinierten Wasser-Moleküle gegen Chlorid-Ionen ausgetauscht werden. Erniedrigt man die Chloridkonzentration durch Verdünnen, erhält man wieder den Aquakomplex. Die Vorgänge werden durch die folgende Reaktionsgleichung beschrieben:

$$[Co(H_2O)_6]^{2+} \text{ (aq)} + 4\, Cl^- \text{ (aq)} \rightleftharpoons$$
rosa
$$[CoCl_4]^{2-} \text{ (aq)} + 6\, H_2O \text{ (l)}$$
blau

Die Farben mancher Komplexe sind so charakteristisch und so intensiv, dass sie den Nachweis bestimmter Ionen auch bei sehr kleinen Konzentrationen ermöglichen. Kupfer(II)-Ionen lassen sich beispielsweise mit Ammoniak nachweisen. Der Aquakomplex des Kupfers wird dabei in einen tiefblauen Komplex überführt, in dem das Kupfer-Ion von vier Ammoniak-Molekülen koordiniert ist. Man bezeichnet einen solchen Komplex als *Tetraamminkomplex*.

$$[Cu(H_2O)_4]^{2+} \text{ (aq)} + 4\, NH_3 \text{ (aq)} \rightarrow$$
hellblau
$$[Cu(NH_3)_4]^{2+} \text{ (aq)} + 4\, H_2O \text{ (l)}$$
tiefblau

Die bisherigen Gleichungen beschreiben die Ligandenaustauschreaktionen nur sehr vereinfacht. Tatsächlich liegen Komplexe mit nur *einer* Art von Liganden nur bei ganz bestimmten Konzentrationsverhältnissen vor. In einer Lösung, die auf ein Mol Kupfer-Ionen nur ein Mol Ammoniak-Moleküle enthält, liegen überwiegend Komplexe vor, die nur ein Ammoniak-Molekül enthalten: $[Cu(H_2O)_3NH_3]^{2+}$. Die übrigen Wasser-Moleküle werden in größerem Ausmaß erst bei der Zugabe von weiterem Ammoniak ausgetauscht. Das bedeutet, dass Ligandenaustauschreaktionen *schrittweise* erfolgen, ähnlich der Protolyse mehrprotoniger Säuren.

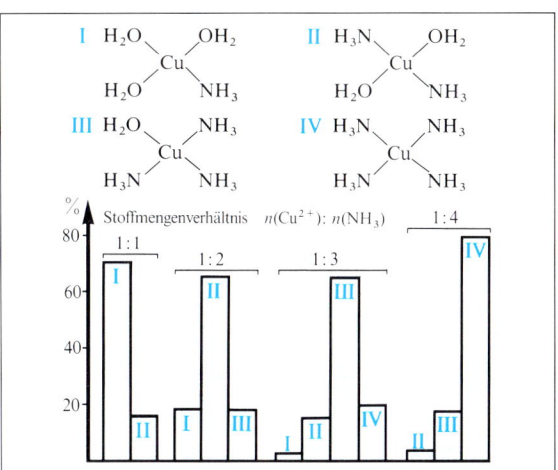

Abb. 195.1 Anteil der verschiedenen Kupferamminkomplexe in einer Lösung in Abhängigkeit vom Stoffmengenverhältnis $n(Cu^{2+}) : n(NH_3)$

A 195.1 Bei der Zugabe von Ammoniak zu einer Kupfer(II)-Salzlösung tritt zunächst eine Fällung von Kupfer(II)-hydroxid auf, bevor sich der tiefblaue Amminkomplex bildet. Diese Fällung erscheint nicht, wenn die Probelösung zuvor angesäuert oder mit Ammoniumnitrat versetzt wird. Geben Sie eine Erklärung.

V 195.2 Ligandenaustauschgleichgewichte bei Cobalt(II)- und Kupfer(II)-Ionen

a) *Konzentrationsabhängigkeit.* Versetzen Sie Cobalt(II)-Salzlösung ($c = 0,5$ mol · l⁻¹) (Xn, ▽) mit konzentrierter Salzsäure (C) bis die Lösung intensiv blau ist. Lässt sich durch Zugabe von Wasser wieder die ursprüngliche Farbe erhalten? *Entsorgung: B2*

b) *Temperaturabhängigkeit.* Erhitzen Sie eine Cobalt(II)-Salzlösung, die bis zur Sättigung mit Kochsalz versetzt ist. Erklären Sie Ihre Beobachtung mithilfe des Prinzips vom kleinsten Zwang. *Entsorgung: B2*

c) Führen Sie entsprechende Experimente mit Kupfer(II)-Salzlösungen durch. Prüfen Sie hier die Temperaturabhängigkeit, indem Sie eine Kupfersulfatlösung ($c = 0,1$ mol · l⁻¹) erhitzen, in der auf 100 ml 5 g Kochsalz gelöst sind. *Entsorgung: B2*

d) Untersuchen Sie die Reaktion zwischen Hexaaquacobalt(II)- und Thiocyanat-Ionen (SCN^-).

V 195.3 Kupfernachweis

a) Eine stark verdünnte und daher kaum gefärbte Kupfer(II)-Salzlösung wird leicht angesäuert und dann mit verdünnter Ammoniaklösung versetzt. Was geschieht, wenn man anschließend stark ansäuert?

b) Mit welcher Kupfer(II)-Konzentration erhält man in einem 100-ml-Becherglas bei Ammoniakzugabe noch eine deutlich erkennbare Blaufärbung?

Ligand	Name	Ligand	Name
H_2O	aqua-	S^{2-}	thio-
NH_3	ammin-	OH^-	hydroxo-
CO	carbonyl-	NO_2^-	nitrito-
F^-	fluoro-	CO_3^{2-}	carbonato-
Cl^-	chloro-	SO_4^{2-}	sulfato-
Br^-	bromo-	$S_2O_3^{2-}$	thiosulfato-
I^-	iodo-	CN^-	cyano-
O_2^{2-}	peroxo-	SCN^-	thiocyanato-
H^-	hydrido-	CH_3COO^-	acetato-

Tab. 196.1 Namen einiger Liganden

Komplex	Zentralion	Name
$[FeCl_4]^-$	Fe^{3+}	Tetrachloro**ferrat**(III)
$[Co(SCN)_4]^{2-}$	Co^{2+}	Tetrathiocyanato**cobalt**(II)
$[Fe(CN)_6]^{4-}$	Fe^{2+}	Hexacyano**ferrat**(II)
$[AgCl_2]^-$	Ag^+	Dichloro**argentat**(I)
$[HgI_4]^{2-}$	Hg^{2+}	Tetraiodo**mercurat**(II)
$[Al(OH)_4]^-$	Al^{3+}	Tetrahydroxo**aluminat**(III)
$[SnCl_6]^{2-}$	Sn^{4+}	Hexachloro**stannat**(IV)
$[Ni(CN)_4]^{2-}$	Ni^{2+}	Tetracyano**nickelat**(II)

Tab. 196.2 Benennung anionischer Komplexe

A 196.1 Bilden Sie die Namen der folgenden Komplexe bzw. Komplexverbindungen:

a) $K_3[CuCl_4]$ b) $[CoCl(NH_3)_5]SO_4$
c) $[CoCl_3(NH_3)_3]$ d) $[CuCl(H_2O)_3]^+$
e) $[FeSCN(H_2O)_5]^{2+}$ f) $[CoBr_4]^{2-}$
g) $[AsS_4]^{3-}$ h) $(NH_4)_2[PbCl_6]$
i) $Cs[PbI_3]$ j) $[CrF_2(NH_3)_4]^+$

A 196.2 Welche Formeln gehören zu den folgenden Namen?
a) Diamminsilber(I)-Ion
b) Dichlorotetraaquachrom(III)-Ion
c) Tetracyanozinkat(II)-Ion
d) Hexaamminnickel(II)-chlorid
e) Quecksilbertetrathiocyanatocobaltat(II)
f) Natriumhexanitritocobaltat(III)
g) Tetrathioantimonat(V)-Ion

63 Komplexe und ihre Namen

Im 19. Jahrhundert – also noch vor der Entwicklung der heutigen Strukturvorstellungen – war es üblich, die relativ wenigen Komplexverbindungen mit Trivialnamen zu benennen. Meist bezogen sie sich auf die Art der Gewinnung, auf bestimmte Eigenschaften oder auf den Entdecker. Beispiele sind das „Gelbe Blutlaugensalz" ($K_4[Fe(CN)_6]$) sowie das „REINECKE-Salz" ($NH_4[Cr(SCN)_4(NH_3)_2] \cdot H_2O$). Im Laufe der Zeit sind mehr als 100 000 verschiedene Komplexe beschrieben worden. Es war also nötig, ein System von Regeln zur Benennung von Komplexverbindungen zu entwickeln.

63.1 Nomenklaturregeln

1. In den *Formeln* von Komplexteilchen steht immer zuerst das Zentralion, es folgen anionische und dann neutrale Liganden:
$[Fe(CN)_6]^{4-}$, $[CoCl(NH_3)_5]^{2+}$

2. In Formeln von salzartigen Komplexverbindungen wird immer – wie bei allen Salzen – das Kation vor dem Anion aufgeführt:
$K_4[Fe(CN)_6]$, $[CoCl(NH_3)_5]SO_4$

3. Namen anionischer Liganden enden jeweils auf **-o**; Sie werden vom Namen des freien Anions abgeleitet, wobei die Endung **-id** unberücksichtigt bleibt.

4. Für die neutralen Liganden *Wasser*, *Ammoniak* und *Kohlenstoffmonooxid* werden die besonderen Namen **aqua-**, **ammin-** und **carbonyl-** verwendet:
$[Ni(CO)_4]$ Tetracarbonyl-nickel(0)
$[Fe(H_2O)_6]^{2+}$ Hexaaqua-eisen(II)-Ion

5. In den *Namen* von Komplexen werden die Liganden grundsätzlich in *alphabetischer* Reihenfolge vor dem Zentralion genannt. (Die Angaben zur Anzahl bleiben dabei unberücksichtigt.) Meist gibt man auch die Oxidationsstufe des Zentralteilchens an:
$[CoCl(NH_3)_5]^{2+}$ Penta**a**mmin-**c**hloro-cobalt(III)-Ion

6. Im Falle kationischer oder neutraler Komplexe wird der Name des Metalls nicht verändert. Bei *anionischen* Komplexen endet der Name des Zentralions jedoch mit der Silbe **-at**:
$[AlF_6]^{3-}$ Hexafluoro-alumin**at**(III)-Ion
$[Cd(CN)_4]^{2-}$ Tetracyano-cadm**at**(II)-Ion

7. Soweit das Elementsymbol nicht dem deutschen Namen entspricht, hängt man die Endung **-at** an den Stamm eines lateinischen Namens:
$[Fe(CN)_6]^{3-}$ Hexafluoro-**ferrat**(III)-Ion
$K_2[HgI_4]$ Kalium-tetraiodo-**mercurat**(II)
$Na[Au(CN)_2]$ Natrium-dicyano-**aurat**(I)

$[Cu(CN)_4]^{3-}$ Tetracyano-**cuprat**(I)-Ion
$[Sn(OH)_3]^{-}$ Trihydroxo-**stannat**(II)-Ion
Im Falle des Antimons (Sb) bleibt es allerdings ausnahmsweise bei der deutschen Bezeichnung:
$[SbCl_4]^{-}$ Tetrachloro-**antimonat**(III)-Ion

63.2 *cis/trans*-Isomerie bei Komplexen

Die bisher genannten Nomenklaturregeln ermöglichen noch keine eindeutige Zuordnung von Namen und Stoffen. So gibt es zwei verschiedene Komplexsalze mit der Formel $[CoCl_2(NH_3)_4]Cl$. Eines dieser Salze ist grün, das andere blauviolett. Bei oktaedrischer Anordnung der Liganden um das Cobalt(II)-Ion gibt es hier gerade zwei verschiedene Möglichkeiten. In einem Fall besetzen die beiden Chlorid-Ionen zwei benachbarte Ecken (*cis*-From), im anderen Fall zwei gegenüberliegende (*trans*-Form). Man spricht hier deshalb von einer *cis/trans*-Isomerie. Bei anderen Annahmen über die geometrische Anordnung der Liganden müsste eine größere Anzahl von Isomeren existieren.

Diese Überlegung bildete eine starke Stütze für die von WERNER angenommene Oktaederordnung. Denn trotz intensiver Suche fand man bei Verbindungen dieses Typs niemals mehr als zwei Isomere.

Man weiß heute, dass in dem grünen Salz die *trans*-Form und in dem blauvioletten Salz die weniger stabile *cis*-Form vorliegt. Zur Unterscheidung derartiger Isomerer setzt man deshalb die Beziehungen *cis*- oder *trans*-vor Formel und Namen.

Das Phänomen der *cis/trans*-Isomerie kann auch bei vierfach koordinierten Komplexen mit planar-quadratischem Bau beobachtet werden.

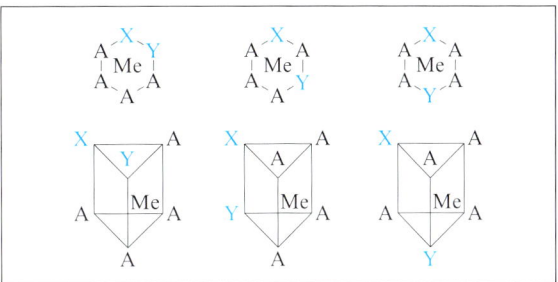

Abb. 197.1 Isomeriemöglichkeiten bei nichtoktaedrischer Anordnung der Liganden in Komplexen des Typs $[MeA_4XY]$

Platin-Komplexe in der Krebstherapie

Seit mehr als 150 Jahren sind die beiden Isomeren von Diammindichloroplatin(II) bekannt. Doch erst 1964 wurde zufällig entdeckt, dass die *cis*-Verbindung das Wachstum von Krebszellen behindert.

Bei Untersuchungen über die Wirkung schwacher Wechselströme auf das Wachstum von Bakterien beobachtete man, dass die Zellteilung ausbleibt und sich stattdessen lange fadenförmige Zellen bilden.

Nach vielen Experimenten stellte sich heraus, dass das Platin der vermeintlich inerten Elektroden mit dem Ammoniumchlorid der Pufferlösung reagiert. Es bildet sich *cis*-Diammintetrachloroplatin(IV), das am Licht in *cis*-Diammindichloroplatin(II) übergeht.

Man kennt heute eine ganze Reihe wirksamer neutraler *cis*-Platin-Komplexe verschiedener Zusammensetzung: PtX_2Y_2, PtX_2YZ, PtX_2Y_4, $PtX_2Y_2Z_2$. Die entsprechenden *trans*-Komplexe zeigen keine Wirkung.

Forschungsergebnisse zum Wirkmechanismus von *cis*-Diammindichloroplatin(II) haben gezeigt, dass der Komplex an die DNA von Tumorzellen bindet und den Reparaturmechanismus stört, was schließlich zum Zelltod führt:

Nach dem Eindringen des Komplexes in eine Zelle werden die Chlor-Liganden gegen Wasser-Moleküle ausgetauscht, der Komplex geht Bindungen zum Stickstoff zweier Nucleotide der DNA ein. Zur Reparatur des DNA-Abschnitts werden Reparaturproteine freigesetzt, die jedoch irreversibel von dem DNA-Platin-Komplex gebunden werden. Dadurch wird die Replikation der DNA unterbunden, die Zelle stirbt ab.

Im Handel wird *cis*-Diammindichloroplatin(II) als Cisplatin, Platinol, Neoplatin und Platinex vertrieben. Es wird bei Tumoren im Blasen- und Hodenbereich sowie bei Gehirntumoren angewendet.

$[CoCl_2(NH_3)_4]^{+}$

cis-Form   *trans*-Form

$[PtCl_2(NH_3)_2]$

cis-Form   *trans*-Form

Abb. 197.2 *cis/trans*-Isomerie bei oktaedrischen und planar-quadratischen Komplexen

A 197.1 Ist das Auftreten von Isomeren zu erwarten, wenn ein Komplex des Typs $[MeX_2Y_2]$ tetraedrisch gebaut ist?

A 198.1 Die durch [FeSCN(H$_2$O)$_5$]$^{2+}$-Ionen verursachte Rotfärbung verschwindet bei Fluoridzugabe. Beim stärkeren Ansäuern mit Salpetersäure tritt die rote Farbe wieder auf. Geben Sie dafür eine Erklärung.

V 198.2 Das Hexaaquaeisen(III)-Ion als Kationsäure
Die folgenden Untersuchungen sind mit einer Lösung von Fe(NO$_3$)$_3$ · 9 H$_2$O (c = 0,1 mol · l^{-1}) durchzuführen.
a) Geben Sie etwas Magnesiumpulver (F) zu der Lösung.
b) Stellen Sie den pH-Wert der Lösung fest und berechnen Sie dann die Gleichgewichtskonstante für die Reaktion:

[Fe(H$_2$O)$_6$]$^{3+}$ (aq) ⇌ [FeOH(H$_2$O)$_5$]$^{2+}$ + H$^+$ (aq)

c) Wie ändert sich die Farbe der Lösung beim Ansäuern mit halbkonzentrierter Salpetersäure (C)? Welche Farbe ist demnach dem [Fe(H$_2$O)$_6$]$^{3+}$-Ion zuzuordnen?
Entsorgung: B1

V 198.3 Ligandensubstitution am Fe^{3+}-Ion
Für die Versuche wird eine Eisen(III)-nitratlösung (c = 0,1 mol · l^{-1}) verwendet, die durch Salpetersäurezusatz (halbkonz.) (C) gerade entfärbt ist. Geben Sie die folgenden Reagenzlösungen tropfenweise zu jeweils etwa 10 ml der Eisen(III)-nitratlösung:
a) konzentrierte Kochsalzlösung,
b) verdünnte Ammoniumthiocyanatlösung,
c) gesättigte Natriumfluoridlösung (T) bis zum Auftreten einer Fällung. Woraus besteht diese Fällung?
d) Geben Sie die Reagenzlösungen a), b) und c) nacheinander zu einer Probe der Eisen(III)-nitratlösung.

V 198.4 Gleichgewichtsverschiebung
Versetzen Sie angesäuerte Eisen(III)-chloridlösung mit einigen Tropfen einer verdünnten Ammoniumthiocyanatlösung und fügen Sie dann konzentrierte Salzsäure (C) hinzu.

V 198.5 Chloridnachweis
Stark verdünnte Eisen(III)-nitratlösung wird mit etwas Thiocyanatlösung versetzt. Anschließend tropft man Quecksilber(II)-nitratlösung (c = 0,01 mol · l^{-1}) (Xn) bis zur Entfärbung hinzu. Geben Sie zu dieser Reagenzlösung eine chloridhaltige Probelösung.
Erklären Sie Ihre Beobachtungen mithilfe von Reaktionsgleichungen. Der auf diesen Reaktionen beruhende Chloridnachweis wird bei der Untersuchung von Wasser halbquantitativ ausgewertet.
Entsorgung: B2

V 198.6 Verhalten einiger Komplexe gegen Fällungsreagenzien
a) Versetzen Sie eine Tetraamminkupfer(II)-Salzlösung mit Schwefelwasserstoffwasser (Xn).
b) Versetzen Sie Lösungen von K$_4$[Fe(CN)$_6$] und von K$_3$[Fe(CN)$_6$] mit Natronlauge (C) und anschließend mit Schwefelwasserstoffwasser.

64 Stabilitätsunterschiede

Löst man Komplex-Verbindungen in Wasser, so werden die koordinierten Liganden in ganz unterschiedlichem Ausmaß durch Wasser-Moleküle substituiert. Als *stabil* bezeichnet man Komplexe, bei denen ein solcher Austausch nur in sehr geringem Maße stattfindet. In Lösungen, die weniger stabile Komplexe enthalten, bilden sich stabilere Komplexe, sobald man geeignete andere Liganden anbietet.

In einer mit Salpetersäure angesäuerten Eisen(III)-chloridlösung liegt das Eisen vor allem in Form des [FeCl(H$_2$O)$_5$]$^{2+}$-Ions vor; dies Ion verursacht die gelbe Farbe der Lösung. Schon beim Hinzufügen von wenig Thiocyanatlösung tritt eine tiefrote Färbung auf. Erhöht man anschließend die Chloridkonzentration sehr stark, färbt sich die Lösung wieder gelb. Diese Beobachtungen lassen sich als Ligandenaustauschgleichgewicht deuten.

[FeCl(H$_2$O)$_5$]$^{2+}$ (aq) + SCN$^-$ (aq) ⇌
gelb   [FeSCN(H$_2$O)$_5$]$^{2+}$ (aq) + Cl$^-$ (aq)
                                                 rot

Wenn Chlorid- und Thiocyanat-Ionen in gleicher Konzentration vorliegen, bildet sich überwiegend der stabilere Thiocyanatokomplex. Seine charakteristische Rotfärbung verschwindet, wenn man eine Fluorid-Lösung hinzufügt. Es bildet sich der noch stabilere Fluorokomplex.

[FeSCN(H$_2$O)$_5$]$^{2+}$ (aq) + F$^-$ (aq) →
rot   [FeF(H$_2$O)$_5$]$^{2+}$ (aq) + SCN$^-$ (aq)
                                              farblos

Stabilitätsunterschiede lassen sich oft schon beim Verdünnen vergleichbarer Lösungen festhalten. Eine durch Chlorokomplexe grün gefärbte Kupfer(II)-Salzlösung nimmt beim Verdünnen die für den Aquakomplex kennzeichnende hellblaue Farbe an. Die tiefblaue Färbung durch Tetraamminkupfer(II)-Ionen bleibt dagegen beim Verdünnen erhalten. In solch einer Lösung ist die Konzentration an hydratisierten Kupfer-Ionen jedoch noch so groß, dass Reaktionen auftreten, an denen direkt nur die hydratisierten Ionen teilnehmen. Beispielsweise wird durch den Zusatz von Schwefelwasserstoff Kupfer(II)-sulfid ausgefällt. Das Löslichkeitsprodukt von Kupfersulfid kann also auch in der Tetraamminkupfersalzlösung überschritten werden.

Ein Beispiel für einen extrem stabilen Komplex ist das [Fe(CN)$_6$]$^{4-}$-Ion. Reaktionen des hydratisierten Eisen(II)-Ions können in einer Hexacyanoferrat(II)-Lösung nicht mehr beobachtet werden; es lässt sich daraus weder Eisen(II)-hydroxid noch Eisen(II)-sulfid fällen. Man sagt deshalb, das Eisen(II)-Ion ist durch Cyanid *maskiert.* In der analytischen Chemie spielt die gezielte Maskierung von Kationen eine große Rolle, wenn es darum geht, unerwünschte Fällungen zu verhindern.

Stabilitätskonstanten. Für die quantitative Beschreibung der Komplexstabilität spielen Stabilitätskonstanten die gleiche Rolle wie die Protolysekonstanten zur Charakterisierung der Säurestärke. Man unterscheidet zwei Arten von Stabilitätskonstanten:

Individuelle Stabilitätskonstanten werden durch das Symbol K_n gekennzeichnet. Es handelt sich dabei um die Gleichgewichtskonstante für den Austausch des n-ten Wasser-Moleküls durch den Liganden L.

$$[MeL_{n-1}(H_2O)_m] + L \rightarrow [MeL_n(H_2O)_{m-1}] + H_2O$$

In vereinfachter Schreibweise ist $K_n = \dfrac{c\,(MeL_n)}{c\,(MeL_{n-1}) \cdot c\,(L)}$

In Tabellenwerken werden meist die dekadischen Logarithmen aufgeführt.

Bruttostabilitätskonstanten, gekennzeichnet durch das Symbol β_n, stellen die Gleichgewichtskonstante für den Austausch von insgesamt n Wasser-Molekülen durch den betreffenden Liganden L dar.

$$[Me(H_2O)_m] + n \cdot L \rightarrow [MeL_n(H_2O)_{m-n}] + n \cdot H_2O$$

In vereinfachter Schreibweise ist $\beta_n = \dfrac{c\,(MeL_n)}{c\,(Me) \cdot c^n\,(L)}$

Aus diesen Definitionen ergeben sich folgende Beziehungen:

$\beta_1 = K_1$, $\beta_2 = K_1 \cdot K_2$, $\beta_3 = K_1 \cdot K_2 \cdot K_3$;
allgemein gilt $\beta_n = K_1 \cdot K_2 \cdot \ldots \cdot K_n$.

Mithilfe der β_n-Werte kann in einfacher Weise die Gleichgewichtskonzentration für den Aquakomplex ermittelt werden. Voraussetzung ist, dass man neben der Gesamtkonzentration des Metallions die Ligandenkonzentration und die Zusammensetzung des überwiegend vorliegenden Komplexes kennt.

Gibt man zu einer Silbernitratlösung der Konzentration $c = 0{,}02\ \text{mol} \cdot \text{l}^{-1}$ das gleiche Volumen einer Ammoniaklösung ($c = 2\ \text{mol} \cdot \text{l}^{-1}$), so wird praktisch quantitativ das $[Ag(NH_3)_2]^+$-Ion gebildet. Mit guter Näherung ist dann $c\,([Ag(NH_3)_2]^+) = 10^{-2}\ \text{mol} \cdot \text{l}^{-1}$ und $c\,(NH_3) = 1\ \text{mol} \cdot \text{l}^{-1}$. Nach Umformen des β_2-Terms lässt sich $c\,(Ag^+\,(aq))$ durch Einsetzen dieser Werte errechnen; β_2 hat den Wert $10^{7{,}2}\ \text{mol}^{-2} \cdot \text{l}^2$.

$$\beta_2 = \frac{c\,([Ag(NH_3)_2]^+)}{c\,(Ag^+\,(aq)) \cdot c^2(NH_3)} \quad \Rightarrow$$

$$c\,(Ag^+) = \frac{c\,([Ag(NH_3)_2]^+)}{\beta_2 \cdot c^2(NH_3)}$$

$$c\,(Ag^+) = \frac{10^{-2}}{10^{7{,}2} \cdot 1}\ \text{mol} \cdot \text{l}^{-1} = 10^{-9{,}2}\ \text{mol} \cdot \text{l}^{-1}$$

Aus dieser Lösung kann bei einer Chloridkonzentration von $10^{-1}\ \text{mol} \cdot \text{l}^{-1}$ noch kein Silberchlorid gefällt werden. Das Löslichkeitsprodukt von Silberchlorid $K_L\,(AgCl) = c\,(Ag^+) \cdot c\,(Cl^-) = 10^{-10}\ \text{mol}^2 \cdot \text{l}^{-2}$ wird nicht erreicht.

Ligand		Cl⁻	I⁻	NH₃	SCN⁻
Zentralion	n	lg K_n	lg K_n	lg K_n	lg K_n
Cu²⁺	1	1,5	–	4,3	2,3
	2	–0,3	–	3,7	1,4
	3	–0,1	–	3,0	
	4	–0,6	–	2,3	
Ag⁺	1	3,3	6,6	3,3	4,8
	2	1,9	5,2	3,9	3,5
Fe³⁺	1	1,5	–	–	2,3
	2	0,7	–	–	1,6
	3	–1	–	–	0
	4	–2	–	–	–2
Co²⁺	1	0,7		2,0	3
	2	–0,2		1,5	0
	3			0,9	–0,7
	4			0,6	0
	5			0,1	
	6			–0,7	
Zn²⁺	1	–0,3	–3	2,6	1,5
	2	0,3	1,3	2,3	0,7
	3	–0,3	0	2,0	0,1
	4	0,2	–0,6	1,7	–0,3

Tab. 199.1 Stabilitätskonstanten für einige Komplexe (lg K_n-Werte bei 25 °C)

A 199.1 In einer Chloridlösung ($c = 1\ \text{mol} \cdot \text{l}^{-1}$) können sich entsprechend dem Löslichkeitsprodukt von Silberchlorid nur $10^{-10}\ \text{mol} \cdot \text{l}^{-1}$ Ag⁺-Ionen in Lösung befinden.
Wie groß muss die Ammoniakkonzentration gemacht werden, damit sich in einem Liter 0,1 mol Silberchlorid vollständig auflösen lassen? (Es ist $\beta_2\,([Ag(NH_3)_2]^+) = 10^{7{,}2}\ \text{mol}^{-2} \cdot \text{l}^{-2}$).

V 199.2 Nachweis von Eisen durch die Bildung von Berlinerblau
Berlinerblau ist ein Eisen(III)-salz des Hexacyanoferrat(II)-Ions: $KFe^{III}[Fe^{II}(CN)_6]$. Zum Nachweis von Eisen(III)-Ionen versetzt man die Probe mit einer Lösung Kaliumhexacyanoferrat(II). Die gleiche Verbindung entsteht aber auch aus Eisen(II)- und Hexacyanoferrat(III)-Ionen.
a) Versetzen Sie stark verdünnte Lösungen von Eisen(II)- und Eisen(III)-Salzen mit einer Kaliumhexacyanoferrat(III)- bzw. mit einer Kaliumhexacyanoferrat(II)-Lösung.
b) Prüfen Sie eine Eisen(II)-sulfatlösung auf Eisen(III)-Ionen. Lassen Sie die Probe einige Zeit stehen.

Polarisier-barkeit	Kationen	Liganden
gering ("hart")	Li^+, Na^+, K^+, Be^{2+}, Mg^{2+}, Ca^{2+}, Sr^{2+}, Mn^{2+}, Al^{3+}, Cr^{3+}, Fe^{3+}, Co^{3+}	H_2O, OH^-, F^-, SO_4^{2-}, Cl^-, PO_4^{3-}, NH_3, CH_3COO^-
mittel	Fe^{2+}, Co^{2+}, Ni^{2+}, Cu^{2+}, Zn^{2+}, Pb^{2+}, Sn^{2+}, Sb^{3+}	Br^-, NO_2^-, SO_3^{2-}
groß ("weich")	Cu^+, Ag^+, Cd^{2+}, Hg^{2+}	I^-, S^{2-}, CN^-, SCN^-, $S_2O_3^{2-}$

Tab. 200.1 Einteilung von Kationen und Liganden nach ihrer Polarisierbarkeit

V 200.1 Ligandenaustausch bei Chrom(III)-Komplexen
Die folgenden Versuche sind mit Lösungen von Chrom(III)-chlorid und -nitrat jeweils mit der Konzentration
$c = 0,1$ mol $\cdot$ l^{-1} auszuführen.
a) Achten Sie bei den frisch angesetzten Lösungen während einiger Tage auf Farbänderungen.
b) Versetzen Sie 30 ml der Nitratlösung mit 10 ml einer Natriumchloridlösung ($c = 1$ mol $\cdot$ l^{-1}) und entsprechend 30 ml der Chloridlösung mit 10 ml einer Natriumnitratlösung ($c = 1$ mol $\cdot$ l^{-1}). Notieren Sie die Farben und erhitzen Sie dann beide Gemische bis zum Sieden. Wie ändern sich die Farben beim Abkühlen?
c) Vergleichen Sie die Leitfähigkeit der Lösungen sofort nach dem Ansetzen, nach einer Stunde und nach einigen Tagen.
Entsorgung: B 2

LV 200.2 Stabilitätsabstufungen bei Eisen(III)- und Quecksilber(II)-halogenokomplexen
a) Prüfen Sie, wie sich eine durch [FeSCN(H$_2$O)$_5$]$^{2+}$-Ionen rot gefärbte Lösung gegen Fluorid-Ionen (T+, C) und gegen Bromid-Ionen verhält. Welche Reaktion tritt mit Iodid-Ionen auf?
b) Versetzen Sie Quecksilber(II)-chloridlösung ($c = 0,05$ mol $\cdot$ l^{-1}) (Xn) mit Natriumchlorid- bzw. mit Kaliumiodidlösung (bis zur Auflösung des zunächst gefällten Quecksilber(II)-iodids). Prüfen Sie, ob sich mit Natronlauge (C) Quecksilber(II)-oxid aus diesen Lösungen fällen lässt.
Entsorgung: B 2

LV 200.3 Bildung farbiger Verbindungen aus farblosen Ionen
Diese Erscheinung weist auf die wechselseitige Polarisation der Ionen hin. Fällen Sie die folgenden Stoffe durch Zusammengeben geeigneter Lösungen (überwiegend T, N): PbI$_2$ ($\triangledown$), HgI$_2$ ($\triangledown$), AgI, PbS ($\triangledown$), CdS ($\triangledown$), Sb$_2$S$_3$.
Entsorgung: B 2

Voraussage von Stabilitätsabstufungen. Man hat wiederholt versucht, die Vielzahl von Einzeltatsachen über die Stabilität von Komplexen zu ordnen, Regeln aufzustellen und Gesetzmäßigkeiten zu finden. Heute ist es immerhin möglich, Stabilitätsabstufungen *qualitativ* mithilfe eines 1963 von PEARSON eingeführten Konzepts vorauszusagen.

Betrachtet man die Halogenokomplexe verschiedener Kationen, so lassen sich zwei Gruppen unterscheiden. In der einen Gruppe nimmt die Stabilität vom Fluoro- zum Iodokomplex ab. Dazu gehören kleine und höher geladene Kationen wie Be^{2+}, Al^{3+} und Fe^{3+}. Solche Kationen haben eine hohe Ladungsdichte. Ihre Elektronenhülle kann deshalb durch benachbarte negativ geladene Teilchen nur wenig deformiert werden; sie sind also nur wenig polarisierbar. Man bezeichnet sie deshalb als *harte* Kationen. Mit *weichen* Kationen nimmt die Stabilität der Halogenokomplexe zum Iodokomplex hin zu. In dieser Gruppe gehören die leicht polarisierbaren Kationen mit geringer Ladungsdichte wie Ag^+ und Hg^{2+}.

Auch die Liganden lassen sich nach ihrer Polarisierbarkeit klassifizieren. Das F^--Ion ist ein Musterbeispiel für einen harten Liganden, das I^--Ion eines für einen weichen Liganden. Tabelle 200.1 gibt eine Übersicht.

Die Einordnung des Thiocyanat-Ions (SCN^-) als weichem Liganden entspricht dabei der Bildung einer Bindung des Metallions zum Schwefel-Atom des Liganden. Das Thiocyanat-Ion kann jedoch auch über das Stickstoff-Atom gebunden werden. In diesem Fall verhält es sich wie ein relativ harter Ligand. In der Regel bilden harte Kationen mit harten Liganden stabilere Komplexe als mit weichen. Weiche Kationen bilden entsprechend stabilere Komplexe mit weichen Liganden als mit harten ("Hard and hard, and soft and soft flock together."). Das Thiocyanat-Ion wird vom weichen Hg^{2+}-Ion dementsprechend über das Schwefel-Atom gebunden, vom harten Fe^{3+}-Ion dagegen über das Stickstoff-Atom.

Die Bindung zwischen harten Teilchen ist im Wesentlichen ionisch, während zwischen weichen Teilchen eine oft nur wenig polare Elektronenpaarbindung vorliegt.

Kinetisch bedingte – scheinbare – Stabilität. Manche Komplexe tauschen ihre Liganden nur langsam gegen andere aus. Gleichgewichte mit solchen *inerten* Komplexen stellen sich deshalb erst nach längerer Zeit ein.

Das handelsübliche Chrom(III)-chlorid-*Hexa*hydrat löst sich mit leuchtend grüner Farbe. Diese Lösung enthält das *trans*-[CrCl$_2$(H$_2$O)$_4$]$^+$-Ion. Die Färbung dieser Lösung ändert sich allmählich; der Chlorokomplex ist unter diesen Bedingungen also nicht stabil. Nach einigen Tagen beobachtet man die graublaue Farbe des Aquakomplexes. Ähnlich langsam erfolgt die Gleichgewichtseinstellung mit Cobalt(III)-Komplexen sowie bei den Komplexen einiger Platinmetalle.

65 Quantitative Untersuchungen an Komplexen in Lösung

Für die Ermittlung der Stabilität und Zusammensetzung von Komplexen sind eine Vielzahl von Methoden entwickelt worden. Da sie sich erfolgreich nur unter oft recht speziellen Voraussetzungen anwenden lassen, werden im folgenden nur einige charakteristische Beispiele beschrieben.

Ermittlung von Stabilitätskonstanten. Es ist relativ einfach, Bruttostabilitätskonstanten für die höchstmögliche Ligandenzahl zu bestimmen. Dazu misst man die Spannung einer geeigneten galvanischen Zelle. Die eine Halbzelle enthält das Aqua-Ion in bekannter Konzentration, die andere Halbzelle die Lösung des Komplexes mit einem hohen Überschuss des Liganden. In beide Lösungen taucht je ein Streifen des betreffenden Metalls.

Nach der NERNSTschen Gleichung führt ein Unterschied in der Konzentration der Aqua-Ionen von einer Zehnerpotenz zu einer Spannung von 59 mV im Falle eines einfach geladenen Ions bzw. von 30 mV im Falle eines zweifach geladenen Ions. Durch Division der gemessenen Spannung durch diese Werte erfährt man also, um wie viele Zehnerpotenzen sich die Konzentration der Aqua-Ionen in den beiden Halbzellen unterscheiden. Da alle anderen Konzentrationen schon aus der Zusammensetzung der Lösungen bekannt sind, lässt sich der β_n-Term dann berechnen.

Ermittlung der Komplexstöchiometrie. In einer Lösung liegen meist mehrere Komplexe im Gleichgewicht nebeneinander vor. Es erfordert daher im Allgemeinen umfangreichere Untersuchungen, bis man genauer sagen kann, welche Komplexe vorliegen und welchen Anteil sie ausmachen.

In besonders einfacher Weise lässt sich erschließen, dass Silber einen Dicyanokomplex bildet: Bei der Zugabe von Silbernitrat zu einer Cyanidlösung bildet sich ein bleibender Niederschlag des schwer löslichen Silbercyanids AgCN nämlich erst, wenn das Stoffmengenverhältnis $n(CN^-) : n(Ag^+) = 2:1$ unterschritten wird. Man muss daher annehmen, dass in der Lösung das Dicyanoargentat-Ion $[Ag(CN)_2]^-$ vorliegt.

Bei gefärbten Lösungen werden häufig photometrische Messungen ausgewertet. Besonders einfach ist die *Methode der molaren Verhältnisse*. Man vergleicht bei diesem Verfahren die Farbintensität von Lösungen, die bei gleicher Konzentration des Metallions den Liganden in steigendem Stoffmengenverhältnis enthalten. Die Farbintensität bleibt konstant, sobald das der Komplexzusammensetzung entsprechende Stoffmengenverhältnis erreicht ist. Als Messgröße dient die Extinktion, da sie der Konzentration proportional ist (Abb. 201.1).

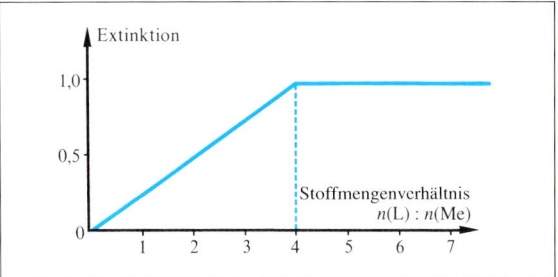

Abb. 201.1 Methode der molaren Verhältnisse

V 201.1 Ermittlung der Komplexstöchiometrie durch Farbvergleich

Vergleichen Sie die Farbintensitäten der Lösungen A bis H, denen jeweils 10 g Ammoniumnitrat (O) zugesetzt werden, um eine Fällung von Kupferhydroxid zu verhindern.

A	B	C	D	E	F	G	H	
10	10	10	10	10	10	10	10	$V(CuSO_4)^*$ in ml
–	10	20	30	40	50	60	70	$V(NH_3)^*$ in ml
70	60	50	40	30	10	–		$V(Wasser)$ in ml

* Konzentration: $c = 0{,}1 \text{ mol} \cdot l^{-1}$

Soweit ein Photometer zur Verfügung steht, sollten die Extinktionen dieser Lösungen im roten Bereich des Spektrums gemessen und gegen das Stoffmengenverhältnis aufgetragen werden.

V 201.2 Ermittlung der Stabilität des Tetraamminkupfer(II) Ions

In eines von zwei Bechergläsern mit je 100 ml einer Kupfersulfatlösung ($c = 0{,}01 \text{ mol} \cdot l^{-1}$) gibt man 8 ml einer konzentrierten Ammoniaklösung (C, N). Die Ammoniakkonzentration beträgt dann etwa 1 mol · l^{-1}. Tauchen Sie blanke Kupferblechstreifen in die Gläser und messen Sie die Spannung dieser Konzentrationskette.
Errechnen Sie β_4 mithilfe der NERNSTschen Gleichung.

LV 201.3 Ermittlung von Gleichgewichtskonstanten

Es werden zwei Silberhalbzellen mit je 100 ml einer Silbernitratlösung ($c = 0{,}01 \text{ mol} \cdot l^{-1}$) über ein hochohmiges Voltmeter miteinander kombiniert, sodass die Spannung null ist. Zu der einen Halbzelle gibt man dann nacheinander je 15 ml von gesättigten Lösungen der folgenden Stoffe: Kaliumchlorid, Ammoniak (C, N), Kaliumbromid, Natriumthiosulfat, Kaliumiodid, Kaliumcyanid (T+) und Natriumsulfid (C, N). Man erzielt dadurch jeweils näherungsweise eine Reagenzkonzentration von 1 mol · l^{-1}.
Entsorgung: B 2
Berechnen Sie aus den gemessenen Spannungen jeweils $c(Ag^+ (aq))$ in der Messhalbzelle.
Welche Werte erhält man für β_2 von $[Ag(NH_3)_2]^+$, $[Ag(S_2O_3)_2]^{3-}$, $[Ag(CN)_2]^-$ bzw. für K_L von Silberchlorid, Silberbromid, Silberiodid und Silbersulfid?

201

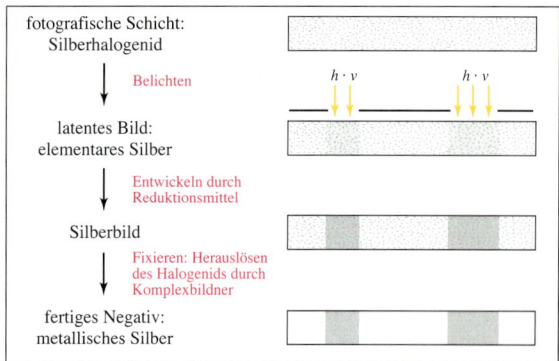

fotografische Schicht: Silberhalogenid	
Belichten	$h \cdot v$ $\qquad$ $h \cdot v$
latentes Bild: elementares Silber	
Entwickeln durch Reduktionsmittel	
Silberbild	
Fixieren: Herauslösen des Halogenids durch Komplexbildner	
fertiges Negativ: metallisches Silber	

Abb. 202.1 Entstehung eines Schwarzweiß-Negativs

A 202.1 Aluminium reagiert trotz seines unedlen Charakters nicht mit Wasser. In Natronlauge löst es sich dagegen unter Wasserstoffentwicklung. Wie lässt sich das unterschiedliche Verhalten erklären?

V 202.2 Verhalten der Silberhalogenide gegen Ammoniak
Fällen Sie etwas Silberchlorid, -bromid und -iodid und filtrieren Sie die Niederschläge ab. Geben Sie dann verdünnte Ammoniaklösung auf die Halogenide und säuern Sie die erhaltenen Filtrate an.
Entsorgung: B 2
Wie lässt sich ein Gemisch aus Silberchlorid und Silberbromid mithilfe von verdünnter Ammoniaklösung trennen?

V 202.3 Bildung von Thiosulfatokomplexen des Silbers
a) Versetzen Sie etwas Silbernitratlösung (0,1 mol · l⁻¹) mit einer Lösung von Natriumthiosulfat ($Na_2S_2O_3 \cdot 5 H_2O$), bis wieder eine klare Lösung entsteht.
b) Prüfen Sie, ob sich Silberhalogenidfällungen durch den Zusatz von Thiosulfatlösung ($c = 1$ mol · l⁻¹) auflösen lassen.
Entsorgung: B 2

V 202.4 Fixieren eines Papierbilds
Zwei von Schablonen bedeckte Fotopapier-Streifen werden kurze Zeit dem Tageslicht ausgesetzt und dann – im abgedunkelten Raum – in eine Entwicklerlösung getaucht, bis die belichteten Stellen dunkel erscheinen. Anschließend werden beide Streifen etwa 1 min in 2%ige Essigsäure gelegt. Einer der Streifen wird dann fixiert und gewässert. Das Fixieren erfordert etwa 10 min. (Das Fixierbad enthält 200 g $Na_2S_2O_3 \cdot 5 H_2O$ und 20 g $K_2S_2O_5$ auf 1 Liter.)
Vergleichen Sie das Verhalten der beiden Streifen bei Tageslicht.

V 202.5 Bildung von Hydroxokomplexen
Fällen Sie die im Text genannten Hydroxide und geben Sie zu der Suspension jeweils überschüssige Natronlauge (C).

66 Komplexbildung in der Praxis

Bei der Anwendung von Komplexbildnern im Labor oder in der Technik geht es meist darum, schwer lösliche Stoffe aufzulösen oder Fällungen zu verhindern. Dabei ist es oft bedeutsam, dass der in Lösung befindliche Komplex von festen Begleitstoffen einfach durch Filtration abgetrennt werden kann.

Lösen eines Niederschlags. Ein Silberchlorid-Niederschlag verschwindet durch Ammoniakzugabe:

$$AgCl \ (s) + 2 \ NH_3 \ (aq) \rightleftharpoons [Ag(NH_3)_2]^+ \ (aq) + Cl^- \ (aq)$$

Beim Ansäuern fällt wieder Silberchlorid aus, da die Ammoniakkonzentration durch die Bildung von Ammonium-Ionen zu stark vermindert wird.

Ursache für den Lösungsvorgang ist eine Störung des Löslichkeitsgleichgewichts von Silberchlorid. Das Löslichkeitsprodukt von Silberchlorid wird unterschritten, da die Konzentration der hydratisierten Silber-Ionen erniedrigt wird, indem Wasser-Moleküle gegen Ammoniak-Moleküle als Liganden ausgetauscht werden. Zur erneuten Einstellung des Löslichkeitsgleichgewichts muss ein Teil des Bodenkörpers in Lösung gehen. Bei ausreichendem Ammoniaküberschuss verschwindet schließlich der Silberchlorid-Niederschlag vollständig.

$$AgCl \ (s) \rightleftharpoons Ag^+ \ (aq) + Cl^- \ (aq); \qquad \text{Löslichkeits-}$$
$$\text{gleichgewicht}$$

NH_3-Zugabe

$$Ag^+ \ (aq) + 2 \ NH_3 \ (aq) \rightleftharpoons [Ag(NH_3)_2]^+ \ (aq);$$
$$\text{Ligandenaustauschgleichgewicht}$$

Das Fixieren im fotografischen Prozess. Die lichtempfindliche Schicht von Filmen und Papieren für die Fotografie enthält Silberbromid, das in Gelatine fein verteilt ist. Durch Belichten und Entwickeln erhält man ein Bild, das durch metallisches Silber aufgebaut wird. An den unbelichteten Stellen liegt aber noch unverändertes Silberbromid vor, sodass bei weiterer Lichteinwirkung das ganze Bild schwarz würde.

Ein haltbares Bild erhält man erst durch den Fixierprozess. Dabei wird das restliche Silberbromid unter Komplexbildung herausgelöst. Als *Fixiersalz* verwendet man Natriumthiosulfat ($Na_2S_2O_3$):

$$AgBr \ (s) + 2 \ S_2O_3^{2-} \ (aq) \rightarrow [Ag(S_2O_3)_2]^{3-} \ (aq) + Br^- \ (aq)$$

Hydroxokomplexe in der Aluminiumgewinnung. Eine Reihe von schwer löslichen Hydroxiden lösen sich in Alkalihydroxidlösungen unter Bildung von Hydroxokomplexen. Als Beispiele seien Aluminium-, Chrom(III)-, Zink-, Zinn(II)- und Blei(II)-hydroxid genannt.

$$Al(OH)_3 \ (s) + OH^- \ (aq) \rightarrow [Al(OH)_4]^- \ (aq)$$

Als Ausgangsprodukt für die Aluminiumgewinnung dient *Bauxit*, ein Gemenge aus Aluminiumhydroxid, Aluminiumoxidhydroxid (AlOOH), Eisen(III)-oxidhydraten und Silicaten. Durch Behandlung mit Natronlauge in Druckreaktoren bei etwa 200 °C bringt man den Aluminiumanteil als *Hydroxoaluminat* in Lösung. Beim Abkühlen und Verdünnen der Aluminatlösung kristallisiert langsam Aluminiumhydroxid aus, das zu Aluminiumoxid gebrannt wird (vgl. Kap. 55.1).

Cyanokomplexe in der Galvanotechnik. Für den Korrosionsschutz ist die elektrolytische Abscheidung von metallischen Deckschichten von großer Bedeutung. Dabei kommt es darauf an, eine dichte, festhaftende Schicht aufzubringen, die häufig auch noch glänzen soll. Das lässt sich nicht erreichen, wenn man normale Salzlösungen als Elektrolyt verwendet. Gut geeignet ist dagegen vielfach eine Lösung von Cyanokomplexen des abzuscheidenden Metalls; insbesondere gilt das für das galvanische Versilbern, Vergolden, Verzinken und auch für ein Verfahren zur Verkupferung. Bei hohem Cyanidüberschuss können Kupfer und Zink auch gemeinsam als Messing abgeschieden werden.

Die cyanidhaltigen Lösungen weisen eine hohe Leitfähigkeit auf, die Energieverluste sind also nur gering. Trotzdem ist die Konzentration für das hydratisierte Kation des abzuscheidenden Metalls nur sehr klein. Diese Konzentration wird über das Gleichgewicht mit dem Cyanokomplex gut konstant gehalten, sodass bei geringer Stromdichte auf dem als Kathode geschalteten Werkstück ein sehr gleichmäßiger Überzug entsteht. Als Anodenmaterial verwendet man meist das Metall, das galvanisch aufgetragen werden soll. Es geht durch anodische Oxidation in Lösung, sodass die Elektrolytzusammensetzung auch über längere Zeit konstant bleibt.

WACKER-Verfahren. Ein wichtiges Verfahren zur *Oxidation von Alkenen* ist das WACKER-Verfahren. Dabei dient ein Palladium-Komplex als Katalysator. Die Produktion nach diesem seit 1960 bekannten Verfahren beträgt jährlich mehr als drei Millionen Tonnen.

Im entscheidenden Reaktionsschritt findet ein Ligandenaustausch statt: Ein Chlorid-Ion wird durch ein Alken-Molekül ersetzt. Das Alken wird durch die Komplexbildung aktiviert und kann ein Wasser-Molekül anlagern. In einer Redoxreaktion zerfällt der Komplex. Das Palladium-Ion wird zu metallischem Palladium reduziert, gleichzeitig bildet sich der *Aldehyd*. Das Palladium wird mithilfe von Kupfer(II)-chlorid wieder zu Palladium(II)-chlorid oxidiert, dabei ist Sauerstoff das eigentliche Oxidationsmittel:

$$H_2C=CH_2 + PdCl_2 + H_2O \rightarrow CH_3\text{-}CHO + 2\,HCl + Pd$$

$$2\,Pd + 4\,HCl + O_2 \xrightarrow{CuCl_2} 2\,PdCl_2 + 2\,H_2O$$

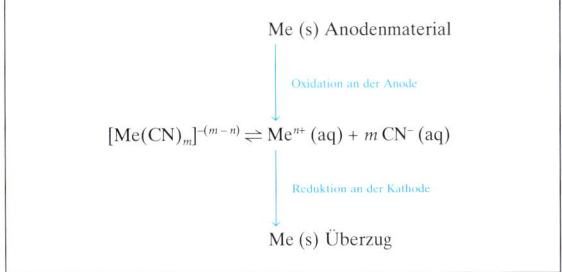

Abb. 203.1 Reaktionen bei der Metallabscheidung in der Galvanotechnik

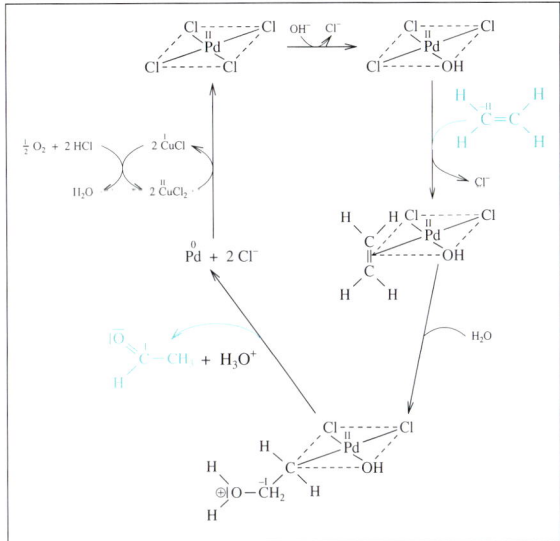

Abb. 203.2 Reaktionsverlauf beim WACKER-Verfahren

A 203.1 Beschreiben Sie die Bildung von Hydroxoaluminat:
a) als Säure-Base-Reaktion,
b) als Ligandenaustauschreaktion, indem Sie entsprechende Reaktionsgleichungen aufstellen. Gehen Sie dabei jeweils von den in geringer Konzentration in Lösung befindlichen [Al(OH)₃(H₂O)₃]-Teilchen aus.

A 203.2 In welchem Stoffmengenverhältnis liegen Ag⁺- und CN⁻-Ionen in einem Galvanisierbad vor, das in einem Liter 10 g Silbernitrat und 25 g Kaliumcyanid enthält?

KOMPLEXREAKTIONEN

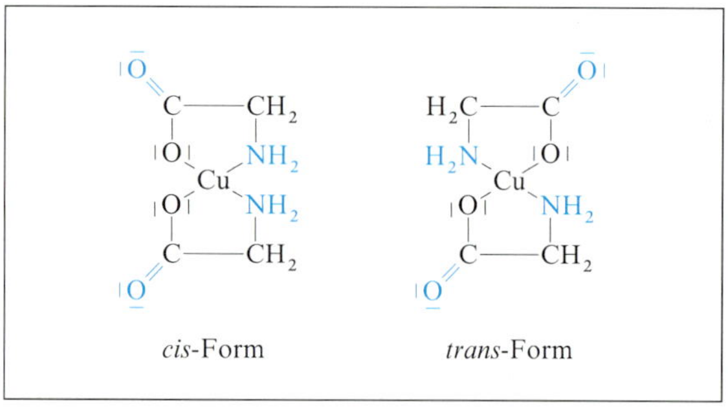

Abb. 204.1 Isomere des Aminoacetatokupfer(II)-Komplexes. Die *cis*-Form bildet nadelförmige Kristalle, während die stabilere und weniger lösliche *trans*-Form in Blättchen kristallisiert.

V 204.1 Eigenschaften von Aminoessigsäure

Die folgenden Untersuchungen sind mit einer Lösung der Konzentration $c = 0,1 \text{ mol} \cdot l^{-1}$ durchzuführen.

a) Stellen Sie den pH-Wert mithilfe eines Universalindikators fest.

b) Prüfen Sie die elektrolytische Leitfähigkeit und vergleichen Sie mit der von Essigsäure ($c = 0,1 \text{ mol} \cdot l^{-1}$).

c) *Aminoessigsäure als Protonendonator:* Geben Sie zu etwas Aminoessigsäurelösung sowie zu der gleichen Menge Wasser je zwei Tropfen einer Thymolphthaleinlösung als Indikator. Fügen Sie dann tropfenweise Natronlauge ($c = 0,1 \text{ mol} \cdot l^{-1}$) hinzu, bis in beiden Fällen eine dauerhafte Blaufärbung auftritt. (Umschlag des Indikators von farblos nach blau zwischen pH 9,2 und pH 10,5.)

V 204.2 Reaktion von Aminoessigsäure mit Kupfer-Ionen

a) *Beweis der Komplexbildung:* Eine Spatelspitze Kupfersulfat (Xn, N) wird in etwa 10 ml Wasser gelöst und auf zwei Reagenzgläser verteilt. Zu der einen Probe wird ein Spatel feste Aminoessigsäure gegeben. Versetzen Sie dann beide Proben mit verdünnter Natronlauge (C).
Entsorgung: B 2

b) *pH-Änderung bei der Reaktion.* Stellen Sie den pH-Wert einer nur schwach blau gefärbten Kupfersulfatlösung fest. Wie ändert sich der pH-Wert durch die Zugabe von Aminoessigsäure?
Entsorgung: B 2

V 204.3 Beweis für die Bildung ungeladener Komplexe

Mischen Sie 10 ml CuSO$_4$-Lösung ($c = \text{mol} \cdot l^{-1}$) mit 50 ml Aminoessigsäure ($c = 0,1 \text{ mol} \cdot l^{-1}$) und messen Sie die Leitfähigkeit. Fügen Sie dann unter Rühren insgesamt 30 ml Ba(OH)$_2$-Lösung ($c = 0,05 \text{ mol} \cdot l^{-1}$) hinzu. Messen Sie dabei die Leitfähigkeit nach der Zugabe von jeweils 5 ml. (Die Spannung sollte so eingestellt werden, dass zu Beginn bei einem Messbereich von z. B. 30 mA Vollausschlag erzielt wird.)
Entsorgung: B 2

67 Chelatkomplexe

Die bisher betrachteten Liganden werden jeweils nur über *ein* Atom an das Zentral-Ion koordiniert. Man bezeichnet sie deshalb als *einzähnige* Liganden. Liganden, die mehrere Ligator-Atome besitzen und so mehrere Koordinationsstellen besetzen können, heißen dementsprechend *mehrzähnig*. Besonders häufig findet man zweizähnige Liganden, man kennt aber auch sechszähnige.

Komplexe mit mehrzähnigen Liganden nennt man *Chelatkomplexe* oder kurz **Chelate**. Sie enthalten jeweils das folgende Strukturelement:

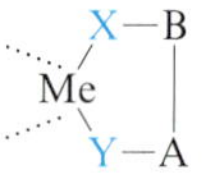

Das Metall-Atom wird durch den Liganden – hier über die Ligator-Atome X und Y – gleichsam in die Zange genommen. Darauf weist auch der von dem griechischen Wort für *Krebsschere* abgeleitete Name Chelat hin.

67.1 Beispiele für die Chelatbildung und analytische Anwendung

Chelate und Chelatbildner werden in Labor und Technik vielfach verwendet, darüber hinaus spielen sie eine große Rolle in der Biochemie. Da die Chelatbildner meist dem Bereich der organischen Chemie zuzurechnen sind, verwendet man statt der Formeln häufig besondere Kurzzeichen, um Reaktionsgleichungen besser überschaubar zu machen. Für den zweizähnigen Liganden *Aminoessigsäure* schreibt man beispielsweise *Hgly*, abgeleitet von dem Trivialnamen Glycin.

Bei der Komplexbildung mit Glycin werden Protonen freigesetzt. Das im neutralen Bereich vorliegende Zwitterion *Hgly* geht also in das Anion *gly*$^-$ über; dieses Anion ist der eigentliche Ligand.

Gibt man zu einer Lösung, die neben Kupfersulfat überschüssiges Glycin enthält, Bariumhydroxid-Lösung, so sinkt die Leitfähigkeit auf einen sehr kleinen Wert. Dieses Minimum wird erreicht, wenn auf ein Mol Kupfersulfat gerade ein Mol Bariumhydroxid entfällt. Bei diesen Stoffmengenverhältnissen müssen praktisch alle Ionen aus der Lösung verschwunden sein. Neben der Vereinigung von Barium- und Sulfat-Ionen zu schwerlöslichem Bariumsulfat laufen die beiden folgenden Reaktionen ab:

$$2 \text{ Hgly} + 2 \text{ OH}^- \text{ (aq)} \rightarrow 2 \text{ gly}^- + 2 \text{ H}_2\text{O (l)}$$

$$2 \text{ gly}^- + [\text{Cu(H}_2\text{O)}_4]^{2+} \rightarrow [\text{Cu(gly)}_2] + 4 \text{ H}_2\text{O (l)}$$
hellblau tiefblau

Ein anderer zweizähniger Chelatbildner ist 1,2-Diaminoethan ("Ethylendiamin", H$_2$N–CH$_2$–CH$_2$–NH$_2$, Kurzzeichen: *en*). Es ist eine farblose, an der Luft rauchende Flüssigkeit, deren chemische Eigenschaften denen des Ammoniaks ähneln. Mit Kupfer(II)-Ionen wird ein planarer Komplex im Stoffmengenverhältnis 1:2 gebildet, während mit Nickel(II)-Ionen – im Stoffmengenverhältnis 1:3 – ein oktaedrischer Komplex entsteht.

Zum Nachweis von Nickel verwendet man ein Reagenz, das unter dem Namen *Dimethylglyoxim* oder *Diacetyldioxim* bekannt ist. Mit Nickel(II)-Ionen bildet sich ein rotes schwer lösliches Chelat. Bei der Reaktion gibt jedes Ligand-Molekül ein Proton ab, sodass der folgende ungeladene planare Komplex entsteht, der durch Wasserstoffbrücken stabilisiert wird:

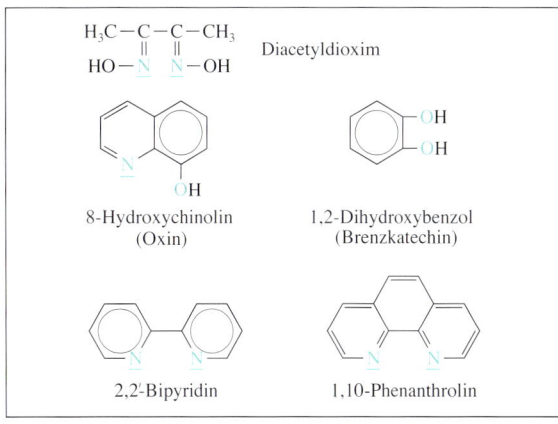

Abb. 205.1 Strukturformeln einiger Chelatbildner. Die Ligator-Atome sind jeweils hervorgehoben (blau). Die an den Ligator-Atomen gebundenen Wasserstoff-Atome werden bei der Chelatbildung als Protonen abgespalten.

Da ungeladene Chelate meist sehr schwer löslich sind, können sie auch für die gravimetrische Bestimmung verwendet werden. Ein weiteres in der analytischen Praxis verwendetes Reagenz ist *Oxin*. Es dient vor allem zur Bestimmung von Magnesium und Aluminium. Da das Metallion nur einen geringen Anteil an der Gesamtmasse des Niederschlags hat, lassen sich auch sehr kleine Konzentrationen mit relativ hoher Genauigkeit bestimmen.

Eine wesentlich größere Rolle für die Anwendung von Chelatbildnern in der quantitativen Analyse spielt jedoch die Bildung von sehr intensiv gefärbten löslichen Komplexen. In Spektralphotometern können durch Messung der Lichtabsorption (Extinktionsmessungen) auch kleine Konzentrationen relativ rasch und genau bestimmt werden.

Als Beispiel für Reagenzien, die für die Photometrie von Bedeutung sind, seien die *Ferroine* genannt. Es handelt sich dabei um eine Reihe von Molekülen, die über zwei Stickstoff-Atome einen Chelatfünfring ausbilden. Der einfachste Vertreter ist das 2,2′-Bipyridin. Ferroine bilden mit Eisen(II)-Ionen intensiv rote Komplexe. Sie werden deshalb vielfach für die Eisenbestimmung verwendet. Die im Labor als Indikator bei Redoxtitrationen verwendete rote Ferroin-Lösung enthält den Eisen(II)-Komplex mit 1,10-Phenanthrolin (Kurzzeichen: *phen*) als Ligand: [Fe(phen)$_3$]$^{2+}$. Schon ein kleiner Überschuss eines starken Oxidationsmittels bewirkt einen Farbumschlag von rot nach blau:

$$[\text{Fe(phen)}_3]^{2+} \rightarrow [\text{Fe(phen)}_3]^{3+} + e^-$$
$$\underset{\text{rot}}{} \qquad\qquad \underset{\text{blau}}{}$$

V 205.1 1,2-Diaminoethan als Chelatbildner
a) Eine stark verdünnte Kupfersulfatlösung wird tropfenweise mit dem reinen Reagenz oder mit entsprechend größeren Mengen einer wässrigen Lösung versetzt. Prüfen Sie, ob aus der erhaltenen Komplexlösung Kupferhydroxid gefällt werden kann.
b) Je 50 ml einer Kupfersulfatlösung (c = 0,1 mol · l^{-1}) werden mit 5 ml; 7,5 ml; 10 ml; 12,5 ml; 15 ml und 20 ml einer 1,2-Diaminoethanlösung (c = 1 mol · l^{-1}) (Xn) versetzt und mit Wasser auf 70 ml aufgefüllt. Vergleichen Sie die Farbintensitäten. In welchem Stoffmengenverhältnis kann sich das Reagenz mit Kupfer-Ionen umsetzen?
Entsorgung: B 2

V 205.2 Eine empfindliche Farbreaktion mit Eisen(II)-Ionen
a) Lösen Sie eine Spatelspitze 2,2′-Bipyridin (T) in einer stark verdünnten Eisen(II)-sulfatlösung.
b) Vergleichen Sie die Empfindlichkeit dieser Reaktion mit der zwischen Eisen(III)- und Thiocyanat-Ionen. Stellen Sie dazu Eisen(II)- und Eisen(III)-Salzlösungen mit den Konzentrationen 10^{-3} mol · l^{-1}, 10^{-4} mol · l^{-1} und 10^{-5} mol · l^{-1} her und prüfen Sie mit den Nachweisreagenzien.

LV 205.3 Nachweis von Nickel
Eine stark verdünnte Nickelsalzlösung (T, ▽) wird mit einer Lösung von Diacetyldioxim in Ethanol (F) versetzt.
Wie verhält sich der Niederschlag beim Ansäuern mit
a) Essigsäure, **b)** Salzsäure?
Schütteln Sie einen Teil der Suspension mit etwas Chloroform (Xn, ▼).
Entsorgung: B 2 und B 4

Abb. 206.1 Stabilitätsvergleich bei Nickelkomplexen. Nach Zusatz von Ethylendiamin wird der blaue Ammin-Komplex $[Ni(NH_3)_6]^{2+}$ in den rotvioletten Ethylendiamin-Komplex $[Ni(en)_3]^{2+}$ überführt.

Zentral-teilchen	Liganden	Anzahl der Ringglieder	Gleich-gewichts-konstante
	$2\ NH_3$	–	$\lg\beta_2 = 5{,}0$
Ni^{2+}	$1\ en$	5	$\lg K_1 = 7{,}5$
	$H_2N–(CH_2)_3–NH_2$	6	$\lg K_1 = 6{,}4$
	$2\ CH_3COO^-$ (Acetat)	–	$\lg\beta_2 = 1{,}5$
Zn^{2+}	$^-OOC–COO^-$ (Oxalat)	5	$\lg K_1 = 4{,}7$
	$^-OOC–CH_2–COO^-$ (Malonat)	6	$\lg K_1 = 3{,}3$

Tab. 206.2 Abhängigkeit des Chelateffekts von der Ringgröße

Zentral-teilchen	Liganden	Gleich-gewichts-konstante	Liganden	Gleich-gewichts-konstante
	$2\ NH_3$	$\lg\beta_2 = 5{,}0$	$1\ en$	$\lg K_1 = 7{,}5$
Ni^{2+}	$4\ NH_3$	$\lg\beta_4 = 7{,}9$	$2\ en$	$\lg\beta_2 = 13{,}9$
	$6\ NH_3$	$\lg\beta_6 = 8{,}6$	$3\ en$	$\lg\beta_3 = 18{,}3$

Tab. 206.3 Chelateffekt bei Nickelkomplexen. Die restlichen Koordinationsstellen sind jeweils durch Wasser-Moleküle besetzt.

V 206.1 Stabilitätsvergleich bei Eisen(III)-chelaten
Versetzen Sie je 15 ml einer Eisen(III)-nitratlösung ($c = 0{,}1\ mol \cdot l^{-1}$) mit 20 ml einer Ammoniumoxalat- bzw. Ammoniummalonatlösung ($c = 0{,}25\ mol \cdot l^{-1}$).
Welche Farbänderungen treten auf, wenn man anschließend zu der ersten Probe 20 ml der Malonatlösung und zu der zweiten Probe 20 ml der Oxalatlösung hinzufügt?
Auf welche Ligandenaustauschreaktion muss daraus geschlossen werden?

67.2 Der Chelateffekt

Chelatkomplexe sind im Allgemeinen stabiler als Komplexe mit der entsprechend größeren Anzahl chemisch ähnlicher einzähniger Liganden. Dieser Stabilitätsgewinn wird als **Chelateffekt** bezeichnet.

In einigen Fällen wird dieser Effekt schon bei einfachen Experimenten erkennbar. Versetzt man eine durch Hexaamminnickel(II)-Ionen blaugefärbte Lösung mit 1,2-Diaminoethan (en), so erscheint die für den Trienkomplex charakteristische rotviolette Farbe. Der en-Komplex erweist sich als stabiler als der Amminkomplex.

Eine anschauliche Erklärung für den Chelateffekt erhält man durch die folgende Überlegung: Nachdem ein erstes Ligator-Atom eines Chelatbildners koordiniert worden ist, wird die Anlagerung des zweiten begünstigt, da es sich als Teil des gleichen Moleküls zwangsläufig in der Nähe des betrachteten Zentralteilchens aufhalten muss. Bei einzähnigen Liganden hat dagegen die Koordination eines ersten Liganden keinen begünstigenden Einfluss auf die Anlagerung der völlig unabhängigen weiteren Liganden.

Das Ausmaß der Stabilitätszunahme ist von der Größe des gebildeten Chelatrings abhängig. Chelatfünfringe sind am günstigsten; mit steigender Gliederzahl nimmt die Stabilität ab. Das lässt sich einfach erklären: Es ist anzunehmen, dass zunächst nur eines der Ligator-Atome eines Chelatbildners koordiniert wird. Je weiter nun das zweite Ligator-Atom entfernt ist, d. h. je größer die Anzahl der Ringglieder werden muss, um so geringer ist die Wahrscheinlichkeit, dass es sich dem gleichen Zentral-Ion nähert.

Deutung des Chelateffekts als Entropieeffekt. Bei der Komplexbildung mit chemisch ähnlichen Liganden wie Ammoniak und en sind die Enthalpieänderungen ΔH nahezu gleich. Wie die folgende Reaktionsgleichung zeigt, wird jedoch bei der Chelatbildung die Anzahl der unabhängigen Teilchen vergrößert, während sie im Falle der Reaktion mit einzähnigen Liganden unverändert bleibt.

$$[Ni(H_2O)_6]^{2+} + 3\ en \rightleftharpoons [Ni(en)_3]^{2+} + 6\ H_2O$$

$$[Ni(H_2O)_6]^{2+} + 6\ NH_3 \rightleftharpoons [Ni(NH_3)_6]^{2+} + 6\ H_2O$$

Diese Vergrößerung der Teilchenzahl bei der Chelatbildung bewirkt eine Zunahme der Entropie. Der für die Lage des Gleichgewichts maßgebliche Wert für die *freie Enthalpie* ΔG wird entsprechend der GIBBS-HELMHOLTZ-Gleichung

$$\Delta G = \Delta H - T \cdot \Delta S$$

stärker negativ. Das Gleichgewicht der Chelatbildung liegt dementsprechend weiter auf der Seite der Produkte; die Gleichgewichtskonstante hat einen größeren Wert.

68 Komplexone und Komplexometrie

Komplexone ist ein Sammelname für eine Gruppe von mehrzähnigen, chemisch ähnlichen Chelatbildnern, die seit etwa 30 Jahren in zunehmendem Maße praktisch angewendet werden. Als *Komplexometrie* bezeichnet man die Anwendung von Komplexonen für die Metall-titration, also für die maßanalytische Bestimmung der Konzentration von Metall-Ionen.

Komplexone lassen sich formal als Derivate von Aminen auffassen, bei denen die Wasserstoff-Atome am Stickstoff durch Carbonsäure-Gruppen (−R−COOH) substituiert sind. Der bei weitem wichtigste Vertreter der Komplexone ist die so genannte Ethylendiamin-tetraessigsäure. Sie wird meist durch die vom englischen Namen abgeleitete Abkürzung EDTA gekennzeichnet.

$$\ominus OOC-CH_2 \qquad\qquad CH_2-COOH$$

EDTA
(H_4Y)

$$HOOC-CH_2 \overset{|}{H} \qquad \overset{|}{H}\ CH_2-COO\ominus$$

Durch die Kurzformel H_4Y weist man darauf hin, dass EDTA eine vierprotonige Säure ist. Die freie Säure ist nur schlecht in Wasser löslich; man verwendet deshalb meist das Dinatriumsalz (Na_2H_2Y), dessen Lösung nur schwach sauer reagiert. Titriplex III® ist ein bekannter Handelsname für dieses Salz.

EDTA bildet mit zahlreichen Metall-Kationen wasserlösliche Komplexe im Stoffmengenverhältnis 1:1. Dabei wirkt das Anion meist als sechszähniger Ligand (Abb. 207.1). Bei der Komplexbildung werden von dem Anion H_2Y^{2-} immer 2 Protonen abgegeben, sodass das Y^{4-}-Ion den eigentlichen Liganden darstellt. Die Ladung des Komplexes hängt von der Ladung des Zentral-Ions ab:

$$Me^{2+}\,(aq) + H_2Y^{2-}\,(aq) \rightleftharpoons MeY^{2-}\,(aq) + 2\,H^+\,(aq)$$
$$Me^{3+}\,(aq) + H_2Y^{2-}\,(aq) \rightleftharpoons MeY^{-}\,(aq) + 2\,H^+\,(aq)$$

Aufgrund dieser Reaktion ist es möglich, die Metallionenkonzentration zu bestimmen, indem man die freigesetzten Protonen unter Verwendung von Säure-Base-Indikatoren mit Natronlauge bekannter Konzentration neutralisiert. Diese Methode hat für die analytische Praxis heute nur noch geringe Bedeutung, da für die meisten Fälle inzwischen spezielle *Metallindikatoren* verfügbar sind.

Komplexone werden als vielseitige Komplexbildner nicht nur in der analytischen Chemie, sondern auch in der Technik und in der Medizin verwendet. Bei der Herstellung von Arzneimitteln oder Kosmetika werden durch den Zusatz von EDTA als Stabilisator Verunreinigungen durch Spuren von Metall-Ionen unschädlich gemacht. Die Haltbarkeit der Produkte wird erhöht, indem die katalytische Wirkung der hydratisierten

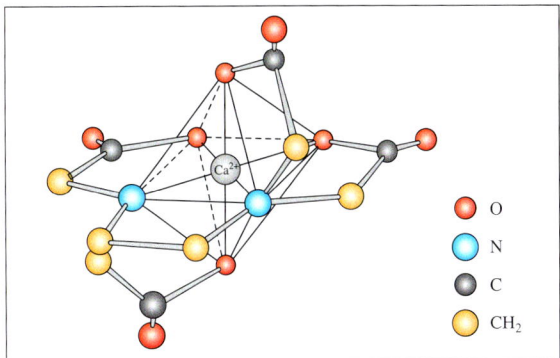

Abb. 207.1 Das EDTA-Anion als sechszähniger Ligand

V 207.1 Komplexbildung mit EDTA
Als Reagenz für die folgenden Versuche verwende man eine Lösung des Dinatriumsalzes von EDTA mit der Konzentration $c = 0,1\ mol \cdot l^{-1}$ (Titriplex III®).
a) Versetzen Sie verdünnte Lösungen von Eisen(III)-Salzen und Kupfersalzen mit der EDTA-Lösung. Prüfen Sie, ob durch Zusatz von Natronlauge die Metallhydroxide gefällt werden können. Wie lässt sich feststellen, ob der Kupfer-EDTA-Komplex stabiler ist als der Kupfer-Ammin-Komplex?
Entsorgung: B 2
b) Versetzen Sie Kalkwasser mit dem gleichen Volumen der EDTA-Lösung und versuchen Sie dann durch Einleiten von Kohlenstoffdioxid Calciumcarbonat auszufällen. (Ausgeatmete Luft mithilfe eines Glasrohrs durch die Lösung leiten.) Machen Sie einen Vergleichsversuch, indem Sie aus Kalkwasser zuerst Calciumcarbonat ausfällen und anschließend EDTA-Lösung hinzufügen.

V 207.2 pH-Änderung bei der Reaktion mit EDTA
a) Geben Sie zu einer verdünnten Lösung von Zinksulfat oder Bleinitrat (T, N, ▽) einige Tropfen einer Indikatorlösung für den Bereich von pH = 0 bis pH = 5. Fügen Sie dann Titriplex III®-Lösung hinzu, die mit dem gleichen Indikator versetzt ist, und ermitteln Sie den pH-Wert mithilfe der Farbskala.
b) Versetzen Sie 10 ml einer Bleinitratlösung ($c = 0,1\ mol \cdot l^{-1}$) (T, N, ▽) mit etwa 20 ml der Titriplex III®-Lösung ($c = 0,1\ mol \cdot l^{-1}$) und fügen Sie einige Tropfen einer Lösung von Methylrot als Indikator hinzu. Titrieren Sie dann mit Natronlauge ($c = 0,1\ mol \cdot l^{-1}$) (Xi) bis zum Farbumschlag nach gelb.
Entsorgung: B 2

V 207.3 Bestimmung von Eisen(III)-Ionen mit Sulfosalicylsäure als Indikator
Verdünnen Sie 5 ml einer Eisen(III)-Salzlösung ($c = 0,1\ mol \cdot l^{-1}$) auf 150 ml, und geben Sie tropfenweise Salpetersäure (C) hinzu bis ein pH-Wert von 2,5 eingestellt ist. Lösen Sie dann eine Spatelspitze Sulfosalicylsäure (Xi), und titrieren Sie mit Titriplex III®-Lösung ($c = 0,02\ mol \cdot l^{-1}$) bis zur Entfärbung.

KOMPLEXREAKTIONEN

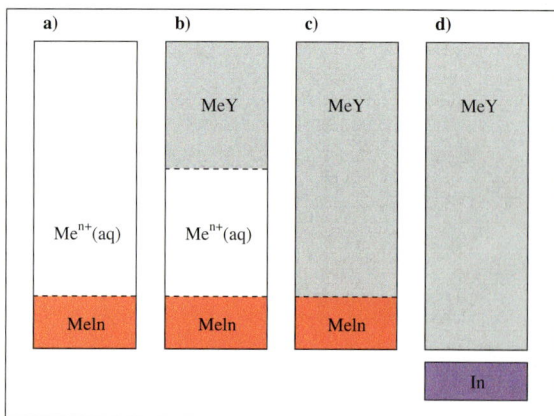

Abb. 208.1 Prinzip der komplexometrischen Titration unter Verwendung von Metallindikatoren. Das große Rechteck stellt jeweils die Gesamtmenge des zu bestimmenden Metall-Ions dar. **a)** Nach Zugabe des Indikators, vor Beginn der Titration. **b)** Im Verlauf der Titration. **c)** Kurz vor Erreichen des Endpunktes. **d)** Der Umschlag ist erfolgt.

Indikator	pH-Wert	Metallion	Farbumschlag (MeIn → In)
Eriochrom-schwarz T	10	Mg^{2+}, Zn^{2+}	rot-blau
Murexid	12	Ca^{2+}	orange-violett
Calconcarbon-säure	12	Ca^{2+}	weinrot-blau
Tiron	2 … 3	Fe^{3+}	blaugrün-gelb
Xylenolorange	1	Bi^{3+}	rot-gelb
	6	Pb^{2+}	

Tab. 208.2 Beispiele für Indikatoren zur komplexometrischen Titration

V 208.1 Bestimmung der Konzentration von zwei Metallionen in einer Lösung

Bismut und Blei können in einer Lösung mit dem gleichen Indikator nacheinander titriert werden. Zunächst wird bei pH = 1 bis pH = 2 das Bismut und dann bei pH = 5 bis pH = 6 das Blei bestimmt. Als Indikator dient Xylenolorange (1%ige Verreibung mit Kaliumnitrat). Die Bismutsalz und Bleisalz (T, N, ▽) enthaltende Lösung wird mit Salpetersäure (C) auf einen pH-Wert von 1 bis 2 gebracht (Spezialindikator). Nach Zugabe von etwa 100 mg der Indikator-Verreibung wird mit Titriplex III®-Lösung ($c = 0{,}01$ mol · l^{-1}) bis zum Farbumschlag von Rot nach Gelb titriert.

Danach wird festes Methenamin (Urotropin) (F, Xn) hinzugegeben, bis die Lösung eine kräftig violett-rote Farbe aufweist (pH 5 bis pH 6). Anschließend titriert man weiter bis zum erneuten Umschlag nach Gelb.

Entsorgung: B2

Metallionen auf unerwünschte Redox- und Zerfallsreaktionen unterbunden wird. Bis 1990 enthielten auch Waschmittel EDTA als Bleichmittelstabilisator.

In der Medizin dient EDTA als Therapeutikum gegen Bleivergiftungen. Es ermöglicht eine rasche Ausscheidung des Bleis als Blei-EDTA-Komplex über den Urin. Man injiziert dazu eine Lösung des *Calcium*komplexes (Na_2CaY). Da Blei(II)-Ionen einen stabileren Komplex mit EDTA bilden, werden die Calcium-Ionen verdrängt. Auf diese Weise vermeidet man eine Erniedrigung der Calcium-Ionen-Konzentration im Blutserum und verhindert damit die Gefahr einer Tetanie (Muskelkrampf).

pH-Abhängigkeit der Reaktion mit EDTA. In stärker sauren Lösungen ist die Konzentration des eigentlichen Liganden Y^{4-} sehr klein, sodass sich nur extrem stabile Komplexe *quantitativ* bilden können. Beispiele sind die Komplexe von Bismut(III)- und Eisen(III)-Ionen. Mit dem pH-Wert steigt auch die Konzentration des Y^{4-}-Ions. Es werden dann auch Metallionen vollständig gebunden, deren EDTA-Komplexe weniger stabil sind. Der relativ instabile Calciumkomplex wird quantitativ erst bei pH = 11 gebildet.

Wegen dieser pH-Abhängigkeit ist es in manchen Fällen möglich, nach der Bestimmung einer Ionensorte durch Änderung des pH-Wertes noch eine weitere Metall-Ionen-Sorte in der gleichen Lösung zu titrieren. Um den jeweils am besten geeigneten pH-Bereich einzuhalten, setzt man bei der komplexometrischen Titration entsprechende Pufferlösungen hinzu; die durch die Komplexbildung freigesetzten Hydronium-Ionen werden weggefangen, ohne dass sich der pH-Wert ändert.

Metallindikatoren. Komplexometrische Bestimmungen in gepufferten Lösungen können nur unter Verwendung von Metallindikatoren durchgeführt werden. Es handelt sich dabei um Chelatbildner, die zwei Bedingungen erfüllen:

– Der Indikator (In) weist eine andere Farbe auf als der Metallindikator-Komplex (MeIn).
– Der Metallindikator-Komplex (MeIn) ist weniger stabil als der EDTA-Komplex (MeY).

Der am Endpunkt der Titration auftretende Farbumschlag wird durch die Verdrängung des Indikators aus dem Metallindikator-Komplex verursacht. Ein Beispiel ist die Verwendung von Sulfosalicylsäure bei der Bestimmung von Fe^{3+}-Ionen. Der Eisen(III)-Komplex zeigt eine intensiv rote Farbe, während die freie Säure farblos ist. Den Titrationsendpunkt erkennt man hier also an der Entfärbung der vorher roten Lösung.

Sulfosalicylsäure

69 Wasserhärtebestimmung und Wasserenthärtung

In Trink- und Brauchwasser sind je nach Herkunft in unterschiedlichem Ausmaß Salze gelöst, hauptsächlich Salze von Alkali- und Erdalkalimetallen. Hydrogencarbonat-Ionen (HCO_3^-) stellen den größten Anteil der Anionen, während Magnesium- und Calcium-Ionen als die häufigsten Kationen Ursache der *Wasserhärte* sind. Charakteristisch für hartes Wasser sind die Verminderung der Wirkung von Seife durch die Bildung von schwer löslichen Kalkseifen und die Ausfällung von Calciumcarbonat als so genanntem Kesselstein beim Erhitzen.

Unter der *Gesamthärte* versteht man die Summe der Konzentrationen der Erdalkalimetalle. Etwas geringer ist i.a. die *Carbonathärte*, da nur der Teil der Kationen erfasst wird, denen Hydrogencarbonat-Ionen als Anionen gegenüberstehen. In Deutschland wird die Wasserhärte häufig noch in Graden deutscher Härte (°d) angegeben. 1°d entspricht einem Gehalt von 10 mg Calciumoxid (CaO) in 1 l Wasser. Wasser mit 8°d bis 18°d wird als mittelhart eingestuft. Die neue Einheit ist mmol · l^{-1}.

Die Gesamthärte des Wassers wird heute überall durch komplexometrische Titration bestimmt. Den Metallindikator gibt man dabei meist in Form von *Indikator*-Puffertabletten hinzu. Diese Tabletten enthalten Ammoniumchlorid als eine Komponente des Puffergemischs und den Metallindikator Eriochromschwarz T. Außerdem ist Methylrot zugesetzt, sodass durch die auftretenden Mischfarben der Umschlag sicherer erkannt werden kann. Außer einer Indikator-Puffertablette braucht man vor der Titration nur noch Ammoniak zu der Wasserprobe hinzufügen. Man titriert mit dem Dinatriumsalz von EDTA (Na_2H_2Y), wobei die Konzentration der Lösung oft so eingestellt ist, dass ein Verbrauch von 1 ml auf 100 ml Wasser 1°d entspricht. In den allen Aquarienbesitzern bekannten Tropffläschchen zur Bestimmung der Gesamthärte ist die Konzentration von EDTA so gewählt, dass ein Tropfen auf 5 ml Wasser 1°d entspricht.

Phosphate als Wasserenthärter.

Die Ausfällung von Kalkseifen und die Bildung von Kalkbelägen könnten durch den Zusatz von EDTA verhindert werden. Diese recht teure Möglichkeit wird jedoch nur in wenigen Bereichen tatsächlich genutzt; so werden beispielsweise in Färbebädern die Härtebildner durch EDTA in Lösung gehalten. Auch die früher übliche Enthärtung durch Natriumcarbonat (Soda), die auf der Ausfällung der Härtebildner in Form der schwer löslichen Carbonate beruht, ist heute nur noch von geringer Bedeutung.

Bis Anfang der 80er Jahre spielten Polyphosphate die größte Rolle unter den Wasserenthärtern. Ihre Wirkung beruht auf der Bildung von Chelatkomplexen mit Calcium- und Magnesium-Ionen. Haushaltswaschmittel ent-

Inhaltsstoff	Funktion	Massenanteil in %
Tenside Alkylbenzolsulfonate	Reinigungswirkung	5–10
Alkylsulfate Fettalkoholethoxylate	Schmutztragevermögen	5–10
längerkettige Seifen alternativ: Siliconöle	Schaumreduzierung	1–5
Zeolith A	Wasserenthärtung	20–35
Polycarboxylate	Schmutzdispergierung Antivergrauungswirkung	3–8
Soda	Verstärkung der Waschwirkung	5–20
Natriumperborat	Bleichmittel	10–25
N-Acetylverbindungen (TAED)	Bleichmittelaktivatoren	0–8
Magnesiumsilicat, alternativ: Phosphonate	Stabilisatoren	0,2–2
Enzyme (Proteasen)	Abbau von Eiweißschmutz	0,3–1,5
optische Aufheller	Weißgraderhöhung	0–0,3
Wasserglas (Natriumsilicate)	Korrosionsschutz	2–7
Stellmittel (Natriumsulfat)	Verbesserung der Rieselfähigkeit	0–20
Farbstoffe, Parfümöle		

Tab. 209.1 Rahmenrezeptur für Universalwaschmittel

A 209.1 Wie viel Gramm Calciumhydrogencarbonat ($Ca(HCO_3)_2$) sind in einem Liter eines Wassers mit 15°d gelöst, wenn man annimmt, dass dies der einzige Härtebildner ist?

V 209.2 Bildung und Zerfall von Calciumhydrogencarbonat
Leiten Sie Kohlenstoffdioxid in raschem Strom durch Kalkwasser, bis die zunächst auftretende Carbonatfällung wieder vollständig verschwunden ist. Erhitzen Sie dann einen Teil der erhaltenen Hydrogencarbonatlösung, bis wieder eine Trübung auftritt.

V 209.3 Bestimmung der Gesamthärte von Leitungswasser
In 100 ml der Wasserprobe wird eine Indikator-Puffertablette gelöst. Man titriert nach Zugabe von etwa 2 ml konzentrierter Ammoniaklösung (C, N) mit Titriplex III®-Lösung ($c = 0,01$ mmol · l^{-1}) bis zum Farbumschlag von Rot über Grau nach Grün. (Die Bestimmung kann auch mit einem Tabletten-Reagenz durchgeführt werden.)
Geben Sie die Gesamthärte in mmol · l^{-1} an und rechnen Sie in °d um (1 mmol · l^{-1} entspricht 5,6 °d).

KOMPLEXREAKTIONEN

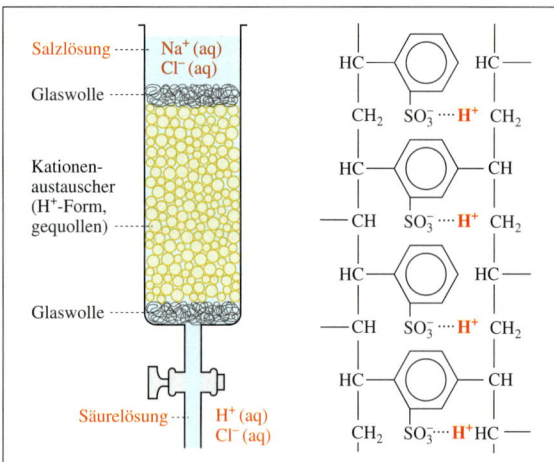

Abb. 210.1 Ionenaustauschersäule und Struktur eines Polystyrol-Sulfonsäure-Harzes (schematisch)

A 210.1 a) Warum verwendet man bei Geschirrspülern einen Kationenaustauscher in der Na^+-Form, bei der Wasseraufbereitung für Dampfbügeleisen dagegen einen Mischbettaustauscher (H^+-Form und OH^--Form)?
b) Wie lässt sich die Löslichkeit von Calciumsulfat mithilfe eines Kationenaustauschers bestimmen?

V 210.2 Polykondensation von Phosphorsäure
a) In einem trockenen Reagenzglas wird eine Spatelspitze kristalline Phosphorsäure (C) solange erhitzt, bis aus der zunächst entstehenden Schmelze kein Wasserdampf mehr entweicht. Das Reaktionsprodukt wird nach dem Erkalten in wenig Wasser gelöst und tropfenweise mit Ammoniumcarbonatlösung versetzt, bis keine Kohlenstoffdioxidentwicklung mehr auftritt. Geben Sie dann etwas Silbernitratlösung (Xi) hinzu.
b) Zum Vergleich gebe man Silbernitratlösung (C, N) zu einer ebenfalls durch Ammoniumcarbonat neutralisierten Lösung von Phosphorsäure.
Entsorgung: B 2

V 210.3 Ionenaustausch
Lassen Sie etwa 100 ml Leitungswasser durch eine Ionenaustauschersäule laufen, die
a) einen Kationenaustauscher in der H^+-Form,
b) einen Anionenaustauscher in der OH^--Form enthält.
Wie ändern sich pH-Wert und Leitfähigkeit?
c) Stellen Sie salzfreies Wasser her.

V 210.4 Einfluss des Ionenaustauschvorganges auf das Löslichkeitsgleichgewicht
Je 4 ml 1%iger Lösungen von Kaliumiodid und Bleinitrat (T, N, ▽) werden gemischt. Die erhaltene Suspension wird sofort mit etwa 10 ml eines gequollenen Kationenaustauschers (Na^+-Form) geschüttelt.
Entsorgung: B 2

hielten rund 30 % Natriumtripolyphosphat ($Na_5P_3O_{10}$). Längerkettige Phosphate waren Hauptbestandteil des im Haushalt als Wasserenthärter verwendeten Calgons.

$$\overset{\ominus}{|\underline{O}|}-\overset{|\underline{O}|^{\ominus}}{\underset{\overset{||}{O}}{P}}-\overline{O}-\overset{\overset{O}{||}}{\underset{|\underline{O}|^{\ominus}}{P}}-\overline{O}-\overset{|\underline{O}|^{\ominus}}{\underset{\overset{||}{O}}{P}}-\overline{O}|^{\ominus} \qquad \text{Tripolyphosphat-Anion}$$

Der Phosphatanteil der Waschmittel führte zu einem erhöhten Phosphatgehalt im geklärten Abwasser. Auf diese Weise wurde das Algenwachstum in Flüssen und Seen gefördert: Es bestand die Gefahr einer Eutrophierung mit schädlichen Folgen für das Leben in den Gewässern.

Die in der Zwischenzeit eingeführten phosphatfreien Waschmittel und Wasserenthärter enthalten Zeolith A (Sasil). Dabei handelt es sich um ein synthetisches Natriumalumosilicat mit Gerüststruktur. Die Natrium-Ionen des unlöslichen Zeoliths können leicht gegen Calcium-Ionen ausgetauscht werden. Die Enthärtung beruht also auf einem *Ionenaustausch*.

Phosphatfreie Waschmittel benötigen allerdings weitere Zusatzstoffe, um die Schmutzablösung zu unterstützen. Die größte Rolle spielen dabei Polycarboxylate. Da diese Stoffe nur sehr langsam abgebaut werden, sucht man nach günstigeren Lösungen.

Trotz der Einführung phosphatfreier Waschmittel müssen in den Kläranlagen Verfahren zur Eliminierung von Phosphat-Ionen angewendet werden. Denn schließlich ist der Phosphatgehalt der Fäkalien unverändert geblieben.

Ionentauscher. Ein großer Teil des in der chemischen Industrie und für Laborzwecke benötigten enthärteten oder praktisch salzfreien Wassers („demineralisiertes Wasser") wird mithilfe von Ionenaustauschern hergestellt. Bei diesen Ionenaustauschern handelt es sich um makromolekulare organische Stoffe („Harze"), die einen Teil der in ihnen an bestimmte Gruppen gebundenen Ionen reversibel gegen Ionen einer Elektrolytlösung austauschen können. Man unterscheidet Kationenaustauscher und Anionenaustauscher.

Zur *Enthärtung* genügt es, das Wasser durch einen mit Natrium-Ionen beladenen Kationenaustauscher („Na^+-Form") zu leiten. Calcium- und Magnesium-Ionen werden aufgenommen, während Natrium-Ionen abgegeben werden. Bei der Regeneration des Austauschers mit *konzentrierter* Kochsalzlösung läuft der umgekehrte Vorgang ab. Zur *Vollentsalzung* leitet man das Wasser zunächst durch einen Kationenaustauscher in der H^+-Form und anschließend durch einen Anionenaustauscher in der OH^--Form. Die von den Austauschern abgegebenen Ionen vereinigen sich zu Wasser. Besonders wirksam ist das *Mischbettverfahren*, bei dem man das Wasser durch ein Gemisch der beiden Austauscher leitet.

70 Komplexe im biologischen Bereich

Seit der Mitte der 60er Jahre werden mit wachsendem Erfolg Methoden und Vorstellungen der Komplexchemie in der Biochemie angewendet. Man spricht deshalb von einem Forschungsgebiet der Anorganischen Biochemie.

Lebenswichtige Metallionen. Schon länger kennt man die Strukturen von zwei Komplexen, von denen das Leben der Pflanzen und der höheren Tiere abhängt: Chlorophyll und Häm. Der Magnesiumkomplex Chlorophyll spielt als Blattgrün eine entscheidende Rolle bei der Photosynthese, während der Eisen(II)-Komplex Häm Bestandteil des für die Atmung wichtigen roten Blutfarbstoffs Hämoglobin ist. Der Ligand besitzt in beiden Fällen das gleiche Grundgerüst (Porphin), unterschiedlich sind jedoch mehrere Substituenten (Abb. 211.4).

Pflanzen und Tiere enthalten eine ganze Reihe von Metallionen, die meisten allerdings nur in sehr geringen Konzentrationen, sodass man sie zu den *Spurenelementen* rechnet. Für den Menschen sind 10 metallische Elemente lebensnotwendig. Es kommt zu schwerwiegenden Stoffwechselkrankheiten, wenn der Körper nicht ausreichend durch die Nahrung mit diesen Elementen versorgt wird. Eisenmangel führt beispielsweise zu einer Anämie, Zinkmangel zu Missbildungen und Zwergwuchs.

Pflanzen müssen die benötigten Metallionen aus dem Boden entnehmen. Da sie aus den Wurzelhaaren chelatbildende Säuren ausscheiden, können sie sich sogar aus schwerlöslichen Mineralien versorgen. Humus unterstützt die Aufnahme von Metallionen, da er ebenfalls chelatbildende Substanzen enthält. Boden mit Humusmangel können durch EDTA verbessert werden. In vielen Gebieten ist es jedoch notwendig, dem Boden Magnesium und Spurenelemente durch die Düngung zuzuführen. In Ostaustralien sind die Böden beispielsweise so

Metall	$\dfrac{m}{g}$	Metall	$\dfrac{m}{g}$
Natrium	70	Mangan	0,03
Kalium	250	Eisen	7
Magnesium	40	Cobalt	0,001
Calcium	1700	Kupfer	0,15
Molybdän	0,005	Zink	3

Tab. 211.1 Metallionen im menschlichen Körper

162,5 mg Calciumhydrogen-phosphat	0,16 mg Mangansulfat
22 mg Eisen(II)-sulfat	0,0623 mg Zinkoxid
20 mg basisches Magnesiumcarbonat	0,055 mg Natriummolybdat
0,48 mg Cobaltsulfat	0,055 mg Natriumfluorid
0,45 mg Kupfersulfat	

Tab. 211.2 Mineralsalzgehalt eines Vitamin-Mineralsalz-Kombinationspräparats

	Cu	Mo	Co	Zn	Mn
Leber	24,9	3,2	0,18	55	1,68
Niere	17,3	1,6	0,23	55	0,93
Gehirn	17,5	0,14		14	0,34
Muskel		0,14		54	0,09

Tab. 211.3 Spurenelementgehalt einiger Organe beim Menschen (Werte in Milligramm pro Kilogramm)

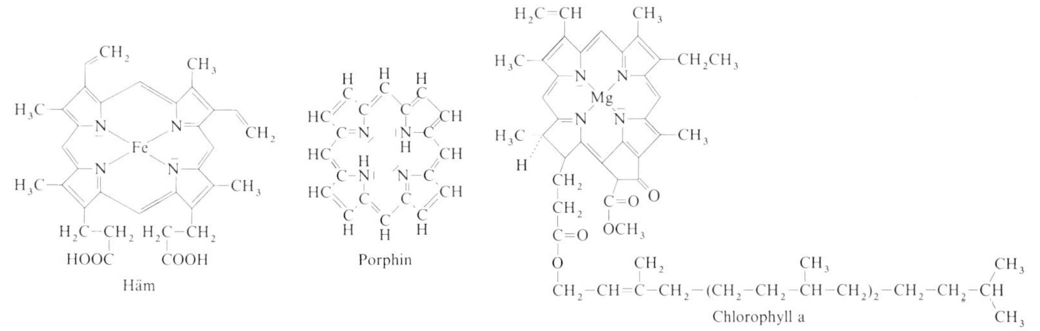

Abb. 211.4 Häm und Chlorophyll als Komplexe von Porphin-Derivaten. Im Hämoglobin-Molekül (Masse 68 000 u) sind vier Häm-Einheiten an Eiweiß (Globin) gebunden. Dabei bildet jeweils ein Stickstoff-Atom der Aminosäure Histidin den fünften Liganden des Eisen(II)-Ions. Als sechster Ligand kann ein Sauerstoff-Molekül angelagert werden, sodass insgesamt ein Oktaeder um das Eisen-Ion entsteht. Anders als im Häm selbst wird das Eisen(II) im Hämoglobin durch Sauerstoff nicht oxidiert.

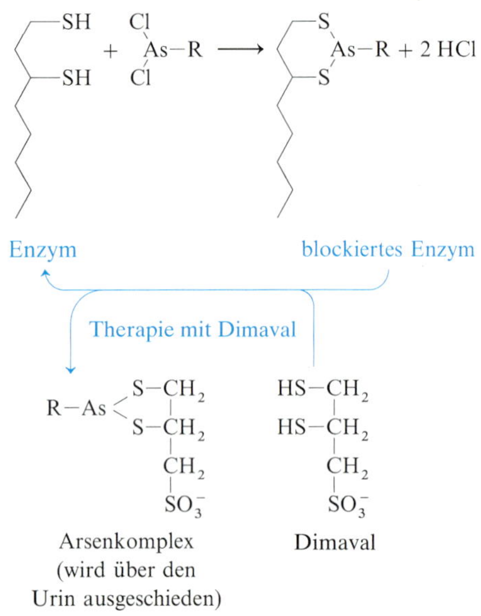

Abb. 212.1 Giftwirkung von Arsen-Verbindungen und Entgiftung (schematisch). Eine Arsen-Verbindung mit der angegebenen Struktur wurde zwischen den Weltkriegen für den Einsatz als Giftkampfstoff untersucht (Lewisit, $Cl_2As–CH=CHCl$). Als Therapeutikum wurde zunächst BAL (= British Anti-Lewisit) entwickelt. BAL entspricht weitgehend dem Dimaval; statt der Sulfonsäure-Gruppe enthält das Molekül jedoch nur eine Hydroxid-Gruppe. Die BAL-Komplexe werden jedoch nur unvollständig aus dem Körper ausgeschieden. Da sie ungeladen und unpolar sind, durchdringt ein Teil die Blut-Hirn-Schranke und führt so zu Hirnschäden. Nachdem man diesen Zusammenhang erkannt hatte, wurde das BAL-Molekül gezielt verändert.

A 212.1 Bei welchem Volumenanteil der Atemluft an Kohlenstoffmonooxid wird im Gleichgewicht die Hälfte des Hämoglobins durch Kohlenstoffmonooxid blockiert? (Verwenden Sie die im Text angegebene Gleichgewichtskonstante.)

V 212.2 Änderung des Redoxverhaltens durch Komplexbildung
Gleiche Volumina von Eisen(II)-sulfat- und Eisen(III)-nitratlösung, jeweils mit der Konzentration $c = 0{,}1$ mol $\cdot$ l^{-1}, werden gemischt und mit etwas Salpetersäure (C) angesäuert. Versetzen Sie einen Teil dieser Lösung mit dem gleichen Volumen einer Titriplex III®-Lösung ($c = 0{,}1$ mol $\cdot$ l^{-1}). Prüfen Sie das Redoxverhalten mit Kaliumiodid-Stärke-Lösung und mit Iod-Stärke-Lösung. Prüfen Sie ebenso die ursprüngliche Eisen(II)/(III)-Mischung.
In welcher Oxidationsstufe bildet Eisen den stabileren EDTA-Komplex?

arm an Molybdän, dass sie landwirtschaftlich nur genutzt werden können, wenn den Düngemitteln Molybdat zugesetzt wird. Von besonderer Bedeutung ist die richtige Auswahl und Dosierung der Spurenelemente bei Nährlösungen für Hydrokulturen. Um die Konzentration über längere Zeit konstant zu halten, verwendet man als Füllmaterial für die Pflanzgefäße Substanzen, die als Ionenaustauscher wirken.

So wie das Eisen im Häm sind auch die meisten anderen Metallionen im Körper als Chelatkomplexe gebunden. In der Regel sind es Eiweißstoffe, die über ihre funktionellen Gruppen als Chelatliganden wirken (Ligator-Atome: O, N, S). Eine große Anzahl solcher Metall-Eiweiß-Komplexe sind inzwischen bekannt. Sie steuern als Enzyme („Metalloenzyme") zahlreiche lebenswichtige Reaktionen.

Redoxvorgänge werden im Körper im allgemeinen durch solche Metalloenzyme katalysiert, deren Zentralteilchen leicht die Oxidationsstufe wechseln können. Von besonderer Bedeutung sind dabei die Redoxpaare Fe^{3+}/Fe^{2+} und Cu^{2+}/Cu^+. Redoxpotentiale für die entsprechenden Enzyme weichen häufig stark von den für die hydratisierten Ionen geltenden Normalpotentialen ab, da die Komplexstabilität stark von der Ladung des Zentral-Ions abhängt.

Giftwirkung und Entgiftung. Durch giftige Substanzen werden wichtige Stoffwechselprozesse gestört oder ganz unterbunden. Vielfach lassen sich die Vorgänge prinzipiell als Komplexreaktionen verstehen, die durch körperfremde Liganden oder durch körperfremde Metallionen ausgelöst werden.

Atmet man Kohlenstoffmonooxid (CO) ein, so kann das selbst bei sehr geringen Konzentrationen zu Atemstörungen und schließlich zum Ersticken führen. Kohlenstoffmonooxid bildet nämlich mit dem Hämoglobin einen wesentlich stabileren Komplex (HbCO) als molekularer Sauerstoff. Es fallen deshalb immer mehr Hämoglobin-Moleküle für den Sauerstofftransport aus. Als Erste-Hilfe-Maßnahme beatmet man mit reinem Sauerstoff, da so das gebundene Kohlenstoffmonooxid schneller verdrängt werden kann. Durch die Erhöhung der Sauerstoffkonzentration wird nämlich das folgende Gleichgewicht wieder etwas nach rechts verschoben:

$$HbCO + O_2 \rightleftharpoons HbO_2 + CO; \quad K = \tfrac{1}{210}$$

Die Giftwirkung von Cyanid-Ionen lässt sich entsprechend erklären: Metalloenzyme werden unwirksam, da körpereigene Schwermetallionen zu diesem Liganden besonders stabile Bindungen ausbilden. Ursache für den raschen Tod bei einer Cyanidvergiftung ist die Blockierung des Enzyms Cytochrom-c-oxidase. Es enthält in einem Molekül zwei Eisen- und zwei Kupfer-Ionen. Dieses Enzym erfüllt eine wichtige Funktion in der als *Atmungskette* bezeichneten Folge von Reaktionen, durch die Sauerstoff zu Wasser reduziert wird; es steuert die am Ende der Atmungskette liegenden Elektronenübertragungsschritte.

Körperfremde Schwermetallionen wie Ba^{2+}, Cd^{2+}, Pb^{2+} und Hg^{2+} verändern durch Chelatbildung mit den Eiweißkomponenten von Enzymen deren Struktur und vermindern dadurch ihre Aktivität. Für die Therapie verwendet man Chelatbildner, die mit den Schwermetallionen stabile Komplexe bilden, die dann vor allem über den Urin ausgeschieden werden können. Da einige Schlangengifte aus Zink-Eiweiß-Komplexen bestehen, kann auch hier EDTA (als Na_2CaY) zur Entgiftung eingesetzt werden.

Um die Gefährdung der Umwelt durch Schwermetalle zu verringern, sind in den letzten 30 Jahren eine Reihe von gesetzlichen Schutzbestimmungen verschärft worden. So ist der Verkauf von Benzin mit bleihaltigen Zusätzen seit 1988 (Normalbenzin) bzw. 1996 (Superbenzin) verboten.

Komplexbildung mit Alkaliionen. Muskeln und Nerven können nur dann ihre Funktion erfüllen, wenn im Zellinnern die Konzentration an Kalium-Ionen größer und die an Natrium-Ionen kleiner ist als außerhalb. Um diesen Konzentrationsunterschied aufrecht zu erhalten, werden nach heutiger Vorstellung die Ionen in Form bestimmter Chelatkomplexe durch die Zellwand transportiert. Den ersten Hinweis erhielt man 1962, als entdeckt wurde, dass einige als Antibiotika wirksame Naturstoffe den Transport von Kalium-Ionen ins Zellinnere beschleunigen. Nach Aufklärung der Struktur dieser Liganden, hat man seit 1967 eine große Anzahl von strukturell ähnlichen Verbindungen synthetisiert, die ebenfalls bevorzugt Komplexe mit Alkaliionen bilden. Ein Beispiel sind die als *Kronenether* bezeichneten ringförmigen Polyether (Abb. 213.2).

In der biochemischen Forschung verwendet man Kronenether und verwandte Substanzen bei der Entwicklung von Modellsystemen, in denen Alkalimetallionen durch unpolare Membranen transportiert werden. Man stellt sich vor, dass der Transport durch die als unpolare Membranen wirkenden Zellwände prinzipiell gleichartig verläuft. Die Komplexe der Alkalimetallionen sind so aufgebaut, dass die polaren Gruppen sämtlich zum eingeschlossenen Kation weisen. Nach außen gerichtet sind nur Kohlenwasserstoffreste, sodass der Komplex in unpolaren Lösungsmitteln löslich wird. Zum Ladungsausgleich gehen dabei entsprechend viele Anionen ebenfalls in das unpolare Medium über. Durch Zusatz von Kronenethern lässt sich beispielsweise Kaliumpermanganat in Benzol lösen. Die Anionen sind dabei besonders reaktiv, da ihnen die stabilisierende Hydrathülle fehlt. In der präparativen Chemie nutzt man diesen Effekt aus, wenn Anionen als Reaktionspartner in einem unpolaren Lösungsmittel benötigt werden.

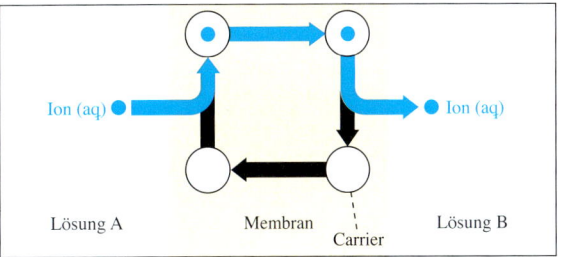

Abb. 213.1 Ionentransport durch eine biologische Membran (Carriermodell)

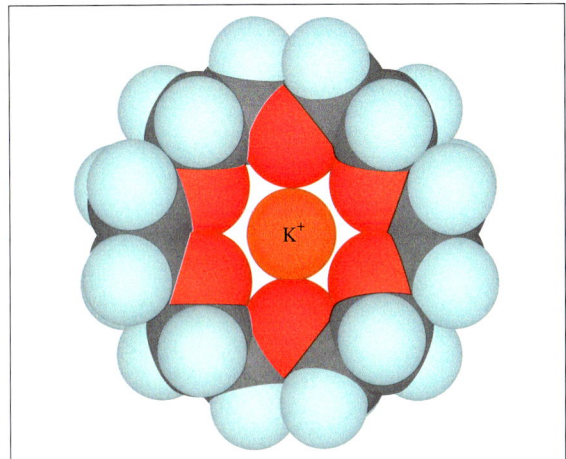

Abb. 213.2 Komplex des Kalium-Ions mit dem Kronenether [18]-Krone-6 ($C_{12}H_{24}O_6$). Die Gesamtzahl der Ringglieder gibt man in eckigen Klammern an, die Anzahl der Heteroatome durch die nachgestellte Ziffer.
Die Komplexstabilität hängt vom Verhältnis zwischen Ringgröße und Ionenradius ab: Mit [18]-Krone-6 ist der Kaliumkomplex stabiler als der Natriumkomplex; bei dem kleineren [14]-Krone-4 liegen die Verhältnisse umgekehrt.

LV 213.1 Komplexbildung mit Kronenethern
a) Schütteln Sie eine Spatelspitze pulverisiertes Kaliumpermanganat (O, Xn, N) in einem Reagenzglas mit einigen Millilitern Trichlormethan (Xn, ▼) oder Toluol (F, Xn). Nach Zugabe einiger Kriställchen [18]-Krone-6 wird erneut geschüttelt.
b) Schütteln Sie 5 ml Natriumpikratlösung und 5 ml Kaliumpikratlösung jeweils mit der gleichen Menge Chloroform. Geben Sie zu beiden Proben einige Kriställchen [18]-Krone-6 und schütteln Sie erneut. In welchem Fall bildet sich der stabilere Komplex?
Für diesen Versuch verwendet man Pikratlösungen der Konzentration $c = 10^{-4}$ mol · l⁻¹, die man herstellt, indem man je 23 mg Pikrinsäure (E, T) in 1 Liter Natronlauge und in 1 Liter Kalilauge, jeweils mit der Konzentration $c = 0{,}01$ mol · l⁻¹, löst.
Entsorgung: B 3 und B 4

Zusätzliche Aufgaben

A 214.1 Bilden Sie die Namen der folgenden Komplexverbindungen:
a) $[CrCl_2(H_2O)_4]Cl \cdot 2H_2O$
b) $[Fe(H_2O)_6](NO_3)_3 \cdot 3H_2O$
c) $[CoNO_2(NH_3)_5)]Cl_2$
d) $[Co(NH_3)_5(H_2O)]Cl_3$
e) $K_3[Mn(CN)_6]$
f) $Na_3[SbS_4] \cdot 9H_2O$
g) $(NH_4)_2[TiF_6]$
h) $Na_3[Ag(S_2O_3)_2]$
i) $[CoCO_3(NH_3)_5]NO_3$
j) cis-$[CoCl(H_2O)(NH_3)_4]Cl_2$

A 214.2 Welche Formeln gehören zu den folgenden Namen?
a) Ammoniumhexachloroplumbat(IV)
b) Pentaamminnitratocobalt(III)-nitrat
c) Triammintrinitritocobalt(III)
d) Kaliumoctacyanomolybdat(IV)-Trihydrat
e) Ammoniumpentafluoroperoxotitanat(IV)
f) Natriumtetrachloroaurat(III)
g) Hexaammincobalt(III)-hexacyanochromat(III)

A 214.3 Erklären Sie die folgenden Beobachtungen:
Erhitzt man eine Probe der Verbindung $Co(NH_3)_4(H_2O)_2Cl_3$ im Trockenschrank, so nimmt die Masse um 6,7 % ab. Eine Lösung des entstandenen Produkts zeigt bei gleicher Konzentration eine um fast 40 % geringere Leitfähigkeit als der ursprüngliche Stoff.

A 214.4 Gibt man ausreichend viel 1,2-Diaminoethan (Abkürzung: en) zu einer wässrigen Lösung eines Kupfer(II)-salzes, so bildet sich der Komplex $[Cu(en)_2]^{2+}$. Um die Stabilitätskonstante β_2 für diesen Komplex zu bestimmen, wurde eine galvanische Zelle aus zwei Kupferhalbzellen zusammengestellt:
In der einen Halbzelle ist $c(Cu^{2+}(aq)) = 10^{-2}$ mol $\cdot$ l^{-1}. Die andere Kupferhalbzelle enthält den Komplex in der gleichen Konzentration neben einem Überschuss von 1,2-Diaminoethan: $c(en) = 10^{-1}$ mol $\cdot$ l^{-1}. Bei 25 °C wurde eine Spannung von 549 mV gemessen.
a) Welche Gleichgewichtskonzentration an $Cu^{2+}(aq)$ liegt in der zweiten Halbzelle vor?
Hinweis: Nach der NERNSTschen Gleichung führt der Unterschied der $Cu^{2+}(aq)$-Konzentrationen zwischen den beiden Halbzellen zu einer Spannung von 29,5 mV je Zehnerpotenz.
b) Stellen Sie nach dem Massenwirkungsgesetz den Term für die Stabilitätskonstante β_2 auf und berechnen Sie den Wert.

A 214.5 Bei der Titration von 100 ml einer Wasserprobe mit EDTA-Maßlösung ($c = 0,02$ mol $\cdot$ l^{-1}) zur Bestimmung der Gesamthärte wurden 17,9 ml bis zum Umschlag des Indikators benötigt.
Bei einer zweiten Titration in stärker alkalischer Lösung wurden 15,2 ml verbraucht. Unter diesen Bedingungen werden die Mg^{2+}-Ionen als Hydroxid gefällt, sodass sie nicht mit EDTA reagieren.

a) Wie groß sind die Konzentrationen (in mmol $\cdot$ l^{-1}) an Ca^{2+} (aq) und an Mg^{2+} (aq) in der Wasserprobe?
b) Wie groß ist die Gesamthärte in °d?
c) Wie viel Gramm Seife ($\triangleq$ Natriumstearat, $C_{17}H_{35}COONa$) würden von 100 l dieses Wassers unter Bildung von Kalkseifen verbraucht werden?

A 214.6 Für Untersuchungen im Labor werden 20 g der Komplexverbindung $[CoCO_3(NH_3)_5]_2SO_4 \cdot 3H_2O$ benötigt. Ausgangsprodukt für die Synthese ist ein handelsübliches Cobalt(II)-salz: $CoSO_4 \cdot 7H_2O$.
Nach den bisherigen Erfahrungen mit einer bestimmten Arbeitsvorschrift kann man mit einer Ausbeute von 60 % rechnen. Man findet also nur 60 % der eingesetzten Stoffmenge an Cobalt in der gewünschten Verbindung wieder. Der Rest geht mit der Mutterlauge und durch die Bildung von Nebenprodukten verloren.
Wie viel Gramm Cobaltsulfat ($CoSO_4 \cdot 7H_2O$) müssen eingesetzt werden, um die benötigte Menge des Produkts herzustellen?

A 214.7 Aus der elektrischen Leitfähigkeit der Lösung einer Komplexverbindung lassen sich Rückschlüsse auf die Bindungsverhältnisse im Komplex ziehen.
a) Begründen Sie die Unterschiede in der Leitfähigkeit bei den folgenden Komplexverbindungen mit dem Platin(IV)-Ion als Zentral-Ion.
b) Geben Sie auch Strukturformeln und Namen der Komplexe in der Tabelle an.

Formel	Leitfähigkeit
$Pt(NH_3)_6Cl_4$	sehr groß
$Pt(NH_3)_4Cl_4$	groß
$Pt(NH_3)_3Cl_4$	mittel
$KP(NH_3)Cl_5$	mittel
$Pt(NH_3)_2Cl_4$	keine

A 214.8 Für die Bestimmung kleiner Cobaltgehalte nutzt man die Bildung intensiv gefärbter Chelat-Komplexe des Cobalt(III)-Ions. Mit 1-Nitrosonaphthol-(2) als Reagenz erhält man eine orangerote Lösung.
a) Wie groß ist die Cobaltkonzentration in einer Lösung, für die bei 1 cm Schichtdicke eine Extinktion von 0,54 gemessen wurde?
(Extinktionskoeffizient ε (420 nm): $3,4 \cdot 10^4$ l $\cdot$ mol^{-1} $\cdot$ cm^{-1})
b) Das Cobalt stammt aus 0,5 g einer Stahlprobe. Es lag nach der Aufarbeitung in 50 ml Lösung vor. Berechnen Sie den Massenanteil an Cobalt in dieser Stahlsorte.

A 214.9 Berechnen Sie mit den Angaben in Tabelle 206.2: In welchem Verhältnis stehen die Zahlenwerte der Gleichgewichtskonstanten der Chelate mit fünf und sechs Ringgliedern zu dem Zahlenwert der Gleichgewichtskonstanten für den entsprechenden Komplex mit einzähnigen Liganden? In welchem Fall ist der Chelateffekt größer?

Stoffliste mit Gefahrenkennzeichen und Entsorgungshinweisen

Stoff	Gefahrenkennzeichen R-Sätze S-Sätze	Entsorgungshinweis
Aceton	F, Xi R: 11-36-66-67 S: (2)-9-16-26	B 3
Ameisensäure	C R: 35 S: (1/2)-23-26-45	B 1
Ammoniak	T, N R: 10-23-34-50 S: (1/2)-9-16-26-36/37/ 39-45-61	B 1
$w \geq 25\%$	C, N R: 34-50	B 1
$10\% \leq w < 25\%$	C R: 34	B 1
$5\% \leq w < 10\%$	Xi R: 36/37/38	B 1
konz.: 25% verd.: 3%		
Ammoniumchlorid	Xn R: 22-36 S: (2)-22	Ausguss[1]
Ammoniumnitrat	O R: 8-9 S: 15-16-41	Ausguss[1]
Ammonium- thiocyanat	Xn R: 20/21/22-32 S: (2)-13	Ausguss[1]
Anthracen	Xn R: 36/37/38-42/43 S: 22-26-36/37/39	B 3
Azobenzol	T, N R: 45-20/22-48/22-50/53 S: 53-54-60-61	B 3
Bariumchlorid	T R: 20-25 S: (1/2)-45	B 1
Bariumhydroxid $(Ba(OH)_2 \cdot 8\,H_2O)$	C R: 22-34 S: 26-36/37/39-45	B 1
Benzoesäure	Xn R: 22-36 S: 24	B 3
Blei	T, N R: 61-62-20/22-33-50/53 S: 53-45-60-61 ▼ krebserzeugend, Kat. 3 B fruchtschädigend, Kat.1 fortpflanzungs- gefährdend, Kat.3	B 2

Stoff	Gefahrenkennzeichen R-Sätze S-Sätze	Entsorgungshinweis
Bleiiodid	T, N R: 61-20/22-33-50/53-62 S: 53-45-60-61 ▼ krebserzeugend, Kat. 3 B	B 2
Bleinitrat	T, N R: 61-20/22-33-50/53-62 S: 53-45-60-61 ▼ krebserzeugend, Kat. 3 B	B 2
Blei(II)-oxid	T, N R: 61-20/22-33-50/53-62 S: 53-45-60-61 ▼ krebserzeugend, Kat. 3 B	B 2
Blei(II,IV)-oxid (Mennige)	T, N R: 61-20/22-33-50/53-62 S: 53-45-60-61 ▼ krebserzeugend, Kat. 3 B	B 2
Blei(IV)-oxid	T, N R: 61-20/22-33-50/53-62 S: 53-45-60-61 ▼ krebserzeugend, Kat. 3 B	B 2
Borsäure	Xn R: 22	Ausguss[1]
Brom	C, T+, N R: 26-35-50 S: (1/2)-7/9-26-45-61	X
Bromwasser	Xi, T R: 23-24 S: 7/9-26-45	X
Butan	F+ R: 12 S: (2)-9-16	
tert-Butanol	Xi R: 10-36/37-67 S: (2)-7/9-13-24/25-26-46 ▼ krebserzeugend, Kat. 3 B	B 3
Cadmium	T R: 49-20/21/22 S: 53-22-36/37-45 ▼ krebserzeugend, Kat. 2	B 2
Calciumchlorid	Xi R: 36 S: (2)-22-24	B 1
Calciumhydrid	F R: 15 S: (2)-7/8-24/25-43	X
Calciumhydroxid	Xi R: 41 S: 22-24-26-39	B 1

Stoff	Gefahrenkennzeichen R-Sätze S-Sätze	Entsorgungshinweis
Calciumoxid	Xi R: 41 S: 22-24-26-39	B1
Chlorwasser	Xn	B1
Chlorwasserstoff	C, T R: 23-35 S: (1/2)-9-26-36/37/39-45	X
Chrom(III)-chlorid ($CrCl_3 \cdot 6\,H_2O$)	Xn R: 22-36/37/38 S: 24/25	B2
Chrom(III)-nitrat ($Cr(NO_3)_3 \cdot 9\,H_2O$)	O, Xi R: 8-36/38 S: 26-36/37/39-45	B2
Cobalt	Xn R: 42/43-53 S: (2)-22-24-37-61 ▼ krebserzeugend, Kat. 3	B2
Cobalt(II)-chlorid ($CoCl_2 \cdot 6\,H_2O$)	T, N R: 49-22-42/43-50/53 S: (2)-22-53-45-60-61 ▼ krebserzeugend, Kat. 2 erbgutverändernd, Kat. 3 fortpflanzungsgefährdend, Kat. 2	B2
$w \geq 25\,\%$	T R: 49-22-42/43	B2
$1\,\% \leq w < 25\,\%$	T R: 49-42/43	B2
Cyclohexan	F, Xn, N R: 11-38-50/53-65-67 S: 9-16-33-60-61-62	B3
Eisen(II)-chlorid	Xn R: 22-38-41 S: 26-39	Ausguss
Eisen(III)-chlorid ($FeCl_3 \cdot 6\,H_2O$)	Xn R: 22-38-41 S: 26-39	Ausguss
Eisen(III)-nitrat ($Fe(NO_3)_3 \cdot 9\,H_2O$)	O, Xi R: 8-36/38 S: 26	Ausguss
Eisen(II)-sulfat ($FeSO_4 \cdot 7\,H_2O$)	Xn R: 22 S: 24/25	Ausguss
Essigsäure	C R: 10-35 S: 2-23-26-45	B1
$w = 5\,\%$, $c = 1\,mol \cdot l^{-1}$	Xi R: 36/38	
Essigsäureethylester	F, Xi R: 11-36-66-67 S: (2)-16-26-33	B3

Stoff	Gefahrenkennzeichen R-Sätze S-Sätze	Entsorgungshinweis
Ethanol	F R: 11 S: (2)-7-16	B3
Heptan	F, Xn, N R: 11-38-50/53-65-67 S: (2)-9-16-29-33-60-61-62	B3
Hexan	F, Xn, N R: 11-38-48/20-51/53-62-65-67 S: (2)-9-16-29-33-36/37/39-61-62	B3
Hydrazin	T, N R: 45-10-23/24/25-34-43-50/53 S: 53-45-60-61	B1
Iod	Xn, N R: 20/21-50 S: (2)-23/25-61	
Kalilauge $w \geq 5\,\%$ verd.: 11 %, $c = 1\,mol \cdot l^{-1}$	C R: 22-35	B1
$2\,\% \leq w < 5\,\%$	C R: 34	B1
$0,5\,\% \leq w < 2\,\%$	Xi R: 36/38	B1
Kalium	F, C R: 14/15-34 S: (1/2)-5-8-43-45	X
Kaliumchlorat	Xn, O R: 9-20/22 S: 2-13-16-27	Ausguss[1]
Kaliumchromat $w \geq 20\,\%$	T, N T R: 49-46-36/37/38-43	B2 B2
$0,5\,\% \leq w < 20\,\%$	T R: 49-46-43	B2
$0,1\,\% \leq w < 0,5\,\%$	T R: 49-46	B2
Kaliumcyanid	T+, N R: 26/27/28-32-50/53 S: (1/2)-7-28-29-45-60-61	X
$1\,\% \leq w < 7\,\%$	T R: 23/24/25-32 S: (1/2)-7-28-29-45-60-61	X
$0,1\,\% \leq w < 1\,\%$	Xn R: 20/21/22-32 S: (1/2)-7-28-29-45-60-61	X

Stoff	Gefahrenkennzeichen R-Sätze S-Sätze	Entsorgungshinweis
Kaliumdichromat $w \geq 7\%$	T+, N R: 49-46-21-25-26-37/ 38-41-43	B 2
$0,5\% \leq w < 7\%$	T R: 49-46-43	B 2
$0,1\% \leq w < 0,5\%$	T R: 49-46	B 2
Kaliumhydroxid	C R: 22-35 S: (1/2)-26-36/37/39-45	
Kaliumnitrat	O R: 8 S: 16-41	Ausguss[1]
Kaliumperchlorat	Xn, O R: 9-22 S: (2)-13-22-27	Ausguss[1]
Kalium- permanganat	Xn, O, N R: 8-22-50/53 S: (2)-60-61	
Kalkwasser	– R: S:	B 1
Kupfer(II)-bromid	C R: 34 S: 26-36/37/39-45	B 2
Kupfer(II)-chlorid ($CuCl_2 \cdot 2\,H_2O$)	Xn R: 22-36/37/38 S: 26	B 2
Kupfer(I) oxid, Kupfer(II)-oxid	Xn R: 22 S: (2)-22	B 2
Kupfersulfat ($CuSO_4 \cdot 5\,H_2O$)	Xn, N R: 22-36/38-50/53 S: (2)-22-60-61	B 2
Lithium	F, C R: 14/15-34 S: (1/2)-8-43-45	X
Lithiumcarbonat	Xn R: 22-36 S: 24	B 1
Magnesium (Pulver, Band)	F R: 15-17 S: 7/8-43	B 2
Mangandioxid (Braunstein)	Xn R: 20/22 S: (2)-25	Müll
Methanol	T, F R: 11-23/24/25-39/ 23/24/25 S: 2-7-16-36/37-45	B 3

Stoff	Gefahrenkennzeichen R-Sätze S-Sätze	Entsorgungshinweis
Methylenblau	Xn R: 22 S:	
Natrium	F, C R: 14/15-34 S: (1/2)-5-8-43-45	X
Natriumamalgam	T, N R: 23-33-50/53 S: (1/2)-7-45-60-61 ▼ krebserzeugend, Kat. 3 B	X
Natriumcarbonat	Xi R: 36 S: (2)-22-26	Ausguss
Natriumchlorat	Xn, O R: 9-22 S: (2)-13-17-46	Ausguss[1]
Natriumfluorid	T R: 25-32-36/38 S: (1/2)-22-36-45	B 2
Natriumhydrogen- carbonat	– R: S:	Ausguss
Natriumhydrogen- sulfit	Xn R: 22-31 S: (2)-25-46	B 1
Natriumhydroxid	C R: 35 S: 2-26-37/39-45	B 1
Natriumsulfid	C, N R: 31-34-50 S: (1/2)-26-45-61	B 2
Natriumsulfit	– R: S:	Ausguss
Natronlauge $w \geq 5\%$, verd.: 7%	C R: 35	B 1
$2\% \leq w < 5\%$	C R: 34	
$0,5\% \leq w < 2\%$ $c = 1\,mol \cdot l^{-1}$	Xi R: 36/38	B 1
Nickel	Xn R: 40-43 S: (2)-22-36	B 2
Nickelchlorid ($NiCl_2 \cdot 6\,H_2O$)	T R: 45-23/25-36/37/ 38-42/43 S: 23-24-26-27-28-37/ 39-45 ▼ krebserzeugend, Kat. 1	B 2

Stoff	Gefahrenkennzeichen R-Sätze S-Sätze	Entsorgungs- hinweis
Nickelnitrat ($Ni(NO_3)_2 \cdot 6\,H_2O$)	O, T R: 45-8-22-43 S: 53-24-27-28-37/39-45 ▼ krebserzeugend, Kat. 1	B 2
Oxalsäure	Xn R: 21-22 S: (2)-24/25	Ausguss
Petroleumbenzin (Leichtbenzin)	F R: 11 S: 9-16-29-33	B 3
Phosphorsäure konz.: 85 %	C R: 34 S: 26-45	B 1
Pikrinsäure	E, T R: 2-4-23/23/25 S: 28-35-37-45	B 1
Quecksilber	T, N R: 23-33-50/53 S: (1/2)-7-45-60-61 ▼ krebserzeugend, Kat. 3 B	X
Quecksilber(I)- chlorid (Kalomel)	Xn R: 22-36/37/38-50/53 S: (2)-13-24/25-46-60-61 ▼ krebserzeugend, Kat. 3 B	X
Quecksilber(II)- chlorid	T+, N R: 28-34-48/24/25-50/53 S: (1/2)-36/37/39-45- 60-61 ▼ krebserzeugend, Kat. 3 B	X
$w \geq 7\%$	T+, N R: 28-34-48/24/25-50/53 S: (1/2)-36/37/39-45- 60-61 ▼ krebserzeugend, Kat. 3 B	X
$1\% \leq w < 7\%$	T, N R: 25-36/37/38-48/24/ 25-51/53 S: (1/2)-36/37/39-45-60-61 ▽ krebserzeugend, Kat. 3 B	X
$0,1\% \leq w < 1\%$	Xn R: 22-36/37/38-48/24/ 25-52/53 S: (1/2)-36/37/39-45- 60-61 ▽ krebserzeugend, Kat. 3 B	X
Quecksilber(II)- iodid	T+, N R: 26/27/28-33-50/53 S: (1/2)-13-28-45-60-61 ▼ krebserzeugend, Kat. 3 B	X
Quecksilber(II)- nitrat	T+, N R: 26/27/28-33-50/53 S: (1/2)-13-28-45-60-61 ▼ krebserzeugend, Kat. 3 B	X

Stoff	Gefahrenkennzeichen R-Sätze S-Sätze	Entsorgungs- hinweis
Salpetersäure $w \geq 70\%$	O, C R: 8	B 1
$20\% \leq w < 70\%$	C R: 35	B 1
$5\% \leq w < 20\%$	C R: 34	B 1
Salzsäure $w \geq 25\%$ konz.: 36 %	C R: 34-37 S: 2-26-45	B 1
$10\% \leq w < 25\%$	Xi R: 36/37/38	B 1
verd.: 7 %, $c = 2\,mol \cdot l^{-1}$	–	
Schwefel	– R: S:	
Schwefeldioxid	T R: 23-34 S: (1/2)-9-26-36/37/ 39-45	X
Schwefelsäure $w \geq 15\%$ konz.: 96 %	C R: 35 S: (1/2)-26-30-45	B 1
$5\% \leq w < 15\%$ verd.: 9 %, $c = 1\,mol \cdot l^{-1}$	Xi R: 36/38	B 1
Schwefel- wasserstoff	T+, F+, N R: 12-26-50 S: (1/2)-9-16-24-36/ 37-45-61	X
gesättigte Lösung ($w = 0,34\%$)	Xn	B 2
Silberchlorid	– R: S:	B 2
Silberiodid	– R: S:	B 2
Silbernitrat	C, N R: 34-50/53 S: 2-26-45- 60-61	B 2
Silbernitrat-Lösung $w = 1\%$, $c = 0,1\,mol \cdot l^{-1}$	–	B 2
Stickstoffdioxid	T+ R: 26-34 S: (1/2)-9-26-28-36/37/ 39-45	X

Stoff	Gefahrenkennzeichen R-Sätze S-Sätze	Entsorgungshinweis
Stickstoffmonooxid	T+ R: 26-34 S: 9-26-28-36/37/39-45	X
Sulfosalicylsäure	Xi R: 36/38 S: 26	B1
Tetrachlormethan	T, N R: 23/24/25-10-48/23-52/ 53-59 S: (1/2)-23-36/37-45-59-61 ▼ krebserzeugend, Kat.4	B4
Toluol	F, Xn R: 11-20 S: 16-25-29-33 ▼ fruchtschädigend, Kat.3	B3
Trichlormethan	Xn R: 22-38-40-48/20/22 S: (2)-36/37 ▼ krebserzeugend, Kat.2 erbgutverändernd, Kat.3	B4
Uranoxid	T+, N R: 26/28-33-51/53 S: (1/2)-20/21-45-61 radioaktiv	X

Stoff	Gefahrenkennzeichen R-Sätze S-Sätze	Entsorgungshinweis
Uranylacetat	T+, N R: 26/28-33-51/53 S: (1/2)-20/21-45-61 radioaktiv	X
Urotropin (Methenamin)	F, Xn R: 11-42/43 S: (2)-16-22-24-37	B3
Wasserstoff	F+ R: 12 S: 9-16-33	
Wasserstoffperoxidlösung $w \geq 20\%$ $5\% \leq w < 20\%$	C R: 34 S: (1/2)-28-36/39-45 Xi R: 36/38 S: (1/2)-28-36/39-45	B1 Ausguss[1]
Zink (Granulat, Pulver)	F R: 15-17 S: (2)-7/8-43	X
Zinkbromid	C R: 34 S: 7/8-26-36/37/39-45	B1
Zinn(II)-chlorid	Xn R: 22-36/37-38 S: 26	B1

▽: Gefahrstoff, dessen besondere Risiken (krebserzeugend, erbgutverändernd, fortpflanzungsgefährdend oder fruchtschädigend) bei dieser Anwendung (z.B. in Lösung oder starker Verdünnung) nicht relevant sind.

▼: Gefahrstoff, bei dem weitere Risiken beachtet werden mussen (krebserzeugend, erbgutverändernd, fortpflanzungsgefährdend oder fruchtschädigend)

[1] Kann in schulüblichen Mengen in den Ausguss gegeben werden.

X: spezielle Entsorgung oder Recycling

Bei einer Reihe von Stoffen sind je nach Konzentrationsverhältnissen verschiedene Gefahrenkennzeichen angegeben. Die Voraussetzungen für die Herabstufung der Gefahr mit zunehmender Verdünnung sind in der **Allgemeinen Zubereitungsrichtlinie** der EG vom 16.7.1988 geregelt.

Quelle: GESTIS-Stoffdatenbank des Berufsgenossenschaftlichen Instituts für Arbeitsschutz (BIA) http://www.hvbg.de/d/bia/fac/stoffdb/index.html

Gefahrenhinweise (R-Sätze)

Die Gefahrenhinweise (R-Sätze) geben in einer ausführlicheren Weise als die Gefahrensymbole Auskunft über die Art der Gefahr.

R 1	In trockenem Zustand explosionsgefährlich		R 34	Verursacht Verätzungen
R 2	Durch Schlag, Reibung, Feuer oder andere Zündquellen explosionsgefährlich		R 35	Verursacht schwere Verätzungen
R 3	Durch Schlag, Reibung, Feuer oder andere Zündquellen besonders explosionsgefährlich		R 36	Reizt die Augen
			R 37	Reizt die Atmungsorgane
R 4	Bildet hochempfindliche explosionsgefährliche Metallverbindungen		R 38	Reizt die Haut
			R 39	Ernste Gefahr irreversiblen Schadens
R 5	Beim Erwärmen explosionsfähig		R 40	Verdacht auf krebserzeugende Wirkung
R 6	Mit und ohne Luft explosionsfähig		R 41	Gefahr ernster Augenschäden
R 7	Kann Brand verursachen		R 42	Sensibilisierung durch Einatmen möglich
R 8	Feuergefahr bei Berührung mit brennbaren Stoffen		R 43	Sensibilisierung durch Hautkontakt möglich
			R 44	Explosionsgefahr bei Erhitzen unter Einschluss
R 9	Explosionsgefahr bei Mischung mit brennbaren Stoffen		R 45	Kann Krebs erzeugen
			R 46	Kann vererbbare Schäden verursachen
R 10	Entzündlich		R 48	Gefahr ernster Gesundheitsschäden bei längerer Exposition
R 11	Leichtentzündlich			
R 12	Hochentzündlich		R 49	Kann Krebs erzeugen beim Einatmen
R 14	Reagiert heftig mit Wasser		R 50	Sehr giftig für Wasserorganismen
R 15	Reagiert mit Wasser unter Bildung hochentzündlicher Gase		R 51	Giftig für Wasserorganismen
			R 52	Schädlich für Wasserorganismen
R 16	Explosionsgefährlich in Mischung mit brandfördernden Stoffen		R 53	Kann in Gewässern längerfristig schädliche Wirkungen haben
			R 54	Giftig für Pflanzen
R 17	Selbstentzündlich an der Luft		R 55	Giftig für Tiere
R 18	Bei Gebrauch Bildung explosionsfähiger/leichtentzündlicher Dampf-Luftgemische möglich		R 56	Giftig für Bodenorganismen
			R 57	Giftig für Bienen
R 19	Kann explosionsfähige Peroxide bilden		R 58	Kann längerfristig schädliche Wirkungen auf die Umwelt haben
R 20	Gesundheitsschädlich beim Einatmen			
R 21	Gesundheitsschädlich bei Berührung mit der Haut		R 59	Gefährlich für die Ozonschicht
			R 60	Kann die Fortpflanzungsfähigkeit beeinträchtigen
R 22	Gesundheitsschädlich beim Verschlucken			
R 23	Giftig beim Einatmen		R 61	Kann das Kind im Mutterleib schädigen
R 24	Giftig bei Berührung mit der Haut		R 62	Kann möglicherweise die Fortpflanzungsfähigkeit beeinträchtigen
R 25	Giftig beim Verschlucken			
R 26	Sehr giftig beim Einatmen		R 63	Kann das Kind im Mutterleib möglicherweise schädigen
R 27	Sehr giftig bei Berührung mit der Haut			
R 28	Sehr giftig beim Verschlucken		R 64	Kann Säuglinge über die Muttermilch schädigen
R 29	Entwickelt bei Berührung mit Wasser giftige Gase		R 65	Kann beim Verschlucken zu Lungenschädigungen führen
R 30	Kann bei Gebrauch leicht entzündlich werden		R 66	Wiederholter Kontakt kann zu spröder oder rissiger Haut führen
R 31	Entwickelt bei Berührung mit Säure giftige Gase			
R 32	Entwickelt bei Berührung mit Säure sehr giftige Gase		R 67	Dämpfe können Schläfrigkeit und Benommenheit verursachen
R 33	Gefahr kumulativer Wirkungen		R 68	Irreversibler Schaden möglich

Sicherheitsratschläge (S-Sätze)

Die Sicherheitsratschläge (S-Sätze) geben Empfehlungen, wie Gesundheitsgefahren beim Umgang
mit gefährlichen Arbeitsstoffen abgewehrt werden können.

S 1 Unter Verschluss aufbewahren

S 2 Darf nicht in die Hände von Kindern gelangen

S 3 Kühl aufbewahren

S 4 Von Wohnplätzen fernhalten

S 5 Unter … aufbewahren
(geeignete Flüssigkeit vom Hersteller anzugeben)

S 6 Unter … aufbewahren
(inertes Gas vom Hersteller anzugeben)

S 7 Behälter dicht geschlossen halten

S 8 Behälter trocken halten

S 9 Behälter an einem gut gelüfteten Ort aufbewahren

S 12 Behälter nicht gasdicht verschließen

S 13 Von Nahrungsmitteln, Getränken und Futter-
mitteln fernhalten

S 14 Von … fernhalten
(inkompatible Substanzen vom Hersteller
anzugeben)

S 15 Vor Hitze schützen

S 16 Von Zündquellen fernhalten – Nicht rauchen

S 17 Von brennbaren Stoffen fernhalten

S 18 Behälter mit Vorsicht öffnen und handhaben

S 20 Bei der Arbeit nicht essen und trinken

S 21 Bei der Arbeit nicht rauchen

S 22 Staub nicht einatmen

S 23 Gas/Rauch/Dampf/Aerosol nicht einatmen
(geeignete Bezeichnung[en] vom Hersteller
anzugeben)

S 24 Berührung mit der Haut vermeiden

S 25 Berührung mit den Augen vermeiden

S 26 Bei Berührung mit den Augen gründlich mit
Wasser abspülen und Arzt konsultieren

S 27 Beschmutzte, getränkte Kleidung sofort aus-
ziehen

S 28 Bei Berührung mit der Haut sofort abwaschen
mit viel … (vom Hersteller anzugeben)

S 29 Nicht in die Kanalisation gelangen lassen

S 30 Niemals Wasser hinzugießen

S 33 Maßnahmen gegen elektrostatische Aufladungen
treffen

S 35 Abfälle und Behälter müssen in gesicherter
Weise beseitigt werden

S 36 Bei der Arbeit geeignete Schutzkleidung tragen

S 37 Geeignete Schutzhandschuhe tragen

S 38 Bei unzureichender Belüftung Atemschutzgerät
anlegen

S 39 Schutzbrille/Gesichtsschutz tragen

S 40 Fußboden und verunreinigte Gegenstände mit
… reinigen (vom Hersteller anzugeben)

S 41 Explosions- und Brandgase nicht einatmen

S 42 Bei Räuchern/Versprühen geeignetes Atemschutzgerät anlegen
(geeignete Bezeichnung[en] vom Hersteller
anzugeben)

S 43 Zum Löschen … (vom Hersteller anzugeben)
verwenden (wenn Wasser die Gefahr erhöht,
anfügen: Kein Wasser verwenden)

S 45 Bei Unfall oder Unwohlsein sofort Arzt zuziehen
(wenn möglich, dieses Etikett vorzeigen)

S 46 Bei Verschlucken sofort ärztlichen Rat einholen
und Verpackung oder Etikett vorzeigen

S 47 Nicht bei Temperaturen über …°C aufbewahren
(vom Hersteller anzugeben)

S 48 Feucht halten mit …
(geeignetes Mittel vom Hersteller anzugeben)

S 49 Nur im Originalbehälter aufbewahren

S 50 Nicht mischen mit …
(vom Hersteller anzugeben)

S 51 Nur in gut gelüfteten Bereichen verwenden

S 52 Nicht großflächig für Wohn- und Aufenthalts-
räume zu verwenden

S 53 Exposition vermeiden. Vor Gebrauch besondere
Anweisung einholen

S 56 Diesen Stoff und seinen Behälter der Problem-
abfallentsorgung zuführen

S 57 Zur Vermeidung einer Kontamination der
Umwelt geeignete Behälter verwenden

S 59 Information zur Wiederverwendung/Wiederver-
wertung beim Hersteller/Lieferanten erfragen

S 60 Dieser Stoff und sein Behälter sind als
gefährlicher Abfall zu entsorgen

S 61 Freisetzung in die Umwelt vermeiden. Besondere
Anweisungen einholen/Sicherheitsdatenblatt zu
Rate ziehen

S 62 Bei Verschlucken kein Erbrechen herbeiführen.
Sofort ärztlichen Rat einholen und Verpackung
oder dieses Etikett vorzeigen

S 63 Bei Unfall durch Einatmen: Verunfallten an die
frische Luft bringen und ruhig stellen

S 64 Bei Verschlucken Mund mit Wasser ausspülen
(nur wenn Verunfallter bei Bewusstsein ist)

Sicheres Experimentieren

Gefahrensymbole. Von vielen Stoffen, die im Chemieunterricht verwendet werden, gehen Gefahren aus. Die Gefahrensymbole geben erste Hinweise auf diese Gefahren.

 T: *toxic* (engl.) *toxique* (frz.) giftig

T: **Giftig**
T+: **Sehr giftig**

Stoffe, die beim Verschlucken oder Einatmen oder bei Aufnahme durch die Haut schwere Gesundheitsschäden oder gar den Tod bewirken können.

 n: *noxious* (engl.) *nocif* (frz.) schädlich

Xn: **Gesundheitsschädlich**

Stoffe, die beim Verschlucken oder Einatmen oder bei Aufnahme durch die Haut beschränkte Gesundheitsschäden hervorrufen können.

 C: *corrosive* (engl.) *corrosif* (frz.) zersetzend

C: **Ätzend**

Stoffe, die das Hautgewebe an der betroffenen Stelle innerhalb weniger Minuten vollständig zerstören können.

 i: *irritant* (engl., frz.) reizend

Xi: **Reizend**

Stoffe, die auf der Haut nach mehrstündiger Einwirkung deutliche Entzündungen hervorrufen können.

 O: *oxidant* (engl.) *oxydent* (frz.) oxidierend

O: **Brandfördernd**

Stoffe, die brennbare Materialien entzünden können oder mit diesen explosive Gemische ergeben.

 F: *flammable* (engl.) *inflammable* (frz.) brennbar

F: **Leichtentzündlich**
F+: **Hochentzündlich**

Stoffe, die schon durch kurzzeitige Einwirkung einer Zündquelle entzündet werden können oder sich an der Luft von alleine entzünden.

 E: *explosiv* (engl.) *explosif* (frz.)

E: **Explosionsgefährlich**

Stoffe, die explodieren können.

N: **Umweltgefährlich**

Stoffe, die sofort oder später Gefahren für die Umwelt herbeiführen.

Sicherheitshinweise. Wegen der besonderen Gefahren sind im Chemieunterricht spezielle Sicherheitshinweise zu beachten:

1. Schülerinnen und Schüler dürfen Geräte und Chemikalien nicht ohne Genehmigung der Lehrerin oder des Lehrers berühren. Die Anlagen für elektrische Energie, Gas und Wasser dürfen nur nach Aufforderung eingeschaltet werden.
2. In Experimentierräumen darf weder gegessen noch getrunken werden.
3. Versuchsvorschriften und Hinweise müssen genau befolgt werden. Der Versuch darf erst dann durchgeführt werden, wenn die Lehrerin oder der Lehrer dazu aufgefordert hat. Die Geräte müssen in sicherem Abstand von der Tischkante standfest aufgebaut werden.
4. Werden Schutzbrillen oder Schutzhandschuhe ausgehändigt, so müssen sie beim Experimentieren getragen werden.
5. Geschmacks- und Geruchsproben dürfen nur dann vorgenommen werden, wenn die Lehrerin oder der Lehrer dazu auffordert. Chemikalien sollen nicht mit den Händen berührt werden.
6. Pipettieren mit dem Mund ist verboten.
7. Chemikalien dürfen nicht in Gefäße umgefüllt werden, die nicht eindeutig und dauerhaft beschriftet sind. Auf keinen Fall dürfen Gefäße benutzt werden, die üblicherweise zur Aufnahme von Speisen und Getränken bestimmt sind.
8. Beim Umgang mit offenen Flammen sind die Haare so zu tragen, dass sie nicht in die Flamme geraten können.
9. Der Arbeitsplatz muss stets sauber gehalten werden. Nach Beendigung des Versuchs sind die Geräte zu reinigen.
10. Chemikalienreste müssen vorschriftsmäßig entsorgt werden.

Entsorgung von Chemikalienresten

Wir wissen inzwischen alle, dass man Chemikalienreste nicht ohne weiteres in den Abfluss oder den Abfalleimer geben darf. Gefährliche Stoffe müssen vielmehr ordnungsgemäß entsorgt werden. Das gilt besonders für Stoffe, die bei chemischen Experimenten anfallen. Um möglichst wenig Sorgen mit solchen Stoffen zu haben, sollte man folgende Regeln beachten:

Gefährliche Abfälle vermeiden. Zu den wichtigsten Regeln für einen verantwortungsbewussten Umgang mit Stoffen gehört es, *die Entstehung von unnötigen Abfällen oder unnötig großen Mengen an Abfällen zu vermeiden.* Die Anwendung dieser ersten Regel setzt eine sorgfältige Planung der experimentellen Arbeit im Hinblick auf die Art und die Menge der verwendeten Stoffe voraus.

Gefährliche Abfälle umwandeln. Nicht vermeidbare gefährliche Abfallstoffe sollen in weniger gefährliche Stoffe umgewandelt werden: Säuren und Basen werden neutralisiert. Lösliche Stoffe können zu schwerlöslichen umgesetzt werden.

Es ist zweckmäßig, Säuren und Laugen in einem gemeinsamen Behälter zu sammeln. Sie brauchen dann nicht portionsweise neutralisiert zu werden. Dies entspricht der ersten Regel, denn auf diese Weise bleiben die Abfallmengen klein.

Gefährliche Abfälle sammeln. Abfälle, die nicht an Ort und Stelle in ungefährliche Produkte umgewandelt werden können, sind zu sammeln. Von Zeit zu Zeit werden die Abfallbehälter dann durch ein *Entsorgungsunternehmen* abgeholt. Durch das Sammeln in getrennten Behältern wird zum einen die endgültige Beseitigung erleichtert und zum andern eine Wiederaufbereitung ermöglicht.

Der Fachhandel bietet für das Sammeln gefährlicher Abfälle geeignete Behälter an; es können auch entsprechend beschriftete leere Chemikalienflaschen verwendet werden.

Entsorgungskonzept. Abfallchemikalien müssen nach Stoffklassen getrennt gesammelt werden, damit die ordnungsgemäße endgültige Entsorgung vereinfacht wird.

Der folgende Sortiervorschlag ist einfach und übersichtlich und er garantiert eine angemessene endgültige Entsorgung:

Behälter 1 (B 1): Säuren und Laugen
Behälter 2 (B 2): giftige anorganische Stoffe
Behälter 3 (B 3): halogenfreie organische Stoffe
Behälter 4 (B 4): halogenhaltige organische Stoffe

Im **Behälter 1** werden saure und alkalische Lösungen gesammelt. Der Inhalt von Behälter 1 sollte neutralisiert werden, bevor der Behälter ganz gefüllt ist. Der neutralisierte Inhalt kann dann der Kanalisation zugeführt werden. Deshalb dürfen giftige Verbindungen wie saure oder alkalische Chromat-Lösungen nicht in diese Behälter gegeben werden.

Im **Behälter 2** werden giftige anorganische Stoffe wie Schwermetallsalze und Chromate gesammelt. Die endgültige Entsorgung erfolgt hier durch ein Entsorgungsunternehmen.

Im **Behälter 3** werden wasserunlösliche und wasserlösliche halogenfreie organische Stoffe gesammelt. Das gemeinsame Sammeln wasserunlöslicher und wasserlöslicher Stoffe erspart ein weiteres Sammelgefäß und vereinfacht damit das Entsorgungskonzept. Damit sich kein zu großes Volumen an leichtentzündlichen Flüssigkeiten ansammelt, ist durchaus zu erwägen, *geringe Mengen* nicht giftiger wasserlöslicher organischer Abfälle wie Ethanol oder Aceton in den Ausguss zu geben.
Behälter 3 muss von einem Entsorgungsunternehmen ordnungsgemäß entsorgt werden.

In den **Behälter 4** gehören alle Halogenkohlenwasserstoffe, alle sonstigen halogenhaltigen organischen Stoffe sowie die Abfälle aus Halogenierungsreaktionen organischer Stoffe.
Behälter 4 muss von einem Entsorgungsunternehmen ordnungsgemäß entsorgt werden.

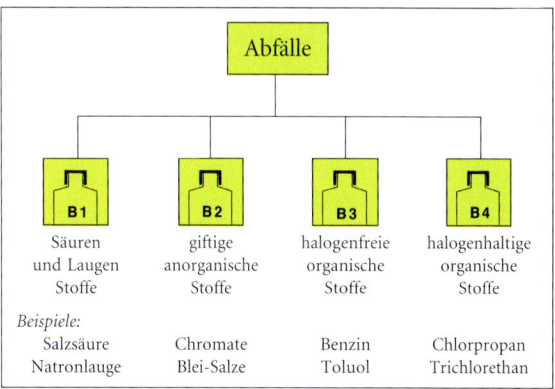

Größen und Einheiten

Größe	Symbol	Einheit
Allgemeines		
Länge	l	m
Abstand	d	m
Höhe	h	m
Radius	r	m
Geschwindigkeit	v	$m \cdot s^{-1}$
Impuls	p	$kg \cdot m \cdot s^{-1}$
Masse	m	kg
Volumen	V	m^3
Teilchenzahl	N	–
Stoffmenge	n	mol
Konzentration	c	$mol \cdot l^{-1}$
Temperatur	T	K
Temperatur	ϑ	°C
Wellenlänge	λ	m
Radioaktivität		
Aktivität	A	s^{-1}
Energiedosis	D	$Gy\ (J \cdot kg^{-1})$
Äquivalentdosis	H	$Sv\ (J \cdot kg^{-1})$
Halbwertszeit	τ	s
Zerfallskonstante	k	s^{-1}
Kinetik		
Zeit	t	s
Reaktionszeit	t_R	s
Reaktionsgeschwindigkeit	v	$mol \cdot l^{-1} \cdot s^{-1}$
Geschwindigkeitskonstante	k	variabel
Aktivierungsenergie nach ARRHENIUS	E_A	$kJ \cdot mol^{-1}$
Aktivierungsenthalpie	$\Delta H^{\neq}$	$kJ \cdot mol^{-1}$
Chemisches Gleichgewicht		
Gleichgewichtskonstante	K	variabel
Gleichgewichtskonstante mit Konzentrationen berechnet	K_c	variabel
Gleichgewichtskonstante mit Partialdrücken berechnet	K_p	variabel
Säurekonstante	K_S	$mol \cdot l^{-1}$
Basenkonstante	K_B	$mol \cdot l^{-1}$
Ionenprodukt des Wassers	K_W	$mol^2 \cdot l^{-2}$
Löslichkeitsprodukt	K_L	variabel

Größe	Symbol	Einheit
Energetik		
Arbeit	W	kJ
Energie	E	kJ
Wärmemenge	Q	kJ
Enthalpie	ΔH	kJ
Reaktionsenthalpie	$\Delta_R H$	kJ
Standardreaktionsenthalpie	$\Delta_R H^0$	kJ
molare Standardreaktionsenthalpie	$\Delta_R H_m^0$	$kJ \cdot mol^{-1}$
molare Standardbildungsenthalpie	$\Delta_f H_m^0$	$kJ \cdot mol^{-1}$
molare Standardbindungs- dissoziationsenthalpie	$\Delta_B H_m^0$	$kJ \cdot mol^{-1}$
freie Enthalpie	ΔG	kJ
freie Reaktionsenthalpie	$\Delta_R G$	kJ
freie Standardreaktionsenthalpie	$\Delta_R G^0$	kJ
molare freie Standardreaktions- enthalpie	$\Delta_R G_m^0$	$kJ \cdot mol^{-1}$
molare freie Standardbildungs- enthalpie	$\Delta_f G_m^0$	$kJ \cdot mol^{-1}$
Entropie	S	$J \cdot K^{-1}$
Reaktionsentropie	$\Delta_R S$	$J \cdot K^{-1}$
Standardentropie	S^0	$J \cdot K^{-1}$
molare Standardentropie	S_m^0	$J \cdot K^{-1} \cdot mol^{-1}$

Standardbedingungen: 25 °C (wenn nicht anders angegeben), 1013 hPa

Größe	Symbol	Einheit
Elektrochemie		
Ladung	Q	C
Stromstärke	I	A
Spannung	U	V
Elektrodenpotential (Bezugshalbzelle: Standard-Wasserstoffhalbzelle)	U_H (Ox/Red)	V
Standardelektrodenpotential (Bezugshalbzelle: Standard-Wasserstoffhalbzelle)	U_H^0 (Ox/Red)	V

Ox: Oxidierte Form des Redoxpaares
Red: reduzierte Form des Redoxpaares

Standardbedingungen: 25 °C (wenn nicht anders angegeben), 1013 hPa, $c = 1\ mol \cdot l^{-1}$

Umrechnungsfaktoren

Energie	J	cal	eV
1 J	1	0,2390	$6,242 \cdot 10^{18}$
1 cal	4,184	1	$2,612 \cdot 10^{19}$
1 eV	$1,602 \cdot 10^{-19}$	$3,829 \cdot 10^{-20}$	1

$1 J = 1 N \cdot m = 1 W \cdot s = 1 V \cdot A \cdot s$

Druck	Pa	atm	mm Hg	bar
1 Pa	1	$9,869 \cdot 10^{-6}$	$7,501 \cdot 10^{-3}$	10^{-5}
1 atm	$1,013 \cdot 10^5$	1	760,0	1,013
1 mm Hg	133,3	$1,316 \cdot 10^{-3}$	1	$1,333 \cdot 10^{-3}$
1 bar	10^5	0,9869	750,1	1

100 Pa = 1 hPa; 1 mbar = 1 hPa; 1 mm Hg = 1 Torr;
$1 Pa = 1 N \cdot m^{-2}$

Konstanten

Größe	Symbol	Wert
Lichtgeschwindigkeit im Vakuum	c_0	$299\,792\,458 \ m \cdot s^{-1}$
PLANCKsches Wirkungsquantum	h	$6,6260755 \cdot 10^{-34} \ J \cdot s$
BOHRscher Radius	a_0	$0,529177249 \cdot 10^{-10} \ m$
RYDBERG-Konstante	R_∞	$10\,973\,731,534 \ m^{-1}$
Elementarladung	e	$1,60217733 \cdot 10^{-19} \ C$
Ruhemasse des Elektrons	m_e	$9,1093897 \cdot 10^{-31} \ kg$
Ruhemasse des Protons	m_p	$1,6726231 \cdot 10^{-27} \ kg$
Ruhemasse des Neutrons	m_n	$1,6749286 \cdot 10^{-27} \ kg$
atomare Einheit der Energie	1 eV	$1,60217733 \cdot 10^{-19} \ J$
atomare Masseneinheit	1 u	$1,6605402 \cdot 10^{-27} \ kg$
AVOGADRO-Konstante	N_A	$6,0221353 \cdot 10^{23} \ mol^{-1}$
BOLTZMANN-Konstante	k	$1,380658 \cdot 10^{-23} \ J \cdot K^{-1}$
FARADAY-Konstante	F	$96\,485,309 \ C \cdot mol^{-1}$
molare Gaskonstante	R	$8,314510 \ J \cdot K^{-1} \cdot mol^{-1}$
Normdruck	p_n	$10\,132,5 \ Pa$
Normtemperatur	T_n	$273,15 \ K$
molares Normvolumen des idealen Gases	V_m^0	$22,41410 \ l \cdot mol^{-1}$

Quelle: CODATA 1986 (Commitee on DATA for Science and Technology)

Gehaltsangaben für Mischungen und Lösungen (DIN 1310)

Massenkonzentration	$\beta_i = \dfrac{m_i}{V^*}$	V^*: Gesamtvolumen **nach** dem Mischen
Volumenkonzentration	$\sigma_i = \dfrac{V_i}{V^*}$	V^*: Gesamtvolumen **nach** dem Mischen
Stoffmengenkonzentration	$c_i = \dfrac{n_i}{V^*}$	V^*: Gesamtvolumen **nach** dem Mischen
Teilchenkonzentration	$C_i = \dfrac{N_i}{V^*}$	V^*: Gesamtvolumen **nach** dem Mischen
Massenanteil (früher Gewichtsprozent)	$w_i = \dfrac{m_i}{m}$	Gesamtmasse $m = m_1 + m_2 + \ldots$
Volumenanteil (früher Volumenprozent)	$\varphi_i = \dfrac{V_i}{V_0}$	Gesamtvolumen $V_0 = V_1 + V_2 + \ldots$ (**vor** dem Mischen)
Stoffmengenanteil (früher Molprozent)	$x_i = \dfrac{n_i}{n}$	Gesamtmenge $n = n_1 + n_2 + \ldots$
Teilchenzahlanteil	$X_i = \dfrac{N_i}{N}$	Gesamtteilchenzahl $N = N_1 + N_2 + \ldots$

m_i, V_i, n_i, N_i: Masse, Volumen, Stoffmenge und Teilchenzahl der Komponente i der Mischung

225

ANHANG

pK_S- und pK_B-Werte von Säuren und Basen bei 25 °C

pK_S	HA (aq) + H$_2$O (l) ⇌ A$^-$ (aq) + H$_3$O$^+$ (aq)	Säuren (HA)	Basen (A$^-$)	A$^-$ (aq) + H$_2$O (l) ⇌ HA (aq) + OH$^-$ (aq)	pK_B
	Perchlorsäure	HClO$_4$	ClO$_4^-$	Perchlorat-Ion	
	Iodwasserstoff	HI	I$^-$	Iodid-Ion	
	Bromwasserstoff	HBr	Br$^-$	Bromid-Ion	
	Chlorwasserstoff	HCl	Cl$^-$	Chlorid-Ion	
	Salpetersäure	HNO$_3$	NO$_3^-$	Nitrat-Ion	
	Schwefelsäure	H$_2$SO$_4$	HSO$_4^-$	Hydrogensulfat-Ion	
	Hydronium-Ion	**H$_3$O$^+$**	**H$_2$O**	**Wasser**	
1,42	Oxalsäure	H$_2$C$_2$O$_4$	HC$_2$O$_4^-$	Hydrogenoxalat-Ion	12,58
1,92	Schweflige Säure	SO$_2$ + H$_2$O	HSO$_3^-$	Hydrogensulfit-Ion	12,08
1,92	Hydrogensulfat-Ion	HSO$_4^-$	SO$_4^{2-}$	Sulfat-Ion	12,08
1,96	Phosphorsäure	H$_3$PO$_4$	H$_2$PO$_4^-$	Dihydrogenphosphat-Ion	12,04
3,14	Fluorwasserstoff	HF	F$^-$	Fluorid-Ion	10,86
3,34	Salpetrige Säure	HNO$_2$	NO$_2^-$	Nitrit-Ion	10,66
3,74	Ameisensäure	HCOOH	HCOO$^-$	Formiat-Ion	10,26
4,76	Essigsäure	CH$_3$COOH	CH$_3$COO$^-$	Acetat-Ion	9,24
6,52	Kohlensäure	CO$_2$ + H$_2$O	HCO$_3^-$	Hydrogencarbonat-Ion	7,48
6,95	Schwefelwasserstoff	H$_2$S	HS$^-$	Hydrogensulfid-Ion	7,05
7,2	Hydrogensulfit-Ion	HSO$_3^-$	SO$_3^{2-}$	Sulfit-Ion	6,8
7,21	Dihydrogenphosphat-Ion	H$_2$PO$_4^-$	HPO$_4^{2-}$	Hydrogenphosphat-Ion	6,79
7,25	Hypochlorige Säure	HOCl	ClO$^-$	Hypochlorit-Ion	6,75
8,24	Borsäure	H$_3$BO$_3$	H$_2$BO$_3^-$	Dihydrogenborat-Ion	5,76
9,25	Ammonium-Ion	NH$_4^+$	NH$_3$	Ammoniak	4,75
9,40	Cyanwasserstoff	HCN	CN$^-$	Cyanid-Ion	4,6
10,4	Hydrogencarbonat-Ion	HCO$_3^-$	CO$_3^{2-}$	Carbonat-Ion	3,6
11,62	Wasserstoffperoxid	H$_2$O$_2$	HO$_2^-$	Hydrogenperoxid-Ion	3,38
12,32	Hydrogenphosphat-Ion	HPO$_4^{2-}$	PO$_4^{3-}$	Phosphat-Ion	1,68
12,9	Hydrogensulfid-Ion	HS$^-$	S^{2-}	Sulfid-Ion	1,1
	Wasser	**H$_2$O**	**OH$^-$**	**Hydroxid-Ion**	
	Ethanol	C$_2$H$_5$OH	C$_2$H$_5$O$^-$	Ethylat-Ion	
	Ammoniak	NH$_3$	NH$_2^-$	Amid-Ion	
	Hydroxid-Ion	OH$^-$	O^{2-}	Oxid-Ion	
	Wasserstoff	H$_2$	H$^-$	Hydrid-Ion	

Linke Spalte (pK_S-Seite): oben **Vollständige Protolyse**, unten **Keine Protolyse**

Rechte Spalte (pK_B-Seite): oben **Keine Protolyse**, unten **Vollständige Protolyse**

Saure und alkalische Lösungen

Lösung	gelöster Stoff	verdünnt			konzentriert	
		Stoffmengenkonzentration in mol · l^{-1}	Massenanteil	Dichte bei 20 °C	Massenanteil	Dichte bei 20 °C
Salzsäure	HCl (g)	2	7 %	1,033	36 %	1,179
Schwefelsäure	H_2SO_4 (l)	1	9 %	1,059	96 %	1,836
Salpetersäure	HNO_3 (l)	2	12 %	1,066	65 %	1,391
Phosphorsäure	H_3PO_4 (s)	1	10 %	1,05	85 %	1,71
Essigsäure	CH_3COOH (l)	2	12 %	1,015	99 %	1,052
Natronlauge	NaOH (s)	2	8 %	1,087	30 %	1,328
Kalilauge	KOH (s)	2	11 %	1,100	27 %	1,256
Kalkwasser	$Ca(OH)_2$ (s)		0,16 %*	1,001*	* Angaben für gesättigte Lösungen	
Barytwasser	$Ba(OH)_2$ (s)		3,4 %*	1,04*		
Ammoniaklösung	NH_3 (g)	2	3 %	0,981	25 %	0,907

Reagenzlösungen

Chlorwasser (Xn): Destilliertes Wasser durch Einleiten von Chlor sättigen; in brauner Flasche aufbewahren.

Bromwasser (T, Xi): 10 Tropfen Brom in 250 ml destilliertem Wasser lösen.

Iodwasser: Einige Blättchen Iod in destilliertem Wasser kurz aufkochen.

Iod-Kaliumiodid-Lösung: 2 g Kaliumiodid in wenig Wasser vollständig lösen und 1 g Iod zugeben. Nach dem Lösen auf 300 ml auffüllen und in brauner Flasche aufbewahren.

FEHLING-Lösung I: 7 g Kupfersulfat ($CuSO_4 \cdot 5 H_2O$) in 100 ml Wasser lösen.

FEHLING-Lösung II (C): 35 g Kaliumnatriumtartrat (Seignette-Salz) und 10 g Natriumhydroxid in 100 ml Wasser lösen.

Kalkwasser: 1 g Calciumoxid in 500 ml destilliertem Wasser schütteln und filtrieren (0,02 mol · l^{-1}).

Silbernitratlösung: 17 g Silbernitrat auf 1 Liter auffüllen (0,1 mol · l^{-1}).

Bariumchloridlösung (Xn): 24,4 g Bariumchlorid ($BaCl_2 \cdot 2 H_2O$) auf 1 Liter auffüllen (0,1 mol · l^{-1}).

Bleiacetatlösung (T): 9,5 g Bleiacetat ($Pb(CH_3COO)_2 \cdot 3 H_2O$) auf 250 ml auffüllen (0,1 mol · l^{-1}).

Kupfersulfatlösung: 250 g Kupfersulfat ($CuSO_4 \cdot 5 H_2O$) auf 1 Liter auffüllen (1 mol · l^{-1}).

Zinksulfatlösung: 288 g Zinksulfat ($ZnSO_4 \cdot 7 H_2O$) auf 1 Liter auffüllen (1 mol · l^{-1}).

Eisen(III)-nitrat-Lösung: 404 g Eisennitrat ($Fe(NO_3)_3 \cdot 9 H_2O$) auf 1 Liter auffüllen (1 mol · l^{-1}).

Indikatorlösungen:
Bromthymolblau: 0,1 g in 100 ml 20 %-igem Ethanol.
Methylrot (F): 0,2 g in 100 ml 90 %-igem Ethanol.
Phenolphthalein (F): 0,1 g in 100 ml 70 %-igem Ethanol.

Kältemischungen

erreichbare Temperatur in °C	Bestandteile	Massenverhältnis
0	Wasser/Eis	1:1
−2	Wasser/Ammoniumchlorid	10:3
−12	Wasser/Natriumnitrit	10:6
−15	Wasser/Ammoniumthiocyanat	10:13
−15	Eis/Natriumacetat	10:9
−18	Eis/Ammoniumchlorid	10:3
−21	Eis/Natriumchlorid	3:1
−25	Eis/Ammoniumnitrat	1:1
−25	Eis/Ammoniumchlorid/ Kaliumnitrat	1:1:1
−28	Eis/Natriumbromid	100:65
−30	Eis/Kaliumchlorid	1:1
−33	Eis/Magnesiumchlorid	10:3
−37	Eis/Schwefelsäure (66 %)	1:1
−40	Eis/Calciumchlorid-Hexahydrat	100:125
−55	Eis/Calciumchlorid-Hexahydrat	100:143
−68	Ethanol/Trockeneis	−
−86	Aceton/Trockeneis	−
−98	Ether/Trockeneis	−
−190	flüssiger Stickstoff	−

Nachweisreaktionen

Die hier zusammengestellten Reaktionen eignen sich vorzugsweise für die Untersuchung von wässerigen Lösungen bzw. wasserlöslichen Proben.
Die zum Schluss aufgeführten Tests auf die Oxidationswirkung bzw. Reduktionswirkung einer Probe ermöglichen oft den Nachweis einer bestimmten Teilchenart, wenn man Herkunft und Vorbehandlung der Probe berücksichtigt.

Ion	Reagenz	Hinweise
NH_4^+	Natronlauge Universalindikatorpapier	Blaufärbung des Indikators durch entweichendes NH_3-Gas: Probe auf Uhrglas mit Natronlauge versetzen und mit einem zweiten Uhrglas abdecken, an dessen Innenseite sich ein angefeuchteter Indikatorpapierstreifen befindet.
Mg^{2+}	Lösung von Titangelb in Wasser (0,1 %)	Saure Probelösung mit Reagenzlösung versetzen, Bildung einer hellroten, flockigen Fällung nach Zusatz von Natronlauge.
Ca^{2+}	Lösung von $(NH_4)_2(COO)_2$ (Ammoniumoxalat)	weiße Fällung: $Ca(COO)_2$ (s)
Ba^{2+}	Schwefelsäure (verd.)	feinteilige, weiße Fällung: $BaSO_4$ (s) Im Unterschied zu $PbSO_4$ löst sich die Fällung nicht in Natronlauge.
Al^{3+}	Alizarin S-Lösung (0,1 %)	Bildung einer roten, flockigen Fällung („Farblack"): Die saure Probelösung wird mit dem Reagenz versetzt, mit Ammoniak alkalisch gemacht und anschließend mit Essigsäure angesäuert.
Sn^{2+}	Zinn-Teststäbchen	Bildung eines roten Chelatkomplexes
Pb^{2+}	Schwefelsäure (verd.)	weiße Fällung: $PbSO_4$ (s) Im Unterschied zu $BaSO_4$ löst sich die Fällung in Natronlauge. Zusatz von H_2S-Wasser führt zur Bildung von schwarzem PbS.
Mn^{2+}	$NaBiO_3$ (Natriumbismutat(V)) Salpetersäure (verd.)	violette Färbung aufgrund der Oxidation zu Permanganat (MnO_4^-): Stark verdünnte Probelösung (2 ml) mit verdünnter Salpetersäure ansäuern und etwas festes $NaBiO_3$ zusetzten, ggf. erwärmen.
Cr^{3+}	Natronlauge Wasserstoffperoxid-Lösung (w (H_2O_2) = 3 %)	Zugabe von Natronlauge ergibt zunächst grüne Lösung ($[Cr(OH)_4]^-$), mit Wasserstoffperoxid bildet sich das gelbe Chromat (CrO_4^{2-}).
Fe^{3+}	a) wässerige Lösung von $K_4[Fe(CN)_6]$ („gelbes Blutlaugensalz") b) wässerige Lösung von NH_4SCN (Ammoniumthiocyanat)	a) tiefblaue Färbung bzw. Fällung („Berliner Blau"): $KFe[Fe(CN)_6]$ b) tiefrote Färbung durch Thiocyanato-Komplexe, z. B. $[FeSCN(H_2O)_5]^{2+}$ (aq). Die Lösung entfärbt sich bei Zugabe von Fluorid aufgrund der Bildung stabilerer Fluoro-Komplexe.
Fe^{2+}	wässerige Lösung von $K_3[Fe(CN)_6]$ („rotes Blutlaugensalz")	Bildung von „Berliner Blau" wie im Falle von $Fe^{3+}/[Fe(CN)_6]^{4-}$ Die Kombinationen $Fe^{2+}/[Fe(CN)_6]^{4-}$ und $Fe^{3+}/[Fe(CN)_6]^{3-}$ führen zu einer hellblauen bzw. braunen Fällung.
Ni^{2+}	Lösung von „Dimethylglyoxim" (H_2dmg) in Ethanol (1 %)	rote Fällung des Chelatkomplexes $Ni(Hdmg)_2$ aus neutraler oder ammoniakalischer Lösung
Cu^{2+}	a) Ammoniak-Lösung b) wässrige Lösung von $K_4[Fe(CN)_6]$ („gelbes Blutlaugensalz")	a) tiefblaue Färbung durch Amminkomplex: $[Cu(NH_3)_4]^{2+}$ (aq) b) braune Fällung: $Cu_2[Fe(CN)_6]$
Ag^+	Salzsäure (verd.)	weiße Fällung: AgCl (s) Die Fällung löst sich bei Zugabe von NH_3-Lösung wieder auf.

Ion	Reagenz	Hinweise
Cl^- Br^- I^-	Silbernitrat-Lösung	weiße Fällung (AgCl), hellgelbe Fällung (AgBr) bzw. gelbe Fällung (AgI) aus salpetersaurer Lösung. (In neutraler Lösung bilden sich Fällungen auch mit anderen Anionen.) Silberchlorid löst sich in verdünnter NH_3-Lösung unter Bildung des Amminkomplexes $[Ag(NH_3)_2]^+$. Silberbromid löst sich in konzentrierter NH_3-Lösung bzw. Natriumthiosulfat-Lösung (Bildung von $[Ag(S_2O_3)_2]^{3-}$). Silberiodid wird nicht gelöst.
SO_4^{2-}	Bariumchlorid-Lösung	weiße Fällung aus salzsaurer Lösung: $BaSO_4$ (s) (In neutraler Lösung entstehen weiße Fällungen auch mit zahlreichen anderen Anionen, z.B. CO_3^{2-}, PO_4^{3-}.)
CO_3^{2-}	Bariumchlorid-Lösung	weiße Fällung: $BaCO_3$ (s) Die Fällung löst sich beim Ansäuern unter CO_2-Entwicklung.
PO_4^{3-}	a) Silbernitrat-Lösung	a) gelbe Fällung aus neutraler Lösung: Ag_3PO_4 (s)
	b) Ammoniummolybdat-Lösung (100 ml der Lösung sollten 6 g Ammonium- molybdat, 20 g Ammoniumnitrat und 25 ml konz. Salpetersäure enthalten.)	b) intensiv gelbe Fällung von „Ammoniummolybdatophosphat" ($(NH_4)_3P(Mo_3O_{10})_4$): Probelösung mit gleichem Volumen der Reagenzlösung verset- zen. Bei kleinen Gehalten muss bis zum Sieden erhitzt werden. (Silicathaltige Proben führen zur Bildung einer löslichen gelben Verbindung.)
NO_3^-	a) Eisen(II)-sulfat Schwefelsäure (konz.) („Ringprobe")	a) Probelösung mit verd. Schwefelsäure ansäuern und mit Eisen(II)-sulfat sättigen, anschließend mit konzentrierter Schwefelsäure unterschichten: Braunfärbung durch $[Fe(H_2O)_5NO]^{2+}$ in der Grenzschicht.
	b) Nitrat-Teststäbchen	b) Bildung eines roten Azofarbstoffs (Nitrat wird in der Reaktionszone zunächst zu Nitrit reduziert.)
NO_2^-	Nitrit-Teststäbchen oder Saltzmann-Reagenz (10 mg N-(1-Naphthyl)- ethylendiamindihydrochlorid und 1 g Sulfanil- amid (oder Sulfanilsäure) in 100 ml verd. Essigsäure)	Bildung eines roten Azofarbstoffs (Die Prüfung auf Nitrat mit Nitrat-Teststäbchen wird daher durch Nitrit gestört.)

	Reagenz	Hinweise
Oxidationsmittel z.B. Cu^{2+}, Fe^{3+}, NO_2^-, ClO_3^-, IO_3^-, NO_2, O_3, Cl_2, Br_2, H_2O_2	Kaliumiodid-Stärke-Lösung	Blaufärbung aufgrund der Oxidation von Iodid zu Iod unter Bildung von Iod-Stärke (in angesäuerter Probelösung)
Reduktionsmittel z.B. Sn^{2+}, SO_3^{2-}, $S_2O_3^{2-}$, SO_2, H_2S	Iod-Stärke-Lösung	Entfärbung aufgrund der Reduktion von Iod zu Iodid

Thermodynamische Daten

	Zu-stand	$\Delta_f H^0_m$ kJ·mol⁻¹	$\Delta_f G^0_m$ kJ·mol⁻¹	S^0_m J·K⁻¹·mol⁻¹
Aluminium				
Al	s	0	0	28
Al^{3+}	aq	326	286	164
Al_2O_3	s	−1676	−1582	51
$Al(OH)_3$	s	−1277		
Barium				
Ba	s	0	0	63
Ba^{2+}	aq	−538	−561	10
Blei				
Pb	s	0	0	65
Pb^{2+}	aq	−2	−24	10
PbO gelb	s	−217	−188	69
PbO_2	s	−277	−217	69
Pb_3O_4	s	−718	−601	211
Brom				
Br_2	*l*	0	0	152
Br_2	g	31	3	245
Br^-	aq	−121	−104	83
HBr	g	−36	−53	199
Calcium				
Ca	s	0	0	41
Ca^{2+}	aq	−543	−554	−53
CaO	s	−635	−604	40
$Ca(OH)_2$	s	−986	−899	83
$CaSO_4$	s	−1434	−1797	107
Chlor				
Cl_2	g	0	0	223
Cl_2	aq	−23	7	121
Cl^-	aq	−167	−131	57
HCl	g	−92	−95	187
HCl	aq	−167	−131	56
Cr	s	0	0	24
Cr^{3+}	aq	−144		
Cobalt				
Co	s	0	0	30
Co^{2+}	aq	−58	−54	−113
Eisen				
Fe	s	0	0	27
Fe^{2+}	aq	−89	−79	−138
Fe^{3+}	aq	−49	−5	−316
FeO	s	−272	−251	61
Fe_2O_3	s	−824	−742	87
Fe_3O_4	s	−1118	−1015	146
Fluor				
F_2	g	0	0	203
F^-	aq	−33	−279	−14
HF	g	−271	−273	174
Iod				
I_2	s	0	0	166
I_2	g	62	19	261
I_3	aq	−51	−51	239
HI	g	26	2	206

	Zu-stand	$\Delta_f H^0_m$ kJ·mol⁻¹	$\Delta_f G^0_m$ kJ·mol⁻¹	S^0_m J·K⁻¹·mol⁻¹
Kalium				
K	s	0	0	64
K^+	aq	−251	−282	103
Kohlenstoff				
C Graphit	s	0	0	6
C Diamant	s	2	3	2
C	g	717	671	158
CO	g	−111	−137	198
CO_2	g	−393	−394	214
CO_3^{2-}	g	−677	−528	−57
HCO_3^-	aq	−692	−587	91
Kupfer				
Cu	s	0	0	33
Cu^+	aq	72	50	41
Cu^{2+}	aq	65	66	−100
Cu_2O	s	−169	−146	93
CuO	s	−157	−130	43
CuS	s	−53	−54	67
$CuSO_4$	s	−771	−662	109
$CuSO_4$ · 5 H_2O	s	−2280	−1880	300
Magnesium				
Mg	s	0	0	33
Mg^{2+}	aq	−467	−455	−138
MgO	s	−601	−570	27
$Mg(OH)_2$	s	−924	−834	63
Natrium				
Na	s	0	0	51
Na^+	aq	−240	−262	59
Na_2CO_3	s	−1131	−1048	136
Na_2CO_3 · 10 H_2O	s	−4082		
NaCl	s	−411	−384	72
Nickel				
Ni	s	0	0	30
Ni^{2+}	aq	−54	−46	−129
Phosphor				
P weiß	s	0	0	41
P rot	s	−18	−12	23
Quecksilber				
Hg	*l*	0	0	76
Hg_2^{2+}	aq	172	154	85
HgO	s	−91	−59	70
Sauerstoff				
O_2	g	0	0	205
O_3	g	143	163	239
OH^-	aq	−230	−157	−11
Schwefel				
S rhomb.	s	0	0	32
S monoklin	s	0,3	0,1	33
S^{2-}	aq	33	86	−15
HS^-	aq	−18	12	63

	Zu-stand	$\Delta_f H_m^0$ $kJ \cdot mol^{-1}$	$\Delta_f G_m^0$ $kJ \cdot mol^{-1}$	S_m^0 $J \cdot K^{-1} \cdot mol^{-1}$
H_2S	g	−21	−34	206
SO_2	g	−297	−300	248
SO_3	g	−396	−371	257
SO_3^{2-}	aq	−635	−487	−29
SO_4^{2-}	aq	−909	−745	20
H_2SO_4	l	−814	−690	157
Silber				
Ag	s	0	0	43
Ag^+	aq	106	77	73
AgCl	s	−127	−110	96
Ag_2O	s	−31	−11	121
Ag_2S	s	−33	−41	144
Silicium				
Si	s	0	0	19
SiO_2	s	−911	−856	42
Stickstoff				
N_2	g	0	0	192
NH_3	g	−46	−16	192
NH_3	aq	−80	−27	111
NH_4^+	aq	−132	−79	113
NH_4Cl	s		−203	95
N_2H_4	g	95	159	238
Stickstoff				
N_2O	g	82	104	220
NO	g	90	87	211
NO_2	g	33	51	240
N_2O_4	g	9	98	304
NO_3^-	aq	−207	−111	146
HNO_3	l	−174	−81	156
Wasserstoff				
H_2	g	0	0	131
H^+	aq	0	0	0
H_2O	l	−285	−237	75
H_2O	g	−242	−229	189
H_2O_2	l	−205	−120	45
Zink				
Zn	s	0	0	42
Zn^{2+}	aq	−154	−147	−112
ZnO	s	−348	−318	44
ZnS	s	−206	−201	58
$ZnSO_4$	s	−983	−874	120
Zinn				
Sn weiß	s	0	0	52
Sn grau	s	−2	0,1	44

$\Delta_f H_m^0$: molare Standardbildungsenthalpie (25 °C)

$\Delta_f G_m^0$: molare freie Standardbildungsenthalpie (25 °C)

S_m^0: molare Standardentropie (25 °C)

Quelle: Aylward, Findlay, Datensammlung Chemie, Verlag Chemie, Weinheim 1999

	Zu-stand	$\Delta_f H_m^0$ $kJ \cdot mol^{-1}$	$\Delta_f G_m^0$ $kJ \cdot mol^{-1}$	S_m^0 $J \cdot K^{-1} \cdot mol^{-1}$
organische Verbindungen				
Methan	g	−75	−51	186
Ethan	g	−85	−33	230
Propan	g	−104	−24	270
Butan	g	−126	−17	310
Butan	l	−148	–	–
Pentan	g	−146	−8	349
Pentan	l	−173	−10	261
Hexan	g	−167	−0,3	388
Hexan	l	−199	–	–
Heptan	g	−188	8	428
Heptan	l	−225	−4	296
Octan	g	−208	16	467
Octan	l	−250	6	361
Nonan	g	−229	25	506
Nonan	l	−275	12	394
Decan	g	−250	33	545
Decan	l	−301	17	426
Ethen	g	52	68	220
Ethin	g	227	209	201
Benzol	g	83	130	269
Benzol	l	49	125	173
Cyclohexen	g	−5	107	311
Cyclohexen	l	−39	–	–
Cyclohexa-1,3-dien	g	108	–	–
Naphthalin	g	151	224	336
Naphthalin	s	78	–	–
Brommethan	g	−38	−28	246
Chlormethan	g	−86	−63	235
Dichlormethan	g	−95	−69	270
Dichlormethan	l	−121	−67	178
Trichlormethan	g	−101	−69	296
Trichlormethan	l	−135	−74	202
Tetrachlormethan	g	−100	−58	310
Tetrachlormethan	l	−136	−69	216
Fluormethan	g	−234	−210	223
Iodmethan	g	14	16	254
Iodmethan	l	−16	13	163
Methanol	g	−201	−163	240
Methanol	l	−239	−167	127
Ethanol	g	−235	−168	283
Ethanol	l	−278	−175	161
Methanal	g	−116	−110	219
Ethanal	g	−166	−133	264
Ethanal	l	−192	–	–
Propanon	g	−218	−153	295
Propanon	l	−249	–	295
Methansäure	g	−379	−351	249
Methansäure	l	−243	−361	129
Ethansäure	g	−435	−377	283
Ethansäure	l	−485	−390	160
Stearinsäure	s	−949	–	–
Harnstoff	s	−333	–	–
Glycin	s	−529	−369	104
Glucose	s	−1260	–	289

Molare Standardbindungs(dissoziations)enthalpien in kJ · mol⁻¹ (25 °C)

Einfachbindungen

	Br	C	Cl	F	H	I	N	O	P	S
Br	193	285	219	249	366	178		234	264	218
C	285	348	339	489	413	218	305	358	264	272
Cl	219	339	242	253	431	211	192	208	322	271
F	249	489	253	159	567	280	278	193	503	327
H	366	413	431	567	436	298	391	463	323	367
I	178	218	211	280	298	151		234	184	
N		305	192	278	391		163	201		
O	234	358	208	193	463	234	201	146	335	
P	264	264	322	503	322	184		335	172	
S	218	272	271	327	367					255

Mehrfachbindungen

C=C	614	C=N	615	N=N	418	C=O	745	N=O	607
C≡C	839	C≡N	891	N≡N	945	C=S	536	O=O	498

Gleichgewichtskonstanten bei Gasreaktionen

	Gleichgewicht	$\dfrac{\Delta_R H_m^0}{kJ \cdot mol^{-1}}$	$\dfrac{\Delta_R S_m^0}{J \cdot K^{-1} \cdot mol^{-1}}$
①	$N_2O_4 (g) \rightleftharpoons 2\,NO_2 (g)$	57,0	176
②	$2\,SO_2 (g) + O_2 (g) \rightleftharpoons 2\,SO_3 (g)$	−197	−187
③	$N_2 (g) + 3\,H_2 (g) \rightleftharpoons 2\,NH_3 (g)$	−92,4	−201
④	$N_2 (g) + O_2 (g) \rightleftharpoons 2\,NO (g)$	180,0	25
⑤	$H_2O (g) + C (s) \rightleftharpoons H_2 (g) + CO (g)$	131,3	134
⑥	$H_2 (g) + I_2 (g) \rightleftharpoons 2\,HI (g)$	−10	20
⑦	$CaCO_3 (s) \rightleftharpoons CaO (s) + CO_2 (g)$	179	161
⑧	$CO_2 (g) + C (s) \rightleftharpoons 2\,CO (g)$	171	176

$\dfrac{T}{K}$	① $\dfrac{K_p}{bar}$	② $\dfrac{K_p}{bar^{-1}}$	③ $\dfrac{K_p}{bar^{-2}}$	④ K_p	⑤ $\dfrac{K_p}{bar}$	⑥ K_p	⑦ $\dfrac{K_p}{bar}$	⑧ $\dfrac{K_p}{bar}$
298	$1,15 \cdot 10^{-1}$	$4,0 \cdot 10^{24}$	$6,76 \cdot 10^{5}$	$4 \cdot 10^{-31}$	$1,0 \cdot 10^{-16}$	794	$1,6 \cdot 10^{-23}$	$1,9 \cdot 10^{-21}$
350	3,89	–	–	–	–	–	–	–
400	$4,79 \cdot 10^{1}$	–	$4,07 \cdot 10^{1}$	–	–	–	–	$5,2 \cdot 10^{-14}$
500	$1,70 \cdot 10^{3}$	$2,5 \cdot 10^{10}$	$3,55 \cdot 10^{-2}$	–	$2,52 \cdot 10^{-7}$	160	$6,3 \cdot 10^{-11}$	–
600	$1,78 \cdot 10^{4}$	–	$1,66 \cdot 10^{-3}$	–	–	–	–	$1,87 \cdot 10^{-6}$
700	–	$3,0 \cdot 10^{4}$	$7,76 \cdot 10^{-5}$	$5 \cdot 10^{-13}$	$2,82 \cdot 10^{-3}$	54	$1,3 \cdot 10^{-5}$	–
1000	–	–	–	–	3,72	–	$1,3 \cdot 10^{-1}$	1,93
1100	–	$1,3 \cdot 10^{-1}$	$5,0 \cdot 10^{-8}$	$4 \cdot 10^{-8}$	$1,7 \cdot 10^{1}$	25	$7,9 \cdot 10^{-1}$	–
1200	–	–	–	–	$6,6 \cdot 10^{1}$	–	4,0	57,1

Eigenschaften von Gasen

Name	Molekül-masse in u	Dichte bei 20 °C (1013 hPa) in g · l⁻¹	Schmelz-temperatur (1013 hPa)	Siede-temperatur (1013 hPa)	Löslichkeit bei 25 °C in 1 l Wasser	
					in g	in l
Wasserstoff (H_2)	2,016	0,084	−259	−253	0,002	0,019
Stickstoff (N_2)	28,0	1,17	−210	−196	0,017	0,015
Sauerstoff (O_2)	32,14	1,33	−219	−183	0,039	0,028
Fluor (F_2)	38,00	1,58	−220	−188	−	−
Chlor (Cl_2)	70,90	2,95	−101	−35	6,41	2,2
Helium (He)	4,0	0,17	−270	−269	0,002	0,09
Neon (Ne)	20,18	0,84	−249	−246	0,013	0,016
Argon (Ar)	39,94	1,66	−189	−186	0,035	0,032
Krypton (Kr)	83,80	3,48	−157	−152	0,245	0,071
Ammoniak (NH_3)	17,024	0,71	−78	−33	480	680
Chlorwasserstoff (HCl)	36,46	1,52	−114	−85	700	466
Schwefelwasserstoff (H_2S)	34,09	1,42	−83	−62	3,38	2,41
Schwefeldioxid (SO_2)	64,21	2,67	−73	−10	94	35
Kohlenstoffmonooxid (CO)	28,01	1,71	−205	−190	0,026	0,023
Kohlenstoffdioxid (CO_2)	44,01	1,83	−78 (sublimiert)		1,45	0,083
Methan (CH_4)	16,04	0,67	−182	−162	0,021	0,032
Ethan (C_2H_6)	30,06	1,25	−183	−89	0,054	0,043
Propan (C_3H_8)	44,09	1,84	−188	−42	0,11	0,06
Butan (C_4H_{10})	58,12	2,47	−138	−1	0,34	0,14
Ethen (C_2H_4)	28,05	1,17	−169	−104	0,11	0,13
Ethin (C_2H_2)	26,04	1,06	−81	−84	1,10	0,95

Griechisches Alphabet

Buchstabe		Name
klein	groß	
α	A	alpha
β	B	beta
γ	Γ	gamma
δ	Δ	delta
ε	E	epsilon
ζ	Z	zeta
η	H	eta
ϑ	Θ	theta
ι	I	jota
$\varkappa$	K	kappa
λ	Λ	lambda
μ	M	mü
ν	N	nü
ξ	Ξ	xi
o	O	omikron
π	Π	pi
ϱ	P	rho
σ	Σ	sigma
τ	T	tau
φ	Φ	phi
υ	Y	ypsilon
χ	X	chi
ψ	Ψ	psi
ω	Ω	omega

Griechische Zahlwörter

$^1/_2$	hemi	11	undeca
1	mono	12	dodeca
2	di	13	trideca
3	tri	14	tetradeca
4	tetra	15	pentadeca
5	penta	16	hexadeca
6	hexa	17	heptadeca
7	hepta	18	octadeca
8	octa	19	enneadeca
9	nona	20	eicosa
10	deca		

Dezimale Teile

Potenz	Vorsilbe	Symbol
10^{-1}	Dezi	d
10^{-2}	Zenti	c
10^{-3}	Milli	m
10^{-6}	Mikro	μ
10^{-9}	Nano	n
10^{-12}	Piko	p
10^{-15}	Femto	f
10^{-18}	Atto	a

Stichwortverzeichnis * weisen auf Abbildungen hin

Periodensystem der Elemente

Legende

Ordnungszahl

Atomradius in pm
Ionenradius in pm (Ladung) (nach Shannon, Prewit (1969))
kovalenter Radius in pm

Kristallstruktur
krz: kubisch raumzentriert
r: rhomboedrisch
Nukleonenzahl der häufigsten Isotope
Häufigkeit in %
Elektronegativität (PAULING)
1. Ionisierungsenergie } in MJ·mol⁻¹
2. Ionisierungsenergie
Elektronenkonfiguration

Beispiel:

79 Au kub. dicht.	
197	
100	
144	2.4
137(1+)	0.896
134	1.98
[Xe] 6s¹ 4f¹⁴ 5d¹⁰	

Daten nach: Aylward, Findlay: Datensammlung Chemie in SI-Einheiten, 1981, Verlag Chemie, Weinheim

Hauptgruppen / Nebengruppen (Übergangsmetalle)

Die Tabelle enthält für jedes Element: Ordnungszahl · Symbol · Kristallstruktur; Nukleonenzahlen der häufigsten Isotope; Häufigkeit in %; Atomradius und Elektronegativität; Ionenradius (Ladung) und 1. Ionisierungsenergie; kovalenter Radius und 2. Ionisierungsenergie; Elektronenkonfiguration.

Periode 1 (Schale K)

- **1 H** (hex. dicht.): 1, 2; 99.98, 0.02; 2.1; 208(1−), 1.318; 37; 1s¹
- **2 He** (hex. dicht.): 3, 4; 0.0001, 100; 150; 2.379; 5.257; 1s²

Periode 2 (Schale L)

- **3 Li** (krz): 6, 7; 7.4, 92.6; 152, 1.0, 0.526; 78(1+) 35(2+), 0.906; 134, 7.305, 1.763; [He]2s¹
- **4 Be** (hex. dicht.): 9; 100; 112, 1.5; 35(2+), 0.899; 90, 1.763; [He]2s²
- **5 B** (hex. dicht.): 10, 11; 19.6, 80.4; 98, 2.0; 23(3+), 0.807; 79, 2.433; [He]2s²2p¹
- **6 C** (Diamant): 12, 13, 14; 98.9, 1.1, Spuren; 91, 2.5; 16(4+), 1.093; 71, 2.359; [He]2s²2p²
- **7 N** (hex. dicht.): 14, 15; 99.6, 0.4; 92, 3.0; 16(3+), 1.407; 73, 2.862; [He]2s²2p³
- **8 O** (hex. dicht.): 16, 17, 18; 99.8, 0.04, 0.2; 74, 3.5; 140(2−), 1.320; 71, 3.395; [He]2s²2p⁴
- **9 F**: 19; 100; 4.0; 131(1−), 1.687; 71, 3.381; [He]2s²2p⁵
- **10 Ne** (kub. dicht.): 20, 21, 22; 90.9, 0.3, 8.8; 160; 2.087; 3.965; [He]2s²2p⁶

Periode 3 (Schale M)

- **11 Na** (krz): 23; 100; 186, 0.9; 102(1+), 0.502; 154, 4.569; [Ne]3s¹
- **12 Mg** (hex. dicht.): 24, 25, 26; 78.7, 10.1, 11.2; 160, 1.2; 72(2+), 0.744; 136, 1.457; [Ne]3s²
- **13 Al** (kub. dicht.): 27; 100; 143, 1.5; 53(3+), 0.584, 0.793; 118, 1.823; [Ne]3s²3p¹
- **14 Si** (Diamant): 28, 29, 30; 92.2, 4.7, 3.1; 132, 1.8; 40(4+), 0.793; 118, 1.583; [Ne]3s²3p²
- **15 P** (kub.): 31; 100; 128, 2.1; 44(3+), 1.018; 110, 1.909; [Ne]3s²3p³
- **16 S** (rhomb.): 32, 33, 34; 95.0, 0.8, 4.2; 127, 2.5; 184(2−), 1.000; 102, 2.257; [Ne]3s²3p⁴
- **17 Cl** (tetragonal): 35, 37; 75.5, 24.5; 3.0; 181(1−), 1.257; 99, 2.302; [Ne]3s²3p⁵
- **18 Ar** (kub. dicht.): 36, 38, 40; 0.3, 0.1, 99.6; 190; 1.527; 2.672; [Ne]3s²3p⁶

Periode 4 (Schale N) – Hauptgruppen

- **19 K** (krz): 39, 40, 41; 93.1, 0.01, 6.9; 227, 0.8; 138(1+), 0.425; 196, 3.058; [Kr]5s¹ → [Ar]4s¹
- **20 Ca** (kub. dicht.): 40, 42, 44; 97.0, 0.6, 2.1; 197, 1.0; 99(2+), 0.596; 174, 1.152; [Ar]4s²
- **31 Ga** (rhomb.): 69, 71; 60.4, 39.6; 122, 1.6; 62(3+), 0.585; 126, 1.740; [Ar]4s²3d¹⁰4p¹
- **32 Ge** (Diamant): 70, 72, 74; 20.5, 27.4, 36.5; 123, 2.0; 53(4+), 0.766; 122, 1.544; [Ar]4s²3d¹⁰4p²
- **33 As** (rhomb.): 75; 100; 125, 2.0; 58(3+), 0.953; 121, 1.804; [Ar]4s²3d¹⁰4p³
- **34 Se** (hexagonal): 78, 80, 82; 23.5, 49.8, 9.2; 116, 2.4; 198(2−), 0.947; 116, 2.051; [Ar]4s²3d¹⁰4p⁴
- **35 Br** (ortho-rhomb.): 79, 81; 50.5, 49.5; 2.8; 195(1−), 1.140; 114, 2.11; [Ar]4s²3d¹⁰4p⁵
- **36 Kr** (kub. dicht.): 82, 84, 86; 11.6, 56.9, 17.4; 200; 1.357; 2.374; [Ar]4s²3d¹⁰4p⁶

Periode 4 – Nebengruppen

- **21 Sc** (hex. dicht.): 45; 100; 161, 1.3; 75(3+), 0.596; 144, 1.235; [Ar]4s²3d¹
- **22 Ti** (hex. dicht.): 46, 47, 48; 7.9, 7.3, 74.0; 145, 1.5; 61(4+), 0.664; 132, 1.310; [Ar]4s²3d²
- **23 V** (krz): 50, 51; 0.2, 99.8; 131, 1.6; 54(5+), 0.656; 122, 1.420; [Ar]4s²3d³
- **24 Cr** (krz): 50, 52, 53; 4.3, 83.8, 9.5; 125, 1.6; 63(3+), 0.659; 118, 1.598; [Ar]4s¹3d⁵
- **25 Mn** (kub.): 55; 100; 137, 1.5; 67(2+), 0.724; 117, 1.515; [Ar]4s²3d⁵
- **26 Fe** (krz): 54, 56, 57; 5.8, 91.7, 2.2; 124, 1.8; 64(3+), 0.766; 117, 1.567; [Ar]4s²3d⁶
- **27 Co** (hex. dicht.): 59; 100; 125, 1.8; 65(2+), 0.764; 116, 1.652; [Ar]4s²3d⁷
- **28 Ni** (kub. dicht.): 58, 60, 62; 67.9, 26.2, 3.6; 125, 1.8; 69(2+), 0.743; 115, 1.759; [Ar]4s²3d⁸
- **29 Cu** (kub. dicht.): 63, 65; 69.1, 30.9; 128, 1.8; 72(2+), 0.752; 117, 1.964; [Ar]4s¹3d¹⁰
- **30 Zn** (hex. dicht.): 64, 66, 68; 48.9, 27.8, 18.6; 133, 1.6; 74(2+), 0.913; 125, 1.734; [Ar]4s²3d¹⁰

Periode 5 (Schale O) – Hauptgruppen

- **37 Rb** (krz): 85, 87; 72.2, 27.8; 248, 0.8; 149(1+), 0.409; 216, 2.638; [Kr]5s¹
- **38 Sr** (kub. dicht.): 86, 87, 88; 9.9, 7.0, 82.5; 215, 1.0; 112(2+), 0.556; 191, 1.071; [Kr]5s²
- **49 In** (tetragonal): 113, 115; 4.3, 95.7; 136, 1.7; 81(3+), 0.558; 144, 1.638; [Kr]5s²4d¹⁰5p¹
- **50 Sn** (tetragonal): 116, 118, 120; 14.3, 24.0, 32.8; 151, 1.7; 71(4+), 0.715; 141, 1.411; [Kr]5s²4d¹⁰5p²
- **51 Sb** (rhomb.): 121, 123; 57.2, 42.8; 145, 1.9; 76(3+), 0.840; 140, 1.601; [Kr]5s²4d¹⁰5p³
- **52 Te** (hexagonal): 127, 128, 130; 18.7, 31.8, 34.5; 143, 2.1; 221(2−), 0.870; 136, 1.80; [Kr]5s²4d¹⁰5p⁴
- **53 I**: 127; 100; 2.5; 216(1−), 1.015; 133, 1.852; [Kr]5s²4d¹⁰5p⁵
- **54 Xe** (kub. dicht.): 129, 131, 132; 26.4, 21.2, 26.9; 220; 1.177; 2.053; [Kr]5s²4d¹⁰5p⁶

Periode 5 – Nebengruppen

- **39 Y** (hex. dicht.): 89; 100; 178, 1.3; 92(3+), 0.622; 162, 1.071; [Kr]5s²4d¹
- **40 Zr** (hex. dicht.): 90, 92, 94; 51.5, 17.4, 17.4; 159, 1.4; 72(4+), 0.666; 145, 1.273; [Kr]5s²4d²
- **41 Nb** (krz): 93; 100; 143, 1.6; 64(5+), 0.670; 134, 1.388; [Kr]5s¹4d⁴
- **42 Mo** (krz): 92, 96, 98; 15.9, 16.5, 23.8; 136, 1.8; 60(6+), 0.691; 130, 1.564; [Kr]5s¹4d⁵
- **43 Tc** (hex. dicht.): —; 135, —; 72(4+), 0.708; 127, 1.478; [Kr]5s¹4d⁶
- **44 Ru** (hex. dicht.): 101, 102, 104; 17.1, 31.6, 18.6; 133, 2.2; 68(3+), 0.717; 125, 1.623; [Kr]5s¹4d⁷
- **45 Rh** (kub. dicht.): 103; 100; 134, 2.2; 68(3+), 0.811; 125, 1.751; [Kr]5s¹4d⁸
- **46 Pd** (kub. dicht.): 105, 106, 108; 22.2, 27.3, 26.7; 138, 2.2; 86(2+), 0.811; 128, 1.881; [Kr]4d¹⁰
- **47 Ag** (kub. dicht.): 107, 109; 51.4, 48.6; 144, 1.9; 115(1+), 0.737; 134, 2.080; [Kr]5s¹4d¹⁰
- **48 Cd** (hex. dicht.): 111, 112, 114; 12.7, 24.1, 28.8; 149, 1.7; 95(2+), 0.874; 141, 1.638; [Kr]5s²4d¹⁰

Periode 6 (Schale P) – Hauptgruppen

- **55 Cs** (krz): 133; 100; 266, 0.7; 170(1+), 0.382; 235, 2.43; [Xe]6s¹
- **56 Ba** (krz): 136, 137, 138; 7.8, 11.3, 71.7; 217, 0.9; 136(2+), 0.509; 198, 0.972; [Xe]6s²
- **81 Tl** (hex. dicht.): 203, 205; 29.5, 70.5; 170, 1.8; 150(1+), 0.722; 148, 1.816; [Xe]6s²4f¹⁴5d¹⁰6p¹
- **82 Pb** (kub. dicht.): 206, 207, 208; 23.6, 22.6, 52.3; 175, 1.9; 118(2+), 0.722; 147, 1.977; [Xe]6s²4f¹⁴5d¹⁰6p²
- **83 Bi** (r): 209; 100; 155, 1.9; 102(2+), 0.722; 146, 1.616; [Xe]6s²4f¹⁴5d¹⁰6p³
- **84 Po** (kub.): 209; 167; 2.0; 67(6+), 0.818; 146; [Xe]6s²4f¹⁴5d¹⁰6p⁴
- **85 At**: —; 2.2; 145; [Xe]6s²4f¹⁴5d¹⁰6p⁵
- **86 Rn** (hex. dicht.): —; 1.043; [Xe]6s²4f¹⁴5d¹⁰6p⁶

Periode 6 – Nebengruppen

- **72 Hf** (hex. dicht.): 177, 178, 180; 18.5, 27.1, 35.2; 156, 1.3; 71(4+), 0.68; 144, 1.44; [Xe]6s²4f¹⁴5d²
- **73 Ta** (krz): 180, 181; 0.01, 99.99; 143, 1.5; 64(5+), 0.767; 134; [Xe]6s²4f¹⁴5d³
- **74 W** (krz): 182, 184, 186; 26.4, 30.7, 28.4; 137, 1.7; 65(4+), 0.776; 130; [Xe]6s²4f¹⁴5d⁴
- **75 Re** (hex. dicht.): 185, 187; 37.3, 62.7; 137, 1.9; 63(4+), 0.766; 128; [Xe]6s²4f¹⁴5d⁵
- **76 Os** (hex. dicht.): 189, 190, 192; 16.1, 26.4, 41.0; 134, 2.2; 69(4+), 0.85; 126; [Xe]6s²4f¹⁴5d⁶
- **77 Ir** (kub. dicht.): 191, 193; 37.3, 62.7; 136, 2.2; 68(4+), 0.88; 127; [Xe]6s²4f¹⁴5d⁷
- **78 Pt** (kub. dicht.): 194, 195, 196; 32.9, 33.8, 25.3; 139, 2.2; 80(2+), 0.88; 130, 1.797, 1.98; [Xe]6s¹4f¹⁴5d⁹
- **79 Au** (kub. dicht.): 197; 100; 144, 2.4; 137(1+), 0.896; 134, 1.98; [Xe]6s¹4f¹⁴5d¹⁰
- **80 Hg** (kub. dicht.): 199, 200, 202; 16.8, 23.1, 29.8; 150, 1.9; 102(2+), 1.013; 149, 1.457; [Xe]6s²4f¹⁴5d¹⁰

Periode 7 (Schale Q) – Hauptgruppen

- **87 Fr** (krz): —; 180(1+), 0.7; [Rn]7s¹
- **88 Ra** (kub. dicht.): 217; 0.9; 143(2+), 0.509; 0.985; [Rn]7s²

Lanthaniden / Actiniden (Gruppen)

- **57–71 La–Lu** (III. Nebengruppe)
- **89–103 Ac–Lr**
- **104 Rf**: [Rn]7s²5f¹⁴6d²
- **105 Db**: [Rn]7s²5f¹⁴6d³
- **106 Sg**: [Rn]7s²5f¹⁴6d⁴
- **107 Bh**: [Rn]7s²5f¹⁴6d⁵
- **108 Hs**: [Rn]7s²5f¹⁴6d⁶
- **109 Mt**: [Rn]7s²5f¹⁴6d⁷
- **110** : [Rn]7s²5f¹⁴6d⁸
- **111** : [Rn]7s¹5f¹⁴6d¹⁰
- **112** : [Rn]7s²5f¹⁴6d¹⁰

Lanthaniden

- **57 La** (kub. dicht.): 138, 139; 0.1, 99.9; 187, 1.1; 114(3+), 0.534; 169, 1.053; [Xe]6s²5d¹
- **58 Ce** (kub. dicht.): 136, 140, 142; 0.2, 88.5, 11.2; 183, 1.1; 101(3+), 0.529; 165, 1.024; [Xe]6s²4f²
- **59 Pr** (hex. dicht.): 141; 100; 182, 1.1; 100(3+), 0.523; 165; [Xe]6s²4f³
- **60 Nd** (hex. dicht.): 142, 144, 146; 27.1, 23.9, 21.9; 181, —; 99(3+), 0.530; 164; [Xe]6s²4f⁴
- **61 Pm** (hex. dicht.): —; 135, —; 98(3+), 0.536; 163; [Xe]6s²4f⁵
- **62 Sm** (r): 147, 152, 154; 15.0, 26.7, 22.7; 179, 1.2; 96(3+), 0.542; 162; [Xe]6s²4f⁶
- **63 Eu** (krz): 151, 153; 47.8, 52.2; 199; 95(3+), 0.547; 185; [Xe]6s²4f⁷
- **64 Gd** (hex. dicht.): 156, 158, 160; 20.5, 24.9, 21.9; 179, 1.2; 94(3+), 0.593; 161; [Xe]6s²4f⁷5d¹
- **65 Tb** (hex. dicht.): 159; 100; 176, —; 93(3+), 0.570; 159; [Xe]6s²4f⁹
- **66 Dy** (hex. dicht.): 162, 163, 164; 25.2, 25.0, 28.2; 175, 1.2; 92(3+), 0.587; 159; [Xe]6s²4f¹⁰
- **67 Ho** (hex. dicht.): 165; 100; 174; 91(3+), 0.587; 158, 1.132; [Xe]6s²4f¹¹
- **68 Er** (hex. dicht.): 166, 167, 168; 33.4, 22.9, 27.1; 173, 1.2; 89(3+), 0.586; 157, 1.145; [Xe]6s²4f¹²
- **69 Tm** (hex. dicht.): 169; 100; 177, —; 87(3+), 0.595; 156, 1.157; [Xe]6s²4f¹³
- **70 Yb** (kub. dicht.): 172, 173, 174; 21.8, 16.1, 31.9; 194; 86(3+), 0.610; 174, 1.180; [Xe]6s²4f¹⁴
- **71 Lu** (hex. dicht.): 175, 176; 97.4, 2.6; 172, —; 85(3+), 0.570; 156, 1.35; [Xe]6s²4f¹⁴5d¹

Actiniden

- **89 Ac**: 232; 100; 188; 118(3+), 0.67; 165, 1.17; [Rn]7s²6d¹
- **90 Th** (kub. dicht.): 232; 100; 180, 1.1; 100(4+), 0.675; 165, 1.12; [Rn]7s²6d²
- **91 Pa**: 161; 1.3; 113(3+); [Rn]7s²5f²6d¹
- **92 U** (hex. dicht.): 234, 235, 238; 0.01, 0.7, 99.3; 139, 1.7; 80(4+), 0.59; 142; [Rn]7s²5f³6d¹
- **93 Np**: 130, 1.3; 95(4+); [Rn]7s²5f⁴6d¹
- **94 Pu**: 151; 182, 1.3; 80(4+), 0.57; [Rn]7s²5f⁶
- **95 Am**: 182, 1.3; 100(3+), 0.59; [Rn]7s²5f⁷
- **96 Cm**: 179; 98(3+); [Rn]7s²5f⁷6d¹
- **97 Bk**: [Rn]7s²5f⁹
- **98 Cf**: [Rn]7s²5f¹⁰
- **99 Es**: [Rn]7s²5f¹¹
- **100 Fm**: [Rn]7s²5f¹²
- **101 Md**: [Rn]7s²5f¹³
- **102 No**: [Rn]7s²5f¹⁴
- **103 Lr**: [Rn]7s²5f¹⁴6d¹

Gerda Arldt • Daniela Boudgoust • Reinhard Horn

Duftwiese

Entspannt mit Düften und Farben – für kleine und große Menschen

Impressum

Titelaufnahme der Deutschen Bibliothek
Duftwiese
Entspannt mit Düften und Farben – für kleine und große Menschen
Gerda Arldt • Daniela Boudgoust • Reinhard Horn

1. Auflage, Lippstadt 2008

Herausgegeben von:

Insel-Welt Verlag, Gerda Arldt, Thiebauthstraße 2, 76275 Ettlingen
Telefon und Telefax 0 72 43/3 42 97 56
g.arldt@insel-welt.de / www.insel-welt.de

Erschienen im:

KONTAKTE Musikverlag, Ute Horn e. K., Windmüllerstraße 31, 59557 Lippstadt
Telefon 0 29 41/1 45 13, Telefax 0 29 41/1 46 54
info@kontakte-musikverlag.de / www.kontakte-musikverlag.de

ISBN: 978-3-89617-208-2   (KONTAKTE Musikverlag)
Bestell-Nr. Buch: 70001   (Insel-Welt Verlag)

Zu diesem Buch ist die gleichnamige Entspannungs-CD erschienen.
ISBN 978-3-89617-209-9   (KONTAKTE Musikverlag)
Bestell-Nr. CD: 70003   (Insel-Welt Verlag)

Satz und Layout: Bizz Design Company, 76768 Berg
Buchcover: Anne-Bärbel Ottenschläger, 76307 Karlsbad
Druck: Westermann Druck Zwickau GmbH, Zwickau

Bildnachweis: www.pixelio, creativ collection, primavera sowie eigene Bilder

*Ein besonderer Dank gilt den auf den Seiten 21, 24, 40, 54, 80, 82 und 85 abgebildeten Kindern:
Lea, Tim, Till, Sophie, Nik und Lou*

Diese Buch wurde in Deutschland hergestellt.